"十三五"国家重点出版物出版规划项目

雷暴与强对流临近预报

俞小鼎　王秀明　李万莉　费海燕　袁　薇　编著

气象出版社
China Meteorological Press

内容简介

本书对雷暴和强对流产生的环境条件、对流风暴的分类及其雷达回波特征、雷暴演变的临近预报、强对流天气的环境背景特征与临近预警技术以及雷电的形成机理及预警预报作了介绍,利用国内强冰雹、龙卷、雷暴大风和对流暴雨典型个例,重点论述了 0～2 小时特别是 0～1 小时的强对流天气主观临近预报技术,有助于及时捕捉灾害性天气,及早做出预警预报,从而避免和减少灾害性天气带来的损失。

图书在版编目(CIP)数据

雷暴与强对流临近预报 / 俞小鼎等编著. — 北京 :
气象出版社,2020.1(2023.8 重印)
ISBN 978-7-5029-7122-9

Ⅰ.①雷… Ⅱ.①俞… Ⅲ.①雷暴-气象预报②强对
流天气-天气预报 Ⅳ.①P457.9②P425.8

中国版本图书馆 CIP 数据核字(2019)第 277905 号

出版发行:气象出版社
地　　址:北京市海淀区中关村南大街 46 号　　　邮政编码:100081
电　　话:010-68407112(总编室)　010-68408042(发行部)
网　　址:http://www.qxcbs.com　　　E-mail: qxcbs@cma.gov.cn
责任编辑:张　斌　　　　　　　　　　终　　审:吴晓鹏
责任校对:王丽梅　　　　　　　　　　责任技编:赵相宁
封面设计:博雅锦
印　　刷:北京地大彩印有限公司
开　　本:889 mm×1194 mm　1/16　　　印　　张:26.5
字　　数:800 千字
版　　次:2020 年 1 月第 1 版　　　　　印　　次:2023 年 8 月第 4 次印刷
定　　价:180.00 元

前　言

　　本书是 2006 年气象出版社出版的《多普勒天气雷达原理与业务应用》一书的姊妹篇。本书更强调当天雷暴和强对流潜势评估,尤其是基于多普勒天气雷达,适当结合静止气象卫星高分辨率可见光云图和红外云图、风廓线雷达以及地面气象观测的 0～2 小时临近预报技术。在充分吸收国际上以往经验和最新成果基础上,密切结合中国各地实际,90％以上的示例和个例分析都采用中国本土的例子。本书非正式出版的最初版本从 2009 年第一轮省级预报员轮训开始就作为其"雷暴与强对流临近预报"课程的主要教材,又在第一轮地市级预报员轮训和目前即将完成的第二轮省级预报员轮训中作为主要教材试用。在第一轮省级和地市级预报员轮训中,我们邀请了国际上强对流风暴结构多普勒天气雷达分析方面的一流专家、曾任制造美国新一代天气雷达 WSR-88D 的雷达公司的首席气象学家 Lemon 先生,国际著名强对流分析和预报专家、曾任美国国家强风暴实验室 NSSL 高级研究员 Doswell 博士,以及国际著名雷达气象专家、深厚湿对流(雷暴)临近预报方面的权威、曾任美国国家大气研究中心 NCAR 资深研究员 Wilson 先生。他们的授课对于本书内容的构成和完善,以及一些概念的澄清有很大启发和帮助,在此对上述三位科学家表示衷心的感谢!

　　在早期讲义的基础上,本书进行了大量的扩充,增加了高架对流、带有双线偏振功能的多普勒天气雷达在冰雹正确识别和降水估计方面的改善、冰雹增长理论以及雷电机理与临近预报等内容,对于一些原理尤其是超级单体风暴动力学进行了进一步阐述,同时增加了大量示例和个例。本书写作过程中,得到中国气象局气象干部培训学院相关领导和教务处领导的大力支持。本书作者们先后得到国家自然科学基金面上项目 40575014、40875029、41175043、41475042 和 41775044,青年基金项目 41005002 和 41405007,中国气象局强对流专家团队研发项目,公益性气象行业研究专项(子课题)GYHY200906003、GYHY201406002 和 GYHY201506006,中国气象局核心业务发展专项(子课题)YBGJXM(2018)02－15,中国气象局预报员专项以及中国气象局气象干部培训学院科研和教材编写项目的资助,其中部分研究成果写入本书。

　　本书由俞小鼎主编。第 1 章、第 2 章和第 3 章由俞小鼎撰写。第 4 章 4.1、4.2 和 4.5 节由俞小鼎撰写,4.3 节由费海燕撰写,4.4 节由李万莉撰写。第 5 章是全书最重点的部分,由俞小鼎、王秀明和袁薇编写;其中 5.2.4.1 小节的个例分析由俞小鼎和王秀明共同撰写,5.2.4.2、5.3.4.1、5.3.4.2、5.4.3.1、5.4.3.2 和 5.4.3.3 小节中 6 个个例分析由王秀明撰写,俞小鼎修改,5.1.5 节冰雹增长理论由俞小鼎和王秀明共同撰写;5.1.4 节冰雹的双线偏振雷达识别由俞小鼎和袁薇共同撰写,5.1.6.2 小节的冰雹个例分析由袁薇撰写;第 5 章其余内容由俞小鼎撰写。第 6 章由李万莉撰写。李万莉对第 1 章至第 3 章进行了初步的校阅;费海燕又对第 1 章至第 4 章内容进行了仔细的校阅;袁薇和李万莉对第 5 章内容进行了校阅,俞小鼎对第 6 章内容进行了校阅。费海燕将全部六章内容合在一起并编排了目录,仔细调整了格式。俞小鼎对合成后的全部六章内容进行了最后查验。

　　本书可以作为国家级、省级和地市级预报员轮训班,新预报员上岗培训班,新一代天气雷达应用培训班等培训班型中"雷暴与强对流临近预报"课程的教材,也可以作为高等院校大气科学及相关专业"雷暴与强对流临近预报"课程的教材或参考书,同时也可以作为天气预报员、天气预报相关行业业务与研究人员以及大气科学相关专业大学教师和研究人员的业务参考书。

虽然历经多年完成,期间在一定程度上吸收了不少学员对本书早期版本提出的一些意见和建议,但本书仍有很多不足之处,尤其是在浅显易懂和将一些原理讲透彻之间不得不做折中,例如关于中气旋形成原因并没有讲得很严谨,主要认为过多的公式推导可能会使本书的主要读者群望而生畏。另外一个重要原因是本书作者水平的限制,本来一些可以用深入浅出方法讲得透彻一些的机制和原理没有达到预期的效果,例如涉及超级单体动力学、龙卷形成机理和飑线维持稳定的 RKW 理论等。期待读者给我们指正。

作者

2018 年 12 月

目　　录

第 1 章 引 论

1.1 临近预报与强对流天气的含义

自从 20 世纪 50 年代天气雷达在发达国家业务布网以来,虽然很多国家都开展了基于雷达回波的强对流天气特征识别和基于外推的雷暴和强对流天气的 0～2 小时预报预警业务,但临近天气预报(nowcast)作为一个正式的天气预报范畴是 20 世纪 80 年代初由 Browning(1982)提出的。20 世纪 80 年代临近预报指的是对短时间内发生明显变化的天气现象的 0～2 小时定点、定时和定性的预报,这些天气现象主要包括雷暴、强对流、雷电、降水、能见度(包括雾的生消)、天空云量等,其中雷暴(包括雷电)、强对流和降水是最主要的临近预报对象。天气雷达和云图是当时临近预报的主要工具,2 小时的预报时效是基于雷暴和强对流系统雷达回波(或云图)外推的可用预报时效的上限。20 世纪 80 年代后期以来,随着高分辨率数值预报模式和数据同化技术的发展,一些科学家(Doswell,1986;Austin et al,1987;Collier,1992;Golding,1998)提出将雷达回波外推与高分辨率数值预报结合,可以在一定程度上提高临近预报的可用预报时效。在某些情况下(主要是在天气尺度强迫非常明显的情况下出现的高度组织化的锋面降水和飑线等)可以将临近预报可用时效范围扩展为 0～6 小时,这个概念逐渐被广泛接受。不过,从实际业务的角度看,目前对大多数雷暴和强对流天气的定时、定点的可用预报和警报时效仍然不超过 2 小时,因此本书将主要讨论 0～2 小时的雷暴与强对流天气的临近预报技术。

雷暴(thunderstorms)泛指深厚湿对流现象(deep moist convection,DMC),狭义上指伴有雷电的深厚湿对流。大气中深厚湿对流的发生需要静力不稳定、水汽和抬升触发三个条件(Doswell,2001)。与经典的贝纳特对流相比,大气中深厚湿对流的发生发展涉及水的三相变化和降水的发生,因此除了大气中的热力作用,大气中风向风速随高度的变化(垂直风切变)以及云和降水的微物理过程对大气中深厚湿对流的形成、结构和演变都有重要影响。大气中的微差平流(如高空干冷平流和低层暖湿平流)和某些非绝热过程(如太阳辐射对地表的加热)使大气变得在垂直方向不稳定(静力不稳定),通过雷暴或深厚湿对流过程释放掉不稳定能量,大气重新调整回稳定或中性状态。大气释放对流不稳定能量的过程时常极为剧烈,常伴有雷电、冰雹、龙卷、下击暴流和短时强降水等强对流天气。

我国是一个多深厚湿对流或雷暴发生的国家,图 1.1 给出了卫星观测的中国区域 1995—2005 年 11 年的年平均每平方千米的相对闪电频次。闪电频次的多寡代表了雷暴的活跃程度,从图中看到,我国雷暴活动比较活跃的区域包括整个华南地区、中南地区、华东地区、华北地区、西南除西藏外的地区、东北大部分地区,以及西北的兰州、西宁周边地区,陕西部分地区和新疆天山南北坡地区。需要指出的是,华南地区几乎全年都有深厚湿对流活动,东北和西北地区只在每年 5—9 月有雷暴活动,在这一段时间内,其雷暴或深厚湿对流发生的频率还是相当密集的。

雷暴或深厚湿对流在有利的天气背景和微物理条件下可以产生强对流天气。美国国家气象局(NWS)规定,强对流天气通常是指落在地面上直径超过 2 cm 的冰雹(2010 年更改为直径 2.5 cm 以上),陆地上发生的所有级别的龙卷,瞬时风速 25 m/s 以上的(非龙卷)直线型雷暴大风。美国国家气象局没有将对流性暴雨(有时也称为短历时强降水)归为强对流天气,而是专门列为一类强灾害性天气——暴洪。其主要原因在于暴洪的发生除了对流性暴雨的气象条件外,还取决于水文条件,并且每年世界上暴洪导致的伤亡和财产损失远远超过冰雹、雷暴大风和龙卷导致的伤亡和财产损失的总和。中国目前尚没有关于强对流天气的国家标准和行业标准,从目前行业共识可以看出与美国标准的主要区别在于将导致暴洪的对流性暴雨(短时强降水)归为强对流天气,另外将雷暴大风达到强对流天气的阈值从 25 m/s 降为 17 m/s。由于导致暴洪的对流性暴雨的大小在不同情况下差别很大,取决于流域大小、地形、植被覆盖情况和前期降水情况,因此很难给对流性暴雨(短时强降水)设置一个阈值,在该阈值之上的对流性暴雨就可以归为强对流天气。如果一定要设置一个阈值,大致 1 小时 20 mm 以上的降水可以定义为短时强降水,各地可以根据具体情况适当调整。雷电每年导致相当数量的人员伤亡,其造成的人员伤亡仅次于暴洪。大多数国家都没有将雷电归结为强对流天气,而只是归为一般性对流天气,其主要原因在于雷电导致的伤亡与产生雷电的雷暴强度之间不存在很好的相关关系,主要取决于伤亡人员所处的具体环境。美国国家气象局还定义了显著(significant)或极端强对流天气,指直径超过 5 cm 的冰雹,EF2 或以上级龙卷和瞬时风速 32 m/s 以上的直线型雷暴大风(Doswell,2001)。对于我国而言,相对极端的对流性暴雨也可以归结为极端强对流天气,其阈值大致可以定在 1 小时 80 mm 或 3 小时 180 mm 降水,各地区根据各自气候特点可以做相应的调整。

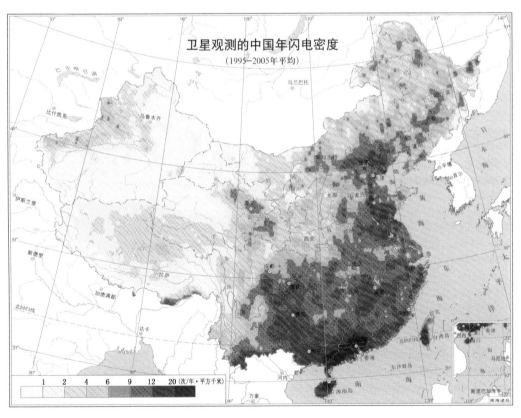

图 1.1 中国 1995—2005 年 11 年平均总闪电频率的空间分布

上述强对流天气的阈值具有相当的任意性,比如直径 2 cm 的冰雹算强对流天气,那直径 1.8 cm 冰雹就不算强对流天气了,但两者导致潜在损失的能力是大致相当的。还有的情况是,一次冰雹事件包含大量直径在 1.0～1.5 cm 之间的小冰雹,而另一次冰雹事件只包含少量 2 cm 以上的大冰雹,很有可能前者导致的损失更大,尽管按照定义前者为一般性对流天气,后者为强对流天气。对于雷暴大风和强降水也存在类似的问题。尽管有这些明显缺陷,但仍然需要一定的相对合理的阈值以区分强对流天气和一般对流天气,超过阈值,意味着产生灾害的概率较大;而超过显著强对流天气阈值,则意味着产生灾害甚至是严重灾害的可能性非常大。

　　我国是世界上仅次于美国的强对流天气多发地区,主要的强对流灾害是冰雹、雷暴大风和对流性暴雨,龙卷发生频次远低于美国,但在东部地区也常有发生。图1.2给出了2004—2008年5年间我国发生的主要强冰雹事件的分布(根据中国气象局正式出版的《中国气象灾害年鉴》整理,数据不够完整,但总体分布特征是具有代表性的)。由图可见,我国强冰雹事件主要发生在安徽、江苏北部、河北、山西、陕西、山东、河南、湖北、湖南北部、江西北部、浙江北部、甘肃、宁夏、青海东部、新疆天山北坡、四川北部、重庆、贵州和云南。图1.3所示为2004—2008年5年间我国主要雷暴大风事件分布,西南地区和西北地区的大风发生频率明显低于冰雹,华南地区高于冰雹频率,其他地区的分布特征与强冰雹分布特征类似。图1.4为2004—2008年5年间我国主要龙卷事件(不完全统计)分布,龙卷主要分布在我国华东、华中、华南、华北和东北的平原地区,江苏北部和安徽北部是我国龙卷特别是强龙卷最多发的地区。图1.5给出了根据全国2000多个国家级观测站2005—2009年小时雨量资料统计得到的平均每年每个站发生的1小时雨量在30 mm以上的短时强降水事件频率的空间分布。从大兴安岭以东的东北地区,沿着燕山、山西经河套南部、关中、四川到云南,在这条界线以南、以东地区都是容易出现短时强降水的地区。也就是说,短时强降水频率较高的地区基本上是受夏季风影响比较明显的地区。

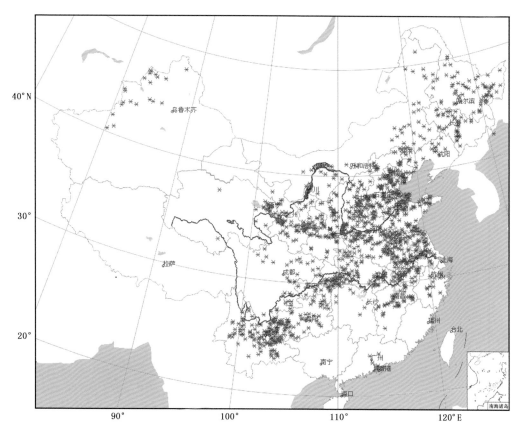

图1.2　2004—2008年我国主要强冰雹事件分布(江汛军根据《中国气象灾害年鉴》制作)

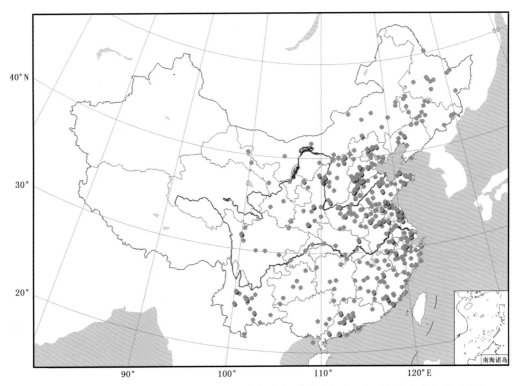

图 1.3　2004—2008 年我国主要雷暴大风事件分布（费海燕根据《中国气象灾害年鉴》制作）

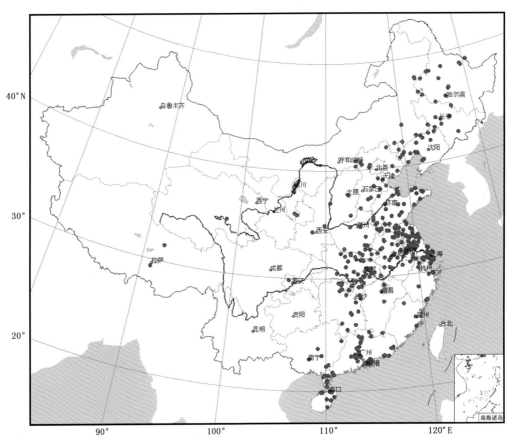

图 1.4　2004—2008 年我国主要龙卷事件分布图（范雯杰根据《中国气象灾害年鉴》制作）

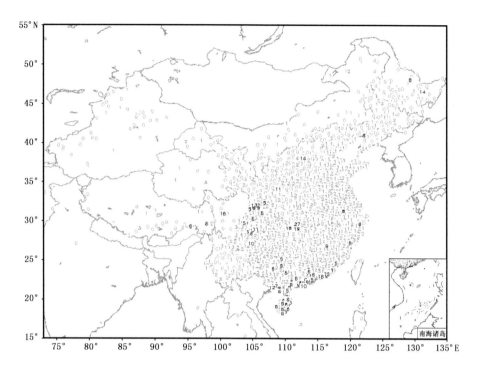

图 1.5 根据 2005—2009 年全国 2000 多个国家级气象站观测资料获得的平均每年每个站发生的 1 小时
雨量在 30 mm 以上的强降水事件频率(站点上数字代表强降水的次数,黄绿色代表 0～1 次,
绿色代表 1～5 次,蓝色代表 5～10 次,红色代表 10～20 次,紫色代表 20 次以上)

在本书中,重点论述 0～2 小时雷暴和强对流天气主观临近预报技术,也适当讨论雷暴特别是强对流天气的短时或临近潜势预报。雷暴和强对流天气潜势预报是指当天上午获得 08 时(北京时间)的探空资料以后对于当天发生雷暴和强对流天气的可能性做出潜势预报,或者是获得 20 时探空资料后对随后的雷暴和强对流潜势进行预报,雷暴和强对流天气临近预报或警报是指雷暴生成以后对于雷暴演变趋势的临近预报和对于可能出现的强对流天气如强冰雹、雷暴大风、龙卷、导致局地暴洪的短时强降水的临近警报。就目前的科技水平而言,对于大多数强对流天气的临近预警提前时间通常不超过 2 小时。

1.2 新一代天气雷达简介

新一代(多普勒)天气雷达是雷暴和强对流天气探测和预警的主要工具,在这一节中简要介绍其主要观测模式、主要结构、主要产品、局限性、数据质量控制以及带有双偏振功能的多普勒天气雷达。

1.2.1 中国新一代天气雷达观测模式和主要结构

强对流天气临近预警的主要工具是天气雷达。在美国,除了天气雷达,风暴志愿目击者提供的信息对于强对流天气尤其是龙卷的预警也至为关键。从 20 世纪 50 年代到 80 年代初,传统的天气雷达观测方式是以低仰角反复扫描(转圈)发现强回波后,再通过强回波中心进行垂直扫描(RHI)。这种扫描方式的最大缺点是虚警率较高,主要原因是垂直扫描必须沿着雷达径向进行,而最佳剖面位置通常不是沿着雷达径向,即便最佳剖面位置恰好沿着雷达径向,预报员也很难把握反射率因子的三维结构。20 世纪 70 年代末,Lemon(1977)在总结 Browning(1962,1963,1964,1965)的一系列研究成果基础上,提出了基于体积扫描的强对流风暴探测技术,通常称为 Lemon 技术。该技术的核心思想是天气雷达做体积扫描观测,即从低仰角开始每个仰角扫描 1～2 圈,逐渐抬高仰角直到 20°左右的最高仰角,完成一个体扫,然后回到最低仰角(通常为 0.5°),开始下一个体扫。通过同屏显示不同仰角的反射率因子,判断反射率因子三维结构,进而推断出所关注的风暴是否为强风暴。20 世纪 80 年代初,Lemon 技术在美国各个基层气象台进行了推广普及,明显降低了强对流天气的虚警率(FAR),而保持命中率(POD)基本不变,有效提高了强对流天气临近预报的临界成功指数(CSI)(McNulty,1995)。1991—1996 年美国国家气象局布网的新一代天气雷达的观测全部采用体积扫描的方式进行,Lemon 技术的成功应用是采用体积扫描的主要原因之一。另一个主要原因是体积扫描获取的三维空间雷达回波数据具有相对的空间完整性和时间连续性。从 1998 年至今一直在布网的中国气象局新一代(多普勒)天气雷达也采用体积扫描的观测方式。需要指出,传统的低层扫描加垂直扫描的方式固然有上述的缺陷,但利用垂直扫描(RHI)可以对一块强回波进行很快的扫描,RHI 更新时间一般不到 1 分钟,而体积扫描中最常用的 VCP21 模式的更新周期为 6 分钟,一些快速变化的雷暴系统(如产生微下击暴流的脉冲风暴)在 6 分钟内往往会出现很大的变化,体扫体制的雷达有时很难观测到这种快速的变化,这是体扫体制的一个重大缺陷。因此,最好的天气雷达观测方案是业务布网的固定多普勒天气雷达采用体积扫描方式观测,同时再布设一些低成本的 X 波段或 C 波段常规移动式或固定式天气雷达,需要时可以做反射率因子的垂直扫描(RHI)。

到 2018 年底为止,中国气象局已经安装运行的多普勒天气雷达达 208 部,布网最终完成后将达到 216 部(图 1.6)。我国新一代天气雷达(CINRAD)分为 S 波段和 C 波段两类,共 7 种型号,分别为 SA、SB、SC、CA、CB、CC 和 CD,前三种为 S 波段(10 cm)多普勒天气雷达,后四种为 C 波段(5 cm)多普勒天气雷达。S 波段天气雷达具有最强的穿透大片强降水的能力以及相对较宽的多普勒测速范围,但价格相对较贵;而 C 波段雷达在大片强降水穿透能力方面明显不如 S 波段雷达,并且在同样的脉冲重复频率下,多普勒测速范围只有 S 波段雷达的一半,但其价格明显低于 S 波段雷达。因此在我国沿海地区、大江大河沿岸地区,大片强降水事件发生频率较高,布设 S 波段多普勒天气雷达,而其他地区布设 C 波段多普勒天气雷达。

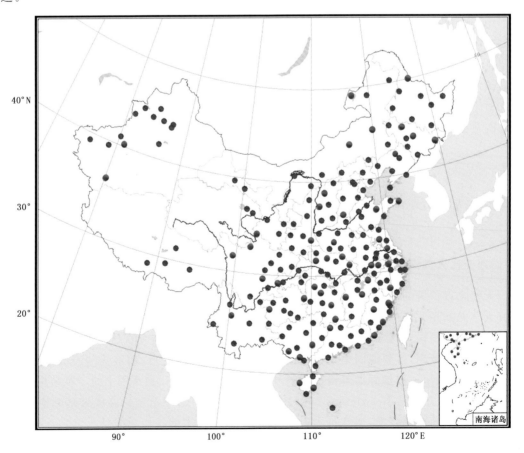

图 1.6　中国新一代(多普勒)天气雷达分布(中国气象局气象探测中心提供)

布网最多的 SA、SB、CA 和 CB 型天气雷达与美国新一代天气雷达 WSR-88D 的结构完全类似,包括雷达数据获取(RDA)、雷达产品生成(RPG)和主要用户终端(PUP)三个部分(图 1.7),其主要数据流如图 1.8 所示。RDA 的主要功能是定向发射电磁脉冲,经过降水粒子或其他目标物的后向散射返回雷达,由雷达接收机接收,形成反射率因子、平均径向速度和径向速度谱宽三种基数据。对于 SA 型和 SB 型雷达,反射率因子基数据沿雷达径向的分辨率为 1 km,沿方位角方向的分辨率为 1°,即 1 km×1°,平均径向速度和速度谱宽基数据的分辨率为 0.25 km×1°。每一个仰角的 360°扫描构成一个圆锥面,最低仰角为 0.5°,最高仰角为 19.5°。

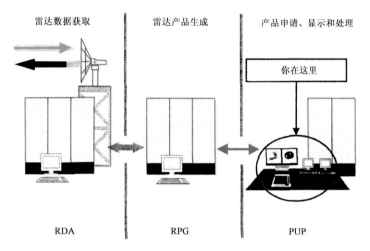

图 1.7 CINRAD-SA 型雷达的三个主要部分:雷达数据采集(RDA)子系统、雷达产品生成(RPG)子系统和基本用户终端(PUP)子系统以及连接它们的通信线路。RDA 和 RPG 间由一条宽带通信线路连接,RPG 和 PUP 间由一条窄带通信线路连接(摘自 Crum et al,1993,1998)

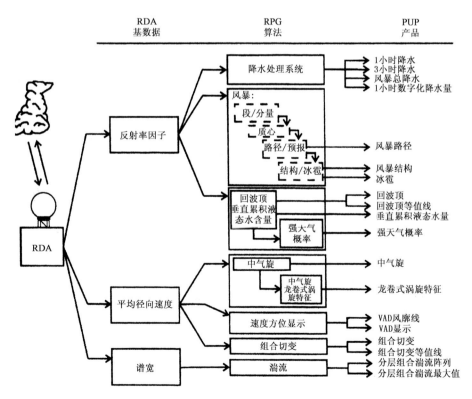

图 1.8 CINRAD-SA 型雷达数据流。由 RDA 的数字化基本数据经过 RPG 中的各种算法生成一系列的产品,通过 PUP 终端显示产品(摘自 Crum et al,1993,1998)

中国的新一代天气雷达共定义了3种体扫方式,分别为VCP11、VCP21和VCP31(俞小鼎等,2006a),VCP31方式10分钟扫描低层的5个仰角,主要用于晴空和没有显著降水天气情况下的观测;VCP21主要用于显著降水天气下的观测,每隔6分钟完成9个仰角的扫描;VCP11主要用于强对流天气情况下的观测,每隔5分钟完成14个仰角的扫描,因此具有最短的更新周期和最高的垂直分辨率。在实际运行过程中,由于我国新一代天气雷达VCP31和VCP11观测模式经常出故障,因此绝大多数情况下几乎所有雷达全部采用VCP21方式进行体积扫描(图1.9)。VCP21从0.5°仰角起始,依次观测1.5°、2.4°、3.4°、4.3°、6.0°、9.9°、14.6°和19.5°九个仰角的360扫描。观测从0.5°仰角开始而不从0.0°仰角开始是为了避免过多的地物杂波,但高山雷达可以考虑从0.0°仰角开始观测。最高仰角不超过19.5°的原因要复杂一些,多普勒所测径向速度来自水平气流和垂直气流两部分,两者混在一起使得径向速度的物理意义不清楚,因此仰角不宜抬得太高,在仰角不是太高的情况下,可以认为雷达所测径向速度主要是水平气流在雷达径向上的投影,可以识别辐合、辐散和旋转等水平流场的特征。需要指出的是,强雷暴内部垂直气流很强,此时即便是19.5°这样不太高的仰角,其径向速度也会受到垂直气流的很大影响,这在解释相应速度图时需要特别小心。

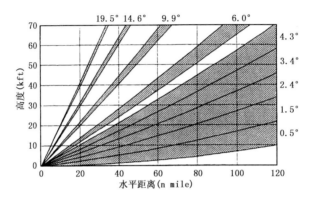

图1.9　VCP21体扫模式

1.2.2　新一代天气雷达主要产品

图1.10给出了CINRAD/SA和SB雷达反射率因子、径向速度、谱宽的观测范围以及一些产品的显示范围。对于SA型和SB型新一代天气雷达,反射率因子的观测范围为460 km,径向速度和谱宽的观测范围为230 km,大部分算法适用的范围位于230 km以内,少量算法适用范围扩展到345 km。其他型号的新一代天气雷达的观测范围大都小于SA型和SB型雷达的观测范围,例如CC型和CD型雷达的观测范围只有150 km。

在新一代天气雷达三个基本产品中,各仰角的反射率因子和平均径向速度是最常用的产品。通常各个仰角的反射率因子可以单独使用,而各仰角的平均径向速度单独使用的场合不多,多数情况下是结合相应的反射率因子图使用。代表取样体积内径向速度不确定性的速度谱宽产品使用很少,在有些场合,如雹暴三体散射,某些辐合线的识别方面可以起到一定的辅助作用。反射率因子和径向速度产品都采用以雷达为中心的极坐标,例如SA(或SB)型雷达的最常用的反射率因子产品19号和径向速度产品27号的分辨率为1°×1 km,1°是沿着方位角方向,1 km是沿着雷达径向,二者构成一个1°×1 km的小扇形区域。图1.11给出了2012年7月21日北京"世纪大暴雨"期间于14时前后发生在通州张家湾的导致一次F1级龙卷的小型超级单体,具有低层勾状回波、中低层明显中气旋和中层有界弱回波区等典型超级单体风暴结构。这种四分屏(或六分屏)显示方式,是考察和分析强对流风暴结构并判断可能出现哪些强对流天气的一种有效方法,也是采用体积扫描方式的主要原因之一。

注:图1.9中,1 kft=304.8 m;1n mile=1.852 km,下同。

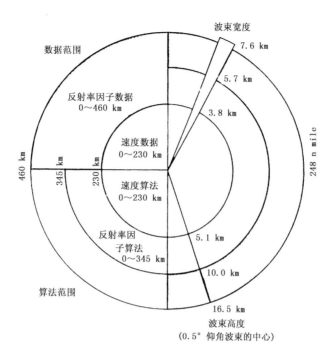

图 1.10　CINRAD/SA 和 SB 雷达反射率因子、径向速度和谱宽的观测范围以及产品的范围

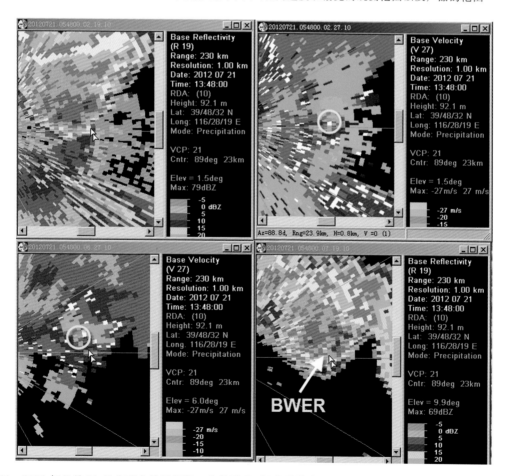

图 1.11　2012 年 7 月 21 日北京大暴雨期间一个导致 F1 级龙卷的小型超级单体风暴:左上和右下分别为 1.5°和
9.9°仰角反射率因子,其中心位置距雷达高度分别为 0.7 km 和 4.2 km,BWER 是有界弱回波区(穹窿)的英文缩写;
右上和左下分别为 1.5°和 6.0°仰角径向速度,其中心距地面距离分别为 0.7 km 和 2.4 km,黄色圆圈代表中气旋

新一代天气雷达的导出产品有 30 多种(俞小鼎等,2006a),比较常用的包括:1)组合反射率因子(CR);2)垂直累积液态水(VIL);3)回波顶(ET);4)风暴路径信息(STI);5)冰雹指数(HI);6)中气旋(M);7)速度方位显示风廓线(VWP);8)1 小时累积雨量(OHP);9)3 小时累积雨量(THP);10)相对风暴径向速度区(SRR)。

组合反射率因子(CR)表示的是在一个体扫中,将各个仰角方位扫描中发现的最大反射率因子投影到水平直角坐标格点上的产品。因此,相邻网格点可包含从风暴中不同高度被投影的反射率因子值。格点分辨率为 1 km×1 km 或 4 km×4 km,相应的显示范围达 230 km 或 460 km。组合反射率因子(CR)产品最明显的用途是不用对每个仰角进行寻找就可显示风暴中最强反射率因子,其主要局限性是不能辨别出在某个仰角方位扫描上有意义的低层特征(如钩状回波等)。此外,对应于最大反射率因子值的高度不能被显示。CR 产品通常可附上"综合属性表",它是一个补充选择,提供有关风暴的数据(如风暴顶、最大平均径向速度和反射率因子、是否有冰雹和中气旋存在等),并在图上叠加由风暴单体识别和跟踪算法识别出的雷暴单体、冰雹算法识别出的冰雹符号和中气旋算法识别出的中气旋符号等。

回波顶(ET)产品是在 ≥18 dBZ(可调阈值)反射率因子被探测到时,显示以最高仰角为基础的回波顶高度(不进行内插和外插)。回波顶是以平均海平面(MSL)为参考的,它显示在距雷达 230 km 内的 4 km×4 km 直角坐标系网格点上。此产品可通过对最高顶定位来识别较有意义的风暴。由于受与天线扫描方式有关的体积扫描模式(VCP)的限制,经常发生弧状的"阶梯式"形状回波,看上去有些不自然,但不影响应用。

垂直累积液态水(VIL)表示将反射率因子数据转换成等价的液态水值,它用的是假设所有反射率因子回波都是由液态水滴引起的经验导出关系。在雷达的 230 km 半径内,对每个仰角,在每 4 km×4 km 格点上求液态水混合比的导出值,然后再垂直累加。VIL 的计算需要对雨水混合比 M 做垂直积分,M 的方程为

$$M = 3.44 \times 10^{-3} Z^{4/7} \tag{1-1}$$

式中,M 为液态水含量(g/m³);Z 为雷达反射率因子(mm⁶/m³)。从每个 4 km×4 km 网格里导出值 M,然后再垂直积分得到 VIL,VIL 值的单位是 kg/m²。由于冰雹的存在会导致液态水混合比出现不可靠的高值,因此所有大于 55 dBZ 的反射率因子都取为 55 dBZ。VIL 可以看作是雷暴强度的某种度量。它在雷暴大风和冰雹预警中具有一定辅助作用。

其他主要产品将在后面的章节中分别介绍。

1.2.3 新一代天气雷达的局限性

从图 1.10 中可以看出,雷达有两个固有局限性:一个是地平线问题,另一个是波束展宽。由于标准大气情况下雷达波束曲率小于地球曲率,即便是最低仰角(0.5°)波束中心的高度也随着距离的增加而增加,在 230 km 处其高度为 5 km,高于很多层状云雨区的高度,在 460 km 处,其高度为 16.5 km,高于大多数对流单体的高度。从图 1.10 中还注意到,波束宽度随着离开雷达距离的增加而展宽,在 230 km 处的波束宽度约为 4 km,此时很难分辨尺度在 3 km 以下的小尺度涡旋,在 460 km 处,波束宽度为 8 km,对于明显的中气旋的识别也变得困难。因此,波束中心高度和波束宽度随距离的增加使得雷达在较远距离处的探测能力下降。此外,由于雷达最高仰角只抬高到 19.5°,该仰角以上没有观测,会形成一个静锥区(俞小鼎等,2006a),静锥区内没有任何观测资料。图 1.12 给出了 5 km 高度等高平面反射率因子产品(经过仰角产品内插得到),中间的空心就是静锥区造成的。当雷暴距离雷达比较近时,其下半部分由于静锥区的存在而无法被观测到。因此,考虑到地平线问题、波束随距离增加展宽问题和静锥区的存在,多普勒天气雷达对于降水系统最佳的探测范围大致位于 20~120 km 之间。需要指出,对于龙卷和下击暴流以及降水估测识别,0~20 km 会更容易,因为上述两种天气的径向速度特征在靠近地面的低层会更明显,而降水估测也是回波越接近地面越好;只是在 0~20 km 范围,由于静锥区的存在,探测不到导致下击暴流和龙卷的雷暴的完整结构。对于强冰雹,在距离雷达 20 km 范围内判断很困难,因为强冰雹回波特

征相当一部分位于高层,处于静锥区之内,雷达探测不到。

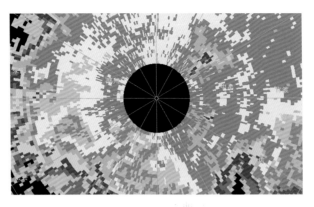

图 1.12　由于静锥区的存在,等高平面反射率因子图上在靠近雷达处出现空洞

　　另外,强降水特别是冰雹对 C 波段雷达波束会有明显衰减。一般而言,降水粒子对 C 波段雷达的衰减大约是 S 波段雷达的 10 倍左右,而降水粒子对 X 波段雷达的衰减又大约是 C 波段雷达的 10 倍。因此,在新一代天气雷达网中没有 X 波段雷达,但还是有不少 X 波段雷达用于车载雷达,作为对新一代天气雷达的补充。图 1.13 显示 2013 年 5 月 21 日 18 时 25 分前后大致位于同一地点的 X 波段(a)、C 波段(b)和 S 波段(c)雷达 3.5°仰角观测的南京地区一个中尺度对流系统的回波(刘黎平等,2014)。由图可见,S 波段雷达探测到的 45 dBZ 以上强回波一直向东北方向延续到距离雷达 60 km 以远(距离圈间隔为15 km),在 C 波段雷达回波上,45 dBZ 的强回波只向东北方向延续到 45 km 以远,45～60 km 间的降水回波有明显衰减。至于 X 波段雷达,回波衰减非常明显,45 km 以远几乎没有回波。

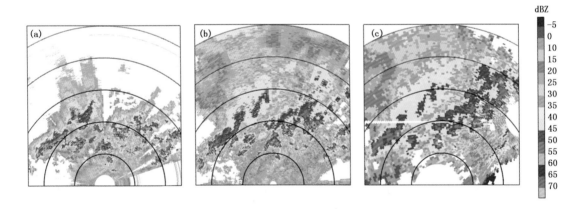

图 1.13　2013 年 5 月 21 日 18 时 25 分前后大致位于同一地点的 X 波段(a)、C 波段(b)和 S 波段(c)雷达 3.5°
仰角观测的南京地区一个中尺度对流系统的回波,距离圈间距为 15 km(引自刘黎平等,2014)

1.2.4　新一代天气雷达数据质量控制

　　雷达数据质量控制主要涉及地物杂波抑制、去距离折叠和退速度模糊。首先,雷达的硬件定标要准确。新一代天气雷达出厂前都做过硬件定标,而且还具有自动标校功能,每完成一次体扫都自动标校一次。但时间长了,用于自动标校的信号源功率会发生变化,因此每隔一段时间,需要用更可靠的信号源,比如太阳,进行重新标定。新一代天气雷达功能规格书要求硬件定标精度为±1 dBZ,但实际操作中基本上做不到,因此在实际操作中可将定标精度降低到±2 dBZ。另外需要指出,在瑞利散射范围(大多数不含冰雹的降雨对于 S 波段来讲都属于瑞利散射,而对于 C 波段雷达也可以大致上作为瑞利散射处理),如果不考虑 C 波段雷达波束的衰减,分辨率和取样体积相同时 S 波段和 C 波段雷达探测到的同一降水区

域的回波强度是相同的,但对于含有冰雹特别是较大冰雹的对流风暴(大粒子米散射),分辨率和取样体积相同时S波段和C波段雷达探测到的同一降水区域的回波强度是不同的,有时C波段雷达回波强一些,更多情况下是S波段雷达回波更强,其差异可以超过5 dBZ甚至10 dBZ。在大冰雹所在的反射率因子核心区,S波段雷达回波可以比C波段雷达回波强10~20 dBZ(Wilson,1978)。不过,在强烈雹暴情况下,很难区分冰雹导致的衰减和米散射效应,因此上述10~20 dBZ的差异是衰减和米散射共同导致的。中国新一代天气雷达网具有S波段和C波段两种波长雷达,在雷达拼图过程中如果涉及不同波长雷达之间拼图,在米散射情况下会遇到一定困难。

1.2.4.1 地物杂波

地物杂波包括固定地物杂波和超折射地物杂波,后者也常称为 AP(anomalous propagation)杂波。固定地物杂波由雷达周边的高层建筑、高塔(如通信塔、电视塔)、山脉和高大树木所导致。通常在雷达安装时会进行测试,标出最低几个仰角上的固定地物杂波位置,形成所谓旁路图(bypass maps)。每次扫描完成后,都会按照旁路图对固定地物杂波进行抑制,抑制强度分为30 dB、40 dB和50 dB三个等级。因此通常看不到原始的固定地物杂波,但经过滤波后,有时仍有一些杂波残留。如果雷达周边没有山脉和高大建筑物,则滤波效果会比较好,否则会有明显的杂波残留。图1.14为北京SA雷达0.5°仰角反射率因子图,图中可见在雷达周边和北京西南、西部和北部山区位置都有明显固定地物杂波残留,雷达周边杂波残留往外的蓝色回波(0~15 dBZ)是晴空回波,主要由昆虫散射所导致。

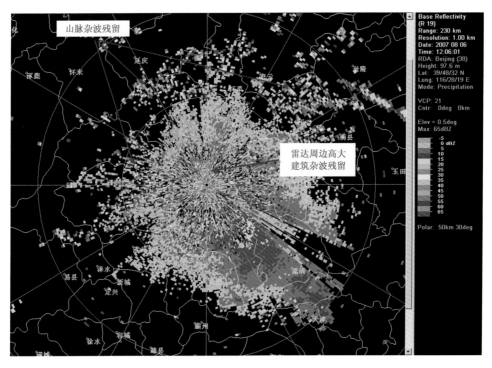

图1.14 2007年8月6日12:06(北京时间)北京南郊SA雷达0.5°仰角反射率因子图

超折射地物杂波(AP杂波)发生在大气折射指数随高度减小较快的情况下(图1.15)。大气折射指数(N)是将大气折射率减1再乘以10^6。在标准大气情况下,大气折射指数随高度递减,雷达发出的波束会略微向下弯曲,如图中绿线所示,此时大气折射指数随高度的递减率为0.0787 m^{-1}。雷达波束向下弯曲的曲率小于地球曲率,随着距离增加,雷达波束中心距地面高度也会逐渐增加。PUP中的回波高度显示就是在假定大气为标准大气情况下计算的,且代表波束中心的高度。如果实际大气与标准大气有较大偏离,则PUP上显示的回波高度会有明显偏差。图1.15中黑色虚线代表水平发射的雷达波束向下弯曲的曲率与地球相当,该波束一直保持与海平面平行,此时N随高度递减率为0.157 m^{-1}。在N的递减率位于标准大气和黑色虚线之间时,会出现轻微的超折射,此时雷暴波束向下弯曲曲率大于标准折射,但仍小于地球曲率,在平坦地区不会出现 AP 杂波,在山区由于山的回波会导致 AP 杂波,如图中黄色曲线所示。如果 N 随高度递减率进一步加大,超过 $0.157\ \mathrm{m}^{-1}$,则会出现严重超折射,出现所谓雷达波束"波导式传播"(即类似于电磁波在波导管中的传播方式),雷达波束向下弯曲的曲率明显超过地球曲率。此时距离雷达 230 km 以内的平坦地区有可能出现超折射回波,山区自然更有可能出现,即所谓 AP 杂波。平坦地区的 AP 杂波往往呈现放射状形态(图 1.16),有时呈现为不规则的块状,最强反射率因子甚至可达 90 dBZ 以上,同时 AP 杂波内反射率因子梯度很大;山区的 AP 杂波往往呈米粒状(图 1.16)。AP 杂波通常在 0.5°仰角最明显,1.5°仰角上会明显减弱甚至完全消失。

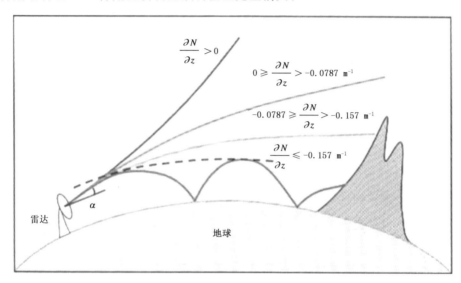

图 1.15　雷达波束在大气中传播时的折射现象示意图(绿色线代表标准大气折射,黄色线代表轻微超折射,红色线代表类似波导效应的严重超折射,蓝色线代表负折射,黑色虚线代表与地球曲率相同的临界折射)

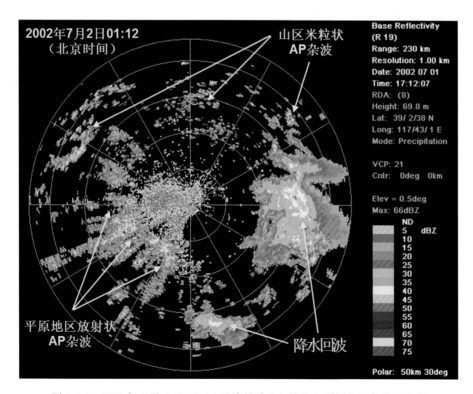

图 1.16　2002 年 7 月 2 日 01:12 天津塘沽 SA 雷达 0.5°仰角反射率因子图

严重的 AP 杂波出现在 N 随高度迅速递减的情况下,而 N 是大气水汽压、温度和压力的函数,尤其依赖于前两个参数。严重的 AP 杂波通常出现在以下几种情况下:1)晴空或大雾天的夜间和早晨时段大气边界层很稳定时,此时存在明显逆温,同时露点(或比湿或水汽压)随高度迅速降低,易产生 AP 杂波;2)大雨过后,空气中水汽通过降水降到地面,地面附近有明显水汽蒸发,导致露点随高度迅速递减,虽然没有明显逆温,仍然可以在局部产生 AP 杂波;3)当雷暴出流边界很强,出流边界冷池与其上暖湿气流形成逆温,也可导致 AP 杂波,并且与雷暴回波混在一起不容易区分。

目前 SA、SB 和 CB 新一代天气雷达抑制 AP 杂波的方法是人工识别 AP 杂波,然后定义一个扇形区域,该区域围住 AP 区域,对扇形区域内每一个像素实施抑制,如图 1.17 所示。这种需要人工干预才能确定扇形区域从而抑制 AP 杂波的方式有诸多不方便之处,但目前仍是我国新一代天气雷达抑制 AP 杂波的业务方法。很多雷达站点并不是每天都人工识别 AP 杂波,常常会有大量含有 AP 杂波的资料被作为基数据储存、显示和提供给下游算法。Kessinger 等(2003)提出了利用模糊逻辑技术,基于超折射回波和降水回波在反射率因子垂直梯度和水平梯度方面的明显差异,自动识别和抑制超折射 AP 杂波的技术,该技术目前是美国新一代天气雷达 WSR-88D 抑制 AP 杂波的业务方案。刘黎平等(2007)建立了类似的技术,并应用于中国新一代天气雷达个例。江源等(2009)在刘黎平等(2007)的工作基础上,对方案进行了进一步改进。

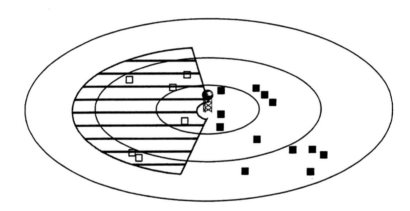

图 1.17　指示固定地物杂波的小方块和框定 AP 杂波的扇形区域

1.2.4.2　距离折叠与速度模糊

首先,引入雷达最大探测距离(也叫最大不模糊距离)和距离折叠概念。雷达最大探测距离指的是雷达波束达到该距离再返回雷达的时间刚好等于一个脉冲重复周期。

$$R_{\max} = PRT \times c/2 = 0.5 \times c/PRF \tag{1-2}$$

式中,c 为光速;PRT 和 PRF 分别为雷达脉冲重复周期和重复频率;$R_{\max}$ 为雷达最大探测距离。可见雷达最大探测距离与脉冲重复频率呈反比。如果目标物(如对流风暴)位于雷达最大探测距离之内,则雷达给出的目标物的距离是正确的;如果目标物位于雷达最大探测距离之外,则雷达给出的目标物的距离是错误的,目标物距最大探测距离或其整数倍的位置以外距离是多少,雷达给出的该目标物距雷达距离就是多少,即产生了距离折叠(range folding),具体说明见俞小鼎等(2006a)所编教科书第二章第四节。距离折叠的例子见图 1.18。

其次,引入最大不模糊速度和速度模糊概念。最大不模糊速度指的是在某个脉冲重复频率下,雷达的信号处理器所能够正确分辨的径向速度的最大值。

$$V_{\max} = \lambda \times PRF/4 \tag{1-3}$$

式中,λ 为雷达发射波波长。可见最大不模糊距离与脉冲重复频率和波长呈正比。雷达能够正确分辨的速度范围从 $-V_{\max}$ 到 $+V_{\max}$,如果实际径向速度在该范围以内,多普勒雷达会给出正确的径向速度,如果

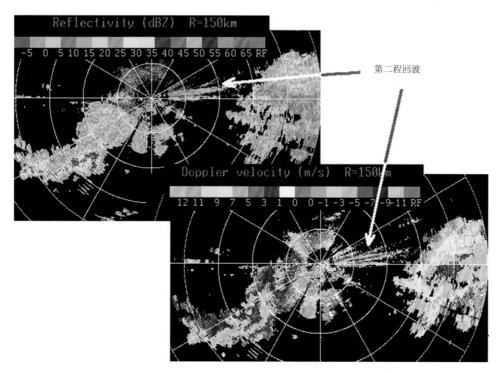

图 1.18 CC 型雷达距离折叠例子(2001 年 6 月 16 日 09 时 29 分马鞍山 CC 雷达 1.5°
仰角反射率因子与径向速度图像,距离圈间距为 30 km)

实际径向速度在该范围以外,则雷达给出的径向速度是错误的,这个现象称为速度模糊(velocity aliasing),给出的错误速度称为模糊速度(aliased velocity)。

如果要减少距离折叠发生的频率,就要增大最大探测距离,这要求尽量降低脉冲重复频率,而要降低速度模糊发生的频率,就要增大最大不模糊速度,这要求尽量增加脉冲重复频率,这两个要求显然不能同时满足,这个事实称为多普勒两难。通常需要采用一些折中的处理方案以保证雷达数据的质量。另外注意到,在同样脉冲重复频率下,S 波段和 C 波段雷达的最大探测距离是一样的,但 S 波段雷达的正确测速范围(最大不模糊速度)是 C 波段雷达的 2 倍。

在中国气象局业务布网的各种型号新一代天气雷达中,SC、CC 和 CD 雷达对于距离折叠不做处理,尤其是 CC 和 CD 雷达,测速采用的脉冲重复频率为 900 s^{-1},对应的最大探测距离为 150 km 左右,位于 150 km 以外的较强对流系统很容易产生距离折叠。图 1.18 所示为 2001 年 6 月 16 日 09 时 29 分马鞍山 CC 雷达 1.5°仰角反射率因子和径向速度图像,其中箭头所指为最大探测距离(此处是 150 km)以外的雷暴回波被折叠进靠近雷达的位置,呈现狭长形,称为第二程回波。

对于速度模糊,SC、CC、CD 雷达采用双多普勒频率方法增加测速范围。CC 和 CD 雷达常用的方案是,当雷达天线旋转时,采用 900 s^{-1} 和 600 s^{-1} 双脉冲频率交互发射。单使用 900 s^{-1} 的 PRF 时,对应的最大不模糊速度是 12 m/s;而使用 900 s^{-1} 和 600 s^{-1} 双脉冲频率交互发射时,测定这两个脉冲重复频率的速度差,就能确定真实的速度,上述两个脉冲重复频率之比为 3∶2,因此可以将测速范围扩展为原来的 2 倍,即 24 m/s,具体原理参见张培昌等(2008)。这种扩展最大不模糊速度方法的最大缺陷是会导致速度图上,尤其是关键区域出现跳点,使得图像不够清晰,如图 1.19 所示。图 1.19 为 CD 雷达观测的 2013 年 4 月 17 日发生在黔西南的超级单体 19.5°仰角反射率因子和径向速度图,速度图显示风暴顶辐散,但图上负速度中有正速度的零散点,而正速度中也有负速度的零散跳点。

SA、SB、CA 和 CB 新一代天气雷达在处理距离折叠和速度模糊问题上采用了美国新一代天气雷达 WSR-88D 的方案。以最常用的体扫模式 VCP21 为例,最低的两个仰角 0.5°和 1.5°扫两圈,第一圈使用较低的脉冲重复频率(PRF=322 s^{-1}),此时最大不模糊距离为 460 km,距离折叠可以忽略,该扫描用来

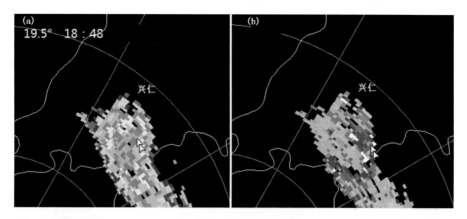

图 1.19　2013 年 4 月 17 日 18:48 黔西南 CD 型天气雷达 19.5°反射率因子(a)和仰角径向速度(b)图

确定每个产生回波的目标物的位置和反射率因子,相应的径向速度(包括谱宽)由于测速范围太小弃之不用。第二圈采用较高的脉冲重复频率($PRF=1014\ s^{-1}$),对应的最大探测距离为 150 km,最大不模糊速度 SA 和 SB 为 27 m/s,CA 和 CB 为 14 m/s,因此速度和谱宽数据会产生距离折叠,需要对速度和谱宽数据进行距离退折叠处理(俞小鼎等,2006a)。如果最大不模糊距离以外的回波折叠进来以后的位置处原来没有目标物,则可以完全退掉速度和谱宽数据的距离折叠;如果折叠进来以后的位置处原来也存在目标物,则两个目标物中只能给一个赋予速度和谱宽值或两个都不能赋予速度或谱宽值,不能赋予速度和谱宽值的目标物位置将标注为紫色,代表该处存在目标物且产生了回波,但速度和谱宽值不能确定。2.4°、3.4°和 4.3°仰角采用交互发射方式,相继发射低的和高的 PRF 脉冲。类似地,用低的脉冲重复频率扫描确定所有产生回波的目标物的正确位置,用高的脉冲重复频率扫描确定目标物的径向速度和谱宽,此时会出现速度和谱宽的距离折叠,需要进行速度和谱宽数据的距离退折叠处理。4.3°仰角以上各仰角扫描,包括 6.0°、9.9°、14.6°和 19.5°仰角扫描,全部使用高 PRF,因为即便对应于最高的 $PRF=1014\ s^{-1}$,相应最大探测距离 150 km 处的波束中心高度为 17.2 km,绝大多数雷暴高度都达不到这一高度,因此发生距离折叠的概率很小。速度和谱宽数据的距离退折叠是在 SA、SB、CA 和 CB 雷达的 RDA 部分进行的(俞小鼎等,2006a)。图 1.20 给出的 SA 雷达例子中,反射率因子没有距离折叠,而速度数据发生了距离折叠,所有数据都折叠进 150 km 范围(白色圆圈所标)内,经过距离退折叠算法退折叠,部分 150~230 km 之间的速度数据得以恢复,紫色代表该处的目标物产生了回波,但其速度值无法确定。

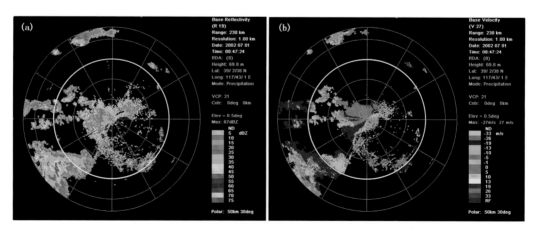

图 1.20　2002 年 7 月 1 日 16:47 塘沽 SA 雷达 0.5°仰角反射率因子(a)和径向速度(b)图
(距离圈间距为 50 km,最外圈间距为 30 km,白色圈圈为 150 km 距离)

所有型号雷达都使用了 SA 雷达的速度退模糊算法,主要依据速度在径向和方位角方向是连续的原则。该算法来自美国 WSR-88D,在 RPG 部分执行。该速度退模糊算法效果不好,经常退错,退错的速度模糊称为不适当退模糊。由于速度模糊是有规律的,人工主观退模糊总是可以将所有速度模糊退掉。因此,建议在 RPG 选择项中选择不退模糊。这样可以用主观方法正确退掉速度模糊,而如果采用自动客观退模糊算法,一旦退错,再用主观方法也不能使错误速度还原。图 1.21 给出了不适当自动退模糊速度的例子。

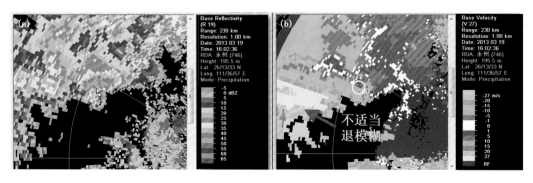

图 1.21　2013 年 3 月 19 日 16:02 湖南永州 SB 雷达 0.5°仰角反射率因子(a)与径向速度(b)图
(径向速度图上显示不适当退模糊的速度)

1.2.5　带有双偏振功能的多普勒天气雷达

目前中国业务运行的多普勒天气雷达(CINRAD)都不带有双偏振(或称双极化)功能(dual-polarization capability),只发射和接受水平偏振的电磁波。双偏振或双极化雷达,或者同步,或者交互发射和接收水平和垂直偏振的电磁波(图 1.22)。增加双偏振功能的主要目的是为了改进降水估计和对降水系统内部水凝物粒子的相态识别能力。除了原有的由水平偏振雷达波获取的反射率因子、平均径向速度和速度谱宽三个基数据外,双偏振天气雷达又增加了三个基本数据:1)微差反射率因子;2)相关系数;3)比微差相移。自 2011 年起,美国国家气象局开始将美国的新一代业务天气雷达(NEXRAD)WSR-88D 加装双偏振功能,到 2014 年年底已经全部完成了对其境内 158 部 WSR-88D 多普勒天气雷达的双偏振功能升级改造。

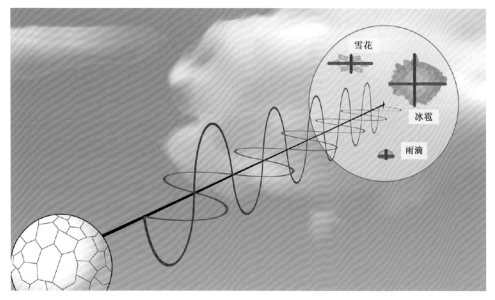

图 1.22　双偏振多普勒天气雷达工作方式示意图

1.2.5.1　微差反射率因子(differential reflectivity)

微差反射率因子(Z_{DR})是指反射的水平偏振反射率因子和垂直偏振反射率因子之比,其经过 RDA 的噪声订正。它代表一个雷达取样体积里反射率因子加权的水凝物粒子平均水平-垂直轴比例。正的 Z_{DR} 值表示扁平形状的水凝物粒子,比如雨滴尤其是大雨滴;而 Z_{DR} 值在 0 值附近表示球形水凝物粒子或不断翻滚的水凝物粒子如冰雹(需要与强的水平偏振反射率因子结合起来判定),其典型取值范围在 $-2\sim$ $+6$ dB 之间。

1.2.5.2　相关系数(correlation coefficient)

相关系数指水平偏振回波强度和垂直偏振回波强度之间的相关系数。用来区分降水和非降水、数据质量改善以及雷达取样体积内水凝物粒子的均匀性,取值范围 $0\sim1.00$。

1.2.5.3　比微差相移(specific differential phase)

比微差相移(K_{DP})指水平偏振和垂直偏振脉冲沿着某一段传播路径的位相差与路径长度之比。这个产品对冰雹和波束阻挡不敏感,可以用来改善降水估计,其典型值范围是$(-0.5°\sim+8°)/km$。

1.2.5.4　产品例子

图 1.23 给出了美国升级后的 WSR-88D 雷达探测一个对流风暴生成的某个仰角的微差反射率因子、相关系数和比微差相移产品。需要注意的是,与反射率因子和平均径向速度产品不同,在 C 波段或 X 波段双偏振雷达探测同样对流风暴时,上述三个产品的图像可能会有明显的不同,即上述三个偏振产品对雷达的波段很敏感,而原来的反射率因子和径向速度产品对雷达波段不太敏感。

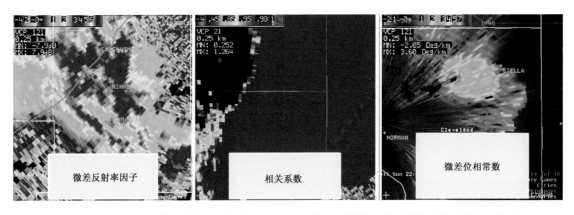

图 1.23　美国经过增加双偏振功能后的 WSR-88D 雷达探测某一对流风暴时给出的某一仰角
微差反射率因子、相关系数和微差位相常数产品

1.2.5.5　新增算法

美国新一代天气雷达 WSR-88D 在增加双偏振功能后,同时也增加了相应算法。主要包括:1)双偏振预处理;2)质量指数算法;3)水凝物粒子分类算法(HCA);4)融化层探测算法(MLDA);5)定量降水估计(QPE)。质量指数算法主要是为 HCA 算法提供数据质量控制,没有产品生成。水凝物粒子分类算法(hydrometeor classification algorithm)是新增的最重要算法,主要是区分不同类型的水凝物粒子以及非气象回波。定量降水估计算法并不替代 WSR-88D 原有的降水估计算法,而是给出根据双偏振参数结合原有反射率因子得到的新的估计,两种算法的降水估计同时作为产品。图 1.24 给出了水凝物分类算法的产品图像。

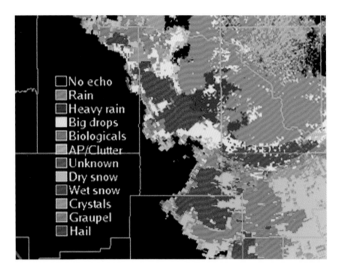

图 1.24 水凝物分类算法的产品

(左侧的分类表示色块自上而下分别代表无回波、雨、大雨、大雨滴区域、生物目标如昆虫、

AP 杂波、无法判定、干雪、湿雪、冰晶、霰、冰雹)

1.2.5.6 应用展望

美国新一代天气雷达已经全部升级到带有双偏振功能。其主要目标有两个:1)增加降水估测精度;2)识别降水系统内水凝物粒子的种类和相态,尤其是提高冰雹识别的准确率。从目前情况看,没有达到预期目标。首先,采用了偏振参量的新的降水估测技术没有表现出比原有纯粹基于反射率因子的降水估测技术的明显优势,只有在雨强较大时优势比较明显;其次,在降水系统中水凝物粒子识别技术方面,比原有的非双偏振多普勒天气雷达有明显改进,但识别中的不确定性仍然很大。因此,从总体上说,增加了双偏振功能以后,多普勒天气雷达在降水估测和强对流天气预警能力方面的改善是十分有限的,低于预期。最近 15 年(2005—2019 年)尤其是最近 10 年(2010—2019 年)中国带有双偏振功能的多普勒天气雷达增加很快,大部分都是非业务研究型雷达,以 C 波段和 X 波段为主,从试验结果来看,还存在不少问题。中国气象局初步计划在 2020 年前给 107 部业务新一代(多普勒)天气雷达增加双偏振功能。

1.3 其他主要相关探测手段和相应的资料

新一代(多普勒)天气雷达是探测和预警雷暴与强对流天气的主要手段。此外,除了直接探测导致强对流天气的深厚湿对流或对流风暴本身,还需要了解对流风暴的环境背景尤其是近风暴环境。这不仅对雷暴和强对流潜势预报是必需的,而且对于预警具体的强对流天气类别(强冰雹、雷暴大风、龙卷和短时强降水)也是十分关键的。最重要的探测手段有常规高空和地面观测(含区域自动气象站)、气象卫星、风廓线雷达、AMDAR(aircraft meteorological data acquisition relay,飞机气象资料接收与下传)资料等。闪电定位系统不是探测近风暴环境的,但却可以反映对流风暴本身特征和结构的一个重要侧面,因此,也将在本节简要介绍。

1.3.1 常规高空和地面观测网

1.3.1.1 高空观测网

雷暴和强对流潜势的判断主要依赖于分析常规地面和高空观测、卫星云图,特别是高时空分辨率的卫星云图、区域自动气象站观测、数值预报产品以及风廓线雷达等。雷暴和强对流天气发生发展主要取决于大气垂直层结静力不稳定、水汽、抬升触发机制和垂直风切变等条件,常规探空提供了分析大气静力不稳定、水汽和垂直风切变的主要资料。图1.25给出了我国122个探空站(含香港和台北)的分布,它是世界上最密的探空网之一。尽管如此,它还是不能完全满足雷暴和强对流天气潜势预报的需求,其中最大的缺陷是绝大多数探空站一天只观测两次,分别是世界时00时和12时,对应北京时间08时和20时,而我国大多数地区雷暴多发生于北京时间14—19时,因此在使用08时探空估计午后雷暴潜势时必须对探空进行适当的订正。雷暴的抬升触发机制可以通过分析地面和低层(925 hPa和850 hPa)天气图获得线索,同时高分辨率可见光云图和多普勒天气雷达显示边界层辐合线的能力也提供了雷暴触发机制的重要线索。

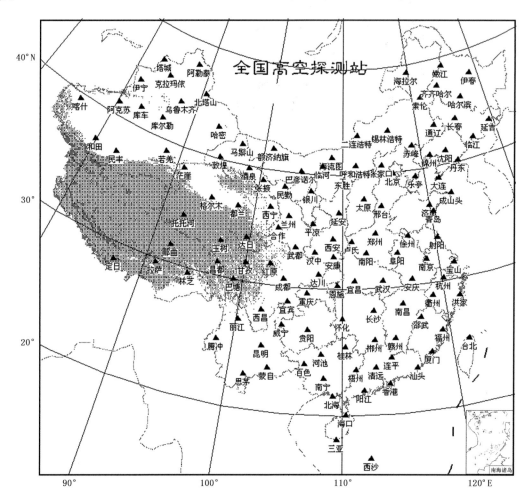

图1.25　中国122个探空站的分布(包括台北和香港)

1.3.1.2　地面观测网

我国目前的地面观测网主要由2000多个国家级地面气象观测站以及近50000部区域自动气象站构成。国家级气象观测站采用有线遥测自动站和人工观测结合方式获取数据,地面气温、露点、风向风速、降水和能见度采用有线遥测自动站观测,每分钟有一次读数,每小时上传一次数据,天空云量和云状、过去和现在天气采用人工观测方式,每3小时上传一次数据。国家级气象观测站通常站点代表性较好,又有人工值守,一般具有较好的数据质量。国家级气象观测站分为气候基准站、基本站和一般站三类,数量分别为143个、685个和1588个(图1.26),总数为2416个。

在国家级地面气象观测站的观测业务中,出现危险天气会发危险天气报上传,可以在MICAPS资料中地面观测资料的Special目录中找到并显示(图1.27)。冰雹用39表示,39后面数字表示站点观测到的冰雹直径。11表示极大风速,后面数字是该站点观测到的极大风速值。而15表示风向,后面数字表

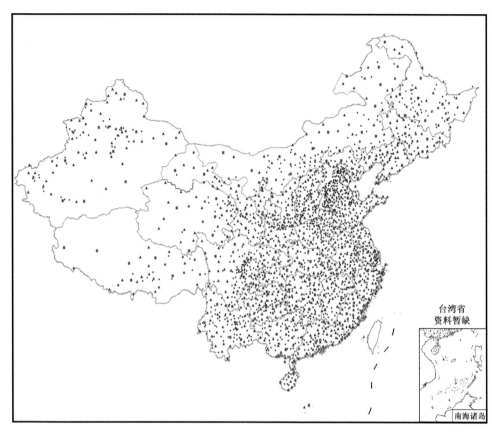

图 1.26　2416 个国家级地面气象观测站分布(红色方块、蓝色三角和黑色圆点分别代表基准站、基本站和一般站)

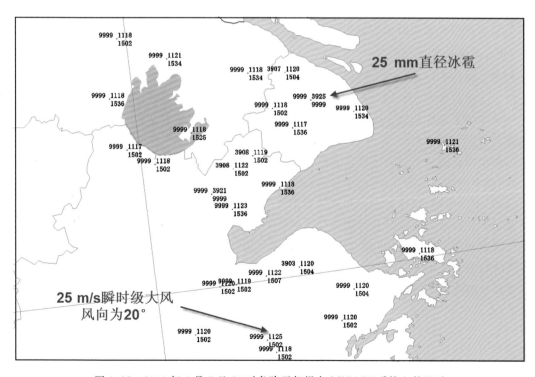

图 1.27　2009 年 6 月 5 日 20 时危险天气报在 MICAPS 系统上的显示

示风向方位除以 10，比如 1504 表示风向为 40°，即东北风；1525 表示风向为 250°，即西南偏西风。标注为 20 时意味着图上显示的是 14—20 时 6 小时内所发生的危险或高影响天气。08—20 时，所有 2416 个国家级观测站都会记录上传其间所发生的危险天气资料，但当日 20 时至第二天 08 时，只有 828 个基准站和基本站记录和上传上述资料，因此 20 时以后发生的强烈天气被站点观测到并记录上传的比例很低。即便是在白天，2416 个站点对所发生强烈天气的观测和记录也是不足够的。例如，最强的冰雹往往发生在沿着雷暴移动方向的一条狭窄区域内，恰好被测站观测到的概率很小。龙卷几乎从来不会发生在测站上。

因此，除了测站观测收集上传冰雹、雷暴大风资料外，需要有其他渠道收集和上传相应资料，例如通过互联网收集灾情。需要指出，冰雹、雷暴大风、龙卷和强降水实况的收集对于强对流天气临近预报的验证至关重要，而强对流天气临近预报的全面验证对于改进临近预报技术非常关键。目前，除了对降水实况资料的收集相对完整外，对冰雹、雷暴大风和龙卷实况资料的收集还远不能令人满意，尤其是冰雹和龙卷实况资料非常不完整。在美国强对流多发地区，志愿者的人工目击观测是强对流天气临近预报的非常重要的信息来源。我国在强对流天气志愿者目击报告方面做得很不够，这在一定程度上限制了强对流天气临近预报的准确性和实时验证，目前正在各省建立的气象信息员系统在一定程度上弥补了这方面的不足，但还远达不到协助有效预警的目标。

除了 2400 多个国家级气象观测站，还有将近 50000 部无线遥测无人值守的区域自动气象站投入业务运行，大多数是两要素（降水和温度）气象站，四要素（降水、温度和风向风速）和六要素（降水、气压、温度、露点和风向风速）以上自动站只占少数，提供大气低层暖湿条件、地面热力边界和辐合线等与雷暴发生潜势紧密相关的因素。大量的雨量计为降水实况提供了全面和高分辨率信息，为短时强降水临近预报验证提供了较为充分的实况资料，雨量计资料也可直接用来做暴洪临近预报。区域自动站最大的问题是其代表性和质量控制问题，特别是质量控制问题至今没有得到较好解决。

1.3.2 气象卫星资料

气象卫星资料分为静止气象卫星资料和极轨气象卫星资料，主要包括云图资料、云导风资料和垂直探测器资料。在雷暴与强对流天气短时临近预报中主要使用云图资料，后两类资料尤其是垂直探测器资料主要用于数值预报模式初始场的最优估计。

1.3.2.1 静止气象卫星

静止气象卫星位于地球赤道上空，距离地面 35800 km。其优点是相对地球静止，观测周期短。目前我国静止气象卫星有风云 2D、2E、2F 和风云 4A，分别位于 86.5°、105°、112° 和 105°E 赤道上空，另外还有日本静止气象卫星葵花 8 号位于 140°E 赤道上空，以上 5 颗静止气象卫星都可以覆盖我国。我国静止气象卫星的重复观测周期一般是 30 分钟，风云 4A 的重复观测周期在 10 分钟左右。

静止气象卫星云图可以帮助预报员判断在探空间隔的 12 小时期间天气形势的变化。青藏高原和新疆、内蒙古沙漠戈壁还有广阔洋面，由于没有探空，静止气象卫星云图是判断那里天气形势的重要工具，包括红外云图、水汽云图、可见光云图和高分辨率可见光云图。对于雷暴和强对流临近预报来讲，将高分辨率可见光云图和红外云图结合有可能更早地判断雷暴的生成。不过，目前风云 2 系列卫星处理速度较慢，例如 08 时开始观测的卫星，08 时 27 分左右完成大圆盘图扫描，在国家卫星气象中心经过数据处理送到国家气象信息中心下发，预报员能看到时大致在 09 时以后，延迟时间较长，大大限制了其在对流性天气临近预报中的应用。随着采用三轴稳定的风云 4A 静止气象卫星投入业务使用，目前可以 10 分钟获取一张云图，实时性大大改善，只不过运行还不是十分稳定，日本葵花 8 号相对而言图像质量和运行稳定性更好一些。除了卫星云图，静止气象卫星还可以根据示踪云的移动反演高空风场，主要作为数值预报模式初值场形成的输入观测资料之一，也可以用于雷暴与强对流短时临近预报中判断风的垂直切变，如图 1.28 所示。不过，目前这一产品也存在时间延迟过长的问题，大大限制了其在雷暴和强对流天气临近预报业务中的应用。

图 1.28　1998 年 10 月 16 日 05：30 国家卫星气象中心基于 FY-2A 的云导风产品(蓝色、绿色和红色矢量分别对应底层(925～700 hPa)、中层(700～350 hPa)和高层(350～150 hPa)对流层大气的风矢量)

1.3.2.2　极轨气象卫星

极轨气象卫星的全称是近极地轨道太阳同步卫星,其轨道平面与地轴之间夹角通常不超过 10°,结合地球自转可以实现对全球范围的观测。其轨道距离地面高度在 800 km 左右,大约 1～2 小时绕地球一圈,因此比地球静止卫星具有更高的空间分辨率,每天可以经过同一地点 2 次,时间分辨率较低。之所以称为太阳同步,是因为其每天经过赤道的时间相同,经过南北半球中纬度和低纬度地区同一地点的时间也大致相同。极轨气象卫星主要携带两种探测设备。一种是红外与微波垂直探测器,用于遥感大气的垂直温度和湿度廓线,所得资料对于全球和区域数值预报模式初值场的形成极为重要,其对全球数值预报初值场准确度的重要性在北半球仅次于探空资料,在南半球是第一重要的观测资料。另一种重要设备是扫描成像仪,主要提供可见光、近红外、水汽、热红外和微波通道的云图资料,比静止气象卫星云图具有更高分辨率。目前我国可以收到的极轨气象卫星资料包括美国 NOAA 系列卫星和中国的 FY-3C 卫星。除了气象卫星,美国的地球观测系统卫星 EOS 由 2 颗极轨气象卫星 Terra 和 Aqua 构成,其携带的中分辨率成像仪 MODIS 可以提供甚高分辨率的可见光和红外云图,可见光云图的星下点分辨率为 250 m,可以为对流天气临近预报提供重要线索。图 1.29 给出了 2009 年 7 月 2 日 EOS 系统 Terra 卫星的 MODIS 可见光图像(250 m 分辨率),可清晰看到山东半岛上有水平对流卷(见第 2 章)构成的积云云街,云街与边界层平均风向(西北风)近乎平行。

1.3.2.3　非太阳同步的低轨气象卫星

除了极轨卫星,还有其他类型的低轨道气象卫星。例如,美国和日本联合研制的热带测雨任务卫星(Tropical Rainfall Measuring Mission satellite,TRMM)的轨道位于南北纬 35°之间,1997 年在日本发射上天,目前仍可以正常工作(图 1.30)。卫星上除了通常的图像扫描仪和垂直探测器,还带有一部波长为 2.2 cm 的 K 波段雷达(PR 雷达)。该卫星距地面高度 350 km,与赤道平面夹角 35°。2014 年 2 月 27 日,

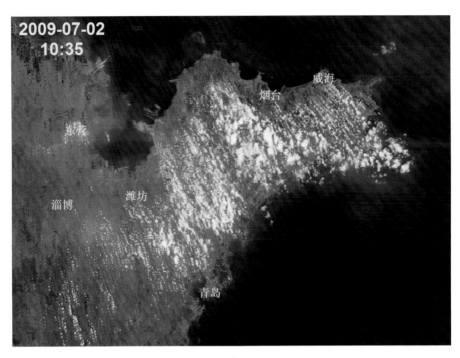

图 1.29　2009 年 7 月 2 日 10:35 美国 EOS 系统 Terra 卫星可见光云图(250 m 分辨率,山东局部)

美国和日本又联合研制并在日本发射了另一颗低轨卫星——全球降水测量卫星(Global Precipitation Measurement,GPM),作为 TRMM 卫星的继任者(尽管 TRMM 卫星目前还可以维持正常工作),携带的雷达为双频雷达(波长分别为 2.2 cm 和 0.8 cm),仍然采用非太阳同步轨道。其对 TRMM 卫星功能进行扩展,除了能够估测中雨和大雨,还具有估测小雨和固态降水的能力,其轨道扩展到更高纬度以实现全球降水估测。

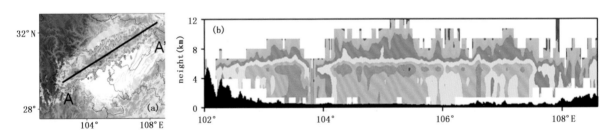

图 1.30　2009 年 7 月 31 日 03:47(北京时间)TRMM 卫星 PR 雷达在 5 km 高度的反射率因子(a)以及沿着 AA′的在 06:57 时刻的反射率因子垂直剖面(b)(引自周淼等,2014)

1.3.3　风廓线雷达

　　风廓线雷达也是一种脉冲式多普勒天气雷达,只不过主要目的是测风,其优势是即便在晴空情况下也能获得大气的垂直风廓线。其原理是分别向至少 3 个方向发射脉冲波束,其中一个波束指向天顶,另外两个波束分别与天顶呈 15°角,两波束之间呈直角,最多使用 5 个波束,原理示意见图 1.31。探测原理与多普勒天气雷达类似,只是散射体不是降水粒子而是大气湍流。湍涡导致大气折射指数梯度出现脉动,从而产生后向散射,当大气折射指数梯度的脉动尺度相当于雷达波长的二分之一时回波最强,即所谓 Bragg 散射(Doviak and Zrnic,1993)。根据多个波束测量的径向速度,可以给出大气垂直风廓线,另外垂直指向的波束可以测量大气的垂直气流,降水时可以测量降水下降的速度,同时还可以给出信噪比和回波的反射率因子。气象上常用的风廓线雷达包括大气边界层风廓线雷达、对流层中层风廓线雷达和对流层风廓线雷达,有效探测范围分别为 0～3 km、0～8 km 和 0～12 km,发射机使用频率分别属于微波 L 波段和超高频 UHF,边界层风廓线雷达对应的波长为 20～30 cm,后两者 60～80 cm。另外,如果将风廓线雷达与声雷达结合,利用声雷达探测中低层大气虚温廓线,将构成 RASS 温度和风垂直廓线探测系统。目前中国气象局还没有开始风廓线雷达的业务布网,部分省市气象局安装并运行了一些型号的风廓线雷达,以边界层风廓线雷达为主。目前运行风廓线雷达的地区主要是一些经济发达地区和气象现代化进展较快的地区,如北京、上海、天津、江苏、浙江、广东、安徽等。未来中国气象局业务布网的风廓线雷达将以有效探测范围 0～8 km 的对流层中层风廓线雷达为主。图 1.32 给出了位于北京南郊观象台的对流层风廓线雷达探测的垂直风廓线时间序列的例子,风廓线更新间隔为 6 分钟。

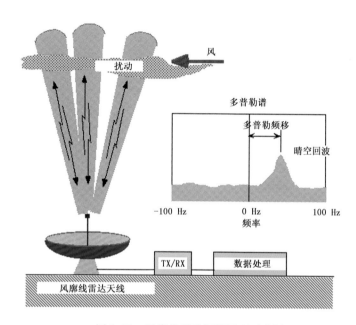

图 1.31　风廓线雷达探测原理示意图

　　20 世纪 80 年代,美国国家海洋大气局(NOAA)位于科罗拉多州的波传播实验室(WPL)最早建立了一个有 5 部风廓线雷达组成的风廓线雷达网(Chadwick,1986)。1989—1990 年,NOAA 又在美国中部地区建立了由 30 部风廓线雷达组成的展示网。这些风廓线雷达具有三个波束,工作频率为 404 MHz 的超高频频段(UHF),对应的波长为 0.74 m,有效垂直探测范围为 2～18 km。Weber 等(1990)将这个风廓线雷达展示网中最早建立(建于 1989 年)的一部位于科罗拉多州 Platteville 的风廓线雷达 300 小时的观测资料与位于其东边 50 km 处的丹佛探空站的探空风数据进行了对比,发现两者之间的标准差为 3.6 m/s。因此得出结论:这部风廓线雷达观测的风与 50 km 外的探空站得到的风资料在绝大多数情况下具有较好的一致性。中国的风廓线雷达观测资料尚没有与附近探空站的风资料做长期的系统性对比。

1.3.4　AMDAR 资料

　　20 世纪 70 年代,在世界气象组织的全球大气研究项目试验中,首先提出了商用航空器气象资料下传的概念。由安装在商用飞机上的自动气象观测仪器直接进行测量,再根据气流运动的流体动力和热力学原理进行必要的计算和换算后,就可以给出飞机所处位置和气象参数,主要是温度和风向风速。如何利用飞机上的通信设备实现观测数据的实时传送,是制约商用飞机气象资料有效利用的主要问题。其中有两种系统得到充分发展,一种是应用气象地球同步卫星(静止卫星)和通用监视系统的 ASDAR(Aircraft to Satellite Data Relay),另一种是使用机载甚高频(VHF)通信系统的商用航空器寻址和报告系统 ACARS(Aircraft Communication Addressing and Reporting System)。在这两种系统基础上,1998 年正

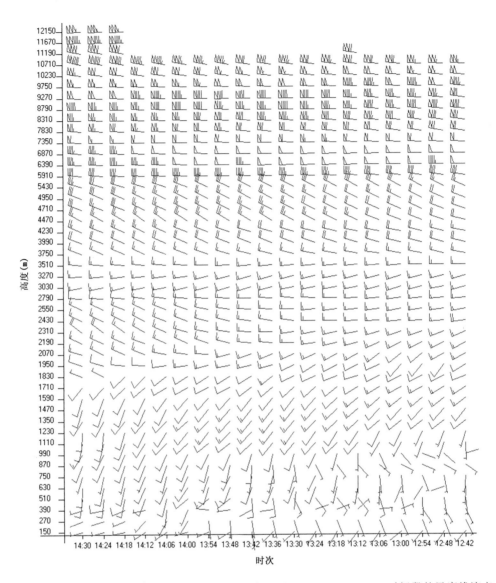

图 1.32　北京观象台全对流层风廓线雷达 2007 年 7 月 7 日 12:42—14:30 时间段的风廓线演变

式成立了 AMDAR 协作组,使这一系统成为世界气象组织全球观测系统的组成部分(王强,2012)。全球商用飞机气象观测系统资料覆盖的区域主要集中在北美、欧洲和亚洲等地区。目前,AMDAR 已呈现全球化趋势,到 2010 年,在世界气象组织全球通信系统 GTS 交换的商用飞机天气报告每天多达 20 万份。

　　目前,中国在 GTS 上参加交换的商用飞机气象报告多达上万份。AMDAR 传送的气象数据包括温度、气压和风向风速资料。飞机起降过程的资料最有用,提供了温度、气压和风向风速的垂直廓线(但缺少湿度探测),对于探空资料是一种很好的补充。飞机直接测量的气温需要经过订正才能获得大气的代表性温度,飞机起降过程中风向风速的获得需要测量气流相对于飞机的速度、飞机相对于地面的速度,以及飞机起降时的俯仰角,经过公式计算获得风向风速(王强,2012)。图 2.18 给出了通过 AMDAR 报告获得的沈阳上空温度和风向风速垂直廓线。不过,AMDAR 资料也有明显的局限性:1)时空分布很不均匀,大城市繁忙机场上空资料较多,一些中小城市和乡村地区由于距离大机场很远,很难从 AMDAR 资料获得这些地区上空的温度、气压和风向风速的垂直廓线;2)航空气象报资料误差要大于常规气象资料,特别是当飞机起降时其风向风速资料误差会比巡航时要大,资料的质量控制是使用者必须考虑的问题。

1.3.5 闪电定位系统

雷电是雷暴产生时的剧烈放电现象,其导致人员伤亡的人数在所有气象灾害里仅次于暴洪。闪电定位系统是雷电的主要探测系统之一,可以确定雷电发生的位置、闪电的正负和相应的电流强度。闪电定位系统分为两维和三维两种,两维定位系统只能探测云地闪,三维定位系统除了探测云地闪,还可以探测云内闪和云间闪。中国目前的闪电定位系统除了北京、上海和广州等个别地区使用三维定位系统外,其他地区基本上使用两维定位系统,只测量云地闪。

地基闪电定位的原理是通过接受闪电发出的电磁波的特征来确定闪电的位置。云闪和地闪发生时辐射出从几赫兹到几百千兆赫兹频谱范围极大的电磁场,根据接收电讯号的频段差异,分为甚低频、甚高频两类。云地闪主要产生甚低频电磁脉冲,云内/间闪主要产生甚高频电磁脉冲。

闪电定位有单站法和多站法。单站法只使用一个站点的定位系统,简单易行,但探测精度差。单站法雷电定位系统由于单个闪电定位误差大,强度无法确定,只能用于探测雷暴的方向、大致位置和闪电频度,一般用于雷暴活动的预警。单站定位系统的优点是设备简单、价格低廉,可用于机场、海上船只和公共场所等区域的雷电辅助预警。目前国家或区域闪电定位系统多采用多站法,包括磁方向闪电定位系统(DF)、时差闪电定位系统(TOA)、时差侧向混合闪电定位系统(IMPACT)和多参量高准确闪电定位系统四种类型。多站闪电定位系统定位误差小、探测参数多,但设备复杂,需要通信网和中心数据处理站(王强,2012)。

时差侧向混合闪电定位系统既能保证较少数目的探测网有定位结果,又能保证较小的定位误差,是一种比较实用的雷电监测定位系统。中国气象局的雷电定位系统主要采用这种方式。除北京、上海和珠江三角洲以外,其他地区都是采用甚低频(VLF)的云地闪定位系统。截至 2011 年年底,中国国家雷电云地闪监测网覆盖全国,共计 319 个探测站,具体分布如图1.33所示。紫颜色站代表经济发达区域探测站,站间间隔(基线长度)不超过 150 km,定位精度为 500 m,探测效率在 90% 左右;蓝色站代表西部区域探测站,站间间隔在 300 km 左右,定位精度为 2000 m,探测效率在 60% 左右。

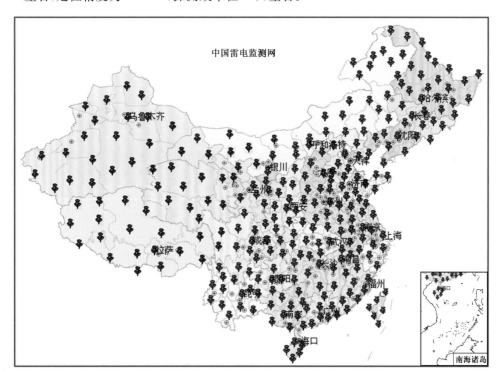

图 1.33　由 319 个探测站构成的中国雷电监测网(引自马启明讲座 PPT)

中国国家雷电监测网实行两级业务运行和管理制度,在国家级和省级气象局建立雷电监测数据处理中心,分别负责国家和本省(自治区、直辖市)范围的雷电监测数据的处理、定位计算和数据质量控制。国家级处理中心对来自319个探测站的数据可以做到实时处理并供预报人员和其他用户调用查看,省级处理中心当然也能做到省内雷电监测数据的实时处理并将产品提供给业务人员和相关用户。

2007年5月23日16时至16时30分之间,重庆开县义和镇兴业村小学遭受雷击,造成四年级和六年级7名学生死亡、19名学生重伤和20名学生轻伤。图1.34给出了由上述雷电监测网监测到的当天12时至24时重庆市云地闪的时间演变图。黑色方框表示开县的大致区域,正负号分别代表正闪和负闪位置。5月23日当天重庆市境内共发生了36460次云地闪,其中正闪1211次,负闪35249次。

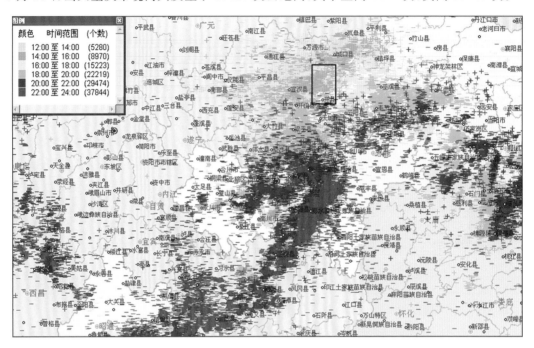

图1.34 2007年5月23日12—24时雷电监测网监测到的重庆境内雷电空间分布随时间变化(黑色长方块标识重庆开县的大致范围,正负号分别代表正闪和负闪位置,颜色代表左上角所标注的不同时间区间发生的雷电)

1.4 数值预报以及产品

对于12小时以内的雷暴和强对流潜势预报,主要基于常规观测资料包括高空和地面资料的分析,但高质量的数值预报产品仍可以提供重要的参考。对于天气尺度强迫明显环境下的长生命史对流系统的反射率因子和/或降水的0～6小时临近预报,往往采用雷达回波外推和高分辨率数值预报融合的方法。因此,数值预报对于雷暴和强对流天气的短时和临近预报的意义主要有两个方面:1)提供近风暴环境特征,帮助制作雷暴与强对流潜势预报;2)高分辨率数值模式可以直接给出长生命史对流系统的临近预报。在本节中,将简要介绍数值预报产品的制作过程和中国预报员常用的主要数值预报模式产品。

1.4.1 数值预报系统

数值预报产品的生成是由数值预报系统来完成的。一个数值预报系统一般由以下几个部分组成(图1.35):1)观测资料的获取和预处理;2)客观分析(数据同化);3)预报(一般包括初始化,预报模式本身和部分后处理程序);4)预报结果的显示和分发。对于国家级预报系统,以上各个部分的运行(包括通信、计算和海量存储)需要一台大型并行计算机和数个大型服务器来完成。

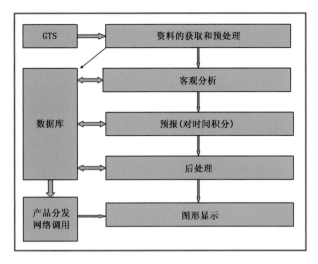

图 1.35　数值预报系统流程(GTS 为世界气象组织全球通信网)

1.4.1.1　资料的获取和预处理

不同级别的气象中心获取资料的方式有所不同。国家级气象中心一般通过计算机接收从世界气象组织全球电报通信系统(GTS)传来的数据。经过解码,将数据表示为标准格式储存在计算机中备用。观测数据主要包括:1)探空数据(标准等压面上的温度、湿度和风)是最重要的常规观测资料,每 12 小时一次,探测结束时间为世界时 00 时和 12 时;2)地面常规观测资料(气压、温度、湿度和风),每 6 小时一次,对应世界时 00 时,06 时,12 时和 18 时;3)船舶和浮标站提供的数据(如海平面气压、海温、气温、风、湿度等);4)飞机 AMDAR 资料;5)气象卫星观测资料(包括 ATVOS 垂直探测器资料和云迹风,垂直探测器资料以极轨气象卫星为主,云迹风主要由静止气象卫星获得,极区的云迹风由极轨气象卫星获得);6)风廓线雷达资料。从全球来看,考虑对数值预报精度的贡献,上述资料重要性排序为探空资料、气象卫星垂直探测器资料、飞机 AMDAR 资料、地面观测资料和风廓线雷达资料,其中探空是基石,卫星探测资料、飞机 AMDAR 资料、云导风资料和风廓线雷达资料需要以探空为标准进行标定。图 1.36 给出了数值预报初值场形成所用到的观测资料相应的观测系统。

1.4.1.2　客观分析

预报模式制作天气预报的首要问题之一是要有尽量准确的初值,即要知道初始时刻模式所有格点上的预报变量值,这正是客观分析所要解决的问题。由于全球观测站点的分布极不均匀,简单地将观测值内插到模式格点的方法将产生较大的误差,因此得另寻途径。

一种思路是模式格点上变量的分析值等于该变量的初猜值与修正值之和:

$$分析值 = 初猜值 + 修正值 \tag{1-4}$$

初猜值由气候平均值或过去的预报值来决定,修正值(在客观分析中称为分析增量)根据模式格点周围各观测站的观测值与预报值的差值(即观测点上的预报误差,在客观分析中称为观测增量)通过某种方案来确定。目前一般用模式 6 小时前起始的预报值为初猜值,可构成数据同化(data assimilation)循环(图 1.37),即初值的形成不但需要观测数据,还得借助于数值模式本身。

从图 1.37 可以看出,每隔 6 小时做一次客观分析,整个循环过程称为数据同化。客观分析的基本思路如公式(1-4)所表示,即每个格点上的分析值由 6 小时预报构成的初猜场和由观测场与初猜场得到的订正场相加而得到。图 1.38 给出了 200 hPa 风场客观分析过程的例子。图 1.38a 为 6 小时前起始的预报场在各个分析格点的风矢量,图 1.38d 为各测站观测的风矢量,图 1.38b 为观测增量(矢量,即 6 小时预报在各站点的预报风矢量减去相应的观测风矢量),图 1.38e 为各个分析格点上的分析增量(矢量),即公式(1-4)中的修正项。

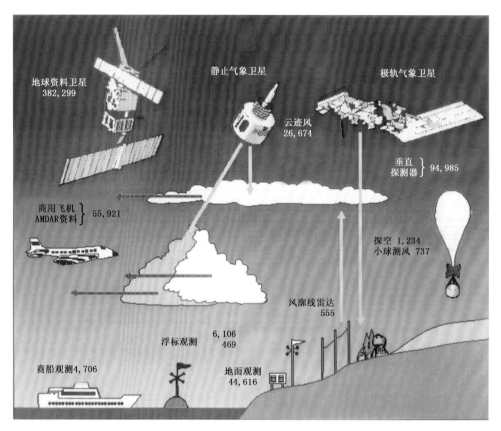

图 1.36　1998 年 1 月欧洲中期数值预报中心(ECMWF)每天所用到的各类观测资料及其份数

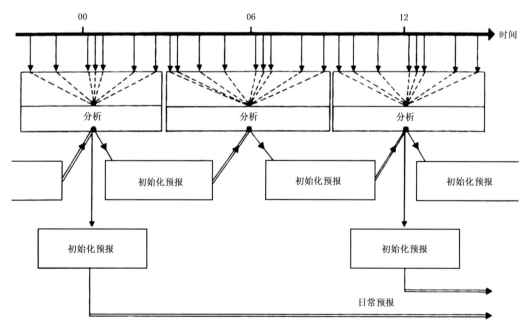

图 1.37　数值预报系统的数据同化

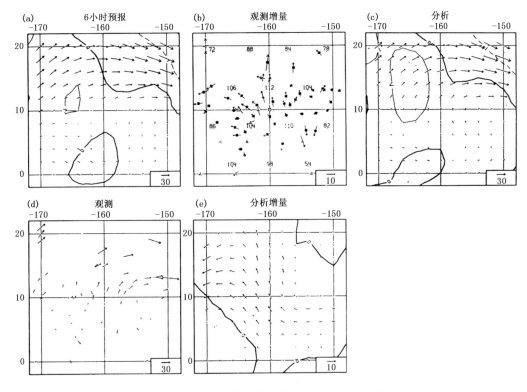

图 1.38　客观分析步骤示例(200 hPa 风场分析)

确定修正项的方法称为客观分析方案,主要有以下六种:

(1)逐步订正法。该方法最早由 Cressman 于 1959 年提出,并成为之后相当一段时期内客观分析的主要业务方案。目前该方法已不再是客观分析的主流业务方案,只在地面温度、湿度和风的客观分析中仍有使用。

(2)最优统计插值法,简称 OI 方法。该方法仍是目前部分国家的气象中心客观分析的业务方案。

(3)三维和四维变分同化方法,分别简称 3D-Var 和 4D-Var。这是目前广泛使用的数据同化(客观分析)方法。其主要思路是求以下目标函数在哪种大气状态下达到极小,则该大气状态就是对初值场的最优估计:

$$J(\boldsymbol{X}_0) = \frac{1}{2}(\boldsymbol{X}_0 - \boldsymbol{X}_b)^{\mathrm{T}} \boldsymbol{B}^{-1}(\boldsymbol{X}_0 - \boldsymbol{X}_b) + \frac{1}{2}\sum_{i=0}^{N}(H_i(\boldsymbol{X}_i) - \boldsymbol{y}_i)^{\mathrm{T}} \boldsymbol{R}_i^{-1}(H_i(\boldsymbol{X}_i) - \boldsymbol{y}_i) \tag{1-5}$$

式中,$\boldsymbol{X}_0$ 是模式在 t_0 时的状态;$\boldsymbol{X}_b$ 是模式在 t_0 时的背景场(初猜场),通常是前一次分析的 6 小时预报;$\boldsymbol{B}$ 是背景误差协方差矩阵;$\boldsymbol{y}_i$ 是在时间 t_i 的观测向量;H_i 是观测算子;$\boldsymbol{X}_i$ 为模式在时间 t_i 的状态;$\boldsymbol{R}_i$ 是模式在时间 t_i 的观测误差协方差矩阵。上述目标函数 $J(\boldsymbol{X}_0)$ 求极小的问题就是一个泛函的变分问题。如果只在某一固定时间点如 00 时求(1-5)式达到极小时的大气最优初值场 $\boldsymbol{X}_0$,则属于三维变分(3D-Var);如果对某一时间段例如 00—12 时求极小对应的 00 时最佳初值场 $\boldsymbol{X}_0$,则属于四维变分(4D-Var)。上述变分方法求最佳初值的想法在 20 世纪 50 年代就有人提出(Sasaki,1955),但变分方法求极值需要计算公式(1-5)表达的泛函的梯度,按照当时的算法计算量非常大,无法在实际业务中实施。Le Dimet 和 Talagrand(1986)提出利用伴随算子技术(adjoint method)快速计算上述泛函的梯度,使得变分同化技术尤其是四维变分同化技术在业务上的应用成为可能。图 1.39 给出了欧洲中期数值预报中心四维变分同化过程示意图。

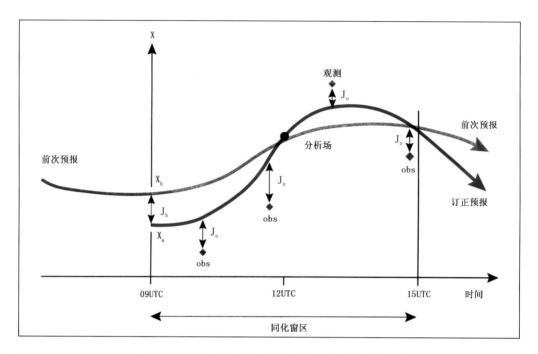

图 1.39　ECMWF 数据同化过程。垂直轴为大气状态变量（蓝色曲线 X_b 代表初猜场或背景场,而红色曲线 X_a 是分析场。J_b 表示背景场和分析场之间的差异（式(1-5)右边第一项）。绿色菱形代表观测,J_o 为式(1-5)中目标函数(或代价函数) 的第二项,表达了观测和分析场之间的差异。使得 J_b 和 J_o 之和达到极小时大气状态 X_a 就是对初值场的最优估计）

　　变分同化技术最大的优势是可以方便地同化与预报变量(如温度、湿度、风场、云水混合比和雨水混合比)、基本大气变量(如气压、温度、气流速度、湿度等)呈非线性或累积关系的变量,如极轨气象卫星垂直探测器红外和微波通道所测大气辐射率(或亮度温度)、地基或空基雷达所测反射率因子、GPS 掩星法所测射线偏角以及地面观测所测累积雨量等,明显提高了从这些观测资料中提取有效信息的能力。特别是从卫星垂直探测器的红外和微波辐射率中提取更加精确的大气温度和湿度垂直层结信息,对明显提高最近 20 年全球(尤其是热带和南半球)数值预报水平的贡献很大。

　　(4)集合卡尔滤波方法(EnKF)。其主要思路是利用短时集合预报估计式(1-5)中的背景误差协方差矩阵,改进变分同化中对背景误差矩阵的估计精度,使其具有 flow-dependent 的特征,从而改善客观分析获得的初值场的精度(Evensen,1994;Zhang and Snyder,2007;Meng and Zhang,2011)。

　　(5)EnKF 与 3D-Var 混合方法(Hybrid)。该方法可以充分突出 EnKF 方法和 3D-Var 方法的优点,同时又不如纯粹的 EnKF 方法那样耗费机时(Lorenc,2003;Wang et al,2008a,2008b)。

　　美国国家环境预报中心(NCEP)采用 EnKF 与 3D-Var 混合方案作为初值形成的同化方法。中国国家气象中心采用 3D-Var 和 4D-Var 作为同化方法。日本气象厅采用 4D-Var 作为数据同化的业务方案。EDMWF 采用以 4D-Var 为主,同时利用同化系统的集合预报系统(EDA)经常性地调整同化系统的背景误差协方差矩阵。

　　(6)4D-Var 与 EDA 混合方法(Hybrid)。从 2010 年开始,ECMWF 开发了数据同化系统的集合(an ensemble of data assimilation,EDA),该系统由 10 个独立的低分辨率 4D-Var 同化系统(T399/L91)构成,各个 4D-Var 同化系统在分析主要误差来源包括观测、模式和边界条件误差方面有所差异(体现在观测、海面温度和模式物理扰动差异)。研发和运行 EDA 的主要目的是:1)对客观分析场的不确定性进行估计;2)用来估计确定性的 4D-Var 同化系统中流型依赖的背景误差协方差矩阵见式(1-5);3)可以用来改善集合预报系统初始扰动的质量,基于 EDA 的扰动可以部分地用来代替由奇异向量方法产生的初始场扰动。数据同化最关键的是对背景误差协方差矩阵的正确估计,在 4D-Var 同化方案中,背景误差协方差矩阵在很大程度上是静态的,显然这是不符合实际的,在极端天气事件情况下尤其如此,那时背景场误差往往被大大低估。EDA 系统可以用来改进对同化系统中背景误差协方差矩阵的估计精度,主要基于同化系统集合预报 EDA 成员间的离散度。因此,自 2011 年 5 月开始,ECMWF 的数据同化方案是以4D-Var 为主,同时结合 EDA 系统用来及时更新同化系统的背景误差协方差矩阵(Isaksen et al,2010;Bonavita et al,2011)。

1.4.1.3　预报模式

传统的预报方法是借助经验对天气形势进行主观外推,而数值预报模式则借助大气运动方程组对大气状态进行外推,即由大气在 t 时刻的状态通过方程组估计大气在 $t+\Delta t$ 时刻的状态,然后依次递推,得到天气预报。数值天气预报的基础建立在求大气运动方程组数值解的基础上。

将经典物理学中力学和热力学的基本方程应用于绕地轴自转的地球大气中的空气微元,得到大气运动的基本方程组,包括动量守恒方程(运动方程)、质量守恒方程(连续方程)、能量守恒方程(热力学方程)、水汽方程和空气状态方程。上述方程加上适当的初条件和边条件构成闭合的方程组。

大气运动方程组可在随地球转动的任意直角坐标系中表示出来。研究包围在地球周围的大气运动,最自然的坐标系是球坐标系,另一种类型的坐标系是地图投影坐标系。球坐标系中与垂直方向垂直的坐标面是曲面,地图投影坐标系中与垂直方向垂直的坐标面是平面,后者由前者通过某种方式在平面上投影(或在锥面或柱面上投影后再展成平面)而构成。两者的垂直方向坐标可以是同样的 z 坐标,或者是 z 坐标的单调函数。

全球预报模式几乎都使用球坐标系。部分有限区域模式使用局部的球面网格,多数有限区域模式使用地图投影坐标系。

无论哪种坐标系,垂直坐标的选取都颇为关键。常用的垂直坐标包括:1)z 坐标,最自然的垂直坐标,但下边界条件较难处理;2)p 坐标,符合天气学惯例,但下边界条件较难处理;3)σ 坐标,下边界条件简单,地形陡时气压梯度力的计算误差较大;4)σp 混合坐标,气压梯度力计算误差得到一定控制,同时仍然保持了下边界条件简单的特点,是目前主流业务模式最常采用的垂直坐标。

利用尺度分析方法,可以对预报方程组进行不同程度的简化。最早的数值预报业务采用正压涡度方程模式,稍后又采用准地转模式和准水平无辐散模式,这些模式滤掉了大气中的惯性重力波和声波,只保留了大气长波(Rossby 波)。目前绝大多数数值预报模式采用静力平衡原始方程模式,这种模式所做的最重要的近似是静力平衡近似,即假定任意高度处的气压等于该处单位水平面积上气柱的重量。在该假定下,垂直运动方程由静力平衡方程代替,垂直速度不作为预报变量,只能由诊断关系得到。不采用静力平衡近似的原始方程模式称为非静力平衡模式,此类模式的复杂程度最高,过去用于强对流风暴的模拟,目前广泛用于高分辨率有限区域数值天气预报模式(过去常称为"中尺度模式")。

数值预报方程组是一组非线性偏微分方程组,不但不存在解析解,且解的存在及其唯一性至今未能证明,唯一的方法是用数值方法求其近似解。将数值解与实际观测进行比较可知其合理程度与精确程度。

数值预报模式分为两大部分:1)模式框架设计;2)次网格物理过程参数化。

模式框架设计主要是将连续的大气运动方程组离散化,包括空间离散化方案和时间积分方案。在模式框架设计中追求的三项基本原则是计算的稳定性、精确性和经济性(省时性)。

数值预报方程组在空间上的离散化主要有如下两种方式:

(1)有限差分方法。早期所有的数值预报模式都是有限差分模式,也称为格点模式。目前大多数有限区域模式和部分全球模式采用有限差分方法进行离散化。该方法的特点是概念简单,编程较容易,但短波部分的相速度误差较大,还可因混淆误差而引起非线性计算不稳定。

(2)谱方法。将预报变量在水平方向作球谐函数展开,偏微分方程的求解转换成展开系数常微分方程组的求解。在球谐函数展开中取得项数越多,相应的水平分辨率越高。比如 T639 表示在球谐函数展开中采用三角形(triangle)截断,取到第 639 项,相应的水平分辨率为 32 km 左右。目前大多数全球模式和部分有限区域模式采用此方法进行离散化。与有限差分方法比较,谱方法有如下优点:①可以精确处理各分量之间的相互作用,因此截断后的系统动能和位涡拟能仍守恒,不产生因混淆误差引起的非线性计算不稳定;②即便短波部分,相速度误差也很小;③便于模拟全球大气的运动。但谱方法的计算量大于有限差分方法,编程也较难,对数学知识和技巧要求较高。

离散化使得我们能够求方程的数值解,求解中所遇到的问题之一就是计算不稳定。顾名思义,计算不稳定是由于对方程组进行离散化求解的计算过程中产生的,不是方程组所描述的物理系统本身所固有的。有两类计算不稳定:线性计算不稳定和非线性计算不稳定。

(1)线性计算不稳定。无论采用有限差分还是谱方法都有产生此种不稳定的可能性,取决于模式的时间积分格式。根据不同的时间积分格式,可以有绝对不稳定、条件不稳定和绝对稳定三种情况。条件不稳定的情况较多,为保证计算稳定,模式的空间格距和时间步长之间必须满足一定的约束关系。

(2)非线性计算不稳定。即便模式的空间格距和时间步长满足线性稳定所要求的约束关系,也可能因对方程非线性项的不正确表示而产生另一类计算不稳定现象,即所谓的非线性计算不稳定。此类不稳定现象只存在于有限差分模式中,表现为短波能量的积聚,且不能用缩短时间步长来克服。最早发现这一现象的 Phillips(1960)认为,由于有限网格不能正确地分解短波而造成混淆现象,混淆误差可引起计算不稳定。在有限差分模式中克服非线性不稳定的方法有:①加水平扩散项;②隐式平滑格式;③守恒格式。

数值预报方程组在时间上的离散化也就是时间积分方案,主要有如下几种方式:

(1)中央差(蛙跃)显式方案。为三时间层显式格式,二阶精度,条件稳定,有计算解。

(2)半隐式方案。数值预报模式中包括快、慢两种频率的波,用显式法处理慢波,隐式法处理快波,即所谓的半隐式格式,可以达到节省时间的目的。此格式为三时间层格式,二阶精度,条件稳定。

(3)半隐式半拉格朗日方案。流体力学中的方程和概念大多采用欧拉表述,但有时从拉格朗日观点来考虑问题往往能使人们得到启示,产生新的思路(Staniforth and Cote,1991)。半隐式半拉格朗日方案正是从拉格朗日观点来考察时间积分问题而得到的算法。其最大的优点是可以允许较大的时间步长而仍保持计算稳定。近年来该时间积分方案是用于业务数值预报模式的主流方案。

有限区域模式涉及侧边界条件问题,有几种类型的边界条件可供采用。目前采用最多的是 Davies(1976)型边界条件。在某些情况下,需要进行模式嵌套,此时侧边界条件的处理变得更加重要,常使用的方法有单向嵌套和双向嵌套。

除了上述模式框架设计,数值预报模式的另一个重要方面是次网格物理过程参数化。所谓的物理过程是指那些次网格过程,这些次网格过程与模式网格能够分辨的动力过程有能量或物质交换。例如大气辐射,大气湍流对动量、热量和水汽的输送,水汽的凝结降水等都属于次网格物理过程。这些次网格物理过程通过运动方程中的摩擦项、能量方程中的非绝热加热项以及水汽方程中的源、汇项等,对网格可分辨的动力过程产生影响。为了使预报方程组闭合,必须用模式的预报变量来表示这些次网格过程,即所谓的参数化。

通常将预报模式中对网格能分辨的大气过程的处理部分称为模式的动力部分,将对次网格物理过程进行参数化的部分称为模式的物理部分。数值预报模式中对动力部分的处理是相对严谨和坚实的,对物理部分的处理则相对要粗糙得多,参数化方案中人为和任意的成分较多。对物理部分的处理之所以缺陷较大的主要原因是:1)次网格物理过程的格点效应往往不能由预报变量的格点值所惟一确定,但为了使方程闭合不得不为之,因为没有更好的办法;2)对次网格过程以及次网格过程与网格可分辨过程间的相互作用了解不够;3)计算机的能力和资源有限,不允许对次网格物理过程做较详细的描述。

今后随着计算机能力的不断提高和对次网格物理过程与网格可分辨动力过程间相互作用了解的加深,这方面的缺陷将得到一定程度的弥补。改善的主要途径是:1)采用物理基础较为坚实的参数化方案;2)提高模式的分辨率,使得原来一部分次网格过程成为网格可分辨过程,从而免去了与这部分次网格过程相应的参数化。

需要在模式中进行处理的次网格物理过程包括(图 1.40)：

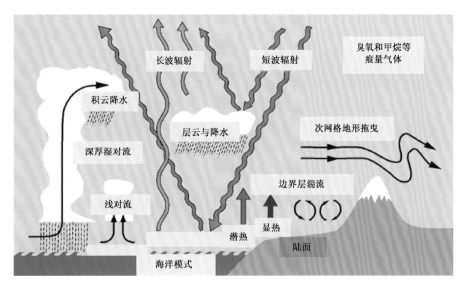

图 1.40 次网格物理过程示意图

(1)辐射过程

辐射过程包括短波辐射(太阳辐射)和长波辐射(地-气系统自身辐射)。短波辐射和长波辐射在大气中的传播特性有很大的不同,因此需要分开处理。短波辐射过程的处理需考虑太阳辐射在大气中传播时被空气分子、云、尘埃以及地表的吸收、散射或反射。长波辐射过程的处理需考虑大气中空气分子、云、气溶胶以及地表长波辐射发射及其在上述吸收介质中的传播。对空气分子的处理相对成熟一些(自然也容易一些)。对云的处理难度很大,一般都做了相当大的简化。气溶胶因其不确定性较大,在数值预报模式的辐射参数化中一般都未考虑。

(2)凝结降水过程和积云对流过程

传统上将降水过程按降水系统的宏观特性分为层状云降水和积云(对流)降水。对于层状云降水,由于其范围较大,降水系统本身往往可为模式网格所分辨,因此参数化仅限于凝结降水的微物理过程。对于积云降水,不但云雨的微物理过程,而且积云对流过程本身(甚至包括比该积云更高一级的中尺度对流系统)也是次网格的。积云对流参数化问题是数值天气预报过去曾经和现在仍然面临的巨大挑战,一直未得到满意的解决。当计算机能力提高到允许数值模式的水平分辨率达几千米或更高时,可以认为积云对流本身能被模式网格分辨,只需对相应的微物理过程进行参数化,从而彻底摆脱积云对流参数化问题的困扰(在那种情况下,必须使用非静力平衡模式)。

(3)大气湍流过程

在大气边界层和高空急流附近,湍流的作用比较重要。湍流作用的主要部分可表示为湍流动量、热量和水汽垂直通量的垂直梯度。湍流参数化的关键在于如何用格点的模式变量来表示由次网格湍流过程所决定的湍流动量、热量及水汽垂直通量。

湍流问题是困扰科学界一百多年的世界难题,一直未得到圆满解决。大多采用一些半经验的理论和公式,从简单的混合长理论(一阶闭合)到不同程度的高阶闭合。目前业务数值预报模式中采用的湍流参数化大多是一阶半或二阶闭合,通常只限于大气边界层,未考虑高空急流附近的湍流。

(4)陆面过程

陆面过程参数化用来决定地表温度和湿度,以及地表和大气间的热量和水汽通量。首先区分海面和陆面。对于海面,往往假定其温度为定常,湿度为该温度下的饱和湿度。对于陆面,需考虑其能量收支和水分收支以决定地表温度和湿度及其随时间的变化。在有植被的情况下还需考虑植被对地表能量和水汽收支的影响,这是地表过程参数化中最复杂同时也是不确定性最大的部分。

（5）次网格地形的拖曳作用

模式不能分辨的次网格地形通过激发重力波导致对模式可分辨气流的拖曳作用，也需要进行参数化处理。

1.4.1.4 后处理

后处理是指将模式层数据内插到标准等压面上，并计算一些常用的诊断量，如降水、垂直速度、涡度、散度、涡度平流、温度平流、位温、相当位温、水汽通量、水汽通量散度、位涡度、锋生函数、Q矢量、对流有效位能（CAPE）和对流抑制（CIN）、天气雷达反射率因子、站点 2 m 气温和露点、地面气压以及 10 m 风向风速等。

1.4.2 集合预报

1992 年 12 月，欧洲中期数值预报中心（ECMWF）和美国国家气象中心（NMC，后来更名为 NCEP，即美国国家环境预报中心）开始发布集合预报产品（Palmer et al，1993；Tracton and Kalnay，1993）。中国国家气象中心的集合预报业务系统也已经业务运行多年。下面介绍集合预报基本概念、初始扰动产生方法、重要集合预报产品和集合预报的检验。

1.4.2.1 集合预报的概念

大家知道，数值天气预报问题在数学上可表述为偏微分方程的初值问题。大气是一个非线性的对初值敏感的动力系统，这意味着分别从差别很小的初始场出发的两个大气状态的演变，随着时间的延续，由于大气内部的不稳定机制，其间的差别会越来越大，直到演变成两个完全不同的状态。由于我们不可能完全精确地确定大气初始场，初始误差随着时间的延伸呈指数增加，导致数值预报的技巧随着时间的延伸而下降。这种预报技巧随时间的下降速度除与使用的数值预报系统的性能有直接关系外，还与具体的大气流型有关。同样的数值预报模式，有时一个星期以上的预报仍有相当的技巧，有时 4～5 天的预报就已完全失去了技巧。我们能否在事前就能对某一具体预报的技巧进行估计呢？一个很朴素自然的想法是：对由客观分析得出的初始场进行一系列的扰动，然后从这些被扰动的初始场出发做出一系列的预报，如这些预报中的大部分与控制预报（即初始场未受扰动的预报）比较一致，则使我们觉得控制预报的可信度较大；反之，如这些预报中的很少一部分与控制预报一致，则我们倾向于认为控制预报可信度比较低。控制预报与这些从被扰动的初始场出发的一系列预报的全体称为集合预报（ensemble forecast）。除了对控制预报的技巧（即控制预报不确定性的程度）进行估计外，集合预报还可粗略地展示出可能出现的各种天气流型、天气现象及其发生的概率。

如上所述，由于数值预报所需要的大气初始状态只能近似地确定，因此，对天气预报问题的完全描述应该给出相空间中大气状态的概率密度函数（PDF）随时间的变化。在理论上，这个问题可表述为 Liouville 方程，但该方程的实际求解即使对只有几个自由度的非线性系统也是不可能的。我们退而求其次，试图得到上述相空间中大气状态的概率密度函数的一阶距（均值）及二阶距（方差）随时间的演变。然而，对天气预报问题来说，这种一阶和二阶距随时间演变方程的实际求解也是不可能的。集合预报是对上述严格方法的一种变通，尽管缺乏坚实理论基础，但由于其切实可行，因而具有重大的实用价值（图 1.41）。

集合预报中，初始时刻大气状态的概率密度函数通过对大气可能状态的有限取样来表示。从每一个取样的初始条件出发，对天气预报方程进行时间积分，假定任何预报时刻大气状态的 PDF 可由相应时刻的集合预报的样本统计来描述（图 1.41）。如果下列两个条件得到满足，则集合预报统计将给出大致正确的大气状态概率密度函数的估计（Molteni et al，1996）：

（1）初始状态的取样能给出分析误差概率分布的正确估计；

（2）数值预报模式计算的由某一初值出发的大气在相空间中的轨迹是由该初值出发的实际大气在相空间轨迹的良好近似（即要求大气模式是相当精确的）。

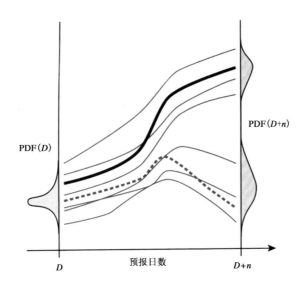

图 1.41 集合预报概念示意(黄色阴影代表初始时刻和结束时刻相空间中的概率密度函数,蓝色细实线为经过初始扰动的结合预报成员在相空间中的预报轨迹,红色粗虚线为未加扰动的控制预报,黑色粗实线为实际天气系统演变)

条件(2)对于"确定性"的数值天气预报也是必须的。近些年有关集合预报的大部分艰巨的工作都集中在如何尽量地满足条件(1)上。条件(2)受到较少的重视不是因为其不重要,而是过去多年来对数值预报模式已经进行了很大的改善,其精度有了相当大的提高。事实上,系统的或依赖于流型的大气数值模式的误差不仅严重影响集合预报对大气状态的概率密度函数(PDF)均值的预报,而且也影响对其方差的预报(Molteni et al,1996)。

对于条件(1)的满足无论在理论上还是在实践上都提出了相当大的难题。首先,我们对分析误差的PDF所知甚少。其次,分析误差的PDF在相空间中的独立方向的个数(大致相当于数值预报模式在相空间中的维数,如 ECMWF 的 T_L 1279L130 模式的维数为数亿,T_L 639L31 模式的维数为数千万),比实际的计算机资源所能允许的集合预报的成员个数(就目前及今后 5 年内所能达到的最好条件,这一数字最多不超过数百)大好几个量级。如何在少量样本的条件下,尽量得到较好的统计结果,关键在于初始场扰动方法的设计。

1.4.2.2 初始扰动的产生

(1)随机方法

这种方法用随机的方式对原始初始场进行一系列的扰动,然后对扰动的初始场积分获得集合预报。以这种随机扰动的方法产生的集合预报效果不好(Hollingsworth,1980),在大多数情况下集合预报各成员间的分离度很小,且该分离度与预报技巧之间没有好的对应。效果不好的主要原因在于,在样本少条件下随机取样不能得到较好的统计结果(目前计算机资源最强的 ECMWF 采用的集合预报的成员个数为 51)。

(2)时间滞后方法

从数值预报系统的数据同化循环产生的相继的分析场出发的不同预报间的离散率虽小于实际的误差增长率,但与其大致在同一量级(Lorenz,1982)。因此,可以将预报系统的数据同化循环产生的相继的分析场做为集合预报的系列初始场。这种集合预报初始场的形成方法最初由 Hoffman 和 Kalnay(1983)在其所谓的滞后平均预报(LAF,lagged-average forecasting)中使用。这种方法的主要问题在于样本数量受到取样时间长度的限制。对于以中期预报为主要目的的集合预报来说,取样的数据同化分析区间的长度不宜超过 48 小时,而同化周期一般为 6 小时,即只能有 9 个样本(包括位于取样时段中点的控制预报本身)。另外,在计算样本统计时,各个样本不能赋予同样的权重,而样本权重的确定又是一个困难问题。对于时限更长的预报,如用来制作月平均或季平均预报的扩展集合预报(extended-range ensemble prediction),上述限制可以大大放宽。

(3)有限时间最快增长不稳定模方法(增长模培育法和奇异向量技术)

目前计算机资源所能允许的集合预报的成员个数大约为几十个。利用这几十个初始扰动描绘出分析误差的概率分布这一事前所知甚少的量是非常困难的。具有严格理论基础并且实际上可行的方法根本不存在,只能凭着直觉和经验摸索。预报误差的来源主要包括初值误差的增长和模式误差,对大尺度系统而言前者占主导地位。如果我们能计算出大气在预报初始时刻前后一段有限时间内最不稳定的几个模态(这些不稳定模态的增长与初值误差在预报过程中的增长很相似),就可以这些最不稳定模态为基础构造初始场的扰动。ECMWF 和 NCEP 都是基于这个思路来构造集合预报的初始扰动场的,但采用的具体方法不同。ECMWF 采用的是奇异向量(SV)方法(Buizza and Palmer,1995),NCEP 采用的是增长模培育法(BGM,breeding of growing modes)(Toth and Kalnay,1993),两者可谓异曲同工,都是目前较好的初始扰动产生办法,ECMWF 的 SV 方法效果更好一些,并且可以容纳更多的集合预报成员。SV的主要思路是采用一个低阶的谱模式,例如 T63L19,将该模式线性化,再求对应该线性化后方程组的前后 48 小时内增长最快的 25 个奇异向量,用未加扰动的分析场分别加上和减去这 25 个奇异向量,得到 50个扰动初始场。具体细节这里就不介绍了。

需要指出的是,除了对初始场进行扰动,还可以对模式中的次网格物理过程加上随机扰动,或者在不同预报成员中使用不同的次网格物理过程参数化。后者在短期集合预报或雷暴尺度模式集合预报中应用较多。

1.4.2.3　集合预报主要产品

集合预报有很多产品,这里只列出被认为是比较重要的产品,包括邮票图、面条图、概率图、极端天气指数、单点要素时间序列和台风袭击概率等。

(1)邮票图

图 1.42 给出了 ECMWF1999 年 12 月 24 日 20 时(北京时)起始 42 小时集合预报的欧洲部分海平面气压场:第一行第一幅为未加扰动控制预报,第二幅为确定性业务模式预报,第三幅为事后分析场;第二至第六行每行 10 幅,共 50 幅,为初始场加了扰动的 50 个集合预报成员的预报。由于整个产品像是一版邮票,因此称为"邮票图"。此次过程是一次剧烈的低压气旋大风过程,即著名的"圣诞节风暴",主要影响法国、比利时和德国,狂风肆虐,很多大树被连根拔起。确定性业务模式(即中国预报员常用的 EC 模式)没有预报出此次过程,但 51 个集合预报成员中有 15 个左右预报出导致这次风暴的低压系统(尽管低压系统位置和强度都有不同程度误差),至少可以提醒值班预报员考虑发生这种高影响天气的可能性,增加了这种高影响天气被准确预报的可能,当然,同时也增加了虚报的概率。

(2)面条图

图 1.43 给出了所谓面条(spaghetti)图的例子。该图所示为 NCEP 集合预报系统 2006 年 5 月 23 日00 时起始的 120 小时 500 hPa 高度场 5640 和 5820 gpm 等高线面条图。图中由 5640 gpm 等高线所示的美国西海岸深厚的西风槽,几十个集合预报成员都很一致,因此可靠性和可信度较高。该西风槽西南方向伸向太平洋的部分 5820 gpm 等高线(红色线)各个集合预报成员之间的一致性不是很好,因此其可信度会打些折扣。位于美国东南部佛罗里达州北部的对应 5820 gpm 的短波槽各集合预报成员之间差异较大,因此可靠性和可信度较低。对应 5640 gpm 等高线位于美国东北部海岸线上空的短波槽,集合成员之间的一致性比佛州北部的短波槽情况要明显好,因此可信度尚可。

(3)极端天气指数图

天气预报的关键问题之一是对极端天气的早期预警。所谓早期预警,是指预警提前时间在 24 小时以上。所谓极端天气,无非是在温度、风和降水几个方面。ECMWF 根据几年集合预报产品构成的数据集,进行气候统计,将相对于温度、风和降水三个变量气候平均值距平较大的天气称为极端天气。温度根据正负距平大小分为偏高、偏低、极端偏高和极端偏低,风分为大风和极端大风,降水分为强降水和极端

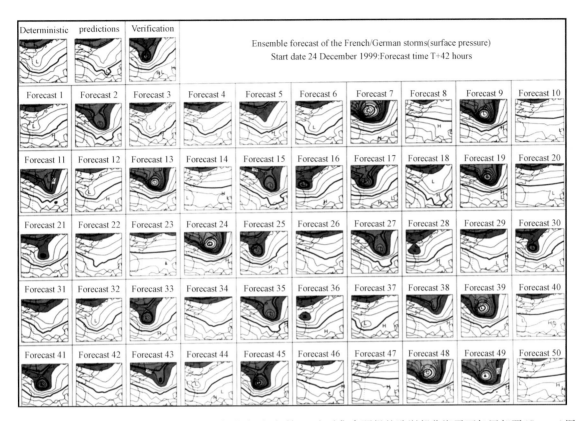

图 1.42 ECMWF1999 年 12 月 24 日 20 时(北京时)起始 42 小时集合预报的欧洲部分海平面气压邮票(Stamp)图
(第一行第一幅为未加扰动控制预报,第二幅为确定性业务模式预报,第三幅为事后分析场;第二至第六行
每行 10 幅,共 50 幅,为初始场加了扰动的 50 个集合预报成员的预报)

图 1.43 NCEP 集合预报系统 2006 年 5 月 23 日 00 时起始的 120 小时 500 hPa 高度场 5640 和 5820 gpm 等高线面条图
(黄色实线为控制预报,灰色实线为起始时间晚 12 小时的控制预报,绿色实线为气候平均值,蓝色实线簇和红色实线簇
分别对应 5640 和 5820 gpm 的加了扰动的集合预报成员所预报的等值线)

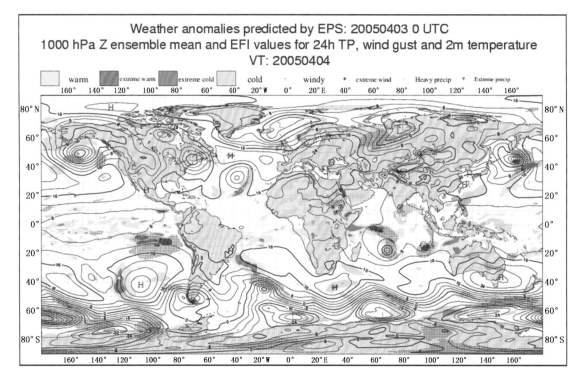

图 1.44　由 ECMWF 集合预报系统给出的温度、风和降水距平的 24 小时预报(预报起始时间为 2005 年 4 月 3 日
00∶00 UTC,验证时间为 4 月 4 日 00∶00 UTC。温度距平分为四档,分别为偏暖(浅黄色)、偏冷(浅灰蓝色)、
极端偏暖(橙色)和极端偏冷(蓝色);大风距平为两档,分别为大风(紫色小圆点)和极端大风(紫色菱形);
降水与大风类似也分为两档,分别为强降水和极端强降水)

强降水,其划分标准是基于欧洲中心集合预报资料多年的统计(集合预报有 51 个成员,其 5 年统计相当
于确定性模式分析场资料的 255 年统计),看温度、风和降水偏离当日气候平均值的程度。图 1.44 所示
为 ECMWF 的极端天气指数(所谓指数只是用符号表示的温度、风和降水偏离平均值程度的两个等级)
24 小时预报,底图为 1000 hPa 等压面上集合预报平均高度场。

(4)单点天气要素时间序列图

单点天气要素时间序列图主要以箱须图的形式呈现,如图 1.45 所示。图中呈现了 ECMWF 制作的
2009 年 5 月 13—22 日南京站结合了集合预报的天空云量、降水、风和温度的逐 6 小时预报。集合预报
51 个成员所张开的范围由黑色实线表示,细的绿色箱体表示集合预报成员 10 分位到 90 分位的位置和
范围,粗的绿色箱体表示集合预报 51 个成员 25 分位和 75 分位的位置和范围,箱体中间的黑线为 51 个
集合预报成员的中位数。高分辨率确定性预报结果用蓝色实线表示,集合预报控制预报(不加初始扰动
的预报)用红色虚线表示。这种结合了集合预报的单点时间序列预报不但给定了天空云量、降水、地面风
(10 m 风)和温度(2 m 温度)每隔 6 小时时间序列,同时给出了上述要素预报的不确定范围。如果一定要
做确定性预报,如做长期统计,结果会显示采用 51 个集合预报成员中位数作为确定性预报效果最佳,前
提条件是 51 个集合预报成员是无偏的。

除了上述 10 天预报,ECMWF 还提供基于 51 个集合预报成员的单点多要素 14 天预报,预报日平均
云量、日雨量、日平均风速和主要风向分布范围、白天最高温度和夜间最低温度。其相应箱须图(图略)中
集合预报成员分位数的取法与图 1.45 类似。

除了上述几种产品,集合预报系统还有概率预报分布、单点要素烟羽图、热带气旋袭击概率等产品,
这里就不一一介绍了。

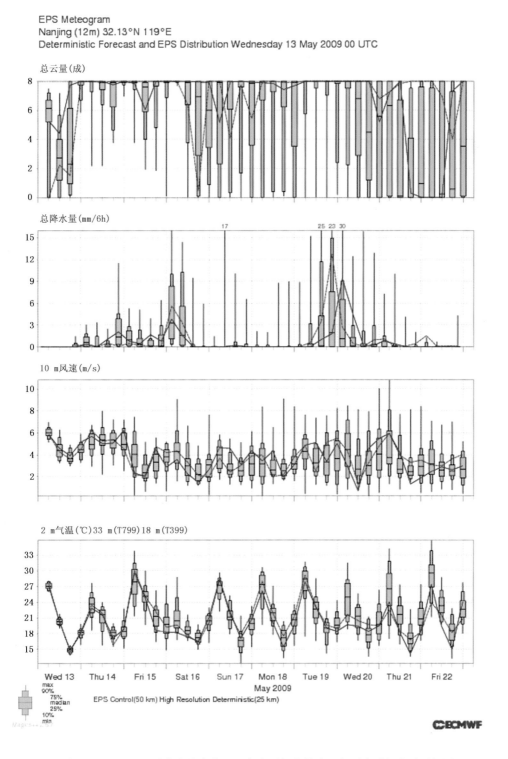

图 1.45 ECMWF 对南京站点的基于集合预报的单点天气要素时间序列预报图
（起始时间为 2009 年 5 月 13 日，结束时间为 5 月 22 日，为期 10 天）

1.4.2.4　风暴尺度集合预报

风暴尺度集合预报是 21 世纪开始兴起的。与传统集合预报最显著的区别就是传统集合预报中积云对流是参数化的,风暴尺度集合预报使用的模式的分辨率足够高以至于可以直接分辨深厚湿对流而无需对流参数化方案。虽然有些积云对流参数化方案中考虑了雷暴尺度下沉气流的作用,但是与实际过程相差较远,很难模拟出正确的冷池强度和阵风锋,这两者对于深厚湿对流的触发、维持、发展和消散是至关重要的。风暴尺度集合预报采用的高分辨率模式水平分辨率一般在 1.0~4.0 km 之间,必须采用非静力平衡模式,例如 WRF,垂直分辨率从 30 层到 60 层不等。风暴尺度集合预报的扰动方法主要有初始场扰动和物理过程扰动,物理过程扰动以采用不同的次网格物理过程参数化方案为主,包括不同的云和降水参数化方案、不同的大气边界层参数化方案、不同的辐射传输尤其是云辐射方案等。可以将初始场扰动和物理过程扰动进行结合,形成不同的集合预报成员。图 1.46 为 2012 年 7 月 21 日北京特大暴雨的风暴尺度集合预报,采用了初始扰动和物理过程扰动结合的方式。ECMWF 模式、日本模式和中国 T639 模式都没有正确报出此次过程的暖区降水。上述风暴尺度集合预报的多数成员都成功预报了冷锋前的暖区降水。

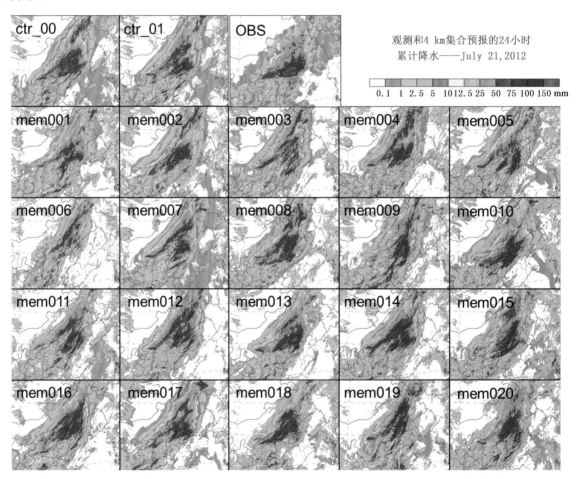

图 1.46　风暴尺度集合预报给出的 24 小时累积雨量邮票图
(起始于 2012 年 7 月 21 日 08 时,截止于 7 月 22 日 08 时,南京大学赵坤教授提供)

1.4.2.5　集合预报的检验

一个集合预报系统是否可用或合格的最重要的判据是:1)当控制预报具有较高技巧时,大多数情况下集合预报成员间的离散度相对较小;2)当控制预报具有较低技巧时,大多数情况下集合预报成员间的离散度相对较大。这构成了集合预报系统好坏的最重要判据。其他的检验手段还包括集合预报平均值是否优于控制预报模式或高分辨率的确定性模式技巧和 Talagrand 图等。

此外,集合预报可以方便地表述为概率预报。一些用来检验概率预报的方法可以用于集合预报,例如表征概率预报中类似均方根误差的 Brier 评分(BS),还有以气候概率为基准的 Brier 技巧评分(BBS),相对操作特性(ROC),以及考虑到用户使用概率预报花费损失比模型的相对经济价值(V)等(Murphy,1994)。

1.4.3　常用的数值预报模式系统

1.4.3.1　ECMWF 全球预报模式

欧洲中期天气预报中心(ECMWF,European Centre for Medium-Range Weather Forecasts)组建于 1976 年,1979 年开始发布全球中短期数值天气预报,一直保持全球最好数值预报模式的地位。目前其涉及天气预报的系统主要包括一个高分辨率的确定性预报模式和一个由 51 个成员构成的集合预报系统。模式为谱模式,时间积分方案为半隐式半拉格朗日方案,初值形成方法为四维变分(4D-Var),同时利用其低分辨率的同化系统集合预报系统 EDA 对同化系统中的背景误差协方差矩阵进行估计。高分辨率确定性模式为 $T_L 2559/L137$,等效水平分辨率为 9 km,垂直 137 层,模式顶位于 0.01 hPa 处。该模式每天做 2 次预报,每次预报时长为 10 天,起始预报时间分别为世界时 00 时和 12 时(北京时间 08 时和 20 时)。其产品存储的最高水平分辨率为 $0.10° \times 0.10°$。由 51 个成员构成的集合预报系统在 0~15 天预报时段采用的模式为 $T_L 1279/L91$,其等效水平分辨率为 18 km,垂直 91 层,模式顶位于 0.01 hPa 处;16~32 天预报时段采用的模式为 $T_L 639/L91$,其等效水平分辨率为 32 km,垂直 91 层,模式顶位于 0.01 hPa 处。集合预报初始场扰动采用奇异向量技术,同时对物理过程参数化采用随机扰动。未来,为了进一步提高水平分辨率,需要将其动力框架增强为非静力模式,在其基础上,2022 年以后将该模式水平分辨率提高到 5 km 左右。此外,ECMWF 还有一个专门用来做历史资料再分析的数据同化-预报系统 ERA,其配置为 $T_L 255 L60$,等效水平分辨率为 80 km,垂直 60 层,模式顶位于 0.1 hPa 处。

图 1.47 为 ECMWF 确定性预报模式预报时长为 3 天、5 天、7 天和 10 天预报南北半球 500 hPa 高度场距平相关系数的演变(12 个月滑动平均)。从中看出,对于 3 天的预报,南北半球 500 hPa 高度场距平相关系数高达 0.98,意味着 3 天以内 500 hPa 高度场的预报近乎完美。5 天的南北半球 500 hPa 高度场距平相关系数高达 0.90 以上,7 天的南北半球 500 hPa 高度场距平相关系数也达到 0.75,目前南北半球 10 天的 500 hPa 高度场距平相关系数已经与 30 年前北半球 7 天的 500 hPa 高度场距平相关系数相当。业内通常认为预报的 500 hPa 高度场距平相关系数超过 0.60 就是有用的预报,有用预报时效的长短被作为衡量模式性能好坏的重要指标。ECMWF 确定性预报模式目前在北半球中高纬度地区的可用预报时效为 8.5 天(图略),在世界各个全球模式中最高。

图 1.48 给出了 ECMWF 集合预报系统的主要评分之一,即根据集合预报形成的北半球热带以外地区 850 hPa 温度概率预报,其 CPRSS(continuous probability ranked skill score,连续概率排序技能得分)评分达到 0.25 的预报时长随时间的进展。可以看出,从 1995—2012 年的 18 年间,CPRSS 达到 0.25 的预报时长从 3.6 天增加到 8.6 天,进步非常显著(Richardson et al,2013)。

1.4.3.2　美国国家环境预报中心 NCEP 全球预报系统(GFS)

GFS 为美国全球预报系统,2014 年升级以后的 GFS 系统第一预报时段(0~10 天)采用的全球谱模式为 $T_L 1534 L64$,等效水平分辨率为 13 km,垂直 64 层;第二预报时段(10~16 天)采用分辨率低一些的模式 $T574 L64$,等效水平分辨率为 27 km,垂直 64 层,两者的模式顶都设在 0.3 hPa 处;同时时间积分方案由原来的欧拉方案改为半隐式半拉格朗日方案。为该模式提供初值场的全球资料同化系统 GDAS 采用三维变分(3D-Var)和集合卡曼滤波(EnKF)方案(Zhang and Snyder,2007)的混合,其中 EnKF 系统的分辨率升级为 $T574 L64$。除了上述高分辨率确定性预报系统,NCEP 还研发了全球集合预报系统外,从 1994 年开始准业务运行,包括 21 个成员,初始扰动采用增长模培育法。

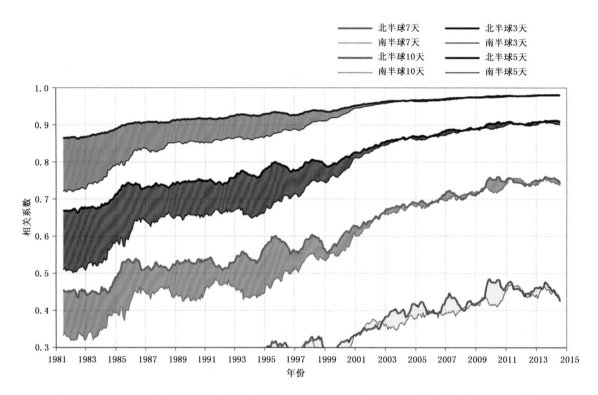

图 1.47　ECMWF 确定性预报模式预报时长为 3 天、5 天、7 天和 10 天预报南北半球 500 hPa 高度场
距平相关系数的演变(12 个月滑动平均;引自 ECMWF 网站)

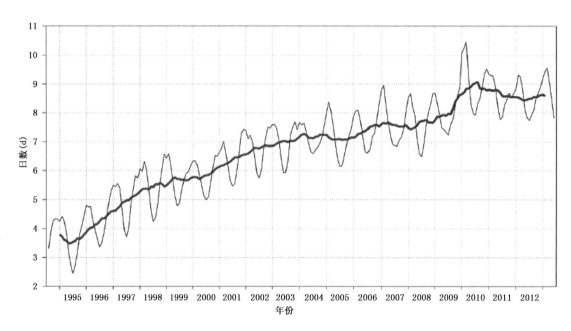

图 1.48　ECMWF 基于集合预报的 850 hPa 温度概率预报 CPRSS 评分达到 0.25 的预报时效长度的进展
(蓝色曲线为 3 个月滑动平均,红色曲线为 12 个月滑动平均;引自 Richardson et al,2013)

图 1.49 所示为 NCEP 的 GFS 系统 5 天(120 小时)预报的北半球热带以外地区 500 hPa 距平相关系
数与其他几个全球模式对比,图 4.19a 为各个模式预报系统 5 天预报的 500 hPa 高度场距平相关系数随
时间的演变(其中上图左下角为 2014 年各个模式对应的上述距平相关系数的年平均值),图 4.19b 为其
他模式的 5 天预报 500 hPa 高度场距平相关系数与 GFS 模式相应值之差,所有曲线都采用了 3 个月滑动

平均。图 1.49 中所标 CDAS 为用来进行 NCEP/NCAR 再分析使用的被冻结的 GFS 较低分辨率模式，FNO 为美国海军全球模式，CMC 为加拿大气象局全球模式，UKM 为英国气象局全球模式，ECM 为欧洲中期天气预报中心（ECMWF）全球模式。从图 1.49 中可以看出，NCEP 的 GFS 全球预报系统的表现不及 ECMWF 全球模式，略低于英国气象局全球模式，略高于加拿大气象局全球模式，明显高于美国海军全球模式和早前冻结的用来做 NCEP/NCAR 再分析的较低分辨率的 GFS 模式。除了北半球热带以外地区，在热带和南半球热带以外地区，对比结果与图 1.49 所示类似，惟一的例外是在南半球，加拿大气象局全球模式最近几年的表现与 GFS 基本持平（图略）。

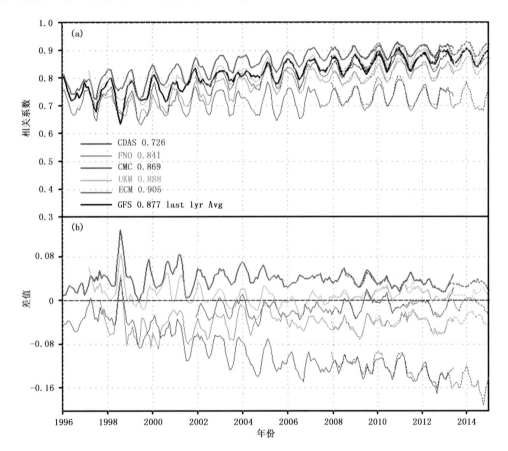

图 1.49　NCEP 的 GFS 系统 5 天（120 小时）预报的北半球热带以外地区 500 hPa 距平相关系数与其他几个全球模式对比（a）各个模式预报系统场距平相关系数随时间的演变（左下角为 2014 年各个模式对应的上述距平相关系数的年平均值）；（b）其他模式距平相关系数与 GFS 模式相应值之差（所有曲线都采用了 3 个月滑动平均，引自 NCEP 网站）

除了全球资料同化系统 GDAS、全球预报系统 GFS 和全球集合预报系统 GEFS，美国环境预报中心（NCEP）还具有北美有限区域预报系统 NAM（The North American Mesoscale Forecast System）和集合预报系统 NAEFS、短期集合预报系统（SREFS）、飓风预报系统 HWRF（Hurricane Weather Research and Forecasting Model）以及快速同化系统（RAP/HRRR），其中部分系统会在后面加以介绍。需要指出，美国飓风路径和强度模式不仅局限于 HWRF 模式，其他模式如 GFS、GEFS 和 GFDL（Geophysics Fluid Dynamics Laboratory model）都可以提供飓风路径和强度预报。

1.4.3.3　日本气象厅全球模式

日本气象厅（JMA）全球谱模式 GSM 为 $T_L 959L60$，等效水平分辨率为 20 km，垂直 60 层，模式顶位于 0.4 hPa，数据同化采用四维变分（4D-Var）方案。该确定性高分辨率模式每天做 4 次预报，世界时 12 时（北京时间 20 时）起始的预报时效为 9 天（216 小时），其他 3 个时次预报时效为 84 小时（3.5 天）。日本气象厅还具有由 51 个成员构成的用于天气预报的集合预报系统(还有用于延伸期、月预报和旬预报的集合预报系统),水平分辨率为高分辨率全球模式的二分之一,即 40 km,垂直仍为 60 层,模式顶位于 0.4 hPa,每天 12 时(世界时)做一次预报,时效为 9 天。此外,日本气象厅还运行一个水平分辨率为 5 km 的非静力平衡中尺度模式,其区域范围覆盖日本本土和周边区域,初值形成方法采用四维变分(4D-Var)技术。在台风季节,当有台风生成时,日本气象厅还会运行台风路径和强度预报模式。

中国预报员参考的外国模式主要包括欧盟的 ECMWF 全球模式、美国环境预报中心全球模式 GFS 和日本全球模式 GSM。以上三个全球模式都是谱模式,水平分辨率以 ECMWF 模式最高(9 km),其次为美国 GFS 模式(13 km)和日本全球模式(20 km)。

图 1.50 展示了 ECMWF(欧洲中期天气预报中心)、JMA(日本气象厅)、UKMO(英国气象局)和 NCEP(美国国家环境预报中心)北半球 3 天和 5 天海平面气压场预报均方根误差 1989—2011 年的演变。从图中可以看出,ECMWF 全球模式始终保持最优,2006—2011 年处于第二位的是英国气象局的全球模式;1989—2007 年,日本 JMA 全球模式始终略好于美国 NCEP 全球模式,2008—2011 年,美国 NCEP 模式表现与日本 JMA 模式不相上下。

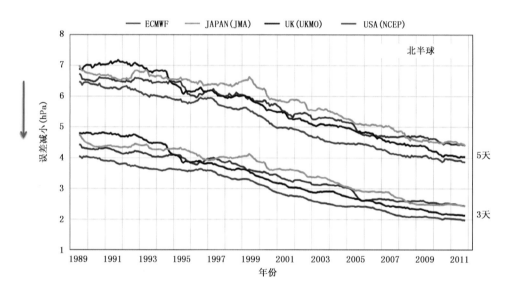

图 1.50　ECMWF(欧洲中期天气预报中心)、JMA(日本气象厅)、UKMO(英国气象局)和 NCEP(美国国家环境预报中心)北半球 3 天和 5 天海平面气压场预报均方根误差的演变(引自 Gheli,ECMWF 产品应用培训课程课件)

1.4.3.4　中国气象局数值预报模式

(1)T639L60

T639L60 为中国气象局全球谱模式,等效水平分辨率为 32 km,垂直 60 层。该模式是在引进 ECM-WF 全球谱模式基础上加以本地化改造而形成的(管成功等,2008)。其初值形成方式为三维变分同化(3D-Var)。目前该模式北半球热带以外地区可用预报时效全年平均为 7 天,其表现比日本气象厅全球模式 GSM 和美国 NCEP 全球模式 GFS 略微逊色,但 0~72 小时预报水平与上述两个模式不相上下。总体水平明显低于 ECMWF 全球模式。目前这个模式已经被冻结,不再继续发展。

图 1.51 给出了 2014 年 6—8 月中国气象局 T639 全球模式、ECMWF 和日本气象厅全球模式 96~144 小时(4~6 天)预报的西风指数与各自分析场之间的相关系数(张峰,2014)。西风指数最初由 Rossby 定义为 35°~55°N 之间平均地转风的西风分量,实际工作中把两个纬度带间的平均位势高度差作为西风指数(朱乾根等,2000)。从图中看出,预报时长 4~6 天,ECMWF 模式始终是最优,日本全球模式次之。第 4 天和第 5 天(96 小时和 120 小时)预报,日本模式与 T639 相差不大,但到第 6 天两者差距明显,日本模式明显优于 T639。总体而言,三个模式对亚洲中高纬度环流形势和 850 hPa 温度的演变和调整

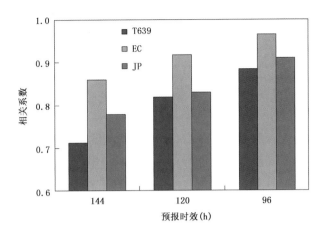

图 1.51　2014 年 6—8 月中国气象局 T639 全球模式、ECMWF 和日本气象厅全球模式 96～144 小时(4～6 天)
预报的西风指数与各自分析场之间的相关系数(引自张峰,2014)

均具有较好的预报性能(张峰,2014)。

此外,在有热带气旋形成时,T639L60 模式中人工加入热带气旋扰动可以预报热带气旋路径和强度,构成以该模式为基础的台风预报数值模式。

基于 T639 模式的低分辨率版本 T213L31 模式,中国气象局数值预报中心研发了具有 15 个成员的全球集合预报业务系统,其初值扰动方法采用了美国环境预报中心(NCEP)的增长模培育法。

(2)GRAPES 模式

GRAPES(Global/Regional Assimilation and Prediction Enhanced System)为中国气象局数值预报中心自主研发的全球/区域一体化数值预报系统(陈德辉等,2006),包括全球版本和有限区域版本。其动力框架采用非静力平衡有限差分(格点模式),时间积分方案为半隐式半拉格朗日方案,初值形成和数据同化采用四维变分(4D-Var)技术,次网格物理过程采取了博取众长的原则,从其他现有各种模式的各类次网格物理过程参数化方案中进行选取。目前 GRAPES 全球模式的水平分辨率为 0.25°×0.25°(大约相当于 27 km),垂直 60 层;GRAPES 有限区域模式(GRAPES-Meso)的区域覆盖中国及周边地区,水平分辨率为 10 km,垂直 60 层。中国气象局数值预报中心采取先易后难原则,GRAPERS 模式的有限区域版本 GRAPES-Meso 发展较早,GRAPES 全球模式开发晚一些。因此,目前虽然两者都是中国气象局数值预报中心业务运行模式,GRAPES-Meso 相对比较成熟,预报技巧也较高,是中国气象局各级预报员在制作天气预报过程中的重要参考模式之一。

目前,中国气象局数值预报中心正在研发基于 GRAPES 的区域集合预报系统,试图采用集合变换卡尔曼滤波(ETKF)初值扰动方法以及多物理过程组合的模式扰动方法,基于 GRAPES-Meso 构建区域集合预报系统 GRAPES-REPS(张涵斌等,2014)。

(3)各区域中心数值预报模式

除了上述国家级的中国气象局数值预报中心业务运行的 T639L60 全球模式和 GRAPES 全球/区域模式,各个区域中心还运行数值预报模式,包括北京(华北区域中心)、沈阳(东北区域中心)、上海(华东区域中心)、武汉(华中区域中心)、广州(华南区域中心)、兰州(西北区域中心)和成都(西南区域中心)等。除了华南区域中心运行 GRAPES-Meso 作为该区域中心数值预报模式外,其他区域中心主要以运行美国 NCEP/NCAR 联合研制的有限区域模式 WRF 为区域中心数值预报模式,边界条件采用美国 NCEP 全球模式 GFS 或者 ECMWF 全球模式的 12 小时预报。

1.4.3.5　WRF 模式

WRF(Weather Research and Forecasting)模式是由美国国家大气研究中心(NCAR)和美国国家海洋大气局(NOAA)下属美国国家环境预报中心(NCEP)为主,联合 NOAA 当时的预报系统实验室(FSL,

现在称为地球系统研究实验室,即 ESRL)、美国国防部空军气象局(AFWA)和海军研究实验室(NRL)以及俄克拉荷马大学风暴分析和预报中心(CAPS)一起研制的(Skamarock et al,2005)。由于其原始代码向全世界开放,因此是目前应用最广泛的高分辨率有限区域模式。其源头可以追溯到 20 世纪 70 年代美国宾州州立大学气象系和 NCAR 联合研发的静力平衡中尺度模式(Anthes and Warner,1978)。在 20 世纪 80 年代中期到 90 年代中期其最流行的版本是 MM4(Anthes et al,1987)。随着 20 世纪 90 年代计算机能力的迅速提高,中尺度模式的水平分辨率不断提高,静力平衡假定不再成立,MM4 被其非静力平衡版本 MM5(Dudhia,1993)所代替。MM5 一直被广泛使用到 21 世纪最初几年,最终逐渐被 WRF 模式所取代。

WRF 模式是新一代的非静力平衡有限区域模式,可以预报和模拟小到龙卷,大到热带气旋和中高纬度锋面气旋等天气系统,适应范围很广,便于大规模并行计算,具有模块化方便插拔的结构,包括数据同化、模式动力框架和各种繁简程度的供选择的次网格物理过程参数化的有限区域天气研究和预报系统(图 1.52)。

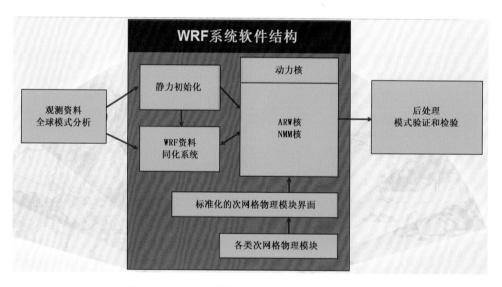

图 1.52　WRF 系统结构(引自 Skamarock,2005)

WRF 的动力框架有两个版本,一个版本称为 ARW(the advanced research WRF solver),主要是由 NCAR 开发的;另一个版本称为 NMM(nonhydrostatic mesoscale model solver),主要由 NCEP 研发,其维持由 NOAA 下属的 Developmental Testbed Center(DTC)负责。NCAR 的 ARW 版本 WRF 资料同化系统(WRFDA;Baker et al,2012)包括三维变分(Baker et al,2004)、四维变分(Huang et al,2009)、集合卡尔曼滤波 EnKF(Zhang et al,2004,2006,2009;Zhang and Snyder,2007)以及集合卡尔曼滤波与三维变分混合方案(Wang et al,2008a,2008b)。其中三维变分数据同化方案(3D-Var)直接取自原 MM5 的三维变分同化方案(Baker et al,2004),还有不少次网格物理参数化方案也是取自 MM5。

NOAA 下属业务单位尤其是 NCEP 所使用的有限区域模式目前全部统一使用 WRF 模式,包括 NCEP 的北美模式(NAM)、台风模式(HWRF)和快速更新同化系统(RAP/HRRR)。

1.4.3.6　美国 NCEP 快速更新同化系统 RAP/HRRR

多数国家数值预报系统的同化更新周期为 6 小时,也就是说每隔 6 小时得到一次更新的分析场。对于短时和临近预报,要求更新速度更快的数值预报系统。于是当时的 NOAA 的预报系统实验室(FSL,现在称为地球系统研究实验室,即 ESRL)研发快速更新同化系统 RUC(Rapid Updated Cycle)并投入业务运行。RUC 同化周期为 1 小时,每隔 1 小时形成一次分析场,从分析场出发制作 18 小时预报,初值形成方法采用 3D-Var,模式采用早先 FSL 自己设计的有限区域模式,覆盖区域为美国本土 48 州,模式水平分辨率为 13 km(Benjamin et al,2004)。

2010 年 RUC 系统更名为 RR(Rapid Refresh)(Benjamin et al,2016),为了发音方便常常被称为 RAP。最大的变化是系统采用的数值预报模式更换为 WRF(采用 NCAR 的 WRF-ARW 版本),覆盖范围从原来的美国本土 48 州扩展到整个北美(图 1.53),观测资料在原有基础上增加 GOES 卫星微波垂直探测器辐射率资料(AMSU),如表 1.1 所示。其水平分辨率保持 13 km,同化方法由原来的三维变分(3D-Var)改为格点统计插值(GSI,gridpoint statistical interpolation)。该系统可以提供每小时更新的格点化的雷暴和强对流环境的关键参数,包括对流有效位能(CAPE)、对流抑制(CIN)、抬升凝结高度(LCL)、自由对流高度(LFC)、平衡高度(EL)、0℃ 和 −20℃ 层高度、下沉气流对流有效位能(DCAPE)、700~500 hPa 温度直减率、0~3 km 温度直减率、0~6 km 和 0~1 km 风矢量差(分别代表深层和低层垂直风切变)、0~3 km 相对风暴螺旋度(SRH)、地面比湿(q)和位温(θ)、850 hPa 比湿和位温、700 hPa 和 500 hPa 等压面垂直运动等。这些产品为预报员了解高时空分辨率的近风暴环境提供了重要参考。预报员有效使用上述系统提供的参数的前提条件是利用实际观测资料对其 1 小时间隔的分析和 18 小时预报做严格检验,对该系统计算的各种参数的可靠性做出全面评估。在此基础上,才可以将该系统输出的相应参数用于雷暴和强对流天气或其他高影响天气近风暴环境的估计。

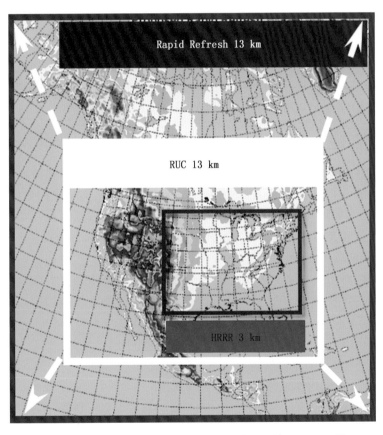

图 1.53 目前 RAP 区域、原来 RUC 区域和目前 HRRR 区域

2014 年 2 月 25 日,RAP 升级为第二版,其采用的模式从 WRF-ARW 的 3.2.1 版升级为 3.4.1 版。另外在资料同化方案采用的格点统计差值方法(GSI)中,背景误差矩阵根据 NCEP 全球模式的集合预报系统所获得。此外还有一些涉及次网格物理过程参数化和使用的观测资料方面的微调。其水平分辨率仍为 13 km,垂直 50 层,模式顶位于 10 hPa,边界条件由 NCEP 全球模式 GFS 提供。

表 1.1　**NOAA 地球系统研究实验室快速更新 RAP 系统使用的观测资料**

数据类型	数量	数据更新周期
探空	150	12 h
NOAA 对流层风廓线雷达(405 MHz)	35	1 h
边界层风廓线雷达/RASS(915 MHz)	25	1 h
WSR-88D 多普勒天气雷达 VAD 风廓线	120～140	1 h
飞机(ACARS)(风和温度)	3500～10000	1 h
地面常规观测(温度、湿度、压力、风)	2000～2500	1 h
浮标和船舶	200～400	1 h
GOES 云迹风	4000～8000	1 h
GOES 卫星垂直探测器 AMSU	1000～2000	1 h
GFS 可降水量	300	1 h
中尺度自动站网(Mesonet)温度和露点	8000	1 h
中尺度自动站网(Mesonet)风	4000	1 h
地面常规观测(云、能见度、强烈天气)	1800	1 h
天气雷达反射率因子/闪电定位数据	大量	1 h

在 RAP 区域内部,划定一块覆盖美国本土落基山以东的区域(图 1.53 中红色方框所示),运行分辨率为 3 km 的对流分辨模式,称为高分辨率快速更新循环系统(HRRR,High Resolution Rapid Refresh),每小时一次分析,每次分析做 12 小时预报。自 2009 年 HRRR 开始在 NOAA 的地球系统研究实验室(ESRL)做试验性运行。自 2014 年 9 月 30 日开始,HRRR 在 NCEP 做业务运行,与 RAP 一起称为 RAP/HRRR 系统。HRRR 的边界条件由 RAP 提供,垂直 50 层,模式顶位于 20 hPa;初值形成时先由 RAP 提供背景场,然后再采用 GSI(格点统计差值)方法做 1 小时周期的同化循环,所用资料与 RAP 类似。另外,除了使用 GSI 做同化,目前还可以使用 EnKF/3D-Var 混合方式做同化。HRRR 每隔 15 分钟输出一次产品。除了像 RAP 一样提供每小时更新的近风暴环境外,HRRR 还可以直接预报对流风暴本身的演变,为强对流天气和其他高影响天气的短临预报提供了非常有价值的指导产品。

中国气象局的一些区域中心,例如华北、华东、华中和华南区域中心,也运行同化周期为 3 小时甚至 1 小时的快速循环系统,所用模式除了华南区域中心使用 GRAPES-Meso 外,其他中心都使用 WRF 模式,同化方法都是采用三维变分(3D-Var),核心区的模式水平分辨率为 3 km 左右。

1.5　小结

临近预报指的是对短时间内发生明显变化的天气现象的 0～2 小时的定点、定时和定性的预报,这些天气现象主要包括雷暴、强对流、降水、能见度(包括雾的生消)、天空云量等,其中雷暴(包括雷电)、强对流和降水是最主要的临近预报对象。

1.5.1　雷暴与强对流的含义

雷暴(thunderstorms)泛指深厚湿对流现象(DMC,deep moist convection),它可以产生冰雹、龙卷、直线型雷暴大风和阵雨等对流性天气。当这些对流性天气的强度超过一定阈值时就称为强对流天气。在中国,强对流天气是指直径不小于 2 cm 的冰雹、任何发生在陆地上的龙卷、不低于 17 m/s 的雷暴大风,以及 20 mm/h 或以上的短时强降水。同时,定义直径不小于 5 cm 冰雹、EF2 级或以上龙卷、不低于 32 m/s 雷暴大风,以及 80 mm/h 或 180 mm/3h 及以上短时强降水为极端强对流天气。

1.5.2 临近预报的主要工具和资料简介

雷暴或对流天气系统以及伴随的对流性和/或强对流天气的主要探测和预警工具是多普勒天气雷达，并适当结合地面气象站观测、实时气象卫星云图和闪电定位观测。因此，对中国新一代（多普勒）天气雷达的类型、布网、探测原理、质量控制、部分主要产品和局限性进行了简要描述。

做好定点、定时和定性的对流或强对流天气临近预报和/或预警的前提条件是首先要做好雷暴和各类对流性天气发生潜势的短时临近预报。而做好对流性天气短时临近潜势预报需要使用和分析常规高空和地面观测资料、气象卫星云图、数值预报产品等。因此，对中国常规高空和地面观测网资料、气象卫星资料、风廓线雷达资料以及飞机 AMDAR 资料做了简要介绍。

1.5.3 临近预报可能涉及的数值预报技术和模式简介

重点概述了数值天气预报系统的构成和制作流程，包括确定性数值天气预报、集合预报以及集合预报的主要产品。简要介绍了预报员常用的几个主要数值预报模式，包括欧洲中期预报中心（ECMWF）全球模式、美国国家环境预报中心（NCEP）全球模式、日本气象厅（JMA）全球模式以及中国气象局的全球模式和有限区域模式。简要介绍了全球广泛使用的非静力平衡 WRF 有限区域模式，以及美国国家海洋大气局（NOAA）下属的地球系统研究实验室（ESRL）开发的并在 NCEP 业务运行的快速同化预报系统 RAP/HRRR。

高分辨的数值预报系统尤其是快速更新的同化预报系统可以提供每 6 小时、3 小时甚至每 1 小时更新的格点化的雷暴和强对流环境的关键参数，包括对流有效位能（CAPE）、对流抑制（CIN）、抬升凝结高度（LCL）、自由对流高度（LFC）、平衡高度（EL）、0℃和−20℃层高度、下沉气流对流有效位能（DCAPE）、700～500 hPa 温度直减率、0～3 km 温度直减率、0～6 km 和 0～1 km 风矢量差（分别代表深层和低层垂直风切变）、0～3 km 相对风暴螺旋度（SRH）、地面比湿和位温、850 hPa 比湿和位温、700 hPa 和 500 hPa 等压面垂直运动等。这些产品为预报员了解高时空分辨率的近风暴环境提供了重要参考。预报员有效使用上述系统提供的参数的前提条件是利用实际观测资料对其 6 小时，3 小时甚至 1 小时间隔的分析和 0～12 小时预报做严格检验，对这些系统计算的各种参数的可靠性做出全面评估。在此基础上，才可以将该系统输出的相应参数用于雷暴和强对流天气近风暴环境的估计。

1.6 全书安排

第 2 章介绍雷暴和强对流产生的环境条件；第 3 章介绍雷暴的分类及其雷达回波特征；第 4 章讨论雷暴演变临近预报技术，包括雷达回波客观线性外推技术以及雷暴生成、加强和消散的临近预报技术；第 5 章介绍强冰雹、龙卷、雷暴大风和对流暴雨的临近预报预警技术；第 6 章介绍雷电基本知识及其临近预报技术。

第 2 章　雷暴和强对流产生的要素

雷暴(深厚湿对流)通常由一个或几个雷暴单体构成,雷暴生成的三个基本条件是静力不稳定、水汽和抬升触发机制。此外,垂直风切变对雷暴的形态和组织结构具有关键性作用。要想产生强冰雹、强龙卷和区域性雷暴大风这三种强对流天气,除了上述三个基本条件,通常还需要较强的垂直风切变。而产生暴雨或短时强降水的雷暴(深厚湿对流)不一定需要强的垂直风切变作为前提条件,有时,弱的垂直风切变对于暴雨或短时强降水更有利。

2.1　静力稳定度与对流有效位能

2.1.1　大气静力稳定度

大气层结稳定性可以有三种类型(图 2.1):1)绝对不稳定;2)条件不稳定;3)绝对稳定。如果环境大气温度直减率大于干绝热直减率($0.98℃/100$ m),则大气层结处于绝对不稳定状态,这种层结结构通常在夏天晴空情况下出现在大气边界层的底部;如果环境大气温度直减率小于湿绝热直减率,则大气层结为绝对稳定;如果大气温度直减率介于干绝热和湿绝热直减率之间,则称大气处于条件不稳定状态,它是条件性静力不稳定的简称,所谓"条件"指的是扰动气块需要到达饱和不稳定才能实现。雷暴发生的层结不稳定条件通常要求大气对流层的一部分处于条件不稳定或干绝热直减率状态。

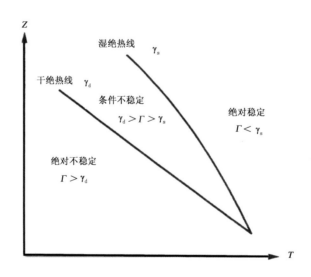

图 2.1　大气静力稳定度(取决于环境温度直减率与干绝热和湿绝热温度直减率的比较)

2.1.2　水汽

水汽是雷暴或深厚湿对流的"燃料",当水汽随云底上升气流进入雷暴云中,在凝结成云滴或冰晶时,潜热释放出来,驱动了雷暴内的上升气流。水汽大多数情况下来自于大气低层 3 km 范围内。水汽的度量分为绝对湿度和相对湿度,绝对湿度可以通过水汽压(e)、混合比(r)、比湿(q)和露点温度(T_d)来表示,在中国露点和比湿使用最多,相对湿度可以用相对湿度百分比(h)或温度露点差来表示。在暖季,气温较高,饱和水汽压大,较高的相对湿度往往也对应着较高的绝对湿度,但较高绝对湿度未必对应较高相对湿度;在冷季,气温较低,饱和水汽压也低,较高的相对湿度往往不对应较高的水汽绝对湿度,即便达到饱和,所含的水汽绝对量也不大。此外,有时也用气柱水汽总量表示水汽绝对量,称为可降水量(PW)。

2.1.3　对流有效位能(CAPE)和对流抑制(CIN)

静力稳定度的概念只涉及大气垂直层结局部的稳定性。通常用一些热力对流参数来表示大气垂直层结不稳定和水汽的综合效应,该综合效应可以表示大气整体的垂直稳定性,可以指示雷暴(深厚湿对流)发生的潜势,如抬升指数(LI)(Galway,1956),K 指数(George,1960)和 SI 指数(Showalter,1953)等。用来表示整体大气垂直不稳定度大小的物理含义最清晰的参数是对流有效位能(CAPE)和对流抑制(CIN)(Moncrieff and Miller,1976)。对流有效位能(CAPE)是气块在给定环境中绝热上升时的正浮力所产生的能量的垂直积分,是对流发生潜势和潜在强度的一个重要指标。在温度对数压力(T-ln$p$)图上,CAPE 正比于气块上升状态曲线 A 和环境温度层结曲线 C 从自由对流高度 F(通常缩写为 LFC)至对流上限 B(也称为平衡高度,即 EL)所围成的区域的面积(图 2.2)。另外,除了 CAPE 外,在图 2.2 中自由对流高度以下的负浮力区域面积的大小称为对流抑制(CIN),也是一个重要的对流参数,抬升力必须克服 CIN 大小的负浮力才能将气块抬升到自由对流高度 F。

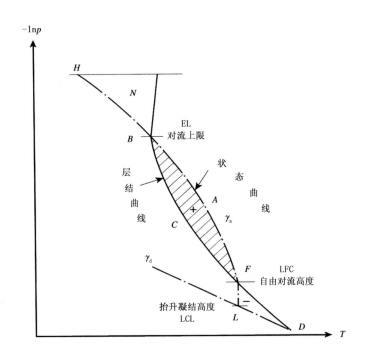

图 2.2　T-ln$p$ 图上正负能量区和 CAPE 示意图

CAPE 和 CIN 以及其他对流参数如抬升指数 LI,都假定气块在上升过程中是绝热无摩擦的,并且与环境之间没有质量交换,同时假定气块在上升过程中其内部气压始终与环境气压平衡。在这样假定下,气块在平衡高度 B 达到最大上升速度,其具体表达式为

$$W_{max} = (2CAPE)^{1/2} \tag{2-1}$$

实际上,气块上升过程中与环境是有热量交换的,尤其是夹卷过程会使环境空气被夹卷进气块,导致一定程度的环境空气与气块内空气的混合。另外,气块内气压也不是完全与环境气压平衡,尤其是CAPE 值较大时,上升气块速度很大,会产生明显的动压力,导致气块内气压和气块外环境气压不一致。

这些非理想因素都会使得估计的 CAPE 值比实际值大,估计的 CIN 值比实际值小,也就是说上述气块法会高估 CAPE 值而低估 CIN 值。有学者(Markowski and Richardson,2010)估计,实际的雷暴内最大上升气流大小通常只有公式(2-1)计算值的二分之一,在 CAPE 值较大时,只有其计算值的三分之一。例如,如果 CAPE 值为 1000 J/kg,则公式(2-1)算出的最大上升气流速度为 44 m/s(注意 CAPE 的单位是 J/kg,使用国际标准的千克米秒制得到其基本量纲为 m^2/s^2,开方后刚好为 m/s,即速度的单位),实际雷暴内可以达到的最大上升气流通常不会超过该值的二分之一,即 22 m/s,且最大上升气流的位置也不在平衡高度,而是低于平衡高度(由于上升气块与周围环境空气物质交换和摩擦作用),具体位置与具体环境和实际雷暴的细节有关。

有时,根据气块法得到 CIN 值为 0,通常并不意味着雷暴可以自动生成,仍然需要抬升触发。原因在于气块法一般会低估 CIN 值,虽然气块法得到 CIN 值为 0,实际上仍然具有一定数值。尽管气块法有这样那样的局限,但由于其方便简洁,概念简单清晰,目前气象界仍广泛使用气块法对雷暴或深厚湿对流潜势做出估计。

图 2.3 给出了 2005 年 5 月 5 日 08 时香港探空曲线的 $T\text{-}\ln p$ 图。蓝色和绿色实线分别为环境温度和露点廓线,棕色为假定气块以探空曲线起始处的温度和露点绝热上升的状态曲线。气块首先沿着干绝热线上升,温度下降,压力下降,气块饱和水汽压降低,当气块上升到其水汽压与饱和水汽压相等高度时,气块内水汽达到饱和,开始出现水汽凝结,此时的高度称为抬升凝结高度(LCL),然后气块沿着湿绝热曲线上升,直到达到自由对流高度(LFC),气块从 LFC 层继续沿湿绝热上升,气块温度高于环境温度,根据假定其内部气压与环境气压相等,因此气块密度小于环境空气密度,气块受到向上浮力的作用,不再需要抬升力而自行借助浮力加速上升,直到到达平衡高度(EL),在该高度,气块所受浮力为 0,再往上浮力就会变为负值,受到向下的力。红色区域代表气块所受向上正浮力的垂直累加,就是 CAPE。

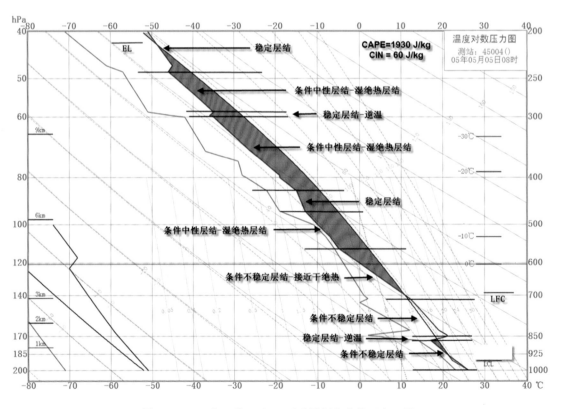

图 2.3   2005 年 5 月 5 日 08 时香港探空曲线 $T\text{-}\ln p$ 图

从低到高分段考察图 2.3 中各段的静力稳定度情况。注意到干绝热温度递减率是固定的,约为 1℃/100m,湿绝热温度递减率随着环境温度和气压层的不同而不同,温度越高,层次越低,湿绝热递减率越小。第一段从地面到 850 hPa 左右为条件不稳定层结,环境温度直减率介于干湿绝热递减率之间;第二段在 850 hPa 附近,是一小段逆温层,显然是绝对稳定层结;第三段位于 850～700 hPa,为条件不稳定层结,与湿绝热递减率更接近;第四段位于 700～560 hPa,是更接近干绝热递减率的条件不稳定层结;第五段位于 560～470 hPa,属于湿中性层结,环境温度递减率等于湿绝热递减率;第六段位于 470～420 hPa,是(绝对)稳定层结,环境温度递减率小于湿绝热递减率;第七段位于 420～300 hPa,处于湿中性层结;第八段又是一个薄的逆温层;第九段位于 295～245 hPa,又是湿中性层结;最后一段位于 245～210 hPa,处于稳定层结。因此,从地面到平衡高度可以将环境温度廓线分为九段,中低层以条件不稳定层结为主,中高层以湿中性层结和稳定层结为主。考虑了地面露点和整个环境温度廓线得到的表示整体垂直不稳定程度的 CAPE 值和 CIN 值分别为 1930 J/kg 和 60 J/kg,具有较高的雷暴发生潜势。

因此,CAPE 值和 CIN 值的大小取决于环境温度廓线的细节以及假定的地面起始气块的温度和露点。上面例子中之所以会得到比较大的对流有效位能,560 hPa 以下的条件不稳定层结和较高的地面露点起了很大作用,尤其是高的地面露点和 700～560 hPa 近乎干绝热递减率(大的条件不稳定度)对 CAPE 贡献较大。

需要指出的是,对流有效位能(CAPE)和对流抑制能量(CIN)不是独立变量,而是由大气静力稳定度和水汽这两个相对独立的变量结合而成的。不过,大气静力稳定度和水汽这两个变量之间也有一定程度的关联。通常,在水汽含量比较少的我国西北高原地区,夏季比较深厚的具有干绝热递减率的气层出现比较频繁。因为水汽含量低,湿对流不容易产生,当下垫面加热后,往往形成很深厚的干绝热层结。南方水汽丰富,只要大气温度递减率超过湿绝热递减率,很容易产生雷暴,雷暴过程的结果是使大气静力稳定度增加,因此南方地区深厚的干绝热层结出现的频率相对较低。最关键的是不能静态地看待 CAPE 和 CIN,它们在持续地演变,对它们演变的判断往往需要从估计构成它们的两个相对独立的要素——大气静力稳定度(温度直减率)和水汽的演变来进行。大气静力稳定度,更确切地说是大气温度直减率可以用 850～500 hPa 或 700～500 hPa 温差来表示,水汽条件可以用地面露点或比湿,地面和 850 hPa 平均露点或比湿,以及大气可降水量(PW)来表示。

环境露点(湿度)廓线除了其低层值可能用作抬升气块起始的露点之外,对 CAPE 和 CIN 没有影响。但是,露点(湿度)廓线的细节对于可能发展起来的雷暴(深厚湿对流)的动力学和微物理过程都有重要影响。雷暴大风通常发生在对流层中层(700～400 hPa)具有明显干层(较低的相对湿度)情况下,因为相对干的环境空气被夹卷进入由降水粒子拖曳启动的雷暴内下沉气流中时,会使雨滴或冰雹粒子产生剧烈蒸发或升华,导致下沉气流剧烈降温,密度增大,向下运动加速度增大,接近地面时会导致较强的辐散性大风。而夹卷过程对于冰雹的干湿增长等微物理过程也会产生重要影响,而且蒸发导致的降温还会明显降低冰雹的融化层高度,使得冰雹在降落过程中融化明显减少,更多更大的冰雹得以降落到地面。

2.1.4　各种将静力不稳定和水汽两个要素结合在一起的对流指数

除了对流有效位能(CAPE)和对流抑制(CIN),还有一些常用的将静力稳定度和水汽这两个深厚湿对流(DMC)生成要素结合在一起的对流参数,概略介绍如下。

2.1.4.1　抬升指数 LI

抬升指数(LI)(Galway,1956)是对流有效位能的一种粗略定性表达,指 500 hPa 环境温度与气块从自由地面出发,沿绝热线(先沿干绝热线饱和后沿湿绝热线)上升至 500 hPa 处的温度之差。当 LI 为负值时,表示气块不稳定,其负值的绝对值越大,意味着对流有效位能(CAPE)可能越大。计算气块抬升时,假定地面温度为从逆温层顶沿干绝热线达到地面的温度,湿度(比湿或露点)为近地面最低 1 km 的平均值。

2.1.4.2　沙氏指数(SI)

沙氏指数(SI)(Showalter,1953)指气块从850 hPa开始,沿干绝热线上升至抬升凝结高度,然后再沿湿绝热线上升至500 hPa,在500 hPa上的环境温度与该气块绝热上升达到500 hPa时的温度之差。当SI>0,表示气层稳定;SI<0,表示气层不稳定,负值越大,气层越不稳定。若在850 hPa和500 hPa之间存在逆温层时,则SI无意义。可以看到,沙氏指数(SI)与抬升指数(LI)是类似的,也是对对流有效位能(CAPE)大小的一个粗略度量,只是气块起始高度和起始时的温度和露点的确定方式不一样。

2.1.4.3　K指数

K指数(George,1960)的表达式为

$$K = (T_{850} - T_{500}) + T_{d850} - (T - T_d)_{700} \tag{2-2}$$

式中,第一项为850 hPa和500 hPa之间温差,代表大气静力稳定度要素;第二项为850 hPa露点,代表低层大气水汽含量;第三项为700 hPa温度露点差,代表那一层大气的相对湿度。K指数越大,代表对流潜势越大。其实,第三项的加入有些多余,有时会影响K指数的代表性,很多强冰雹和雷暴大风发生前700 hPa的温度露点差往往很大,导致K指数不大,但却会发生很强的对流。相对而言,K指数对暖季强降水指示性要好一些,对春夏之交的北方冰雹或雷暴大风指示性较差。另外,高原地区,如果地面气压接近850 hPa或低于850 hPa,K指数无效。要改善K指数使用效果,使其具有更好的对雷暴发生潜势的指示性,建议将K指数表达式中第三项去掉,形成简化的K指数。

2.1.4.4　总指数(TT)

总指数的英文全称是total total,第一个total是指vertical total,表示为850 hPa和500 hPa之间温差,代表大气静力稳定度要素,与K指数的第一项是完全一样的;第二个total是指cross total,表示为850 hPa露点和500 hPa温度之差,代表低层水汽条件,低层水汽含量越大,850 hPa露点也就越大,cross total值也越大。Total Total是这两者之和:

$$TT = (T_{850} - T_{500}) + (T_{d850} - T_{500}) \tag{2-3}$$

在美国落基山以东的低海拔平原地区,过去美国预报员通常将vertical total超过26℃,cross total在18℃以上,或者两者之和,即总指数(TT)超过44℃区域初步确定为可能出现雷暴的区域(Miller,1972),前者($T_{850} - T_{500}$超过26℃)与我国预报员的经验是一致的。

2.1.4.5　关于各种对流指数的评价

从以上描述可知,常用的对流指数如抬升指数(LI)、沙氏指数(SI)、K指数和总指数(TT)分别通过不同方式将深厚湿对流形成三要素中的两个要素—大气静力不稳定和水汽结合起来。总体上来说,每个对流指数都有其局限性,最好的方式是用对流有效位能(CAPE)和对流抑制(CIN)表示深厚湿对流(雷暴)产生的潜势。

最关键的是要对根据08时探空计算的对流有效位能进行订正。另外,上述对流指数是根据低海拔地区的情况定义的,海拔高度在1.5 km以上的高原地区,上述各种对流指数的定义除了抬升指数(LI)外都需要经过修正才能使用,因此在高原地区有利于雷暴发生的上述指数阈值也会跟平原地区明显不同。

2.1.5　对流不稳定(位势不稳定)

所谓对流不稳定(convective instability),最早是由Rossby(1932)提出的概念,指的是原来条件稳定的气层,如果下湿上干,遇到气层被整层抬升的情况,下部先达到饱和,按湿绝热递减率温度降低,降温比较缓和,上部按照干绝热递减率降温,降温剧烈一些,气层内温度递减率增大,最终导致气层内出现条件静力不稳定温度层结。

图2.4给出了对流不稳定气层和对流稳定气层的示意图。假设气层上下界气压差Δp在抬升过程中不变。图2.4a中,假定气层下湿上干(指绝对湿度),最初整层气层沿干绝热线(点划线)上升,因下湿

上干,下部比上部先达到饱和,饱和后沿湿绝热曲线(虚线)继续上升,于是温度曲线由原来的静力稳定层结 A_1B_1 变为条件不稳定层结 A_2B_2;显然,整个气层上升,由于位于气层底部的 A 先凝结而位于气层顶部的 B 后凝结(或不凝结),气层的温度直减率将变得大于 γ_s,变成了条件不稳定层结。图 2.4b 中,假定气层上湿下干(指绝对湿度),整层抬升后上部先达到饱和,气层的温度递减率将变小,气层将变得更加稳定,即原来层结稳定的气层抬升后变得更稳定。

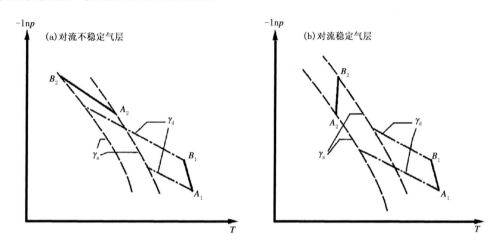

图 2.4　对流不稳定气层(a)和对流稳定气层(b)示意(引自盛裴轩等,2003)

可以证明,上述对流不稳定的条件对应于假相当位温或湿球位温随高度递减。由于对流不稳定概念只适合于大范围气层整层抬升情况,并不适合于平常最多见的孤立对流(雷暴),为了避免经常引起的误解,英国气象学家 Hewson(1937)引入潜在不稳定(potential instability)一词,用来代表与对流不稳定同样的概念。Schultz 等(2000)指出,对流不稳定概念经常被误解,这与它的名称有关,当初 Rossby 给这种潜在的静力不稳定起了一个不适当的名字,后来 Hewson 将其改为潜在不稳定(潜在不稳定常常被错误地翻译为位势不稳定)的确减少了误解,但对流不稳定概念流传更广,很多人甚至不知道它与潜在不稳定是一个概念。需要特别注意,对流不稳定(潜在不稳定)概念并不适合于大多数对流情况,只有少数深厚湿对流涉及对流不稳定机制,通常与大片气层沿着暖锋缓慢抬升有关。按照对流不稳定的定义,该大片气层沿着暖锋缓慢抬升时,应该首先出现大片层状云,然后在这大片层状云中存在触发机制条件下,会有对流云或雷暴发展(Schultz,et al,2000),而大多数雷暴或深厚湿对流(DMC)生成的场景并非如此。Doswell 也指出(2010,私人通信),大片气层整层抬升导致静力不稳定的情况,即使存在,其发生概率也是低的。

2.2　垂直风切变

2.2.1　垂直风切变的概念以及对雷暴的影响

强对流天气预报中的另一个重要参数是垂直风切变。垂直风切变是指水平风(包括大小和方向)随高度的变化。比较常用的两个参数是深层垂直风切变和低层垂直风切变。深层垂直风切变指的是6 km高度和地面之间风矢量之差的绝对值,低层垂直风切变指的是1 km高度和地面之间风矢量之差的绝对值。统计分析表明,环境水平风向风速的垂直切变的大小往往和形成雷暴(也称为深厚湿对流或对流风暴)的强弱密切相关。在给定湿度、静力不稳定性及抬升的深厚湿对流中,垂直风切变对对流性风暴组织和特征的影响最大。一般来说,在一定的热力不稳定条件下,垂直风切变的增强将导致对流风暴进一步加强和发展,尤其表现为组织程度的明显提高。其主要原因在于:

(1)在切变环境下能够使上升气流倾斜,致使上升气流中形成的降水质点能够脱离上升气流,不会因拖带作用减弱上升气流的浮力。

(2)可以增强中层干冷空气的吸入,加强对流风暴中的下沉气流和低层冷空气外流,再通过强迫抬升使得流入的暖湿气流更强烈地上升,从而加强对流。

如果风垂直切变较弱,相对风暴气流就不可能增强到足以携带降水远离对流风暴的上升气流区。在这种情况下,降水就通过上升气流降落,并进入对流风暴低层的入流区,导致上升气流中水负载的明显增加,最终使得对流风暴核消失。弱的垂直风切变通常表示弱的环境气流,并且常常引起对流风暴移动缓慢。沿对流风暴阵风锋的辐合能够继续激发新的单体。但是,阵风锋在切断上升气流后,其移动超前于对流风暴,导致新生单体与母风暴脱离,最终使对流风暴消亡。在弱的垂直风切变环境中对流风暴很难有组织地增长,这在某种程度上是由于对流风暴内上升气流和下沉气流不能长时间共存。因此,在弱的垂直风切变环境中对流风暴发展成为强风暴的概率很小。在这种环境下,目前只发现一种称为"脉冲风暴"的强对流风暴,其强烈天气以短暂的脉动形式出现。大多数情况下,弱的垂直风切变环境中的对流风暴多为普通单体风暴或组织程度较差的多单体风暴(图2.5)。这种松散的多单体风暴中,新生单体以毫无规律的方式形成,随机地出现在风暴的任何一侧。

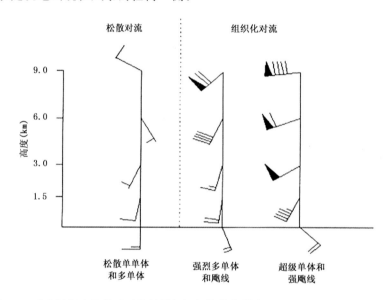

图 2.5　垂直风切变及其对对流风暴组织与结构的影响(ROC/NWS/NOAA,1998)

中等到强的垂直风切变有利于相对风暴气流的发展,此时气块携带降水远离风暴的入流区或上升区。中等到强的垂直风切变能够产生与阵风锋相匹配的风暴运动,使得暖湿气流源源不断地输送到发展中的上升气流中。垂直风切变的增强有利于上升气流和下沉气流在相当长的时间内共存,新单体将在前期单体的有利一侧有规则地形成。如果足够强的垂直风切变伸展到对流风暴的中层,则产生于上升气流和垂直风切变环境相互作用的动力过程能强烈影响对流风暴的结构和发展。在这种风切变环境下,有利于组织性完好的对流风暴如强烈多单体风暴和超级单体风暴的发展(图2.5)。

通常用地面和6 km高度的风矢量差来表示深层垂直风切变,如果该风矢量差小于12 m/s,则判定为较弱垂直风切变,若该风矢量差大于等于12 m/s而小于20 m/s,则判定为中等以上垂直风切变,若该值大于等于20 m/s,则判定为强垂直风切变。上述判据只适合于中高纬度地区暖季(4—9月)。对于低海拔地区,地面到6 km高度大致对应地面到500 hPa,如果地面风较弱,则地面到6 km高度风切变矢量大致与500 hPa风矢量相当。需要指出,用地面到6 km高度风矢量差表示垂直风切变只是一种很粗略的方式,具体到每个例子,要分析具体的风廓线,有时虽然0～6 km风矢量差不大,但其间某一层(例如925～700 hPa之间)具有很强的垂直风切变,也往往可以发生高组织程度的强对流(飑线或超级单体)。

2.2.2 风矢端图

2.2.2.1 风矢端图的定义

风矢端图(hodograph)的主要目的是要将风向风速随高度变化或风的垂直切变这个三维空间特征在一个采用极坐标系的平面上表示出来。极坐标系中风矢量以大小和方向来表示。矢量尾源于坐标原点,矢量上的箭头表示风的去向,矢量的长度正比于风速的大小。例如,"225/20 节"所表示的风是吹向东北方向,其大小为 20 节(1 节约为 0.5 m/s),以一定的比例尺由风矢量的长度表示。各个高度的风矢量都表示在同一幅极坐标平面图上,并注明各个风矢量的高度(图 2.6)。垂直风切变是指风矢量随高度的变化。在给定的层次中,切变风矢指的是顶层和底层风矢量之差(图 2.7),切变风矢可以在所有风场资料层上绘出。风矢端图是由各个层的切变风矢量连接在一起组成的(图 2.8)。

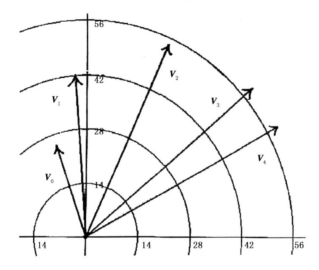

图 2.6 风矢量随高度变化的平面极坐标表示

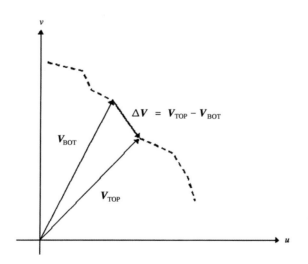

图 2.7 某一气层的垂直风切变矢量在平面极坐标图上的表示

风矢端图的形状在一定程度上可以确定对流风暴的类型,例如可以用来粗略判断将要形成的对流风暴是组织结构松散的单单体或多单体风暴,还是高度组织化的强烈多单体风暴或超级单体风暴。关于这一点我们将在下一章给予更多阐述。

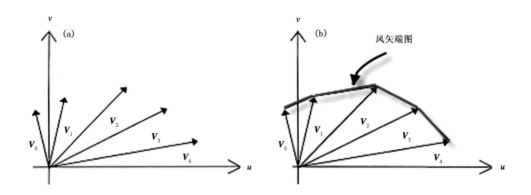

图 2.8　在平面极坐标系内表示风随高度变化(a)和各层垂直风切变的速度矢端图(b)

2.2.2.2　垂直风切变与水平涡度

　　如上所述,风矢端图的有利之处是从其形状可以粗略判断可能出现的对流风暴类型。风矢端图的另一个优点是从风矢端图上可以很方便地确定上下两气层之间或某一气层的底和顶之间的风矢量差(垂直风切变)所导致的水平涡度矢量的方向和大小;风矢端图上某层的水平涡度矢量指向此层风切变矢量的左侧并与其呈 90°交角,水平涡度大小与此层的平均风切变大小成正比,如图 2.9 所示。

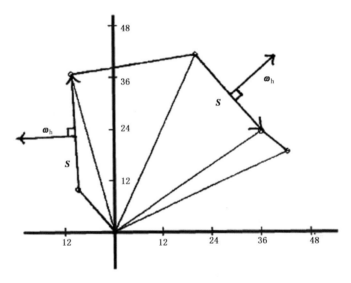

图 2.9　风矢端图中垂直风切变矢量(S)和水平涡度矢量($\boldsymbol{\omega}_h$)关系示意图

2.2.2.3　相对风暴气流和沿流线方向涡度

　　相对风暴气流是指在某个层次上,相对于地面的风速 V 减去风暴运动速度 C,即 $V_r = V - C$。相对风暴风速 V_r 可以表示为从风暴运动风矢头 C 指向相对地面风矢头 V 的矢量,如图 2.10 所示。当环境风为东风且其风速大小随高度线性增长,风暴单体以环境平均风速大小向西运动时,相对风暴气流示意图如图 2.11 所示。此时,低层相对风暴气流方向向西(东风),中间不存在相对风暴气流,高层向东(西风)。

　　相对风暴气流一定程度上决定了降水分布。由于降水形成于凝结层(或其上),相对风暴气流在这一层上尤为重要,这表现在:

　　(1)如果降水降落到对流风暴低层气流入流处,那么风暴的进一步发展受到抑制。

　　(2)如果相对风暴气流携带降水远离风暴低层气流入流处,那么新生单体将会重新获得不稳定能量,相对风暴气流能导致对流风暴一侧辐合的加强,使得新生单体在此侧周期性地产生和发展。因此,相对风暴气流对对流风暴的生成和发展起着重要的作用。

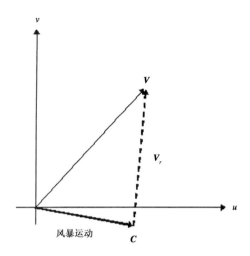

图 2.10　相对风暴的风:由相对地面的风 **V** 减去风暴运动 **C** 而获得

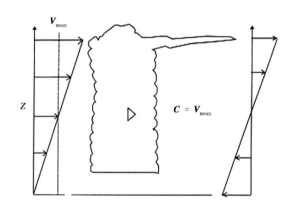

图 2.11　移动速度矢量等于环境平均风矢量(左边)的风暴单体的相对风暴气流(右边)

除了对降水分布的作用外,相对风暴气流能够反映低层入流气流强度,有助于确定新生上升气流发展的位置及其潜在强度。相对风暴气流使得阵风锋不能远离对流风暴,很大程度上加强了风暴下方的气流辐合,导致更强的上升气流。同时,低层相对风暴气流的强度和方向还决定了对流风暴中水平涡度是如何倾斜(扭曲)转换成为垂直涡度的。

水平涡度可以分解为两个分量,即沿流线方向的涡度和垂直于流线方向的涡度,沿流线涡度是指平行于相对风暴气流的水平涡度分量,垂直于流线方向的涡度是指垂直于相对风暴气流的水平涡度分量。如图 2.12 所示。

沿流线涡度对旋转的作用表现在沿流线涡度决定了对流风暴内上升气流产生旋转的潜势。风的垂直切变导致的水平涡度能通过风暴内上升气流的扭曲作用产生垂直涡度。沿流线方向水平涡度决定了垂直涡度中心(产生于扭曲)和垂直速度中心(与风暴上升气流有关)的关系:

(1)如果水平涡度沿流线方向的分量不够大,那么由扭曲产生的垂直涡度将位于上升气流的某一侧,而不是位于其中心。

(2)沿流线方向水平涡度分量的增大将导致上升气流核和进入上升气流的由水平涡度扭曲而形成的垂直涡度的联系更加密切,随着沿流线方向涡度分量的增大,上升气流中心和垂直涡度中心将在同一位置上。

(3)如果沿流线方向水平涡度足够大,那么进入风暴的上升气流将产生明显的旋转,此时还要求低层相对风暴气流足够强，大约超过 10 m/s。

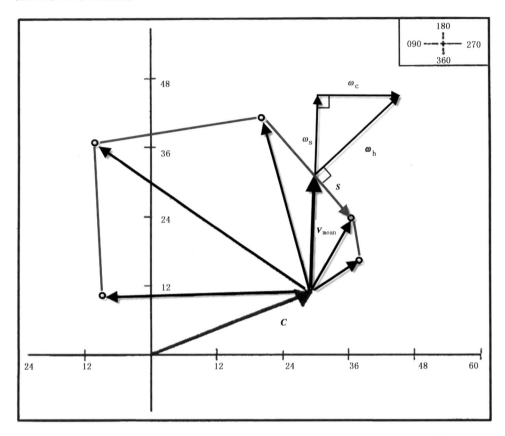

图 2.12　相对风暴风矢端图上与某层垂直切变矢量 **S** 垂直的水平涡度 **ω**$_h$ 沿平行和垂直于流线方向（该层的平均风矢量 **V**$_{mean}$ 的方向即为流线方向）的分解（其中 **ω**$_h$ 为水平涡度，**ω**$_s$ 为流线方向涡度，**ω**$_c$ 为垂直流线方向涡度，**S** 为某气层的垂直风切变矢量，**C** 为风暴移动矢量，蓝色连线为相对风暴风矢端图）

2.2.3　相对风暴螺旋度

相对风暴螺旋度（storm-relative helicity，SRH）是衡量风暴旋转潜势的具有明确意义的物理量（Davies-Jones et al，1990）。相对风暴螺旋度取决于沿相对风暴气流流线方向的水平涡度，而这些因子又取决于低层垂直风切变的强度和方向以及风暴的运动。其表达式为

$$H_{SR} = \int_0^z (\boldsymbol{V} - \boldsymbol{C}) \cdot \boldsymbol{\omega}_h \mathrm{d}z \tag{2-4}$$

相对风暴螺旋度简单的几何意义是它与速度矢端图中两个层次之间的相对风暴风矢量所扫过区域的面积成正比。通常情况下，两个层次是指地面和可观察到风暴入流的顶即 LFC 高度，实际应用时，气流的入流层大约是指 0~2 km 或 0~3 km 间的层次（图 2.13）。

相对风暴螺旋度反映了一定气层厚度内环境风场的旋转程度和输入到对流体内环境涡度的多少，其量值反映了沿对流风暴低层入流运动方向旋转的强弱，单位为 m²/s²，与对流有效位能（CAPE）和对流抑制（CIN）的量纲相同。

相对风暴螺旋度可用以估算垂直风切变环境中风暴运动所产生的旋转潜势，也就是说，气流入流层上沿流线方向的涡度可以进入上升气流并与上升气流核作用，在风暴内相当深厚的垂直范围内产生强大持久的旋转，从而形成超级单体风暴（超级单体风暴的概念见第 3 章）。

当沿流线方向的强涡度与低层强相对风暴气流相结合时，相对风暴螺旋度或旋转潜势尤其大。实际上，速度矢端图的高曲率与 10 m/s 以上的相对风暴气流结合时，就有可能产生大的螺旋度或旋转势。

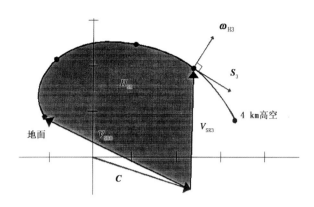

图 2.13　0~3 km 高度层内相对风暴螺旋度示意图(其中 ω_{H3} 为 3 km 高度上的水平涡度矢量，S_3 为 3 km 高度上的垂直风切变矢量，V_{SR0} 和 V_{SR3} 分别为地面和 3 km 高度上相对风暴速度，C 为风暴移动速度矢量)

在业务工作中可以利用垂直风廓线计算螺旋度，但是由于中尺度风场变化对风矢端图的影响较大，因此有效地应用相对风暴螺旋度的关键就是在风暴发展前后对速度矢图进行修正，这在实际操作上相当困难。如今多采用风廓线仪、VWP、数值预报资料对风廓线进行订正。

相对风暴螺旋度计算时还应考虑另一个关键的因素，即风暴运动。然而在许多个例中，由于准确预报风暴运动是不可能的，因此通常对风暴的移动速度(C)进行假定，最常见的假定是风暴沿着风暴承载层平均风 75% 的移速，偏向平均风右侧 30° 移动。其他假定风暴移动速度的方法见刘建文等(2005)。

2.3　探空的代表性问题和订正

2.3.1　局地订正

需要指出的是，大气垂直稳定度、水汽和垂直风切变主要根据探空进行分析。我国探空站平均间隔 200~300 km，探空时间每隔 12 小时一次，时空分辨率比较低。为了使探空数据对某一对流天气事件具有指示性，一般要求事件发生时间距探空时间不超过 4 小时，事件发生地点距探空地点不超过 150 km。探空完成的标准时间为世界时 00 时和 12 时，分别对应北京时间 08 时和 20 时，而对流活动多发生在下午和傍晚。如果假定 08 时探空状态保持不变判断下午和傍晚的对流潜势基本上是行不通的，期间下垫面的持续加热往往明显增加 CAPE 和减小 CIN，因此以 08 时状况判断午后对流误判的可能性很大。图 2.14 比较了上海宝山站 2005 年 9 月 21 日 08 时和 14 时探空(14 时探空是临时的加密探空)的 T-$\ln p$ 图，可以看出 08 时和 14 时探空的 CAPE 值相差很大。08 时探空 CAPE 值很小(332 J/kg)，CIN 值较大，表示大气的对流不稳定很弱，而 14 时探空显示的 CAPE 非常大(6871 J/kg)，CIN 值几乎为 0，表示强烈的热力不稳定。

解决上述问题的一个办法是对探空进行订正。在上述标准计算 CAPE 的程序中，我们假定一个具有当时地面温度和湿度的气块由地面开始绝热上升。在大气平流过程不明显时，早上到午后大气温湿层结的变化主要发生在大气边界层，此时可以假定气块具有估计的午后地面最高温度，气块起始时具有的露点温度根据 08 时露点层结或者假定露点温度保持 08 时地面露点不变(如果 08 时地面到 850 hPa 露点变化不大)，或者假定气块起始露点为 08 时距地最低 1 km 的平均露点(如果 08 时地面到 850 hPa 露点变化较大)，该气块自地面绝热上升的 CAPE 值对于午后和傍晚发生雷暴可能性具有更好的指示性(图 2.15)。图 2.15 中的探空在订正以前对流有效位能是 0，订正后具有明显的正的对流有效位能。这种订正实际上是假定没有明显的平流过程，当天温度和湿度的变化主要是大气边界层的日变化。在有天气系统过境导致的平流过程比较明显时，这种订正方法往往不能反映真实大气的演变情况。对于垂直风廓线

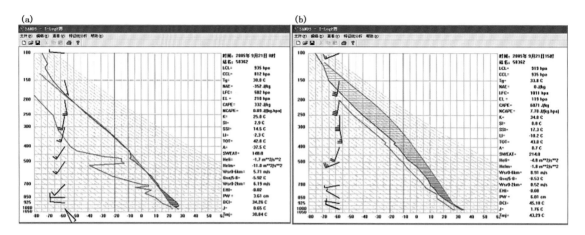

图 2.14　2005 年 9 月 21 日上海宝山探空站 08 时(a)和 14 时(b)的 T-$\ln p$ 图

没有很好的订正方法,但风廓线的探测除了每隔 12 小时的探空外,在有降雨的情况下还可以参考多普勒天气雷达的 VWP 资料,有些地方还有风廓线雷达可以提供连续的风廓线监测。

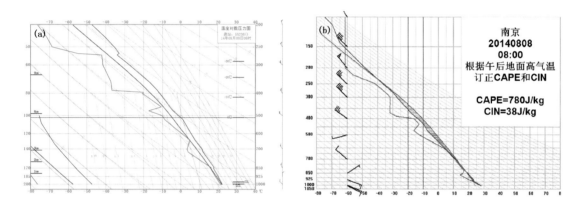

图 2.15　08 时探空订正,图中为 2014 年 8 月 8 日 08 时南京探空。(a)以 08 时地面温度和露点起始绝热上升的气块所得对流有效位能为 0;(b)当时 08 时地面温度露点分别为 22.5℃和 22℃,天气为阴天,根据经验假定午后地面温度为 26℃,露点不变,气块以这样的温度和露点起始绝热上升获得的 CAPE 和 CIN 分别为 780 J/kg 和 38 J/kg

2.3.2　微差平流过程的考虑

图 2.16 给出了 2008 年 6 月 3 日 08 时郑州的探空曲线。图中 CAPE 和 CIN 的计算是假定气块以当时地面露点和预计午后最高气温绝热上升而获得。由探空图看出,从对流层低层到中层,风矢量顺时针旋转明显,深层风切变很强,考虑到低层和中层的平流过程明显,因此仅仅是做了地面温度订正的气块绝热上升获得的 CAPE 和 CIN 没有考虑上述微差平流过程对 CAPE 和 CIN 的影响。从图 2.17 可以发现,6 月 3 日 08 时郑州附近 925～850 hPa 的对流层低层暖平流显著,有利于静力不稳定度的增大,因此实际的 CAPE 可能比考虑了地面温度订正的值(1670 J/kg)要大,但是具体大多少很难估计,只能大致判断其值会在 2000 J/kg 以上。

除了 CAPE 和 CIN,微差平流对于探空廓线形态也会有明显影响。从图 2.16 看到,800～550 hPa 大气基本处于饱和状态,表明那个区间在 08 时是云层。而从图 2.17 可以判断,在 700 hPa 和 500 hPa,郑州站上游地区温度露点差较大,郑州上空云层会移走,原来云层位置的空气会变得更加干燥,从而雷暴大风的潜势会大大增加(从 CAPE 和 CIN 只能判断发生深厚湿对流的潜势,是否会出现雷暴大风需要查验温湿廓线形态,尤其是关注对流层中层是否存在相对湿度不大的干空气层,详见第 5 章)。事实上,当天午后河南郑州及其东南地区出现了雷暴大风和冰雹等强对流天气。

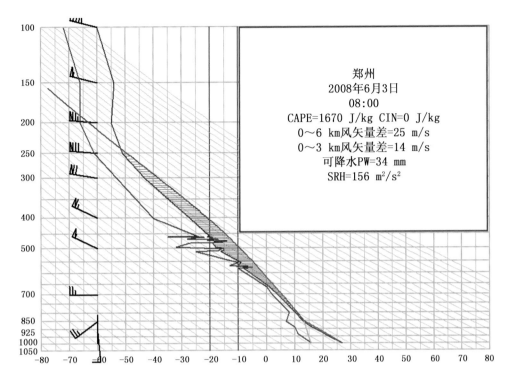

图 2.16　2008 年 6 月 3 日 08 时郑州探空，CAPE 值计算假定气块以当时地面露点和预计午后最高气温绝热上升而获得

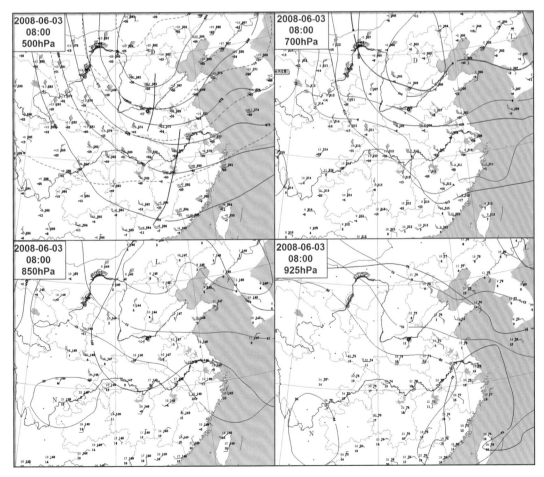

图 2.17　2008 年 6 月 3 日 08 时 500、700、850 和 925 hPa 天气图(红色圆点为郑州探空站位置)

微差平流的作用也可以从数值预报输出来判断,但首先要确认所用数值预报结果具有较高的可靠性。

2.3.3　AMDAR 资料

民航客机通常带有测量飞机外部大气温度和风向风速的探头,所得资料称为 AMDAR(飞机气象数据接收与下传)资料,包括温度、风和气压,目前没有湿度。AMDAR 资料中飞机起降过程的温度和风可以提供大气对流层的温度和风廓线,是很有用的资料。在飞机起降比较多的机场,其观测的时间频率很高。特别重要的是对于 AMDAR 资料需要进行一些必要的检验,通过与时空相近的探空对比确定其可用性。图 2.18 给出了 2009 年 8 月 27 日 09 时 47 分从沈阳机场起飞的 B2648 航班的 AMDAR 探空图,给出了当天 10 时左右沈阳附近的地面到 7 km 高度的温度和风向风速垂直廓线。对于雷暴潜势来说,显示从高时间分辨率的 AMDAR 资料监视大气静力稳定度随时间的变化,结合地面观测资料中的露点变化可以粗略估计对流有效位能和对流抑制的大致变化。

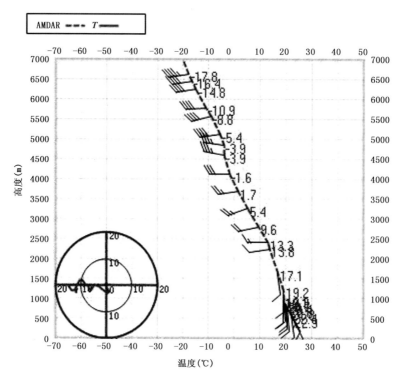

图 2.18　2009 年 8 月 27 日 09:47 在沈阳起飞的 B2648 航班 AMDAR 探空图

2.3.4　模式探空

另外一个选择是,根据数值预报模式或快速更新的客观分析预报系统的分析场,给出任意格点上空的温湿压风廓线并计算相应的对流参数,如 CAPE、CIN、DCAPE 和深层与低层垂直风切变等。需要注意的是,目前数值预报模式的预报或客观分析中湿度场还有比较大的误差,这会在很大程度上影响CAPE 值的精度。另外,位于大气边界层中的变量如风、温度和湿度的预报误差也相对较大。因此,判断一个数值模式预报场或客观分析场是否能用来计算与深厚湿对流潜势相关的参数如 CAPE 和 CIN 值,需要首先将大量个例的计算结果与探空的相应计算结果比较,只有通过了严格的检验才能使用。

　　图 2.19 给出了美国怀俄明大学大气科学系运行的 WRF 模式 12 小时预报的温度、露点和风的垂直廓线与实际探空的比较。从该图可以看出,温度廓线预报得相当好,但露点温度廓线与探空比较差异还是明显的,650 hPa 以上的干层不如探空明显,900～650 hPa 之间的饱和层模式预报结果也没有探空显示的深厚,重要的是探空展示的上干下湿的主要特征还是基本上被模式预报出来了,预报的 CAPE 值和 CIN 值也与实际探空算出的大致符合;另外,模式预报的 0～6 km 之间风向风速分布与实况基本相符。这个例子是挑选的模式探空预报中一个比较好的例子,多数情况下模式探空达不到这样的水平。

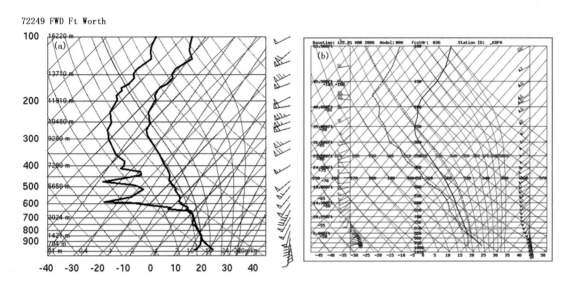

图 2.19　2008 年 3 月 3 日 00UTC 美国得克萨斯州 Ft Worth 探空站(当地时间 3 月 2 日 17:30)的探空曲线(a)
与怀俄明大学利用 WRF 模式的 12 小时预报的温度、露点和风垂直廓线(b)的比较(Doswell 提供)

　　图 2.20 给出了 ECMWF 模式 48 小时预报的(2014 年 7 月 18 日 20 时至 7 月 20 日 20 时)中国北方 CAPE 值分布与实际探空获得的 CAPE 值的比较:1)二连浩特—巴彦淖尔—银川一线以及西边地区模式预报的 CAPE 值为 0,与实际探空得到的 CAPE 分布在这一线及西边地区大致一致;2)郑州—徐州—射阳及以南地区模式给出的 CAPE 值都在 1000 J/kg 以上,与实际观测结果大致一致,只是实际观测结果 CAPE 值都在 1600～2600 J/kg 之间,而模式预报没有给出 1000 J/kg 以上值的等值线;3)具体细节模式预报和实况差异很大,例如延安、东胜、呼和浩特、锡林浩特、赤峰、通辽、沈阳、太原、张家口、北京、邢台、济南、青岛、成山头 48 小时预报值和实际观测值(括号内)对比分别是 100(820)、50(480)、100(0)、300(610)、100(40)、800(1130)、400(200)、100(450)、100(750)、400(670)、700(1670)、200(1720)、300(200)、50(600),大多数情况下预报的 CAPE 值严重偏低。对 ECMWF 业务模式的 12 小时预报的 CAPE 值与实际探空 CAPE 值进行了比较(图略),模式对稳定区和不稳定区之间界限的确定是基本正确的,但每一个具体探空点上的对比多数情况下模式预报的 CAPE 值明显偏小,少数站点偏大,一致性较好的(相对误差不超过 30%)情况只占极少数。

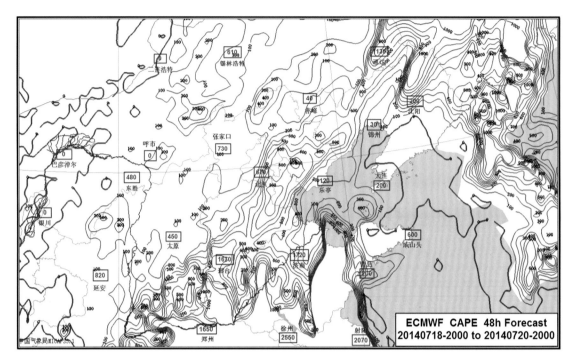

图 2.20 欧洲中期数值预报中心(ECMWF)业务模式(T_L1279L130)细网格($0.25°×0.25°$)产品中从 2014 年 7 月
18 日 20 时起始的 48 小时预报到 7 月 20 日 20 时的 CAPE 等值线(红色实线)与由实际
探空计算的 CAPE 值(蓝色框内蓝色数字)的对比

2.4 雷暴(DMC)生成的触发机制

如图 2.2 所示,要想使雷暴生成,需要把地面附近的气块抬升到自由对流高度(LFC)以上,这需要克服对流高度以下对流抑制能量(CIN)。因此,雷暴的触发需要持续一定时间的位于大气低层的一定强度的上升气流。根据 Doswell(1987)的分析,这种触发雷暴的上升气流绝大多数情况下是由中尺度系统提供的,天气尺度的上升气流通常不会直接触发雷暴(偶尔也会有天气尺度上升气流直接参与触发深厚湿对流或雷暴的情况,不过出现概率很低),而是使得大气变得更加有利于对流的发生,例如大尺度上升运动可以使逆温减弱,减少对流抑制。可以做一个简单的计算,假定自由对流高度为 2 km,天气尺度系统例如短波槽导致的上升运动大约为 2 cm/s,将气块从地面抬升到 2 km 的自由对流高度需要 10^5 s,大约一整天多一点的时间,超过了触发雷暴(深厚湿对流)的合理时间。实际上大多数雷暴都是在数小时内触发的。对于中尺度系统如锋面和雷暴出流边界等,其上升气流速度通常在 20 cm/s 以上,将气块从地面抬升到自由对流高度大约需要 10^4 s,即 3 小时左右,与多数雷暴的触发所需时间是一致的。因此说在雷暴生成问题上大尺度运动的作用主要是使得大气的温度层结和水汽条件变得更有利于雷暴的产生,而触发主要由中尺度过程提供。特别需要指出,中尺度过程不仅触发雷暴,同时也与大尺度过程一样会改变雷暴发生的环境,可以使得环境变得更有利于雷暴或深厚湿对流的发生,也可以使环境变得更不利于深厚湿对流的发生。

在地面附近触发雷暴的中尺度上升气流可以分为三种类型:1)边界层辐合线;2)地形抬升;3)重力波。边界层辐合线包括天气尺度或次天气尺度锋面(主要是冷锋)、干线、雷暴内下沉气流扩散导致的雷暴出流边界(也叫阵风锋)、海陆风环流形成的海风锋(或大湖附近形成的湖陆风辐合线)、圆滚状对流卷(convective rolls)以及其他类型的辐合线。天气尺度锋面尽管在沿着锋面方向的尺度是天气尺度的,但沿着锋面的横截面却是中尺度的。图 2.21 给出了中尺度辐合抬升的示意图。

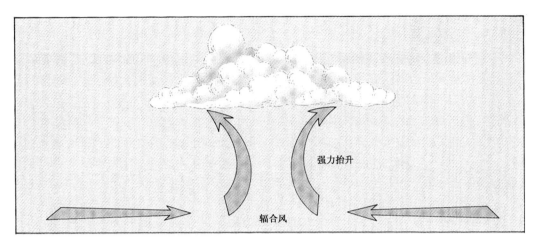

图 2.21　边界层辐合线伴随的上升气流抬升气块示意

下面分别讨论雷暴(或深厚湿对流)的各种触发机制。

2.4.1　冷锋触发

2.4.1.1　冷锋垂直环流

冷锋在其纵向通常是天气尺度的,但其横向是中尺度的,冷锋垂直环流主要位于其横向,也是中尺度的。因此,就冷锋触发雷暴的上升气流而言,主要是中尺度过程。冷锋横截面内的垂直环流主要是由力管(solenoid)效应(也称为斜压效应)所导致的,力管效应也是导致其他类型的垂直环流如海陆风的主要因素。图 2.22 说明力管项(斜压生成项)是如何导致锋面垂直环流的。粗实线为一长方形闭合环线,其中两条准水平的线段沿着等压面。沿着这条闭合环线的环流为

$$C = \int v \cdot dl \tag{2-5}$$

忽略地球旋转的效应,根据 Bjerknes 环流定理(Holton,2004):

$$\frac{dC}{dt} = -\int \frac{dp}{\rho} = -\int R_d T_v d\ln p \tag{2-6}$$

式中,dp/ρ 为力管项;R_d 和 T_v 分别为干空气的比气体常数和大气虚温。对于正压大气,因为 $\rho = \rho(p)$,即 ρ 只与气压有关,公式(2-6)为零。也就是说正压大气中不会有环流产生,只有在斜压大气中,力管项的积分才不为零,因此力管项也称为环流的斜压产生项。

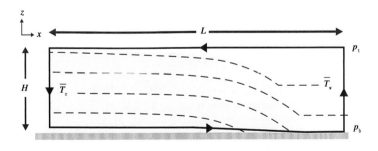

图 2.22　将 Bjerknes 环流定理用于锋面环流解释。相对冷的空气用蓝色阴影部分表示,虚线表示等密度面。闭合粗实线是一条环线,沿着这条环线对环流进行估计(环线准水平的线段是在等压面上)。暖空气一侧和冷空气一侧的平均虚温分别是 $\overline{T}_w$ 和 $\overline{T}_c$。(引自 Markowski and Richardson,2010)

对于图 2.22 所示的环流,环线中沿着等压面的两条准水平线段积分为 0,只有沿着两条垂直线段的积分对环流有贡献,因此公式(2-6)可变成为(Markowski and Richardson,2010)

$$\frac{\mathrm{d}C}{\mathrm{d}t} = R_{\mathrm{d}}\ln(\frac{p_{\mathrm{b}}}{p_{\mathrm{t}}})(\bar{T}_{\mathrm{w}} - \bar{T}_{\mathrm{c}}) > 0 \tag{2-7}$$

式中，p_{b} 和 p_{t} 分别为沿着环线底部和顶部的气压；$\bar{T}_{\mathrm{w}}$ 和 $\bar{T}_{\mathrm{c}}$ 分别为沿着环流暖空气一侧和冷空气一侧按对数压力平均的虚温。显然，锋面两侧温差越大，所导致的环流加速度越大。假定锋面两侧冷暖空气的平均虚温差为 10℃，环线低层和顶层气压分别为 1000 hPa 和 900 hPa，适当考虑摩擦，Markowski 和 Richardson（2014）估计，大约在 1 小时内，环流的切向速度可以达到 8 m/s 左右。锋面环流中暖空气上升降温，冷空气下沉增温，会导致锋面两侧温差减弱，环流生成减弱。要使锋面环流加强或维持一定强度，通常需要有锋生机制。图 2.23 描绘了理想情况下变形场导致的锋生和锋消，图 2.24 示意性地描绘了在斜压波扰动中的锋生过程，水平伸展变形场加强了 A 点附近的温度梯度，水平切变变形场加强了 B 点附近的温度梯度，与实际大气过程更为相似。

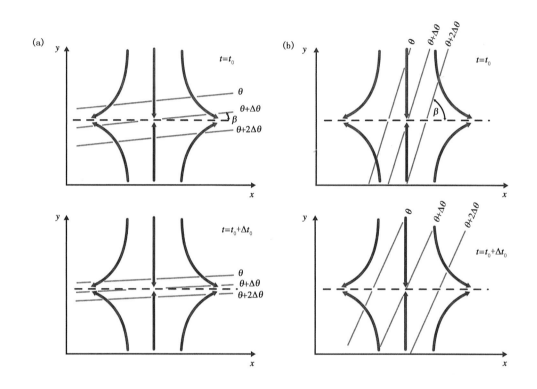

图 2.23　在理想变形场作用下的锋生(a)和锋消(b)示意图。红色实线表示变形场流线，蓝色实线代表等位温面，β 代表等位温面和水平轴之间的夹角。初始时刻 0＜β＜45°情况下出现锋生，初始时刻 45°＜β＜90°情况下出现锋消，锋生或锋消过程中等位温面出现轻微的顺时针旋转（引自 Markowski and Richardson，2010）

　　研究和观测（Hoskins and Bretherton，1972）表明，适合于描述中高纬度天气尺度运动的准地转理论很难解释很多锋生过程，这些锋生过程可以使锋面在 12 小时内到达相当大的强度。Hoskins 和 Bretherton（1972）针对准地转理论在解释实际观测到的锋生过程的困难，提出了半地转理论，指出除了准地转的变形场作用外，因为地转调整导致的非地转平流在锋生过程中起了十分关键作用，成功地解释了大气锋生的机制。

2.4.1.2　高分辨率冷锋结构

　　图 2.25 给出了 1984 年 3 月 24 日经过美国科罗拉多州丹佛附近的一次冷锋垂直剖面内位温和风场的观测结构。当该冷锋经过科罗拉多州 Boulder 市时，Shapiro（1984）利用一座 300 多米高的气象塔观测到了该冷锋通过时位温、垂直于锋面的风速分量和垂直速度的精细结构（图 2.26），这是迄今为止对低层冷锋结构最高分辨率的一次观测。

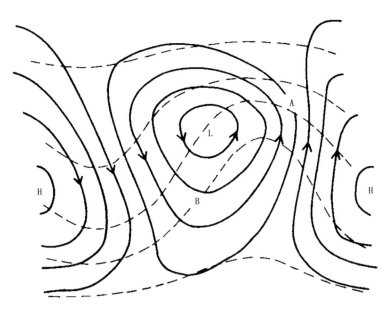

图 2.24　斜压波扰动中地面等压线(实线)和等温线(虚线)示意(箭头代表地转风的方向。水平伸展变形场加强了 A 点附近的温度梯度,水平切变变形场加强了 B 点附近的温度梯度)(引自 Hoskins and Bretherton,1972)

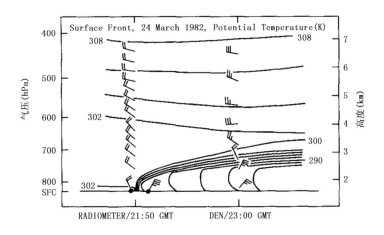

图 2.25　1982 年 3 月 24 日美国科罗拉多州一次冷锋的位温和风矢量垂直剖面(此图是通过 21:50UTC 在丹佛机场由微波辐射计测得的温度廓线、激光雷达测得的风廓线和地面气温,23:00UTC 丹佛探空站的探空资料通过时空转换合成的)(引自 Shapiro,1984)

　　从图 2.25 可以看出,冷锋过境时,在不到 30 s 时间内,温度下降 6℃,根据图中锋面前后风速分布,取锋面移动速度 15 m/s,30 s 锋面移动距离为 450 m,也就是说在大约 0.5 km 距离内,存在 6℃的温度差,即相当于 12℃/km 的温度梯度。锋面垂直环流内最大上升气流位于冷锋前沿上空,气象塔观测到的最大值位于 300 m 高度,达到 5 m/s。从趋势看,随着高度升高,垂直气流还会进一步增大,只不过已经到了铁塔的有效观测高度之上了。

2.4.1.3　中国冷锋触发深厚湿对流的例子

　　下面介绍 2004 年 4 月 22 日一条天气尺度冷锋在安徽合肥附近触发雷暴的例子。图 2.27 给出了 2004 年 4 月 22 日 08 时 850 hPa 等温线和探空站点的温度、露点、风和位势高度(左图),以及 08 时南京的探空经过 11 时合肥地面温度和露点订正后的探空曲线。可以看到非常明显的低层冷锋区和与锋区相联系的明显冷平流,地面冷锋此时位于从山西南部向东穿过河南北部到山东南部一线,在当天会向南移动影响河南、安徽和江苏。850 hPa 天气图显示,华北和山东北部低层温度,特别是露点温度较低,说明

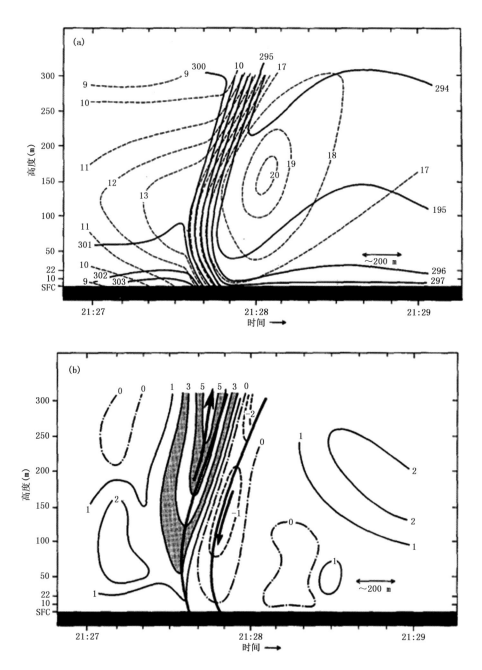

图 2.26 (a)是根据 Boulder 的 300 多米高气象塔观测的 1982 年 3 月 24 日 21:27—21:29 之间低层冷锋位温
（实线，单位：K）和垂直于冷锋的风分量（虚线，单位 m/s）时间序列；（b）同样时段内垂直速度（m/s），实线为上升气流，
虚线为下沉气流，阴影部分为锋面前沿上升气流区（引自 Shapiro,1984）

低层大气很干冷,因此冷锋在向南移动过程中直到 22 日 08 时一直没有触发降水和对流。但进一步往
南,大气低层温湿条件逐渐有利于雷暴或深厚湿对流产生。图 2.27 右图给出 08 时南京的探空经过合肥
11 时地面温度和露点订正的探空曲线,显示有很大的对流有效位能(CAPE),大小在 3400 J/kg 左右,而
对流抑制(CIN)很小,只有 7 J/kg,因此可以判断冷锋移入安徽和江苏后,可能有雷暴被触发。另外,注
意到 700 hPa 以上为明显干层,温度露点差很大,有利于雷暴内降水拖曳形成的下沉气流的蒸发冷却,有
利于地面雷暴大风的产生,降水粒子的强烈蒸发冷却也同时降低了冰相粒子的融化层高度,有利于冰雹
落地。

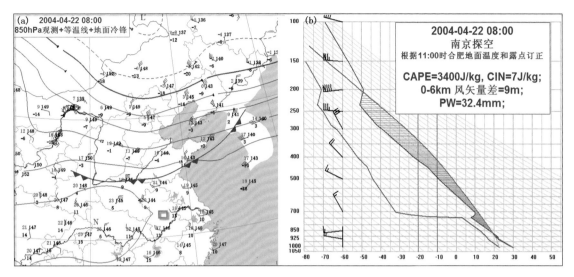

图 2.27　2004 年 4 月 22 日 08 时 850 hPa 等温线(红色线)和探空站点温度、露点、高度、风的观测值,以及地面冷锋位置,其中午后对流发生位置由橙黄色方框所标示(a);经过合肥 11 时地面温度和露点订正的 08 时南京站探空曲线(b)

　　图 2.28 给出了位于安徽合肥的 SA 雷达观测的 0.5°仰角反射率因子演变。4 月 22 日 15 时,合肥以北 50 km 位置呈现一条明显的窄带回波,反射率因子在 15～30 dBZ 之间,反映了冷锋前沿的辐合线,此时正向合肥方向移来,沿着冷锋前沿没有雷暴和降水;30 分钟后,辐合线中部前面和东端有雷暴被触发;在以后的 1 小时内,雷暴一直加强,16 时 30 分前后在合肥东部产生了雷暴大风和冰雹。这是一次非常典型的春季冷锋触发雷暴并产生局地强对流天气的例子。

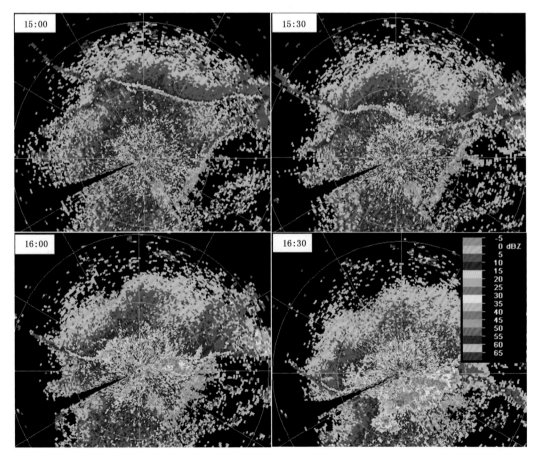

图 2.28　2004 年 4 月 22 日合肥 SA 雷达 0.5°仰角反射率因子演变(图的左上角标注的为北京时间,距离圈间隔为 50 km)

2.4.2　干线触发

2.4.2.1　干线的基本概念

干线(dry lines)是指美国南部大平原西部地区来自其西南部墨西哥高原地区的干暖空气和来自其东南部墨西哥湾的暖湿空气之间的边界(图2.29中棕色虚线)。这类边界也被称为干锋(dry fronts)或露点锋(dew point fronts),干线是最流行的称呼。其主要特征是干线两侧露点或比湿的对比强烈,温度的差异通常远没有露点差异明显(图2.31)。干线位置通常位于落基山脉从西往东逐渐降低的坡地上,因此从干线以西往东海拔高度逐渐降低,其东侧的来自墨西哥湾的暖湿气流只局限于低层,其上存在逆温顶盖(图2.30)。白天,由于下垫面特征和水汽含量不同,干线以西地面加热快,湍流混合层发展的比东面深厚,温度也比东面高,干线会向东面移动;夜晚,由于西面空气干燥下垫面含水量也少,其辐射冷却降温比东面迅速,导致夜间和凌晨干线西面空气温度低于东面,干线位置向西后退。如果遇到西来高空槽,干线常常会随高空槽向东移动很长距离。干线附近有低层辐合线存在,伴随中尺度上升气流,可以导致雷暴触发。在美国,干线是触发雷暴和强对流的主要天气系统之一(图2.29)。

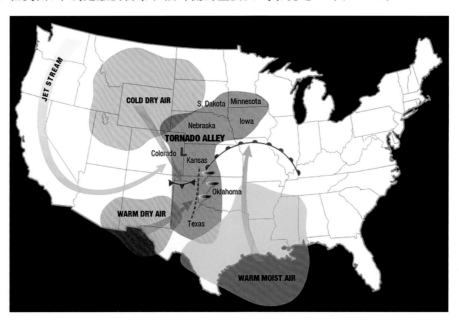

图2.29　美国春夏季节导致强对流的气团分布示意(橙色阴影代表来自墨西哥高原和美国西南部的干暖气团,绿色代表来自墨西哥湾的低层暖湿气团,蓝色代表来自西北部的干冷气团,其中的箭头表示气流方向,粉色区域代表美国强对流最多发的所谓龙卷走廊地区,棕色虚线代表干线,浅蓝色弯曲箭头代表高空急流,冷锋和暖锋符号如常规)

图2.30给出了美国干线及其与地形关系的垂直剖面。可见干线位于落基山东面的平缓坡地上,东面的湿层比较浅薄,C点探空显示湿层低层很暖湿,其上面存在一个明显逆温顶盖,顶盖之上是近乎干绝热的温度层结,温度露点差很大;干线以西是干绝热的温度层结,露点很低。

2.4.2.2　美国典型干线的例子

图2.31所示为1991年5月15日美国一次实际干线的例子。图2.31a为21:00UTC地面天气图,相当于当地时间14:30前后。该图显示一条明显的近乎于南北向的干线,具有很强的东西方向露点梯度。干线西面的温度总体上略高于东面的温度,西面露点大大低于东面露点,沿着干线或其附近有明显的风的辐合。图2.31b显示沿着对应干线的辐合线有积云线发展,积云线北端有雷暴形成。图2.31a中小黑方框区域的放大图为图2.31c,干线两侧露点对比非常突出,西边露点明显低于东边,而西边温度略高于东边,干线附近存在风的明显辐合。大约2小时以后(当地时间16:30),干线西面探空的温度廓线在

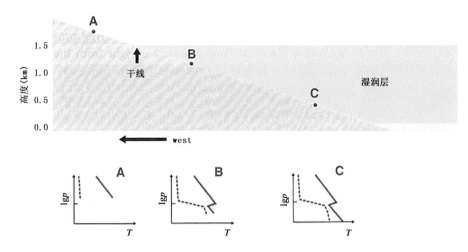

图 2.30　干线及其与地形关系垂直剖面示意(位于 A、B、C 三点的探空曲线代表干线西边、
近东边和远东边的典型探空示意图)(摘自 Bluestein,1993)

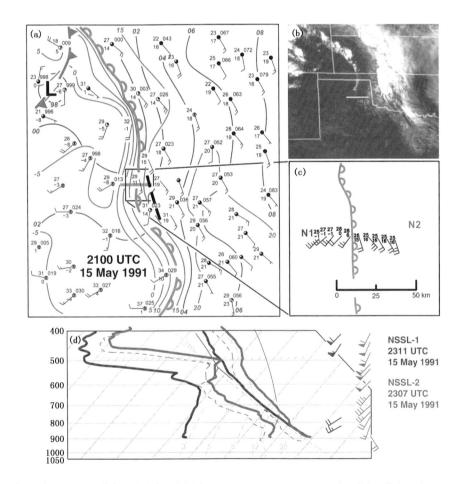

图 2.31　1991 年 5 月 15 日地面分析、可见光云图和探空。(a)21:00 UTC 地面手工分析,紫色为每隔 2 hPa 等值线,绿
线为每隔 5℃的等露点线,带有一系列凸起的土黄色线为干线位置,冷锋符号与常规相同,黑虚线表示地面低压槽位
置,粗灰线表示飞机反复观测的路径;(b)21:00 UTC 可见光云图,黄线指示飞机反复观测的近似位置;(c)干线附件地
面加密观测,具体区域如(a)中黑色小方框所示;(d)在干线西边和东边利用移动探空仪 NSSL-1(红色)和 NSSL-2(蓝
色)获得的温度、露点和风的探空曲线,具体探空地点如(c)中 N1 和 N2 所示(摘自 Ziegler and Rasmussen,1998)

500 hPa 以下呈现近乎干绝热的温度递减率,低层和 500 hPa 以上的温度露点差都很大,在 600 hPa 附近温度露点差略小;干线东面探空,显示边界层顶附近的逆温层由于一个白天的太阳加热地面已经基本消失,边界层内温度递减率近乎干绝热,边界层以上温度递减率介于干湿绝热之间,500 hPa 以下温度露点差不大,其中在 800 hPa 边界层顶附近温度露点差最小,500 hPa 以上温度露点差明显增大。

图 2.32 给出了 1991 年 5 月 15 日飞机在三个时间区间穿越干线得到的虚位温、水汽混合比和气流的垂直剖面。这三个时间区间大致对应于当地时间 09:30、11:00 和 17:00 前后。图中显示,随着时间从上午到下午,水平气流辐合逐渐变大,垂直上升气流也逐渐加强,在 17 时前后,低层辐合和垂直气流达到最强,最强垂直气流大小超过 2 m/s,位于海拔 2～3 km 之间。最强上升气流位置非常靠近干线,其来源于低层混合的干湿空气,位于干线附近干空气一侧,也就是说垂直环流在干空气一侧上升,湿空气一侧下沉。干线位于落基山西坡,其形成原因主要是西风气流在背风坡产生低压扰动,该低压扰动吸引西南部的干暖气流和东南部来自墨西哥湾的暖湿气流向该低压扰动附近汇合,在汇合流场作用下形成干线,与某些锋生过程非常类似。干空气比湿空气重,也就是说如果干线两侧同一海拔高度处温度相当,露点西边明显低于东边的话,则干线西边的虚位温将低于东边,根据前面叙述过的环流定理,力管项将会导致湿空气一侧的气块上升,干空气一侧的气块下沉,这样的环流与图 2.32 显示的观测的垂直环流是相反的。事实上,在图 2.32 显示的干线个例中,干线西边干空气一侧的虚位温高于干线东边湿空气一侧的虚温,大约在 20 km 水平距离上存在 4 K 的虚位温差。其原因之一在于干空气一侧地面加热比湿空气一侧显

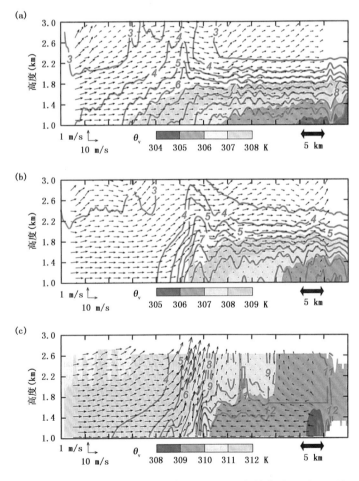

图 2.32　飞机穿越观测获得的虚位温(K,阴影)、水汽混合比(g/kg,绿色等值线)和气流(其尺度见图示)垂直剖面。(a) 穿越时间在 15:32—16:46 UTC;(b) 穿越时间在 16:49—18:04 UTC;(c) 穿越时间在 23:07—24:00 UTC;飞机穿越的位置如图 2.31a 中粗灰线和 2.31b 中黄线段所示(摘自 Ziegler and Rasmussen,1998)

著,使得干空气一侧地面气温略高于湿空气一侧地面气温;原因之二是地形坡度因素,干线西边干空气中地面附近海拔高度对应 20 km 以外干线东面湿空气中地面以上 400～500 m 高度,由于午后边界层内近乎干绝热递减率,使得干线西边干空气一侧地面附近气温明显高于干线东边湿空气一侧同一海拔高度处气温,这种同一海拔高度上气温西高东低的特征导致的自东向西的虚位温梯度超过了由于西干东湿导致的自西向东的虚位温梯度,最终的虚位温梯度为自东向西(东低西高),形成了图 2.32 所示的暖空气上升冷空气下沉的热力直接环流。需要指出,仅靠力管项无法解释干线附近上升气流所达到的强度,有时环流上升支位于虚位温较低的湿空气一侧,更是无法用力管环流解释。对于干线附近辐合线及伴随的上升气流的产生机理目前尚无被广泛认可的理论解释。

综上所述,关于干线的定义,首先应该是干线两侧存在明显的露点梯度,而温度对比不明显;其二是干线附近存在风的辐合;其三是白天干线干空气一侧气温高于湿空气一侧,而夜晚相反。满足以上三点就可以确定为严格意义下的干线,只满足第一点和第二点不满足第三点可以认为是广义的干线。建议广义干线也可以称为露点锋。我国预报员常常将干线或露点锋称为能量锋,应该说能量锋是一个不太适宜的叫法,因为能量的含义太广,意义不明确,称为干线或露点锋更合适,其名称与其实际含义完全一致。

2.4.2.3 中国干线触发雷暴的例子

图 2.33 给出了我国干线的例子,图 2.33a 是 2011 年 7 月 14 日 14 时 FY-2E 高分辨率可见光云图叠加地面观测,图 2.33b 是当日 16 时 FY-2E 高分辨率可见光云图。黄色实线标出了干线的位置,从河套穿过黄河、内蒙古中部并向内蒙古东北部延伸。干线两侧露点对比明显,同时沿着干线或其附近存在明显辐合。干线河套部分干空气一侧的温度略高于湿空气一侧的温度,这与河套干线西部主要是沙漠地表有直接关系,而干线黄河以北部分干空气一侧气温略低于湿空气一侧气温。14 时沿着河套段干线还没有雷暴云,2 小时之后的 16 时,沿着河套段干线的高露点一侧有雷暴生成。干线北段没有雷暴生成,可能是由于露点较低,水汽条件不够充分所致。

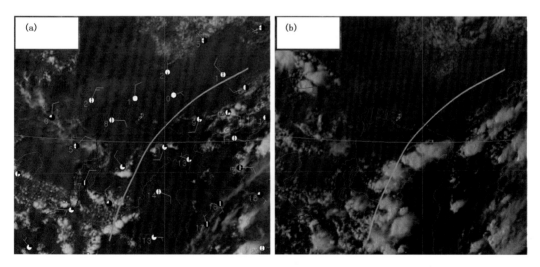

图 2.33　2011 年 7 月 14 日 14 时 FY-2E 高分辨率可见光云图叠加地面观测 (a)和16时风云-2E 高分辨率可见光云图(b),黄色实线为干线

2.4.3 雷暴出流边界

2.4.3.1 雷暴出流边界的基本概念和特征

雷暴出流边界或外流边界(outflow boundaries),也称为阵风锋(gust fronts),是最常见的中尺度边界之一,尤其是在暖季雷暴多发时期。它是由雷暴内降水拖曳和雨滴蒸发形成和加强的下沉气流到达地

面后的辐散所导致的。由于雷暴下沉气流内环境干空气夹卷和云底干空气导致的雨滴的蒸发,其下沉气流到达地面后形成冷空气堆(cool pool),不但冷堆的温度相对较低,其露点也较低,但一般相对湿度较高(图2.34b),冷堆相对于周边低层环境空气密度较大,在重力作用下向周边推进,称为出流(outflow)。因此,其前沿也就是冷堆与周围相对暖湿低层空气之间的边界就是出流边界,也称为阵风锋。沿着出流边界或阵风锋一般有明显的风场辐合。有时孤立雷暴可以产生相对孤立的出流边界,更常见的是很多雷暴单体下沉气流的冷池合并在一起,其前沿形成一个共同的出流边界。由于雷暴下沉气流形成温度较低的冷堆,根据静力关系可知其与局地的高压相对应,该局地高压称为"中高压"(meso high)或"雷暴高压"(bubble high)。出流边界经常在天气雷达回波上呈现为窄带回波(图2.34a),其原因在于大气中的昆虫沿着对应出流边界辐合线的浓度相对集中,其后向散射导致窄带状雷达回波。在高分辨率可见光云图上,沿着出流边界,因为辐合的原因常常会形成积云,雷暴附近的窄积云线往往显示出流边界的位置(图2.35)。雷暴下沉气流导致的出流厚度一般在1 km左右,薄到几百米和厚到4 km的雷暴出流有时也会出现。在雷暴出流边界上方,由于出流边界的抬升作用,常常会形成架云(shelf cloud,图2.36)或滚轴云(roll cloud),这两种云有时也会根据其在卫星云图上的形态称为弧状(图2.35)。

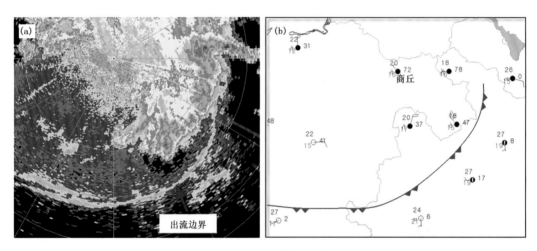

图2.34 (a)2009年6月3日23:04河南商丘雷达0.5°仰角反射率因子图,显示一个飑线及其出流边界;(b)2009年6月3日23时对应图2.34a雷达显示区域内的地面观测(阵风锋的位置如蓝色冷锋线所示)

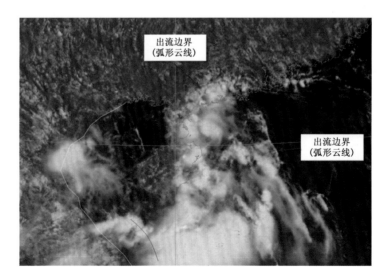

图2.35 2011年8月17日11:30 FY-2E高分辨率可见光云图(星下点分辨率1.25 km,图中显示广东西南部、海南和附近南海海面上的对流云团及其出流边界)

图 2.36　2003 年 6 月 1 日美国堪萨斯州雷暴出流边界上方的架云(shelf cloud)，架云后面可见伴随降水蒸发的下沉气流及其到达地面附近导致的雷暴出流卷起的尘埃(Eric Nguyen 摄)

图 2.37 给出了成熟出流边界结构示意图。沿着出流边界两侧存在明显的风切变。虽然与雷暴相对冷的出流相联系的高压扰动是可以认为是静力平衡(hydrostatic)的，即其产生的原因是因为冷空气密度较大，但出流边界位置附近高压扰动却是非静力平衡(nonhydrostatic)效应导致的。当环境气流突然跃上雷暴冷出流时会产生这种非静力平衡效应导致的高压扰动。第二个非静力高压扰动的位置位于雷暴最强的下沉气流下面，与下沉气流靠近地面时速度不断减小有关。雷暴冷出流导致出流边界后面低层空气降温的幅度与产生下沉气流的雷暴群大小、其中的微物理过程和环境温度、露点的垂直廓线紧密相关。一般而言，环境相对湿度越小，中低层温度直减率越大，越容易导致较冷较强的雷暴出流。不过，上述规则是有例外的，原因是雷暴出流强弱和降温幅度与许多因素有关，它们之间往往是相互制约的。发生在比较干环境的极端的例子中，冷出流的温度比周围低层环境温度可以低 25℃(Markowski and Richardson，2010)。

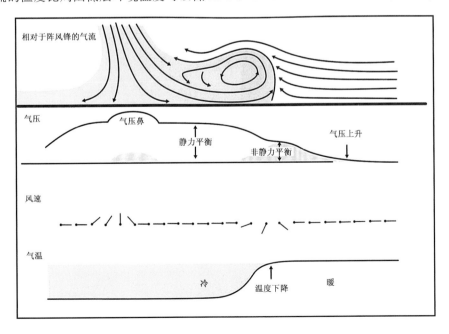

图 2.37　成熟阵风锋经过时地面观测的概念模型。注意由非静力效应导致的压力扰动(引自 Wakimoto，1982)

图 2.38 给出了 2009 年 6 月 3 日强风暴及其前沿阵风锋(图 2.34)经过河南商丘站前后 5 小时期间逐分钟(两分钟平均值)地面气压、温度和风向风速的时间序列。可以看到,阵风锋经过商丘站前后,气压下降了将近 6.0 hPa,温度下降约 9.0℃,风向从东南偏东转为西北偏北,风速从 4 m/s 增大为 13 m/s。

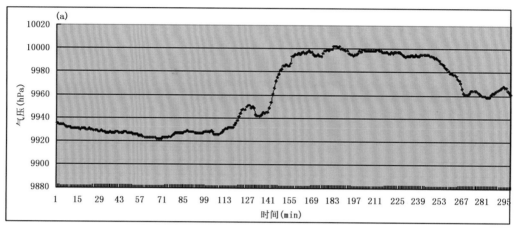

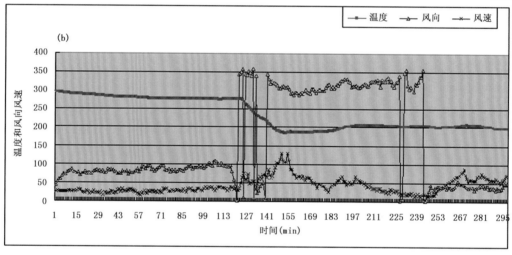

图 2.38　2009 年 6 月 3 日 19—24 时商丘站气压(a)及温度、风向和风速(b)逐分钟(两分钟平均值)变化曲线。
相应的单位分别为 0.1 hPa、0.1℃、(°)和 0.1 m/s(牛淑贞提供)

2.4.3.2　密度流

雷暴出流边界的行为常常类似于密度流(density currents),密度流也称为重力流(gravity currents)。密度流指的是相对重的流体浸在相对轻的流体中由重力作用产生的流动,极端的例子如水银在水中的流动。雷暴出流相当于较冷(重)的空气浸在较暖(轻)的空气中产生的密度流。由于两种流体密度不同,在两种流体界面之间由于静力关系会产生由密度大的流体指向密度小的流体的水平梯度力,导致密度流。天气尺度锋面的行为一般与密度流有所不同,因为在天气尺度水平气压梯度力被科氏力基本上抵消了。另外,密度流前沿可以被看作是物质面,即气块不会穿过分隔不同密度流体的界面,而天气尺度锋面不能被看作是物质面。例如,如果假定绝热运动以至于气块运动被限制在一个等位温面上,气块经常可以穿过锋面。

密度流通常有一个相对深厚的头部位于其前沿(图 2.37),有时其厚度可以是位于较后位置密度流厚度的两倍。沿着密度流前沿的抬升力大小和垂直伸展取决于那里气流辐合的大小,而后者取决于两种流体密度差异、环境风垂直切变,以及低层环境风是迎头风还是尾风。基于物理模拟和数值模拟,密度流的动力学已经相对比较成熟,有兴趣的读者可以参考 Benjamin(1968)、Simpson(1987)和 Bryan and Ro-

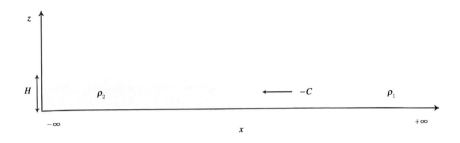

图 2.39　密度流移动速度示意图(H 为密度流厚度,C 为密度流移动速度;
以密度流为参照系,相对于较轻流体以速度$-C$向密度流运动)

tunno(2008)。如图 2.39 所示,根据密度流理论,在环境风速为零的情况下,密度流移动速度 C 可以表示为

$$C = k \sqrt{gH \frac{\rho_2 - \rho_1}{\rho_1}} \qquad (2\text{-}8)$$

式中,k 是一个待定常数。上述密度流公式是在环境风为静止条件下得出的,环境风切变与密度流移动方向相同或相反时可以直接影响密度流的移动速度,而且环境垂直风切变还会从根本上影响密度流的头部结构,因而改变发生在那里的抬升力的强度和垂直扩展。当环境垂直风切变存在并且其方向迎着密度流移动方向时,密度流的移动速度会减慢,同时发展出一个更深厚的头部,导致其前沿具有更强的抬升力。如果垂直风切变存在并且方向与密度流移动方向一致,则会出现相反的情况。垂直风切变存在情况下雷暴出流边界抬升力强度和厚度的变化,对于对流风暴生成、传播和维持,阵风锋与条件不稳定大气相互作用的动力学具有重要意义。

2.4.3.3　出流边界(阵风锋)触发雷暴的例子

2009 年 6 月 5 日江苏、上海、安徽和浙江出现了大范围的强对流天气。图 2.40 给出了徐州探空站 5 日 08 时探空,经过 14 时地面温度和露点的订正,表明 14 时以后徐州附近对流有效位能将近 3000 J/kg,

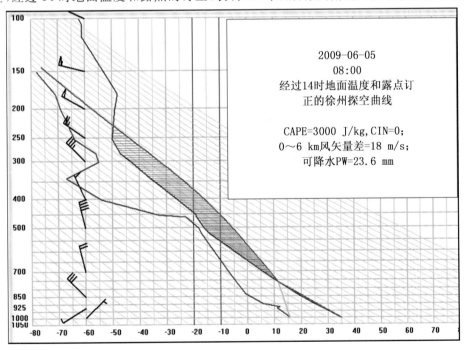

图 2.40　2009 年 6 月 5 日徐州 08 时探空资料经过 14 时地面温度和露点订正后的探空曲线

对流抑制为零。如前所述,由于气块法假定绝热和无物质交换,其估计的对流有效位能偏高而对流抑制偏低,考虑到午后大气边界层顶部干空气的夹卷作用,估计对流抑制还会存在,因此雷暴仍然需要一定的抬升触发才能生成。图2.41给出了徐州SA雷达6月5日16时12分至16时48分每隔12分钟的0.5°仰角反射率因子图。可以看到一条雷暴出流边界自东北向西南方向移动,移动过程中不断有雷暴被触发生成,其移动速度约为50 km/h。雷暴出流边界是雷暴最重要的触发机制之一,它对对流风暴生成、传播、加强、维持和衰减都起到十分重要的作用。

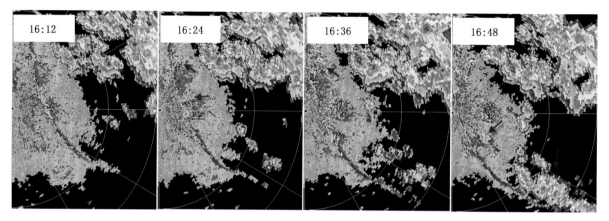

图2.41　2009年6月5日16:12—16:48徐州SA雷达0.5°仰角反射率因子图
（红色箭头指向由出流边界触发生成的雷暴）

2.4.4　由下垫面热力差异导致的中尺度边界

由下垫面加热特征差异导致的中尺度环流主要包括海陆风、湖陆风、上坡风及山谷风,以及海岸锋等,其中以海陆风环流中的海风锋辐合线和上坡风导致的山脊辐合线最常见。后者将在地形触发一节中讨论,本小结主要讨论海风锋及其辐合线。

2.4.4.1　海风锋的基本概念和主要特征

图2.42给出了海陆风(sea and land breezes)环流形成原理示意图。在暖季(北半球中纬度大致为5—9月),白天陆面温度受太阳辐射加热迅速升高,海面温度基本维持不变,导致陆地出现热低压,海面为相对高压,在气压梯度力作用下,海面上海面附近气流流向陆地,在大约1 km高空,气流从陆地流向海面,形成一个热力直接环流——海风环流。地面附近海风局地气团与陆地局地气团的交界面称为海风锋

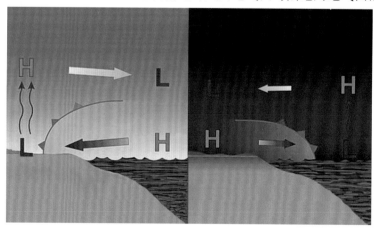

图2.42　海陆风环流形成示意图(H和L分别代表高压和低压,
粗箭头代表气流流动方向,带尖头的蓝色曲线代表海风锋和陆风锋)

(sea-breeze front)，类似于冷锋，只不过其尺度通常只有 $50\sim200$ km，垂直方向也很浅薄，沿着锋面有气流辐合，但通常其辐合远小于沿着雷暴出流边界（阵风锋）的辐合，移动速度通常也远小于雷暴出流边界的移动速度。夜晚，陆地上地面气温由于辐射冷却迅速降低，一旦低于海面气温，一个与海风环流方向相反的热力直接环流——陆风环流就会产生，地面附近气流流向海面，而几百米上空气流从海面流向陆地，地面附近陆地流向海洋气流的前沿称为陆风锋（land-breeze front）。陆风锋不是后退的海风锋，同样海风锋也不是后退的陆风锋。有时，在上午 10 时左右，可以看到海岸附近陆地上的海风锋，同时在海岸附近海面上可以看到前一天夜里或当天凌晨残留下来的陆风锋。

海风和陆风在相对稳定的天气背景下（天气尺度的风很小）最容易观测到。当天气尺度的环境风很强时，海陆风环流的显著性明显降低甚至完全观测不到。海陆风发生可能性的一个经验预报因子是地转风的平方除以陆面与海面的温差，当这个参数的值小于 5.0 时，则海陆风环流出现的可能性较大。海陆风环流的垂直厚度在 $500\sim1000$ m 之间，相应的水平风扰动大约在 $5\sim10$ m/s 之间。最强的海风环流和陆风环流通常分别出现在午后最高气温和凌晨最低气温出现后 1 小时左右，即分别为当地时间 16—18 时和 04—06 时。理论给出海风和陆风环流的水平气流和垂直气流扰动的大小分别正比于 N^{-1} 和 N^{-3}（其中 $N=(g/\theta)(\delta\theta/\delta z)$ 为大气静力稳定度参数）。环流强度对大气静力稳定度的依赖是大气静力稳定度对海陆风环流上升支和下沉支强度影响的结果，静力稳定度越大，越需要做更多的功反抗大气层结使气块上升或下沉。由于海陆风强度对大气静力稳定度的依赖，和大气静力稳定度参数（N）典型的日变化（静力稳定度白天较小，夜间较大），海风环流一般比陆风环流更强并且垂直扩展更大。在盛夏期间我国东部沿海地区，特别是南方，夜间最低气温与海面气温大体相当甚至高于海面气温，因此几乎不会形成陆风环流，但海风环流在大尺度天气形势比较稳定情况下依然十分明显。

2.4.4.2　我国海风锋辐合线及其触发雷暴的例子

图 2.43 给出了 2005 年 7 月 10 日下午天津塘沽 SA 雷达探测到的渤海湾海风锋辐合线导致的窄带回波。塘沽雷达位于渤海边，距离海边约 2 km，渤海位于雷达东南面。海风锋辐合线窄带回波在 15 时左右开始出现，然后缓慢向西北偏西方向移动，移动速度逐渐增加，从 15—17 时的 5 km/h 左右增加到 17—19 时的 $7\sim10$ km/h。从图中可见，在 17 时，除了一条近乎南北走向的海风锋窄带回波外，在其西面还存在一条西北西—东南东的窄带回波，据判断是中午前后雷暴产生的出流边界的残留，与海风锋辐合线相交于其中间偏南位置。此时海风锋辐合线北段回波较强，反射率因子在 $20\sim30$ dBZ 之间，南段回波较弱，反射率因子在 $10\sim20$ dBZ 之间，而残留的出流边界的反射率因子在 $15\sim25$ dBZ 之间。1 小时后（18:00），海风锋向西北偏西方向移动了约 7 km，其南段反射率因子有所增强，而残留的雷暴出流边界回波明显减弱。19 时，海风锋在 18 时位置基础上进一步向西北偏西方向移动了 10 km，回波明显减弱。回波减弱并不意味着海风锋辐合线减弱，有可能是因为海风锋逐渐远离雷达，靠近地面附近的较强回波已

图 2.43　2005 年 7 月 10 日天津塘沽 SA 雷达观测到的渤海海风锋辐合线对应的窄带回波。17 时、18 时和 19 时 0.5°反射率因子，17 时反射率因子图上叠加了该时刻两个国家基本站的观测；渤海位于雷达东南面

经位于 0.5°仰角雷达波束以下高度。此时,残留的雷暴出流边界几乎完全消失。

海风锋由于移动速度慢,其前沿的上升气流比雷暴出流边界要弱,即使在静力稳定度和水汽条件有利于湿对流的环境下,通常也只能触发弱的持续时间很短的雷暴。图 2.44 给出了 2006 年 8 月 1 日 17时和 18 时 30 分北京 SA 雷达 0.5°仰角反射率因子图。在 17 时的回波图上,存在一条由天津渤海沿岸向西北方向移动过来的海风锋,紧贴着海风锋存在一个弱雷暴,该雷暴是由海风锋触发的,但不久就消散了。在海风锋向西北方向移动过程中,已经触发了若干个弱雷暴,这些雷暴都很快消散了,生命史大多不超过 20 分钟。当海风锋在 18:30 前后与北京地区雷暴群产生的出流边界相遇时,触发生成了相对较强的雷暴(箭头所指)。关于两条辐合线相遇更容易导致雷暴生成这一点,将在第 4 章中给予更详细的讨论和阐述。

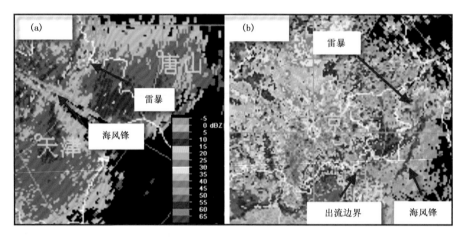

图 2.44　2006 年 8 月 1 日 17:00(a)和 18:30(b)北京 SA 雷达 0.5°仰角反射率因子图

图 2.45 给出了 2014 年 9 月 8 日 13:30 美国 EOS 系统的 Aqua 极轨气象卫星上的中分辨率成像仪(MODIS)拍摄的 250 m 分辨率可见光云图,呈现了山东半岛北部莱州湾附近海岸上的海风锋,沿着海风锋有积云线发展,其中有一个小雷暴触发(红色箭头所指)。

图 2.45　2014 年 9 月 8 日 13:30 美国 EOS 系统的 Aqua 极轨气象卫星 250 m 分辨率可见光云图

2.4.4.3　湖风环流与湖风锋的例子

除了海风环流导致的海风锋辐合线外,一些大的湖泊如青海湖、太湖、洞庭湖、鄱阳湖等也可以产生湖风锋。图 2.46 给出了 2011 年 9 月 16 日 12:50 太湖地区美国 EOS 系统的 Aqua 极轨气象卫星 MODIS

高分辨率(250 m)可见光云图(2.46a)和 16 日 11 时的地面观测(2.46b)。从云图可见太湖周边有一圈明显的积云线,这是由于太湖周边下垫面加热导致的湖风环流的湖风锋辐合线所产生的。由于太湖上方是比较明显的北风,因此太湖南岸的湖风锋辐合线一直南移到距离太湖南岸约 60 km 处。除了太湖周边的湖风锋外,从云图上还可以分辨出沿着杭州湾北岸的海风锋,沿着长江从入海口一直到南通附近两岸的江风锋,包括沿着崇明岛南边的江风锋。这一带江风锋产生的原因是江面宽阔,宽阔江面和两岸陆地下垫面的热力差异导致江风环流的形成。沿着长江从南通再进一步往西,由于江面变得狭窄,不再有明显的江风锋存在。另外,在太湖的北端,也就是无锡市,存在一个雷暴。该雷暴很可能是由于环境北风和太湖湖风环流导致的加强的辐合以及无锡锡山地形抬升综合作用下形成的。云图上绿色箭头所指区域存在由平行的积云线构成的积云云街,它们是由大气边界层水平对流卷(horizontal convective rolls)构成的,水平对流卷正是下一小节将要讨论的内容。

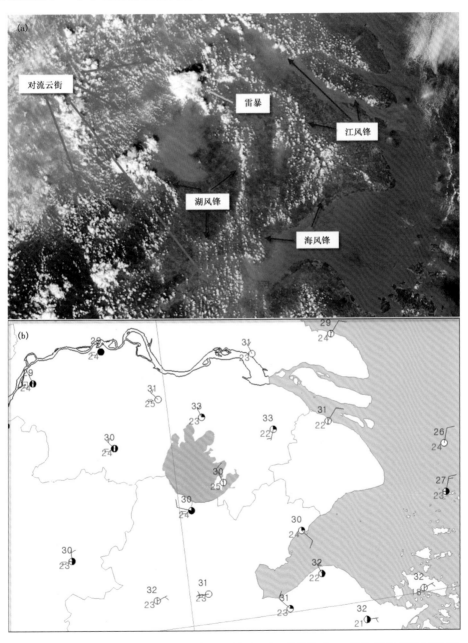

图 2.46　2011 年 9 月 16 日 12:50 太湖地区美国 EOS 系统的 Aqua 极轨气象卫星 MODIS
高分辨率(250 m)可见光云图(a)和 16 日 11:00 地面观测(b)

2.4.5　水平对流卷

2.4.5.1　水平对流卷的基本概念

水平对流卷(horizontal convective rolls,HCRs)是大气边界层中一种基本的对流形态,其发生的条件是太阳照射加热下垫面,形成热力混合层,逆温层以下大气边界层内大气温度层结近乎为中性层结(位温随高度不变或温度直减率接近干绝热),同时要求大气边界层中存在一定大小的风和垂直风切变。其结构如图 2.47 所示。对流卷的环流形状是一条条并排排列的长长的圆筒状,基本上沿着边界层平均风的方向排列,水平对流卷的走向与边界层平均风矢量之间的夹角一般不超过 30°(图 2.47a)。相邻的两个对流卷的环流方向是相反的(图 2.47b)。图 2.47b 左数起一个对流卷的环流是逆时针的,第二个对流卷的环流是顺时针的,第一个和第二个对流卷之间地面附近为辐合,伴随两者之间的上升运动,如果具有一定水汽条件,两者之间会形成一条积云线。第三个对流卷的环流是逆时针的,这样第二个和第三个对流卷之间低层为辐散,伴随下沉运动,即便有水汽,也不会有积云形成;而第四个对流卷的环流为顺时针旋转,它与第三个对流卷之间低层为辐合,伴随上升运动,在一定水汽条件下可以在两个对流卷之间形成积云线。图 2.46 中的对流云街就是大气边界层水平对流卷在一定水汽条件下在高分辨率可见光云图上的呈现。关于水平对流卷产生的机理,有大量的理论和数值模拟研究,基本上将其产生机制归结为边界层中一种称为拐点不稳定(inflection-point instability,是指边界层风廓线如果出现拐点,将会导致一种动力不稳定)的动力不稳定或热力与动力不稳定的结合效应(Etling and Brown,1993;LeMone,1973;Young et al,2002;Weckwerth et al,1997)。

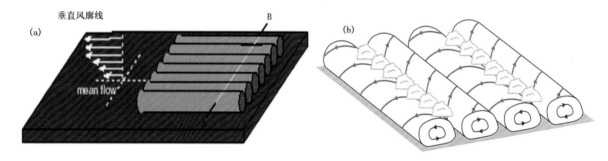

图 2.47　圆滚状对流卷的结构及其环境(摘自 Brown,1983)
(a)对流卷排列与环境风的关系;(b)对流卷的环流结构

2.4.5.2　水平对流卷的实际例子

图 2.46a 给出了水平对流卷(HCRs)在高分辨率可见光云图上呈现的对流云街的形态。HCRs 在雷达回波上的形态如图 2.48 所示。图中给出了 2004 年 4 月 21 日 13:59 南昌 SA 雷达 0.5°仰角反射率因子和径向速度图。首先从径向速度图和叠加在其上的同时刻地面观测可知,当时低层风为西南偏南风,地面风速在 6 m/s 左右。沿着低层风方向,反射率因子图上呈现一条条并排的窄带回波,其反射率因子大小在 5~20 dBZ 之间,反映了 HCRs 的辐合上升部分。有时在水汽混合比(或露点)很低情况下,虽然有 HCRs 存在,但没有积云线形成,高分辨率可见光云图看不到云街,可是雷达仍能够探测到并排的窄带回波,前提条件是大气边界层内有足够的昆虫,它们在水平对流卷之间的辐合上升气流中浓度相对集中,形成窄带回波。在水汽条件充分情况下,由水平对流卷导致的积云云街会发展比较旺盛,但一般不会自发演变为雷暴,通常是边界层辐合线,雷暴出流边界与发展旺盛的积云云街相遇,将导致雷暴触发,在第 4 章中将给出这方面的具体例子。

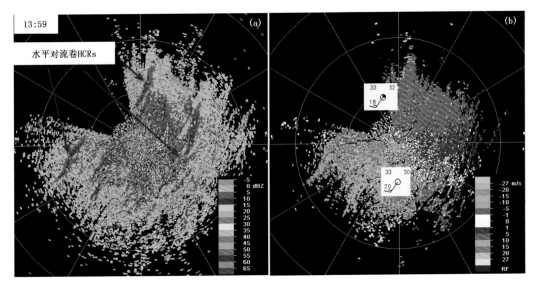

图 2.48　2004 年 4 月 21 日 13:59 南昌 SA 雷达 0.5°仰角反射率因子(a)和径向速度图(b)
(径向速度图上叠加了 14:00 BST 南昌周边两个地面观测站的温度、露点、风向风速和气压观测)

图 2.49a 为 2001 年 8 月 14 日 16:30 UTC(当地时间 11:00)美国佛罗里达半岛 EOS-MODIS 高分辨率(250 m)可见光云图。图上显示一条北西北—南东南方向的海风锋辐合线,海风锋的西面有成排的水平对流卷导致的积云云街,云街走向为西北—东南方向,意味着海风锋西面大气边界层的平均风向大致为西北风。海风锋位置距离东面的海岸线大致有 50～60 km,海风锋已经比较深入陆地了。显然海风锋东面是来自海面的偏东海风,与海风锋西面的西北气流在海风锋位置辐合。海风锋北部位于东面海风一侧有雷暴发展。图 2.49b 显示的情形与图 2.49a 类似,只不过时间是在大约 10 年前的 1991 年 8 月 12 日 19:10 UTC(世界时)。其海风锋的位置比图 2.49a 中的海风锋更靠近佛罗里达东海岸,海风锋西面为西南偏西风,沿着西南偏西风存在并排排列的水平对流卷(云街),反射率因子大小在 0～8 dBZ 之间,东面为东南风。海风锋辐合线上反射率因子都在 8 dBZ 以上。

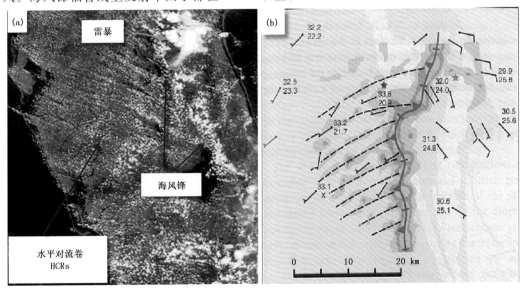

图 2.49　海风锋和水平对流卷。(a)2001 年 8 月 14 日 16:30 UTC(当地时间 11:00)美国佛罗里达半岛 MODIS 高分率(250 m)可见光云图;(b)1991 年 8 月 12 日 19:10 UTC(当地时间 13:40)美国佛罗里达半岛东部海风锋(尖头粗蓝线)、水平对流卷(黑色虚线)、雷达反射率因子(用三级阴影表示,由浅到深的阈值分别为
0、4 和 8 dBZ)和地面观测(摘自 Wakimoto and Atkins,1994)

水平对流卷是一个非常普遍的现象,一年四季几乎天天都会在我国的某一个或几个区域出现。在水汽条件尚可的情况下,水平对流卷以大气边界层积云云街的形式呈现在高分辨率可见光云图上(图2.49和图2.46)。有时水平对流卷也会以并排的窄带回波的形式呈现在天气雷达低仰角反射率因子图上(图2.48)。

通常只有在可见光云图分辨率优于1 km时,才能比较清楚地识别积云云街。我国目前天气预报业务中常用的FY-2E静止气象卫星高分辨率可见光云图的星下点分辨率为1.25 km,在我国所处的中纬度其分辨率大致为2 km,一般不容易分辨出由大气边界层水平对流卷形成的积云云街,除非发展非常旺盛的积云云街。图2.50将图2.46中的MODIS云图与相应时刻的FY-2E高分辨率可见光云图放在一起对比,显示的都是太湖及其周边地区。对比两者可以发现,FY-2E高分辨率可见光云图上,太湖周边的湖风锋、杭州湾北岸的海风锋、长江口附近的江风锋积云线勉强可以识别,太湖北岸的雷暴可以识别,这一区域范围内的水平对流卷导致的积云云街基本上无法识别。因此在业务中如果要识别积云云街,建议使用极轨气象卫星的高分辨率可见光云图,包括美国极轨气象卫星EOS的Aqua和Terra的MODIS可见光云图(250 m分辨率),NOAA系列卫星的可见光云图(1.0 km分辨率),我国FY-3B和3C极轨气象卫星的MODIS可见光云图(250 m分辨率)。发展旺盛的积云云街往往意味着低层暖湿条件很好,遇到锋面或雷暴出流边界等抬升触发,容易有雷暴生成,因此是雷暴和强对流临近预报中的一个重要线索。

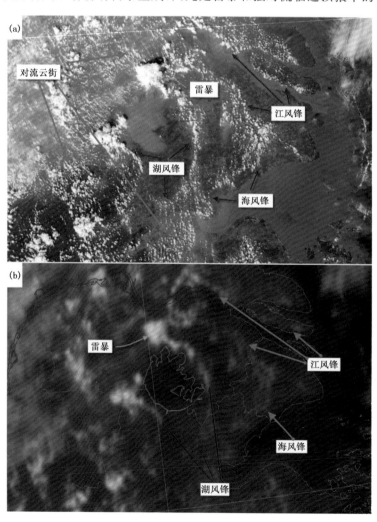

图2.50　2011年9月16日12:50太湖及其周边地区EOS-MODIS高分辨率(250 m)可见光云图(a)与
2011年9月16日13:00 FY-2E高分辨率(2 km)可见光云图(b)的对比

2.4.6 地形触发

地形抬升也是雷暴触发的一个重要机制,尤其在地形复杂和多山的地区。地形抬升不见得一定形成雷暴等对流性降水,也可以形成层状云降水,只有在具有对流有效位能的情况下,地形抬升才会触发雷暴这类对流性降水,由于地形触发作用的存在,山区雷暴生成的概率明显高于平坦地区。地形抬升通常有两种方式,一种是水平风速不大的情况下,白天阳光照射导致上坡风形成抬升作用;另一种是在低层水平风比较强的情况下,山的迎风坡形成抬升作用。

2.4.6.1 上坡风触发

地形触发最常见的方式是太阳升起后在山脉向阳坡由于太阳辐射加热作用导致上坡风形成(图2.51)。如果存在适当的静力不稳定和水汽条件,就会有积云沿着山脊或半山腰形成。如果山坡风足够强,将气块抬升到自由对流高度(LFC)以上,则会导致雷暴的产生。

图 2.51 太阳升起后形成的上坡风

图 2.52 是 2005 年 7 月 15 日 14 时 40 分青海东北部和甘肃部分地区的 EOS 系统 Aqua 极轨卫星的中分辨率成像仪(MODIS)的 250 m 分辨率可见光云图。当天的天气条件有利于局地雷暴形成。该图非常清楚地显示沿着鄂拉山、青海南山、日月山、拉脊山、大通山、达坂山、冷龙岭、乌鞘岭(大通山、达坂

图 2.52 2005 年 7 月 15 日青海东部和甘肃部分地区 EOS 系统 Aqua 极轨卫星 MODIS 250 m 分辨率可见光云图

山、冷龙岭、乌鞘岭都属于祁连山脉)都有旺盛积云和雷暴发展。其中沿着青海南山、日月山和拉脊山大部主要以山脊上的旺盛积云线为主,在日月山和拉脊山交界处已经有旺盛雷暴发展,沿着鄂拉山、大通山、冷龙岭和乌鞘岭也都有雷暴形成发展。需要指出,由于青海湖湖面温度较低(在 15℃ 左右),而周边陆地地面附近午后气温在 28℃ 左右,湖面将会形成局地高压,导致吹向岸边的湖风环流,对周边山脉的山坡风具有增强作用。

2.4.6.2　山脉迎风坡触发

除了白天太阳升起后山脉向阳一面的上坡风触发雷暴外,当低层山脉迎风坡的气流较强时,无论白天黑夜,只要存在适当的静力不稳定和水汽条件,也常常会导致雷暴在山脉的迎风坡或山脚下触发。

下面给出一个具体例子。2006 年 6 月 27 日夜间,北京西山脚下低空东风急流遇到西山阻挡触发雷暴。天气形势主要特征是 500 hPa 北京受高压脊控制,不存在明显的天气尺度强迫。6 月 27 日 20 时北京的探空曲线如图 2.53 所示。对流有效位能为 2200 J/kg,对流抑制为 160 J/kg,自由对流高度(LFC)在地面以上 3 km 左右。需要一个较强的抬升力将地面气块抬升到 LFC 以上才能触发雷暴。图 2.54 为6 月 27 日 20 时北京地区地面观测,可以看到迎着香山脚下存在偏东风的汇合,并且存在风速辐合,低层环境也比较暖湿,显然有利于雷暴在香山脚下触发。

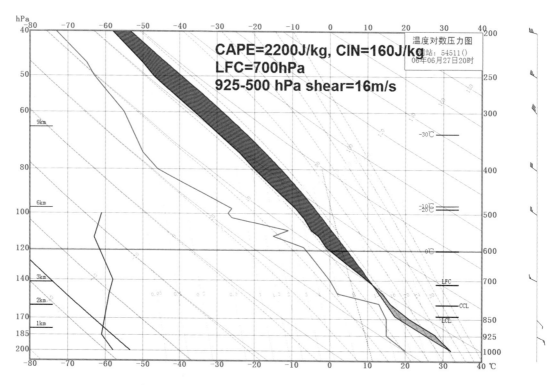

图 2.53　2006 年 6 月 27 日 20 时北京(54511)探空曲线

图 2.55 是 6 月 27 日 20:55—21:31 每隔一次体扫(6 分钟)的速度方位显示风廓线。从中可见,20 时 55 分,在 300 m 左右高度的东南偏东风达到 10 m/s,属于边界层超低空急流。假定其遇到香山地形导致 1 m/s 的上升气流,则将地面气块抬升到 3 km 自由对流高度大约需要 3000 s,也就是 50 分钟。因此,可以大致估计在香山脚下大约 10 时前后很可能会有雷暴被触发。图 2.56 给出了 21:49、22:01、22:13 和 22:31 时刻的北京 SA 雷达 0.5° 仰角反射率因子图,香山的位置由蓝色长方块所标注。雷暴是在 22 时左右触发的,触发后迅速发展,导致局地暴雨,香山附近的自动气象站测到总降水为 143 mm。

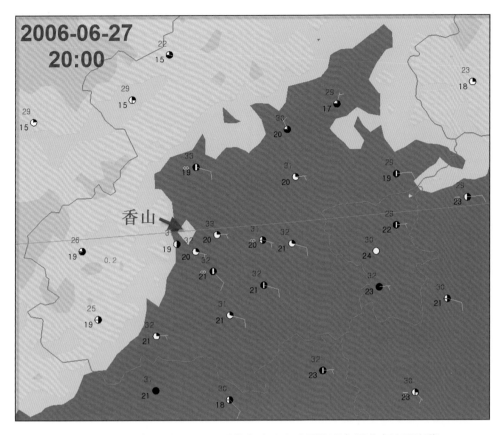

图 2.54 2006 年 6 月 27 日 20 时北京地区地面观测(叠加了北京地区地形)

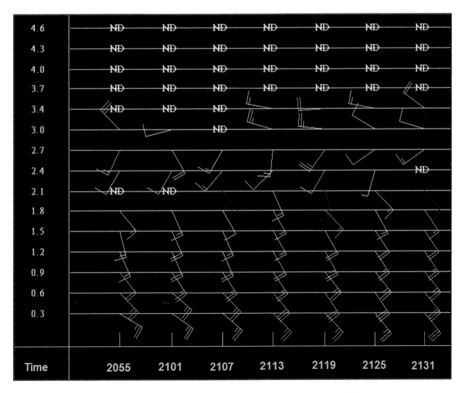

图 2.55 2006 年 6 月 27 日晚北京 SA 雷达 VWP 产品

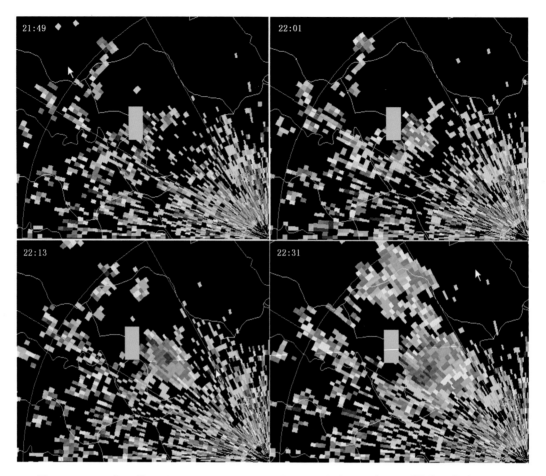

图 2.56　2006 年 6 月 27 日 21:49、22:01、22:13 和 22:31 北京 SA 雷达 0.5°仰角反射率因子图
（蓝色长方块代表北京香山的位置）

由于夜间边界层容易出现急流，因此山脉迎风坡触发雷暴的事件在夜间很常见，是一些地区夜雨频发的原因之一。

2.4.7　重力波触发

触发雷暴的另一个机制是重力波。重力波在大气中很普遍，不过一般情况下重力波振幅很小，所导致的地面气压扰动只有 0.1 hPa 量级，远不足以触发雷暴。只有很少一部分重力波可能触发雷暴。通常认为，能够触发雷暴的重力波是那些波长在 100～500 km 之间，周期 1～4 小时，地面气压振幅在 1.0～5.0 hPa 之间的大振幅中尺度重力波（Markowsk Richardson，2010）。如果低层大气边界层顶附近存在逆温或稳定层结，则任何形式的扰动例如过山气流、对流或者地转调整过程都可以激发出重力波。需要指出的是，在边界层顶稳定层结中位相水平传播的重力波其能量（群速度）是向上传播的，要想使重力波，尤其是中尺度重力波能够触发雷暴，对流层中必须存在一个反射层，将向上传播的重力波能量限制（trapped）在对流层中的某一反射层内，形成波导效应，才能触发雷暴。Lindzen 和 Tung（1976）指出，重力波波导的形成要求在地面逆温层之上存在一个条件不稳定层结的气层，该气层中气流速度与重力波相速度相近的高度称为临界层，为反射层位置，如图 2.57 所示。

从预报的角度看，由于通常很难抓住重力波存在的线索，很难判断重力波在哪里，即使偶尔可以判断重力波的存在，但重力波触发雷暴不是局地触发，因此很难利用重力波的线索预报雷暴的生成。也就是说，如果雷暴的生成完全是由重力波触发的，则该雷暴生成的预报是很难做到的。重力波机制往往用于已经发生的雷暴个例的事后分析中，对已经出现的雷暴给出一种似乎合理的解释。有学者指出，虽然重

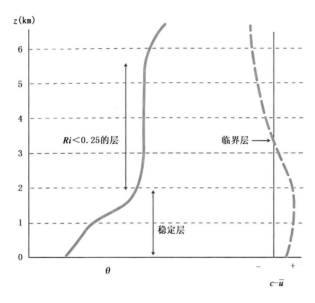

图 2.57　有利于重力波波导形成的有利环境示意图。波导位于临界层(critical level)以下

（摘自 Markowsk Richardson，2010）

力波可以触发雷暴，但在暖季，触发地基雷暴的概率很低，而在冷季，大振幅俘获重力波触发高架雷暴概率明显大于暖季触发地基雷暴概率(俞小鼎等，2016)。

图 2.58 给出了云图上显示的出现在华北地区的一个重力波的例子。气流在经过吕梁山、太行山和燕山山脉时形成重力波，通过波状的云带在云图上显示出来。红色箭头代表低层风的方向，从图可见重力波的波阵面与低层风的方向垂直（这一点与水平对流卷刚好相反，水平对流卷与边界层平均风近乎平行）。在图的中上部，可以分辨出已经形成的几个雷暴云团，位于重力波最前面的波阵面前沿，其形成有可能与重力波的触发作用有关，但仅凭一张图是不能确定就是图中的重力波触发了雷暴。需要指出，虽说一般而言大振幅中尺度重力波才能触发雷暴，但也不排除在一些特殊情况下，例如对流抑制近乎为零，只需要很小的抬升力雷暴就可能触发，即便是小振幅重力波此时也有可能触发雷暴。

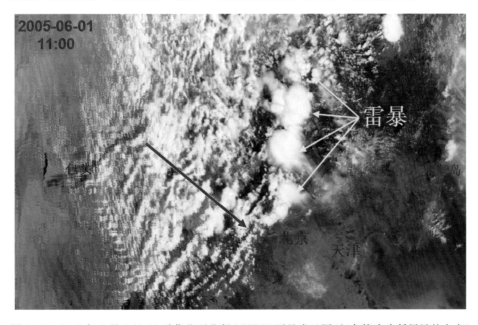

图 2.58　2005 年 6 月 1 日 11 时华北西北部 MODIS 可见光云图（红色箭头为低层风的方向）

2.5　高架对流

并非所有雷暴都是由来自地面附近的上升气块触发的。有一部分雷暴是在大气边界层以上被触发的，称为高架雷暴(elevated storms)或高架对流(elevated convection)(Colman,1990a,1990b;Grant,1995;Corfidi et al,2006;Horgan et al,2007)。此时,地面附近通常为稳定的冷空气,有明显的逆温,来自地面的气块很难穿过逆温层获得浮力,而是逆温层之上的气块绝热上升获得浮力导致雷暴。高架对流发生在锋面的冷空气一侧,构成雷暴的暖湿气流往往来自锋面暖湿区一侧,气流沿着锋面爬升 100 km 或更远的水平距离到锋面冷区冷垫之上,由高空辐合切变线或者高架锋面垂直环流触发雷暴,其概念示意如图 2.59 所示。高架对流(雷暴)可以产生冰雹、雷暴大风和强降水等强烈天气,很少导致龙卷。在中国,高架雷暴多数发生在春季和秋季,或者冬春和秋冬转换时期,多数情况下产生雷电和小冰雹或霰,有时伴随明显降水,少部分情况下会出现伴随很强烈对流天气的高架对流。需要指出,即便是在暖季,夜间有时也有高架对流产生。

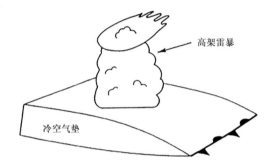

图 2.59　高架雷暴概念示意图

Colman(1990a)认为,高架雷暴要满足地面观测的雷暴记录位于温度、露点和风向有明显差异的锋面冷区一侧(即冷锋后或暖锋前),同时锋面暖侧相当位温必须高于冷侧两个条件。Colman用满足上述定义的样本集,统计分析了美国1978年9月至1982年8月1387个高架雷暴记录。结果表明,在落基山脉东部,除佛罗里达州外,冷季(11月至次年2月)雷暴几乎全部为高架雷暴;一年中高架雷暴频数最高的月份为4月,其次为9月。Grant(1995)在 Colman 高架雷暴样本选择标准基础上,增加了雷暴产生的灾害性天气的要求,即规定至少有5个灾害性强对流天气观测记录位于锋面冷侧距锋面80 km以外,灾害性强对流天气指龙卷、风速大于50 kt(25 m/s)阵风、直径大于2.0 cm冰雹等。Grant(1995)分析了1992年4月至1994年4月位于近似东西向的静止锋或暖锋北侧的11个个例的321次高架雷暴记录,发现雷暴云的云底在锋面显著逆温层之上,最不稳定气块常位于850 hPa附近或之上,同时这些个例伴随的强天气记录中90%以上是冰雹,大风及龙卷出现概率很低。Horgan 等(2007)在 Grant 的样本选择标准上,增加了对强对流天气灾害性程度的区分,分为强对流天气和显著强对流天气。显著强对流天气指F2或以上级别的龙卷,阵风风速65 kt(33 m/s)或以上的雷暴大风,直径5.0 cm的冰雹,且将灾害性强对流天气限制在至少距地面锋面一个纬距(110 km)以上。Horgan 等(2007)用上述标准分析了美国落基山脉东部1983—1987年5年的高架雷暴资料发现,在灾害性强对流天气记录中,59%为冰雹,37%为雷暴大风,4%为龙卷。这与 Grant(1995)认为的90%以上的强天气是冰雹有差异。

图 2.60 给出了 2008 年 2 月 16 日 16:45 UTC (当地时间 10:45)环墨西哥湾西北部得克萨斯州、路易斯安那州、俄克拉何马州和阿肯色州的地面天气图和GOES静止气象卫星云图。图中显示,在冷锋(蓝色实线)后和暖锋(红色实线)前的冷区有高架对流存在(图 2.60b 黑色箭头所指),距离锋面距离超过100 km。来自墨西哥湾的暖湿气流分别沿着冷锋和暖锋爬升,在距离锋面较远处的冷垫之上遇到某种触发机制(中低层辐合切变线或高架锋面垂直环流)导致高架对流形成。

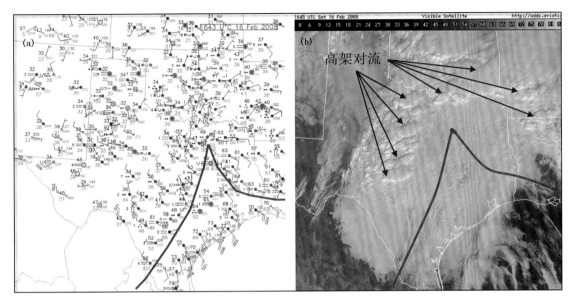

图 2.60　2008 年 2 月 16 日 16:45 UTC（当地时间 10:45）环墨西哥湾西北部得克萨斯州、路易斯安那州、俄克拉何马州和阿肯色州的地面天气图(a)和 GOES 静止气象卫星云图(b)（Doswell 提供）

高架对流可以由三种不同机制触发(Colman,1990a,1990b)：1)条件不稳定导致的垂直对流；2)条件对称不稳定导致的倾斜对流；3)在条件稳定性和对称稳定性都近乎中性情况下，由锋生过程强迫的较强锋面垂直环流。第一种机制导致的对流中的上升气流量级为 10 m/s，第二种和第三种机制导致的上升气流量级为 1 m/s。

2.5.1　条件不稳定导致的高架对流

比较剧烈的高架对流通常都是由条件不稳定导致的。有些一般性高架对流也同样可以由条件不稳定所导致。下面给出两个例子，一个是中国南方初春时产生大范围的雷电和小冰雹（或霰）的高架对流，另一个是初春时胶东半岛产生较大冰雹和雷暴大风的高架对流。

2.5.1.1　2012 年 2 月 27 日华南高架对流

2012 年 2 月 27 日白天，华南地区的广西东北部、湖南南部、江西南部、广东北部和福建西北部出现大范围雷暴和冰雹天气（图 2.61），是当年华南地区首次大范围对流过程（农孟松等，2013）。图 2.61 给出了 2012 年 2 月 27 日 08 时 850 hPa 天气图，上面标注了降雹和雷电并存（橙色曲线所围范围）区域以及没有降雹只有雷电区域（浅蓝色曲线所围区域）的范围。地面冷锋位置用标准冷锋符号标注，蓝色"G"代表地面高压中心。灰色点划线为 850 hPa 切变线，可见雷暴区域主要位于 850 hPa 切变线北侧。此次过程共有 55 站出现雷电，14 站出现冰雹，冰雹直径 3～8 mm（严格地讲，只有直径 5 mm 或以上的才能称为冰雹，小于 5 mm 的应称为霰）。雷暴发生区域位于冷锋后冷区内，距离地面锋面 300～400 km。

图 2.62 给出了广西梧州 2012 年 2 月 27 日 08 时探空曲线。从中可以看出，925～850 hPa 之间是一个很强的逆温层，逆温层以下为一个一直扩展到地面的冷垫，冷垫内气温在 5℃左右，逆温层之上气温为 12℃。855～420 hPa 之间为湿中性和/或条件不稳定层结，其中明显的条件不稳定层结位于 700～580 hPa 之间。图 2.62 左面的棕色曲线表示从地面起始绝热气块的状态曲线，其对流有效位能为 0。右边的棕色曲线为从逆温层顶起始的绝热气块，其对流有效位能为红色阴影区所呈现，其值大约为 120 J/kg。根据公式(2-1)理想情况下其形成的对流系统内最大上升气流大约为 15.5 m/s，而实际最大上升气流最多为上述理想值一半左右，也就是 8 m/s。对于雷暴系统，这是一个很温和的最大上升气流，因此所产生的天气除了雷电，只有很小的冰雹，并且伴随不大的降水。大气低层垂直风切变很多，925 hPa 为 8 m/s 偏东风，850 hPa 为 14 m/s 偏南风，700 hPa 为 22 m/s 西南偏西风，呈现非常显著的顺时针旋转。

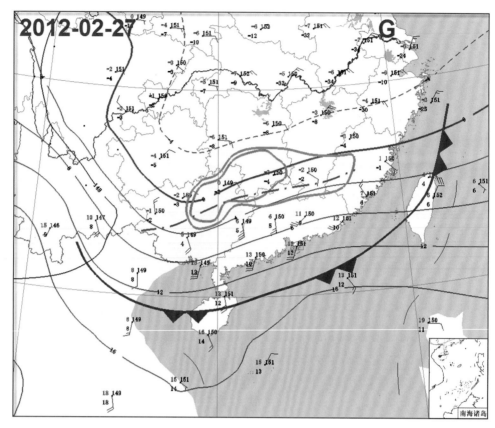

图 2.61   2012 年 2 月 27 日 08 时 850 hPa 天气图上叠加 08 时地面冷锋和地面高压中心
（当天发生冰雹和雷电的区域为橙色曲线包围的区域，发生雷电的区域是浅蓝色曲线所围的区域）

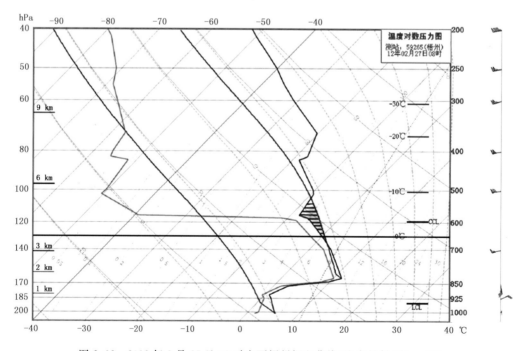

图 2.62   2012 年 2 月 27 日 08 时广西梧州探空曲线（注意是斜 T-$\ln p$ 图）

　　此次高架对流的触发机制具有两种可能性:1)中低层的辐合切变线触发;2)850~700 hPa 之间大气变形和辐合场锋生过程产生的垂直环流的上升支所触发。由于一天只有 2 次高空观测,并且测站远比地面测站稀疏,因此触发机制的确认具有相当难度。

　　图 2.63 给出了桂林 SB 型多普勒天气雷达在 2 月 27 日 14:01 和 16:00 2.4°仰角的反射率因子图。从中可以看出对流系统回波不是很强,最强回波基本上不超过 45 dBZ,多数对流云团回波在 30~40 dBZ之间,与较小的 CAPE 值是符合的。

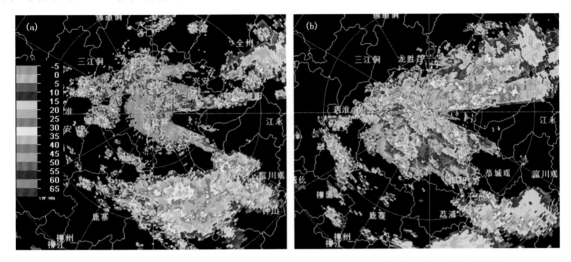

图 2.63　2012 年 2 月 27 日 14:01(a)和 16:00(b)桂林雷达 2.4°仰角基本反射率因子图

2.5.1.2　2007 年 3 月 30 日胶东半岛高架强对流

　　2007 年 3 月 30 日 17 时至 31 日 01 时,胶东半岛出现冰雹雷暴大风等强对流天气(强对流天气范围如图 2.64 中黄色框所围区域),最大冰雹直径 23 mm,雷暴大风 21 m/s。这是一次强烈的高架雷暴过程。这次过程主要的天气背景是 700~500 hPa 上有东移的西风槽,西风槽分为北段和南段,南支槽前具有明显的暖湿平流,尤其在 925~850 hPa。对应 700~500 hPa 南支槽的 925~850 hPa 低层为一个低涡,低涡的气旋型环流加强了其东侧的暖湿平流(图略)。图 2.64 给出了 3 月 30 日 20 时 850 hPa 和地面天气图。3 月 30 日 08 时(图略),低涡前显著暖湿平流区从河南、安徽北部直到河北中南部和山东西部;3 月 30 日 20 时,显著暖湿平流区随着高空槽的东移而东移,整个山东省尤其胶东半岛和除了西边界以外的渤海具有很显著的暖湿平流。应该说 20 时的环境更接近对流生成的 17 时前后的环境条件,从 20

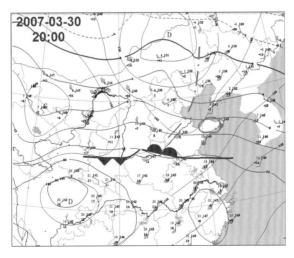

图 2.64　2007 年 3 月 30 日 20 时 850 hPa 和地面天气图

时的天气图判断,强对流区域距离暖锋锋面在 200 km 以上,对流初始生成区域位于莱州湾,距离静止锋锋面 700 km 左右。

图 2.65 为 30 日 08 时青岛探空曲线,可见 850 hPa 以下存在非常强的逆温层和冷垫,无论是地面起始的还是逆温层顶起始的绝热气块(状态曲线分别由两条棕色曲线表示),其获得的对流有效位能(CAPE)都是 0。从逆温层顶起始的绝热气块的 CAPE 值为 0 是因为逆温层顶附近露点太低。从图 2.64 看出,随着白天系统东移,暖锋和锋前显著暖湿平流区也会东移,青岛 850 hPa 附近露点会由于强烈的湿度平流而迅速升高,从而使得从逆温层顶起始的绝热气块获得对流有效位能,有可能在午后产生高架对流。实际上如前所述,高架对流在 30 日 17 时前后出现在莱州湾附近,随后影响胶东半岛直到 31 日 01 时。由于青岛探空站点在 30 日 21 时之前没有受到雷暴影响,而且距离雷暴位置很近,因此青岛 20 时探空可以较好地代表高架对流发生环境的温湿风垂直廓线,如图 2.66 所示。与 08 时相比,850～650 hPa 的露点大大增加,这一段处于饱和状态,从对流层顶起始的绝热气块获得的 CAPE 值达到 1420 J/kg。0～6 km 风矢量差为 32 m/s,意味着极强的深层垂直风切变,从地面到 700 hPa 风向显著顺时针旋转,有利于多单体强风暴和超级单体风暴的形成(见第 3 章)。

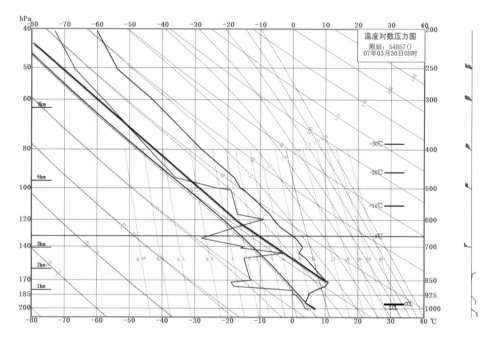

图 2.65　2007 年 3 月 30 日 08 时青岛探空曲线

图 2.67 是 30 日 17 时 04 分和 20 时 06 分青岛 SA 雷达 1.5°仰角反射率因子。从图中可见,30 日 17 时左右,高架对流在莱州湾附近生成,然后迅速东移加强,在 20 时前后强度达到鼎盛,最强回波达到 70 dBZ 左右,有不少多单体强风暴先后形成,并且有 1～2 个超级单体风暴产生,其中最大直径 23 mm 的冰雹即为超级单体风暴所产生。有关多单体强风暴和超级单体风暴的概念以及有利其产生的环境条件见第 3 章。

此次高架雷暴的触发机制也具有两种可能:1)包括泰山在内的大地形触发的大振幅中尺度俘获重力波(trapped gravity waves);2)850 hPa 等压面的辐合切变线,如图 2.64 所示。从图 2.64 上 30 日 20 时 850 hPa 辐合切变线位置看,处于 17 时左右在莱州湾最早出现的雷达回波西侧,考虑到该辐合切变线自西向东移动,17 时位置更为靠西,由该辐合切变线触发初始对流的可能性不大。因此由第一种机制,即由包括泰山在内的大地形触发的大振幅中尺度俘获重力波触发上述初始对流的可能性较大。

重力波的产生需要一个较为深厚的稳定层结。另外,由泰山触发的重力波的相速度是向东北水平传播,但其群速度是向上传播的(Holton,2004),即能量是向上频散的。若要形成可以触发对流的较大振幅

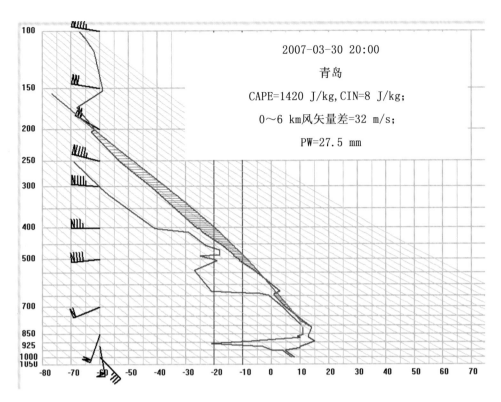

图 2.66 2007 年 3 月 30 日 20 时青岛探空曲线

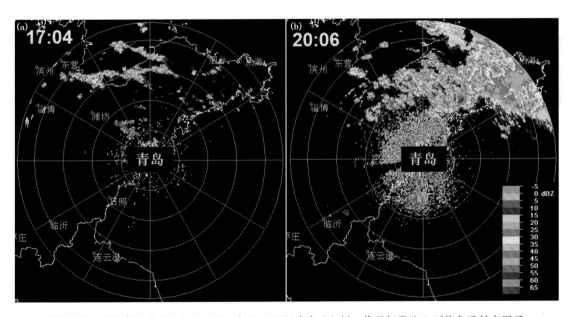

图 2.67 2007 年 3 月 30 日 17:04(a)和 20:06(b)青岛 SA 新一代天气雷达 1.5°仰角反射率因子

中尺度重力波,则需要在稳定层之上存在一个深厚的具有较强垂直风切变的条件不稳定层结(Lindzen and Tung,1976),使得该层的粗理查森数(Ri)小于 0.25,重力波水平相速度等于高空风的那一层为临界反射层,重力波频散能量遇到该临界反射层将绝大部分被反射回来,与上传的重力波包络(群速度)相遇叠加而加强,产生波导效应,形成中尺度俘获(trapped)较大振幅重力波(Markowski and Richardson,2010),其示意图见图 2.57。Markowski 和 Richardson(2010)进一步指出,Ri 小于 0.25 出现重力波波导效应是线性理论结果,如果考虑非线性效应,则当 Ri 值在 0.25~2.0 之间时,仍会发生临界层明显反射,从而导致低层稳定层中出现重力波波导效应,产生重力波浮获现象。而图2.66显示的20时青岛探空恰恰满足Ri在$0.25\sim2.0$之间的考虑了非线性效应的重力波波导产生条件。根据粗理查森数的表达式:

$$Ri = N^2 / (\overline{du} \mid dz)^2 \tag{2-9}$$

式中,N为布伦特-维萨拉频率。根据青岛20时探空计算,从对流层顶到500 hPa之间深厚的逆温层之上条件不稳定层Ri大约为0.67,位于$0.25\sim2.0$之间,因此会存在临界层显著反射向上传播的重力波能量,在低层稳定层形成重力波波导效应。上述关于低层稳定层之上的深厚条件不稳定层中Ri小于某一阈值就会出现明显临界层对重力波能量的反射的结论中给出的阈值大小只是理论值,实际大小需要在实际应用中摸索,目前这方面的工作很少。有一点是确定的,低层稳定层以上部分大气层结的条件不稳定度越大,垂直风切变越强,越有可能存在一个临界层显著反射上传的重力波能量,形成低层稳定层内的重力波波导效应,导致大振幅的浮获重力波,进而可以起到触发深厚湿对流作用。

2.5.1.3 水汽要素的等熵面分析

基于地面的深厚湿对流,暖湿气流来自其地面附近。高架对流的暖湿气流尤其是水汽往往来自南边几百千米之外。实际的气块并非沿着等压面移动,在干绝热情况下是沿着等熵面(等位温面)移动的,在有凝结潜热发生时可以近似认为是湿绝热的,此时含有水汽的气块是沿着相当位温等值面移动的。因此,在高架对流情况下,采用等熵面分析可以更清楚地显示水汽的移动和传输。

图2.68给出了2008年3月4日12:00 UTC美国地区等熵面分析,等位温面为298 K等值面,蓝色风标和红色等值线分别为该等熵面上的风矢量和等压线,深浅不同的绿色代表该等熵面上的水汽混合比。从图中可以看出,水汽从墨西哥湾沿着等熵面向美国东南部输送,在向北输送过程中缓慢爬升,从在墨西哥湾中部的900 hPa上升到佐治亚州亚特兰大附近的850 hPa,大约相当于向北移动500 km,高度上升500 m左右。实际上,从北往南移动的冷空气在向南移动的同时伴随下沉运动,而从南往北移动的暖湿气流除了向北移动外同时伴随上升运动,其下沉和上升气流大小与所在等熵面坡度大小紧密相关。

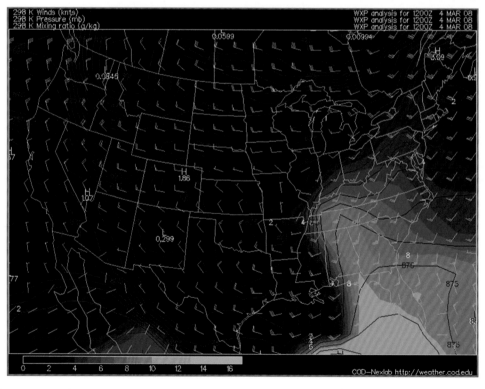

图2.68 2008年3月4日12:00 UTC美国地区等熵面分析。等位温面为298 K等值面,蓝色风标和红色等值线分别为该等熵面上的风矢量和等压线,深浅不同的绿色代表该等熵面上的水汽混合比(Doswell提供)

这些伴随的垂直运动在等压面分析中并不直观,因此在必要时使用等熵面分析对于展示气块的实际运动是有好处的。即便在不具备等熵面分析工具条件下,最好也采用等熵面思维,充分考虑气块的三维运动。

2.5.2　条件对称不稳定导致的高架对流

上面讨论的高架对流的产生机制是条件不稳定,以及大气层结在垂直方向的不稳定,结合水汽和抬升触发机制,导致高架垂直对流的生成。另外一种重要的对流形式是倾斜对流,其机制是条件对称不稳定(CSI,conditional symmetric instability),与水汽和抬升触发机制结合,可以导致倾斜对流的生成。下面首先介绍对称不稳定和条件对称不稳定的概念,在介绍这个概念之前,先引入惯性不稳定的概念。

2.5.2.1　惯性不稳定

惯性不稳定是水平方向的不稳定,当气块沿水平方向偏离平衡位置时加速离开,则称为惯性不稳定(inertial instability)(Emanuel,1979),这里的平衡是指地转平衡。惯性不稳定分析涉及在沿着地转风方向移动一个物质管(a tube of parcels),然后评估在新的位置地转偏向力和气压梯度力。分析这两个力是否仍然相互平衡,如果不平衡,分析净加速度向着哪个方向,加速度的方向是指示稳定(向着原来初始位置)、不稳定(向着离开初始位置方向),还是中性(净加速度为 0)。

考虑一个简单情况,地转风沿着纬向(x),其在南北(y)方向上有变化,即 $u_g = u_g(y)$,$v_g = 0$。考虑直角坐标系中的垂直运动方程,得到:

$$\frac{\mathrm{d}u}{\mathrm{d}t} = fv \tag{2-10}$$

$$\frac{\mathrm{d}v}{\mathrm{d}t} = f(u_g - u) \tag{2-11}$$

从初始位置 y_0 沿着 x 轴水平移动一根物质管,在初始位置,物质管与环境处于地转平衡状态,即 $u = u_g = u_0$,这里 u_0 是构成上述物质管的所有气块和环境在平衡位置的纬向速度。我们扰动一根由大量气块构成的物质管而不是一个单独气块,为了使方程(2-10)得到满足,该方程只能在沿着 x 方向没有气压梯度力。如果扰动一个单独气块将会产生这样的气压梯度力,使得对水平方向不稳定的评估变得异常复杂。

假定 Δy 是沿着 x 轴地转风风向的物质管在南北方向水平移动的距离。则 $y = y_0 + \Delta y$,($v = \mathrm{d}y/\mathrm{d}t = \mathrm{d}\Delta y/\mathrm{d}t$)。由公式(2-10)可得,$u = u_0 + f\Delta y$;$u_g = u_0 + \partial u_g / \partial y \nabla y$。根据公式(2-10)和(2-11),经过一定整理,可以得到:

$$\frac{\mathrm{d}^2 \Delta y}{\mathrm{d}t^2} + f\left(f - \frac{\partial u_g}{\partial y}\right)\Delta y = 0 \tag{2-12}$$

求解上述方程(Markowski and Richardson,2010),可以得到结论。当绝对地转风涡度

$$f - \frac{\partial u_g}{\partial y} < 0 \tag{2-13}$$

将出现惯性不稳定,其值大于 0 时将是惯性稳定的,等于 0 时为惯性中性。图 2.69 给出了惯性不稳定和惯性稳定的示意图。

惯性不稳定可以解释为什么中高纬度大尺度反气旋(高压)中心等压线梯度不会超过一定阈值,而中高纬度大尺度气旋(低压)中心等压线梯度可以很大。其背后的机理如图 2.69 所示,当高压中心(反气旋)气压梯度太大时,将会出现惯性不稳定,使气压梯度减小。当存在大尺度低压(气旋)时,无论其中心气压梯度多大也不会出现惯性不稳定,因而不存在阻止大尺度低压中心梯度不断增大的有效不稳定机制。

在讨论垂直风的静力不稳定或条件不稳定时,可以将不稳定条件表述为某一保守物理参数随高度变化的递减。例如,静力不稳定判据可以表述为位温(θ)随高度降低,而条件不稳定判据可以表达为饱和相当位温(θ_e^*)(或饱和假相当位温(θ_{se}^*))随高度降低。

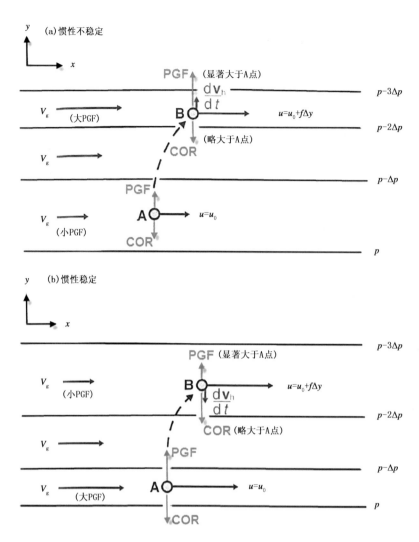

图 2.69　惯性不稳定(a)和惯性稳定(b)示意图。在(a)中,气块被向北移动,从 A 点到 B 点,为清楚简洁起见,
只有移动物质管中的一个气块被画在图上。(b)与(a)是类似的,除了地转风向南增加
(引自 Markowski and Richardson,2010)

类似地,对于惯性不稳定的判断,定义绝对动量:

$$M \equiv u - fy \tag{2-14}$$

根据公式(2-10)可以看到,在纯粹的纬向地转流(即在 x 方向没有气压梯度力),绝对动量在 f 平面上(即假定 f 为常数,不随纬度变化)是守恒的。由于所说的平衡状态是地转平衡,定义地转绝对动量:

$$M_g \equiv u_g - fy \tag{2-15}$$

根据上式可以得到:

$$-\frac{\partial M_g}{\partial y} = f - \frac{\partial u_g}{\partial y} \tag{2-16}$$

这样,惯性不稳定判据可以表达为地转绝对动量(M_g)沿着 y 的正方向增加。也就是说,一个物质管向 y 的正方向位移达到新的位置,其绝对动量值(该值等于初始位置时的 M_g)小于新位置处的局地 Mg 值,则物质管会进一步沿着 y 的正方向移动下去,触发不稳定。

在天气尺度,几乎没有出现过惯性不稳定判据满足的情况,说明惯性不稳定判据对于大尺度槽和脊的风场是一个重要约束。负的绝对地转涡度(惯性不稳定的判据)在中尺度的确有被观测到。对于惯性不稳定释放导致的中尺度环流了解极少,或许可以合理假定该不稳定的释放能导致沿着平均风方向的二维风场扰动。

2.5.2.2 对称不稳定

空气气块可以既是静力稳定的也是惯性稳定的(处于静力平衡和地转平衡,因此处于热成风平衡),但由于地转动量和位温的某种扰动,该气块沿着某一相对于水平倾斜的路径的移动可能是不稳定的(图 2.70)。这种类型的不稳定称为对称不稳定(symmetric instability)(Emanuel,1979)。

对称不稳定涉及沿着热成风或平均层等温线(或深层垂直风切变矢量)移动一个物质管。正如惯性不稳定的情况,环境一定是近似二维的,也就是说风或热成风只能在一个水平方向和垂直方向有变化。通常将沿着热成风的方向取为 x 轴,而垂直于 x 轴的另一个水平方向为 y 轴,近似二维意味着热成风或与热成风对应的垂直风切变矢量只随 y 和 z 变化。相对于惯性不稳定,对称不稳定对于中尺度天气系统的意义更大,因为涉及在垂直方向的加速度分量,对称不稳定的释放会导致所谓的倾斜对流(slantwise convection)。

图 2.70 给出了对称不稳定的示意图。图中蓝色等值线为与热成风垂直的经向垂直剖面内平均大气位温 ($\bar{\theta}$) 等值线,红色等值线为与热成风垂直的经向垂直剖面内地转绝对动量 (M_g) 的等值线。由于平均位温 ($\bar{\theta}$) 随高度升高,气块垂直移动离开初始位置将受到使其返回初始位置方向的恢复力,因而是静力稳定的;同时由于地转动量沿着 y 增加方向减少,沿着水平方向离开初始位置移动的由大量气块构成的沿着 x 轴方向(地转风方向)的物质管也会受到恢复力作用向着返回初始位置方向移动,因此是惯性稳定的。

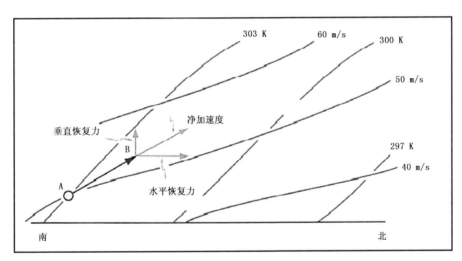

图 2.70 对称不稳定大气中等熵面和等地转动量面的经向剖面,一个物质管由 A 移动到 B
经历了一个离开最初平衡位置的净加速度(引自 Markowski and Richardson,2010)

容易证明(详见 Markowski and Richardson,2010),如图 2.70 所示的情况,在垂直于热成风的横截面内,平均位温 ($\bar{\theta}$) 等值线的坡度大于绝对地转动量 (M_g) 的坡度,此时从初始位置 A 点出发沿着两个等值面之间的任何方向移动的物质管将受到离开其移动方向的加速度,因此是不稳定的,其中最不稳定的物质管的位移方向几乎是沿着等 $\bar{\theta}$ 面。这样,对称不稳定的判据可以表述为(Markowski and Richardson,2010)

$$\left(\frac{\partial z}{\partial y}\right)_{\bar{\theta}} > \left(\frac{\partial z}{\partial y}\right)_{M_g} \tag{2-17}$$

上述判据等效于以下两个判据中的任何一个:

$$\left(\frac{\partial \theta}{\partial z}\right)_{M_g} < 0 \tag{2-18}$$

$$\left(\frac{\partial M_g}{\partial y}\right)_{\bar\theta} > 0 \qquad\qquad (2\text{-}19)$$

因此，也可以通过沿着 M_g 等值面 $\bar\theta$ 随高度的减少或沿着 $\bar\theta$ 等值面 M_g 随着 y 的增加来判断对称不稳定。

考虑到公式(2-18)左边括号内那一项代表等熵面上的绝对地转涡度 $(f-\partial u_g/\partial y)_{\bar\theta}$，将该公式两边乘以 $-g\left(\frac{\partial\bar\theta}{\partial p}\right)$，可以得到(Xu,1992;Holton,2004)：

$$\bar P < 0 \qquad\qquad (2\text{-}20)$$

式中，$\bar P$ 是大气平均态地转流的位涡度。因此，如果北半球初始位涡处处为正，考虑到地转位涡在绝热无摩擦运动中的守恒性，则在绝热运动中不可能有对称不稳定发展起来。判据(2-17)到(2-19)涉及二维流动，需要选择适当的与热成风垂直的横截面，而判据(2-20)可以根据三维流场直接计算，对具体二维横截面的选择不敏感，因此有时作为对称不稳定判据使用起来更方便。不过，在使用判据(2-20)时，其判定为对称不稳定的区域一定要位于准二维结构的区域内。

2.5.2.3　条件对称不稳定(CSI)

多数情况下，对称不稳定出现的深层大气处于几乎饱和的情况下，此时称为条件对称不稳定(conditional symmetric instability,CSI)(Bennetts and Hoskins,1979)。此时判据(2-17)成为

$$\left(\frac{\Delta z}{\Delta y}\right)_{\theta_e^*} > \left(\frac{\Delta z}{\Delta y}\right)_{M_g} \qquad\qquad (2\text{-}21)$$

即用大气参考态饱和相当位温 $\bar\theta_e^*$ 代替公式(2-17)中的位温，判据变为在垂直于热成风方向(或深层垂直风切变矢量的方向)的横截面内饱和相当位温的坡度大于地转绝对动量的坡度。

有些情况下，相应的大气层一开始并没有饱和，但随着整层上升逐渐饱和以后出现对称不稳定，此时称为潜在对称不稳定(potential symmetric instability,PSI)。条件对称不稳定是已经呈现的不稳定，而潜在对称不稳定需要大范围上升运动使得气层整层达到饱和以后才能有不稳定呈现。如果没有这样的上升运动使得某层大气整层饱和，则潜在对称不稳定就不会转变为真实的不稳定。PSI的判据是

$$\left(\frac{\Delta z}{\Delta y}\right)_{\theta_e} > \left(\frac{\Delta z}{\Delta y}\right)_{M_g} \qquad\qquad (2\text{-}22)$$

即用大气参考态相当位温 $\bar\theta_e$ 代替公式(2-17)中的位温，判据变为在垂直与热成风方向(或深层垂直风切变矢量的方向)的横截面内饱和相当位温的坡度大于地转绝对动量的坡度。

同样地，条件对称不稳定和潜在对称不稳定的判据可以用某种等效位涡(湿位涡)为负值来判断：

$$\overline{PE} < 0 \qquad\qquad (2\text{-}23)$$

分别用饱和相当位温和相当位温代入判据(2-23)，就得到CSI和PSI的判据。请注意，判据(2-23)只有在垂直方向上静力稳定(或条件稳定)和水平方向惯性稳定的条件下才能作为条件对称不稳定(CSI)或潜在对称不稳定(PSI)的判据(Bennetts and Hoskins,1979)。

在许多情况下，CSI是锋面气旋内尤其是锋区附近中尺度雨带形成的可能机制之一，在这些区域垂直风切变较大。由于条件对称不稳定(CSI)的释放而形成的雨带，有时呈平行的多重雨带形式(图2.71)，应该是沿着热成风(即深层垂直风切变矢量)方向。如公式(2-21)和图2.70所示，在垂直于热成风的横截面内的某个气块(注意：考虑到其在热成风方向无限延长，其实气块代表沿着热成风方向的一个物质管)移动方向在 $\bar\theta_e^*$ 和 M_g 等值线(面)之间，就是不稳定的，通常气块会倾向于沿着 $\bar\theta_e^*$ 等值线(面)移动，因为在饱和情况下，最不稳定的条件对称不稳定扰动方向是沿着 $\bar\theta_e^*$ 等值线(面)(Markowski and Richardson,2010)。

在条件对称不稳定(CSI)导致的倾斜对流中，上升气流的量级为 1 m/s；在条件不稳定(CI)释放形成的垂直深厚湿对流中，上升气流量级为 10 m/s；在天气尺度稳定性降水中，上升气流量级为 0.01～0.1 m/s 量级。

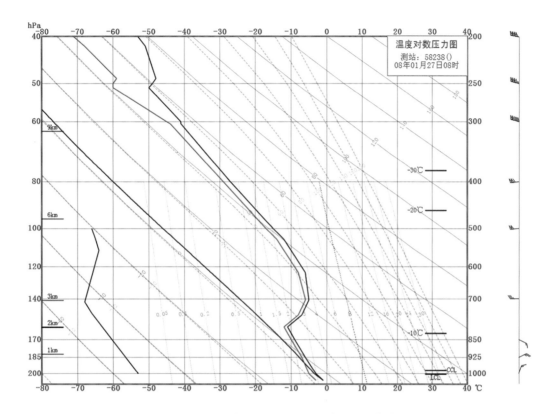

图 2.71　2008 年 1 月 27 日 08 时南京探空曲线

类似于垂直深厚湿对流情况下的对流有效位能（CAPE），Emanuel（1983）定义了倾斜对流有效位能（SCAPE，slantwise convective available potential energy），只是对浮力的积分是沿着一个等 M_g 面而不是沿着垂直方向。需要在垂直于热成风的横截面内利用多个探空资料进行内插才能计算，也可以利用数值模式分析场或预报场进行计算（关键是数值预报给出的湿度场预报要准确，这一点常常不容易满足）。考虑到利用多个探空内插到垂直热成风的平面内，再画成饱和相当位温和地转绝对动量等值线相当复杂，Emanuel（1983）还给出了基于单部探空估计 SCAPE 的近似算法。

与垂直深厚湿对流的形成三要素为条件不稳定、水汽和抬升触发类似，倾斜湿对流形成的三要素为条件对称不稳定、水汽和抬升触发。关于倾斜对流的抬升触发，除了 925～700 hPa 间的辐合切变线以外，锋生过程导致的热力直接环流的上升支也是可能的触发机制（Schultz and Schumacher，1999）。条件对称不稳定（CSI）存在的区域通常也是锋生过程存在的区域。

条件对称不稳定（CSI）释放导致的中尺度雨带通常具有以下特征：

1）移动：如果雨带移动，则它们将随环境气流移动，即雨带被环境气流所平流，相对于环境气流雨带没有传播。

2）间距：雨带间的间距与条件对称不稳定层的厚度和等熵面（等饱和相当位温面）的坡度有关。

3）斜升气流坡度：在 $\bar{\theta_e^*}$ 和 $\bar{M_g}$ 等值面之间，如果气流满足静力不稳定条件，斜升气流将严格沿着 $\bar{\theta_e^*}$ 等值面上升。

4）雨带方向：雨带几乎沿着热成风排列，与热成风夹角通常不超过 15°（图 2.71）。

需要指出，即便不存在 CSI，有时也会出现带状雨带结构，其背后的机制可能是强迫的带状上升气流。

有时，条件不稳定（CI）和条件对称不稳定（CSI）会同时存在。考虑一个初始时刻，大气处于条件（静力）稳定和对称稳定状态，随后由于地面加热和/或地转风垂直切变的增加（即热成风的增强），CSI 在 CI

之前首先出现(Colman,1990a；Emanuel,1994)，即先是CSI触发，CSI导致的上升运动进一步触发了CI。与CSI导致的倾斜对流相比，CI导致的垂直对流具有更大的增长率和更多的能量释放，最终CI导致的垂直对流将占支配地位(Bennetts and Sharp,1982)。Jascourt等(1988)将这种CI和CSI共存的情形称为对流-对称不稳定(convective-symmetric instability)。另一方面，正如Schultz和Schumacher(1999)所指出的，CI的释放也可以发生在CSI释放之前，一旦CSI释放，原来零散的垂直对流很可能会在CSI释放的作用下排列成数个平行的带状。也就是说，垂直对流系统的组织可以受到惯性稳定度的调制，即便在惯性稳定情况下，只要惯性稳定度很弱，垂直对流也有可能被组织成数个平行的带状(Jascout et al,1988)。

2.5.2.4　2008年1月27日条件对称不稳定导致的安徽高架倾斜对流暴雪

图2.71给出了2008年1月27日08时(北京时)的南京探空曲线。可见从地面直到800 hPa左右是一个强大的低层冷垫，700 hPa以上高度为偏西的暖湿气流，500 hPa西风风速高达40 m/s，表明很强的深层垂直切变，意味着很强的热成风和强斜压性。利用$1°×1°$的NCEP/NCAR再分析资料，在合肥附近做南北方向垂直剖面，在剖面内给出地转绝对动量(M_g)和相当位温(θ_e)的等值线(图2.71探空曲线显示整层大气几乎饱和，因此相当位温与饱和相当位温几乎相等)，如图2.72所示。图中红色长方框标出了相当位温坡度大于绝对动量坡度(即CSI)的大致区域。纬度在$31°\sim37°$N之间，高度在$600\sim400$ hPa之间。

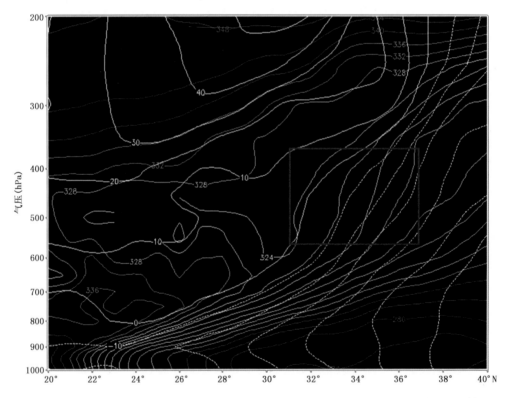

图2.72　根据2008年1月27日08时(北京时)NCEP/NCAR再分析资料沿着117°E(穿过合肥附近)垂直界面内地转绝对动量(白色)和相当位温(彩色)等值线(红色长方框标出CSI区域)

图2.73给出了2008年1月27日14时15分合肥SA天气雷达0.5°仰角反射率因子图像。从中可以看出，降雪回波呈现为平行于深层垂直风切变方向的数个平行回波带，属于典型的条件对称不稳定释放导致的倾斜对流形成的平行带状回波。27日08时至28日08时安徽合肥和江苏南京周边地区降雪量都在20 mm以上，合肥降雪28 mm，属于特大暴雪。

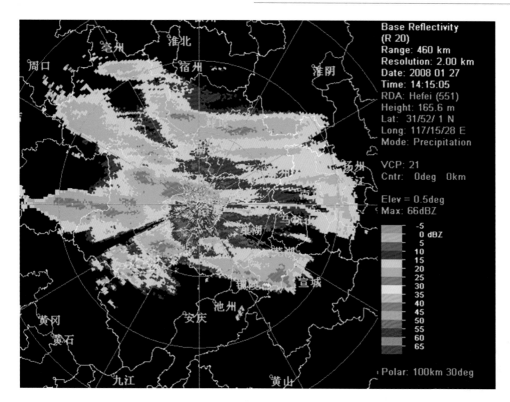

图 2.73　2008 年 1 月 27 日 14:15 合肥 SA 天气雷达 0.5°仰角反射率因子图

2.5.3　弱稳定度条件下锋面垂直环流导致的高架对流

前面探讨的高架对流,涉及条件不稳定释放形成的垂直对流(vertical convection)或条件对称不稳定释放形成的倾斜对流(slantwise convection)。上述两种对流都属于自由对流(free convection),其形成都需要类似的三个要素:1)不稳定机制;2)水汽;3)抬升触发。无论是高架垂直对流还是倾斜对流,锋生过程强迫的锋面垂直环流可以是上述两种对流的抬升触发机制,尤其是后者。图 2.74 给出了锋生过程强迫的非地转锋面垂直环流示意图。

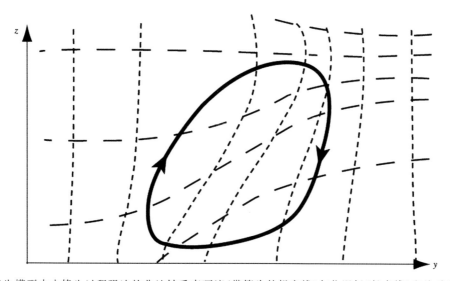

图 2.74　两维锋生模型中由锋生过程强迫的非地转垂直环流(带箭头的粗实线)与位温场(长虚线)和绝对动量场(短虚线)的关系。冷空气在右侧,暖空气在左侧。注意非地转垂直环流向着冷空气一侧倾斜,在锋区绝对动量和位温梯度都相对较强(引自 Holton,2004)

在实际发生的高架对流个例中,有相当一部分发生在条件稳定度和条件对称稳定度为正值但非常小,或者两者近似为0的情况下(即对垂直对流和倾斜对流都是中性的)。Colman(1990a)指出,这可能是锋面环流直接导致的强迫对流。因为在上述条件稳定度和条件惯性稳定度非常小或趋于0情况下,锋生过程强迫的环流会很强,尤其是环流上升支,由于水汽凝结潜势加热其速度远大于下沉支速度,潜热释放还使得锋面环流上升支变窄,其最大上升气流可达几个米/秒(Emanuel,1985;俞小鼎等,1995)。虽然这种强迫对流和上述自由对流在动力特征上属于不同类型,但导致的降水系统的雷达回波特征与倾斜对流或弱的垂直对流却是非常相似的,也可以导致暴雨、暴雪、雷电和冰雹(通常为小冰雹)等对流性天气。Sanders 和 Bosart(1985)对一个在条件稳定度和条件对称稳定度都非常小的情况下,由强盛的锋面环流上升支导致的美国东部暴雪事件进行了详细的分析。

2.6　小结

在暖季,大多数雷暴或深厚湿对流形成的三个基本条件是静力不稳定、水汽和抬升触发。垂直风切变在确定风暴的组织程度和风暴类型及强弱方面有其重要作用。静力不稳定通常呈现为条件静力不稳定,简称条件不稳定(conditional instability)。由静力不稳定结合水汽构成的对流有效位能(CAPE)释放形成的深厚湿对流也称为垂直对流(vertical convection)。

另外一类可能导致雷暴或深厚湿对流形成的中尺度不稳定机制是条件对称不稳定(conditional symmetric instability),它是高架对流产生的主要机制之一,这种不稳定产生的对流称为倾斜对流(slantwise convection)。目前在业务上,对暖季垂直对流有一套相对成熟的分析方法,倾斜对流缺少有效的分析工具。所有的强对流天气,例如直径 20 mm 以上冰雹、17 m/s 以上雷暴大风、龙卷几乎都是由垂直对流产生的,强对流天气中的短时强降水(20 mm/h),多数情况下是由垂直对流产生,偶尔也可以由倾斜对流产生。

2.6.1　对流有效位能(CAPE)和对流抑制(CIN)

在垂直对流形成要素中,静力不稳定和水汽条件结合可以构成指示对流性天气潜势的各种指数,例如对流有效位能(CAPE)和对流抑制(CIN),抬升指数(LI),沙氏指数(SI),K 指数,以及全指数(TT)等,其中 CAPE 和 CIN 物理概念最清晰,而 K 指数的局限性最大。因此,建议只使用 CAPE 和 CIN 来作为对流性天气发生潜势的判据,不必再使用其他参数,这也是目前国际上的一个趋势。

由于探空一天只有两次,探空结束时间分别是世界时 00 时和 12 时,对应北京时间 08 时和 20 时,即在整个白天没有探空资料,因此常常需要对 08 时探空进行订正。最常用的订正方法是假定从地面起始的气块具有探空所得露点廓线近地面最低 1 km 的平均露点,预计午后最高地面气温,所得到的 CAPE 值和 CIN 值为订正后的值。这种订正只考虑了大气边界层的日变化,没有考虑平流过程特别是微差平流过程。如果对流层中层上空有冷平流,而对流层低层有暖湿平流,则午后实际 CAPE 值会比用上述方法订正后的值还要大。至于具体大多少,只能根据 08 时天气形势,结合数值预报做定性判断。

在获取对流有效位能和对流抑制时,采用的传统气块法使用了几个理想化假定:i)气块在上升过程中是绝热无摩擦的,与外界没有能量和物质交换;ii)气块在上升过程中内部气压始终与环境气压保持平衡;iii)气块饱和后沿着假绝热曲线上升,即假定凝结的水汽立即变为降水落到地面。实际气块上升过程中,上述假定都是不完全成立的,从而导致气块法对 CAPE 的明显高估和对 CIN 的明显低估。但由于气块法简便易行,迄今为止尚没有替代其估计 CAPE 和 CIN 的更好方法,因此一直沿用至今。在上述理想情况下,给定 CAPE 值时雷暴内上升气流所能达到的最大值可以表达为

$$W_{max} = (2CAPE)^{1/2}$$

通常情况下,实际雷暴内最强上升气流大约只是上述理论值的一半左右。如果 CAPE 值在 3000 J/kg 以上,实际值甚至达不到上述理论值的一半。

在暖季,通常将小于 1000 J/kg、介于 1000～2500 J/kg 之间和超过 2500 J/kg 的 CAPE 值划归为弱、

中等和强,这仅仅是一个参考,不是标准。

可以使用数值预报模式的温度和露点垂直廓线计算 CAPE 值和 CIN 值,前提条件是该数值预报模式计算的 CAPE 值与实际探空做过大量的系统性比较,并且二者一致性较好。

2.6.2　对流不稳定与条件不稳定的区别

对流不稳定(convective instability)也称为位势不稳定(potential instability),是指原先条件稳定的气层经过整层抬升,由于该气层下端出现饱和凝结温度升高,导致该气层形成条件不稳定层结。其产生的判据是饱和相当位温或饱和假相当位温随高度增加,以及相当位温或者假相当位温随高度递减。条件不稳定的判据是饱和相当位温(或者饱和假相当位温)随高度递减。因此"potential instability"的正确翻译应该是"潜在不稳定",意指一个饱和相当位温随高度增加而相当位温随高度递减的气层需要经过整层抬升一段高度之后气层内的温度层结才会变为条件不稳定,是一种"潜在的"条件不稳定。由对流不稳定或潜在不稳定导致的对流,应该首先出现层状云,然后在层状云中间出现深厚湿对流或雷暴,这种情况出现的概率远低于深厚湿对流在条件不稳定大气中直接产生的概率。

也有学者直接将对流有效位能足够大的情况或者条件不稳定称为"对流不稳定",物理含义上没有错,只不过"对流不稳定"往往是特指上述气层内饱和相当位温随高度增加而相当位温随高度递减的"潜在不稳定",容易引起混淆,应该尽量避免这样使用。另外,也有学者将条件不稳定或静力不稳定称为"湿重力不稳定(moist gravitational instability)",这是可以接受的。

2.6.3　垂直风切变

垂直风切变是指水平风(包括大小和方向)随高度的变化。比较常用的两个参数是深层垂直风切变和低层垂直风切变。深层垂直风切变指的是 6 km 高度和地面之间风矢量之差的绝对值,低层垂直风切变指的是 1 km 高度和地面之间风矢量之差的绝对值。统计分析表明,环境水平风向风速垂直切变的大小往往和形成雷暴(也称为深厚湿对流或对流风暴)的强弱密切相关。在给定湿度、静力不稳定性及抬升的深厚湿对流中,垂直风切变对对流性风暴组织和特征的影响最大。一般来说,在一定的热力不稳定条件下,垂直风切变的增强将导致对流风暴进一步加强和发展,尤其表现为组织程度的明显提高。

通常用地面到 6 km 高度的风矢量差来表示深层垂直风切变,如果该风矢量差小于 12 m/s,则判定为较弱垂直风切变,若该风矢量差大于等于 12 m/s 而小于 20 m/s,则判定为中等以上垂直风切变,若该值大于等于 20 m/s,则判定为强垂直风切变。上述判据只适合于中高纬度地区暖季(4—9 月)。需要指出,用 0~6 km 风矢量差表示垂直风切变只是一种很粗略的方式,具体到每个例子,要分析具体的风廓线,有时虽然 0~6 km 风矢量差不大,但期间某一层(例如 925~700 hPa 之间)具有很强的垂直风切变,也往往可以发生高组织程度的强对流(飑线或超级单体)。

除了常用的风杆图,垂直风切变另一个常用的表示方法是风矢端图。一些参量如由垂直风切变产生的水平切变矢量等可以方便地在风矢端图上表示出来,对形成中气旋具有一定指示意义的相对风暴螺旋度在风矢端图上可以清楚显示。风矢端图的形状对于可能出现的风暴类型也具有一定的指示性。

2.6.4　抬升触发机制

这里的触发机制主要是指基于地面的雷暴或者深厚湿对流(ground-based DMC)的抬升触发机制。主要包括:1)边界层辐合线;2)地形抬升;3)重力波。

在平坦地区,主要抬升触发机制为边界层辐合线,包括与冷锋相联系的地面辐合线(常常为辐合切变线)、与干线相联系的地面辐合线、雷暴出流边界(阵风锋)、地形和/或下垫面差异形成的地面辐合线、海风锋辐合线、水平对流卷导致的平行弱辐合线等。

锋面辐合线的起源是锋面垂直环流的上升支。锋面主要体现在等压面上的密度差异,暖空气轻,冷空气重,锋面垂直环流由锋面横截面内的力管项所驱动,而环流本身导致力管项减弱,要想维持锋面和锋面环流,需要持续的锋生过程。

在地形复杂地区,除了边界层辐合线,地形本身也是触发雷暴的重要机制。地形触发雷暴的主要机制有两种:一种是白天太阳出来后导致的上坡风触发雷暴,另一种是边界层超低空急流在山脚下或者山脉迎风坡触发雷暴,这种触发夜间多于白天,因为边界层超低空急流在夜间出现得更频繁。

重力波也是触发雷暴或深厚湿对流的一种机制,通常认为重力波触发雷暴的情况只占很小的比例。

2.6.5　高架对流

并非所有雷暴都是由来自地面附近的上升气块触发的。有一部分雷暴是在近地层以上被触发的,称为高架雷暴(elevated storms)或高架对流(elevated convection)。此时,地面附近通常为稳定的冷空气,有明显的逆温,来自地面的气块很难穿过逆温层获得浮力,而是逆温层之上的气块绝热上升获得浮力导致雷暴。在冷季,高架对流发生在锋面的冷空气一侧,构成雷暴的暖湿气流往往来自锋面暖湿区一侧,气流沿着锋面爬升 100 km 或更远的水平距离到锋面冷区冷垫之上,由高空辐合切变线、高架锋面垂直环流或重力波触发雷暴。高架对流(雷暴)可以产生冰雹、雷暴大风和强降水等强烈天气,很少导致龙卷。在中国,冷季高架雷暴一般发生在春季和秋季,或者是冬春和秋冬转换时期,多数情况下产生雷电和小冰雹或霰,有时伴随明显降水,少部分情况下会出现伴随很强烈对流天气的高架对流。在暖季,高架对流一般出现在夜晚、凌晨或上午,通常没有天气尺度锋面,多数情况下发生在前期对流产生的冷池之上,位于阵风锋以北一定距离处。

冷季高架对流可以由三种不同机制触发:1)条件不稳定导致的垂直对流;2)条件对称不稳定导致的倾斜对流;3)在条件稳定性和条件对称稳定性都近似中性情况下,由锋生过程强迫的较强锋面垂直环流。第一种机制导致的对流中的上升气流量级为 10 m/s,第二种和第三种机制导致的上升气流量级为 1 m/s。暖季高架对流几乎都是由条件不稳定机制触发的。

第 3 章　对流风暴的分类及其雷达回波特征

对流风暴(也称雷暴或深厚湿对流)的分类,不同学者提出多种方法,这里采用目前流行最广的,由Browning(1977)提出的基于雷达回波特征的对流风暴分类方法。

3.1　对流风暴的分类

对流风暴(convective storms)或雷暴(thunderstorms)通常由一个或多个对流单体组成,对流单体水平尺度从 1~2 km 的积云塔,到几十千米的积雨云系。一个对流单体通常以一块紧密的雷达反射率因子区或造成深对流的强上升气流区为标志。单体概念不是一个非常严格的概念,它的定义有一定的模糊性,因为任何所谓的单体内还有更精细的结构。对流单体(convective cell)分为普通单体(ordinary cell)和超级单体(supercell)。超级单体是一种非常强烈的相当稳定的对流单体,通常伴随着强烈的灾害性天气。对流风暴(雷暴)可以由一个对流单体组成,也可以由多个对流单体组成,后者占绝大多数。由单个单体构成的对流风暴(雷暴)分为普通单体风暴和孤立的超级单体风暴。由多个单体构成的对流风暴(雷暴)也分为两类,团状分布的称为多单体风暴(multicell cluster storm),线状分布的称为多单体线状风暴或线状多单体风暴 (multicell line storm),其中部分满足一些附加条件的也可以称为飑线(squall line)。

因此,对流风暴(雷暴)可以分为以下四类(Browning,1977):1)普通单体风暴(single cell storm);2)多单体风暴(multicell cluster storm);3)多单体线状风暴或飑线(multicell line storm or squall line);4)超级单体风暴(supercell storm)。前三类风暴既可以是强风暴,也可以是非强风暴,第四类风暴一定是强风暴。需要指出的是,上述分类并不满足相互排它的原则。多单体风暴和飑线中的某一对流单体可以是超级单体。尽管广义上的多单体风暴可以含有超级单体,一般来讲,当谈到多单体风暴时,通常指全部由普通单体构成的多单体风暴。当说到超级单体风暴时,可以指孤立的超级单体风暴,也可以指包括超级单体在内多个单体构成的风暴,其中超级单体占支配地位。在多普勒天气雷达出现之前是根据反射率因子结构、时间上的持续稳定以及右移特征对超级单体作出定义的(Browning and Ludlam,1962;Browning and Donaldson,1963;Browning,1964;Chisholm and Renick,1972)。随着 20 世纪 70 年代以后逐渐增多的多普勒天气雷达的观测,人们发现超级单体风暴具有区别于其他类型风暴的独特的动力学特性:它总是伴随着一个持久深厚的中气旋(Donaldson,1970;Browning,1977;Klemp and Wilhelmson,1978;Lemon and Doswell,1979;Weisman and Klemp,1984;Rotunno and Klemp,1985;Klemp,1987;Doswell and Burgess,1993)。因此自 20 世纪 90 年代起,国际雷达气象学界广泛认可了以具有持久深厚的中气旋为主要特征的超级单体风暴的新定义(Doswell,2001)。

3.2　普通对流单体生命史三阶段概念模型

如上所述,对流风暴(雷暴)通常由一个或多个对流单体组成,对流风暴单体具有强烈的垂直运动并激发深对流的产生。风暴单体发展的强弱及其移向移速与周围的热力和动力环境有密切关系。根据积云中盛行的垂直速度的大小和方向,普通对流风暴单体的演化过程通常包括三个阶段(Byers and Braham,1949):塔状积云阶段、成熟阶段和消亡阶段。下面分别加以说明。

3.2.1　塔状积云阶段

塔状积云阶段(图 3.1a)由上升气流所控制,上升速度一般随高度增加,这种上升气流主要由局地暖空气的正浮力或者由低层辐合引起,上升速度一般为 5～10 m/s,个别达到 25 m/s。风暴单体的生长与湿空气上升时的降水微粒形成有关。初始雷达回波的水平尺度为 1 km 左右,垂直尺度略大于水平尺度。初始回波顶通常在 −16～−4℃之间的高度上,回波底在 0℃高度附近。初始回波形成后,随着雨滴和雪花等水成物不断生成和增长,回波向上向下同时增长,但是回波不及地,此时最强回波强度一般在云体的中上部。在塔状积云的后期,降水能够引发下沉气流。

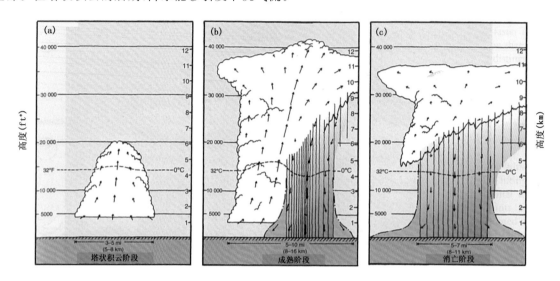

图 3.1　普通对流风暴单体的生命史(摘自 Byers and Braham,1949;Doswell,1985)

3.2.2　成熟阶段

对流风暴成熟阶段(图 3.1b)实际上是上升气流和下沉气流共存的阶段。成熟阶段开始于雨最初从云底降落之时。此阶段的降水通常降落到地面,可认为雷达回波及地是对流单体成熟阶段的开始。此时,云中上升气流达到最大。随着降水过程的开始,由于降水粒子所产生的拖曳作用,形成了下沉气流。之后,这种下沉气流在垂直和水平方向上扩展,如图 3.1b 所示。这种冷性下沉气流作为一股冷空气,在近地面的低层向外扩散,与单体运动前方的低层暖湿空气交汇形成飑锋,又称阵风锋(gust front)或出流边界(outflow boundary)。成熟阶段的对流单体的中上部,仍为上升气流和过冷水滴及冰晶等水成物。当云顶伸展到对流层顶附近时,不再向上发展,而向该处的环境风下风方向扩展,出现水平伸展的云砧。云砧内的水成物仍能产生足够强的雷达回波,云砧回波可延伸到几十千米至上百千米,其实际水平尺度可达 100～200 km。

3.2.3　消亡阶段

对流风暴单体的消亡阶段为下沉气流所控制,此时降水发展到整个对流云体。实际上,当下沉气流扩展到整个单体,暖湿空气源被扩展的冷池切断时,风暴单体开始消亡。从雷达回波上看,回波强中心由较高高度迅速下降到地面附近,回波垂直高度迅速降低,回波强度减弱,并且分裂消失。

总之,一个典型的对流风暴单体生命史的三个阶段各经历约 8～15 分钟,其整个生命史约为 25～45 分钟。事实上,自然界中孤立的对流单体并不多见。大多数情况下,一个对流风暴包含了几个单体,一个单体达到成熟阶段,而另一个单体还处于新生发展阶段。在有利的环境条件下,其生命史可维持数小时之久。

＊1 ft＝0.3048 m

3.2.4　脉冲单体

需要特别强调一类普通单体,该单体出现在较弱的深层和低层垂直风切变环境里,可以产生边际尺度大冰雹(1.5~2.0 cm)、下击暴流和短时强降水等强对流天气,生命史与一般普通单体相仿或略长。其主要特征是初始回波高度较高,通常出现在 6~9 km 高度,而一般的普通单体初始回波高度出现在 0℃ 层高度附近,一般在 3~6 km 之间(图 3.2)。此外,脉冲单体最大反射率因子通常可以达到 50 dBZ 以上,并且在回波核心下降时,其 50 dBZ 以上的强核心一直保持直到其降到地面附近。之所以称为脉冲单体是因为其结构相对松散,生命史不长,所产生的强烈天气如冰雹、下击暴流和强降水持续时间较短。

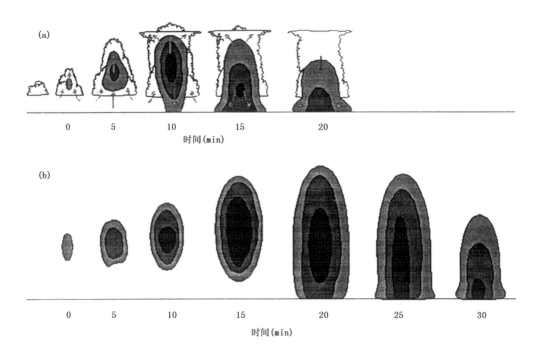

图 3.2　(a)一般的普通单体雷达回波垂直结构演变;(b)脉冲单体雷达回波垂直结构演变
(最暗区的强度超过 50 dBZ;引自 Chisholm and Renick,1972)

3.2.5　超级单体

在有利的环境条件下,图 3.1 所示的单体成熟阶段会有几千米尺度的深厚涡旋(中气旋)在雷暴内发展,持续时间超过 30 分钟,则处于成熟阶段的该雷暴单体称为超级单体(Doswell and Burgess,1993)。

3.3　多单体风暴

多单体风暴是对流风暴最常见的一种形式,一般呈现出团状结构。

多单体风暴有时呈现比较松散的结构,其可见光照片如图 3.3 所示。在有利的环境条件下,可以呈现出较高的组织程度,如图 3.4 所示,单体 V 处于衰亡阶段,单体 IV 正在开始衰亡,单体 III 处于成熟阶段,最强烈的天气通常都是由单体 III 产生,单体 II 正在趋于成熟,单体 I 是新生单体。如果有利的天气条件持续,则不断有单体在多单体风暴固定一侧生成,然后增长、成熟、衰减,使得强烈多单体风暴持续数小时。图 3.5 给出了结构松散的弱多单体风暴的雷达反射率因子图(圆圈所标为多单体风暴),而图 3.6 给出了结构紧密的强多单体风暴的反射率因子图,该强多单体风暴产生了直径 60 mm 的冰雹和相继 3 个下击暴流,伴随短时强降水。

图 3.3　结构松散的弱多单体风暴可见光照片（Doswell 拍摄）

图 3.4　结构紧密组织度较高的强多单体风暴可见光照片（Moller 拍摄）

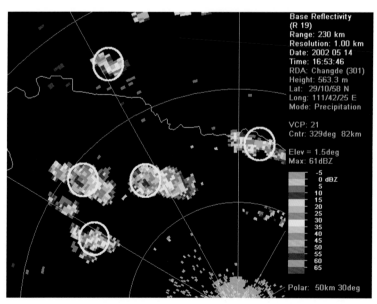

图 3.5　结构松散的多单体风暴（圆圈所标）反射率因子图

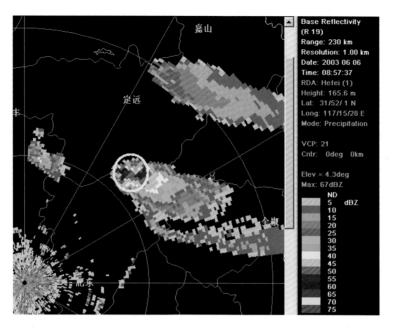

图 3.6 结构紧密的强烈多单体风暴(圆圈所标)反射率因子图

多单体风暴雷达回波的移动可以分解为平流和传播两个分量(图 3.7)。由于风暴是由流动的气流组成的,因此风暴具有平流运动,其中单个风暴单体是随着风暴承载层的平均气流方向而平流的。在风暴某侧由新生单体所引发的风暴运动称为传播。由于传播效应,风暴整体运动偏离风暴单体的运动方向。传播方向常常是新上升气流发展的方向。因此,如果已知风暴承载层的平均风和风暴运动,那么,产生新生单体的区域也就能够确定了。传播运动受以下因子影响:1)风暴的内部特征,例如动力强迫和风暴引起的阵风锋辐合;2)与风暴相互作用的外部环境特征,例如初始热力/湿边界、风辐合线和地形特征等。通常情况下,当环境为强气流所控制时,风暴运动取决于平流,当对流层环境风场较弱时,传播在风暴运动中起着主导作用。

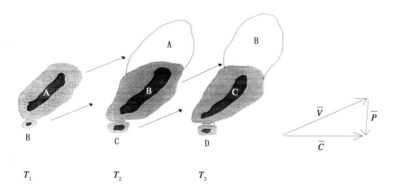

图 3.7 多单体风暴的平流、传播和风暴运动的关系示意图

如果平流矢量与传播矢量之间的夹角(由平流矢量方向开始顺时针转到传播矢量方向所转过的角度)小于 90°,则风暴移动速度大于平流速度,称为前向传播;如果两者之间夹角大于 90°,则风暴移动速度小于平流速度,称为后向传播。图 3.7 所显示的就属于后向传播。

图 3.8 给出了一个强烈发展的多单体风暴的例子,图中显示了成熟单体、已经衰减的单体和位于成熟单体西南侧的正在变得强盛的单体和刚刚新生的单体。从图 3.8b 中的环境风矢端图可知,风暴承载层的平均风由紫色矢量代表,即平流矢量,代表多单体风暴中每个单体的移动矢量。新生单体在成熟单体西南侧不断生成,导致回波向西南方向传播,传播矢量如图 3.8b 中黄色矢量所示,平流矢量和传播矢

量的合成构成多单体风暴整体的移动矢量(绿色矢量)。由于平流矢量和传播矢量交角在170°左右,属于明显的后向传播,多单体风暴移动矢量远小于平流矢量。

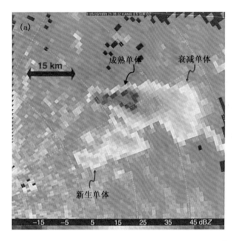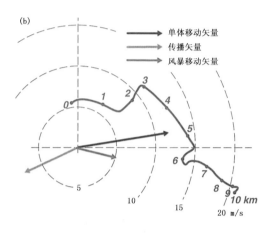

图3.8　强烈多单体风暴例子(a)及其平流、传播和风暴移动矢量之间的关系(b)
(b中曲线为风暴环境的风矢端图,引自 Markowski and Richardson,2010)

图3.9给出了后向传播的高度组织化的多单体风暴演变模型。在时刻 $T=0$,单体2处于成熟阶段,阵风锋前抬升的上升气流和单体内下沉气流并存。它产生最强烈的天气,其强烈的下沉气流可以是下击

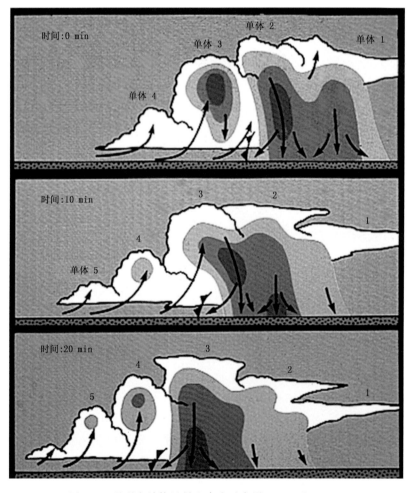

图3.9　强烈多单体风暴生命史示意图(Doswell,1985)

暴流,导致地面大风,还可以产生冰雹和短时强降水。单体 1 处于消亡阶段,下沉气流占支配地位,可以产生降水,偶尔也可以产生下击暴流,导致地面大风。单体 3 正处于由新生阶段向成熟阶段过渡时期,上升气流较强,并开始有下沉气流发展。单体 4 处于新生阶段(塔状积云阶段),单体内盛行上升气流。在时刻 $T=10$ 分钟,单体 3 过渡到成熟阶段,单体 1 完全衰减,单体 2 进入衰减阶段,单体 4 处于塔状积云向成熟阶段过渡时期,单体 5 刚刚进入塔状积云阶段,是新生单体。在时刻 $T=20$ 分钟,单体 1 和单体 2 都完全衰减,而单体 3 处于成熟阶段尾声,仍可以产生下击暴流、冰雹和强降水等强对流天气;单体 4 开始向成熟阶段过渡,单体 5 仍处于塔状积云阶段。只要环境条件不变,这个过程就可以持续下去,因此一些高度组织化的多单体强风暴的生命史可以持续数小时。图 3.10 给出了这类多单体风暴的一个实际例子,其中单体 2 处于成熟阶段,单体 3 正由塔状积云阶段向成熟阶段(积雨云阶段)过渡,单体 4 为新生单体,单体 1 已经衰亡。

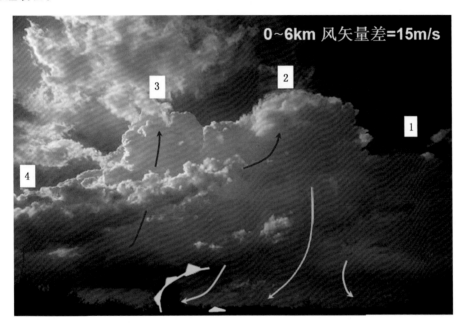

图 3.10　发展中的多单体风暴(Doswell 拍摄)

3.4　多单体线状风暴与飑线

多单体线状风暴(multicell line storm)是指多个单体呈线状排列,可以连在一起,也可以不完全连在一起。图 3.11 给出了各种类型的多单体线状风暴(或称为线状多单体风暴)的例子。

3.4.1　飑线

飑线是多单体线状风暴的一个类别,这个概念被广泛使用,却没有统一的定义。飑线(squall line)一词最早起源于法国海军(Durand-Greville,1892),指的是线状的阵风区域(Bluestain and Jain,1985)。这个概念获得较为广泛使用开始于 20 世纪 10—20 年代挪威学派关于天气分析的陈述中,在挪威学派正式提出冷锋概念之前,冷锋被归为一类称为飑线天气的范围内(Lempfert and Corless,1910;Bjerknes,1919;Doswell,2001)。而"飑(Squall)"这个词指的是两分钟平均风速在 8 m/s 以上(5 级风或以上)的大风,相应的阵风可以达到 12~15 m/s。按照这个标准,飑线就是包括冷锋在内的线状大风区域,其中至少在飑线经过的 2~3 个地方观测到满足上述条件(2 分钟平均风速 8 m/s 以上)的大风。或许是由于在挪威学派的天气概念模型中,深厚湿对流或雷暴经常沿着冷锋触发并沿着冷锋发展,形成一条雷暴线,在冷锋概念提出之后,挪威学派就将这条沿着冷锋发展的雷暴线称为飑线(Doswell,2001)。很快人们就发

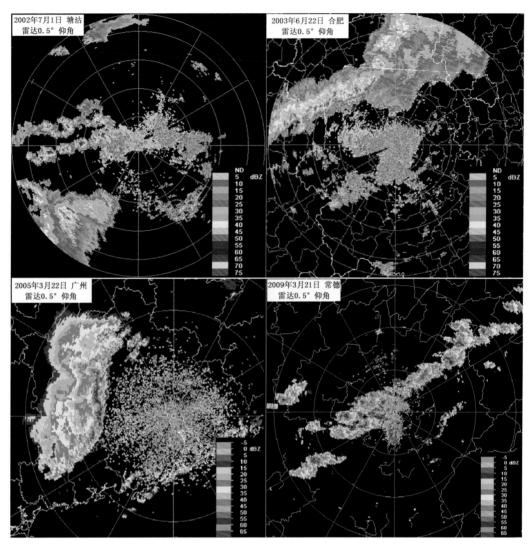

图 3.11 各种形态的多单体线风暴

现,这种由雷暴线构成的飑线不仅沿着冷锋形成和发展,也会在冷锋前的暖区形成和发展,飑线主轴方向可以平行于冷锋,也可以与冷锋有很大交角甚至完全垂直于冷锋。类似的雷暴线也可以出现在没有锋面气旋的区域。曾经有一段时间,飑线(squall line)专门用来指那些不是沿着冷锋发展的线状对流(Byers and Braham,1949)。20 世纪 50 年代初期以后,飑线概念常常用不稳定线(instability line)来代替作为正式线状对流的名称(Fulks,1951),而飑线(Squall Line)这个词保留下来,指成熟的不稳定线(Huschke,1959)。直到 20 世纪 60—70 年代,由于天气雷达的广泛使用,学者们认识到沿着冷锋发展的线状对流和不与冷锋相关联的线状对流之间没有本质区别(Miller,1972;Lilly,1979),飑线一词(Squall Line)又被广泛用来指无论是沿着冷锋还是与冷锋没有明显关联的所有线状对流。大家只是强调了飑线一词中"线"的一面,并没有太在意含义为"大风"的"飑"的一面。

因此,在大部分西方学者眼中(Doswell,2001),大多数多单体线状风暴都可以称为飑线,很少有人去检验是否飑线经过的 2~3 处地方产生了两分钟平均 8 m/s 以上的风。每个构成多单体线状风暴的单体不必连接在一起,只要断裂的单体间具有相互作用就可以(Doswell,2001)。Bluestain 和 Jain(1985)对构成飑线的线状多单体风暴形态给出了一定限制条件,要求回波带 40 dBZ 以上部分的长宽之比超过 5∶1,长度在 50 km 以上,而宽度不超过 50 km,持续时间至少 15 分钟。因此,西方学者给出的飑线概念是相当宽松的,按照这个概念,图 3.11 中的 4 个多单体线状风暴都可以称为飑线。Houze(1977)和 Zipser

(1977)进一步扩展了飑线的概念,将云砧、与飑线的对流部分相接的层状云降水部分,以及飑线阵风锋后面的冷池都作为飑线系统的构成(图 3.12)。Parker 和 Johnson(2000)定义飑线标准为回波带超过 40 dBZ 以上部分的连续或准连续的尺度超过 100 km,持续时间超过 3 小时。按照这个定义,图 3.11 中的 2002 年 7 月 1 日塘沽和 2009 年 3 月 21 日常德多单体线状风暴将不再是飑线(断裂处太多,不符合连续或准连续要求),而图中其他两个例子中的多单体线状对流仍然是飑线。Meng 和 Zhang(2012)在研究中国台前飑线时采用了 Parker 和 Johnson(2000)建议的飑线标准。

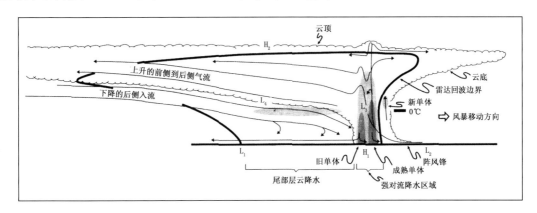

图 3.12　组织完好的飑线系统的垂直于飑线的垂直剖面结构示意
(粗实线为反射率因子轮廓线,波状细实线为云的轮廓线)(引自 Houze,1977)

James 等(2005)进一步将飑线分为单体型(cellular)和条型(salbular),前者三维结构更明显,构成飑线的一个个单体相对分立,后者更多呈现出二维结构,在对流线中不容易区分构成飑线的一个个对流单体。两者在形成和维持的环境条件,尤其是垂直风切变的结构方面具有明显差异(James et al,2005)。在深层(0~6 km)垂直风切变比较显著时,飑线倾向于呈现出单体型,三维结构明显;在深层垂直风切变不显著,而低层(0~3 km)垂直风切变比较显著时,飑线倾向于呈现出条形,二维结构明显。在图 3.11 中,2002 年 7 月 1 日天津塘沽雷达(左上图)和 2009 年 3 月 21 日湖南常德雷达(右下图)观测到的飑线属于前者,另外两个飑线例子(2003 年 6 月 22 日合肥雷达观测到的飑线个例和 2005 年 3 月 22 日广州雷达观测到的飑线例子)属于后者。

3.4.2　多单体线状风暴或飑线的形成方式

Bluestein 和 Jain(1985)研究了美国俄克拉何马州春季强飑线,发现飑线主要有图 3.13 中所示的四种形成方式。第一种是断线(broken line)发展型,几个呈线状排列的孤立单体几乎同时形成,然后这些孤立单体增强,单体之间的空挡处不断有新单体发展,最终形成一条连续或准连续的雷暴线。第二种是后向发展(back building)型,在已经生成的孤立雷暴单体移动方向后侧不断有新的单体形成,新的单体发展壮大并且与前面的旧单体合并。虽然这个过程可以是从一个孤立单体开始,但也可以是几个相隔一定距离的数个单体先后出现这种后向发展过程,每一个初始单体通过后向发展都可以发展为雷暴线或线段。第三种是零散聚合(broken areal)型,若干分散的中等到强的雷暴聚合在一起形成飑线。第四种是嵌入型(embedded areal),一条对流线在更大范围的层状云降水区中形成,这也是飑线的四种主要形成方式中出现频率最低的一种。第一种、第三种和第四种飑线形成过程大约 30~90 分钟并且不会重复发生,而第二种后向发展型中,每个后向发展过程(新单体在上游形成、增长并与前面旧单体合并)大约 20~30 分钟,可以不断重复,最长持续时间可达 6 小时。

需要指出的是,上述由 Bluestein 和 Jain(1985)总结的飑线形成过程方式并不完善,存在其他的飑线形成方式。所提到的几种飑线形成方式在中国都有发生,其中以第一种和第二种方式最为常见。第一种形成方式常常沿着冷锋、干线或冷锋前低压槽等天气尺度边界(Bluestein and Jain,1985;Dial et al,

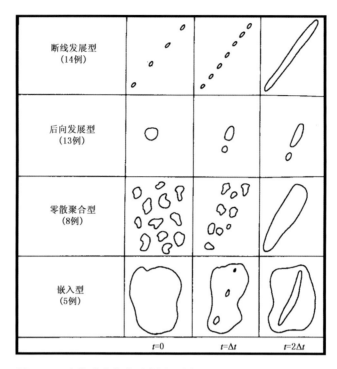

图 3.13 飑线形成方式示意图(引自 Bluestein and Jain,1985)

2010)发生,当 2～6 km (或 2～8 km)平均风矢量垂直于上述边界的分量较小,同时垂直于上述边界的 0 ～6 km 风矢量差的分量也较小,则在若干孤立雷暴沿着上述边界形成后,雷暴倾向于保持在边界中,并且逐步发展为连续或准连续的飑线(Dial et al,2010)。

3.4.3 中国飑线定义

在多数中国有关学者的概念里,飑线一定是能够产生广泛区域性大风的多单体线状风暴,这一点与上述国际上关于飑线的概念是存在差异的。不过,在中国的标准天气学教科书中,并没有关于飑线的确切定义。为了使飑线概念既基本符合国际惯例,又照顾到中国学者的固有概念,这里对中国飑线给予确切的定义。满足下列几个条件的多单体线状风暴确定为中国地区飑线:

1)40 dBZ 以上部分回波的长宽之比大于等于五比一。

2)线状对流可以是连续的,也可以存在断裂,断裂部分的长度明显小于 40 dBZ 以上部分对流线段的长度,以至于整个多单体线状风暴看上去是准连续的。

3)40 dBZ 以上部分的长度大于等于 100 km。

4)满足上述条件的多单体线状风暴的生命史不少于 1 小时。

5)在上述多单体线状风暴生命史中,至少有 3 个国家级观测站和/或 8 个区域自动气象站观测到 17 m/s 以上雷暴大风。

需要指出,以上中国飑线定义只是一个尝试,需要在业务实践中不断完善,对于是否符合上述飑线定义,具体判别时不必过于苛刻,要点是"产生了区域性雷暴大风(17 m/s 以上)的多单体线状风暴"。

按照这个定义,图 3.11 给出的 4 个多单体线状风暴的例子中,只有图 3.11c 和图 3.11b 的两个例子,即 2005 年 3 月 22 日广州和 2009 年 3 月 21 日常德多单体线状风暴属于飑线,它们除了形态上满足上述飑线定义,并且产生了广泛的 17 m/s 以上的区域性雷暴大风;图 3.11a 和图 3.11b 两个例子中的多单体线状风暴虽然形态上满足上述定义,但并没有 3 个以上国家级气象观测站和/或 8 个区域自动气象站观测到 17 m/s 以上雷暴大风。

多数飑线不具备图 3.12 所示的那样完备的结构和环流场,其对流部分的横截面常常呈现出图 3.14

所示的结构,相当于图 3.12 中的强对流部分。来自其前方的暖湿气流在阵风锋楔形冷垫和架云(shelf cloud)之间上升,降水触发的下沉气流将环境干空气夹卷进入下沉气流,使得下沉气流中雨滴迅速蒸发,吸收大量热量,下沉气流剧烈降温,温度明显低于环境温度,形成较大的向下的负浮力。下沉气流接近地面时辐散,由于飑线向前移动,下沉气流触地时带有夹卷进入飑线下沉气流的环境气流的向前动量,因此下沉气流在地面附近的辐散风向前的部分要更强,其前沿形成阵风锋。此外,架云(shelf cloud)位置处有时是滚轴云(roll cloud),尤其是当地面阵风锋离开飑线主体较远时,该位置上出现滚轴云的概率远远超过架云。新的单体在沿着回波的前沿上升气流中形成(图 3.12),而不是像孤立的超级单体风暴或多单体风暴那样,新的单体常常形成于成熟雷暴单体的侧面。上升气流先以很小的角度斜升,然后其中一部分直升云顶,在云顶产生风暴顶辐散(图 3.12)。很多较强飑线会在上述上升气流和下沉气流间形成所谓"中层径向辐合"(mid altitute radial convergence,MARC),显著的 MARC 特征是雷暴大风的主要预警指标之一。

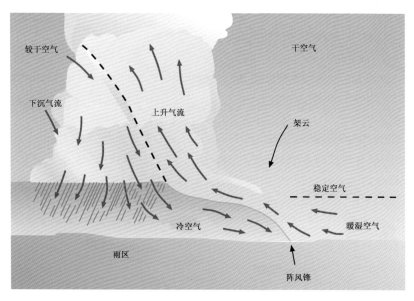

图 3.14　飑线横截面示意

　　图 3.15 给出了一次典型飑线的可见光照片,其前沿阵风锋之上的架云清晰可见。架云之上为斜升的暖湿气流入流,架云之下为阵风锋及其后面下沉气流和动量下传导致的雷暴大风区。

图 3.15　典型飑线的可见光照片(Doswell 提供)

3.4.4　飑线环流及其可能维持机制

3.4.4.1　几种典型的飑线结构概念模型

历史上,曾经有不同学者给出不同的飑线结构概念模型(图 3.16)。后来随着观测的增多,发现无论是热带飑线还是中纬度飑线,其主要结构都是类似的,但同时又存在重要的细节差别(图 3.17)。

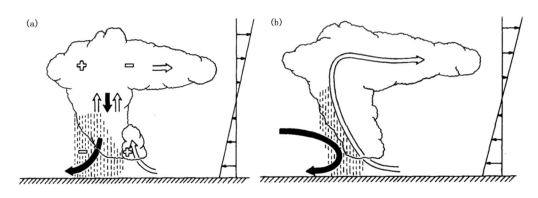

图 3.16　(a) Newton (1950)给出的飑线模型("＋"代表辐合,"－"代表辐散);(b)Ludlam(1963)给出的飑线模型

根据 1946—1947 年雷暴计划的观测结果,Newton(1950)将飑线视为垂直于风切变方向排列的一系列积雨云,每个积雨云都有自己的上升和下沉气流(图 3.16a)。他认为,这些上升和下沉气流的集体混合作用将减小对流系统内的垂直风切变,如此形成一个辐合辐散配置,这种配置倾向于在飑线顺着垂直风切变的方向产生新的单体,而在飑线逆着垂直风切变的方向抑制旧的单体。Ludlam(1963)提出,飑线中强烈上升气流是逆着垂直风切变方向倾斜上升的(图 3.16b),将降水降落在逆垂直风切变一侧,从而允许上升和下沉气流构成的环流一直维持下去。这样一群长生命史的积雨云沿着一条直线排列就构成了飑线。Newton(1966)后来的观点更接近 Ludlam 的概念。

图 3.17 给出了三位学者根据不同观测得到的飑线结构和环流示意图,在涉及飑线结构和环流方面有基本的一致性,同时又有重要的细节差异。三个飑线模型都表明,由积雨云单体构成的飑线的暖湿气流供应都来自前方低层("前方"或"后方"是相对于低层风切变方向而言),飑线后部低层的空气具有较低的相当位温,通常比它前方的空气要干冷。

图 3.17b 是雷暴计划期间(1946—1947 年)Newton(1963)分析的 1947 年 5 月 29 日的飑线过程,该飑线经过俄亥俄州雷暴计划的加密观测网(包括雷达),Newton 的飑线模型基本上是二维的。而 Zipser(1969)建立的热带飑线模型给出了三维飑线结构(图 3.17a)。他发现,在飑线的成熟阶段,存在由飑线前方到后方的气流,而且维持在相当深厚的气层内。这意味着飑线前面中层的低相当位温的空气必然穿过构成飑线的积雨云之间的空隙或者干脆直接穿过积雨云本身。另外,与 Newton 的发现类似,Zipser还发现在飑线后面有弱的中层气流从后往前运动。Zipser(1977)进一步发现,飑线的低层出流指向前方,在前进的飑锋(阵风锋)后面是连成一片扩展的冷池(低相当位温)。当飑线系统衰减时,上述主要由雨水蒸发冷却形成的低层冷池扩展得越来越大。

根据多部多普勒雷达反演得到的加利福尼亚州一次飑线结构的示意图如图 3.17c 所示(Carbone,1982)。飑线后面低相当位温(干冷)的部分看上去很像是密度流(gravity current)。图 3.17c 中飑线后低层低相当位温空气的来源似乎距离飑线很远。Carbone 的例子是一个冬季飑线的例子,垂直风切变很强,而飑线前面的条件不稳定度并不大。

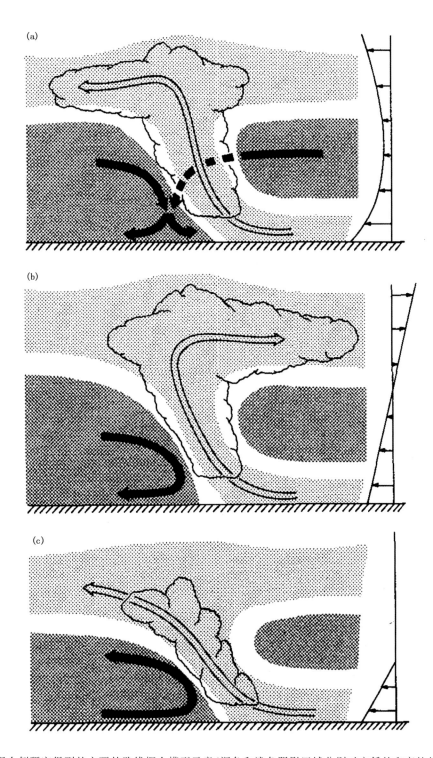

图 3.17 根据个例研究得到的主要的飑线概念模型示意(深色和浅色阴影区域分别对应低的和高的相当位温区域)
(a) Ziper(1977)对 GATE 期间一次热带飑线分析;(b)Newton(1963)对 1946—1947 年间美国雷暴计划一次飑线分析;
(c)Carbone(1982)对加利福尼亚州一次飑线分析

3.4.4.2 飑线的维持

关于飑线为什么能够长久维持,目前最流行的理论解释是所谓的 RKW 理论(Rotunno et al,1988),这是合作撰写这篇论文的美国国家大气研究中心(NCAR)三位科学家 Rotunno、Klemp 和 Weisman 姓氏的首字母拼在一起。

RKW理论的主要思路可以通过图3.18来解释。

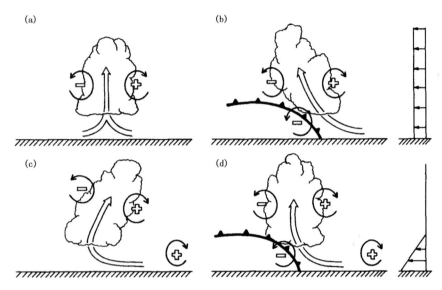

图3.18　表明一个靠浮力的上升气流如何被垂直风切变和/或冷池影响的示意图。(a)没有风切变没有冷池,由热力作用和对称的水平涡度分布产生的上升气流的轴是垂直的;(b)有冷池没有风切变,负的水平涡度占优势,导致上升气流向着逆风(冷池)一侧倾斜;(c)有垂直风切变没有冷池,水平涡度分布偏向于正涡度,引起上升气流向顺着风切变方向倾斜;(d)既有冷池又有垂直风切变,两者产生的水平涡度大致平衡,允许上升气流垂直发展(引自Rotunno et al,1988)

根据RKW理论,在图3.18a中,上升气流两侧水平涡度平衡,但是由于没有冷池,无法触发新生对流,对流很难维持下去。在图3.18b中,冷池很强,且没有低层垂直风切变,负的水平涡度占优势,上升气流向着冷池一侧倾斜,而不是垂直发展,对流也不容易维持下去。在图3.18c中,有低层垂直风切变但没有冷池(或冷池较弱),水平涡度分布偏向于正涡度,引起上升气流向顺着低层垂直风切变方向倾斜,上升气流偏斜,不利于系统维持。在图3.18d中,既有冷池又有低层垂直风切变,两者产生的水平涡度大致平衡,允许上升气流垂直发展,系统能够长久维持。

RKW理论的预假设是飑线的强度和生命史长短是上升气流倾斜度的函数。过于倾斜的上升气流倾向于受到更多夹卷,从而失去更多来自对流有效位能的浮力,导致较弱的飑线系统。另外,增加的上升气流倾斜度会增加反向(向下的)的与浮力相关的扰动气压梯度力。换句话说,对于给定的正浮力(CAPE),上升气流越倾斜,向下的扰动负浮力压力梯度力就越大,导致更小的向上加速度。

RKW理论强调0~2.5 km低层垂直风切变与冷池之间平衡的重要性。只有强的0~2.5 km低层垂直风切变情况下,才会发展出强冷池与其平衡,导致长生命史的强飑线。

RKW理论提出以后,受到一些学者质疑。有学者认为,RKW理论将飑线维持机制集中在冷池和低层垂直风切变相互作用是一种过分简化,忽略了更大尺度飑线环流(Lafore and Moncrieff,1989;Garner and Thorpe,1992)。另外一些学者认为,RKW理论强调0~2.5 km强的垂直风切变及其与冷池的平衡是强飑线长时间维持的重要条件,很多观测表明不见得一定要低层(0~2.5 km)的强垂直风切变才能导致强飑线,很多情况下,低层(0~2.5 km)垂直风切变并不大,而0~6 km深层垂直风切变强,同样可以导致长生命史的强飑线(Coniglio and Stensrud,2001;Evans and Doswell,2001)。为了回答这些质疑,Weisman和Rutunno(2004)专门又写了一篇论文。通过分析一个简化的二维的涡度-流函数方程,和一个充分复杂的对飑线的三维数值模拟的结果,仍然坚持原来的主要观点:冷池和环境垂直风切变产生的水平涡度的平衡是飑线维持关键。另外对原有理论也进行了一定修正:飑线强度和生命史长度不再是对低层(0~2.5 km)垂直风切变大小最敏感,而是对地面到2.5 km和/或5 km之间的垂直风切变最敏感。

也就是说,有些情况下,飑线强度和生命史长度对 0～5 km 较深层垂直风切变更敏感。

3.5 超级单体风暴

作为局地对流风暴发展的一种最猛烈的形式,超级单体风暴一直吸引着众多气象学家的注意。对超级单体风暴的研究从 20 世纪 50 年代一直持续至今。"超级单体"(supercell)一词是 Browning 于 1964 年在研究发生在美国的一次强对流风暴时提出的,代表该风暴在其最强盛期间的准稳定状态。20 世纪 60 年代和 70 年代,Browning 和他的合作者利用天气雷达资料对超级单体风暴的结构进行了一系列开创性的研究(Browning,1962,1964,1965,1977;Browning and Ludlam,1962;Browning and Donaldson,1963;Browning and Foote,1976),其研究的超级单体个例大部分发生在美国。图 3.19 展示了 Browning (1964)给出的右移强风暴(超级单体风暴)三维流场结构的概念模型,图 3.20 展示了 1961 年 4 月 21 日美国探测飞机拍摄的一个超级单体风暴照片,其内部的旋转特征非常明显(Fujita,1981)。

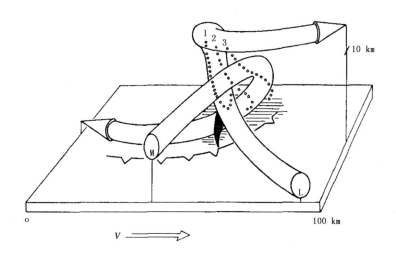

图 3.19 右移强风暴(超级单体风暴)中气流的三维模型(上升和下沉气流环流都是相对于风暴的,并且只是示意性的,没有考虑辐合。L(低层)和 M(中层)分别代表上升和下沉气流的主要起源层。另外,降水粒子轨迹、地面降水的大致范围(阴影区)、地面阵风锋的位置以及龙卷位置(如果有的话)都标识出来了。垂直坐标放大了 5 倍)(引自 Browning,1964)

图 3.20 空中俯瞰一个中气旋云系,也称为超级单体的旋转对流风暴。由美国国家气象局 DC-6 研究飞机于 1961 年 4 月 21 日在 6000 m 高空拍摄(引自 Fujita,1981)

1972年,Marwitz以及Chisholm正式提出将超级单体作为局地对流风暴的一种类型,"超级单体"一词作为一种风暴类型的代表才被广泛使用。

Browning和Ludlam(1962)指出,超级单体风暴作为一个强烈发展的对流单体的特征除了其准稳定状态外,一个重要的雷达回波特征是存在一个有界弱回波区(Bounded Weak Echo Region,BWER)。Browning(1962)早先将"有界弱回波区"称为"穹隆"(vault)。有界弱回波区代表强上升气流区,由于上升气流强烈以至大的降水粒子无法进入其中造成弱回波。后来的观测发现,一些不含超级单体的强烈多单体风暴也会出现有界弱回波区,其与超级单体中的有界弱回波区的区别在于其持续时间相对较短。强烈多单体风暴中通常存在的弱回波区和回波悬垂结构在超级单体风暴中同样存在。图3.21为2012年7月21日北京特大暴雨期间导致通州区张家湾EF2级龙卷的超级单体风暴三维立体图,清楚显示其回波悬垂、位于回波悬垂以下的弱回波区(WER)以及位于回波悬垂上的有界弱回波区(BWER)。

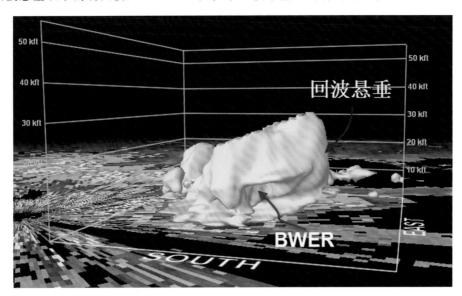

图3.21　2012年7月21日13:48北京SA雷达反射率因子40 dBZ等值面三维立体图

超级单体风暴的另一个雷达回波特征是低层的钩状回波。第一个钩状回波是由Stout和Huff(1953)观测到的。并非所有的超级单体都呈现出典型的钩状回波,大多数情况下都是由风暴主体向着低层入流方向伸出的一个凸出物,Fujita(1973)给出了常见的超级单体钩状回波的5个变种。随着20世纪70年代多普勒天气雷达在局地强风暴研究中的使用,超级单体风暴的旋转特性被充分揭露出来。1970年Donaldson首次利用一部连续波多普勒雷达观测到了超级单体中的"龙卷气旋"(Brooks,1949),也就是最早由Fujita(1963)提出,现在广泛使用的所谓"中气旋"(mesocyclone)。接下来的一系列多普勒雷达观测(Brown et al,1973;Burgess,1974;Ray et al,1975)、理论(Davies-Jones,1984;Lilly,1986a,b;)和数值模拟工作(Klemp and Wilhelmson,1978;Klemp et al,1981;Rotunno and Klemp,1982,1985;Weisman and Klemp,1984;Klemp,1987)进一步证明超级单体风暴总是与中气旋相伴随。1977年Browning在一篇综述文章中指出,超级单体风暴内部的旋转特征是其区别于其他风暴类型的最主要特征。之后国际雷达气象学界逐渐形成共识:超级单体最本质的特征在于其拥有持久深厚的中气旋。在根据风暴目击者报告和多普勒天气雷达观测对Browning于1964年提出的超级单体风暴概念模型(图3.19)进行适当修改的基础上,Lemon和Doswell于1979年提出了一个新的超级单体概念模型(图3.31),该模型经历了时间的考验,至今仍被用做经典超级单体风暴的概念模型。Burgess和Lemon(1990)以及Doswell和Burgess(1993)是最早正式将超级单体风暴重新定义为具有持久深厚中气旋的对流风暴的,并强调该中气旋与超级单体风暴内的上升气流高度相关。

超级单体风暴呈现出各种各样的雷达回波和视觉特征,依据对流性降水强度和空间分布特征可以进一步对超级单体风暴进行分类(Doswell and Burgess,1993;Moller et al,1994)。某些超级单体风暴几乎没有产生降水,但具有显著的旋转特征,这类超级单体风暴称为弱降水(LP)超级单体风暴。在超级单体风暴族中有另一种风暴,能够在中气旋环流中产生相当大的降水,这类超级单体风暴称为强降水(HP)超级单体风暴。在上述两个极端之间,还存在经典超级单体风暴,即传统超级单体风暴。

3.5.1　中气旋

如前所述,超级单体风暴与其他强风暴的本质区别在于超级单体风暴含有一个持久深厚的中气旋。中气旋是在低层与超级单体的上升气流和后侧下沉气流紧密相联,而在中低层到中高层位于超级单体内上升气流区的小尺度涡旋,该涡旋满足一定的切变、垂直伸展和持续性判据。这个涡旋可以用一个兰金组合涡旋来模拟(图 3.22),中气旋核作为一个固体旋转,切向速度与半径成正比,在中气旋核以外,切向速度与半径成反比,随着半径的增加而减少。由于单部多普勒天气雷达只能测量径向速度分量,因此在确定旋转特征时具有一定程度的不确定性。

事实上,不仅中气旋,几乎大气中的所有涡旋,从上千千米尺度的锋面气旋、几百千米尺度的热带气旋到几千米尺度的中气旋都可以用兰金组合涡旋来模拟。

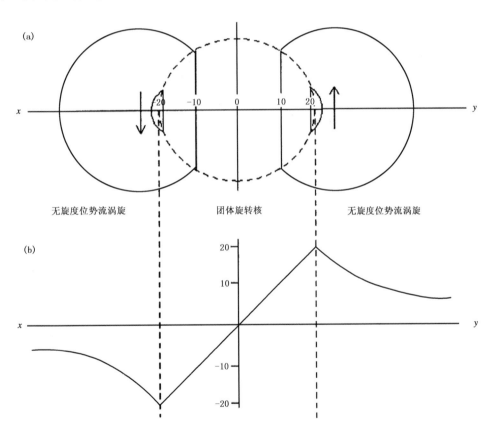

图 3.22　单部多普勒雷达中气旋水平特征的兰金组合涡旋模型(a)和沿 $x-y$ 的径向速度廓线(b)

超级单体风暴中的中气旋可以通过径向速度图上的切变、持续性和垂直扩展等条件来识别。下面的判据是以美国俄克拉何马州所统计的中气旋核为基础的,近年来的实践表明,在中国也是适用的。

凡满足下列判据的小尺度涡旋即为中气旋:

(1)核区直径(最大入流速度和最大出流速度间的距离)通常小于等于 10 km(有些特例核区直径超过 10 km,最大可达 20 km 左右);转动速度(即最大入流速度和最大出流速度绝对值之和的二分之一)超过图 3.23 中相应的数值。图中由三条实线划分成的四个区由上至下,分别表示强中气旋、中等强度中气旋、弱中气旋和弱切变。由图 3.23 可见,对于同等强度的中气旋,判据所要求的多普勒雷达探测的最低转动速度随探测距离增加而减小,这是因为雷达波束宽度致使取样体积随距离增加,平滑作用导致最大值(最小值)减少(增加)的缘故。以强中气旋为例,距雷达 10 km 处的强中气旋,其转动速度平均值必须大于等于 22.5 m/s。而在 140 km 处,只要其转动速度大于等于 20 m/s 就能被判别为强中气旋。

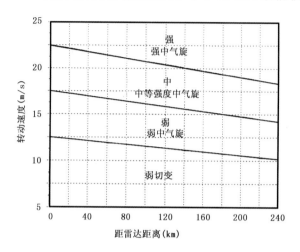

图 3.23　识别中气旋的转动速度判据示意图(假定中气旋直径为 6.5 km;引自 Lee and White,1998)

(2)垂直延伸厚度大于等于风暴垂直尺度的三分之一,风暴垂直尺度指的是有风暴单体识别与跟踪算法 SCIT(算法描述见第 4 章)的输出产品风暴路径信息(STI)中给出的风暴顶和底之间的距离。

(3)上面两类指标都满足的持续时间至少为两个体扫。

需要注意,在计算上述旋转速度时也是采用数据级的中间值。另外图 3.23 适合于直径为 6.5 km 的中气旋,该值为美国学者通过对部分中气旋统计得到的中气旋平均直径。中国中气旋的平均直径大约为 6.2 km (Yu et al,2012)。

中气旋对应的垂直涡度的量级为 10^{-2} s^{-1},因此也常常称 10^{-2} s^{-1} 为一个中气旋单位。Davies-Jones (1984)认为,只有当中气旋对应的垂直涡度达到 0.5×10^{-2} s^{-1} 或以上时,才能称为中气旋。我们对中国超级单体风暴研究表明,在研究所涉及的 140 多个超级单体风暴中,超级单体风暴成熟阶段中气旋最强时对应的垂直涡度峰值区间为 1.0~1.5 个中气旋单位,90%以上的成熟中气旋其垂直涡度位于 0.5~3.0 个中气旋单位区间(Yu et al,2012)。

图 3.24 给出了 2005 年 5 月 31 日 14:47 北京 C 波段多普勒天气雷达观测的 0.5°仰角反射率因子和径向速度图。从反射率因子图清晰可见低层暖湿气流的入流缺口和钩状回波,与钩状回波和入流缺口位置相对应,径向速度图上是一正负速度极值对,正速度(outbound)值在+24 m/s 左右,负速度(inbound)值位于-10~-15 m/s 之间,取其中间值并取整数,为-12 m/s,正负速度极值各自取绝对值再平均得到其旋转速度为 18 m/s,距雷达的距离 15 km 左右,根据图 3.23,该中气旋为中等强度中气旋。如果再进一步满足垂直扩展和时间持续性判据,则可以确定为中气旋。在检验垂直扩展条件时,有时会涉及多个仰角的旋转速度,其大小不一,有的为中等,有的为弱,有的为强,整个中气旋的强度按照其中最强的确定。

图 3.24 中的中气旋的正、负速度对并不对称,这是因为包含该中气旋的超级单体风暴以一定的速度在槽后西北偏西气流引导下向着东南偏东方向移动。如果高空风很强,超级单体移动速度很快,则会出现正、负速度对高度不对称的情况(图 3.25)。图 3.25 是为了说明这种高度不对称速度对的示意图。图 3.25a 显示这是一个快速远离雷达的超级单体,构成中气旋的极小速度和极大速度都是离开雷达的,其中背对雷达而立,左手侧远离雷达的速度较小,右手侧远离雷达的速度很大,此时的旋转速度=(极大值-极小值)/2(极大值和极小值都要带上正负符号,离开雷达为正,向着雷达为负)。图 3.25b 为用图

3.25a 中相应径向速度减去承载该中气旋的超级单体的移动速度矢量在图 3.25a 雷达径向(箭头方向)投影后的径向速度,可见此时构成中气旋的极小、极大速度对变得相当对称,成为明显对称的正、负速度对。

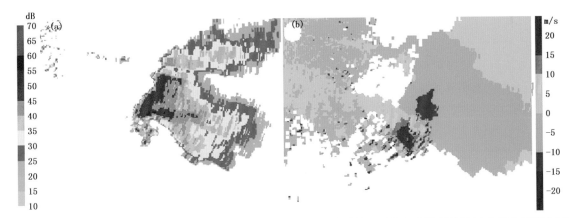

图 3.24 北京 CC 多普勒天气雷达于 2005 年 5 月 31 日 14:47 观测到的 0.5°仰角反射率因子(a)和径向速度(b)图

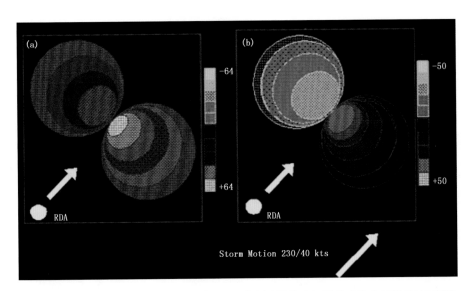

图 3.25 具有不对称速度对的中气旋(a)和减去风暴移动矢量后对称中气旋(b)示意图

有时为了更好地识别中气旋,可以使用相对风暴径向速度图(SRM)或相对径向速度区(SRR)而不是基本速度图。与 27 号产品基本径向速度图对应的相对风暴径向速度图(SRM)是 56 号产品,可以在常规产品清单中申请,55 号产品 SRR 是一个 50 km×50 km 的窗口产品,需要通过一次性请求方式申请。无论 SRM 和 SRR,都是用基本径向速度减去区域内由 SCIT 算法识别的所有对流单体(往往不止一个,有时在 SRM 区域内会有数十个,SRR 区域较小,最多 2~3 个)平均移动矢量在雷达径向上的投影。相对而言,SRR 产品更好用一些,因为该区域内单体数量少,平均移动矢量更接近所关注的超级单体的移动矢量。

SRM 或 SRR 产品的使用,有一个前提条件,即没有出现速度模糊。通常在超级单体风暴以较快速度离开雷达或者向着雷达移动时很容易出现速度模糊,而目前 SA/SB 或其他型号多普勒天气雷达中的速度退模糊算法表现不佳,常常退错。因此多数台站都不使用该速度退模糊算法,一旦出现速度模糊,往往采用主观退模糊方案,这样也就不能使用 SRM 或 SRR 产品。图 3.26 给出了一个非常生动的例子。该图呈现了 2006 年 4 月 9 日 23:15 湖南永州 SB 多普勒天气雷达 1.5°、4.3°和 6.0°仰角反射率因子以及 4.3°仰角径向速度图,雷达位于图像右上角。反射率因子结构清楚显示该对流风暴为超级单体风暴:低层(1.5°仰角)的钩状回波,中层(4.3°仰角)和中高层(6.0°)的有界弱回波区(BWER)呈现出超级单体风暴的典型结构,由于该超级单体内有大冰雹生长,出现了三体散射长钉(TBSS,见第 5 章)。钩状回波的弯曲方向表明该超级单体风暴具有一个气旋式中气旋,该中气旋的核心部分应该与有界弱回波区(空洞区域)大致重合,因此从 4.3°仰角(中层)的径向速度图可以确定该超级单体风暴以很快速度向着雷达方向移动,并确定构成中气旋速度对极小值的点为箭头所指的暗绿色小色块,该极小值是正确值,没有出现速度模糊,具体值位于-5~-1 m/s 之间,取其中间值-3 m/s;而箭头所指极大值位置出现了速度模糊,模糊速度值为 0,经过主观退模糊其正确速度值为-54 m/s;中气旋的旋转速度=(-3-(-54))/2 = 25.5 m/s,中气旋距离雷达 60 km,从图 3.23 判别该中气旋为强中气旋。事实上,这个包含中气旋的超级单体风暴于 2006 年 4 月 9 日夜间在湖南永州产生了最大直径为 11 cm 的巨大冰雹和系列强烈下击暴流。

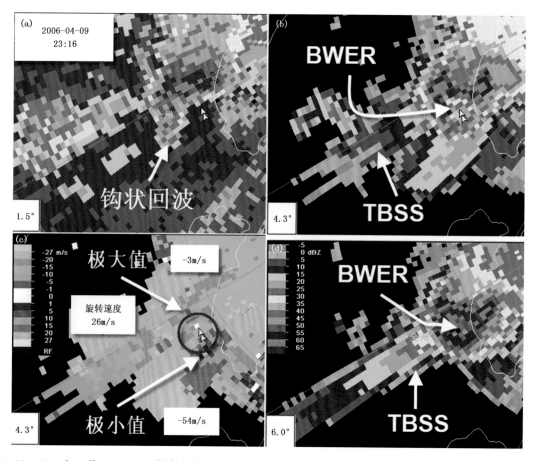

图 3.26　2006 年 4 月 9 日 23:15 湖南永州 SB 多普勒天气雷达 1.5°(a)、4.3°(b)和 6.0°(d)仰角反射率因子以及 4.3°仰角径向速度图(c)(紫色圆圈代表中气旋)

雷达的两个固有局限性,即波束中心高度随距离增加而增加以及波束宽度随距离增加而展宽,对于探测中气旋有很大影响。第一个局限性使得雷达无法探测到远距离处中气旋的下部甚至完全探测不到中气旋。第二个局限性使得雷达对中气旋识别的难度随着距离的增大而增加,超过一定距离(大约 200 km),基本无法识别中气旋。

3.5.2　中气旋形成机理

为了更进一步探讨中气旋的形成机理,首先给出针对雷暴上升气流内垂直涡度演化的涡度方程:

$$\frac{\partial \zeta}{\partial t} = -\boldsymbol{v} \cdot \nabla \zeta + \boldsymbol{\omega}_h \cdot \nabla w + \zeta \frac{\partial w}{\partial z} \qquad (3-1)$$

式中,$\boldsymbol{v} = u\boldsymbol{i} + v\boldsymbol{j} + w\boldsymbol{k}$ 是相对于雷暴内上升气流的三维风矢量,$\zeta = \partial v/\partial x - \partial u/\partial y$ 为垂直涡度,$\boldsymbol{\omega}_h =$

$(\partial w/\partial y - \partial v/\partial z)\boldsymbol{i} + (\partial u/\partial z - \partial w/\partial x)\boldsymbol{j}$ 为水平涡度矢量，$\boldsymbol{i}$、$\boldsymbol{j}$ 和 $\boldsymbol{k}$ 分别为 x、y 和 z 方向的单位矢量。

在垂直风切变比较大的情况下，特别是从地面到 3 km 间风向明显顺时针旋转，因而相对风暴螺旋度（公式(2-4)，图 2.13）比较大时，低层水平入流带有比较大的沿着入流方向的水平涡度。当该低层入流携带的水平涡度在雷暴的上升气流中被扭曲为垂直涡度时，中气旋就形成了，如图 3.27 所示。

图 3.27　中气旋起源示意图(引自 Markowskiand and Richardson,2010)

在所有超级单体风暴中，气旋式旋转的中气旋占支配地位的占绝大多数，这类占绝大多数的带有占支配地位的气旋式旋转中气旋的超级单体通常移向风暴承载层平均风的右侧，即早年 Browning(1964) 所称的右移强风暴。我们将借助于上述涡度方程和图 3.28 说明此类超级单体风暴的形成机理。公式(3-1)等号右侧第一项代表垂直涡度平流，即三维风场对垂直涡度的输送。第二项代表扭曲项或倾斜项(twisting or tilting)，图 3.28 显示低层水平入流的水平涡度在上升气流中通过这一项被扭曲为垂直涡度，使得垂直涡度初步发展起来。离开对流风暴内上升气流区域的近风暴环境中的水平涡度可近似表达为

$$(-\partial v/\partial z)\boldsymbol{i} + (\partial u/\partial z)\boldsymbol{j} \tag{3-2}$$

换句话说，水平风分量随高度的变化，即垂直风切变，决定水平涡度。图 3.28 展示的例子中，相对于对流风暴内上升气流，近风暴环境中风矢量在靠近地面高度进入画面，而在高处流出画面，风向随高度呈螺旋状顺时针旋转。风的 x 方向(垂直于画面的方向，离开画面为正)分量随高度增加(公式(3-2)中第二项大于 0)，因此水平涡度方向指向右侧。在有利于超级单体风暴产生的环境中，垂直风切变相对较大。$0 \sim 6$ km 之间风矢量差达到 20 m/s 时，通常足够产生一个中气旋。

水平涡度被扭曲为垂直涡度是通过具有水平梯度的垂直速度完成的，该垂直速度的水平梯度在上升气流这一侧达到最大。图 3.28 中红色箭头的长度表示不同位置上升气流强度。图中涡线(平行于涡度矢量的场线，黑色实线)的向上弯曲体现了扭曲项的效应。图中黄色的曲线箭头指示旋转方向。在一级近似下，涡线的形变是由于与上升气流相联系的垂直速度(w)的水平梯度。

在最强上升气流左侧，w 随着 y 的增加而增加，使得扭曲项为正。在其右侧，情况正好相反，扭曲项是负的。从最强上升气流左侧到右侧垂直速度水平梯度正负号的变化意味着与垂直风切变相联系的水平涡度的扭曲(tilting)将产生位于风暴内上升气流上的旋转方向相反的一对涡旋，在其左侧的为气旋式旋转，右侧的为反气旋式旋转。

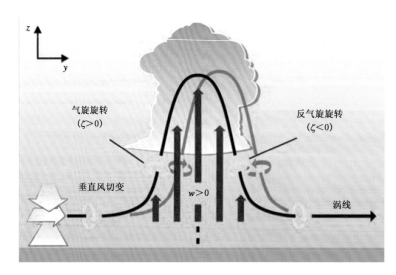

图 3.28　气旋式中气旋占支配地位的右移超级单体风暴形成机理示意图(引自 Markowski and Richardson,2014)

由于低层入流气流来自左侧,因此平流项(公式(3-1)中等号右侧第一项)使得上述涡度对向着右侧移动,以至于气旋式的涡旋位于上升气流内,如图 3.28 中灰色实线所示;而反气旋涡旋则被移出上升气流区,进入下沉气流区。

公式(3-1)中等号右侧第三项代表垂直拉伸项(或者辐合辐散项),这一项将会指数式地增加与水平辐合气流相联系的垂直涡度,这与当某流体元收缩时由于角动量守恒导致其旋转加快是同一道理,也就是说与上升气流高度正相关的气旋式垂直涡度将得到迅速加强(从拉伸项公式看,上升气流随高度增加将导致气旋式垂直涡度增加,而对流风暴内最强上升气流通常位于对流层中高层,因此位于对流层中层或中下层处拉伸项为正,有利于位于对流层中层或中下层的气旋式涡旋迅速加强),位于中空(3~7 km高度)的气旋式涡旋将被迅速加强达到中气旋强度,超级单体风暴形成。位于下沉气流中的反气旋涡旋在大多数情况下是受到抑制的(详见 3.5.6 节超级单体动力学),因此绝大多数超级单体风暴中占支配地位的是气旋式旋转的中气旋。对于绝大多数超级单体风暴,其最强上升气流是与中气旋高度相关的,最强上升气流区域与中气旋几乎在同一位置,反映在多普勒天气雷达回波上就是有界弱回波区(代表最强上升气流位置)与中气旋位置几乎重合,见图 3.26。关于中气旋形成机理的更为系统、全面和深入的分析,请参考 Davies-Jones(1984)。

3.5.3　中气旋探测算法

中气旋的出现往往意味着强对流天气的即将出现,是一个很强的信号。美国学者的统计表明(Doswell,2001),当中气旋出现时,发生强冰雹、灾害性雷暴大风和龙卷的概率高达 90%。在中国,中气旋出现时,上述三类强对流天气出现的概率没有美国高,远远达不到 90%,但如果将 20 mm/h 以上的短时强降水也算在内,则即便在中国,当中气旋出现时,强对流天气(强冰雹、雷暴大风、龙卷和短时强降水)出现的概率至少在 90% 以上。为了不漏掉中气旋,需要发展中气旋自动识别算法。中国新一代天气雷达中的中气旋自动识别算法,直接使用了美国强风暴实验室(NSSL)为美国新一代天气雷达 WSR-88D 开发的中气旋识别算法。下面简要地介绍该算法。

中气旋算法首先搜索经过速度退模糊的 0.25 km×1 km 分辨率的平均径向速度数据,寻找距雷达相同距离处具有速度值顺时针方向连续增加的相邻方位角的距离库,直到速度值不再增加时构成一维距离库序列,称为一个型矢量。一个型矢量包括 5 个分量,分别为起始方位角(φ_b)、结束方位角(φ_e)、起始径向速度(v_b)、结束径向速度(v_e)和到雷达距离(r)。每个型矢量必须通过三次检验才能被储存做进一步的分析。第一个检验,型矢量必须通过一个低"多普勒角动量"$[(v_e-v_b)\times r(\varphi_e-\varphi_b)]$阈值 TLM。型矢量常常不对应于一个涡旋,而是对应于一个切变区。因此第一个检验用来滤除大量雷达数据,使得更深入的分析只对剩下的相关数据进行。第二个检验,使用一个低的切变阈值 TLS 去除任何背景切变值小于 $2\times10^{-3}\,\mathrm{s}^{-1}$ 的数据。在第三个检验中,型矢量必须通过高的角动量 THM 或高的切变 THS 阈值中的一个。

在一个仰角扫描的数据由上述检验过滤之后,相邻的型矢量被合成在一起构成二维(2D)特征。具体的处理过程是计算一个型矢量和所有其他已经被归类进 2D 特征的型矢量间的方位角方向的距离和径向距离。当这个用来进行比较的型矢量的中心与已经归类进 2D 特征的一个型矢量的方位和径向距离分别小于阈值 LA 和 LR 时,它将被归于同一个 2D 特征。当用来比较的型矢量与所有已经归类的型矢量的比较完成时,该型矢量的归类完成。另一个还没有被归类的型矢量成为用来比较的新的型矢量,上述过程重复进行。上述分类和挑选过程的结果是构造出一系列 2D 特征,每一个 2D 特征由几个型矢量组成。每个 2D 特征包含的型矢量的个数必须超过一个最小阈值 TPV,否则将被丢弃。对于每个 2D 特征,将计算相应的平均和最大切变、平均和最大旋转速度,以及沿方位角方向和沿雷达径向的尺度。对每个 2D 特征要进行对称性检验。如果一个 2D 特征的径向尺度与方位尺度之比在某一个依赖于距离的阈值之内,则被归类于对称的 2D 特征,否则归类为非对称的 2D 特征。表 3.1 给出了上面提到的一些阈值的缺省值。

表 3.1　各种阈值变量的缺省值

阈值变量	缺省值
TLS:切变低值(中气旋中要求的最小切变)	7.2 h^{-1}
THS:切变高值(在角动量较低情况下中气旋中要求的最小切变)	14.4 h^{-1}
TLM:角动量低值(中气旋中要求的最小角动量值)	180 km^2/h
THM:角动量高值(在切变值较低情况下中气旋中要求的最小角动量)	540 km^2/h
TPV:一个 2D 特征包含的型矢量的最小数量	10
LA:被归类于同一个 2D 特征的两个型矢量中心之间方位角的最大差值	2.2°
LR:被归类于同一个 2D 特征的两个型矢量中心之间最大的径向距离	1 km
ZT:反射率因子阈值	15 dBZ

一个仰角上的 2D 特征与其上面或下面仰角上的 2D 特征进行垂直相关。只有中心高度低于某一个阈值 TFM 的 2D 特征才参加垂直相关比较。比较时 2D 特征被看作是圆形的,圆的直径取方位角方向和径向方向两个尺度中大的一个。如果一个小的 2D 特征的中心点垂直地位于一个更大的 2D 特征的区域内,则认为这些 2D 特征是垂直相关的,构成三维(3D)特征。如果一个 2D 特征不能垂直相关,则该特征称为非相关切变。如果两个或更多个 2D 特征是垂直相关的,但对称的 2D 特征少于 2 个,则该 3D 特征称为 3D 切变。如果两个或更多个垂直相关的 2D 特征是对称的,则该 3D 特征称为中气旋。没有垂直关联的所有非对称 2D 特征被丢弃。

上述算法的局限性主要包括:1)时间连续性没有在算法中体现,主观判别算法要求持续两个体扫,自动识别算法没有附加这个要求;2)只探测气旋式旋转,不包括反气旋式旋转;3)没有进行自动退模糊算法处理的速度模糊资料和经过速度退模糊算法不适当的退模糊都有可能产生虚假中气旋;在实际业务中,由于目前业务上使用的速度退模糊算法成功率较低,一般要求气象台不退模糊,这样做主要是由于预报员主观退模糊要更可靠,同时由于速度模糊导致中气旋自动识别算法的虚假判别率较高;4)算法中可调参数的缺省值是根据美国俄克拉何马州的超级单体风暴统计数据确定的,用到其他地区不见得合适,其中对于一些低顶中气旋和微型超级单体中的中气旋,算法往往不能识别。

中气旋产品 M(60 号)可以单独在 PUP 显示,也可以叠加在其他常用产品上,如各个仰角反射率因子、径向速度以及组合反射率因子等,业务上常常采用后一种方式。图 3.29 展示了将中气旋产品(黄色圆圈)叠加在 1.5°仰角反射率因子和径向速度图上。中气旋自动识别产品只是起到提醒作用,最终是否是中气旋还需要主观验证,将中气旋叠加在相应的径向速度图和反射率因子图上就是一种主要的主观验证方法。图3.29中反射率因子和径向速度图左上角为对应中气旋产品的风暴属相表,分别给出与中气旋相联系的雷暴单体的标识号(该雷暴单体是由雷暴单体识别与跟踪算法SCIT识别的,详见第4章)、中气旋中心位置的极坐标(方位和距离)、中气旋的底高和顶高,以及中气旋沿着雷达径向方向的尺度和沿着方位角方向的尺度(km)。

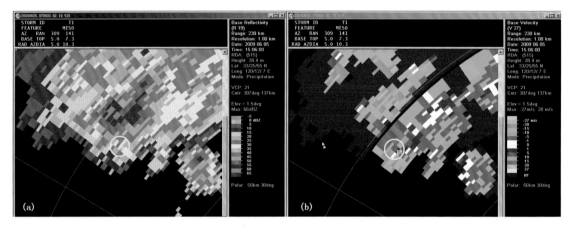

图3.29　2009年6月5日15:06盐城SA雷达1.5°仰角反射率因子(a)和径向速度(b)图上叠加中气旋产品

特别需要指出的是,中气旋探测算法常常在多单体线状风暴或飑线前沿识别出中气旋,如图3.30中蓝色圆圈所示(图中组合反射率因子与0.5 km分辨率径向速度图显示比例相差很大,后者大约比前者放大5倍),一般位于弓形回波凸点北侧。其实这些涡旋通常不是对应超级单体风暴的"中气旋"(mesocyclone),其形成机制与中气旋有明显不同,为了以示区分,称为"中尺度涡旋(mesoscale vortex)",与中气旋同属于γ中尺度涡旋(见5.2.2.2节)。中尺度涡旋导致强对流天气的概率远小于中气旋,它们一般可以导致局地直线型大风,因为涡旋使地面附近气压降低形成气压梯度力;偶尔它们也导致龙卷,但远低于中气旋导致龙卷的概率,而且即便导致龙卷,一般不超过EF2级;它们几乎不会导致强冰雹。

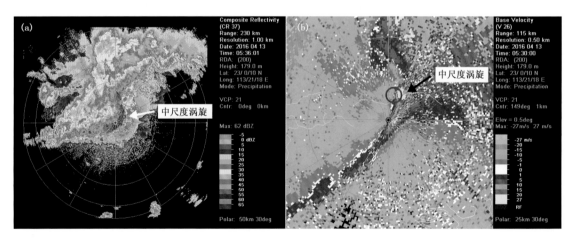

图3.30　2016年4月13日05:36(a)和05:30(b)广州SA雷达组合反射率因子和0.5°仰角(26号产品)径向速度图

3.5.4　超级单体风暴的结构

图3.31给出了Lemon和Doswell(1979)在参考了Browning的超级单体概念模型(图3.19)基础上,根据20世纪70年代的一些超级单体风暴的观测事实提出的超级单体风暴概念模型。假定超级单体风暴从西南偏西向东北偏东方向移动(美国这种移动方向的超级单体风暴相对多一些,对应高空槽前的

超级单体风暴,其他各种移动方向的超级单体风暴都存在),相对于其移动方向而言,带点的阴影区 FFD (front flank downdraft)和 RFD(rear flank downdraft)分别代表前侧和后侧下沉气流区,浅色阴影为上升气流区,类似锋面的线段分别代表 FFD 和 RED 与暖湿气流的界面,为阵风锋;与后侧下沉气流相联系的阵风锋往往比较强,称为后侧阵风锋;与前侧下沉气流相联系的阵风锋称为前侧阵风锋。粗实线为低层强反射率因子轮廓线,上升气流一部分位于低层暖湿气流呈弧形的入流槽口内,入流槽口西侧为钩状回波,对应部分后侧下沉气流的钩状回波与对应部分上升气流的暖湿气流入流槽口构成低层中气旋。如果有超级单体(中气旋)龙卷发生,则龙卷通常出现在中气旋中心附近,对应图 3.31 中两条阵风锋的交点,位于上升气流内靠近后侧下沉气流的地方(图中用 T 标示)。另外,沿着后侧阵风锋,偶尔也会出现很弱的非中气旋龙卷(gustnado),图中也用 T 标示出来。对于不是向西南偏西方向移动的超级单体风暴,上述前侧和后侧下沉气流可能不再位于风暴移动方向的前侧和后侧,但为了保持名称的一致性,仍然称为前侧和后侧下沉气流,只是记住后侧下沉气流(RED)是与中气旋最靠近的下沉气流,前侧下沉气流(FFD)是与主降水区对应的下沉气流。前侧下沉气流的形成主要是由降水的拖曳作用,以及周边环境较干空气夹卷进下沉气流内使得雨滴剧烈蒸发或冰粒子升华,吸收大量潜热导致下沉气流剧烈降温,明显低于环境气温,形成较强的负浮力,即显著的向下加速度;后侧下沉气流的形成机理与前侧下沉气流基本相同,有时还存在动力机制,即低层中气旋加强导致低层气压下降,形成向下的扰动气压梯度力,促进后侧下沉气流加强(Markowski,2002)。上述超级单体概念模型是 Lemon 和 Doswell(1979)主要针对经典超级单体风暴提出的,不过其主要结构也适用于强降水超级单体。

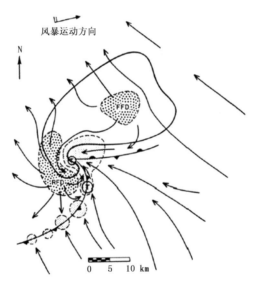

图 3.31　超级单体风暴概念模型(引自 Lemon and Doswell,1979)

　　如前所述,带有水平涡度的低层入流在对流风暴的上升气流中被扭曲为垂直涡度,在上升气流垂直拉伸作用下形成中层中气旋,强中心位置在 2~6 km 高度;之后中层中气旋会有适当的向上和向下扩展,中气旋的旋转会形成雨帘凸出来,随着降水的下降与低层暖湿入流构成钩状回波和弧形入流槽口,这是经典超级单体的典型回波(图 3.31)。不过,中气旋的旋转不一定导致典型的钩状回波,低层反射率因子会有各种各样的形态,都体现出中气旋旋转的效应,如多纳圈状、肾形豆状以及螺旋状等,图 3.32 给出了中低层中气旋导致的各种形态的反射率因子回波特征,这些都是呈现出旋转特征的低层回波形态。只有不到一半的超级单体风暴会呈现出典型的低层钩状回波,其他则呈现为挂件状、空心的多纳圈状、鸟的形状、螺旋状,以及图中没有列出的在后面将提到的强降水超级单体风暴经常呈现的肾形豆状。

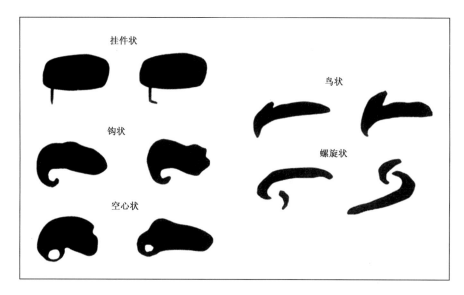

图 3.32 超级单体钩状回波及其各种变形(引自 Fujita,1981)

图 3.33 给出了超级单体风暴垂直结构图(Lemon,1977)。图 3.33a 为超级单体风暴俯视图,阴影部分为低层反射率因子,虚线为中层(6～8 km)35 dBZ 以上强度的轮廓线,白色为构成超级单体风暴积雨云的轮廓线,黑色圆点为风暴顶位置,绿色圆圈状阴影为中高层的有界弱回波区。从低层回波看到,反射率因子核心区偏向于低层偏南风暖湿入流一侧,存在一个明显的弧形入流缺口,入流缺口左侧为钩状回波,其形成机理如前所述,是由位于对流层中低层(2～6 km)的中层中气旋旋转作用和降水在旋转作用下形成沿着旋转方向凸出去的雨帘导致的(Browning,1964),中层中气旋是由于低层暖湿入流上的水平涡度在上升气流中扭曲并被垂直拉伸加强而形成的,与风暴内垂直气流高度相关。沿着低层弧形入流缺口,反射率因子梯度很大。中层回波较强回波区,只有一部分位于低层强回波区之上,另一部分位于低层入流缺口即弱回波区之上,呈现出低层的弱回波区和中高层的回波悬垂。当一个风暴加强到超级单体阶段,其上升气流变成基本竖直的,回波顶移过低层反射率因子的高梯度区,位于一个持续的有界弱回波区(最初 Browning 称为穹隆)之上。沿着图 3.33a AB 线段所做的垂直剖面如图 3.33b 所示,除了低层的弱回波区和其上的回波悬垂,低层的弱回波区右侧的强反射率因子梯度区,在回波悬垂内部存在一个凹进去的空洞,称为有界弱回波区。有界弱回波区是被中层悬垂所包围的弱回波区,是主要包含云粒子或只包含少量降水粒子的一个强上升气流区。降水粒子的尺寸筛选导致大冰雹落在与 BWER 相邻的反射率因子高梯度区,更小的冰雹和雨滴落在距上升气流较远的地方。

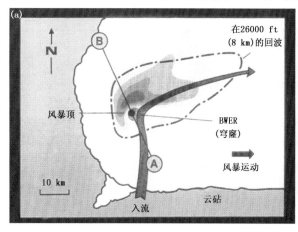
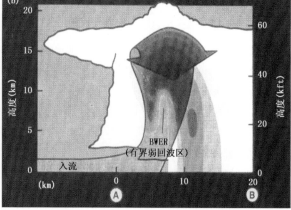

图 3.33 超级单体风暴垂直结构示意图(引自 Lemon,1977)

一开始,并不存在有界弱回波区,随着中层中气旋的形成,旋转形成的惯性离心力使得较大降水粒子被甩到边缘,强烈上升气流保持其上的大冰雹不会落入(如前所述,中层中气旋与风暴内上升气流高度相关),因而形成有界弱回波区(BWER)。持续 15 分钟以上的 BWER 是与强烈的上升旋转气流相联系的,与中层中气旋位置几乎重合。瞬变的(持续时间短的)BWER 有时会出现在强的非超级单体风暴中(如多单体强风暴和飑线)。不过,非超级单体 BWER 不与中气旋相联系。图 3.26b 和图 3.26d 4.3°和 6.0°仰角反射率因子图清楚展现了 BWER,图 3.26c 4.3°仰角上强中气旋与同样仰角反射率因子图上的 BWER 位置基本重合。图 3.21 以三维立体呈现出超级单体风暴反射率因子的三维结构,包括弱回波区与回波悬垂,以及有界弱回波区等。

图 3.34a 中给出超级单体风暴高、中、低层回波强度的轮廓线。风暴顶位于 BWER 之上,下面是与 BWER 基本重合的强烈上升气流区。强烈上升气流在风暴顶产生强烈辐散,辐散场的流线如图中所示。中低层的风吹向北方,使得降水大都落在偏向北边一侧,反射率因子分布因此呈现出从低到高向南倾斜的回波悬垂结构。低层弱回波区和中高层悬垂结构不仅出现在入流区上空,也存在于风暴东南侧相当大的一块区域内。图 3.34b 给出了一个超级单体风暴的照片,从中清晰可见与 BWER 相应的强烈上升气流区直冲风暴顶,并在风暴顶形成强烈辐散。风暴右侧的模糊特征表明,中低层风将降水吹向北部,高层降水下落到非降水区时因蒸发而产生雨幡。

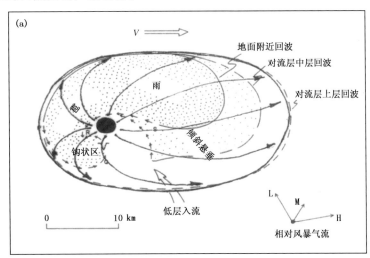

图 3.34　(a)经典超级单体风暴各层反射率因子和风暴顶辐散示意图(引自 Browning,1964);
(b)超级单体风暴照片(Lemon 提供)

有一类超级单体风暴,除了显著的中层中气旋(位于3～7 km高度区间),还存在明显的低层(0～2 km)中气旋。所有产生龙卷的超级单体风暴都属于这一类,但并非具有明显低层中气旋的超级单体风暴都会产生龙卷。关于低层中气旋的形成,曾提出过多种形成机制,主要有两种:1)一种观点认为,超级单体前侧下沉气流和暖湿气流之间的边界(前侧阵风锋),由于强斜压性形成的力管项(根据别克尼斯环流定理)导致沿着该边界产生水平涡度(暖空气上升冷空气下沉),该水平涡管在中层中气旋以下遇到上升气流被扭曲为垂直涡度形成低层中气旋(Klemp and Rotunno,1983;Wicker and Wilhelmson,1995);2)美国的风暴追踪者(包括一些强对流专家)发现,产生龙卷的超级单体风暴,在龙卷生成之前总是先产生后侧下沉气流,然后才会有龙卷产生。也就是说,超级单体风暴内后侧下沉气流的产生是龙卷生成的必要条件。因此,一些学者认为低层中气旋的生成主要是后侧下沉气流的作用(Markowski and Richardson,2010,2014;Marquis et al,2012)。其中一种可能的机制如图3.35所示,后侧下沉气流导致沿着后侧阵风锋由于斜压力管项的作用形成水平涡度,其旋转方向如图中环绕涡管的环形箭头所示。原来水平的涡管由于受到暖湿气流沿着阵风锋冷垫迅速上升的抬升作用,在抬升气流最强的两侧,水平涡度分别被扭曲为反气旋和气旋式垂直涡度,其中靠近两条阵风锋锢囚点附近的被扭曲后形成的垂直涡度为气旋式涡度,大致位于中层中气旋之下。

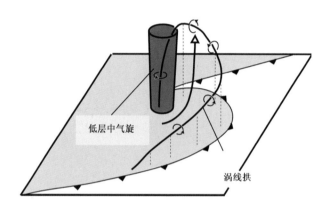

图3.35 低层中气旋形成机制之一示意图(摘自Marquis et al,2012)

龙卷超级单体或具有明显低层中气旋的非龙卷超级单体,通常是首先形成中层中气旋(3～7 km),然后再形成低层中气旋(0～2 km)。在其成熟阶段,中层中气旋对应旋转的上升气流,低层中气旋对应钩状回波中降水下沉气流和暖湿上升气流共同构成。低层中气旋通常带有明显辐合,中低层中气旋为纯粹气旋式旋转,中高层中气旋呈现明显带有辐散的气旋,超级单体风暴顶通常呈现为强烈的纯粹辐散,相应的超级单体风暴内中气旋结构随高度变化的理想概念模型如图3.36所示。实际超级单体的中气旋垂直结构不见得完全与理想模型一致,多数情况下是部分相符,图3.39给出了一个例子,该图呈现了超级单体风暴反射率因子与径向速度尤其是中气旋的垂直结构。

超级单体风暴尺度的大小也有不同,图3.37a是比较典型的超级单体风暴,图3.37b属于小型超级单体,图3.37c属于微型超级单体(miniature supercell)。微型超级单体一般产生冰雹的概率几乎为零,但却可以产生龙卷,在中国比较多见于登陆热带气旋外围螺旋雨带上产生的超级单体。

3.5.5 超级单体风暴的分类

在采用是否存在深厚持久的中气旋重新定义超级单体风暴之后,美国学者(Doswell and Burgess,1993;Moller et al,1994)发现一部分根据中气旋确定的超级单体风暴具有原先根据反射率因子特征定义的超级单体特征,因此称为"经典超级单体风暴(classic supercell,常缩写为CL supercell)",大约占了所有超级单体风暴的一半。某些超级单体风暴几乎没有产生降水,但具有显著的旋转特征,这类超级单体风暴称为弱降水超级单体风暴(little precipitation supercell 常缩写为LP supercell),所占比例不到5%。

图 3.36 超级单体风暴内中气旋垂直结构理想化概念模型
(a)低层带有辐合的气旋;(b)中低层纯粹气旋;(c)中高层带有辐散的气旋;(d)风暴顶强烈辐散

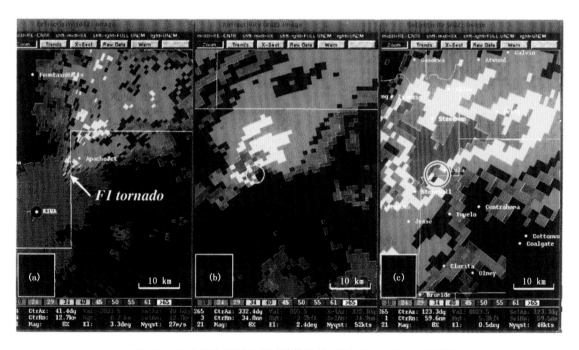

图 3.37 三个尺度不同的超级单体风暴(引自 Stumpf et al,1998)

在超级单体风暴族中有另一种风暴,能够在其中气旋环流中产生相当大的降水,这类超级单体风暴称为强降水超级单体风暴(heavy precipitation supercell,常缩写为 HP supercell),所占比例在 40% 以上(Lemon,2013,私人通信)。

3.5.5.1 经典超级单体风暴

经典超级单体(CL supercell)是最常见的两类超级单体风暴类型之一(另一种是强降水超级单体风暴)。经典超级单体经常是相对孤立的,有利于其产生的环境包括强的垂直风切变、相对丰富的低层水汽、大的垂直不稳定度。与经典超级单体风暴相伴随的强天气有各种级别的龙卷、冰雹、下击暴流和偶尔的强降水等。经典超级单体产生龙卷的概率高于强降水超级单体,同时大大高于弱降水超级单体。

图 3.38 给出了经典超级单体低层反射率因子回波特征和视觉形态示意图。低层反射率因子特征与图 3.31 是类似的,突出特征是其右后侧(假定超级单体由西南偏西移向东北偏东方向)的暖湿气流弧形入流缺口和钩状回波。所示侧翼线主要是由于后侧阵风锋上辐合产生的积云尤其是浓积云排列成线状,有时甚至会有积雨云形成产生雷达回波。特别注意其主体积雨云底部通常没有明显的降水,主要降水区位于云砧伸展的下风向(图 3.38b)。

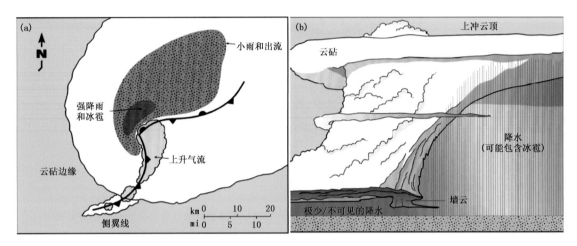

图 3.38　经典超级单体风暴低层反射率因子、阵风锋及降水分布平面图(a)和视觉效果图(b)
(b)中橙黄色区域为低层较强反射率因子区域,红色区域为强冰雹区域伴随降水,
橙黄色区域通常为强降水夹杂小冰雹或小冰雹伴随弱降水区域,结构与图 3.31 所示类同,
只是加上了云的轮廓线(引自 Doswell and Burgess,1993;Moller et al,1994)

图 3.39 给出了经典超级单体反射率因子和径向速度回波的一个例子(郑媛媛等,2004)。该超级单体风暴发生于 2002 年 5 月 27 日下午,位于安徽北部,由一个多单体强风暴演变而来。此次超级单体风暴持续时间超过 2 小时,沿路产生强烈的雷暴大风(气象站记录最大瞬时风速为 31 m/s)、强冰雹和局部短时强降水(最强小时雨量 42 mm),数千间房屋倒塌或损坏,直接经济损失 4 亿多元。

这一过程的主要天气背景特征是,250 hPa 高空在安徽北部上空存在明显风速辐散,有利于其下面大范围上升气流发展,对对流系统生成和发展有利;强对流区域在 500 hPa 槽后偏西气流控制下,同时位于 850 hPa 切变线以南偏南暖湿气流区域,地面附近存在两条辐合线,对流风暴沿着一条低层辐合线触发后,向东南偏东方向移动,在低层西南和东南气流汇合处得到迅猛发展。根据 2002 年 5 月 27 日 20 时上述剧烈对流区域下游未受到对流影响的南京探空为基础,以对流风暴在 17 时前后达到最强的位置蚌埠 14 时的地面温度和露点对上述南京探空进行订正,获得代表性较好的上述强对流发展的关键环境参数:CAPE 值为 1800 J/kg,CIN 为 20 J/kg,0~6 km 风矢量差为 24 m/s,风暴相对螺旋度(SRH)为 220 m^2/s^2,非常有利于超级单体风暴的形成和发展。

从图 3.39 可以看到,上述超级单体风暴 0.5°、1.5°、3.4°和 4.3°仰角反射率因子和径向速度图上,其中心分别对应 1.8 km、4.2 km、8.3 km 和 10.0 km。在 0.5°仰角,反射率因子呈现出明显的钩状回波、暖湿气流入流缺口以及呈现窄带回波的后侧阵风锋,最大反射率因子在 65 dBZ 以上;从 1.5°和 3.4°仰角反射率因子图像上可以辨别中空的 BWER 结构。从 0.5°和 1.5°仰角径向速度图上可以识别明显的气旋式旋转,对应的旋转速度为 23.5 m/s,为强中气旋;正、负速度极值间距 8 km,对应垂直涡度值大致为 $1.2 \times 10^{-2} s^{-1}$,即 1.2 个中气旋单位;3.4°仰角径向速度图呈现出明显的气旋和辐散特征;4.3°仰角径向速度图呈现强烈的风暴顶辐散特征,风暴顶辐散风正、负速度差值达 63 m/s,正、负速度极值间距 15 km,计算得到对应的风暴顶散度大致为 $0.8 \times 10^{-2} s^{-1}$。强烈的风暴顶辐散意味着该超级单体中上层具有非常强的上升气流。

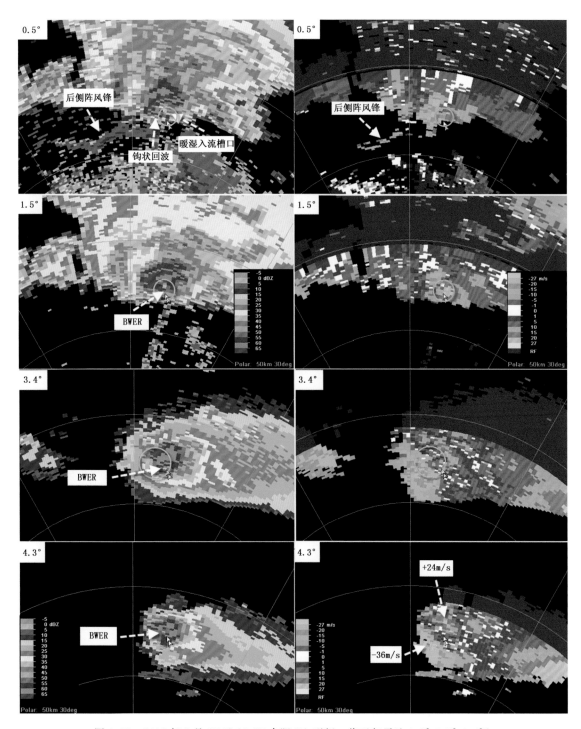

图 3.39　2002 年 5 月 27 日 16:55 合肥 SA 型新一代天气雷达 0.5°、1.5°、3.4°和
4.3°仰角反射因子(左)和径向速度图(右)

　　图 3.24 和图 3.26 显示的也都是经典超级单体。图 3.24 呈现的 2005 年 5 月 31 日下午发生在北京的超级单体风暴低层反射率因子具有十分典型的钩状回波和暖湿气流入流缺口,对应径向速度图上中等强度的中气旋,该超级单体在北京南城降下了直径 60 mm 的冰雹,并且伴随有 8 级以上阵风。图 3.26呈现的超级单体于 2006 年 4 月 9 日夜间出现在湖南南部,低层反射率因子呈现的钩状回波不是很典型,表现为一个向南的凸出物;中层的有界弱回波区(BWER)非常明显,由于回波很强,还产生了非常显著的

三体散射特征(见第5章),由于该超级单体风暴向着雷达方向移动的分量很大,中气旋严重不对称,仔细分析可以判断是一个强中气旋。该超级单体风暴产生了直径110 mm的巨大冰雹,伴随强烈下击暴流和短时强降水。图3.21为2012年7月21日北京特大暴雨期间导致通州区张家湾EF2级龙卷的孤立经典超级单体风暴三维立体图,清楚显示其回波悬垂、位于回波悬垂之下的弱回波区(WER),以及位于回波悬垂中的有界弱回波区(BWER),中层中气旋的位置大体与有界弱回波区重合(俞小鼎,2012)。图3.40呈现了一个正在产生龙卷的经典超级单体照片(图3.40b),配上Lemon和Dowell(1979)给出的经典超级单体概念模型,并将相应的区域进行一一对应(Markowski and Richardson,2014)。

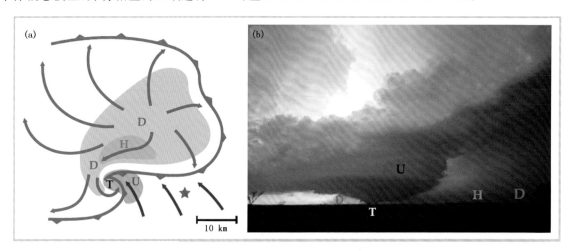

图3.40 (a)Lemon和Doswell 1979年提出的超级单体概念模型,主要代表经典超级单体,同时很大程度上也可以代表强降水超级单体结构(D代表前侧和后侧下沉气流区,U代表上升气流区,T代表如果有龙卷发生时的最可能位置,浅绿色代表低层30 dBZ以上回波区域也就是明显降水区域,包括字母H在内的深绿色代表冰雹和强降水区域,蓝色箭头代表下沉气流导致的辐散气流,红色箭头代表低层暖湿入流,冷锋符号代表下沉气流出流和暖湿气流入流之间的界面——阵风锋,低层中气旋位于以T为中心的区域,由部分低层暖湿上升气流和部分后侧下沉气流共同构成);(b)与(a)概念模型相似的一个经典超级单体照片,该经典超级单体正在产生龙卷,其中大写字母意义与(a)概念模型中字母相同(Markowskiand Richardson,2014)

3.5.5.2 强降水超级单体风暴

强降水超级单体风暴(HP)通常在低层具有丰富水汽、较低LFC(自由对流高度)和弱的对流前逆温层顶盖的环境中得以发展和维持的。因此,强降水超级单体风暴与强降水密切相关。另外,强降水超级单体风暴常常不像弱降水或经典的超级单体风暴那样与周围风暴隔绝,它倾向于沿着已有的热力/湿边界(如锋和干线等)移动。这些热力/湿边界常常是低层垂直风切变的增强区,因此也是水平涡度增强区。

图3.41给出了强降水超级单体的概念模型,包括其低层反射率因子以及云轮廓线图3.41a和视觉效果图3.41b。其最明显的特征是除了上升气流下风方具有明显降水外,积雨云底部也具有明显降水,这是与经典超级单体最显著的区别。反映到低层回波特征,通常没有经典超级单体那样的钩状回波,在钩状回波位置呈现为宽大的凸出,有时还表现为明显的螺旋状特征。

图3.42是1994年6月26日发生在美国的强降水超级单体,给出了多普勒天气雷达0.5°仰角的反射率因子和径向速度。从图中可见,经典超级单体中与中气旋对应的钩状回波在这里表现为一个宽大的凸出物,完全没有钩状回波的形态。

2005年7月30日中午,一个强降水超级单体在安徽北部的灵璧产生一个EF3级龙卷,导致14人死亡,46人受伤。从环境背景看,250 hPa等压面上安徽北部呈现显著的分流场特征,表明具有明显辐散。500 hPa等压面上,代表副热带高压边界的588 dagpm等值线扩展到江西,其西北部边缘沿着江苏到安徽段,副热带高压西部位于河南的一个短波槽正在东移。相应的对流有效位能值在2000 J/kg左右,0~

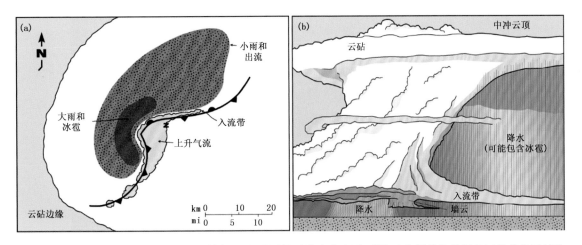

图 3.41　强降水超级单体风暴低层反射率因子、阵风锋及降水分布平面图(a)和视觉效果图(b)(橙黄色区域为
低层较强反射率因子区域,通常为强降水夹杂小冰雹或小冰雹伴随弱降水,红色区域为强冰雹区域伴随降水)
(引自 Doswell and Burgess,1993;Moller et al,1994)

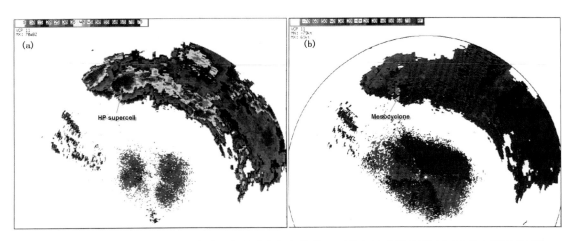

图 3.42　1994 年 6 月 26 日发生在美国的强降水超级单体 0.5°仰角的反射率因子(a)和径向速度(b)图

6 km 风矢量差 14～16 m/s,抬升凝结高度 500 m 左右,0～1 km 风矢量差 8～10 m/s。初始对流由前期降水形成的冷池前沿阵风锋与偏南暖湿气流之间的辐合所触发,在上述有利的环境下迅速发展,在10:50 BST(北京时间)前后形成强降水超级单体。图 3.43 给出了龙卷发生时刻 2005 年 7 月 30 日 11:32 BST 徐州 SA 型多普勒天气雷达观测的 0.5°和 2.4°仰角反射率因子以及 1.5°和 6.0°仰角径向速度图。在 0.5°反射率因子图上可以看到,前侧暖湿气流入流缺口(FIN)南侧有一个粗大的较强反射率因子凸起,与典型的钩状回波差异明显;在 2.4°仰角,反射率因子形态与 0.5°仰角类似。从整体看,两个仰角反射率因子形态像个"S"形,表明其中存在明显旋转。在 1.5°仰角的径向速度图上呈现为一个宽大的中气旋,旋转速度在 25 m/s 左右;在中气旋中间,白色箭头左上方,存在一个 TVS(龙卷式涡旋特征,定义见第 5 章),像素到像素的正、负速度差值为 36 m/s,刚刚满足 TVS 的标准,对应的垂直涡度为 6.0×10^{-2} s^{-1}。6.0° 仰角对应风暴顶,呈现强烈的风暴顶辐散,辐散中心位于地面发生龙卷的正上方,相应的散度值约为 0.8 $\times 10^{-2}$ s^{-1}。

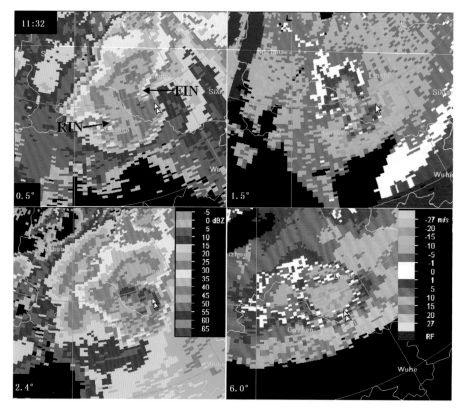

图 3.43 2005 年 7 月 30 日 11:32(北京时)徐州 CINRAD-SA 雷达 0.5°(左上)和 2.4°(左下)仰角反射率
因子、1.5°仰角(右上)和 6.0°(右下)仰角径向速度图(箭头所指位置代表龙卷发生地点,
FIN 和 RIN 分别表示前侧低层暖湿气流入流槽口和后侧干冷气流入流槽口)(引自俞小鼎等,2008)

图 3.44 是 2010 年 7 月 23 日发生在美国西部南达科他州的强降水超级单体,积雨云底部有明显降水(看的不是很清楚),圆弧形前沿与低层暖湿气流入口左侧的反射率因子宽大凸出(图 3.41、图 3.42 和图 3.43)相联系。该强降水超级单体产生了迄今为止记录到的最大直径(21 cm)冰雹,伴随灾害性雷暴大风和短时强降水。

图 3.44 2010 年 7 月 23 日发生在美国南达科他州的强降水超级单体(Lemon 提供)

观测表明,强降水超级单体风暴能以各种各样的方式演变(图3.45),主要以两种演变方式(图3.45中的 a 和 b)为主,其中发展成弓形回波的那一种演变方式更多见一些(Moller et al,1990,1994)。

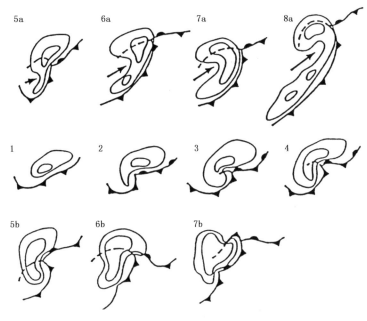

图 3.45 强降水超级单体风暴能以各种各样的方式演变,包括发展成弓形回波(Moller et al,1990,1994)

图 3.46 给出了 2005 年 7 月 30 日中午发生在安徽北部的强降水超级单体的演变过程(俞小鼎等, 2008)。该超级单体的演化可以归结为"带状回波—强降水超级单体—弓形回波"三个阶段。在带状回波阶段,该超级单体的发展从一条狭长对流雨带的变短变粗开始,雨带中间的对流单体内首先有中气旋发展,从 4 km 左右高度开始出现,同时向上和向下发展,前侧入流缺口变得明显,接着雨带南端的单体中也

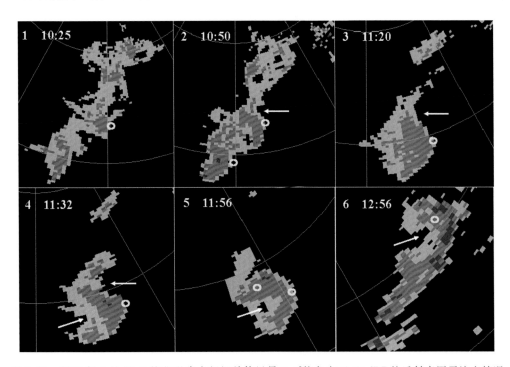

图 3.46 2005 年 7 月 30 日皖北强降水超级单体风暴 0.5°仰角高于 45 dBZ 的反射率因子演变情况
(黄色小圆圈标明中气旋位置,箭头标明前侧或后侧入流;引自俞小鼎等,2008)

有中气旋发展。在典型强降水超级单体阶段,雨带南端单体逐渐与中间单体合并,构成一个庞大深厚的强降水超级单体和被包裹在其中的宽大深厚强烈的中气旋,之后由于后侧入流开始出现,低层回波演变为"S"形,中层回波呈现为螺旋形。弓形回波阶段的开始以在弓形回波北部逗点头回波中心的另一个中气旋形成为标志,原有的中气旋位于弓形回波顶点附近,随后弓形回波的北宽南窄不对称结构逐渐明显,原有的位于弓形回波顶点附近的中气旋消失,并出现地面直线型风害。在形成强降水超级单体之前,其演变过程与图 3.45 中的 1~3 并不相同,而形成强降水超级单体后,其演变与图 3.45 描述的 5a~8a 过程类似,最终演变为弓形回波。

3.5.5.3 弱降水超级单体风暴

弱降水超级单体风暴(LP)出现时低层具有较低的湿度和较高的自由对流高度(LFC)。在美国,几乎所有的弱降水超级单体都出现在干线(露点锋)附近(图 3.47)。图 3.48 给出了弱降水超级单体风暴概念模型,包括低层反射率因子、阵风锋及降水分布平面图和视觉效果图。在弱降水超级单体风暴中,与降水相比,更有利于冰雹形成和增长。尽管弱降水超级单体风暴的反射率因子相对较小,但是它往往包含零散稀疏的大冰雹。与经典或强降水超级单体风暴相比较,弱降水超级单体风暴的降水常常不能到达地面。弱降水超级单体风暴的弱降水的出现可归因于降水微粒主要由稀疏的大雨滴和冰雹组成,而不是由无数小雨滴组成的。因此,弱降水超级单体风暴中不存在强烈蒸发冷却的下沉气流以及相伴随的灾害性雷暴大风。由于中气旋位于最强上升气流区,而那里回波较弱,多数情况下不容易识别位于上升气流区的中气旋,偶尔可探测到一个与中气旋相联系的弱回波区(WER)。

图 3.47　美国西南部干线附近的弱降水超级单体(Eric Nguyen 拍摄)

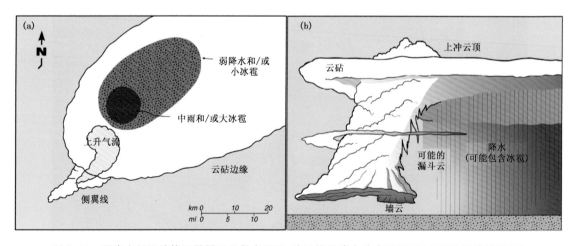

图 3.48　弱降水超级单体风暴低层反射率因子、阵风锋及降水分布平面图(a)和视觉效果图(b)

(橙黄色区域为低层较强反射率因子区域,通常为稀疏的大雨滴降水区域,降水常常未到达地面就蒸发了,

红色区域为大冰雹区域伴随零星降水)(引自 Doswell and Burgess,1993;Moller et al,1994)

弱降水超级单体的确认常常是通过直接目击观测而不是通过多普勒天气雷达回波特征。与弱降水超级单体风暴相伴随的主要强天气现象包括稀疏的大冰雹,偶尔也会产生弱的龙卷。弱降水超级单体风暴东移进入干线以东的低层较湿环境,通常能演变为经典或强降水超级单体风暴,最终产生各种强天气过程。

在中国,迄今为止没有确认过任何弱降水超级单体风暴,但不能说这种类型的超级单体在中国不存在。

3.5.6　超级单体风暴动力学

超级单体风暴会产生分裂和传播的现象。通过对一系列超级单体数值模拟结果(Klemp and Wilhelmson,1978;Rotunno,1981;Rotunno and Klemp,1982,1985;Weisman and Klemp,1984)采用适合于深厚湿对流的一些简化的垂直运动方程进行分析(Klemp,1987;Markowski and Richardson,2010),对于导致超级单体风暴分裂、右移(左移)选择性加强、传播,以及超级单体风暴内上升运动的加强等动力过程机理得到了相当程度的解释和澄清,得到业界的广泛认可。需要注意的是,这种解释和澄清是借助于理想化的数值模拟,而实际过程中的超级单体风暴还受到水平不均匀的初始大气环境和不均匀的下垫面的影响,与理想数值试验是具有一定差距的。

深厚湿对流内气块所受气压以及垂直方向的气压梯度力可以分解为平均量和扰动量,扰动气压以及扰动垂直气压梯度力又可以分解为动力项和浮力项,动力项导致的垂直气压梯度力扰动造成了超级单体的分裂、传播和多数情况下上升运动的加强。扰动气压和扰动垂直气压梯度力在对方程做了适用于 γ 中尺度深厚湿对流情况的简化后如下(Markowski and Richardson,2010):

$$p'_d \propto -\frac{1}{2}\zeta'^2 + 2\boldsymbol{S}\cdot\nabla_h w' \tag{3-3}$$

$$-\frac{\partial p'_d}{\partial z} \propto \frac{1}{2}\frac{\partial \zeta'^2}{\partial z} - 2\frac{\partial}{\partial z}\boldsymbol{S}\cdot\nabla_h w' \tag{3-4}$$

$$\boldsymbol{S} = \left(\frac{\partial \overline{u}}{\partial z}, \frac{\partial \overline{v}}{\partial z}\right) \tag{3-5}$$

公式(3-3)左边为动力扰动气压,右边第一项为动力作用的非线性项,为扰动垂直涡度随高度变化的二分之一的负值,第二项为动力作用的线性项,为 2 倍的平均风垂直切变矢量(公式 3-5)点乘垂直速度扰动的水平梯度。上述扰动气压体现在垂直运动方程中是其随高度变化的负值,如方程(3-4)所示,左边第一项是动力扰动气压的垂直梯度,右边第一项为动力作用的非线性项,为扰动垂直涡度随高度变化的二分之一,第二项为动力作用的线性项,垂直梯度算子内为平均风垂直切变矢量点乘垂直速度扰动的水平梯度。如果公式(3-4)左边的项大于零,意味着动力作用导致的气压扰动的垂直梯度产生向上的加速度,有利于风暴内上升气流加强,否则相反。

3.5.6.1　动力扰动的非线性项和风暴的分裂

考虑一种相对极端的情况。假定每一气层的垂直风切变矢量随高度不变(请注意,是风切变矢量随高度不变,而不是风矢量随高度不变),即风矢端图为直线,同时风暴刚刚形成,而且低层暖湿入流方向上没有任何水平涡度分量,与水平涡管垂直,如图 3.50a 所示。

当风暴中的上升气流与环境的垂直切变气流相互作用时,水平涡度将倾斜为垂直涡度(图 3.49a),结果使得气旋性涡旋在初始上升气流的右侧,反气旋性涡旋在初始上升气流的左侧(此处的左右侧是相对于环境风切变矢量的方向而言的,根据上面的假定,该风切变方向不随高度变化)得以发展,形成一对涡偶。与上升气流有关的拉伸效应能够使得涡偶环流振幅明显增强,导致对流层中层上升气流两侧产生显著的旋转,根据公式(3-4)右边第一项,此旋转作用能在气旋式涡度极大值和反气旋涡度极大值以下部分产生向上垂直气压梯度力,它独立于浮力促进初始上升气流的两侧新生单体的发展(图 3.49a)。

由于初始上升气流两侧抬升力的作用,新生上升气流在初始上升气流的左右两侧得以发展(此处的

"左右"是指相对于风暴的初始运动,通常相当于风暴承载层的平均风)。这种传播过程使得初始上升气流分裂成为两支新生上升气流,其中一支气旋式旋转并向平均风的右侧移动,另一支反气旋式旋转并向平均风的左侧移动,风暴开始分裂。数值模拟(Klemp,1987)表明,分裂开始于初始风暴形成后的30~60分钟内。当上升气流驱动的降水集中于主上升气流时,降水拖曳能加强下沉气流的产生,形成两对涡偶,降水过程只是加强了上述分裂过程,但不是必须的(图3.49b)。在超级单体风暴成熟阶段,与下沉气流相关的冷池从风暴底部向外扩展(图3.49b)。

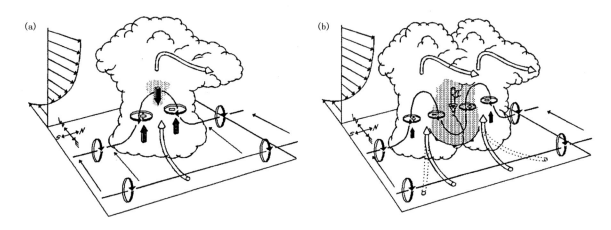

图 3.49 在垂直风切变矢量指向西方的风切变环境中典型涡管与对流单体相互作用示意图(从东南方向观看)。(a)初始阶段,涡管在上升气流的作用下形成一对涡偶;(b)分裂阶段,下沉气流使得上升气流一分为二,出现两对涡偶(左上角图示为环境风分布,柱状箭头表示相对风暴气流的方向,粗实线代表流线,环状箭头表示旋转,阴影箭头表示促使上升气流和下沉气流发展的外力,垂直方向上的虚线区为降水区;引自 Rotunno,1981;Klemp,1987)

最初,气旋式(反气旋式)旋转位于主上升气流的右(左)侧。传播过程使得气旋式(反气旋式)风暴更倾向于向它初始移动方向的右(左)侧运动,从而改变了相对风暴入流气流。正如图3.49b虚线柱状箭头所示,分裂风暴两侧的沿流线方向(风暴入流方向)的水平涡度经历了一个从无到有的增长过程。随着流线方向水平涡度分量的增加,右(左)两侧的上升气流中心和相应的气旋式(反气旋式)垂直涡度的相关性越大,取决于方向随高度不变的垂直风切变的大小,分裂过程最终能够导致气旋式旋转上升气流和反气旋式旋转上升气流,这对旋转上升气流分别移向垂直风切变矢量的右侧和左侧。以这种方式,风暴分裂过程能大大增强分裂后的右移气旋式旋转风暴和左移反气旋式旋转风暴,形成右移和左移超级单体风暴(图3.52a)。只要相对于分裂后右移或左移风暴的相对低层暖湿入流上垂直于水平涡度的分量仍然很大,此时垂直涡度扰动和垂直上升气流扰动之间只是有一定的正相关,但两者极大值位置并不重合,上述分裂过程就可能持续下去,右移和左移超级单体的传播会继续。分裂过程导致的传播增加了右移(气旋式旋转)风暴低层暖湿入流上的沿着入流(streamwise)的水平涡度分量和左移(反气旋式)风暴低层暖湿入流上的逆着入流(anti-streamwise)的水平涡度分量,但仍有足够大的垂直于低层暖湿入流(crosswise)的水平涡度存在,有时会产生第二次、第三次或更多次分裂。

3.5.6.2 动力扰动的线性项和风暴的右移选择性

风暴的分裂过程能够产生气旋式和反气旋式旋转的风暴对,并分别移向风暴承载层平均风的右侧和左侧。但是在北半球,气旋式持续旋转风暴出现的频率比反气旋式旋转风暴出现的频率大得多。起初,有些学者把气旋式风暴出现频率高的原因归结于科氏力的作用,但仔细的理论分析和数值模拟的结果表明科氏力的作用是微不足道的,真正起作用的是垂直风切变矢量随高度顺时针方向旋转。在北半球,多数情况下强垂直风切变矢量随着高度的变化,从低层到中层表现为顺时针方向旋转(图3.50b),导致气旋式旋转风暴一般是加强的。注意这里说的是垂直风切变矢量随高度顺时针旋转,而不是风矢量随高度顺时针旋转,环境风矢量可以出现较大的随高度的顺时针旋转但风切变矢量仍然是单一方向的(图3.50a)。

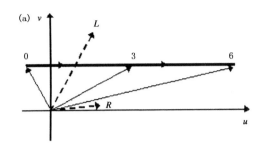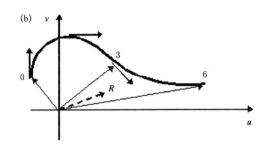

图 3.50 说明风矢量、垂直风切变矢量和风暴运动之间关系的两类风矢端图。(a)风切变矢量的方向随高度不变；
(b)风切变矢量随高度顺时针旋转。虚线箭头代表左移和右移的超级单体的移速。在(b)中，垂直风切变矢
量随高度顺时针旋转，有利于右移超级单体的加强，左移的超级单体受到抑制(引自 Klemp,1987)

现在来分析一下方程(3-3)右边第二项，即产生动力扰动气压垂直梯度力的线性项。根据该方程，高压扰动将位于上升气流极大值的对应垂直风切变矢量的上风向(upshear，注意不是风矢量的上风向)一侧，低压扰动位于上升气流极大值的对应垂直风切变矢量的下风向(downshear)一侧。换句话说，任何一层的高低压扰动对是沿着那一层的垂直风切变矢量的。

当垂直风切变矢量是单一方向时(随高度方向不变，风矢端图为直线，见图 3.50a)，高压和低压扰动在同一侧垂直堆积起来，分别产生向下和向上指向的扰动压力的垂直梯度(图 3.51a)，不能导致上升气流侧向传播。正如上面所讨论的，对于垂直风切变矢量随高度不变的情况，是方程(3-3)右侧的第一项，即非线性动力强迫导致风暴分裂，产生镜像对称的右移和左移超级单体，这对超级单体分别向右侧和左侧传播，由于上升气流两侧的气旋和反气旋垂直涡度绝对值的极小值导致向上扰动气压梯度力的强迫(图 3.49b 和 3.52a)。

当垂直风切变矢量随高度顺时针旋转时(图 3.50b，即风矢端图的切线随高度顺时针旋转)，与单一方向的垂直切变风矢量情况一样，在各层切变矢量方向上，形成穿过上升气流的水平气压梯度。但所不同的是，水平气压梯度加强了风暴右侧的上升运动和左侧的下沉运动(见图 3.51b)。因此，分裂的风暴对中右移的气旋式旋转的风暴上升气流得到加强，风暴进一步发展；分裂的风暴对中左移的反气旋旋转的风暴中上升气流减弱，风暴的进一步发展受到抑制(图 3.51b 和 3.52b)。

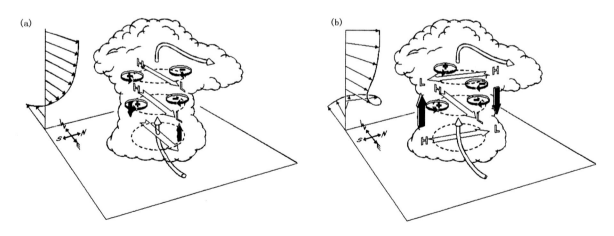

图 3.51 在上升气流与环境风垂直切变相互作用下压力和垂直涡度扰动示意图。(a)风切变矢量的方向
不随高度变化；(b)垂直风切变矢量随高度顺时针方向旋转。从高(H)到低(L)的水平气压梯度与风切
变矢量平行，同时还标出了气旋式和反气旋式涡度的位置，带阴影的箭头表示垂直气压梯度的方向
(引自 Rotunno and Klemp,1982；Klemp,1987)

当风矢端图低层部分表现为较大的顺时针弯曲时(相对风暴螺旋度较大),左侧上升气流可以被抑制到相当大的程度,以至于在雷达回波图上表现不出明显的风暴分裂过程,风暴将向 0～6 km 垂直风切变矢量的右侧移动。由于风暴承载层平均风与 0～6 km 风切变矢量的方向常常比较接近,因此超级单体风暴也向风暴承载层平均风的右侧移动。这种情况基本对应图 3.28 所示的情况,此时低层暖湿入流带有很大比例的沿着低层入流(streamwise)的水平涡度分量,垂直于低层入流方向(crosswise)的水平涡度所占比例很小,所形成的气旋式右移超级单体几乎不产生分裂,其上升气流和气旋性垂直涡度高度相关。自然界中出现的大多数超级单体风暴都属于这种情况,只是很多情况下,探空的代表性不是很好,并不见得一定呈现为很显著的低层风暴相对螺旋度(SRH)(即风矢端图代表低层的部分呈现明显的气旋性曲率,见图 3.50b)。

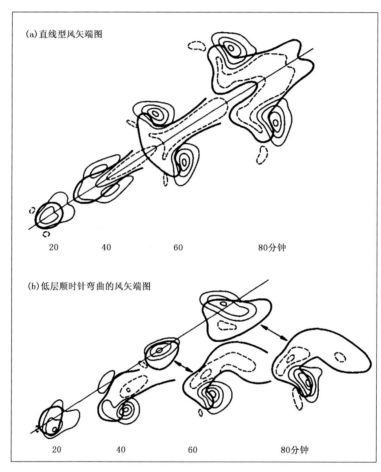

图 3.52　数值模拟得到的 2.25 km 高度上风暴在时间为 20、40、60 和 80 分钟时的垂直速度。上升(实线)与下沉(虚线)速度的等值线间隔为 4 m/s,从±2 m/s 开始。粗实线是 0.5 g/kg 雨水混合比的轮廓线。(a)对应于图 3.53 中虚线所示风切变矢量的方向不随高度改变的情况;(b)对应图 3.53 中实线所示垂直风切变矢量随高度顺时针旋转的情况(引自 Rotunno and Klemp,1982)

3.5.6.3　超级单体形成和发展中的分裂过程示例

上述超级单体动力学中描述的演化成超级单体风暴前或风暴后的分裂过程在中国也常常被观察到。

2004 年 5 月 21 日夜间安徽巢湖附近一个对流风暴分裂成几乎对等的左移和右移超级单体风暴,两个几乎镜面对称的超级单体都产生了 3～5 cm 的大冰雹。图 3.54 给出了 2004 年 5 月 21 日 20 时安徽安庆和阜阳的风矢端图。安庆的风矢端图 850～500 hPa 是一个直线段,阜阳风矢端图 925～500 hPa 是一个直线段;由于巢湖附近没有探空站,上述两个探空也只能在某种程度上近似代表巢湖附近的风矢端

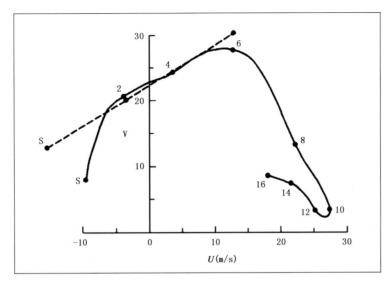

图 3.53 1977 年 5 月 20 日美国俄克拉何马州德尔城发生强风暴时的风矢端图(实线)。虚线代表在 6 km 以下与实线具有大体相同的风切变值,但风切变的方向不随高度变化(引自 Rotunno and Klemp,1982)

图,而且这两个风矢端图在低层大气和 500 hPa 之间几乎是直线段,倾向于支持对流风暴分裂为两个强度几乎对等的气旋式和反气旋式旋转的右移和左移超级单体。5 月 21 日 20 时安庆探空显示,对流有效位能值为 2200 J/kg,对流抑制能量为 55 J/kg,0~6 km 风矢量差为 20 m/s,有利于超级单体风暴的形成(俞小鼎等,2012)。图 3.55 给出了 2004 年 5 月 21 日合肥多普勒天气雷达 4.3°仰角反射率因子 22:29—23:12 逐个体扫(间隔 6 分钟)的时间序列,最后一幅为 23:12 雷达 4.3°仰角的径向速度图。从图中可见,大约从 22 时 41 分起,分裂过程就开始酝酿,到 22 时 53 分出现明显分裂,此时气旋式旋转的右移风暴比刚刚分裂出去的反气旋左移风暴要强。随着时间推移,直到 23 时 12 分,气旋式和反气旋式旋转的右移和左移风暴达到大致相同的强度,此时 4.3°仰角径向速度图上呈现出分别对应右移和左移超级单体的中气旋(蓝色圆圈)和中反气旋(绿色圆圈)。经过 4.3°仰角上 23 时 12 分反射率因子图中右移和左移超级单体强回波核心,做垂直于右移和左移超级单体之间雷达径向的垂直剖面,如图 3.56 所示,图中左侧和右侧分别对应右移和左移超级单体的垂直剖面,都呈现出高悬的强回波雹暴结构,其中对应右移超级单体的垂直剖面结构(图 3.56 左侧)的回波略强一些,基本上呈现镜面对称结构,接近于超级单体动力学那一节中谈到的垂直风切变矢量随高度不变的情况(图 3.52a)。之后,上述分裂形成的气旋式旋转的

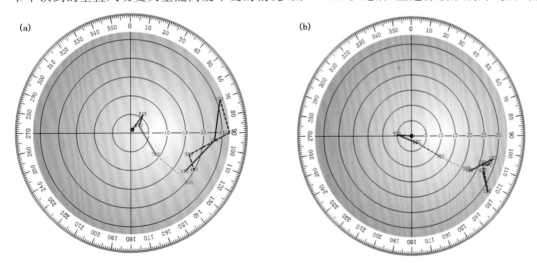

图 3.54 2004 年 5 月 21 日 20 时探空获得的安庆(a)和阜阳(b)的风矢端图

右移和反气旋旋转的左移超级单体强度交互变化,一段时间右移的强,另一段时间又是左移的强,最强时最大反射率因子都超过 70 dBZ,基本上保持左右对称结构,一直持续到 5 月 22 日 01 时,即对流风暴分裂为右移和左移两个旋转方向相反的超级单体之后 2 小时左右,此时右移和左移超级单体中心之间的距离大约为 60 km。

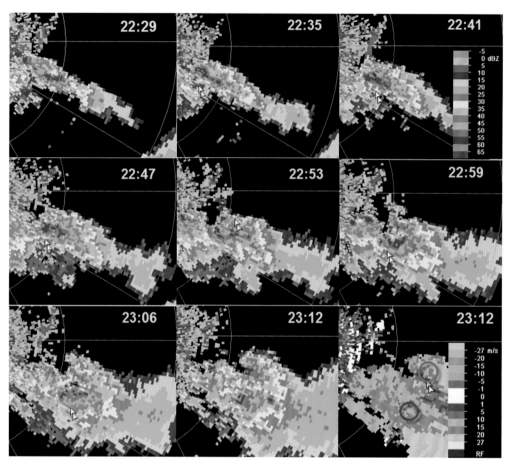

图 3.55　2004 年 5 月 21 日合肥多普勒天气雷达 4.3°仰角反射率因子 22:29—23:12 逐个体扫(间隔 6 分钟)的时间序列,最后一幅为 23:12 雷达 4.3°仰角的径向速度图

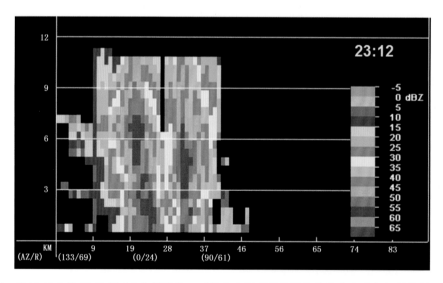

图 3.56　2004 年 5 月 21 日 23:12 合肥雷达 4.3°仰角上呈现的分裂的右移和左移超级单体的垂直剖面

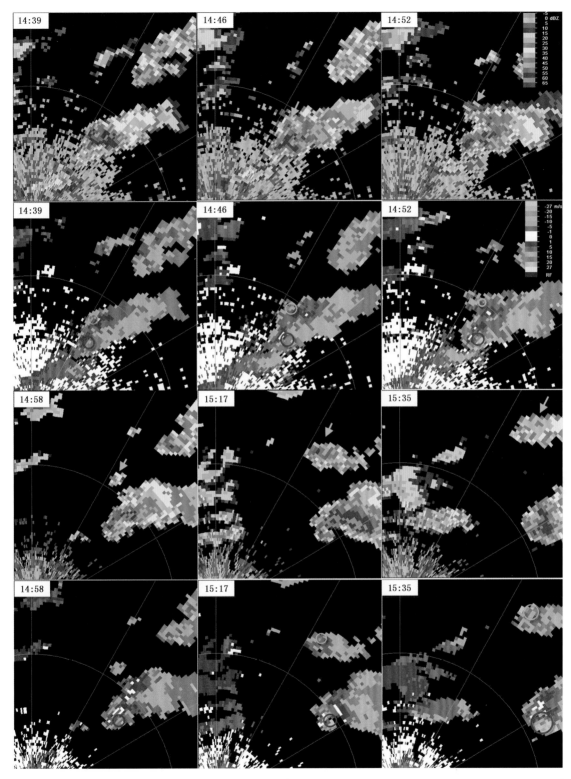

图 3.57　2004 年 4 月 29 日 14:39—15:35 湖南常德 SB 型多普勒天气雷达 3.4°仰角反射率因子和径向速度时间序列

　　2004 年 4 月 29 日 14—16 时湖南安乡附近出现一个气旋式旋转的右移超级单体雹暴,产生了 10 cm 直径的特大冰雹,25 m/s 以上的强阵风和短时强降水(廖玉芳等,2007)。根据长沙 4 月 29 日 20 时探空,利用 29 日 14 时安乡的温度和露点订正 CAPE 和 CIN 的计算表明,850～500 hPa 温差为 26℃,地面露点为 23℃,可降水 PW 为 48 mm,CAPE 值为 2000 J/kg,CIN 为 5 J/kg,0～6 km 风矢量差为 21 m/s,低层风暴相对螺旋度(SRH)为 300 m^2/s^2,对于气旋式右移超级单体风暴的形成极为有利。该气旋式右移强单体形成后(尚未达到超级单体中气旋标准),产生分裂,分裂出一个较弱的反气旋式旋转的左移小型单体(图 3.57),之后,气旋式右移强单体发展成为超级单体,始终处于支配地位,产生大冰雹和灾害性雷暴大风等强烈天气,而分裂出的小型反气旋式旋转的左移单体始终处于较弱状态,没有产生强烈天气。图 3.58 给出了 2004 年 4 月 29 日 20 时由长沙探空获得的风矢端图,从地面直到 700 hPa,风切变矢量明显顺时针旋转,但在 700~500 hPa 间的风切变矢量相对于前面的风切变矢量逆时针旋转,500~300 hPa 之间风切变矢量又是顺时针旋转,因此在整个对流层总体来说风切变矢量以顺时针旋转为主,有利于气旋式旋转的右移超级单体发展,反气旋式旋转的左移超级单体会受到抑制。同时需要清楚,长沙探空站 4 月 29 日 20 时探空,相对于安乡超级单体发生的 15 时左右,无论空间和时间上都有一定间隔,最多只能粗略代表安乡超级单体风暴发生时的近风暴环境。

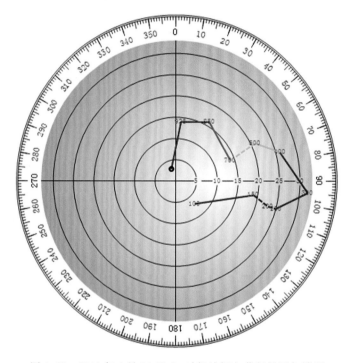

图 3.58　2004 年 4 月 29 日 20 时长沙探空获得的风矢端图

现在仔细看一下上述气旋式右移强单体的分裂以及发展为右移超级单体的过程。图 3.57 给出了 2004 年 4 月 29 日 14:39—15:35 湖南常德 SB 型多普勒天气雷达 3.4°仰角反射率因子和径向速度时间序列,从中可以看出,与 14 时 39 分 3.4°仰角反射率因子图上强单体的钩状回波相对应,存在一个几千米尺度的气旋式涡旋(蓝色圆圈),旋转速度只有 7.5 m/s,还达不到中气旋的强度,在其东北方向不远处,存在一个尺度更小的反气旋涡旋(绿色圆圈),旋转速度也是 7.5 m/s;下一个体扫的 14 时 46 分,上述与反射率因子钩状回波对应的气旋式涡旋的旋转速度增大到 12 m/s,达到弱中气旋标准,对应的右移强单体发展为超级单体,而其东北方向不远处的反气旋涡旋的旋转速度不变,但分裂过程已经在进展之中;14 时 52 分,分裂过程进一步发展,与反射率因子图上钩状回波对应的气旋式涡旋的旋转速度增加到 13.5 m/s,而其东北部与正在分裂出去的左移单体(绿色箭头所指)对应的反气旋涡旋的旋转速度还是 7.5 m/s;14 时 58 分,左移单体完全分裂出去,但径向速度图上没有呈现出对应的反气旋涡旋,右移超级单体回波强度增加到 65 dBZ,对应的中气旋旋转速度为 15.5 m/s;大约 20 分钟后的 15 时 17 分,左移单体变强变大,径向速度图上呈现明显反气旋旋转,旋转速度为 7.5 m/s,同时右移超级单体变得更强,呈现出典型的钩状回波,最强反射率因子超过 70 dBZ,对应的中气旋旋转速度为 16 m/s;15 时 35 分,右移超级单体中气旋(蓝色圆圈)旋转速度进一步增加到 19 m/s,属于中等强度中气旋,而左移单体对应的反气旋涡旋(绿色圆圈)的旋转速度为 10 m/s,仍然没有达到中气旋标准。上述过程与图 3.52b 中描述的风暴分裂和演变过程是类似的,尽管图 3.52b 是理想状态下的模拟结果,而图 3.57 是一次实际对流风暴分裂,气旋式旋转的右移风暴加强发展为右移超级单体,分裂出来的反气旋式旋转的左移单体要弱很多,始终没有发展成为超级单体,说明前面两小节阐述的超级单体动力学还是可以用来定性解释实际发生的超级单体的一些行为的。我们注意到,从 14 时 52 分开始,右移超级单体除了对应一个明显的中气旋外,与中气旋并排存在一个尺度大约相当的反气旋涡旋,只不过旋转速度明显小于中气旋,也就是说,即便是在右移超级单体内部,也是存在一个气旋-反气旋对,只不过气旋式涡旋(中气旋)占支配地位而已。并非所有右移超级单体都有气旋-反气旋对,有相当一部分右移超级单体只有中气旋,不存在气旋-反气旋对,或者隐约存在,但非常不明显,中气旋占绝对支配地位。

　　王福侠等(2014)分析了 2007 年 7 月 9 日下午和晚上发生在河北南部的 4 个对流风暴的分裂过程,该过程多次形成气旋式旋转的右移强单体和反气旋旋转的左移强单体,其中部分发展为超级单体,最终是一个具有中反气旋旋转的左移超级单体发展的最为强大,产生了 4 cm 直径冰雹和灾害性雷达大风。邢台探空站 7 月 9 日 14 时探空显示,对流有效位能为 3700 J/kg,对流抑制能量为 30 J/kg,0~6 km 垂直风切变为 24 m/s,强的对流有效位能和强的深层垂直风切变,有利于超级单体风暴的产生(Moller,2001;Markowski and Richardson,2010;俞小鼎等,2012)。图 3.59 给出了根据上述探空制作的风矢端图,地面至 925 hPa、925~850 hPa、850~700 hPa 的风切变矢量呈现明显的逆时针旋转,850~400 hPa 的风切变矢量方向几乎不变。根据 Rotunno 和 Klemp(1982)以及 Klemp(1987)的研究,这种情况下超级单体分裂后反气旋旋转的左移超级单体会得到加强发展,而气旋式旋转的右移超级单体会受到抑制。图 3.60 给出了 4 个对流风暴分裂前后的路径以及开始和结束的时间。从图中看出这些风暴发展演变过程非常相似,都是在发展初期(新生后 1~5 个体扫)分裂成 2 个风暴单体,一个是带有气旋式涡旋的右移风暴,另一个是带有反气旋涡旋的左移风暴。单体 2 分裂后的反气旋左移风暴一段时间后又产生了分裂,再分裂为气旋式右移和反气旋式左移风暴,还是左移风暴得到加强。这二次分裂过程没有标注在图 3.60 中,以免线条过于复杂不容易看清楚。单体 1、2、3 分裂后的 6 个风暴单体中的 3 个反气旋左移风暴都发展成为超级单体风暴,单体 1 和单体 2 的反气旋风暴为具有弱的中反气旋的超级单体风暴,单体 3 分裂后的反气旋风暴发展成为具有中等强度中反气旋的超级单体风暴。单体 3 分裂后的反气旋左移风暴最终得到迅速发展,成为强大的带有明显中反气旋的左移超级单体风暴,产生大冰雹和灾害性雷暴大风。图 3.61 给出了该左移超级单体在 7 月 9 日 18 时 24 分的不同仰角的反射率因子和径向速度图。在中低层(0.5°~2.4°仰角,对应高度 1.0~3.0 km)北侧有宽广的前侧入流缺口和明显的钩状回波(图 3.61d1 和 e1),反射率因子梯度很大;中层(4.3°仰角,高度大约 5.0 km)有清楚的有界弱回波区(图 3.61c1),该有

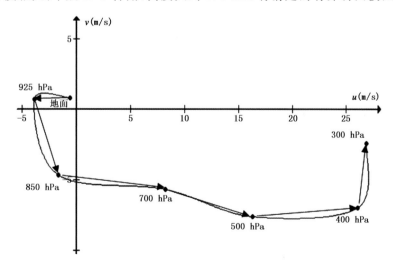

图 3.59　根据 2007 年 7 月 9 日 14 时邢台探空绘制的风矢端图

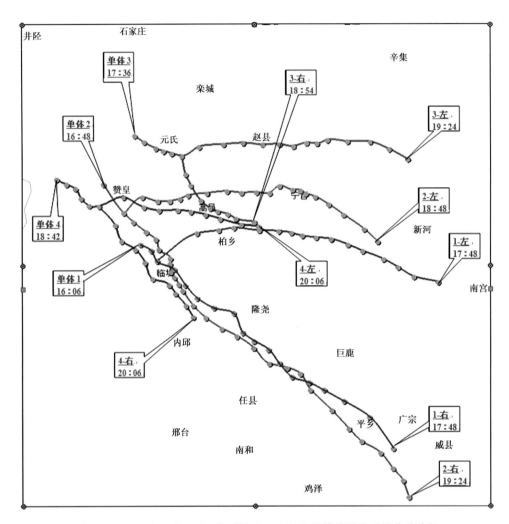

图 3.60　2007 年 7 月 9 日下午到晚上 4 个对流风暴分裂前后的移动路径
（蓝色圆点表示 2.4°仰角每 6 分钟强回波中心位置）

界弱回波区扩展到中高层，在 6.0°仰角上（高度约 7.5 km）仍然隐约可见。再往上，有强反射率因子核心位于有界弱回波区之上（图 3.61a1）。从低层向高层，反射率因子高梯度区向北侧（低层暖湿气流入流的那一侧）倾斜，高层强回波中心位于低层入流缺口和中高层有界弱回波区上空。从低层到中高层都观测到明显的中反气旋，均位于北侧的入流缺口或有界弱回波区内（图 3.61e2、d2、c2、b2），3.4°仰角（高度约 4.5 km）的中层旋转最强，旋转速度为 18 m/s，尺度为 5 km 左右，根据距雷达大约 70 km 距离判断，其属于中等强度中反气旋。若假定涡旋为轴对称的，则可计算出其垂直涡度值为 $-1.4\times10^{-2}\,\mathrm{s}^{-1}$。顶层（9.9°仰角，高度约 12.0 km）有明显的风暴顶辐散（图 3.61a2），同时还略微带有反气旋旋转，对应强辐散的正负速度差值为 66 m/s，构成风暴顶辐散的正负速度中心间距为 15 km，如果假定该风暴顶辐散为轴对称的（实际辐散形态应该与轴对称有差异），则其散度值为 $0.9\times10^{-2}\,\mathrm{s}^{-1}$。该带有中反气旋的左移超级单体是迄今为止在中国发现的形态最经典的左移超级单体。

　　伍志芳等（2014）分析了 2012 年 4 月 10 日下午发生在广东梅州的分裂超级单体风暴，对流风暴刚分裂不久，气旋式右移风暴和反气旋左移风暴几乎同时发展加强，一段时间后，反气旋左移风暴进一步加强发展，产生大冰雹和雷暴大风，而气旋式右移风暴逐渐减弱消亡。

　　Yu 等（2012）综合统计分析了 2002—2009 年 8 年期间发生在中国的 200 多起超级单体风暴事件，发现反气旋左移风暴所占比例不超过 2%，而经过明显对流风暴分裂过程形成的超级单体所占比例不超过 15%。

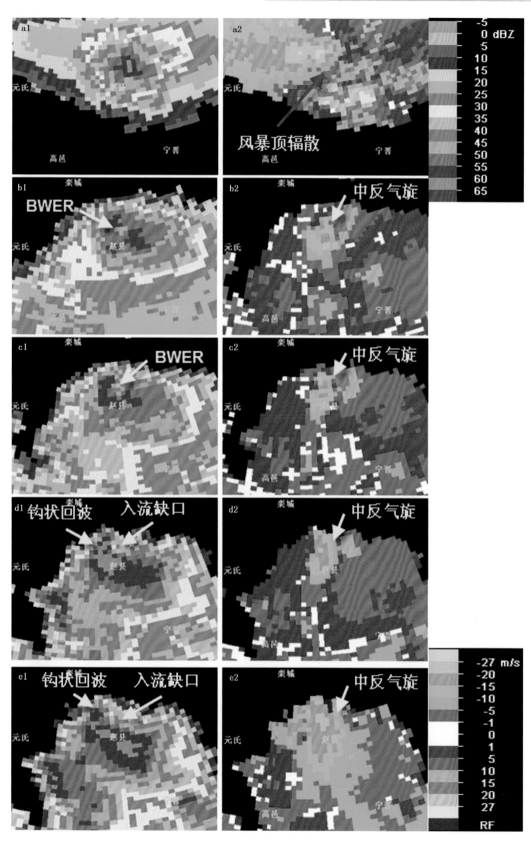

图 3.61　2007 年 7 月 9 日 18:24 石家庄 SA 型多普勒天气雷达观测的具有中反气旋的左移超级单体风暴的基本反射率特征(第 1 列)和风暴相对径向速度特征(第 2 列)。自下而上分别为 1.5°、2.4°、3.4°、4.3°和 9.9°仰角(雷达位于北方)

3.6　中尺度对流系统

3.6.1　初始概念

上述对流系统如多单体风暴、飑线和超级单体风暴主要是通过天气雷达进行观测和识别的,还有的对流系统最初是通过气象卫星云图特征加以识别的,如中尺度对流系统(MCS)(Zipser,1982)。中尺度对流系统(MCS)是在气象卫星红外云图上看上去相对独立的一块有组织的中尺度对流云团,该云团在红外云图上的特征如满足一些特定的条件则被称为中尺度对流复合体(MCC)(Maddox,1980)。中尺度对流系统(MCS)或中尺度对流复合体(MCC)的天气雷达回波形态呈现出多样性。

图 3.62 给出了 2002 年 8 月 24 日影响河南、安徽、江苏、浙江和上海的飑线的雷达回波图,其前沿是一条长达 300 km 的强回波带,后面是大片的积云和层状云降水的混合回波区,强回波带前面还有一条阵风锋,呈现出窄带回波形态。其红外云图(左下角)呈现出一个团状的低亮温区域,可以判定为一个中尺度对流系统。图 3.63 给出了另外一个例子,图中为 2005 年 6 月 14 日 20:00 的位于江苏北部的一个中尺度对流系统的红外云图和雷达回波图。从雷达回波图上可以发现,一条近 200 km 长的阵风锋位于该中尺度对流系统的西端,而云图上低亮温的云顶之下,是一族一族的多单体风暴和超级单体风暴。该中尺度对流系统随后几小时内在安徽北部和江苏北部的发展产生了创纪录的冰雹(直径 120 mm)、雷暴大风和龙卷。由此可见,在红外云图上看起来特征相似的中尺度对流系统,在雷达回波上可以呈现出非常不同的回波形态。

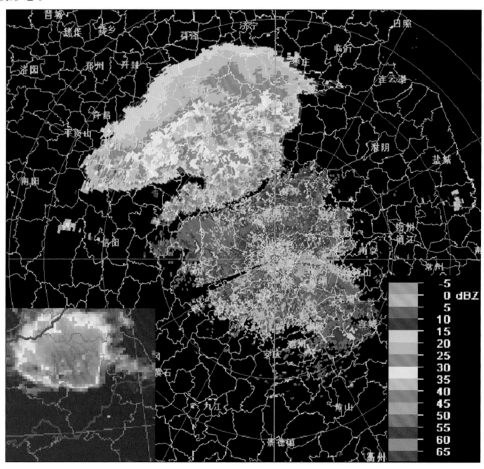

图 3.62　2002 年 8 月 24 日 12:00 合肥 SA 雷达反射率因子图像,左下角为同一时间的 FY-2C 红外云图

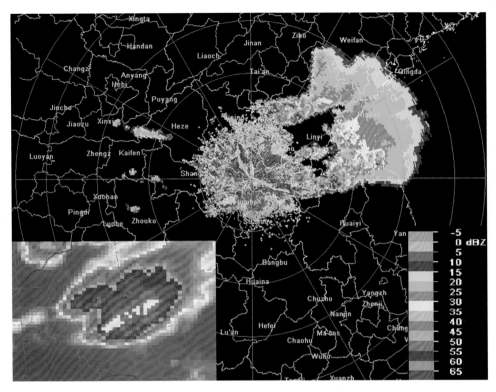

图 3.63　2005 年 6 月 14 日 20:00 徐州 SA 雷达反射率因子图像,左下角为同一时间的红外云图

3.6.2　中尺度对流系统的分类

　　如上所述,最初的中尺度对流系统(MCS)概念指的是气象卫星红外云图上的中尺度低亮温区域,该低亮温区域对应对流导致的冷云盖,冷云盖下面是以各种方式组织起来的雷暴群,包括旺盛对流部分和层状云部分,这些雷暴群的上冲云顶和云砧连接在一起形成上述冷云盖,其尺度通常在 100~1000 km 范围(Zipser,1982)。随着研究的深入,借助于多普勒天气雷达观测,发现这些中尺度对流系统在其发展成熟阶段会形成自己的一套环流系统(Houze et al,1989;Houze,2004),包括中尺度倾斜上升和倾斜下沉气流(图 3.12),有时还具有 β 中尺度涡旋,称为 MCVs(mesoscale convective vortices),这样在动力结构上的确构成了一个相对完整的中尺度环流系统。美国气象学会气象学词典定义中尺度对流系统(MCS)为任何产生超过连续 100 km 尺度降水区域的雷暴群(Markowski and Richardson,2010)。

　　Houze 等(1990)利用多普勒天气雷达研究了发生在美国俄克拉何马州的伴随强降水的中尺度对流系统的结构,发现不同例子间其中尺度结构变化很大。他们发现,可以粗略地将这些变化很大的 MCS 结构分为两大类:1)线状结构,由线状的对流降水回波部分和位于线状对流回波后部、前部或侧面的层状降水回波部分构成,其中层状降水部分位于线状对流降水后部的情况占多数;2)不规则结构,很难对其结构进行描述和分类。Houze 等(1990)指出,第一类结构约占了三分之二,第二类结构约占三分之一。图 3.62 所示的 MCS 属于线状结构,图 3.63 中呈现的 MCS 属于不规则结构。在第一类所谓线性结构中,可以进一步分为两个子类,一类南北呈现对称结构,另一类南北为非对称结构,北部更为宽大。Skamarock 等(1994)的数值模拟结果表明,初始形成阶段的线状 MCS 往往都是南北对称结构,随着时间演变,在地转偏向力(科氏力)作用下,演变为北部更为宽大的非对称结构,常常呈现为逗点头形态。Houze 等(1990)发现,所有强对流天气都可以出现在上述不同结构的 MCS 中,具有对称线状结构的 MCS 更容易产生强降水和雷暴大风,非对称线状结构的 MCS 产生冰雹和龙卷的概率相对较高,不规则结构的 MCS 产生强冰雹的概率最大,但产生龙卷和强降水的概率不如线状结构的 MCS。他们进一步指出,对于达到

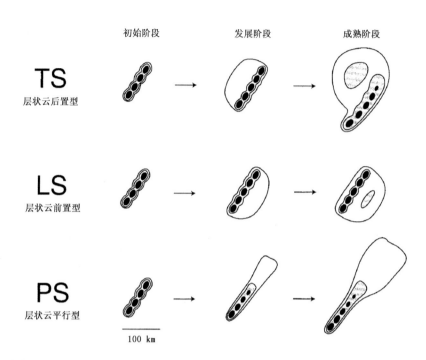

图 3.64 三种类型的线状中尺度对流系统的理想生命史。两个阶段间近似的时间间隔对于 TS、LS 和 PS 分别为 3～4 h，2～3 h 和 2～3 h，不同层次的灰度大约对应 20、40 和 50 dBZ（引自 Parker and Johnson，2000）

中尺度对流复合体（MCC）标准的中尺度对流系统（MCS），线状结构和不规则结构的比例几乎是相等的。线状结构的中尺度对流系统与更早的飑线概念相对应，因此有不少学者将其称为飑线（squall line），这里指的是国际上通行的飑线概念，与我们在前面定义的飑线的惟一差别就是不要求产生区域性雷暴大风。近些年来，越来越多的学者将他们称为准线性对流系统（quasi-linear convective systems，QLCSs）。Parker 和 Johnson（2000）基于 1996 年 5 月—1997 年 5 月美国中部地区 2 km 分辨率的多普勒天气雷达反射率因子拼图，从总共 100 多个线状 MCS 个例中去掉了高架对流个例，在剩余的 88 个发生在锋面暖区并且生命史在 3 小时以上的线状 MCS 个例基础上，根据其中 85 个例子（其他 3 个例子无法分类）的反射率因子回波结构将在雷达回波上呈线性结构的 MCS 进一步划分为 TS（trailing stratiform），LS（leading stratiform）和 PS（parallel stratiform）三个子类（图 3.64），分别代表层状云降水回波位于线状对流降水回波后部、前部和侧翼，TS 子类出现频率最高，大约占到 60%（51 个个例），LS 和 PS 合起来大约占到 40%（34 个个例），其中 LS 和 PS 大约各占 20%。图 3.62 所示的线状 MCS 系统显然属于 TS 型。

在上述 85 个线状 MCS 生命史中，不少个例都出现了上述三种模态（TS、LS 和 PS）间转换的情况，因此，MCS 按照其生命史中占支配地位的模态确定其模态。图 3.65 给出了 85 个暖区线状 MCS 个例的初始模态和最终模态间的对应关系。从图中可以看出，39 个个例的初始模态为 TS，其中 34 个个例的最终模态仍然是 TS，3 个个例的最终模态是 LS，2 个个例最终模态是 PS；20 个个例初始模态是 LS，其中 6 个个例最终演化为 TS，13 个个例最终模态仍是 LS，1 个个例演化为 PS；26 个个例的最初模态是 PS，其中 9 个个例最终模态仍然是 PS，15 个个例的最终模态是 TS，2 个个例的最终模态是 LS。

按照上述中尺度对流系统（MCS）分类，在 3.4.3 节中定义的飑线属于线状 MCS，而且绝大多数属于 TS 模态，即飑线属于线状 MCS 的一个子集，而线状 MCS 又属于多单体线状风暴的一个子集。一般孤立的多单体或超级单体风暴在尺度上达不到 MCS 的尺度（100 km）要求，非线性的 MCS 通常由数个或数十个多单体风暴和/或超级单体风暴组成的雷暴群所构成。

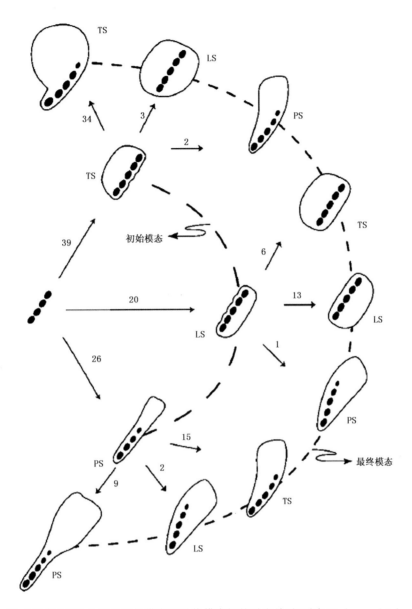

图 3.65　85 个线状 MCS 个例的初始模态和最终模态间的对应关系(引自 Parker and Johnson,2000)

3.6.3　对流风暴和中尺度对流系统的统一分类

　　Gallus 等(2008)试图根据天气雷达回波形态对对流风暴和中尺度对流系统(MCS)进行统一分类,共分为 9 种类型,如图 3.66 所示。9 种类型分别是孤立单体(IC)、单体群(CC)、断离式线状对流(BL)、不带层状云降水的线状 MCS(NS)、层状降水后置的线状 MCS(TS)、层状降水位于侧翼的线状 MCS(PS)、层状降水前置的线状 MCS(LS)、弓形回波(BE)以及非线性 MCS。

　　上述分类的一个最大问题是没有将超级单体突出出来,无论是孤立超级单体,还是镶嵌在线状 MCS 或是镶嵌在非线性 MCS 之中的超级单体,都会导致相应的回波类型与没有超级单体时有很大差别,带有超级单体的系统具有大得多的产生强烈天气的概率(Duda and Gallus,2010)。此外,弓形回波往往是线状 MCS 的一部分,一个线状 MCS 有时会包括好几个弓形回波段,将弓形回波作为一种独立的回波类型并不合适。图 3.66 的分类没有获得业界的广泛认可。

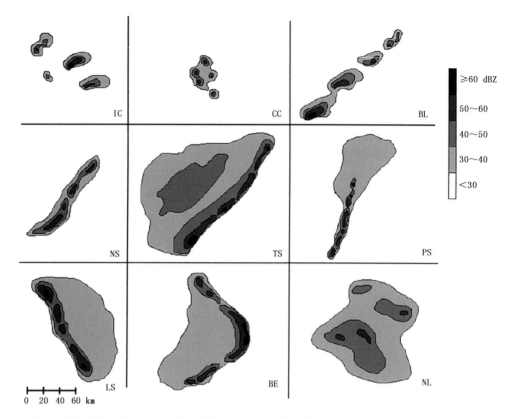

图 3.66　将所有对流风暴和/或中尺度对流系统按照雷达回波形态分成 9 种类型示意图。各种类型的缩写如下：IC-孤立单体(isolated cells)；CC- 单体群(clusters of cells)；BL-断离式线状结构(broken line)；NS-不带层状降水的线状 MCS(linear MCS with no stratiform rain)；TS-层状降水后置的线状 MCS(linear MCS witht railing stratiform rain)；PS-层状云降水位于侧翼的线状 MCS(linear MCS with parallel stratiform rain)；LS-层状降水前置的线状 MCS(linear MCS with leading stratiform rain)；BE-弓形回波(bow echo)；NL-非线性系统(nonlinear system)

3.7　小结

采用英国气象学家 K. A. Browning 在 1977 年提出的被业界广泛接受的基于天气雷达回波结构和形态的分类方法对对流风暴(雷暴或深厚湿对流)进行分类。所有对流风暴都由对流(雷暴)单体构成，单体分为普通单体和超级单体两种，超级单体最本质的特征是包含一个持久深厚的中气旋。根据由上述两种单体构成的对流风暴的形态不同，可以将对流风暴(雷暴或深厚湿对流)划分为普通单单体风暴、多单体风暴、超级单体风暴和多单体线状风暴 4 种类型，飑线是多单体线状风暴的一个子集。超级单体风暴可以由一个孤立超级单体构成，也可以是包含超级单体的多单体结构的风暴，其中超级单体占了支配地位，尽管是多单体结构，通常也称为超级单体风暴。如果多单体线状风暴中包含或镶嵌有超级单体，仍然称为多单体线状风暴。虽然普通单单体风暴被作为一种风暴类型，多数学者倾向于认为这种类型的对流风暴严格来讲属于多单体风暴，只是各个单体结合的紧密一些。

3.7.1　对流风暴类型与环境条件的关系

对流风暴类型在一定程度上取决于对流有效位能(CAPE)和用 0～6 km 风矢量差所代表的深层垂直风切变的组合(表 3.2)。发生在暖季的对流风暴，可将 CAPE 分为低、中等和高三个等级，以 1000 J/kg和 2500 J/kg 为界限；将代表深层垂直风切变的 0～6 km 风矢量差也分为弱、中等和强三个等级，分别以 12 m/s 和 20 m/s 为界限。

在中等到高的 CAPE 和弱的深层垂直风切变情况下,可以出现的惟一强风暴是脉冲风暴,可以产生灾害性下击暴流及其伴随的雷暴大风、直径 1~2 cm 的冰雹和短时强降水。脉冲风暴不是一种独立的对流风暴类型,它多以多单体风暴的形态出现,含有一个和多个脉冲单体。脉冲单体属于普通单体,只是其初始回波高度明显高于一般普通单体,最强回波可以达到 50 dBZ 以上(图 3.2)。在中等强度的深层垂直风切变情况下,如果 CAPE 值为中等或以上,那么出现较高组织程度的多单体强风暴的概率较大,多单体强风暴可以产生直径大到 3~4 cm 的冰雹、灾害性雷暴大风以及短时强降水。在强的深层垂直风切变情况下,如果 CAPE 值中等或以上,出现超级单体风暴的概率较大。超级单体风暴是最猛烈的对流风暴,它可以产生 5 cm 直径以上的大冰雹、EF2 级或以上龙卷、灾害性直线型雷暴大风和短时强降水,尤其在产生大冰雹和强龙卷方面很突出。在春天或秋天,大气斜压性较强,深层垂直风切变很强,此时即便 CAPE 值处于低值区(500~1000 J/kg),有时也会出现超级单体风暴,导致强烈的对流天气。特别需要指出,表 3.2 中的划分只能做一个参考,一个很粗略的建议。

表 3.2　不同 CAPE 值和 0~6 km 风矢量差组合情况下可能出现的对流风暴类型(Lemon 提供)

CAPE(J/kg)	0~6 km 垂直风切变值(m/s)		
	<12	12~20	>20
<1000	普通单体	普通单体或多单体	普通单体或超级单体
1000~2500	脉冲风暴	多单体或强多单体	超级单体
>2500	脉冲风暴	多单体或强多单体	超级单体

线状多单体风暴在 CAPE 值从低到高,0~6 km 风矢量差从弱到强的情况下都可以出现,只是在中等或以上的深层垂直风切变情况下出现的概率相对高,飑线尤其如此。线状多单体风暴形成不单单取决于 CAPE 值和 0~6 km 风矢量差,初始时刻线状多单体风暴形成还与触发该对流的辐合线强弱以及该辐合线与 0~6 km 垂直风切变矢量夹角有关;非初始时刻由一个或多个孤立风暴演变而成的线状多单体风暴则与孤立风暴生命史细节和环境风廓线特征有关,几乎是无法预料的。

3.7.2　多单体风暴

多单体风暴是最常见的对流风暴结构,通常由 3~6 个普通对流单体构成,呈团状结构。大多数多单体风暴结构松散,在弱的深层垂直风切变情况下,只有脉冲风暴形式的多单体风暴可以产生强对流天气。随着深层垂直风切变增加,组织程度较高的多单体风暴形成的数量逐渐增多,这种组织程度较高的多单体风暴(多单体强风暴),可以产生较大冰雹、灾害性雷暴大风和短时强降水等强对流天气,偶尔也可以产生非中气旋龙卷(也称为非超级单体龙卷)。在垂直风切变逐渐变强的情况下,部分多单体强风暴有可能演变为超级单体风暴,产生更为剧烈的强对流天气,包括大冰雹、强龙卷、灾害性雷暴大风和短时强降水。

多单体风暴的回波移动矢量可以分解为平流和传播两个分量(图 3.7)。平流是指构成多单体风暴的每个普通单体一旦形成,就大致沿着风暴承载层(抬升凝结高度到平衡高度之间的层)平均风方向以平均风风速移动,传播是指在多单体风暴的固定一侧不断有新的单体形成,构成向这一侧方向的传播。当传播方向与平流方向的夹角小于 90°时,称为前向传播,此时多单体风暴移动矢量的绝对值大于平流速度,即对流风暴整体移动速度高于风暴承载层平均风;当传播矢量与平流方向夹角大于 90°时,称为后向传播,此时多单体风暴移动矢量的绝对值小于平流速度,即对流风暴整体移动速度低于风暴承载层平均风。在极端情况下,传播矢量和平流矢量夹角为 180°,即方向完全相反,同时传播速度与平流速度大致相等,此时多单体风暴整体近似停滞不动,尽管风暴承载层平均风或许较大和/或深层垂直风切变或许在中等及以上。同样,多单体线状风暴也可以分解为平流和传播,只是当线状风暴中包含有超级单体时,超级单体并不完全沿着风暴承载层平均风方向以平均风风速移动,而是略微偏向于风暴承载层平均风矢量的右侧移动,移动速度也略慢于平均风风速。对于由多个多单体风暴和/或超级单体风暴和/或多单体线状风暴以及相应的层状云降水区构成的 β 中尺度或 α 中尺度对流系统,也可以将该 MCS 的移动矢量分解为平流和传播两个分量。对于没有新的对流单体在多单体风暴固定一侧不断形成的情况,比如完全没有新的单体形成,或者有新的单体形成,但并不在固定一侧,而是各个侧面都有,则传播矢量为零,该多单体风暴的移动矢量完全由平流矢量确定。

3.7.3　飑线

飑线是多单体线状风暴的一个子集,对飑线没有统一定义,不同学者对飑线的定义虽然主要特征基本一致,但细节都有所不同。为了使飑线概念既基本符合国际惯例,又照顾到中国学者的固有概念,在3.4.3小节我们对中国飑线给予明确的定义。满足下列几个条件的多单体线状风暴确定为中国地区飑线:

1)40 dBZ 以上部分回波的长宽之比大于等于五比一。

2)线状对流可以是连续的,也可以存在断裂,断裂部分的长度明显小于 40 dBZ 以上部分对流线段的长度,以至于整个多单体线状风暴看上去是准连续的。

3)40 dBZ 以上部分的长度大于等于 100 km。

4)满足上述条件的多单体线状风暴的生命史不少于 1 小时。

5)在上述多单体线状风暴的生命史过程中,至少有 3 个国家级观测站和/或 8 个区域自动气象站观测到 17 m/s 以上雷暴大风。

需要指出,以上中国飑线定义只是一个尝试,需要在业务实践中不断完善,对于是否符合上述飑线定义,具体判别时不必过于苛刻,要点是"产生了区域性雷暴大风(17 m/s 以上)的多单体线状风暴"。

飑线的形成方式主要有三种,分别是断线发展型、后向发展型和零散聚合型。

飑线有时生命史很长,有时很短,为了解释飑线的稳定性和生命史长短,美国国家大气研究中心(NCAR)的三位科学家 Rotunno、Klemp 和 Weisman 于 1988 年合作撰写了一篇论文,提出了所谓 RKW 理论。主要观点是:1)飑线能够长时间维持的关键条件是飑线内的上升气流尽量垂直,当该上升气流过于倾斜时,飑线就会衰减;2)飑线内上升气流垂直与否主要取决于飑线冷池产生的水平涡度与环境垂直风切变产生的水平涡度间是否能够达到近似平衡状态。该理论提出后在业内产生了广泛影响,也有一些学者对该理论持保留态度。

3.7.4　超级单体风暴

超级单体风暴是所有对流风暴类型中最猛烈的一种类型,其主要特征是具有一个持久深厚的中气旋。当低层暖湿入流中含有沿着流线方向的明显水平涡度分量时,入流进入上升气流后水平涡度被扭曲为垂直涡度,加上垂直气流的垂直拉伸作用,气旋式涡旋加强,形成中层(3~6 km 高度)中气旋,标志着超级单体风暴的形成。在这样形成的超级单体风暴中,上升气流和中气旋垂直涡度是高度相关的。

中气旋的尺度一般不超过 10 km,其垂直伸展超过超级单体垂直尺度的三分之一,垂直涡度在 10^{-2} s^{-1} 量级,通常将 10^{-2} s^{-1} 的垂直涡度称为一个中气旋单位。在业务中,根据中气旋旋转速度和到雷达的距离将中气旋分为三个级别:弱、中等和强(图 3.23)。目前中气旋的识别主要以预报员根据上述判据的主观识别为主。为了方便预报员识别,美国 NOAA 的强风暴实验室(NSSL)研发了中气旋自动识别算法,该算法的命中率(POD)还是比较高的,同时虚警率(FAR)也不低,特别是当出现速度模糊时。此外,对于微型超级单体、低顶超级单体该算法在多数情况下无法识别,对于带有中反气旋的左移超级单体,该算法也无法识别。

在飑线或者弓形回波等准二维线状对流回波前沿,常有一种有别于超级单体中气旋的 γ 中尺度涡旋形成,通常比中气旋要浅薄,Weisman 和 Davis(1998)称其为中尺度涡旋(mesoscale vortices),形成机制与中气旋明显不同,但有时中气旋探测算法也会将这类飑线或者弓形回波前沿的中涡旋识别为超级单体中气旋。这类飑线和/或弓形回波前沿的中涡旋有时也会产生龙卷(非超级单体龙卷),更多的是产生灾害性直线风(Trapp and Weisman,2002)。

在超级单体风暴中，由于中层中气旋的形成和加强，使得中气旋最强的对流层中层（3～7 km 高度）气压降低，形成从地面附近到对流层中层的向上的气压梯度扰动，产生向上的加速度，导致更强的上升气流。在超级单体风暴内，这种动力作用导致的上升气流强度可以与由 CAPE 转换的（热力作用导致）上升气流强度大致相当，因此在超级单体风暴内，其上升气流强度可以远远超过类似 CAPE 值情况下的非超级单体风暴内的上升气流强度。这解释了为什么产生 5 cm 直径以上冰雹的对流风暴中，绝大多数是超级单体，因为在非超级单体风暴中，由于只能通过 CAPE 值转换获得上升气流加速度，而且 CAPE 值越大，夹卷越强，由 CAPE 值转换为上升气流动能的效率越低，其上升气流强度绝大多数情况下无法达到能够托住 5 cm 或以上直径冰雹的强度。因此，具有充分动力学基础的对流风暴分类将对流风暴划分为超级单体风暴和非超级单体风暴两大类（Browning，1977；Doswell and Burgess，1993；Moller，2001），目前的分类主要考虑到历史沿革和业务应用上的方便而不仅仅是动力学特征。

超级单体风暴根据其降水分布可以分为经典超级单体（CL-supercell）、强降水超级单体（HP-Supercell）和弱降水超级单体（IP-Supercell）三种类型（Doswell and Burgess，1993；Moller et al，1994；Moller，2001）。经典超级单体具有 20 世纪 60 年代 Browning（1964）首次根据反射率因子三维结构所定义的超级单体的反射率因子结构特征，因此称为经典超级单体，其主要降水区距离主要上升气流区下风方数千米之外（除了钩状回波区域，那里少量降水被中气旋卷到其后侧）。强降水超级单体中，主要降水区的一部分靠近中气旋，相当一部分降水和冰雹被中气旋环流卷入其后部（Moller et al 1990）；这类超级单体常常产生在大气边界层露点（或水汽混合比或比湿）相对较高的环境下，有时经典超级单体移入低层露点较高的区域会演变为强降水超级单体。弱降水超级单体中，降水区位于上升气流下风方，雨滴稀疏，偶尔包含少量大冰雹，加上云底蒸发，真正落地的降雨很小；由于降水稀疏，在弱降水超级单体中观察不到由降雨导致的强下沉气流和地面冷池（Blustein and Woodall 1990；Rasmussen and Straka 1998）；这类超级单体几乎毫无例外地出现在美国西南部落基山以东的干线附近，有时向东移入低层湿层更深厚一些的区域，可以演变为经典超级单体，甚至进一步演变为强降水超级单体。迄今为止，在中国还没有一例弱降水超级单体风暴得到确认。

超级单体的水平尺度和垂直尺度都可以变化很大，存在一种微型超级单体（miniature supercells），其水平尺度往往不超过典型超级单体水平尺度的一半，其形态可以是经典超级单体也可以是强降水超级单体，可以出现在西风带天气系统环境下，更多地出现在热带气旋外围螺旋雨带上，通常不会产生冰雹，可以产生龙卷、局地雷暴大风和短时强降水。还有一种低顶超级单体（low-topped supercells），其形态也可以类似于经典或强降水超级单体，只是其回波顶较低，发生在平衡高度比较低的环境下，不产生冰雹，可以产生龙卷、雷暴大风和短时强降水。

涉及超级单体中气旋生产机理，如对流风暴分裂产生一对气旋式右移超级单体和反气旋式左移超级单体，形成的超级单体有时会继续分裂，以及多数情况下气旋式右移超级单体加强等，对这些机理的明确解释和阐述称为超级单体动力学。关于中气旋产生机理，美国 NOAA 所属的强风暴实验室（NSSL）的科学家 Davies-Jones（1984）利用简化的大气运动方程组进行了较为严谨的阐释，美国宾州州立大学大气科学系的两位教授 Markowski 和 Richardson（2014）对中气旋生成机理做了更为通俗的解释（图 3.27 和 3.28）。涉及超级单体风暴的分裂和传播机理，美国国家大气研究中心（NCAR）的三位科学家 Klemp，Rotunno 和 Weisman 利用他们的三维对流云模式的高分辨率理想环境模拟结果结合大气中小尺度动力学理论的一系列工作（Klemp and Wilhelmson，1978；Rotunno，1981；Rotunno and Klemp，1982，1985；Weisman and Klemp，1984），对上述机理做出了较为成功的解释，被科学界广泛接受。Klemp（1987）对这一系列工作做了系统性的综述。在所谓超级单体动力学中，最重要的是气压动力扰动项所起的作用，该项由非线性项和线性项构成（公式 3-1），非线性项为扰动垂直涡度的二分之一的负值，线性项为 2 倍的平均风垂直切变矢量（公式 3-3）点乘垂直速度扰动的水平梯度。该气压动力扰动项的垂直梯度的负值对向上的垂直加速度有重要贡献，通过气压动力扰动的非线性和/或线性项，可以成功解释超级单体风暴的分裂与传播，右移超级单体的选择性加强，以及某些超级单体中超强上升气流的产生机理。

3.7.5　中尺度对流系统

中尺度对流系统(MCS)最初指的是气象卫星红外云图低亮温区域对应的中尺度系统,1982年Zipser将其正式定义为深厚湿对流起源的降水尺度不小于100 km的中尺度系统,通常包括积云对流降水区和层状云降水区。Houze等(1989,1990)通过多普勒天气雷达对MCS内部结构进行分析,发现MCS可以分成线性结构和非线性结构两大类,这两类结构占比大致相当,各占50%。根据层状云降水区域相对于线状对流部分是后置、前置或者位于侧翼,Parker和Johnson(2000)进一步将线状结构的中尺度对流系统(MCS)分为TS、LS和PS三种形态,其中层状云降水后置形态(TS)占比大约60%,层状云降水前置形态(LS)和位于侧翼的形态(PS)各占20%左右。Browning(1977)根据雷达回波特征将对流风暴分为普通单单体风暴、多单体风暴、超级单体风暴、多单体线状风暴(包括飑线),其中多单体线状风暴包括了线性MCS,而线性MCS又包括了飑线。非线性结构的MCS通常由多个多单体风暴和/或超级单体风暴的集合构成。

第 4 章　雷暴演变的临近预报

第 2 章和第 3 章分别讨论了深厚湿对流(雷暴或对流风暴)产生的有利环境背景以及深厚湿对流的分类与各类对流风暴的多普勒天气雷达回波结构特征。本章将讨论深厚湿对流(雷暴或对流风暴)演变的临近预报,其中最具挑战性的是雷暴生成、发展和消散的临近预报。在雷暴生命史的相对稳定期,可以用外推方法判断雷暴未来的路径。如果雷暴的生命史较长,外推方法可以取得一定的效果,但如果雷暴生命史较短,外推方法的有效预报时间可能只有 15 分钟甚至更短。在本章中,首先讨论雷暴移动路径和雷暴演化的客观外推方法,然后讨论雷暴生成、加强和衰减的临近预报问题。

4.1　雷暴演变的外推预报

要预报雷暴 15 分钟、30 分钟和 60 分钟甚至更长时间以后的位置,除了主观外推,自动的客观外推技术往往更为有效。外推雷达回波的工作可以上溯到 50 多年前(Ligda,1953)。20 世纪 60—80 年代在发展和测试雷达外推技术方面是非常活跃的,外推的主要思路是根据雷暴过去的历史和现在的位置和/或强度对雷暴未来移动路径和/或大小(有时包括强度)做线性外推,其示意图如图 4.1 所示。主要出现了两大类外推技术:一类是区域追踪(Kessler,1966),另一类是单体追踪(Barclay and Wilk,1970)。区域追踪(area tracker)是一种流型辨识技术,采用交叉相关方法进行二维反射率因子区域的追踪,适合于混合型降水回波和大片对流回波的追踪,早先的区域追踪算法外推雷达观测的整个降水场,没有考虑降水场在其间发生的形变,后来 Rinehart 和 Garvey(1978)、Rinehart(1981)考虑了雷达回波间的微差运动,形成了著名的 TREC 算法。单体追踪(cell tracker)识别每个三维雷暴单体并对单体质心路径进行追踪,适合于强雷暴单体的追踪和临近预报。第一个自动临近预报业务系统于 1976 年在加拿大气象局运行,主要使用了 McGill 大学的算法和雷达产品,该系统除了预报雷暴路径外,还预报降水。在 20 世纪 70 年代末到 80 年代初,英国气象局业务运行了一个降水临近预报系统,该系统使用了雷达和卫星资料,称为 FRONTIER(Browning and Collier,1982)。后来增加了数值预报资料,更名为 NIMROD(Golding,

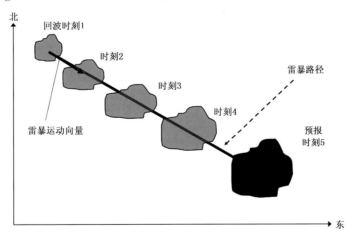

图 4.1　雷暴的雷达回波外推示意图

1998)。本节着重介绍三种具有代表性的客观外推方法:SCIT、TITAN 和 TREC。前两种属于单体追踪算法,后一种为区域追踪算法。由于 SCIT 是目前中国业务布网的多普勒天气雷达算法中所包括的唯一雷达回波外推算法,对它的介绍相比 TITAN 和 TREC 要更详细全面。

4.1.1   SCIT 算法与产品

准确的风暴识别和跟踪是雷达及强天气预警业务的基本,SCIT 是风暴单体识别和跟踪(storm cell Identification and tracking)的缩写,是美国国家强风暴实验室(NSSL)为美国新一代天气雷达 WSR-88D 开发的系列重要算法之一。算法要识别、跟踪并预报风暴单体的移动。SCIT 算法对 WSR-88D 算法版本 9.0 (Build 9.0)发布前的风暴系列算法进行了改进,Johnson 等(1998)对 6561 个风暴单体作了分析,发现对最大反射率因子超过 40 dBZ 的单体,SCIT 算法能正确识别出 68%;对最大反射率因子超过 50 dBZ 的单体,能识别出 96% 以上。有了较好的识别方法,才可能有准确的跟踪信息,因此 SCIT 算法能够正确跟踪 90% 以上的最强回波在 50 dBZ 以上的相对孤立的风暴单体。由此算法得到的数据被广泛用于其他几个下游产品的算法中,如 HI(冰雹指数)、SS(风暴结构)、SRM(风暴相对径向速度图)、SRR(风暴相对径向速度区)、M(中气旋)等。

4.1.1.1   SCIT 算法

SCIT 算法由四个子功能组成:风暴单体段、风暴单体质心、风暴单体跟踪和风暴位置预报。风暴单体段子功能识别反射率因子的径向排列,并输出这些段上的信息到风暴单体质心子功能中。风暴单体质心子功能将段组合成二维分量,并使这些分量垂直相关构成三维单体,再计算这些单体的属性。单体及它们的属性被输出到风暴单体跟踪及风暴位置预报子功能中。风暴单体跟踪子功能是通过将当前体扫发现的单体与前次体扫的单体作匹配来监视单体的移动。风暴位置预报子功能是依据风暴单体移动的历史,利用线性外推来预报风暴将来的质心位置。

(1)风暴单体识别

1)风暴单体段

段是指沿径向排列的、反射率因子大于或等于特定阈值的一组相邻距离库。

风暴单体段子功能搜寻七个不同的最小反射率阈值(缺省为 30、35、40、45、50、55、60 dBZ)的段(图 4.2),段长度必须大于最小段长度阈值(缺省为 1.9 km 或两个距离库),差值小于缺省反射率差阈值(5 dBZ)的距离库小于缺省个数阈值(缺省为 2 个),则继续,否则终止。沿径向可定义许多段,为减少处理任务,每径向上每个最小反射率阈值的段数目被限制为不超过最大段个数阈值(缺省为 15 个)。

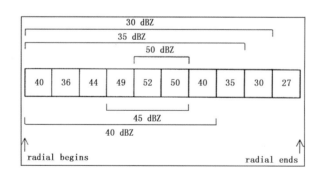

图 4.2   沿径向的 50、45、40、35 及 30 dBZ 阈值风暴段的识别

2)风暴单体质心

分量为在某一仰角扫描所构成的锥面内段的二维区域,质心是指单体质量中心的三维位置。

在仰角扫描的最后一个径向被处理完后,单个风暴段在空间相邻的基础上被组合成二维风暴分量(图 4.3)。要取得组合的资格,风暴段必须在方位上相互靠近且在方位分离阈值(缺省为 1.5°)内,并且重叠的距离大于段重叠阈值（缺省为 2 km）。风暴分量必须大于风暴段阈值（缺省为 2），并且范围要大于分量面积阈值（缺省为 10 km²）。

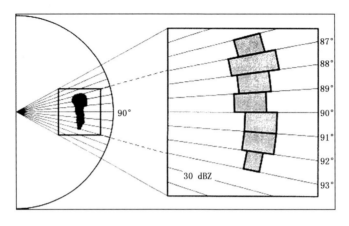

图 4.3　所有 30 dBZ 的风暴段被结合成一个二维分量

如果分量重叠，则较高反射率因子阈值的分量被保存，较低反射率因子阈值的分量被抛弃，即高反射率因子区域将被保存并用作垂直相关构成三维单体。因此，单体是由最高反射率因子区域所定义的。

在当前体扫的所有仰角处理完后，按分量质量从高到低对分量排列，并做垂直相关分析。每个确定的三维风暴单体由连续仰角的两个以上的二维风暴分量组成（图 4.4）。

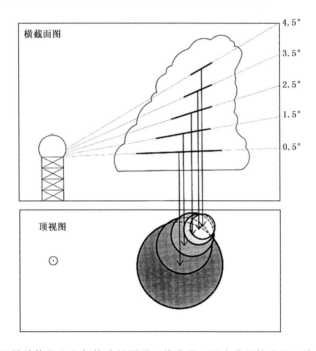

图 4.4　风暴单体段和它们构成的圆形二维分量以及由分量构成的三维风暴单体

做垂直关联的过程是迭代的，从最低的仰角开始。通过比较相邻仰角分量中心之间的距离对分量做垂直相关。首先，将相邻仰角分量中心水平距离小于搜索半径阈值 1（缺省为 5 km）的分量作关联。如果关联多于一个，则用最大质量的两个二维分量做关联。如有非关联分量剩下，则将分量中心水平相隔距离增加到搜索半径阈值 2（缺省为 7.5 km），重复第一次过程。如仍有非相关分量剩下，则将分量中心水平相隔距离增加到搜索半径阈值 3（缺省为 10 km）做最后一次关联。对所有相邻仰角扫描执行此过程，如果至少两个分量垂直相关，就判定为单体。由于仅用最强的（最高反射率因子阈值）分量来定义三维风暴单体,最终获得的实际上是一个三维风暴单体质心。这些风暴单体按基于单体的垂直累积液态水含量(VIL)值大小排列。

由于 SCIT 算法可以识别的风暴单体比原来的风暴系列算法识别到的要多,可能会出现这样的情形,即被识别的单体互相非常邻近,导致输出结果过分拥挤和/或跟踪效果差。在此情形下,最好选择保留较强、较高的单体。因此,如果两个单体质心间的距离小于水平抛弃阈值(缺省为 5.0 km)、两个单体间的高度差大于高度抛弃阈值(缺省为 4 km),则较弱或较矮的单体被抛弃。

对每个确定的单体,计算下列属性:

质心(在极坐标中),

质心的高度(ARL,相对于雷达高度),

　最大反射率因子(3 个距离库的平均),

　最大反射率因子的高度(波束中心点高度,ARL),

单体底和顶(ARL),

分量数目,

　基于单体的垂直累积液态水含量(VIL)。

基于单体的 VIL 计算公式:

$$VIL = \sum_{i=1}^{n} 3.44 \times 10^{-6} \left[\frac{(Z_i + Z_{i+1})}{2} \right]^{4/7} \Delta h \quad (\text{kg/m}^2) \tag{4-1}$$

式中,Z_i 和 Z_{i+1} 为两个连续仰角上的单体相关分量的最大反射率因子值(3 个距离库的平均);Δh 为层间距离(m)。此方法被称为基于单体的 VIL,它可考虑风暴核所呈现出的倾斜结构。

用风暴单体质心子功能最多能识别 100 个单体,且是以基于单体的 VIL 来排列的。基于单体的 VIL 被显示在风暴结构字符产品及风暴属性表中。

(2)风暴单体跟踪

对在两个相继体扫中识别的风暴单体进行时间相关处理,以确定每一个被识别的风暴单体的路径。首先检查体扫之间的时间间隔。如果该时间间隔大于阈值 TIME(缺省值＝20 分钟),则将不进行体扫间的时间相关。这一步骤主要是处理由于雷达故障或通信中断造成的数据不连续。

然后,利用前一个体扫单体质心的位置确定目前体扫中该单体的初猜位置。初猜位置的确定使用根据该单体以前的路径确定的运动向量或一个缺省的运动向量(如果该单体在前一个体扫中首次被识别)。缺省的运动向量是前一个体扫所有风暴单体运动向量的平均值,也可以由用户输入(速度、方向)。后者只在前一个体扫所有单体的平均运动无法得到的情况下才使用。

下一步,计算当前体扫中识别的每个单体与计算的当前每个单体初猜位置之间的距离。如果距离小于一个阈值,则与初猜位置相对应的旧单体被储存下来,作为与当前单体的一个可能的匹配。然后计算当前单体与其所有可能匹配的旧单体的当前初猜位置间的距离。具有最小距离的匹配被认为是与当前识别的单体在时间上是相关联的,认为它们是前后同一个单体。如果是同一单体,就被赋予与前次体扫相同的 ID(单体识别号),如果不是同一单体,就被赋予新的 ID。最后一步,计算所有至少已经在相继两个体扫中被识别的目前单体的新的运动向量。单体运动向量的计算使用线性最小二乘法拟合从风暴单体目前位置直到前 10 个体扫的位置,各个体扫的位置在计算单体运动向量过程中是等权重的。

图 4.5 给出了时间关联过程的一个例子。图 4.5a 中显示初始探测到的单体 3 和单体 4,图 4.5b 给出了上述两个单体在下一个体扫中的位置、由前面体扫确定的初猜位置(用×表示),以及上述两个单体的初猜位置和目前位置的距离(用双向箭头表示)。假定计算的距离满足阈值的要求,上述两个单体(单体 3 和单体 4)都被认为是前后时间上相关联的。图 4.5c 表示在第三个体扫时单体 3 移出了所示区域或已经消亡。图 4.5d 表示在第四个体扫时,单体 4 继续存在,同时识别出一个新的单体 6。

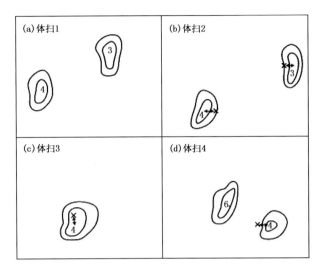

图 4.5 时间相关联过程的一个例子。×代表当前体扫单体的初猜位置，
短箭头代表当前体扫中单体位置和相应的初猜位置间的距离

（3）风暴位置预报

风暴单体位置预报是依据过去风暴单体移动的记录来预报单体将来的质心位置。实际上，上一小节风暴单体跟踪已经提到单体位置的预报方法。单体位置的预报是根据单体运动向量直接外推得到的。单体运动向量的计算使用线性最小二乘法拟合从风暴单体目前直到前 10 个体扫的位置，各个体扫的位置是等权重的。位置预报最少做 15 分钟，最长做 60 分钟，具体做多长取决于前次体扫的预报误差，预报误差越小，预报时效就取得越长。第一次被探测到的单体，标为一个新单体，由于新单体没有历史，其移动预报算法处理中采用的是下述两种方式之一：1）所有已被识别单体的平均移动；2）如果没有其他单体被确定，则用户直接输入单体运动向量。

位置预报过程完成后，计算风暴单体的属性并以时间为顺序贮存前 10 次体扫属性。由 SCIT 算法得到的数据将直接输入到风暴跟踪信息（STI）产品中。

4.1.1.2 SCIT 算法的产品

（1）叠加在反射率因子产品上的风暴跟踪信息（STI）图形产品和文字信息

风暴跟踪信息产品是风暴单体识别和跟踪（SCIT）算法结果的图形方式输出产品。通常很少单独显示 STI 产品（产品号为 58），而是叠加显示在不同仰角的反射率因子或组合反射率因子图上，这样在业务上应用价值更大。在 PUP 上可修改三个参数：1）当前所显示的风暴单体个数；2）是否显示单体过去位置（Y/N）；3）是否显示预报位置（Y/N）。在 UCP 上可调整风暴跟踪信息属性表中所处理的风暴单体数（6～100 个，缺省值为 30）。在 UCP 中可调整显示的过去风暴位置数目（7～13 个，缺省值为 10）、递增的预报位置数目（1～4 个，缺省值为 4）。

图 4.6 呈现了在 1.5°仰角反射率因子图上叠加风暴路径信息 STI 产品的图形显示部分和风暴属性表的文字显示部分。在图形显示部分中，⊕表示风暴当前质心位置，·表示风暴过去位置，+表示风暴预报位置。每个被识别的风暴单体都是用两位字符来标识，第一位字符是英文字母，从 A 到 Z 共 26 个，第二位字符为数字，从 0～9 共 10 个，因此可以从 A0 到 Z9 共标识 260 个单体不重复。而实际上设定的显示单体缺省值是 30 个。如果识别的单体数量大于 30 个，则按照其基于单体的垂直累积液态水量的大小不显示该值较小的那些单体。在图像上方的风暴属性表中（组合反射率上叠加的风暴属性表除外），单体的排列是按照基于单体的 VIL 值从大到小排列的（从左到右，从上到下）。其中，第一行 AZ/RAN 分别代表被识别单体相对于雷达的方位角和距离，以 VIL 值最大的排在第一位的强单体 W4 为例，此刻相应的方位角和距雷达距离分别为 310°（位于雷达西北方向）和 52 km。第二行 FCST MVT 是至少已经在相

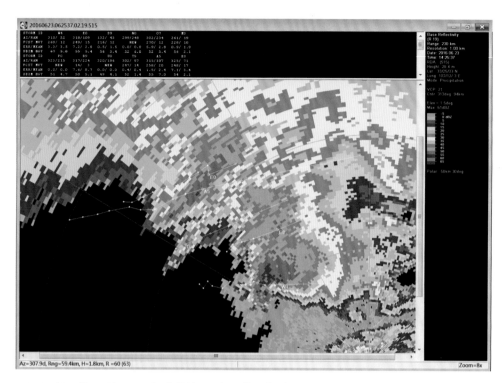

图 4.6 2016 年 6 月 23 日 14:25 江苏盐城 SA 新一代天气雷达 1.5°仰角反射率因子叠加风暴路径信息 STI
图形显示部分和风暴属性表的文字显示部分
（⊕表示风暴当前质心位置，·表示风暴过去位置，＋ 表示风暴预报位置）

继两个体扫中被识别的目前单体的新的移动向量，单体移动向量的计算使用线性最小二乘法拟合从风暴
单体目前位置直到前 10 个体扫的位置(历史短的单体就直到最老的那个体扫，要求至少要有 1 个历史体
扫，包括当前体扫的话则至少 2 个体扫)，各个体扫的位置在计算单体移动向量过程中是等权重的。对于
强单体 W4，此刻相应值为 269°和 12 m/s，表示该单体移动方向为从西往东，移动速度为 12 m/s。对于当
前体扫刚识别的单体，不会产生单体移动向量，如属性表中的单体 P0 和单体 U0。第三行 ERR/MEAN
中的 ERR 表示从前一个体扫外推目前体扫位置的距离误差(km)，MEAN 表示从该单体被识别到目前
体扫为止每个体扫外推误差的平均值，历史体扫最多只计算 10 个，对于强单体 W4，相应的值分别为 3.3
km 和 3.5 km，从图像中可见 W4 的历史体扫位置(每隔一个体扫标注一个·)有 9 个。第四行(最后一
行) DBZM HGT 代表识别的单体内最大反射率因子和所在高度(雷达以上高度)，对于强单体 W4，相应
的值分别为 67 dBZ 和 5.8 km。事实上，强单体 W4 是一个超级单体，大约从图上的时刻开始，有强烈龙
卷生成，沿着其运动路径在 40 分钟内导致严重灾害，99 人死亡，800 多人受伤，大量房屋倒塌，成为中国
历史上最强烈并且灾情最重的龙卷之一(EF4 级)。

　　SCIT 算法中对单体移动路径外推最长时效为 60 分钟，每隔 15 分钟给出一个位置。具体的外推时
效取决于上次体扫外推误差和历史上多次体扫外推误差的平均值。这两个值越大，表示前面外推误差
大，则接下来路径外推的时效越短；如果这两个值越小，表示前面外推误差小，则接下来路径外推的时效
越长。对于超级单体 W4，这两个值分别为 3.3 km 和 3.5 km，属于中等大小误差，因此从当前体扫只向
前外推 30 分钟。对于单体 E0，这两个误差分别为 7.2 km 和 2.8 km，历史误差平均值不算大，但前一次
体扫外推误差高达 7.2 km，因此只外推 15 分钟。对于单体 A5，这两个误差分别为 1.5 km 和 2.4 km，都
比较小，从而外推了 60 分钟。对于单体 T9，历史较短，只有两个体扫，前一次体扫外推误差和历史误差
平均值是一回事，为 0.4 km，很小的误差，外推 60 分钟。

（2）风暴趋势

除了上述图形和文字显示,用鼠标点单体质心位置并按鼠标右键,将显示"风暴趋势",用鼠标点"风暴趋势",会在 PUP 屏幕上出现包含几个曲线的四幅图形(图略)。第一幅图形显示目前体扫直到过去 60 分钟内每个历史体扫的该单体底高、顶高、质心高度和最大反射率因子高度的时间序列。第二幅图形显示由冰雹探测算法给出的任何尺寸冰雹概率和强冰雹概率的对应上述时段的变化折线。第三幅图给出基于单体的 VIL 值的时间序列。第四幅图给出单体最大反射率因子在上述时段内的变化折线。

4.1.1.3　SCIT 算法的评估

SCIT 算法有以下局限性:1)当风暴单体之间相距很近时,风暴单体的识别和风暴属性的计算可能有较大误差;2)当风暴单体十分靠近雷达站(RDA)时,由于静锥区的影响,特别是采用 VCP21 模式,雷暴上半部探测不到,将会发生较大误差;3)由于传播的影响,可能出现无代表性的移动,导致根据单体历史质心位置和目前质心位置外推单体路径出现较大误差;4)风暴预报位置仅仅是对当前风暴位置的线性直线外推,没有考虑风暴单体传播、合并、衰减和分裂。

为了对算法的风暴单体识别效果进行评估,Johnson 等(1998)将风暴分为如下类型:

1)"孤立的非强单体":风暴基本上是孤立的并且没有强天气报告。

2)"孤立的强单体":风暴基本上是孤立的并且有多于一个强天气报告。

3)"MCS/Line":多个风暴单体构成一个簇团或呈线状排列。

4)"微型超级单体":风暴呈现经典超级单体的结构,但水平和垂直尺度比经典超级单体小很多。

5)"层状降水":大块区域的小到中等的反射率因子,极少有超过 40 dBZ 的反射率因子。

总共使用了各种类型风暴个例 6561 个。对每个个例识别的核实是通过有经验的科学家或预报员用肉眼核查雷达图像来完成的。下面是核实的规则,一个区域的反射率因子只有在满足下列条件的情况下才能被认为是一个风暴单体:

1)区域中最大反射率因子至少超过 30 dBZ。

2)至少一个仰角反射率因子超过 30 dBZ 的 2D 区域大于 5 km^2。

3)估计的该区域 3D 质心与另一个区域的质心至少相隔 5 km。

4)这个区域与其他区域由一个局地极小的反射率因子相隔,该反射率因子至少要比区域内最大反射率因子值小 10 dBZ。

对于每种风暴类型和总个例数统计了相应的正确识别率(POD)和误识别率(FAR),POD 如表 4.1 所示。

表 4.1　各种风暴类型 SCIT 算法的正确识别率(POD)

风暴类型	POD (单体 30~39 dBZ)	POD (单体 40~49 dBZ)	POD (单体大于 50 dBZ)
孤立强单体	27%	70%	96%
孤立非强单体	43%	68%	97%
MCS/Line	25%	64%	96%
层状降水	0%	13%	—
微型超级单体	71%	82%	96%
总体	28%	68%	96%

从表 4.1 看出,最强回波 40 dBZ 以上的单体有 68% 的机会被 SCIT 算法识别,50 dBZ 以上的单体有 96% 的概率被 SCIT 算法识别,对孤立单体的识别率好于其他风暴类型。在检验的个例中没有被错误识别的(FAR 为 0),但有遗漏的情况发生。导致遗漏的原因主要有两类:1)在大的成熟单体附近,正在衰减或新生的单体被遗漏;2)那些只在一个仰角上满足尺寸和强度判据的单体被遗漏,特别是在 150 km 以

外,这种遗漏发生的机会较大。

Johnson 等(1998)还对 SCIT 算法中的单体跟踪效果进行了评估。

正确地进行时间关联是跟踪风暴单体的基础。正确的时间关联指的是在一个个例中一个单体被正确地识别和跟踪。单体跟踪算法的评估涉及以下三个步骤:1)一个体扫接一个体扫地跟踪所有被识别单体的生命周期;2)确定不正确的时间关联的个数并记下它们的特性;3)计算算法正确跟踪的单体占所有被跟踪单体的百分比。Johnson 评估了 4 个个例:2 个微型超级单体,1 个孤立强单体,1 个中尺度对流系统。结果如表 4.2 所示。

表 4.2　每一个个例 SCIT 算法正确时间关联的百分比

个例	时间关联的数量	个例的类型	正确时间关联百分比(%)
KLWX041693	236	微型超级单体	96
KLWX050194	178	微型超级单体	97
KCBX050195	86	孤立强单体	91
KBIS060695	253	多单体风暴	96

大多数时间关联误差发生在两个空间距离很近的单体分别处于增长和衰退阶段的情况下。图 4.7 给出了叠加在组合反射率因子上的风暴路径跟踪信息。在第一幅组合反射率因子图像上,一个新的单体似乎正在 17 号单体的路径上生成。在第二幅图中,SCIT 的确探测到这个新的单体并且错误地将它与正在消散的 17 号单体进行时间关联。在这个例子中,新单体形成在预报的旧单体位置附近。有时新单体在旧单体的距离阈值之内,但与旧单体前进方向的偏差很大,这样两个单体间的时间关联是明显错误的。这种类型的误差可以通过在时间关联中加上一个方向性阈值加以解决。例如,规定目前体扫识别的单体必须在前一体扫单体前进方向的 90°范围内(左右各 45°)。图 4.8 给出了有无考虑前进方向时,单体跟踪的差别,表明在考虑了单体前进方向后跟踪更准确(详见图题)。

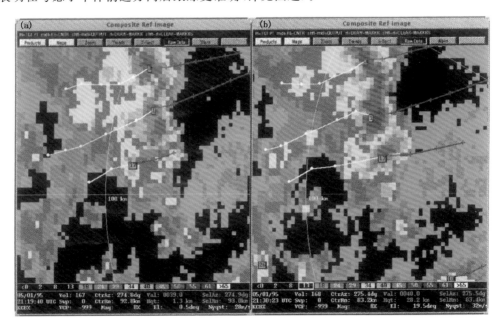

图 4.7　(a)组合反射率因子图像(第 167 个体扫),其中一个新单体在 17 号单体的预报路径上形成;(b)下一个体扫(第 168 个体扫)SCIT 算法探测到该新单体,但是错误地将它与 17 号单体进行时间关联

最后,Johnson 等(1998)用 898 个单体(每个单体的生命史至少为 2 个体扫),针对各种类型的风暴,将 SCIT 识别的单体位置与其相应的预报位置进行比较,以此对 SCIT 算法的单体位置预报精度进行分析。表 4.3 给出了分析的结果。对于 15 分钟、30 分钟、45 分钟和 60 分钟时效的风暴单体质心路径线性

外推,相应的平均误差大约分别为 5 km、10 km、15 km 和 23 km。

表 4.3　SCIT 算法对不同预报时效的平均预报误差

预报时效(min)	样本中单体的数量	平均预报误差(km)
5	898	2.0
15	498	5.0
30	227	9.9
45	109	15.2
60	55	22.8

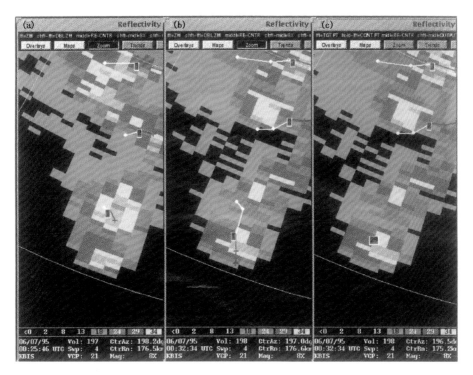

图 4.8　(a)体扫 197,第四个仰角上,一个新的单体在单体 1 的附近生成;(b)体扫 198,第四个仰角上,该新生单体被不正确地与单体 1 相关联;(c)在添加了一个方向性的阈值(90°)之后,图像上显示一个正确的新识别的单体 29

上面描述的 SCIT 算法和产品是基于极坐标的单部雷达反射率因子的。对于相邻的多部雷达,可以采用直角坐标做三维拼图,类似地可以开发基于多部雷达在直角坐标上三维拼图后的反射率因子的 SCIT 算法以及相应的产品。

4.1.2　雷暴识别跟踪分析和临近预报系统(TITAN)

TITAN(Dixon and Wiener,1993)的最早版本完成于 1986 年,在 20 世纪 90 年代中后期得到改进和完善。它与 SCIT 类似,是一个基于三维质心追踪的雷暴临近预报系统,但算法较 SCIT 复杂,不但可以给出雷暴质心未来的位置,还可以给出雷暴的形状、体积及其变化。

4.1.2.1　雷暴的识别

TITAN 算法采用三维直角坐标,由各个仰角上极坐标的反射率因子基数据内插得到三维直角坐标中每一个格点的反射率因子值。定义雷暴为体积超过 50 km³、反射率因子超过 35 dBZ 的至少具有一个共面的反射率因子格点(每个格点为一长方体)的集合。

图 4.9 呈现了直角坐标中反射率因子在每一个格点中分布的情况。为了方便起见,只显示了 *X-Y*

平面中的情况,可以想象实际情况是这样的水平面在垂直方向排列起来。图中每一个阴影区都被识别为一个雷暴。雷暴1和雷暴2虽然连在一起,但它们之间只共点(共线)不共面,所以被识别为两个不同的雷暴。同样道理,雷暴4和雷暴5也被识别为两个不同的雷暴。

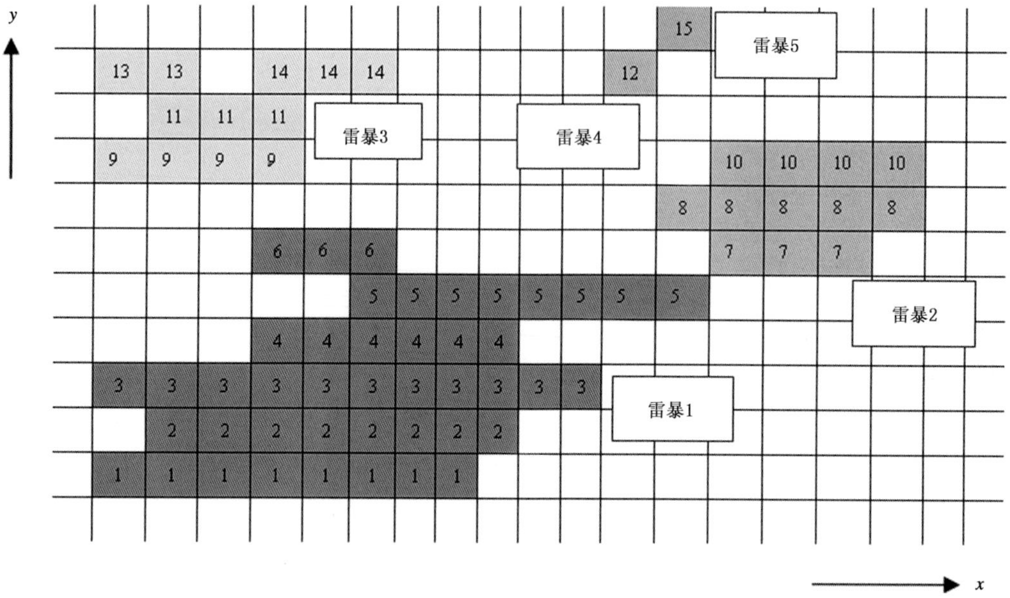

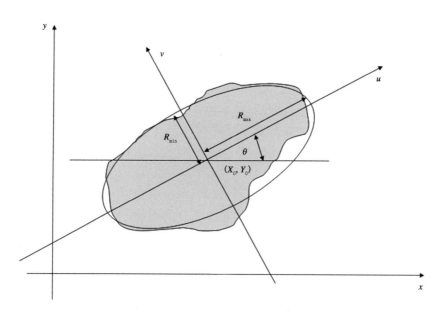

图 4.9　TITAN中雷暴识别示意图

在识别了雷暴之后,确定每个雷暴的以下特征:

1)反射率因子为权重的雷暴质心坐标。

2)雷暴的体积。

3)雷暴水平投影的形状,用一个椭圆拟合雷暴水平投影的形状,给出该椭圆的长短轴和在直角坐标中的取向,如图 4.10 所示。

图 4.10　用一个椭圆来拟合雷暴水平投影的形状

4.1.2.2　雷暴的跟踪

T_1 时刻识别的单体如图 4.11 中无色的椭圆所示,T_2 时刻识别的单体如图 4.11 中阴影的椭圆所示。雷暴跟踪就是将 T_1 和 T_2 两个时刻识别的雷暴一一对应起来,同时考虑雷暴的新生和消亡。

在图 4.11 中给出了相继两个时刻 T_1 和 T_2 对应的雷暴和它们之间各种可能的路径,问题在于如何解定一个最可能的路径。如果类似的匹配对每一个相继的时间间隔都能做到,则雷暴在整个生命史中一直可以被追踪。确定图 4.11 中的匹配时按照以下原则:

1)在一个时间间隔中可能的路径宁短不长。相继的时间间隔通常是一个体扫间隔,即 5～6 分钟,因此短的路径比长的路径更有可能是实际的路径。

2)匹配的雷暴应该特征相似,例如体积和水平投影的形状。

3)在相继的时间间隔内,雷暴移动的距离有一个上限,由预期的雷暴最大移动速度确定。在图 4.11 中,超过这个上限距离的路径用虚线表示。

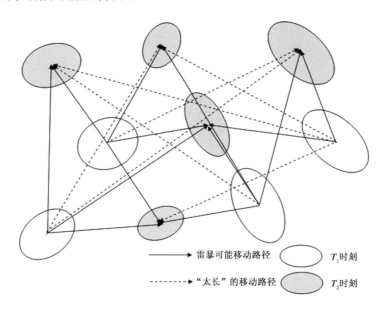

图 4.11　在两个相继的时间间隔内可能的雷暴路径

上述雷暴跟踪问题在算法中被处理为一个数学中的最优化问题。首先建立适当的目标函数,然后在一定的约束条件下求目标函数的极小值,得到最可能路径。

在雷暴跟踪中还需要处理的一个问题是雷暴的合并与分裂。

t_1 时刻的雷暴数多于 t_2 时刻雷暴数,或者有雷暴消失,或者有雷暴合并。如果 t_1 时刻的 2 个以上雷暴质心的预报位置在 t_2 时刻识别的某个雷暴范围内,则可以判断雷暴合并(图 4.12)。

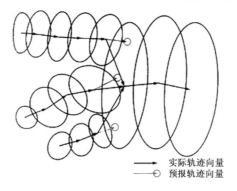

图 4.12　雷暴的合并

对于 t_1 时刻的所有风暴,预报它们在 t_2 时刻的椭圆投影的位置、取向和尺寸,然后根据 t_2 时刻识别的所有雷暴判断哪些是新的路径,即没有历史的雷暴。如果这些没有历史的雷暴的质心位于某一个 t_1 时刻雷暴预报的在 t_2 时刻的投影椭圆的区域范围内,则确认发生了雷暴分裂(图 4.13)。

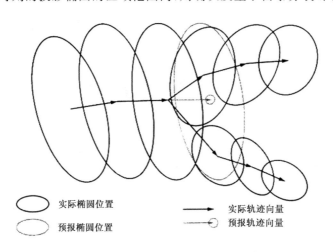

实际椭圆位置 实际轨迹向量

预报椭圆位置 预报轨迹向量

图 4.13　雷暴的分裂

4.1.2.3　雷暴移动的预报

在构造雷暴移动预报的算法中作出以下假定:

1)一个雷暴倾向于沿着一条直线运动。

2)雷暴按照线性趋势增长或衰减。

3)会发生偏离上述行为的随机偏差。

预报是针对以下几个参数:以反射率因子为权重的雷暴质心、雷暴体积和椭圆投影面积的有关参数。

一个雷暴首次被识别时,它没有历史,无从外推做预报。在这种情况下,所有变化率假定为零,做持续性预报。以后所有时间间隔的预报基于一个带有双指数平滑的线性趋势模式。简单地讲,这是一个线性回归模式,过去历史值的权重呈指数减小(图 4.14)。

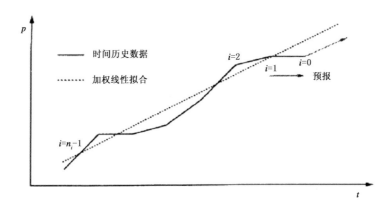

图 4.14　基于历史权重的预报

考虑一个给定风暴参数 p 的时间序列 p_i,其中 $i=0$ 是现在,$i=1$ 代表 1 个时间步长之前,以此类推,i 的范围从 0 到 n_i-1,n_i 是考虑与预报有关的最大时间点的数量。让 t_i 代表时间的测量,即从操作开始到目前为止的秒数;w_i 是与时间步 i 有关的权重。

对于带有参数 α 的指数平滑模式,$w_i=\alpha^i$,其中 $0<\alpha<1$。在 $w_i p_i$ 和 t_i 间进行线性回归。线性拟合产生一个直线方程,该直线的斜率是预报的参数 p 的变化率。假定当前的值是正确的,预报是基于当前的

值和预报的变化率。

于是,如果 p_0 是当前值,$\mathrm{d}p/\mathrm{d}t$ 是估计的变化率,那么

$$p_t = p_0 + (\mathrm{d}p/\mathrm{d}t)\delta t \tag{4-2}$$

预报投影椭圆的面积时,假定纵横比 r_{major}/r_{minor} 和取向 θ 保持不变。投影椭圆面积 A 的预报是基于雷暴体积的变化率而不是面积的变化率,因为体积比面积变化更平缓,可以提供一个更小误差的预报。

于是,

$$A_t = A_0 + (A_0/V_0)(\mathrm{d}V/\mathrm{d}t)\delta t \tag{4-3}$$

采用的参数是 $n_i=6$,$\alpha=0.5$ 和 $\Delta t=6$ min。预报结果对于 α 的选取是敏感的。

目前,已经用任意多边形代替椭圆来拟合雷暴的水平投影区域的形状和大小,使得对于回波形状的代表更加接近实际。

4.1.2.4　TITAN 预报个例

图 4.15 为 2004 年 7 月 7 日安徽强对流个例 TITAN 作出的 30 分钟预报与后来实况验证的比较。

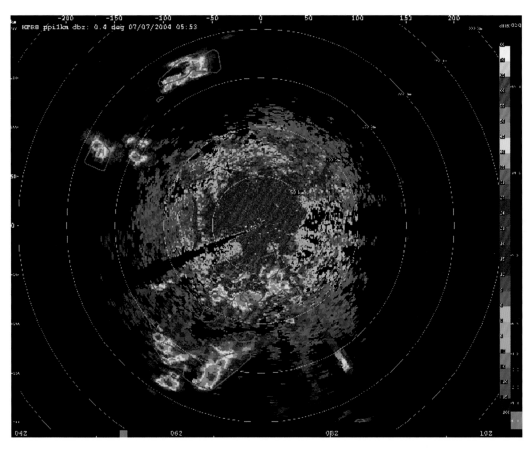

图 4.15　TITAN 作出的雷暴移动 30 分钟预报与事后实况验证的比较。粉色的多边形为
预报的 35 dBZ 以上雷暴水平投影的形状,彩色阴影区为事后的实况验证

TITAN 与 SCIT 相比,可以跟踪几个单体的集合,同时可以预报雷暴体积和/或投影面积的变化。TITAN 中也有降雹概率的算法,指的是任何尺寸的冰雹,没有专门针对强冰雹的算法。

4.1.3　区域雷暴和降水跟踪系统(CTREC)

TREC 是 tracking of radar echo with correlations 的缩写,即"利用相关雷达回波跟踪"。1978 年由 Rinehart 和 Garvey 提出这项技术,本意是用来反演雷达回波区的气流流场。该项技术利用交叉相关方

法跟踪雷达某一仰角扫描的锥面上的二维回波型。初始的算法是在由某一仰角扫描构成的二维圆锥面上进行回波的跟踪。后来,将该技术应用于直角坐标系考虑在某一等高面上的二维直角坐标中进行回波跟踪。首先需要将雷达体扫资料内插到某一等高面(如 2.5 km)上的直角坐标中。在直角坐标中的TREC 称为 CTREC(直角坐标也称为笛卡尔坐标,C 是笛卡尔坐标 Cartesian Coordinate 的首字母)。

4.1.3.1　CTREC 的跟踪和外推方法

CTREC(Tuttle and Foote,1990)使用一定时间间隔内的雷达资料,将反射率因子场分成若干个大小相当的"区域",每个"区域"包含 $m \times m$ 个像素。将这些在上一时刻的"区域"分别与下一时刻的各个"区域"作空间交叉相关,找出此刻与上一个时刻的特定区域相关系数最大的"区域",实现回波的跟踪,以此确定整个回波的移动矢量,实现回波的外推。

"区域"尺寸的选择不宜太大也不宜太小,太大会导致回波移动向量的分辨率太粗,"区域"太小则包含的数据点太少,不足以产生稳定的相关系数。直角坐标中 1 km ×1 km 的反射率因子分辨率,m 取值在 8~20 之间比较合适。

如图 4.16 所示,在 t_1 时刻一块正方形的回波"区域",我们需要确定在 $t_2 = t_1 + \Delta t$ 时刻,该"区域"移到了哪里。实现这种跟踪的方法是交叉相关。首先确定一个搜索半径,对于搜索半径内的每一个正方形"区域",将平面直角坐标内的二维坐标排列成一维,然后计算相关系数:

$$R = \frac{\sum_k Z_1(k) \times Z_2(k) - \frac{1}{N} \sum_k Z_1(k) \sum_k Z_2(k)}{(\sum_k Z_1^2(k) - N \overline{Z_1}^2) \times (\sum_k Z_2^2(k) - N \overline{Z_2}^2)} \tag{4-4}$$

式中,Z_1 和 Z_2 分别是相继两个体扫 t_1 和 t_2 时刻的反射率因子;N 是一个"区域"内数据点的数量($N = m^2$)。为了避免搜索所有的数据以寻找匹配的"区域",确定从初始区域的搜索半径为 $r = V \Delta t$,V 为可能的最大移动速度,Δt 是两个体扫之间的时间间隔。一旦在 t_2 时刻的搜索半径范围内确定了最大相关系数的位置,该位置构成移动向量的头(图 4.16)。对于 t_1 时刻某一等高平面上的每一个这样的正方形"区域",都用上述方法在 t_2 时刻的相同等高面上寻找相应的匹配"区域",就实现了等高面上整个回波的跟踪。根据每个小区域内的移动矢量,可以实现线性外推。

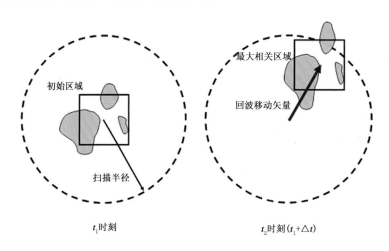

t_1时刻　　　　　　　　　t_2时刻($t_1 + \Delta t$)

图 4.16　CTREC 中用交叉相关技术实现"区域"追踪

CTREC 技术是一种二维"区域"跟踪技术,与 SCIT 和 TITAN 中的三维质心跟踪完全不同。后两者主要用来跟踪雷暴,CTREC 除了可以跟踪雷暴,还可以跟踪层状云降水区域、积状云和层状云混合云降水区域,以及镶嵌在层状云雨区中的对流雨团。

4.1.3.2　CTREC 预报例子

图 4.17 给出了 CTREC 对安徽一次强对流个例的 30 分钟预报,预报水平与 TITAN 对同一个例的预报水平大体相当。

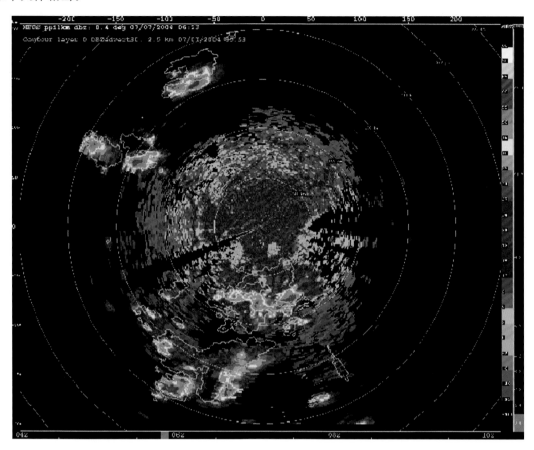

图 4.17　CTREC 对于 2004 年 7 月 7 日安徽强对流的 30 分钟预报(彩色阴影区)和事后的实况验证
(绿色等值线为实况的超过 15 dBZ 的等值线)

TREC 技术由于使用了可调尺度的方形区域的追踪,可以允许整体雷达回波内部结构在追踪过程中发生变化,比 20 世纪 50—60 年代稳态假定下的交叉相关追踪技术是一个明显的进步。TREC 技术的另一个优点是,可以对某一等高面上的反射率因子进行外推,利用 Z-R 关系得到外推的反射率因子场对应的降水率场,通过对时间累加可以得到某一地点未来 30 分钟、60 分钟甚至更长时段的累积雨量预报。很多临近预报系统都使用了 TREC 技术作为其回波外推或累积雨量预报部分的组件,例如英国气象局的 NIMROD(Golding,1998)、美国国家大气研究中心的 Auto-Nowcaster(Mueller et al,2003)、中国香港天文台的 SWIRL(Li and Lai,2004)和中国气象局的强天气临近预报系统(SWAN)。图 4.18 给出了广西气象台运行的 SWAN 系统预报的 2009 年 5 月 20 日 02—03 时 1 小时累积雨量预报与地面测站观测雨量的比较,总体降水分布预报得较准,位于降水区前沿的西南—东北走向的强雨带预报得很好,虽然强降水中心强度预报得弱了一些,最大的不足是强雨带东北方向 SWAN 预报的超过 20 mm 以上的大片雨区明显比地面测站观测到的降水偏强。这个例子属于 SWAN 预报比较成功的例子,主要原因在于这是一次系统性的降水,而局地对流导致的降水的预报效果普遍比较差。其他降水临近预报系统的情况也与SWAN 类似。利用 TREC 的降水外推预报的有效时效绝大多数情况下在 0~1 小时。

除了基于雷达资料的 TREC,Grose 等(2002)研发了基于静止气象卫星红外和水汽通道的 TREC。首先用概率配对法在雷暴云顶红外辐射亮温和地面降水率之间建立回归关系,用来从云图反演降水;然后利用类似 TREC 的交叉相关技术进行流型辨识,用来追踪风暴区域,得到风暴云的移动向量,对移动

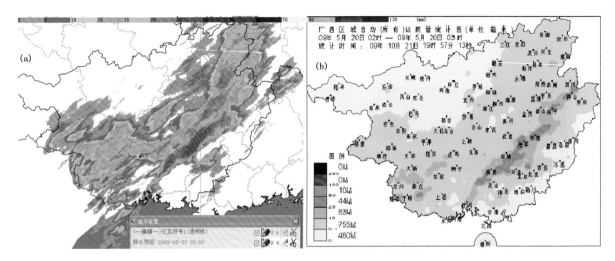

图 4.18　中国气象局临近预报系统(SWAN)预报的广西地区 0~1 小时累积雨量(a)与地面测站观测(b)的对比

向量进行滤波和平滑;最后利用滤波后的移动向量外推云图上的风暴区域,再应用前面得到的云顶亮温和地面降水之间的回归关系计算外推风暴云区的降水。尽管效果不如基于天气雷达的系统,但在没有雷达资料的地方仍不失为一个有用替代。

4.1.4　其他替代技术——光流法和基于深度学习的人工神经网络方法

目前,已经投入业务应用的交叉相关法(TREC)等方法,在稳定性降水中可以取得较好的效果,但是在局地强对流天气中,因为回波发展演变很快,很多时候不满足守恒条件,所以预报效果会随时间快速下降。为了在一定程度上解决以上问题,有学者采用光流法(韩雷等,2008;柳士俊和张蕾,2015)和基于深度学习的神经元网络方法(属于人工智能技术)对上述 TREC 等外推算法进行了改进。

4.1.4.1　光流法

光流法起源于计算机视觉领域,最早的光流概念由 Gibson(1950)提出。通过假设一个物体在运动时其亮度不变这一基本假设,可以得到光流方程,计算光流场。交叉相关法所求得的运动矢量场,与计算机视觉领域的光流法得到的光流场在物理意义上是等价的。如果把传感器从摄像机换成多普勒雷达,被探测的目标从一般的运动物体换成对流风暴,则像素点上的亮度就变成气象雷达图像上的反射率因子。大气科学领域内常使用的交叉相关法,在广义上也属于光流法的范畴,也称为匹配法。相对于简单、直观的交叉相关法,Horn 和 Schunk(1981)提出的 HS 方法以及 Lucas 和 Kanade(1981)提出的 LK 方法等使用了较为严格的约束条件,可以给出更合理的风暴运动矢量场。从雷达图像序列中得到逐点的运动矢量场以后,就可以使用该矢量场进行外推预报。为使预报结果不会过于发散,一般要对预报结果进行平滑处理。对比试验证实,对层状云降水的天气个例,交叉相关法和光流法的效果没有明显的差别,两种方法取得了大致相同的评分结果。对于对流云降水的天气过程,光流法则要优于交叉相关法(韩雷等,2008;Cheung,et al,2012;曹春燕等,2015)。

4.1.4.2　基于深度学习的神经元网络方法

下面重点介绍一下基于深度学习的神经元网络方法对 TREC 外推效果的改进。国家气象中心预报系统实验室与清华大学软件学院合作,将具有长短时记忆单元的循环神经网络 LSTM-RNN(Long Short-term Memory-Recurrent Neural Network)应用于雷达回波外推预报的研究(韩丰等,2019)。LSTM-RNN 网络是在 RNN 算法中加入了一个判断信息有用与否的"处理器"——Cell,一个 Cell 当中被放置了三扇门:输入门、遗忘门和输出门。一旦信息进入 LSTM 的网络当中,可以根据规则将符合算法认证的信息留下。LSTM-RNN 网络已在语音识别、自然语言翻译和手写识别等领域取得很好的应用效果。

　　韩丰等(2019)运用带有 ST-LSTM(spatio temporal LSTM)单元的 PredRNN 网络进行雷达回波临近预报试验。PredRNN 网络结构和传统的多层 RNN 架构相比,在时间记忆模块循环的基础上加入空间记忆模块的循环线路,强化了空间信息在不同层次和不同时间的神经元中的传播。在雷达临近预报中,该种架构更有利于让模型学习到不同尺度的雷达回波特征,以及它们在时间线上的发展演变规律。韩丰等运用 PredRNN 雷达临近预报和 CTREC 外推临近预报(使用在中国气象局强天气临近预报系统 SWAN2.0 中集成的算法)方法,对北京大兴和广州两个雷达站的长时间序列资料进行对比试验,选用命中率(POD)、虚警率(FAR)和临界成功指数(CSI)对预报结果进行量化评估发现:1)PredRNN 方法在两部雷达的试验中,在 3 个检验阈值段,CSI 评分都高过 CTREC 方法,POD 都高过 CTREC 方法,FAR 都低于 CTREC 方法;2)PredRNN 方法和 CTERC 方法的预报能力随预报时间的延长而下降,具体表现为 CSI 和 POD 随时间下降,FAR 随时间上升;3)PredRNN 方法和 CTREC 方法的预报能力随回波强度的上升而下降,对回波强度超过 50 dBZ 的区域,预报能力都显得不足。利用 2017 年 7 月 7 日京津冀地区的一次强飑线过程进行个例检验。对比图 4.19c 和图 4.19b 可以看出,PredRNN 方法 60 分钟预报的回波位置基本和实况一致,大体形状也和实况比较接近,位于北京西部和天津东北部的两条强回波带都得到了很好的预报,其中天津东北方向的强回波带中,两个强中心团得到分离,与实况基本一致。在回波强度变化方面,北京西部的强回波带的范围有所扩大,强度略加强,说明模型学习到了回波发展的规律,作

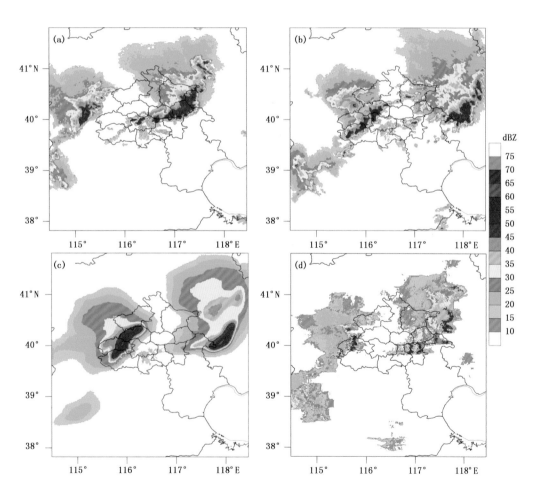

图 4.19　2017 年 7 月 7 日飑线过程实况和预报对比图(引自韩丰等,2019)
(a)21:54 北京大兴雷达组合反射率;(b)22:54 北京大兴雷达组合反射率;
(c)21:54 起报的 60 分钟预报产品(PredRNN);(d)21:54 起报的 60 分钟预报产品(CTREC)

出了回波加强的正确判断,但是在河北西偏南地区次强回波中心的预报中,PredRNN 给出了回波强度减弱的错误预测。这说明 PredRNN 方法可以根据不同的回波特征,预测回波的加强或减弱的趋势。对比图 4.19d 和图 4.19b 可以看出,CTREC 方法对于快速运动的飑线天气过程,明显出现外推结果"失真"问题。

另外,中国海洋大学和北京城市研究所合作做了类似的工作(郭瀚阳等,2019),首先将临近预报问题转化为序列预测问题,并使用京津冀地区长序列天气雷达组网拼图资料训练由循环神经网络 ConvGRU 组成的自编码模型。通过利用历史 0.5 小时雷达回波拼图数据训练得到的端到端神经网络,预报未来 1 小时内京津冀地区逐 6 分钟、1 km 分辨率的回波强度及回波形态,并将结果与 CTREC 结果进行对比。深度学习模型 ConvGRU 和交叉相关外推算法 CTREC 在测试集上的结果如表 4.4 和表 4.5 所示。从试验结果可以看出,在 0.5 小时和 1 小时预测中,ConvGRU 在每一个阈值的 POD、CSI 都有高于 CTREC 算法,而 FAR 更低。说明 ConvGRU 可以学习到雷达回波数据集中有效的强对流演变时空特征,从不同时间序列输入数据中也能学习到雷达回波的运动趋势和强对流的演变趋势,进而准确预测出雷达回波的移动位置和形状变化。

可以说,具有深度学习功能的人工神经元网络技术在对流系统雷达回波外推预报中还是具有很好的业务应用价值的。至于预报雷暴生成、加强和消散,对于以上述深度学习神经元网络方法为基础的人工智能技术仍是巨大的挑战,短时间内看不到出现重大突破的希望。

表 4.4　30 分钟预报评分对比(引自 郭瀚阳等,2019)

回波阈值(dBZ)	POD		FAR		CSI	
	ConvGRU	CTREC	ConvGRU	CTREC	ConvGRU	CTREC
30	0.64	0.39	0.44	0.47	0.43	0.32
40	0.40	0.35	0.49	0.54	0.29	0.22

表 4.5　1 小时预报评分对比(引自 郭瀚阳等,2019)

回波阈值(dBZ)	POD		FAR		CSI	
	ConvGRU	CTREC	ConvGRU	CTREC	ConvGRU	CTREC
30	0.52	0.36	0.55	0.61	0.31	0.23
40	0.22	0.18	0.64	0.79	0.16	0.11

4.1.5　外推与数值预报的结合

大多数雷暴雷达回波外推的有用时效不超过 1 小时,即便是长生命史的超级单体风暴和强飑线,回波外推的有用时效也通常不超过 3 小时,其主要原因在于支配对流系统演化的主要因素并不包括在其过去的历史之中(Wilson et al,1998)。解决这一问题的主要方法是将雷达回波外推和高分辨率数值预报结果相结合,形成 0~6 小时中尺度对流系统临近预报(Wilson et al,1998;Woflson et al,2008)。在 0~1 小时时段,主要依靠雷达回波外推,1~3 小时时段,需要融合雷达外推和数值预报,3~6 小时时段主要以数值预报为主。图 4.20 给出了 0~6 小时时段内,在理想状态下(即对流风暴具有较长生命史并且高度组织化)持续性预报,外推预报,外推并考虑雷暴增长和衰减,外推并考虑雷暴生成、增长和衰减,高分辨率数值预报(包括冷启动和热启动),外推与数值预报融合等各种情况下预报技巧随时间变化的示意图(Woflson et al,2008)。

从图中可见,将回波外推和高分辨率数值预报适当融合可以有效提高对中尺度对流系统 1~6 小时时段的预报技巧。目前,采用上述方式进行 0~6 小时雷达反射率因子和降水预报业务运行或准业务运行的系统包括英国气象局的 NIMROD(Golding,1998)、澳大利亚气象局(与英国气象局联合研制)的 STEPS(Bowler et al,2006)、香港天文台的 SWIRLS(Li and Lai,2004)、广东省气象局的 SWIFT(中国气

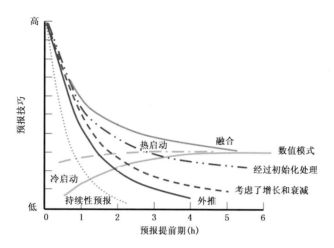

图 4.20 0～6 小时时段内,持续性预报(假定对流系统位置、形状和强度保持不变),外推预报,外推并考虑
雷暴增长和衰减,外推并考虑雷暴生成、增长和衰减,高分辨率数值预报(包括冷启动和热启动),
外推与数值预报融合等各种情况下预报技巧随时间的变化(引自 Woflson et al,2008)

象局 SWAN 中降水临近预报模块是以 SWIFT 为基础构建的)、美国麻省理工学院林肯实验室为美国民航局开发的 CoSPA(Woflson et al,2008)等。上述方法有两个关键点:1)将雷达回波外推和数值预报融合起来的具体方法;2)数值预报模式对降水系统特别是对流性降水系统的预报水平。对于对流性降水系统,通常在天气尺度强迫如锋面、短波槽、锋面气旋等比较明显的情况下,数值预报的结果相对较好;天气尺度强迫较弱情况下的对流性降水,数值预报模式预报效果较差,对于局地雷阵雨,数值预报模式几乎没有预报能力。

图 4.21 是华北区域气象中心基于 WRF 和三维变分的快速同化循环系统(RUC)2008 年 6 月 23 日

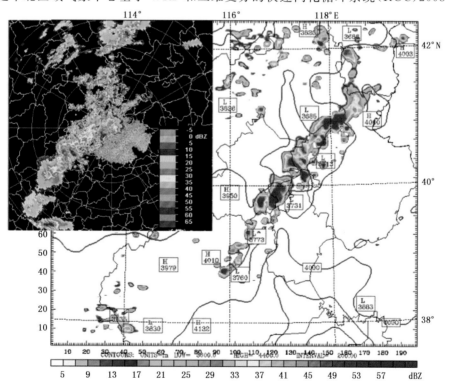

图 4.21 华北区域气象中心基于 WRF 和三维变分的快速同化循环系统(RUC)2008 年 6 月 23 日 11:00 起始的
反射率因子预报场和 16:00 反射率因子观测的比较(陈敏提供)

11:00 起始的反射率因子 5 小时预报场和 16:00 雷达反射率因子观测的比较。模式对整个飑线回波的整体形状和强度的预报基本正确,但预报的系统比实际飑线系统提前 1 小时移到北京城区,这种时间(timing)误差是数值预报模式的通病之一。当天的天气尺度强迫比较明显,高空冷涡位于内蒙古中东部,其底部有一个疏散状的短波槽。如果仔细对比飑线回波的细节,发现很多地方预报和实况之间都有非常明显的差别,这也是高分辨率数值预报模式存在的主要问题之一:即便是天气尺度强迫明显的天气形势下,也只能大体正确预报 α 中尺度对流系统的形状和强度,而对其包含的 β 中尺度以下对流系统的预报,除个别情况外,绝大多数情况下都不理想。要想在大气可预报性限定的范围内改善这个缺陷,需要在观测资料同化(特别是观测资料质量控制和多普勒天气雷达资料同化)和次网格物理过程参数化(主要是云和降水的微物理过程和大气湍流过程的参数化)方面进行更深入细致的工作(Benjamin et al,2009,2016)。

除了上述两个用途外,快速同化的数值预报模式和/或风暴尺度的集合预报系统还可以给出可能出现的对流模态(Mass,2011,私人通信):是团状结构的孤立对流、大片的对流复合体,还是线性结构的对流(飑线)。从已有的例子看,只有在有明显天气尺度强迫情况下,模式给出的对流模态才比较可靠。在天气尺度强迫很弱情况下,模式往往不能正确给出对流模态,主要原因之一是模式一般不能正确模拟对流系统的冷池和阵风锋,而冷池和阵风锋对对流风暴的形态变化和发展非常关键。

4.2 雷暴生成、加强和衰减的临近预报

韩雷等(2009)对京津地区的统计表明,大约 75% 的雷暴生命史不超过 30 分钟,体积小于 400 km³。Wilson 和 Schreiber(1986)对美国科罗拉多州雷暴的统计也有类似的结果。对于生命史小于 30 分钟的雷暴,外推的意义是不大的,关键是判断其生成、加强和衰减。只有对那些相对长生命史的风暴,特别是超级单体风暴、强飑线和锋面降水雨带,外推的意义比较明显。同时,对这些长生命史的强对流风暴的生成、加强和消散判断依然非常重要。在本节中,主要阐述判断雷暴生成、加强和衰减的一些经验规则,并通过具体例子加以说明。在最后一小节,介绍美国国家大气研究中心(NCAR)基于上述经验规则研发的可以预报雷暴生消和加强减弱的临近预报系统 Auto-Nowcaster(Mueller et al,2003)。

4.2.1 雷暴的生成

4.2.1.1 大气静力稳定度和水汽条件

雷暴的生成有三个必要和充分条件(要素):大气静力不稳定、水汽和抬升触发。雷暴生成预报的问题就是判断在何时何地这三个要素可以结合在一起。可以用对流有效位能(CAPE)、对流抑制能量(CIN)、抬升凝结高度(LCL)、自由对流高度(LFC)以及平衡高度(EL)等参数代表大气层结不稳定和水汽两个要素的结合,其中最重要的是对流有效位能(CAPE)和对流抑制能量(CIN)。对大气静力不稳定和水汽条件的评估主要是通过探空。探空的代表性问题是一个很大的问题,通常需要对 08 时探空进行订正。在没有明显天气系统过境情况下,平流不大,可以用预报的午后地面温度和露点作为地面气块的起始温度和露点,然后利用绝热上升所得到的 CAPE 和 CIN 估计午后雷暴的潜势。当有天气系统过境,平流效应比较明显时,这种订正方法是不适用的,只能根据天气形势对平流过程造成的大气静力不稳定和水汽条件的变化做出定性判断,同时在经过严格检验的基础上参考数值预报给出的大气平流和温湿廓线的变化趋势。

利用高分辨率的卫星云图资料有时也可以协助对大气静力稳定度的判断。高分辨率可见光云图上可以识别出淡积云、浓积云和积雨云(雷暴),而浓积云充分发展的区域意味着那里的大气层结是不稳定的。中国风云 4 号以及日本气象厅葵花 8 号静止气象卫星,其云图每隔 10 分钟更新一次,实时性好,其高分辨率可见光云图可以很容易分辨出积云发展的区域,结合地面温度和露点可以粗略判断大气静力稳

定度和水汽条件。另外,极轨气象卫星如中国 FY-3C、美国 NOAA-15、18 和 19 以及不久之后的 JPSS 极轨卫星系列中的可见光卫星云图具有比静止气象卫星高得多的空间分辨率,虽然每天白天只有一张图像,但几颗卫星图像结合起来也可以提供积云发展信息,结合地面温度和露点,可粗略判断大气的静力稳定度和水汽条件。上述通过高分辨率可见光云图监测积云发展,结合地面温度和露点判断大气静力稳定度和水汽情况,需要与对 08 时经过订正的探空结合起来分析,在附近没有探空的区域,需要与模式探空比如 ECMWF 细网格模式的探空结合起来考虑。上述云图资料中国气象局都通过国家气象信息中心打包下发到各省气象局信息中心,有些资料也可以通过登陆国家卫星气象中心网站获取。

另外,根据天气雷达和自动气象站的降水测量资料可以判断某一区域大气层结稳定状态。如果某一个不太小的区域内刚刚下过大雨,该区域内的对流不稳定能量基本被消耗掉,则在平流过程较弱情况下,特别是天气尺度强迫很弱情况下,该区域在未来一段时间(通常是几个小时)内雷暴生成的概率较低。相反,如果太阳辐射很强或者低层暖湿平流很强,则 CAPE 很可能在短时间内重建。

4.2.1.2　边界层辐合线

在 2.1 节和 2.3 节中,详细阐述了静力不稳定和水汽条件,以及这两个要素结合而成的重要对流参数——对流有效位能(CAPE)和对流抑制能量(CIN)在判断雷暴潜势中的重要作用。关于各类边界层辐合线的特征及其作为触发雷暴的重要机制,在 2.4 节中已经进行了详细阐述,本小节中将做一定的回顾并通过具体个例进一步阐述边界层辐合线是触发地基雷暴的主要机制之一。另一个主要机制是地形触发,在 2.4 节中也有阐述。

根据 Wilson 和 Roberts(2006)对美国雷暴触发情况的统计,就平坦地区而言,在排除地形触发情况下,大约 50% 的雷暴是由靠近地面的边界层辐合线触发的地基雷暴(ground-based storm),另外 50% 左右的雷暴是在大气边界层以上触发的,属于高架雷暴(elevated storm)。地面附近的边界层辐合线包括与锋面和/或干线相联系的辐合线、雷暴的出流边界(阵风锋)、海陆风环流形成的辐合线,以及地形造成的辐合线等。

在 20 世纪 70 年代以前,大多数气象学家认为在大气静力不稳定和水汽条件适合的区域内,雷暴的生成时间和地点是随机的。美国卫星气象学家 Purdom(1973)从美国第一代业务静止气象卫星高分辨率可见光云图上发现,新雷暴的生成与旧雷暴出流边界的触发密切相关,新雷暴的发生不是随机的,主要出现在旧雷暴出流边界附近。Purdom(1976,1982)进而提出,可以根据静止气象卫星上识别的雷暴阵风判断新的雷暴生成。

Wilson 等(1986)进一步指出,多普勒天气雷达探测到的"窄带回波"实际上是边界层辐合线,多数雷暴都生成在边界层辐合线附近。图 4.22 所示为一个移动的边界层辐合线与其抬升区示意图。对于移动的边界层辐合线,其抬升区范围大致为辐合线向前 10 km,向后 15 km。如果两条辐合线相遇,则雷暴被

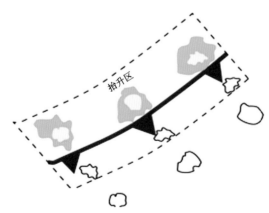

图 4.22　与边界层辐合线相联系的抬升区示意图(摘自 Wilson 和 Mueller,1993)

触发的可能性更大。图 4.23 给出了 Mahoney（1988）利用双多普勒雷达反演的要相遇的两条阵风锋的垂直速度，两条阵风锋相遇前垂直速度分别为 3 m/s，相遇后其相交处的垂直速度迅速增加为 12 m/s。两条辐合线相遇不仅触发生成深厚湿对流的概率大大增加，而且容易触发出强对流。

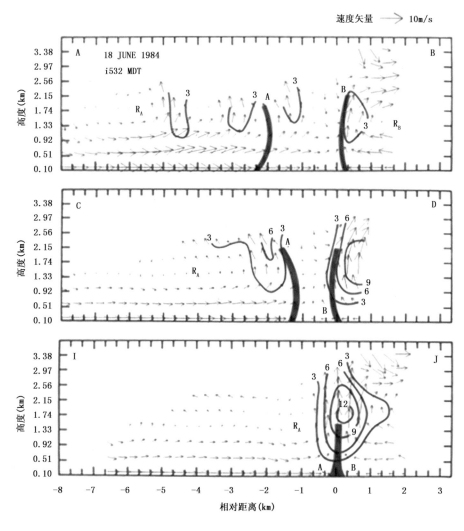

图 4.23　两条阵风锋相遇后垂直速度迅速增大（摘自 Mahoney，1988）

　　图 4.24 为 2009 年 6 月 3 日傍晚商丘 SB 雷达 0.5°仰角在 3 个时次的反射率因子图。在图 4.24a 中，箭头所指为两条晴空窄带回波，代表两条近乎平行的边界层辐合线，当时大气处于垂直层结不稳定状态，同时有来自低层东面的明显水汽输送。当来自西面的对流风暴逐渐靠近时，上述两条辐合线变形并加强。大约 30 分钟后，沿着辐合线开始有雷暴生成，20 分钟后，有更多雷暴沿着上述辐合线生成，并在有利的环境下强度变强，最终与强大的位于西面的强雷暴合并，形成人字形结构，在随后的几小时内（图略）一路产生雷暴大风。

　　图 4.25 为 2006 年 8 月 1 日傍晚 3 个时次的北京 SA 雷达 0.5°仰角反射率因子图。在图 4.25a 中可见两条明显的边界层辐合线，一条是雷暴的出流边界，另一条是从塘沽沿海移过来的海风辐合线，两条辐合线的相交区域如图中紫色圆圈所示。6 分钟后，在两条辐合线相交区域附近出现雷暴（图 4.25b），雷暴生成后不断加强（图 4.25c）。

　　有时，边界层辐合线移过对流云街，对流云街中的积云线被触发为雷暴。当一条阵风锋逐渐移过云街中的数条积云线时，积云成长为雷暴。如 2.4 节中所述，这些积云线由水平对流卷（HCRs，horizontal

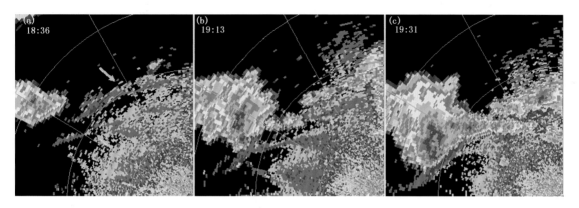

图 4.24 2009 年 6 月 3 日 18:36(a)、19:13(b)和 19:31(c)商丘 SB 雷达 0.5°仰角反射率因子图

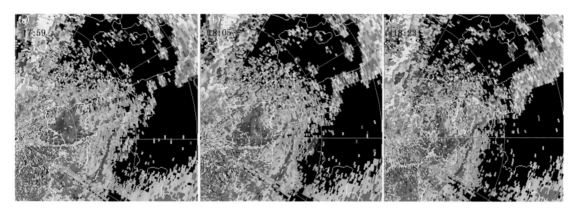

图 4.25 2006 年 8 月 1 日 17:59(a)、18:05(b)和 18:23(c)北京 SA 雷达 0.5°仰角反射率因子图

convective rolls)所导致,通常在大气低层,积云线的走向沿着低层风方向。图 4.26 给出了 2009 年 6 月 14 日阜阳 SA 雷达 4 个时次组合反射率因子图。14 时 45 分(图 4.26a),图像正中沿南北方向的一条条窄带回波是大气低层的对流卷构成的一条条积云线,图像的右上部为正在向积云云街移过来的对流风暴;15 时 46 分(图 4.26b),对流风暴的出流边界移过云街,积云线成长为雷暴;16 时 28 分(图 4.26c)和 17 时 10 分(图 4.26d),出流边界继续移过云街,更多的积云线成长为雷暴。

除了边界层辐合线外,如 2.4.6 节所述,地形在不少情况下对雷暴生成起重要作用,主要为两种情况:1)白天在太阳照射下上坡附近空气加热形成的上坡风,往往在山顶上或半山腰上触发深厚湿对流;2)低空急流遇到迎风坡抬升触发深厚湿对流,尤其在夜间或凌晨更为多见。在夜间或凌晨,由于边界层惯性振荡,导致边界层夜间或凌晨容易形成低空或者超低空急流。具体的例子见 2.4.6 节。

4.2.2 雷暴的加强、维持和衰减

4.2.2.1 低层垂直风切变

雷暴生成后,要想加强或维持其强度,与低层垂直风切变相对于雷暴出流边界的方向有关。当低层环境风廓线和雷暴出流边界(或其他类型辐合线)的方向配置像图 4.27a 那样,则对流容易在垂直向上发展,有利于雷暴的加强和维持;如果低层环境垂直风切变和雷暴出流边界(或其他类型辐合线)的方向配置像图 4.27b 那样,雷暴上升气流会出现明显倾斜,不利于其加强和维持。这个概念模型是 Wilson 等参照 Rotunno 等(1988)提出的针对飑线维持机制的 RKW 理论建立的,认为对流触发后能否维持与飑线维持机制有类似之处,这个概念获得了一些实际例子的证实,具有一定的参考价值。

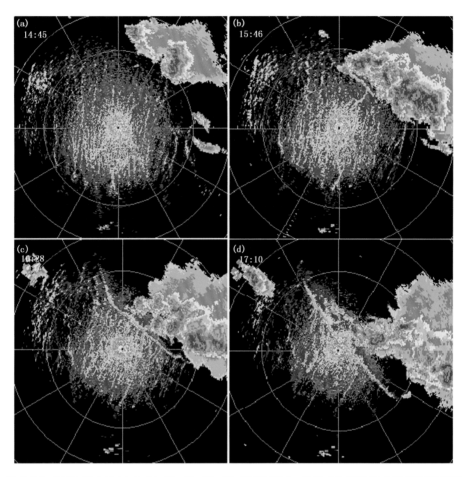

图 4.26　2009 年 6 月 14 日 14:45、15:46、16:28 和 17:10 阜阳 SA 雷达组合反射率因子图

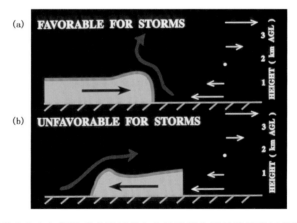

图 4.27　边界移动方向与低层垂直风切变方向的配置和雷暴发展密切相关（Wilson 提供）

4.2.2.2　雷暴加强和维持的经验规则

雷暴的加强通常由以下因素导致：

1）两个或多个雷暴合并（图 4.28）。

2）雷暴与辐合线相遇。

3）雷暴距辐合线特别是其出流边界的距离基本保持不变，尤其是其出流边界紧贴雷暴主体，这种情况下多数雷暴保持其强度不变，少部分有加强（图 4.29）。

4)雷暴的出流边界与另一条辐合线相遇。

5)雷暴进入充分发展的积云区。

6)与雷暴相联系的辐合强度大并且深厚。

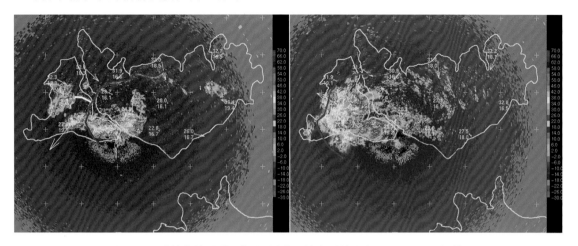

图 4.28　雷暴合并后明显加强,图中红线为雷暴出流边界(Wilson 提供)

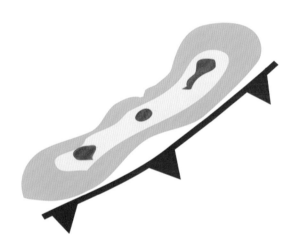

图 4.29　如果雷暴的出流边界到雷暴的距离保持不变,则雷暴会维持其强度不变(Wilson 提供)

4.2.2.3　雷暴衰减的经验规则

雷暴衰减的指标如下:

1)雷暴逐渐远离其出流边界(图 4.30)。

2)雷暴移入一个稳定区域。

3)雷暴强度和尺寸减小,周围没有辐合线。

4)雷暴从山上移到平原一般是衰减的,除非平原上有明显辐合线和/或充分积云发展。

当雷暴的出流边界逐渐远离雷暴时,渐渐切断了雷暴暖湿气流的供应,雷暴因此趋于消散(图 4.30)。雷暴移入稳定区,没有了对流有效位能,雷暴自然也会消散,关键是如何判断某一区域为稳定区。稳定区的判断除了探空曲线外,还可以通过有无积云的存在来判断。如果从气象卫星高分辨率可见光云图看到某一区域为完全晴空没有积云,则有可能是一个缺少水汽的稳定区域,不过在多云或阴天情况下无法使用这种方法。另外一种方法是确定前 1 小时雷达 1 小时累积雨量比较大的区域,在平流过程较弱情况下,该区域在未来几小时内是稳定的。

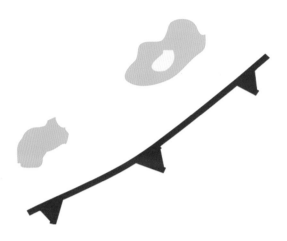

图 4.30　当雷暴的出流边界逐渐远离雷暴主体时，雷暴趋于消散（Wilson 提供）

4.2.3　雷暴加强、维持和衰减的例子

4.2.3.1　2006 年 6 月 25 日陕西多个雷暴合并导致下击暴流和极端雷暴大风

图 4.31 给出了 2006 年 6 月 25 日下午 4 个时次西安 CB 雷达 0.5°仰角反射率因子图。从图中可见，陕西大荔附近几个零散对流单体逐步合并形成强弓形回波，最终导致大荔出现 33 m/s 的极端雷暴大风，8 人死亡，几十人受伤。这是一个回波合并后迅速加强的经典例子。

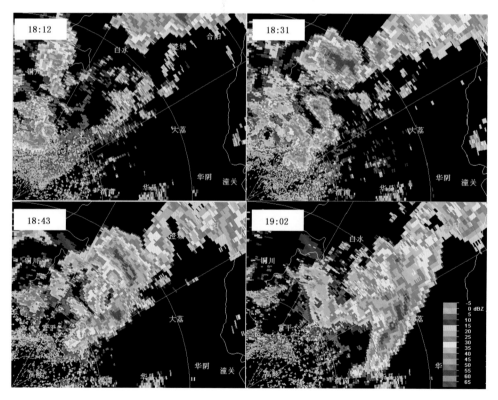

图 4.31　2006 年 6 月 25 日 18:12、18:31、18:43 和 19:02 西安 CB 雷达 0.5°仰角反射率因子图

18 时 12 分（北京时间），画面西边有几块孤立回波沿南北方向排列，东北部存在一个强回波区；18 时 31 分，上述西边的几块回波开始合并，排列成近似弓形，靠近北部的那块回波迅速加强；18 时 43 分，上述几块回波进一步合并，构成一个明显的弓形回波，此时开始产生地面大风；19 时 02 分，上述回波进一步

合并加强为一个密实的弓形回波。2 分钟后,正巧位于弓形回波凸点附近的大荔气象观测站测到 33 m/s 的极端地面大风,为该气象站建站 40 多年观测到的最大阵风。

图 4.32 给出了 18 时 55 分沿着雷达径向经过弓形回波凸点的径向速度垂直剖面,图中用粗线椭圆标出的区域为明显的中层径向辐合(MARC)区域,从 2 km 扩展到 6 km。辐合区上面偏右位置用细线椭圆标出的区域为明显的辐散区,对应风暴顶辐散。可见风暴顶辐散并不局限于风暴顶的附近高度,在垂直伸展上可以相当深厚。这种辐合辐散的配置与下击暴流的预警概念模型(Roberts and Wilson,1989)对应得很好。

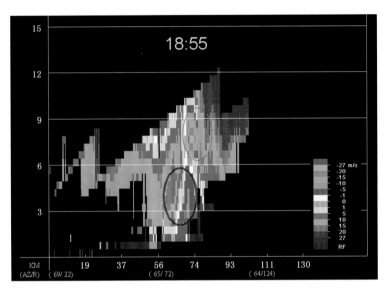

图 4.32　2006 年 6 月 25 日 18:55 西安 CB 雷达沿着雷达径向通过弓形回波凸点的径向速度垂直剖面

4.2.3.2　2002 年 8 月 24 日安徽江苏浙江上海飑线衰减和反复重生个例

2002 年 8 月 24 日凌晨有对流风暴在河南境内发展成为飑线,24 日 09 时前后进入安徽,下午和晚上进一步发展到江苏、上海和浙江。

图 4.33 所示为 2002 年 8 月 24 日中午 4 个时次合肥 SA 雷达 0.5°仰角的反射率因子图。从 12 时 36 分到 13 时 25 分,图中所示飑线中部前面的出流边界逐渐远离回波主体,位于飑线中部的回波逐渐衰减。另外,12 时 36 分,飑线出流边界的西端与另一条位于西南方向的辐合线相交,交点附近有雷暴生成;12 时 48 分,生成的雷暴略微加强;13 时 01 分,上述雷暴与西北方向的原有大片雷暴开始合并;13 时 25 分,合并后原有雷暴得到加强。这个飑线演变过程,验证了前面所阐述的关于雷暴生成、加强和衰减的经验规则。这个飑线一开始是一条较为完整的飑线,后来中部的阵风锋逐渐远离回波主体,飑线中部逐渐衰减,飑线分裂成东西两个部分(图 4.33)。阵风锋在前进过程中不断触发出雷暴,逐渐又形成一条新的飑线(图略)。接下来这条新的飑线的阵风锋又逐渐远离这个新的飑线主体,飑线主体开始衰减,而新的阵风锋又沿着阵风锋触发出一系列雷暴,又有新的飑线生成(图略),因此这次所谓的飑线过程,飑线结构并不稳定,而是跳跃式发展,反复经历了生成、加强和衰减的过程,在这些过程中也验证了上述关于雷暴生成、加强和衰减经验规则的基本正确性。这次飑线过程在安徽、江苏、上海和浙江产生了大范围对流大风,最大阵风 28 m/s,多数在 18～26 m/s 之间,同时伴随有 1～2 cm 直径的冰雹以及短时强降水。

4.2.3.3　2006 年 8 月 1 日北京多单体线状风暴衰减与加强

图 4.34 给出了 2006 年 8 月 1 日下午 8 个时次北京 SA 型多普勒天气雷达 0.5°仰角的反射率因子图。从图中可以看出,位于画面中下部的线性多单体风暴,随着其出流边界(阵风锋)逐渐远离,其强度逐渐衰减,当该出流边界的一部分与位于北边的更长的多单体线状风暴相遇时,北边的多单体线状风暴得到加强。接下来,由于阵风锋远离而衰减的那个多单体线状风暴的残留部分与其北部的更长多单体线状

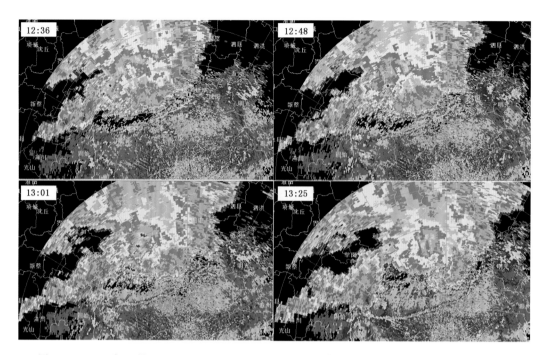

图 4.33 2002 年 8 月 24 日 12:36、12:48、13:01 和 13:25 合肥 SA 雷达 0.5°仰角反射率因子图

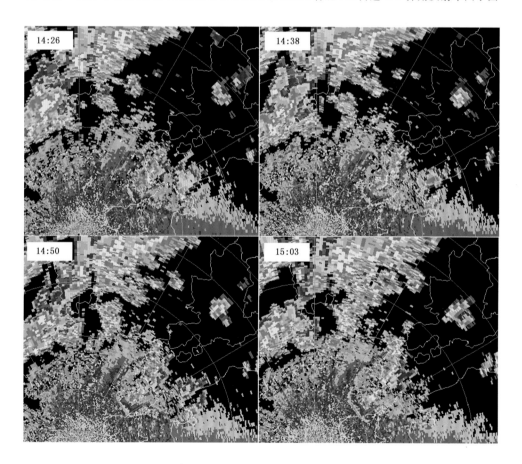

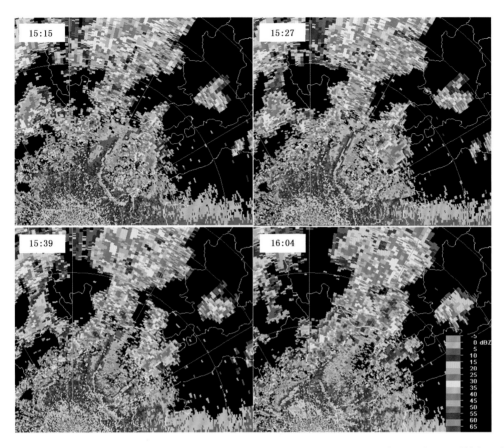

图 4.34　2006 年 8 月 1 日 14:26、14:38、14:50、15:03、15:15、15:27、15:39 和 16:04 北京 SA 雷达 0.5°仰角反射率因子图

风暴合并,北部的那个更长的多单体线状风暴得到进一步加强。上述多单体线状风暴在北京地区产生了广泛的雷暴大风(最大阵风 21 m/s)、冰雹(1～2 cm)和短时强降水。

4.2.3.4　2008 年 8 月 10 日天津沿海多单体线状风暴生成与衰减个例

　　2008 年 8 月 10 日 08 时,北京奥运会进行期间,如图 4.35 所示从地面天气图上可见天津塘沽沿海地区存在一条辐合线,前一天 20 时高空 500 hPa 存在一条深厚的北东北—南西南走向的西风槽(图略),地面辐合线位于上述西风槽的东边不远处,高空盛行西南气流。由于 08 时探空资料还没有到达,对于大气静力稳定度无法判断,只是从地面资料看出低层水汽条件很好,温度也不算低。虽然该辐合线在天津塘沽 SA 雷达回波图上没有窄带回波相对应,根据 8 月 9 日 20 时的高空资料和 8 月 10 日 08 时地面资料,可以判断存在沿着上述辐合线出现深厚湿对流的可能。08 时 30 分左右,沿着上述辐合线开始有回波出现(图 4.36),10 时 42 分,沿着辐合线已经有好几个雷暴单体生成。09 时 06 分,一条明显的对流雨带沿着辐合线形成,在其后 20 分钟,对流雨带加强,09 时 30 分的图上显示了较 24 分钟前显著加强的对流雨带,同时雨带南段两侧出现明显的出流边界(阵风锋);随着阵风锋的逐渐远离,雨带逐渐衰减,到 10 时 42 分,雨带的大部分已经消散;在接下来的 40 多分钟,沿着原雨带右侧阵风锋又有雷暴生成,位于原雨带左侧阵风锋北端的雷暴由于始终贴紧阵风锋其强度得到维持。此次过程只产生了强降水(最大雨量 67 mm),没有雷暴大风和冰雹。此次过程中线状对流雨带沿着辐合线迅速形成,除了地面存在辐合线之外,0～6 km 风切变矢量与地面辐合线大致平行,有利于雷暴沿着辐合线触发后形成线状对流系统。这个个例验证了三个有关雷暴生成维持衰减的经验规则:1)深厚湿对流倾向于沿着边界层辐合线生成;2)当雷暴出流边界(阵风锋)逐渐远离雷暴时,雷暴趋于衰减;3)如果某个雷暴与辐合线一直距离较近,并且保持贴着辐合线,则该雷暴强度和大小可以维持。

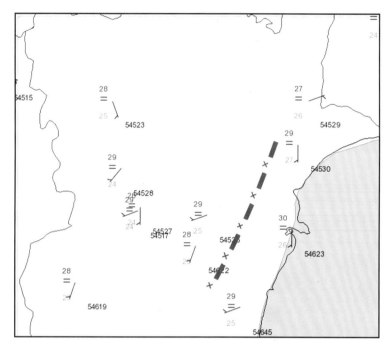

图 4.35　2008 年 8 月 10 日 8 时天津市及其周边地区地面观测

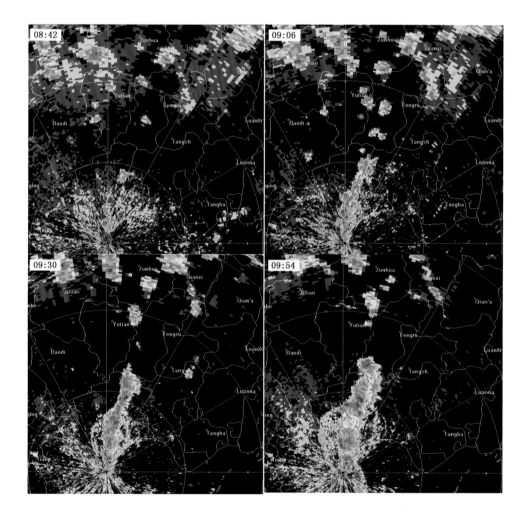

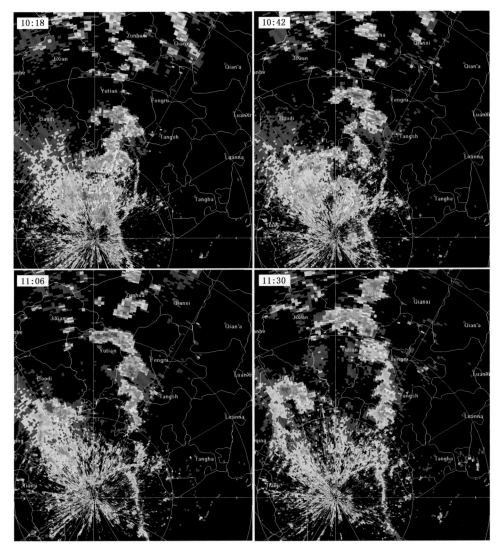

图 4.36　2008 年 8 月 10 日 08:42,09:06,09:30,09:54,10:18,10:42,11:06 和 11:30
塘沽 SA 雷达 0.5°仰角反射率因子图

4.2.3.5　2008 年 8 月 2 日北京雷暴下山衰减个例

图 4.37 给出了 2008 年 8 月 2 日下午 6 个时次北京 SA 雷达 0.5°仰角反射率因子的演变。从图中可看出,在 16 时 11 分,北京北部有两块较强回波,它们的前面有一条明显的阵风锋(出流边界)。从 16 时11 分至 16 时 47 分,随着阵风锋逐渐远离,西面的那块雷暴回波强度逐渐减小,雷暴渐渐消散,东边那块回波由于始终贴着其前沿的阵风锋,强度基本保持不变;从 16 时 47 分到 17 时 11 分,随着东边那块回波前面的阵风锋也逐渐远离,该回波开始衰减,最终趋于消散。

这个个例涉及雷暴的下山过程,从北京北部山区向平原地区移动。通过对大量的类似个例观察显示,如果没有明显的天气尺度强迫(高空槽、锋面等)作用,并且平原地区没有明显辐合线和积云的充分发展,雷暴多数情况下在下山过程中衰减。当对流系统与天气尺度锋面和高空槽相伴随时,雷暴下山虽然经历短暂的下沉,但山前不稳定暖湿气流的供应很多情况下超过了下沉的影响,使得对流系统下山后继续发展。在没有锋面和高空槽系统伴随情况下,雷暴下山的短暂下沉运动可以导致雷暴强度减弱,如果平原地区的中低层大气的不稳定度很小,甚至稳定,则雷暴很可能在下山过程中衰亡,本个例就属于这种情况。13:40 EOS Aqua 星 MODIS2 高分辨率(星下点 250m)可见光云图(图 4.38)显示北京平原地区没

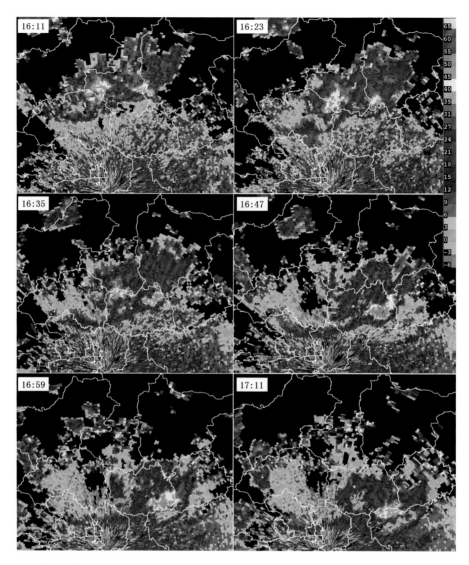

图 4.37　2008 年 8 月 2 日 16:11、16:23、16:35、16:47、16:59 和 17:11 北京 SA 雷达 0.5°仰角反射率因子图

图 4.38　2008 年 8 月 2 日 13:40 EOS Aqua MODIS 可见光云图

有积云发展,说明不利于雷暴生成和发展。加密的北京 14 时探空显示,低层水汽条件较差,虽然地面到 850 hPa 温度层结为干绝热层结,820～600 hPa 为明显条件不稳定层结,但在 820 hPa 附近存在明显逆温,导致 820～670 hPa 区间存在显著的 CIN(黑色条纹区域),而在 670 hPa 高度存在一个较强的下沉逆温,加上低层较低的露点,导致很小的 CAPE 和相对较大的 CIN,因此雷暴在下山过程中衰减消散。

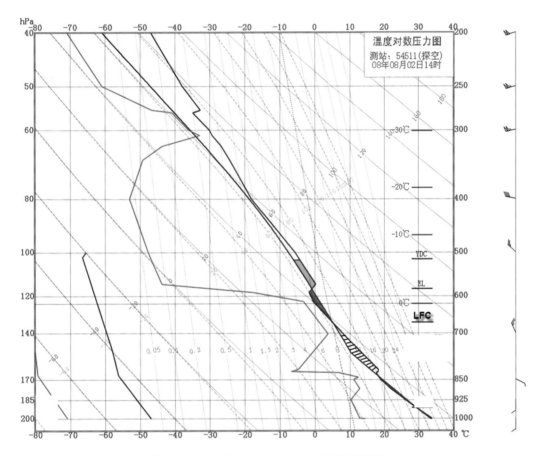

图 4.39　2008 年 8 月 2 日 14:00 北京加密探空

将雷暴下山演化的一些规则总结如下:1)在有明显天气尺度强迫(西风槽、短波槽以及冷锋等)情况下,平原地区如果没有明显辐合线或充分发展的积云,雷暴下山也会有所衰减,但通常不会很快消散;如果平原地区有明显辐合线和/或充分发展的积云,雷暴下山维持原有强度或者加强;2)在没有明显天气尺度强迫情况下,平原地区如果没有明显辐合线或充分发展的积云,雷暴下山会很快衰减消散;3)在没有明显天气尺度强迫情况下,如果平原地区有明显辐合线和/或充分发展的积云,雷暴下山维持原有强度,或者略有减弱,或者有所加强;4)当平原地区低层风向与下山雷暴阵风锋垂直或有较大夹角时,雷暴下山维持或增加的概率明显加大,衰减的概率明显减少。

4.2.4　雷达气候学

所谓雷达气候学,就是利用多年天气雷达探测资料,研究某一地区对流天气出现频率的季节和日变化特征,尤其是日变化特征,以及这一地区内深厚湿对流在不同天气背景下的移动路径。雷达气候学研究对于某一地区对流性天气短时临近预报是很有帮助的,是一项基础性的工作。

Chen 等(2012)对京津冀的雷达气候学进行了分析,使用了 2008—2011 年 4 年的京津冀地区包括北京、天津、石家庄和秦皇岛的 SA 型,以及张家口和承德的 CB 型 6 部多普勒天气雷达探测资料,采用多部雷达三维拼图,水平分辨率为 1 km×1 km,质量控制之后采用组合反射率因子进行统计,在以北京 SA 雷达为中心的 600 km×600 km 范围内对暖季(5 月 15 日至 9 月 15 日)4 个月时段进行统计。图 4.40 给

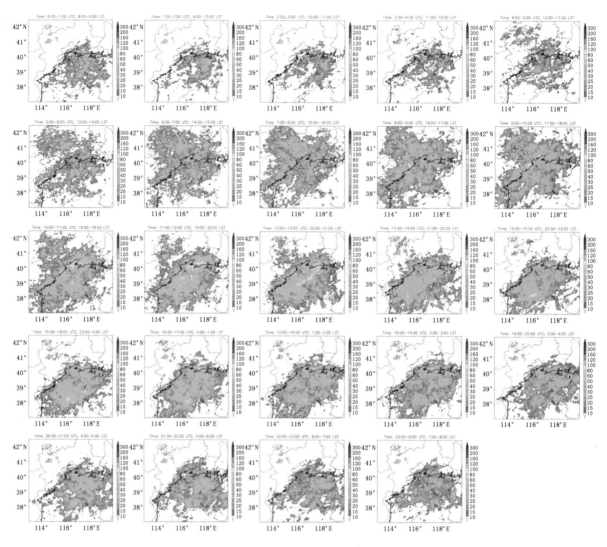

图 4.40　京津冀暖季雷达反射率因子超过 40 dBZ 的频率分布日变化（每小时一张频率分布图，
其中粗实线代表 200m 海拔高度等值线，引自 Chen et al,2012）

出了整个暖季京津冀 40 dBZ 以上回波出现频率空间分布的日变化特征。通常认为 40 dBZ 以上为深厚湿对流,因此代表了京津冀暖季深厚湿对流出现频率空间分布的日变化。统计表明,5 月 15 日至 9 月 15 日 4 个月暖季中,95％以上的深厚湿对流(雷暴)出现在 6—8 月。从图 4.40 看出,京津冀地区暖季深厚湿对流从午后 14 时(北京时)前后开始活跃,一般在山上生成,然后逐渐下山移到平原地区。17 时以后,在平原地区活跃,一直持续到 02—03 时。以上是暖季 4 个月的总体情况,具体到每个月还会有差别。Chen 等(2012)指出,就京津冀地区而言,多数情况下深厚湿对流午后在西北山区形成,然后传播到山脚下,再到更东南的平原地区,主要传播路径是西北—东南方向。在夜间和凌晨,山上很少有雷暴活动,主要雷暴活动区域是在平原地区。Chen 等(2014)还进一步讨论了在不同的低层(925 hPa)和中层(500 hPa)主导风向情况下,上述地区深厚湿对流空间分布的日变化特征。

　　韩雷等(2009)利用天津塘沽 SA 雷达 2003—2007 年 5—8 月资料,借助 TITAN 系统对京津地区雷暴特征进行统计分析。统计结果表明,京津地区 75％的对流风暴持续时间小于 30 分钟,绝大部分的风暴体积小于 400 km³。从整体的运动趋势看,风暴倾向于从西南向东北运动或从西北向东南运动,运动速度集中分布在 10~30 km/h 之间,风暴顶(35 dBZ 扩展到的高度)的平均高度约为 6 km,但强对流风暴的顶高可以到达 15 km 以上。风暴的面积、体积等地理分布特征显示了西弱东强的特点。

以上关于雷达气候学的研究仅仅是一个示例,这方面的统计分析结果为预报员做雷暴短时临近预报提供了重要的基础信息。

4.3　雷暴自动临近预报系统(ANC)

ANC(Auto-NowCaster)是由美国国家大气研究中心(NCAR)研制的雷暴自动临近预报系统(Mueller et al,2003),它的基础部分是基于 TREC(见 4.1 节)的外推,同时综合考虑边界层辐合线、大气稳定度、大气低层垂直风切变、TITAN(见 4.1 节)关于雷暴增长和衰减的信息来预报雷暴的生成和演变(新的雷暴生成,雷暴移动过程中增强、维持强度不变以及衰减)。关于雷暴生成、加强、维持和衰减主要基于 4.2 节中列出的由 Wilson 等(Wilson and Schreiber,1986;Wilson and Mueller,1993;Wilson and Megenhardt,1997)总结的经验规则或称为概念模型。通过模糊逻辑的隶属函数将上述经验规则数字化为 0~1 之间的数值权重,将各种因素的权重加在一起,超过一定阈值就判定有雷暴生成、加强、维持或者衰减。整个系统严格来说不完全是自动的,需要预报员识别并人工输入边界层辐合线(自动识别辐合线目前难以做到,通常只能识别辐合线的一部分,错误率较高),只要在触摸屏电脑的屏幕上直接画上辐合线就可以输入,比较方面便捷。ANC 是目前惟一能够临近预报(0~1 h)雷暴生成、加强、维持和衰减的临近预报系统,在平原地区应用效果较好,目前在美国平坦地区的若干个基层台站业务运行,预报员反映具有较好的参考价值。要取得较好应用效果,需要根据当地气候特点尤其是雷达气候学对 ANC 中模糊逻辑系统中的众多参数进行细致和精心的调整,这对于该系统的应用效果好坏是至关重要的。

4.3.1　ANC 方法

ANC 临近预报系统在业务运行过程中,使用一个数据融合系统同化多源的数据集(包括预报员人工输入的辐合线),做出定期的临近预报(通常是每隔一个体扫)。此数据融合系统实际上是一个基于风暴如何生成、发展和消亡的概念模型。ANC 使用的是模糊逻辑系统,该系统提供了一种非常有效的方法来融合各种数据集,采用基于概念模型的数学函数,代替二进制的决策树来预报网格中定义的区域发生深厚湿对流(雷暴)的可能性。由于模糊逻辑系统主要是基于物理基础建立的,性能统计数据可以用来调整系统。通过修改模糊逻辑中的各个隶属函数参数可以使得 ANC 在不同地点、不同天气条件下都起作用,并具有像通过获得先进的观测系统资料改进预报模式类似的功能。

本节通过参考 SCAN 计划期间对一次飑线形成过程的临近预报来介绍 ANC 预报方法。图 4.41a 显示的是临近时刻的卫星云图,位于宾夕法尼亚上空的大型云系是冷锋云系。通过弗吉尼亚州北部和马里兰州(白色方块中)的线状积云簇是此次临近预报的重点。图 4.41b 显示同一时间的雷达反射率因子和以位于斯特林的 WSR-88D 雷达为中心区域的 VDRAS 四维变分同化模式(Sun et al,1997)反演的低层风场。从图 4.41b 看出存在边界层辐合线,此边界层辐合线以 8 m/s 的速度相对缓慢地移动。引导风是大约 10 m/s 西风,线状积云簇快速发展成飑线,产生灾害性大风和直径 1.9~2 cm 的冰雹。ANC 成功地预报出飑线的生成。图 4.42 显示大于 35 dBZ 回波的 30 分钟临近预报和根据实况雷达回波对预报的检验图。下面将用这个例子说明 ANC 临近预报的方法。

4.3.1.1　概要

图 4.43 是 ANC 系统的基本原理图。系统中所用的业务数据包括原始分辨率雷达探测资料(通常是 WSR-88D)、卫星资料、地面观测资料(包括中尺度地面观测)、闪电资料、风廓线资料、数值模式输出和探空资料。如图 4.43 所示,这些数据经过分析算法计算出各个预报因子场。分析算法包括数据质量控制、特征探测算法、多普勒雷达变分同化算法。在一些个例中,预报员在步骤 2 将人工识别的边界层辐合线的位置手动输入到边界层辐合线探测算法,并能控制此算法。在步骤 3 中运用模糊逻辑算法,利用隶属函数预测可能发生雷暴的区域,将预报的可能性预报场经过加权和累加产生综合的可能性预报场。

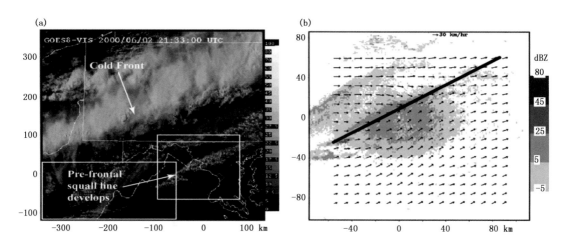

图 4.41 （a）2000 年 6 月 2 日 21：30（UTC）位于宾夕法尼亚西部、弗吉尼亚北部和马里兰州上空的 GOES 可见光云图；（b）对应的是（a）中的方框区域，显示了 0.58°仰角的雷达反射率因子，VDRAS 反演的低层（0～0.18 km）风场，黑线是人工输入的边界层辐合线（引自 Mueller et al，2003）

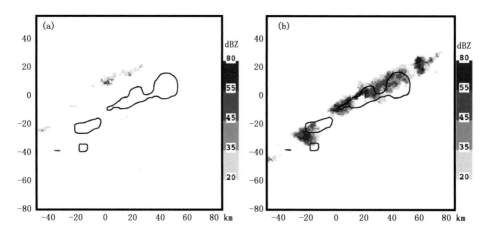

图 4.42 低层（1.5 km）雷达反射率因子，黑线圈出的区域为 30 分钟临近预报结果。（a）2000 年 6 月 2 日 22：18 UTC 起始的 30 分钟临近预报；（b）22：48UTC 雷达反射率因子实况（阴影区）与预报区域的叠加（Mueller et al，2003）

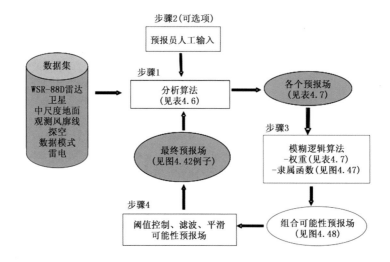

图 4.43 ANC 原理图。方框代表算法（软件程序和人工输入），阴影部分代表数据、各种预报因子场和临近预报场（Mueller et al，2003）

再经过步骤 4 的过滤和阈值限定做出最终的临近预报场。

4.3.1.2　分析算法,预报员输入和由此作出的预报因子场(步骤 1 和步骤 2)

在步骤 1,ANC 系统通过分析算法处理观测数据产生预报因子场。表 4.6 列出了分析算法、输入数据流、每一个算法的目的。表 4.7 列出了衍生的预报因子场的数值指数,ANC 的各个预报因子场及每个预报因子场的说明,每个预报因子场对于最终临近预报的相对重要性(列出了每个预报场的权重因子)和参考文献。这些预报因子场都源自 4.2 节阐述的经验规则或概念模型。WM93(Wilson and Mueller,1993)描述了概念模型,它是根据确定的重叠区域的条件不稳定(通常是确定的云型和纵向发展的积云簇),有利触发对流的边界层辐合线,以及当前的风暴移动位置和特点而来的。由于还没有在时空尺度适合临近预报的对边界层辐合线热动力特征进行直接探测的方法,因此将积云场特征作为潜在的对流开始标志。边界层辐合线附近温度、水汽小尺度变化(Crook,1996)和湿度垂直厚度(Mueller et al,1993)是深厚湿对流(雷暴)触发的敏感元素。对流云系的出现说明具有足够的水汽发展成深对流(Weckwerth,2000)。相反,深厚潮湿的对流云团后部产生的云砧意味着云砧下方的对流上升运动受到抑制。

WM93(Wilson and Mueller,1993)提供了一些临近预报规则。其中包括:1)如果产生的深厚湿对流(雷暴)在移动过程中伴随着边界层辐合线,辐合线不远离,那么此雷暴将维持或发展;2)如果积云场位于两个碰撞的边界层辐合线附近,那么就要预报在边界层辐合线碰撞处会有风暴产生并快速发展;3)如果边界层辐合线(通常为雷暴出流边界即阵风锋)迅速远离风暴,那么预示雷暴将消散。在所有情况下,通过对有关积云场(代表稳定度)、边界层辐合线强迫(抬升触发)和深厚湿对流(雷暴)特征进行 0～1 小时的临近外推,决定那个时刻深厚湿对流(雷暴)发生的可能性。WM93 和最近的研究进展(如表 4.7 所示)描述了 ANC 使用的预报因子场方法。在表 4.6 中,预报因子场信息分为雷暴特征(1—5)、边界层辐合线结构(6—10)以及云系特征(11—13)。

表 4.6　ANC 系统的分析算法,包括使用的数据处理程序、算法的目的和预测场

(数字代表表 4.7 中预报因子清单中对应的项,VAD 指速度方位显示,RUC 指快速更新循环模式)

软件名称	数据	目的	预测区域
椭圆滤波器	笛卡尔网格雷达数据	滤波器滤除可衰减的尺度	1,2
TREC(交叉相关法)	笛卡尔网格雷达数据	外推雷达反射率因子	1,2,3,4
TITAN(单体质心法)	笛卡尔网格雷达数据	雷暴的特征和演变趋势	3,4
累积降雨量	笛卡尔网格雷达数据	通过标准 Z-R 关系,计算累积降雨量	5
COLIDE(辐合线探测)	人工输入的辐合线	外推边界层辐合线位置	6,7,8,9,10
VDRAS	高分辨率雷达数据,中尺度观测网数据以及周围雷达的 VAD 反演风场	云尺度数值模型及使用单部雷达反演获取的边界层风场和热力学结构	9,10
边界层辐合线碰撞以及雷暴和边界层辐合线碰撞	COLIDE 外推,TITAN,从风廓线或 RUC 数据得出的引导风	描述边界层辐合线碰撞、交叉或雷暴与边界层辐合线碰撞的区域	7
边界层辐合线网格	COLIDE 外推,引导风以及 VDRAS 反演风场	描述与边界层辐合线上升有关的区域,并提供这些区域边界层相关信息	6,8,9,10
卫星应用	GOES 卫星可见光和红外数据	提供云类型及云增长信息	12,13,14

表4.7　ANC预报因子场清单(简短介绍了预报因子场,列出了模糊逻辑算法中用到的代表该预报因子场相对重要性的权重系数和参考文献信息。注意各个权重相加并不等于1,只是表示其相对重要性)

预报场(单位)	描述	权重	参考
1)外推反射率因子(dBZ)	表征外推雷达回波位置	0.20	Ligda（1953）；Wolfson et al（1998）
2)移除层状云区域后的外推反射率因子(dBZ)	标注出对流区	0.4	Steiner et al（1995）
3)雷暴面积(km²)	提供由35 dBZ等值线框定的回波面积轮廓,作为雷暴生命期的表征	0.2	Wilson(1966)
4)正或负的增长率(km²/h)	表示了雷暴面积的增长率,单独使用时不能提供好的预报,然而当和环境信息一起使用时,则很有用	0.15	Tsonis and Austin（1981）
5)1小时累积降雨量(mm)	在标准Z-R下的1小时累积降雨量,用来遏制对于已发生显著对流性降雨区域的雷暴生成临近预报	0.15	Wilson and Mueller（1993）
6)边界层辐合线定位和移动速度(m/s)	定位由边界层辐合线触发对流的区域	0.2	Wilson and Schreiber（1986）
7)边界层辐合线碰撞和雷暴-边界层辐合线碰撞	边界层辐合线碰撞的地方有利于雷暴的发展,因为边界层辐合线碰撞地方预示着垂直速度加强和有利于雷暴生成发展的低层垂直切变	0.25	Rotunno et al（1988）
8)边界层辐合线相对引导风	标志积云如何相对于边界层辐合线运动,如果边界层辐合线相对引导风较小(<6 m/s),在边界层辐合线附近的积云将大致停留在辐合线附近,这些积云相对于具有较大的边界层辐合线相对引导风(>10 m/s)的积云更有可能发展成雷暴	0.2	Wilson and Mueller（1993）
9)低层风廓线	与低层上升气流的强度相关。当有较强的低层上升气流时,与密度流或阵风锋有关的水平速度很可能与环境的水平速度一致。当密度流和环境水平速度大致相当时,该上升气流将有助于雷暴的形成	0.2	Wilson and Megenhardt（1997）
10)最大垂直速度(m/s)	与边界层辐合线对应的垂直速度	0.2	
11)雷达探测的浓积云(dBZ)	描述空中雷达反射率因子的增长,分三个步骤计算此预报因子场,首先找出垂直柱体内3~6 km的最大反射率因子;其次利用层状云和对流云分区程序滤去层状云回波;最后这个预报因子场用环境引导风进行平流	0.25	Wilson and Mueller（1993）；Henry and Wilson（1993）
12)卫星探测云类型	表示由卫星反照率和IR数据得出的云类型;积云用来表示大气静力不稳定,在积云与水平对流卷或其他类型辐合线同时出现的区域,更有利于雷暴生成和发展	0.15	
13)IR云顶温度降温率	测量15分钟一次IR温度变化,积云与边界层辐合线一起出现的区域,表明有利于雷暴生成	0.25	Mueller et al（1993）；Roberts（1997）；Weckwerth（2000）
13)IR温度—晴空	通过IR数据得到的晴空面积,用于限制系统在该区域预报雷暴生成	0.15	
14)地形	在WSMR,用来提高山区深厚湿对流可能性和降低盆地深厚湿对流可能性	0.15	Saxen et al（1999）

（1）雷暴特征预报因子

雷暴特征预报因子为 ANC 提供当前雷暴的信息。这些预报因子场信息是基于 TITAN 计算的对流风暴活动区域和发展趋势，以及通过 TREC 计算出的雷暴移动矢量（Rineheart，1981；Tuttle and Foote，1990）。基于 TREC 交叉相关算法外推出来的反射率因子场是临近预报的主要预报场之一。外推预报出的移动矢量场通过椭圆滤波器（Wolfson et al，1998）平滑和滤除弱的和更易衰减的反射率因子场。滤波器的典型尺度是 5～19 km。细长的椭圆滤波器增强了线性特征，使得 TREC 算法可以追踪多单体风暴和飑线的增长速度，而不仅仅追踪单体风暴的移动。利用 TREC 移动矢量法外推 1 km×1 km 格距的反射率因子场就是 ANC 临近预报的外推预报场。图 4.44 显示了外推和 ANC30 分钟临近预报的格点反射率因子场。将这两个预报反射率因子场与图 4.42b 的实况进行比较发现，外推预报场也是有效的，因为其预报出了雷暴移动路线。然而在这个例子中仅仅依靠外推不能预报出雷暴强度的增大。虽然雷暴历史对于 ANC 系统有用，但雷暴历史并不能完全反映影响其未来变化的物理过程（Tsonis and Austin，1981；MacKeen et al，1999），因此雷暴本身的特点和发展趋势并不能为临近预报提供足够多的信息。

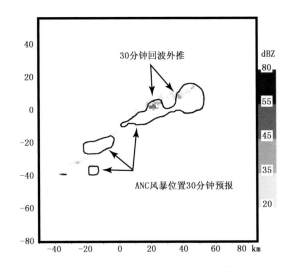

图 4.44　ANC 对风暴位置的 30 分钟临近预报与回波外推（灰色填色）临近预报对比

（2）边界层辐合线特征预报因子

探测和识别边界层辐合线对于预报雷暴的生成、发展和衰减至关重要。ANC 运用边界层辐合线预报因子场来量化边界层辐合线特征，并将其与深厚湿对流（雷暴或对流风暴）触发机制联系起来。通过例如机器智能阵风锋探测算法（MIGFA）（Delanoy and Troxel，1993）或边界层辐合线探测算法（COLIDE）（Roberts et al，1999）等自动特征追踪算法来获取边界层辐合线的位移。MIGFA 和 COLIDE 算法探测、追踪和外推边界层辐合线的位置。COLIDE 算法在自动和交互模式下都能运行。边界层辐合线自动探测和识别已被证明是一件困难的事。尽管人类肉眼可以通过雷达、卫星、地面中尺度观测数据来识别边界层辐合线，但是很难建立一种连续探测边界层辐合线详细特征而不出现虚假信息的算法。预报员可以通过输入边界层辐合线位置信息来引导自动算法（如图 4.43 步骤 3），这样预报员在没有干扰预报结果输出的情况下提高了临近预报的准确率。COLIDE 算法在有无预报员手动输入的情况下都能连续运行。如果预报员输入边界层辐合线位置信息，那么 COLIDE 算法就采用其输入的信息加强边界层辐合线的探测能力。边界层辐合线未来位置是在现有位置和过去位置的基础上外推得到的。

一旦确定了边界层辐合线的位置和移动矢量，ANC 系统就开始计算格点预报因子场。边界层辐合线预报因子场信息来源于：1）边界层辐合线的移动矢量；2）引导风（来自探空和数值预报数据）；3）VDRAS 系统基于多普勒雷达资料的四维变分同化产品。多普勒雷达变分同化系统基于单部多普勒雷达和中尺度观测数据反演边界层三维风场及分析边界层的热动力条件。图 4.45 显示了边界层预报场的一个例子。图4.45a显示了VDRAS垂直速度场和边界层辐合线位置信息,这些信息用来计算所谓的最大垂直速度预报因子场(如图4.45b)。最大垂直速度预报因子场通过三个步骤得到,首先沿着边界层辐合线每10 km长的线段的w值取自VDRAS反演的地面以上1 km高度的沿着该线段的最大垂直速度值;第二步通过外推方法得到边界层辐合线的预报位置;最后将上述最大垂直速度叠加到边界层辐合线所在的位置,并赋给属于该线段的抬升区内的所有格点。由此产生的边界层辐合线最大垂直速度预报因子场(如图4.45b)就是沿着外推边界线周围的狭长区域。根据雷暴产生和相对于边界层辐合线发展的速度来确定横跨边界层辐合线最大垂直速度区的宽度(Wilson and Schreiber,1986;Mueller et al,1997)。在边界层辐合线移动的情况下,三分之一的最大垂直速度区(抬升区)在边界层辐合线前部,穿过边界层辐合线的宽度一般为25 km。固定的边界层辐合区域在边界层辐合线中心及其周围15 km范围内。表4.7中还总结了其他与边界层辐合线相关的预报因子场。

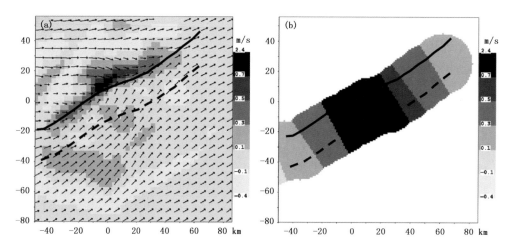

图4.45 (a)VDRAS水平风矢量(180 m高度)和940m高度垂直速度场(灰色阴影);(b)灰色阴影为辐合线最大垂直速度预报因子场(实线为边界线层辐合线位置,虚线为外推的30分钟后的边界层辐合线位置)

(3)积云特征预报因子

ANC利用积云特征来定性表示不稳定度。积云特征预报因子场基于卫星或雷达观测资料。美国地球同步业务环境卫星(GOES)利用云型算法确定积云和浓积云的区域(Bankert,1994;Roberts,1997)。除了云型,GEOS的红外通道温度变化(通道4,11 mm)也作为监测积云垂直发展的指标(Roberts,1997;Roberts and Rutledge,2003)。当无法获得卫星数据或低层云被上层云遮挡时,可以使用雷达数据。类似于WSR-88D的敏感雷达能够探测到降水粒子形成前的早期浓积云。沿浓积云边缘湿度强梯度区,由布拉格散射产生的弱回波(<5 dBZ)叫曼特尔回波。但是在探测淡积云方面,WSR-88D雷达不是很理想(Roberts,1997)。此外,算法还不能辨别出发展中的积云产生的弱回波和层云碎云产生的弱回波之间的区别,因此ANC系统探测到的初始发展阶段的积云通常是浓积云。

如图4.46所示,雷达探测积云预报因子(表4.7)反映了在3~6 km高度范围内存在0~55 dBZ的对流性回波。ANC系统在基于用户输入的条件下,利用多方面手段外推雷达或卫星确认的积云场。一般情况下使用的引导风资料来自探空、风廓线和数值模式输出。但是计算积云场的移动矢量是一个很大的挑战。有些时候观测到的积云相对于边界层辐合线位置不变,另一些时候在其空间范围内随着平均气流移动。图4.46中雷达探测的积云场就是利用边界辐合线移动外推而来的。

4.3.1.3　模糊逻辑算法和临近预报(步骤3和步骤4)

临近预报利用隶属函数(如图4.47),经过权重系数将预报因子场(表4.7)进行组合。隶属函数基于对正在发生的物理过程的深入理解,将其转化为无量纲的可能性预报因子场。预报因子场的可能性有-1~1的动态范畴。正数增加代表风暴发生的可能性增大;负数减小代表风暴发生的可能性减小;零代

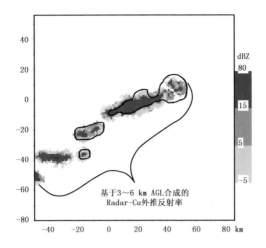

图 4.46　Radar Cu 预报因子场和 ANC 系统 30 分钟临近预报场（黑线）

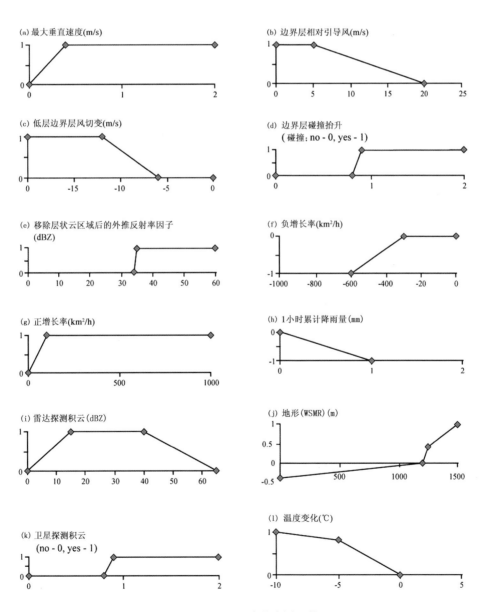

图 4.47　ANC 中的隶属函数

表风暴发生的可能性为零。表4.7列出了各个预报因子场可能性的权重系数,经过加权后形成组合可能性场,再通过滤波、平滑、阀值控制形成最终的临近预报。图4.48显示了一个组合可能性场的例子,在这个相对简单的例子中,各个预报因子场的权重系数已经确定。狭长的区域与边界层辐合线特征有关。雷达积云场和外推反射率因子回波的位置导致加强的可能性场,因此增加了雷暴形成的可能性。事实上,组合的可能性场提供了确定各个预报因子场进行重叠的一种方法,由此给出预报的雷暴位置和区域。

组合的可能性场经过滤波、阀值控制得到最终的预报场(如图4.48b)。过滤器的类型根据边界层辐合线的位置而定,其中阈值取决于数据统计评价结果。

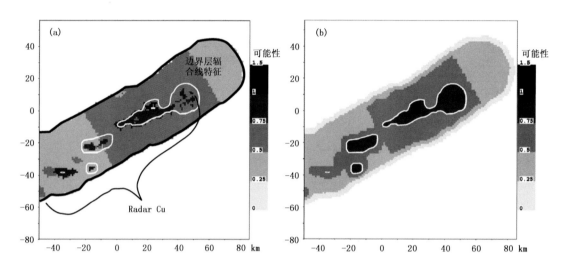

图4.48 (a)与图4.42相对简单临近预报对应的组合可能性场;(b)将组合可能性场滤波、阀值控制后的最终预报场

4.3.1.4 检验方法

利用格点化临近预报和实况观测对比计算命中率(POD)、虚警率(FAR)和临界成功指数(CSI)。一般情况下,将1.5 km雷达等高面反射率因子作为检验场,35 dBZ作为划分雷暴的边界的阈值。

表4.8列出了图4.44外推预报和临近预报(图4.42b作为观测)的POD、FAR和CSI值。虽然临近预报已经相当精准,但是临近预报的统计评分值相对较低。实际上,1 km×1 km分辨率的格点到格点的比较是非常严格的检验方法,而且统计的数据没有很直观的意义。另外,统计数据的量级在很大程度上取决于计算中使用的方法。因此,为了从统计数据中搜集有用的信息,与其他例如持续性和外推预报方法等基准临近预报方法比较是非常必要的。表4.8显示,持续性预报的POD和CSI为0,FAR为100%,即没有任何技巧。从POD和CSI值看,ANC预报比单纯外推预报有明显改进,但由于外推的雷达反射率回波区域比ANC预报的小,因此ANC的虚警率更高。

表4.8 图4.44中ANC临近预报、图4.46外推预报以及持续性预报方法的检验统计表

	POD(%)	FAR(%)	CSI(%)	Bias
ANC	38.3	54.8	26.1	0.85
Extrapolation	3.8	0	3.8	0.04
Persistence	0	100	0	0.04

4.3.2 雷暴生成、发展和衰减临近预报的例子

下面通过美国科罗拉多州丹佛市2001年7月5日的一次天气过程描述雷暴生成、发展和衰减消亡的临近预报。

当天,科罗拉多州的天气尺度强迫特征不明显,引导风大约是 5 m/s 的西南风,地面露点温度大约是 10℃,这些是丹佛市夏季对流季节雷暴发生的典型值。此对流风暴在 ANC 预报区域内生成、发展、消亡,产生了很强的雷电和冰雹,丹佛国际机场因此关闭了一个多小时。图 4.49 中白线所画区域是 30 分钟的临近预报,图 4.50 是对应的检验图。这组图的时间间隔为 18 分钟。图 4.49a 和图 4.49b 显示出伴随有边界层辐合线碰撞带的雷暴生成阶段的预报因子场;图 4.49c—e 预报因子场显示风暴已经生成并将继续发展;图 4.49f—i 预报因子场显示随着边界层辐合线离开雷暴主体,雷暴主体开始消亡。一般而言,临近预报的时效在 30～60 分钟之间比较好。图 4.51 中 35 dBZ 以上回波覆盖时间序列图显示了系统的快速发展和消亡。图上标出了系统的生成(I)、发展(G)和消亡(D)阶段。图 4.52 显示了 30 分钟和 60 分钟临近预报统计分析量,比较了 4 种临近预报方法:1)持续性预报方法;2)外推预报方法;3)采用自动探测边界层辐合线的 ANC 预报方法;4)采用人工识别边界层辐合线的 ANC 预报方法。

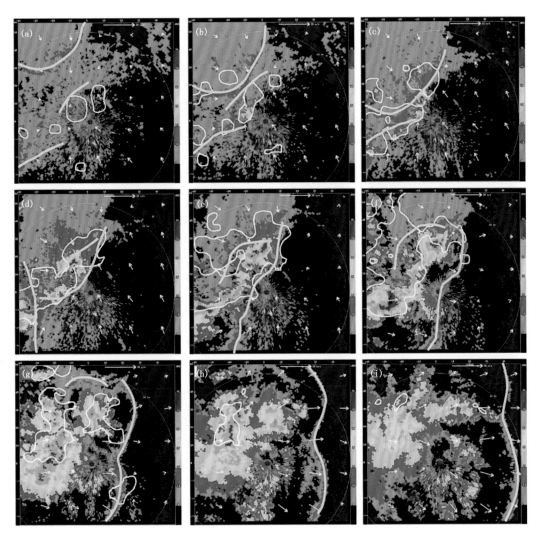

图 4.49　科罗拉多州丹佛市的 ANC 30 分钟临近预报。该组图的时间间隔为 18 分钟,从 2001 年 7 月 5 日 23:54 UTC 至 2001 年 7 月 6 日 02:18 UTC。白色矢量图显示 VDRAS 反演的低层风,青色线是人工识别并输入的边界层辐合线。白色轮廓线是图中雷达 PPI 显示图的 30 分钟临近预报,图 4.50 中显示了实况检验的雷达回波。浅绿色代表 0～10 dBZ,深绿色代表 10～25 dBZ,卡其色代表 25～35 dBZ,黄色代表 35～45 dBZ,粉红色代表 45～55 dBZ,红色代表 55 dBZ

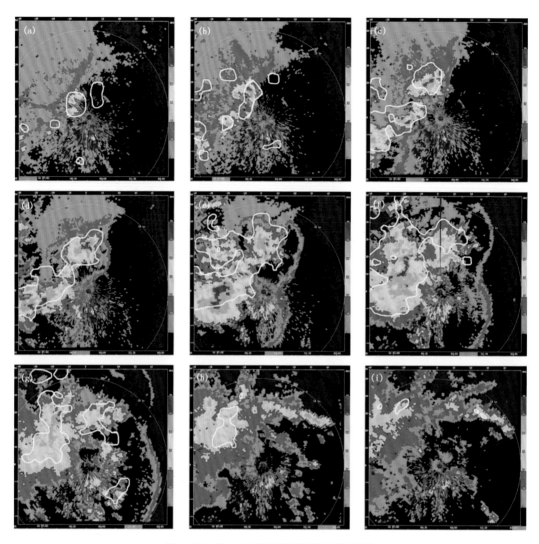

图 4.50 图 4.49 所示临近预报的检验图

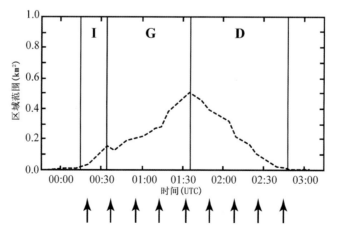

图 4.51 2001 年 7 月 5—6 日 30 分钟预报区域覆盖序列图。箭头所指是与图 4.49、图 4.50 相对应的检验时间。

(I 代表生成,G 代表发展,D 代表消亡)

各种预报方法的统计分析对比基于 1 km 格距的预报结果。表 4.9 列出了 ANC 关于风暴生成、发展和消亡的 30 分钟和 60 分钟临近预报中各预报因子的相对贡献。该表显示了临近预报最重要预报因子的主观评价。由于当天山上深厚湿对流形成的高空卷云砧遮挡了低层云，因此没有使用卫星数据。

表 4.9　2001 年 7 月雷暴生成、发展、消亡 ANC 临近预报用到的预报因子以及根据主观判断的各预报因子对临近预报的贡献。1 表示是主要因素，2 表示是重要因素，3 表示是起作用的因素

预报因子场（单位）	生成		发展		消亡	
	30 min	60 min	30 min	60 min	30 min	60 min
1）外推反射率场（dBZ）			1	2		
2）移除层状云区域后的外推反射率场（dBZ）			3	3		
3）风暴面积（km²）			3	3		
4）负的和正的增长率（km²/h）			1	2	1	1
5）累积降水量（mm）						
6）边界层辐合线位置和移动速度（m/s）	3	3	3	3	1	1
7）辐合线之间碰撞和雷暴—辐合线碰撞	2	1	1	1		
8）边界层辐合线引导风（m/s）	1	2	2	2		
9）边界层低层垂直风切变（m/s）						
10）最大垂直速度（m/s）	1	1	1	1		
11）雷达积云场（dBZ）	1		2			
12）卫星探测云类型						
13）IR 温度低值						
13）IR 温度—晴空						

图 4.52a、c、e 显示了 ANC 30 分钟临近预报的评分，其中在风暴生成和发展阶段，自动和人工输入边界层辐合线的临近预报结果差不多。临近预报的评估显示，利用人工识别边界层辐合线的预报结果在覆盖范围上稍微大于利用系统自动识别的预报结果，落区基本是相同的。但是，ANC 系统使用的人工识别的边界层辐合线和自动识别的边界层辐合线是不同的。自动系统仅捕获到来自北边的边界层辐合线，且移动矢量很快，即自动系统对边界层辐合线的识别很不理想，但它和人工识别的边界层辐合线都会具有有利于风暴形成的引导风，同时与雷达积云场相重合。因此，无论自动识别还是人工识别，都满足了雷暴形成临近预报的最低条件，而且两种情况下雷达积云场是同样的，导致了临近预报结果的类似。

在 60 分钟临近预报中，图 4.52b、d 和 f 显示人工识别的边界层辐合线自动识别辐合线的临近预报提前 30 分钟抓住了雷暴生成，也就是说在雷暴生成阶段，人工识别辐合线的临近预报结果远远好于自动识别边界层辐合线的结果。在 60 分钟临近预报中，边界层辐合线特征是首要的预报因子，边界层辐合线之间的碰撞是最重要的预报因子场。自动识别系统无法探测到任何一条南部边界层辐合线，因此错失了边界层辐合线之间的碰撞，从而未能及时启动雷暴生成临近预报。

30 分钟和 60 分钟的雷暴持续增长临近预报很大程度上依赖于雷达资料四维变分同化 VDRAS 得到的强的垂直上升运动场、雷暴—边界层辐合线碰撞、雷暴面积正增长。30 分钟预报还依赖于雷达积云场。外推的雷暴位置、雷达积云场、雷暴增长趋势在 30 分钟临近预报中比 60 分钟临近预报中起着更大的作用。60 分钟的临近预报更依赖于与边界层辐合线相关的环境条件（例如沿着辐合线的最大上升气流）和边界层辐合线—雷暴之间的碰撞。在风暴消亡阶段，30 分钟和 60 分钟临近预报都依赖于边界层辐合线的远离或者缺失，以及雷暴自身的负增长率。

短于 30 分钟的短时临近预报主要依赖于雷达和卫星准确探测到的积云场及其外推，或与边界层辐合线相关联的雷暴变化趋势。随着临近预报时效的延长，准确的边界层辐合线结构和大气静力稳定度的信息变得越来越重要。在所有情况下，需要得到各种预报因子场的准确外推，但时常很难做到，因此使得

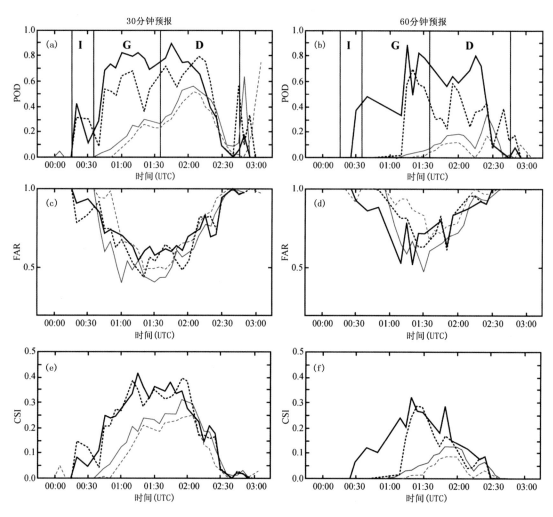

图 4.52　2001 年 7 月 5—6 日 30 分钟和 60 分钟临近预报的检验统计结果。(a)和(b)分别代表 30 分钟和 60 分钟
临近预报的 POD 评分;(c)和(d)分别代表 30 分钟和 60 分钟临近预报的 FAR 评分;(e)和(f)分别代表 30 分钟和
60 分钟临近预报的 CSI 评分;浅灰色虚线、浅灰色实线、黑色虚线、黑色实线分别代表持续性预报、外推预报、
系统自动识别边界层辐合线的 ANC 临近预报和人工识别边界层辐合线的 ANC 临近预报;
I 代表生成,G 代表发展,D 代表衰减消亡(Mueller et al,2003)

临近预报的潜在空间精度降低了。

4.3.3　性能统计

　　ANC 已经在多个不同的环境条件下运行。研究中用到的区域如弗吉尼亚州斯特林地区的特点是具有较强的天气尺度强迫和大而持续时间长的多单体线性风暴。一般引导风比较强(大于 12 m/s),多单体线性风暴主要是由引导风引起的平流过程驱动的。临近预报效果好的基本要求之一是需要好的雷达回波外推方法。在上述区域,分散式的雷暴生成比较少见,但是对流复合体的演变非常迅速,仅靠外推仍然是不够的,需要考虑雷暴生成和消亡,才能做出较好的临近预报。

　　相反,新墨西哥州白沙导弹基地地区天气尺度强迫往往比较弱。雷暴活动一般比较孤立,维持时间也比较短。引导风一般较弱(< 5 m/s),风暴移动较慢或静止。特别是在山区,持续性的临近预报比外推预报更有效。由于风暴持续时间较短,风暴生成和消亡临近预报是问题的关键。在科罗拉多州丹佛地区出现这两个极端之间的情况。春季和初夏,天气尺度强迫往往是对流发展的一个因素,但在其余对流天气季节,当天气尺度强迫较弱时,通过各种机制产生的边界层辐合线是常见的,它们往往控制对流的演变。

　　ANC 会根据不同的天气条件、地形和观测资料,使用不同的预报因子场。例如,由于白沙导弹基地地区的山谷地形,VDRAS 未运行,因此无法得到边界层辐合线相关的低层垂直风切变和沿着辐合线的最大上升气流速度。在斯特林和丹佛地区,高层云常常掩盖了下面的积云,这样卫星预报因子场提供的资料很少。然而在白沙导弹基地地区,卫星资料几乎总是有利于预报雷暴的生成和发展。各个地点的预报时效也各不相同。对于白沙导弹基地地区雷暴的生命史较短,超过 30 分钟的临近预报效果很差,而在斯特林和丹佛地区可以得到超过 1 小时的相对准确的临近预报。

　　研究还给出了白沙导弹基地地区和丹佛地区业务临近预报检验统计的例子。图 4.53 显示了斯特林地区 8 个和白沙导弹基地地区 5 个研究个例的检验统计结果,这两地区的研究个例分别占用了 22 小时和 24 小时的数据。研究中选取的是有对流活动发生和存在完整数据集的个例,而且边界层辐合线位置是人工输入的。图 4.53 中斯特林地区所有个例的 POD 和 CSI 评分表明,ANC 临近预报改进了外推预报。

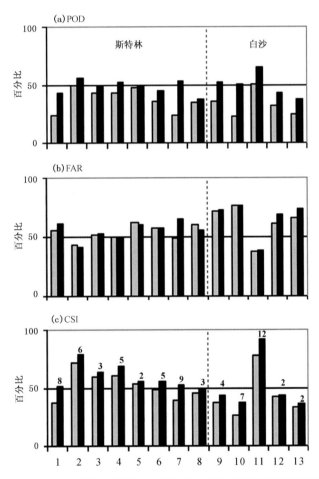

　　图 4.53　弗吉尼亚州斯特林地区和新墨西哥州白沙导弹基地地区案例研究的检验统计结果。浅灰色条和黑条分别代表外推预报和 ANC 临近预报的检验评分;(c)是基于 CSI 对个例每一天的 ANC 临近预报数值能力和外推预报的评分(Mueller et al,2003)

　　ANC 评分的计算公式如下:

$$SS_{ref} = \frac{A - A_{ref}}{A_{pref} - A_{ref}} \tag{4-5}$$

式中,A 是准确率;A_{ref} 是参考预报的准确率;A_{pref} 是完美假定情况下的准确率。图 4.53c 用 CSI 评分指数计算数值模拟结果的准确率。参考预报其实是外推预报,A_{pref} 设定为 1。在斯特林地区,8 天当中 6 天 ANC 的 FAR 数值略微低于外推;相反,在白沙导弹地区,ANC 的虚警率数值略微高于外推,这是由于过度预报雷暴的生成造成的。图 4.54 和图 4.55 显示了白沙导弹基地地区 30 分钟临近预报的实时检验统计。这些统计数据是通过一个完全自动的软件包计算获得的,包括 2000 年 7 月和 8 月的白天临近预报(08:00—20:00 LT)。图 4.55 显示了基于 CSI 评分 ANC 和外推预报差异分布特点。大约三分之一部分的差异接近于 0,其他大部分例子中,ANC 预报效果比外推好,差异分布大多数还是偏向正值的。在以往统计验证中 ANC 相对频繁的成功在这次夏季个例的检验中被稀释了,特别是在强的天气尺度强迫控制下,大面积雷暴区域被快速地平流,对流系统生命史较长,ANC 所擅长的预报雷暴初生、加强以及消散的特长没有充分表现出来。6 月 2 日一个线状对流风暴生成的准确预报对于实际业务是有重大意义的,但由于受统计方法的限制,这一重大特点并没有反映出来。

	POD	FAR	CSI	Bias
持续性预报	27.7%	69.7%	16.9%	0.91
外推预报	31.7%	63.5%	20.4%	0.87
临近预报	41.4%	69.8%	21.2%	1.37

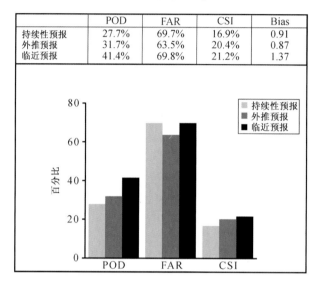

图 4.54　2008 年 7 月和 8 月新墨西哥州白沙导弹基地地区白天 30 分钟临近预报检验总统计。
在逐个格点对比之前,实况和预报结果向各个方向扩展 3 km(Mueller et al,2003)

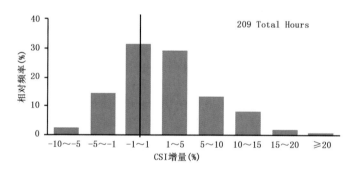

图 4.55　每 5 分钟一次 ANC 临近预报和外推预报之间差异的频率分布。正值定量表明 ANC 临近预报相对
外推预报的以 CSI 评分度量的改进程度(Mueller et al,2003)

4.3.4　总结

ANC 的最大优势在于预报由边界层辐合线强迫的雷暴,它在弱(白沙)以及强(斯特林)天气尺度强迫的条件下均表现良好。边界层辐合线的识别和监测对于雷暴的生成,发展以及消亡具有重要意义。在使用自动的边界层辐合线探测算法情况下,ANC 系统在 30 分钟的雷暴临近预报中表现良好,主要是由于 30 分钟雷暴临近预报主要取决于目前已经形成和正在形成的雷暴的雷达和卫星监测,以及雷暴大小的增长趋势。虽然 30 分钟临近预报的好坏相当程度上受到边界层辐合线识别的影响,但边界层辐合线特征的确定对 60 分钟临近预报比对 30 分钟临近预报要更为关键。对于 60 分钟的临近预报,精确预报

边界层辐合线强迫、辐合线附近低层垂直风切变以及大气静力稳定度比预报目前雷暴特征和增长趋势更重要，因为对流单体的生命循环周期通常不超过 1 小时。因此，边界层辐合线识别和外推需要精确。在现有技术条件下，边界层辐合线的精确识别、定位和外推需要预报员的干预，即主观识别边界层辐合线并将其位置输入 ANC 系统。

正确地外推具有不同移动向量的各个预报因子场是 ANC 面临的另一个困难，尤其是对于较长时间的外推。对于一个在至少三个体扫中具有稳定运动的目标而言，其位置外推预报通常较好。然而，在很多情况下，目标的运动并不稳定，或者根本无历史。一些经常被不正确地外推的情况如下：1)云并没有随着引导风一起运动，而是和边界层辐合线结合在一起随着该辐合线运动；2)强雷暴变成右移超级单体或弓形；3)边界层辐合线停止移动或者加速移动；4)将雷暴初始运动与引导风错误地关联在一起，事实上其与强迫因素如地形或边界层辐合线有关联。

随着临近预报的时效和范围扩大，大气静力稳定度要素也变得重要。目前，ANC 使用积云信息来表征静力稳定度，因为没有业务方法可以获得高分辨率大气静力稳定度的直接测量。使用积云信息的方法适用于较短时间的临近预报(0～30 分钟)，较长时间临近预报(0～60 分钟)需要更加直接地对大气静力稳定度测量和临近预报。目前正在研究从中尺度数值模式中提取大气静力稳定性参数，并将其综合到 ANC 中去。新的水汽观测技术也正在发展。目前与边界层辐合线有关的辐合和垂直运动大小的信息是通过 VDRAS 系统变分同化多普勒天气雷达径向速度和反射率因子数据得到的。正在研究，利用 VDRAS 提前 1～2 小时预报大气边界层中的风。

ANC 临近预报中的新算法可以预报反射率因子场和根据反射率因子场得到的降雨率场，而不是仅仅预报 35 dBZ 以上回波的轮廓线(如图 4.42 和图 4.46 所示)。该算法产生了两个组合的可能性场：1)雷暴生成的可能性；2)雷暴发展、维持以及消亡的可能性。这些场可以用来产生新的雷暴(一旦反射率因子达到 35 dBZ 或以上，就认为是雷暴或深厚湿对流)，也可以用来发展、维持或减小外推到新的位置的现有的雷暴。图 4.56a 表示了现有回波的外推位置，最终临近预报的 ANC 反射率因子场呈现在图 4.56b 中。在该图中雷暴发展和生成的位置被标注出来，通过 Z-R 关系转换，预报的反射率因子场可以被转换为降雨率预报场。尽管该方法已经取得了较好的效果，但为了提高预报的精度，仍有很多工作要做。

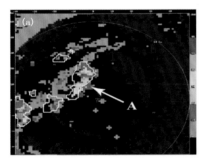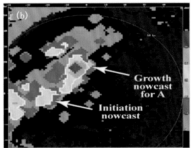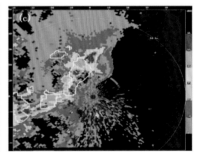

图 4.56　反射率因子场的 60 分钟临近预报。(a)是外推的反射率因子场；(b)是反射率因子场的临近预报；(c)是检验场；在三幅图中白色轮廓线是 ANC 临近预报，该临近预报是与图 4.42(b)相关在 00:00UTC 发布的，色标与图 4.49 和 4.50 中相同(Mueller et al,2003)

4.4　中国气象局短时临近预报系统(SWAN)

短时临近预报系统(SWAN，Severe Weather Automatic Nowcast System)主要侧重短历时强降水和强对流天气的临近预报(0～1 小时)，兼顾一些常规灾害性天气现象的实时监测、报警。SWAN 系统的开发从 2008 年开始启动，在中国气象局 2008 年业务建设重点项目"灾害性天气短时临近预报预警业务系统建设与改进"的支持下，建立具有中国自主知识产权的短时临近预报系统，从而为短时临近预报业务提供支撑。2014年成立了SWAN算法专家组,建立了算法准入流程,召开了数次算法准入会议,2016年7月发布了SWAN2.0正式版。至此,SWAN系统经历了SWAN0.0、SWAN1.0、SWAN1.5、SWAN山洪版、SWAN1.6和SWAN2.0等六个版本。

SWAN将多种资料有效结合,充分发挥多普勒天气雷达和区域自动气象站的作用,以多普勒天气雷达三维拼图为基础,进行大范围的新一代天气雷达监测,并进行基于多普勒天气雷达反射率因子和径向速度的一些关键参数反演和强对流信号识别。SWAN具有良好扩充性算法平台,可方便地进行本地化二次开发。该系统采用客户端/服务器的结构,服务器端的功能包括相关数据的处理,各种预报产品、报警数据、预报检验产品等的生成和数据与产品的存储,客户端的主体功能包括数据显示,分析功能,强烈天气信号的自动监视、报警和产品制作。

4.4.1 SWAN2.0服务器端

4.4.1.1 SWAN2.0服务器端的功能介绍

SWAN2.0服务器端的功能是数据处理和产品生成,由一个循环定时运转环境(调度程序)和各算法组件(模块)组成。调度程序在规定的短时间间隔内依次启动任务列表链中的各个模块,然后循环进行调度,各模块处理相应的资料,调度程序将生成相应产品的消息通知给服务器所在网段内的所有客户端(如图4.57所示)。

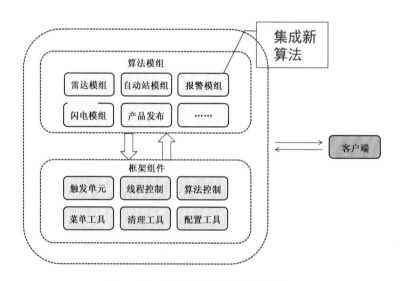

图4.57 SWAN服务器框架与模组

4.4.1.2 数据环境和准备

SWAN2.0系统服务器端需要的数据包括组网的各部新一代天气雷达的雷达基数据(包括SA、SB、SC、CA、CB、CD和CC七种型号雷达,基数据属于雷达的第二级数据,第一级数据即原始数据不储存)、组网的各部雷达的PUP常用产品数据(6分钟间隔的PUP格式产品,属于第三级数据)、常规地面观测数据、危险天气报、自动气象站数据(国家级,标准Z文件和长Z文件)、加密气象站数据(区域级,即各省布设至乡镇级的自动站)、雨量站数据、GPF格式的云图以及闪电定位数据等。雷达基数据按照国家气象信息中心传输的Z文件命名规则命名,采用bz2压缩(必须是bzip2软件压缩,不可以用zip软件压缩后重命名成bz2)。

1)雷达基数据

SWAN利用多站点的雷达基数据,对基数据进行处理和生成三维拼图产品,要求多个雷达站在同一时段的数据在拼图时间窗内达到,现阶段的时间窗为6分钟,如果有个别雷达站数据延迟到达会影响拼图的完整性。雷达资料的到达序列要求按照采集的间隔顺序依次到达,不能出现同一个时次到达同一个站点多个资料的情况,也不能出现后面的资料先到达的情况。雷达基数据要求分站点存放,每个站点对应一个目录,将所有站点目录放到统一的公共父目录下,比如 radar 目录,然后在线建立各站点子目录,最好以中文命名,例如南京、盐城、徐州等,各个站点的子目录下存放 Z_RADR 开头的雷达基数据 bz2 压缩文件。

2)雷达产品

雷达产品的功能是用于做雷达特征量的报警,其目录以 PUP 软件生成的目录结构为标准,按照站点存放。比如以江苏省的三个雷达为例,建立 radarproducts 目录,在该目录下建立各站点子目录(南京、盐城、徐州),在这些目录下存放标准的 PUP 产品目录结构,再下一级目录为 R、V 等产品子目录。

3)自动站数据

SWAN 需要的自动站数据格式为原始报文 Z 文件。自动站 Z 文件是国家气象信息中心定义的自动站传输格式。要求按照采集前后次序到达。

4.4.1.3　SWAN2.0 服务器的主要处理模块

SWAN 服务器端通过各模组(算法)处理数据,并生成相应产品,每个模块对应一个可执行程序。生成的产品包括雷达三维拼图、定量降水估测、估测检验、回波移动矢量、反射率因子预报、定量降水预报、风暴追踪、预报与追踪实时检验、地面观测实况、各种报警、对流云识别和闪电定位。

1)雷达三维拼图与定量降水估测模块

雷达三维拼图与定量降水估测模块读取组网范围各雷达的基数据,分别插值为水平方向分辨率均匀、垂直方向不等距的三维格点数据,按时间匹配的方式生成基本反射率因子等不同高度上的平面三维拼图、组合反射率因子、回波顶高、垂直累计液态水拼图产品(MCR、MTOP、MVIL)。同时,结合自动站 1 小时雨量资料,由各雷达的基数据生成过去 1 小时降水量估算,再处理并生成多个雷达站点的降水估测值的拼图(QPE)。

2)CTREC 风场和反射率因子预报模块

利用前后连续两个时次的三维雷达拼图资料中给定高度(缺省是 3 km)的反射率因子,计算 CTREC 风场即回波的移速和移向,再利用平流外推原理和 CTREC 风场对当前时次的给定高度反射率因子进行未来 1 小时内间隔 6 分钟的外推预测。

3)雷达定量降水预报模块

雷达定量降水预报模块是根据给定高度(缺省是 3 km)的反射率因子和按照反射率因子强度分级的 Z-R 关系系数,计算降水强度,再结合实时的自动站降水资料进行最优插值调整,将 1 小时雷达反射率预报产品(10 个产品)反演为 1 小时降水预报产品(QPF)。

4)风暴识别追踪模块

风暴识别追踪模块利用 TITAN 和 SCIT 方法分别在当前时次及相邻几个时次的三维拼图产品中识别出风暴单体,预报风暴未来 1 小时内间隔 6 分钟的位置。

5)检验模块

检验模块对 SWAN 预报结果进行检验,确定预报结果的可信度。检验模块包括雷达反射率因子预报检验模块、风暴识别与追踪产品检验模块、定量降水预报产品检验模块。雷达反射率因子预报检验模块按照不同的阈值(5~15 dBZ、15~30 dBZ、30~45 dBZ、45~55 dBZ、55~65 dBZ 和 65 dBZ 以上)划分不同等级的反射率因子,用实时最新观测所得的雷达反射率因子检验最新时刻的反射率因子预报结果。风暴识别与追踪产品检验模块利用最新观测对风暴追踪的位置进行对比检验,给出正确率。定量降水预报产品检验模块的检验结果包括降水预报的命中率(POD)、虚警率(FAR)、临界成功指数(CSI)、预报偏差(BIAS)和均方根误差(RMSE)。

6）报警模块

报警模块根据报警阈值的设置，对 SWAN 产品进行筛查，对大于阈值的量或者区域进行提示。报警模块包括雷达反射率因子回波报警（通过监测三维拼图的反射率数据和 VIL 产品，提取其中的 VIL 和反射率因子值以及面积，如果满足设定的阈值，给予报警，并形成对流风暴报警文件）、雾和沙尘暴报警、积雪和电线结冰报警、雨量报警、温度报警、冰雹龙卷报警（通过监测组网范围内各雷达站的雷达 PUP 常用产品，提取风暴位置的反射率因子值、垂直积分液态水含量、回波顶高等信息，结合地理信息数据形成对流风暴位置等特征量文件）、大风报警、对流云识别报警等。

SWAN2.0 服务器的整体框架图如图 4.58 所示。

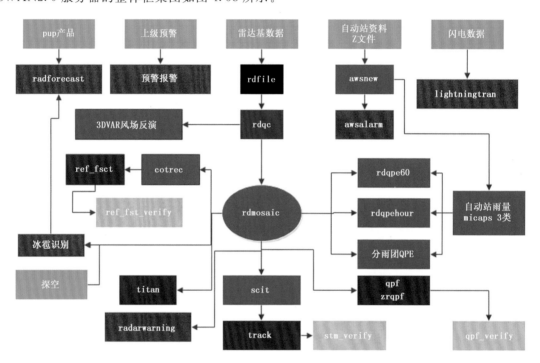

图 4.58　SWAN 服务器的整体框架（绿色为数据源，红色为预警产品，蓝色为实况产品，紫色为预报产品）

4.4.1.4　SWAN2.0 服务器形成的主要产品

1）基于雷达资料的非预报产品

根据雷达基数据和 PUP 产品，SWAN 通过相对应的模块处理并可在客户端显示这类产品。这类产品有雷达反射率三维拼图（CAPPI）、组合反射率拼图（MCR）、垂直积累液态水含量拼图（MVIL）、回波顶高拼图（MTOP）、雷达特征量数据（如图 4.59 所示），雷达特征量包括风暴的方位、经度、纬度、移动速度、移动方位、顶高、最大反射率、中气旋特征等。

雷达特征量																			
时间	风暴ID号	雷达站号	地点	县市	方位	距离	经度	纬度	移动速度	移动方位	顶高	VIL	最大反射率	中气旋底高	中气旋顶高	中心高度	切向直径	径向直径	切变值	风暴类型
2008-6-1...	H3	200	鳊门镇	海丰县	99	186	115.146	22.743	14	73	7.3	19	51	9999	9999	9999	9999	9999	9999	9999
2008-6-1...	B6	200	企石镇	东莞市	81	73	114.058	23.101	8	19	5.9	16	53	9999	9999	9999	9999	9999	9999	9999
2008-6-1...	V1	200	路溪镇	龙门县	59	115	114.325	23.531	5	52	8.3	15	50	9999	9999	9999	9999	9999	9999	9999
2008-6-1...	G0	200	横沥镇	东莞市	85	61	113.95	23.048	13	55	6.8	14	50	9999	9999	9999	9999	9999	9999	9999
2008-6-1...	Z1	200	湛村镇	从化市	33	78	113.767	23.587	7	49	5.2	14	52	9999	9999	9999	9999	9999	9999	9999
2008-6-1...	P1	200	龙南镇	佛冈县	2	102	113.394	23.92	8	52	6.9	14	51	9999	9999	9999	9999	9999	9999	9999
2008-6-1...	K5	200	永汉镇	龙门县	43	81	113.894	23.533	13	56	6.4	13	51	9999	9999	9999	9999	9999	9999	9999
2008-6-1...	S5	200	吕田镇	从化市	30	104	113.865	23.811	7	64	7.1	13	50	9999	9999	9999	9999	9999	9999	9999
2008-6-1...	A2	200	南昆山镇	龙门县	33	93	113.855	23.704	6	19	7.6	13	50	9999	9999	9999	9999	9999	9999	9999
00			下C040镇	英德市	6	109	113.463	23.974	8	49	5.5	12	49	9999	9999	9999	9999	9999	9999	9999

图 4.59　雷达特征量数据实例

2）基于自动气象站 Z 文件的非预报产品

这类产品有国家站和区域站的温度、相对湿度、气压、风向、风速、3 小时变温、3 小时变压的观测数据显示。

3)基于新一代天气雷达资料和自动站资料的短时临近预报产品

基于新一代天气雷达资料的产品有 CTREC 风场、反射率因子外推预报(组合反射率因子,预报时效是 60 分钟,时间间隔 6 分钟)、SCIT 风暴识别追踪预报产品、TITAN 算法风暴识别产品(图 4.60)。雷达资料结合自动站的产品有 1 小时内的降水估测、1 小时内的定量降水预报(图 4.18)。

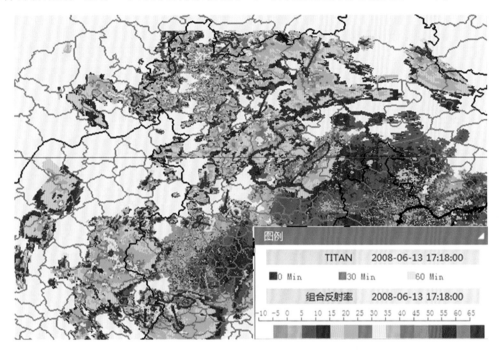

图 4.60　TITAN算法风暴识别产品与组合反射率叠加实例图

4)算法检验产品

这类产品有反射率因子预报检验文件、1 小时降水预报检验文件、TITAN 风暴追踪检验文件、SCIT 风暴识别追踪检验文件。检验产品在短时临近预报系统中也很重要,不同产品的检验有不同的检验指标,可向预报员明示预报产品的可信度。图 4.61 为反射率预报产品检验结果实例显示。

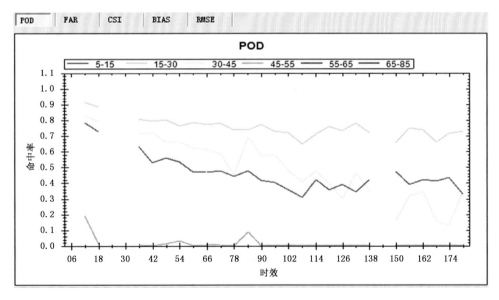

图 4.61　反射率预报检验产品实例

5）SWAN2.0 服务器端的常用产品

SWAN2.0 服务器端基于雷达基数据、自动站 Z 文件、雷达 PUP 产品、闪电定位仪、T-$\ln p$ 图等资料，通过各模块的运算，输出 17 种常用产品，包括雷达所测反射率因子的三维拼图、三维变分方法反演的风场、组合反射率因子（CR）、回波顶高（ET）、1 小时降水估测（QPE）、垂直累积液态水含量（VIL）、分雨团 QPE、CTREC 风、反射率因子外推预报、1 小时降水预报、回波移动路径、自动站资料实况显示、自动站报警、PUP 报警、雷达特征量、冰雹报警、闪电和检验产品等，如表 4.10 所示。

表 4.10　SWAN2.0 的常用产品、产品输出频次、产品类型和对应的数据类型介绍

名称	频次	产品类型	数据类型
雷达反射率三维拼图	6 min	实况产品	D131 格点
三维变分风场反演	6 min	实况产品	D131 格点
组合反射率因子（CR）	6 min	实况产品	D131 格点
回波顶（ET）	6 min	实况产品	D131 格点
1 小时雨量估计（QPE）	6 min	实况产品	D131 格点
垂直累积液态水（VIL）	6 min	实况产品	D131 格点
分雨团（QPE）	1 h	实况产品	D131 格点
CTREC 风	6 min	实况产品	D131 格点
反射率因子外推预报	6 min	临近预报	D131 格点
1 小时降水预报（QPF）	6 min	临近预报	D131 格点
SCIT	6 min	临近预报	SCIT 矢量
TITAN	6 min	临近预报	TITAN 矢量
自动站	5 min/10 min	实况产品	自动站时序格式
自动站报警	5 min/10 min	报警产品	D35 矢量
雷达 PUP 报警	实时	报警产品	D35 矢量
冰雹报警	6 min	报警产品	D35 矢量
闪电	实时	实况产品	Diamond41

其中，三维变分（3D-Var）反演风场、分雨团定量降水估测（分雨团 QPE）、冰雹识别是 SWAN2.0 新增的算法。3D-Var 风场是由中国气象科学研究院研发，运用雷达径向速度场生成的产品，产品反映的是降水系统内部的动力场，在多部雷达的重叠地区反演效果好。分雨团 QPE 由中国气象局武汉暴雨研究所研发，将雷达反射率因子和区域雨量站结合，设定 2 级门限（10 dBZ、35 dBZ）分离不同雨团，计算雨团的降水转换系数，每个格点根据所属雨团降水转换系数进行降水估算，得到区域降水估算结果。冰雹识别产品由江苏省气象科学研究所研发，以雷达拼图为基础，参照 WSR-88D 的冰雹识别算法，增加消空指数，从而降低了原有算法的虚警率。另外，国家气象中心强天气预报中心在 SWAN2.0 中新增了短时强降水概率预报产品，该产品以"配料法"为基础，分析特征量在历史短时强降水过程中的不同特征的出现概率，以及不同阈值条件下的概率密度，评估 30 多种特征，最终确定 10 余种具有代表性的特征量作为预报参数。

4.4.1.5　SWAN2.0 服务器端界面

启动服务器主程序后，可看到服务器的控制界面（如图 4.62），服务器界面包括传统菜单栏、工具栏、线程模块信息区域、线程输出信息区域、系统输出信息区域五大部分。菜单栏和工具栏提供了程序的主要功能入口，包括系统的启动、停止、清理、配置等功能。线程模块信息区域和线程输出信息区域提供了当前选择线程组的信息。系统输出信息区域提供系统运行的状态和产品情况的信息。

图 4.62　SWAN2.0 服务器端的控制界面

4.4.2　SWAN2.0 客户端

SWAN2.0 客户端对该系统的服务器输出的产品实现监控、报警、分析和制作等业务,采用 MI-CAPS4.0 底层框架技术。

SWAN2.0 客户端的界面如图 4.63 所示,主题功能包括数据显示(SWAN 产品、数值模式产品、主观预报产品、D35 类自定义矢量数据)、分析功能(雷达阈值过滤和区域统计、雷达反射率因子三维拼图的剖面制作、自动站时序图、降水落区统计、等值线客观分析、雷达反射率因子演变的动画制作)、自动监视与报警(自动更新 SWAN 的监控产品、服务器报警和本地阈值监控报警、预警产品报警),以及产品制作(预警信号制作和分类强对流落区制作)。

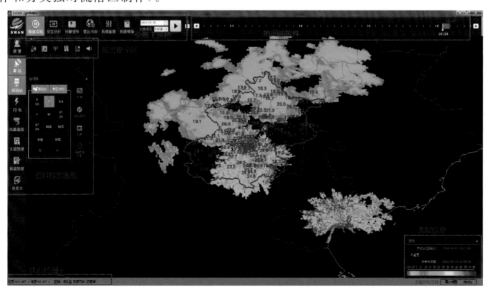

图 4.63　SWAN2.0 客户端界面(界面颜色可调,可为白色也可为黑色)

SWAN2.0 相对于旧版本来说,可自定义数据扩展、定义标准格式的显示规则和自定义报警阈值,可通过本地报警模块和自定义报警算法的集成,实现个性化报警。对于 SWAN2.0 客户端,可自定义报警的区域,对于报警区域可修改为圆形、行政区域和自定义区域,支持自动站降水区域统计。对于报警制作方式,可进行落区的制作和区域点选,同时支持国家突发事件预警响应产品接口。

4.5 小结

本章主要介绍了雷达回波外推的几种基本方法,讨论了雷暴(深厚湿对流或对流风暴)生成、发展以及衰减的经验规则和/或概念模型,介绍了美国国家大气研究中心开发的雷暴临近预报系统(ANC)以及中国气象局的雷暴和强对流临近预报系统(SWAN)。关于雷暴生成、发展和衰减的部分是本章的重点。

4.5.1 主要的雷达回波外推方法简介

本章介绍了三种常用的各具代表性的雷达回波外推技术。第一种是雷暴单体识别与跟踪算法(SCIT),主要目的是识别孤立的三维强风暴,使用了 7 重阈值(30 dBZ、35 dBZ、40 dBZ、45 dBZ、50 dBZ、55 dBZ 和 60 dBZ)以便识别每一个孤立强对流风暴,根据风暴过去的位置和当前位置,外推风暴未来 1小时内每隔 15 分钟的质心位置。该算法是目前中国新一代天气雷达的主要算法之一,其产品称为风暴路径信息。检验表明,该算法 15 分钟、30 分钟、45 分钟和 60 分钟风暴质心路径外推预报的误差分别为 5km、10 km、15 km 和 23 km。本章介绍的是基于单部雷达的以雷达为中心的极坐标情况下的 SCIT 算法,该算法可以同样应用于基于多普雷达三维拼图的直角坐标下的情况,中国气象局临近预报系统(SWAN)就是开发了 SCIT 的基于多部雷达三维拼图的直角坐标系情况下的版本。

第二种外推预报算法是 TITAN,它与 SCIT 类似,是一个基于三维质心追踪的雷暴临近预报系统,但算法较 SCIT 复杂,不但可以给出雷暴质心未来的位置,还可以给出雷暴的形状、体积及其变化。TI-TAN 可以跟踪几个单体的集合,同时可以预报雷暴体积和/或投影面积的变化。

第三种外推预报算法是 CTREC,它是一种二维"区域"跟踪技术,与 SCIT 和 TITAN 中的三维质心跟踪完全不同,后两者主要用来跟踪雷暴,而 CTREC 除了可以跟踪雷暴,还可以跟踪层状云降水区域、积状云和层状云混合云降水区域,以及镶嵌在层状云雨区中的对流雨团。CTREC 外推可以对某一等高面上的反射率因子分布的未来变化做预报,通过 $Z-R$ 关系可以获得相应等高面上降水率预报,对时间累加可以获得降水量(0~30 分钟和 0~60 分钟)的临近预报。

光流法和/或基于深度学习的人工神经网络技术可以对 CTREC 的外推进行明显改善,尤其是后者,具有很好的发展与应用前景。

对于在较强天气尺度强迫下形成的组织化程度高、生命史较长的对流系统,将对流系统外推预报与高分辨率数值预报结果结合,有时可以获得对流风暴更长时效(0~6 h)的临近预报,同时使其达到一定的时空准确度。

4.5.2 雷暴生成、发展和衰减的临近预报

Wilson 等(1986,1993)总结了雷暴生成、发展和衰减的经验规则和/或概念模型,罗列了这些经验规则或概念模型,并通过具体个例加以说明。

雷暴生成需要静力不稳定和水汽条件,除了查看探空,通过高分辨率可见光云图(只适合于白天)结合地面气温和露点,也可以定性判断深厚湿对流潜势。雷暴触发主要看地面附近的边界层辐合线和地形。在平坦地区,雷暴倾向于在边界层辐合线附近生成。如果有两条辐合线相碰,则相碰处附近区域雷暴生成概率大大增加,而且生成的雷暴更容易成为强对流风暴。0~3 km 低层风廓线对雷暴生成也有影响,如果 0~3 km 风廓线形态有利于辐合线触发的雷暴内垂直气流发展,则雷暴发展的概率较大,否则会很快消散。在白天,上坡风导致雷暴容易在山脊上空被触发;在白天和/或夜间,尤其是夜间或凌晨,低空

急流或者超低空急流在山脉迎风坡抬升容易在山脚下或者半山腰触发雷暴。

雷暴加强或维持:1)雷暴与雷暴合并有利于雷暴加强;2)雷暴与边界层辐合线相碰有利于雷暴加强;3)雷暴进入充分发展的积云(浓积云)区域有利于雷暴加强;4)雷暴与辐合线相伴一起移动,两者距离始终维持在较近范围,则雷暴将维持本身的强度或者加强。

雷暴衰减:1)边界层辐合线(通常为雷暴自身的出流边界,即阵风锋)逐渐远离雷暴;2)雷暴移入稳定区(没有积云发展的区域或者刚刚显著降水的区域);3)雷暴下山,除非天气尺度强迫明显或平原(高原)上存在明显的辐合线或者有积云充分发展。

4.5.3 雷暴临近预报系统 ANC 和 SWAN

ANC(Auto-NowCaster)是由美国国家大气研究中心(NCAR)研制的雷暴自动临近预报系统,它的基础部分是基于 CTREC 的外推,同时综合考虑边界层辐合线、大气稳定度、大气低层垂直风切变、TITAN 关于雷暴增长和衰减的信息来预报雷暴的生成和演化(新的雷暴生成,雷暴移动过程中增强、维持强度不变以及衰减)。通过模糊逻辑的隶属函数将雷暴生成、发展和衰减的概念模型数字化为 0～1 之间的数值权重,将各种因素的权重加在一起,超过一定阈值就判定有雷暴生成、加强、维持或者衰减。整个系统严格来说不完全是自动的,需要预报员识别并人工输入边界层辐合线(自动识别辐合线目前难以做到,通常只能识别辐合线的一部分,错误率较高),只要在触摸屏电脑上的屏幕直接画上辐合线就可以输入,比较方面便捷。ANC 是目前惟一能够临近预报(0～1 h)雷暴生成、加强、维持和衰减的临近预报系统,在平原地区应用效果较好。

中国气象局短时临近预报系统 SWAN 主要侧重短历时降水和强对流天气的临近预报(0～1 小时),兼顾一些常规灾害性天气现象的实时监测、报警。强对流风暴的识别与跟踪主要使用基于多部雷达三维拼图,直角坐标下的 SCIT 算法和 TITAN 算法,降水临近预报主要基于等高平面上 CTREC 对于反射率因子分布的外推。SWAN 将多种资料有效结合,充分发挥多普勒天气雷达和自动站的作用,以多普勒天气雷达三维拼图为基础,进行大范围的新一代天气雷达监测,并进行基于多普勒天气雷达反射率因子和径向速度的一些关键参数反演和强对流信号识别。SWAN 具有良好扩充性算法平台,可方便地进行本地化二次开发。该系统采用客户端/服务器的结构,服务器端的功能包括相关数据的处理,各种预报产品、报警数据、预报检验产品等的生成和数据与产品的存储,客户端的主体功能包括数据显示,分析功能,强烈天气信号的自动监视、报警和产品制作。

第 5 章　强对流天气的环境背景特征与临近预警技术

如前所述,强对流天气是指直径 2 cm 或以上冰雹、17 m/s 或以上的对流性直线型阵风、任何级别的发生在陆地上的龙卷以及 20 mm/h 或以上的短时强降水;极端强对流天气是指直径 5 cm 或以上冰雹、32 m/s 或以上对流性直线型阵风以及 80 mm/h 或 180 mm/3h 以上短时强降水。在本章中,主要讨论上述强对流天气的有利天气条件和临近预警技术。

5.1　强冰雹

冰雹是我国分布最广的一种对流性灾害天气,总的来说,高山和高原地区的冰雹较多,平原特别是东南沿海地区冰雹发生较少,但极端的强冰雹事件却常常发生在平原地区。冰雹成灾的程度与冰雹大小有密切关系,冰雹越大,成灾的可能性越大。通常将落到地面上直径超过 2 cm 的冰雹称为大冰雹或强冰雹。

5.1.1　强冰雹产生的环境背景

5.1.1.1　有利环境背景

冰雹是由雷暴(深厚湿对流)产生的,因此产生雷暴的三个必要条件"静力不稳定""水汽"和"抬升触发机制"当然也是冰雹产生的必要条件。强冰雹的产生要求有比较强的、持续时间较长的上升气流,因为只有在这个条件下冰雹才有可能长大。较长持续时间的雷暴内强上升气流的形成要求环境的对流有效位能和垂直风切变较大。另外,冰雹融化层(湿球温度 0℃层)到地面的高度也不宜太高,否则空中的冰雹在降落到地面过程中可能融化成软雹或者完全融化掉。

研究表明,有利于强冰雹产生的三个关键因子(Witt et al,1998)是:1)−30～−10℃之间的对流有效位能;2)深层垂直风切变,通常用地面以上 6 km 高度和地面之间的风矢量差来表示,在暖季其值如超过 12 m/s 则属于中等以上强度,如果超过 20 m/s 则属于强的深层垂直风切变;3)冰雹融化层到地面的高度。如果因子 1)和因子 2)都较大,而因子 3)不是太高(即高度适宜),则强冰雹的潜势就比较大。图 5.1 给出了由美国天气局风暴预报中心(SPC)根据 1 小时周期的快速更新同化系统 RUC(Rapid Update Cycle,目前的名称为 RAP,即 Rapid Refresh,详细描述见 1.4.3.6 节)的输出计算的美国某一范围的−30～−10℃之间的 CAPE 值、0～6 km 风矢量差和冰雹融化层高度的分布图。之所以是−30～−10℃之间的 CAPE,因为这一区域是冰雹的增长区。中国一些预报员在考虑冰雹尤其是强冰雹潜势时常常查看−20～0℃之间的厚度,该厚度越小,则出现冰雹的概率越大(孙继松,2018,私人通信)。其实,−20～0℃之间的厚度越小,意味着该厚度区间温度递减率越大,条件不稳定性越大,在相同水汽垂直分布条件下,−20～0℃之间 CAPE 值越大,与美国 SPC 的经验是类似的。中国气象局数值预报中心目前具有 GRAPES 模式 3 km 分辨率的 3 小时周期的快速同化系统,也可以生成与图 5.1 类似的图,只是中国地形远比美国复杂,模式性能也略差,结果不如美国的好,即便如此,也具有一定参考价值。当然,美国 SPC 不会仅仅依赖 RAP 分析场估计强冰雹潜势,还需要与实际探空资料结合,后者往往更重要。

中国目前尚没有上述图 5.1 中的参数分布,但预报当天强冰雹潜势的主要思路仍然是从"较大的对流有效

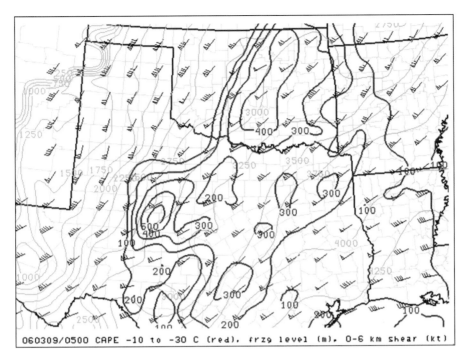

图 5.1　美国某一范围的 −30～−10℃ 之间的 CAPE 值、0～6 km 风矢量差和冰雹融化层到地面高度分布

位能""较强的深层垂直风切变"和"适宜的冰雹融化层高度"这三个方面来考虑。主要通过实际探空进行分析，适当与数值预报模式结果相结合。特别是在上午得到 08 时(北京时)探空资料后估计午后的强冰雹潜势时，一定要考虑到大气边界层的日变化，另外特别要注意有无明显的平流过程，如高空强烈冷平流和低空暖湿平流会使原本弱不稳定或中性的大气变得非常不稳定。需要将探空与欧洲中期天气预报中心(ECMWF)细网格模式或其他水平相当的数值模式输出结合起来对上述三个关键参数的未来 2～12 小时演变作出判断。

5.1.1.2　冰雹融化层高度的确定

冰雹融化层更接近于湿球温度 0℃ 层而不是很多人认为的干球温度 0℃ 层。其实，不仅是冰雹，所有水凝物的融化层位置都近似是湿球温度 0℃ 层。Johns 和 Doswell (1992) 以及 Moller(2001)非常明确地指出了这一点。在他们之前，也有其他美国学者(Miller，1972；Crisp，1979)指出了这一点。俞小鼎等(2006a)关于冰雹融化层高度的确定，采用了 Johns 和 Doswell (1992) 以及 Moller(2001)的说法，即湿球温度 0℃(We Bulb Zero，WBZ)层的高度。

我们对干球温度和湿球温度的概念和直接经验主要来自传统的测量相对湿度的干湿球湿度表。干球温度对应通常的气温，湿球的酒精球包着湿纱布，百叶箱内自然通风。当相对湿度为 100％ 时，干湿球的温度是相等的，因为包裹酒精球的湿纱布没有任何蒸发降温。如果环境相对湿度非常小，则由于包裹酒精球的湿纱布的剧烈蒸发，湿球温度将明显低于干球温度，通过查表可以得到环境相对湿度。同样道理，当环境相对湿度小于 100％ 时，湿球温度 0℃ 层高度低于干球温度 0℃ 层高度；当环境相对湿度等于100％ 时，湿球温度 0℃ 层高度与干球温度 0℃ 层高度相同。

现在回到冰雹的情况。首先要明确，在 0℃ 附近冰的融化潜热和水的蒸发潜热分别为 3.3×10^5 J/kg 和 2.5×10^6 J/kg，即水的蒸发潜热大约相当于冰的融化潜热的 8 倍。当冰雹下落到干球温度 0℃ 层以下时，由于融化其表面出现一层水膜，非常类似于包裹着湿纱布的酒精玻璃球。如果环境大气整层相对湿度近乎 100％，则冰雹表面的水膜没有蒸发，其温度与干球温度大致相等；如果环境大气特别是对流层中层较干燥，干空气被卷进下沉气流内使得冰雹表面的水膜迅速蒸发并吸收大量的蒸发潜热，使水膜的表面温度降到 0℃ 以下重新冻结，直到降落到湿球温度 0℃ 层附近冰雹才真正开始融化。也就是说，如果整层大气近乎饱和，则湿球温度 0℃(WBZ)层高度与干球温度 0℃ 层高度大致相等；如果对流层大气相对湿度较低,尤其是对流层中层存在明显干层,则冰雹开始有效融化的高度,即湿球温度0℃(WBZ)层高度,将明显低于干球温度0℃层的高度。

图5.2给出了一个具体呈现湿球温度廓线的探空例子。800 hPa以上存在明显干层,湿球温度廓线位于温度廓线和露点廓线之间。干球温度0℃位于600 hPa,对应海拔高度为4.3 km左右,湿球温度0℃位于700 hPa,对应大约3.0 km的海拔高度,两者间差异明显,湿球温度0℃层明显低于干球温度0℃层。

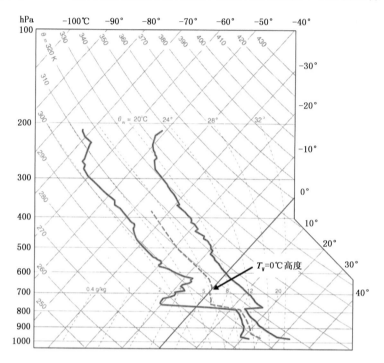

图5.2　湿球温度廓线与湿球温度0℃层(引自 Markowski and Richardson,2010)

(绿色实线分别为温度廓线和露点廓线,蓝色虚线为湿球温度廓线)

绘制湿球温度廓线的具体步骤如下(Potter and Colman,2003):

1)求某一气压层的湿球温度。从该气压层的温度出发,让气块沿着干绝热线上升;同时,从该层的露点出发,沿对应的等饱和比湿线上升,直到与干绝热线上升线相交;从两线交点处沿着湿绝热线下降到气块的起始气压高度,所对应的温度即为该气压层的湿球温度。

2)对各气压层重复上述过程,得到各气压层的湿球温度。

3)将不同气压层的湿球温度连接起来,得到湿球温度垂直廓线,该垂直廓线与0℃等温线的交点所对应的高度即为湿球温度℃层(WBZ)高度。

根据美国预报员的经验,在满足其他有利于大冰雹的环境条件下,WBZ高度在地面以上2.1~3.2 km时最有利于大冰雹(Crisp,1979)。由于上述统计的美国大冰雹多发区域通常在海拔1000 m以上的高原,显然对中国平原地区不适用。中国低海拔地区出现的50%左右的大冰雹对应的WBZ到地面距离在3.0~4.0 km之间,绝大多数在2.0~4.5 km之间,峰值频率在3.5 km附近。除了WBZ高度外,WBZ到地面之间的平均温度也是影响冰雹融化的重要因子。当对流层中部存在明显干空气层时,不但会使WBZ高度偏低,而且还会导致更强更冷下沉气流并在大气边界层形成较强的冷池,进一步降低WBZ和地面间的平均温度,使得冰雹在下落过程中更不容易融化,落到地面后也会存在较长时间而不致迅速融化。

5.1.2　强冰雹的雷达回波特征

5.1.2.1　高悬的强回波

产生强冰雹的强对流风暴的最显著特征体现在反射率因子高值区向上扩展到较高的高度。具体地讲,如果−20℃等温线对应的高度之上有超过50 dBZ 的反射率因子,则有可能产生强冰雹。反射率因子的值越大,相对高度越高,产生强冰雹的可能性和严重程度越大(Waldvogel et al,1979;Witt et al, 1998)。一般而言,如果50 dBZ 的回波扩展到−20℃等温线高度以上(图5.3),同时湿球温度0℃层距地面的高度不超过4.0 km,可以考虑发布强冰雹预警。总结从2000年以来大量冰雹个例发现,将上述50 dBZ 阈值增加到55 dBZ 效果更好,会减少很多虚警,但也会出现少量漏报。原来的50 dBZ 是美国国家气象局(NWS)环境预报中心(NCEP)下属强天气中心(SPC)给出的参考值。

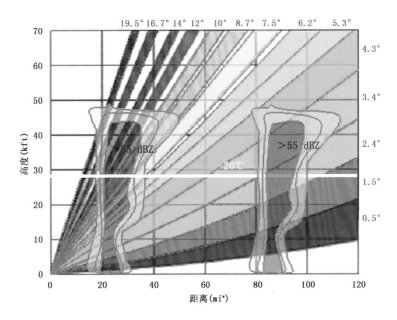

图5.3 雹暴的基本特征"高悬的强回波"判据示意图

图5.4是根据加拿大的观测数据绘制的50 dBZ 最大高度、湿球温度0℃层距地面的高度与冰雹直径之间关系的散点图。总体上看,50 dBZ 扩展到的最大高度越大,冰雹直径越大;当湿球温度0℃层距地面的高度增加时,要降同样直径的冰雹则需要50 dBZ 扩展到的最大高度也增加。但个例之间差异很大,例如图上3个冰雹直径6 cm 以上的降雹个例中,2个个例50 dBZ 最大高度在11 km 左右,1个个例中50 dBZ 最大高度只有8.3 km;3个个例中,湿球温度0℃层距地面的高度都在3 km 左右。从图上注意到,在所有冰雹直径2 cm 以上的个例中,WBZ(湿球温度0℃层)距地面的高度都不超过4.1 km。需要指出的是,图5.4是根据加拿大的少量个例观测给出的图,并不能代表中国各地的情况。因此,在每一个地区都可以根据当地的数据制作一幅与图5.4类似的图,对当地的冰雹预警是非常有参考价值的。

根据上述高悬的强回波的思路,美国国家海洋大气局(NOAA)下属的国家强风暴实验室(NSSL)开发了冰雹探测算法 HDA(Witt et al,1998),详见5.1.3节。

5.1.2.2 弱垂直风切变情况下脉冲风暴产生的冰雹

强冰雹形成要求的强烈上升气流速度一般需要大气环境具有中等以上垂直风切变,但也经常有例外。有时在较弱垂直风切变和较大的对流有效位能情况下也可以产生边际尺度的大冰雹,此时产生强对流天气的雷暴类型称为脉冲风暴(pulse storm),见图3.2。脉冲风暴通常是多单体风暴,其中一个或几个单体可以发展为强单体,其主要特征是初始的40 dBZ 或以上强度回波的高度比较高,通常在6～9 km 之间,回波中心强度超过50 dBZ。脉冲风暴可以产生边际尺度(1.0～2.5 cm 左右)的较大冰雹。普通单体初始的40 dBZ 或以上强度回波高度通常在3～6 km 之间,而脉冲风暴初始回波高度可达6～9 km,产

---

* 1 mi=1.853 km。

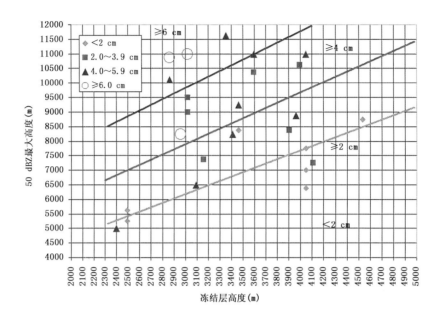

图 5.4　50 dBZ 高度、WBZ 距地面的高度与冰雹直径之间关系的实测数据散点图（绿色菱形代表直径小于 2 cm 的冰雹，粉色方块代表直径 2.0～3.9 cm 的冰雹，蓝色三角代表直径 4.0～5.9 cm 的冰雹，红色圆圈代表直径 6.0 cm 以上的冰雹；本图由加拿大环境署 Paul Joe 提供）

生较强冰雹的脉冲单体 50 dBZ 高度扩展到 −20℃ 等温线以上。脉冲风暴产生冰雹的持续时间通常不超过 15 分钟，因此预警十分困难。如果预报员在识别到高悬的强回波特征后再发出预警的话，预警被用户接收到时，往往降雹已经在发生中或者已经结束。虽然脉冲风暴产生的冰雹直径不是很大，但也足以成灾。通常对这类冰雹的预警主要基于环境背景，如果经过订正 CAPE 值在 2000 J/kg 以上，WBZ 高度在 3.0～4.0 km 之间（山区要低得多），一旦雷达上出现 40 dBZ 或以上强度回波就可以预警冰雹。不过，这样做在提高预警提前时间（lead time）同时，也大大增加了虚警率。

5.1.2.3　很高的反射率因子(Z)值和异常大的 VIL 值

除了高悬的强回波，回波中心强度大于等于 65 dBZ，也表明对流风暴内存在直径 2 cm 以上的大冰雹，如果 WBZ 高度到地面的距离合适（2.0～4.0 km），应发布强冰雹预警。

此外，经常使用垂直累积液态水含量（VIL）的异常大值来指示强冰雹。如果 VIL 大大高于相应季节的对流风暴的平均 VIL 值，则发生大冰雹的可能性很大。根据美国俄克拉荷马州的统计，5 月对应于出现大冰雹的垂直累积液态含水量（VIL）的阈值为 55 kg/m²，6 月、7 月和 8 月的相应阈值为 65 kg/m²。Amburn 和 Wolf（1997）定义 VIL 与风暴顶高度之比为 VIL 密度。他们的研究表明，如果 VIL 密度超过 4 g/m³，则风暴产生直径超过 2 cm 大冰雹的概率较大。特别需要指出，在距离雷达 25 km 以内范围，由于静锥区的影响，不能利用 VIL 值或 VIL 密度来判断冰雹或者其他强烈天气。

5.1.2.4　弱回波区和有界弱回波区

20 世纪 70 年代后期，Lemon（1977）提出了一种在中等以上垂直风切变环境中识别雷暴内上升气流强弱的概念模型，受到美国强对流天气预警业务人员的欢迎。该模型强调风暴的三维结构。图 5.5 中的 3 幅示意图，代表不同类型上升气流强度的风暴。对于多单体风暴，图中的风暴单体代表其中发展最强盛的风暴单体。每种风暴类型由高中低层反射率因子平面综合图和沿风暴低层入流方向通过单体回波核心的相应垂直剖面来表示。平面图上，阴影区表示低层回波反射率因子等值线，虚线表示中层回波强度超过 35 dBZ 的范围，白色小圆点代表风暴顶的位置，线段 AB 给出相应垂直剖面的位置。图 5.5a 所表示的风暴，上升气流强度不大，高中低层反射率因子高值区在垂直方向上相互重叠，没有倾斜，低层反射率因子四周梯度均匀,风暴顶位于低层反射率因子区域的中心,垂直剖面上没有弱回波区或有界弱回波区。图5.5b对应非超级单体强风暴,低层反射率因子等值线在入流的一侧出现很大的梯度,风暴顶位于低层反射率因子在入流一侧的强梯度区之上,中层回波强度轮廓线靠近低层入流一侧的下部出现弱回波区(WER)。也就是说,回波自低往高向低层入流一侧倾斜,呈现出弱回波区和弱回波区之上的回波悬垂结构。这一点从垂直剖面上可以看得更加清楚。图5.5c对应超级单体风暴,此时风暴低层反射率因子出现明显的钩状回波特征,入流一侧的反射率因子梯度进一步增大,中低层出现明显的有界弱回波(BWER),其上为强反射率因子核心区,风暴顶位于低层反射率因子梯度区或BWER之上。上述概念模型代表3种不同类型风暴的反射率因子结构,即非超级单体非强风暴、非超级单体强风暴和超级单体风暴。这个概念模型同时也可代表超级单体风暴发展的三阶段模型。大多数对流风暴只发展到第一阶段就消亡了,一小部分对流风暴可以发展到第二阶段,成为非超级单体强风暴(大多为多单体强风暴),只有极少数能够发展到第三阶段,成为超级单体风暴。按照上述概念模型,可以根据低层、中层和高层的对流风暴雷达回波反射率因子特征及其相互配置进行雷暴内上升气流强度的识别和预警。

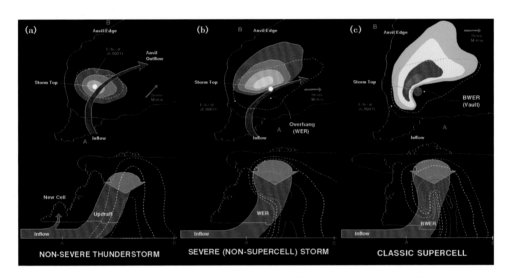

图 5.5　非强对流风暴(a)、非超级单体强对流风暴(b)和超级单体风暴(c)的反射率因子特征(摘自 Lemon,1977)

在中等以上垂直风切变环境中,满足高悬的强回波和WBZ层到地面的距离比较适宜的情况下,如果回波形态再呈现出弱回波区和回波悬垂特征,则产生大冰雹的可能性会明显增加,若呈现有界弱回波区,则出现大冰雹的概率几乎是100%,此时冰雹融化层到地面的适宜高度范围可以放宽到2.0~4.5 km。

通常可以通过在屏幕上同时显示四幅不同仰角的反射率因子的形式来确定对流风暴的结构和强弱,称为四分屏显示。图5.6给出了2005年6月15口凌晨发生在安徽北部强烈雹暴雷达回波的四分屏显示,分别为6月15日0时16分(北京时)0.5°、2.4°、6.0°仰角反射率因子图和1.5°仰角径向速度图。注意,0.5°(图5.6a)和6.0°(图5.6b)仰角反射率因子图上的双箭头指示同样的地理位置,在0.5°仰角上,双箭头指向风暴的低层入流缺口,箭头前方是构成入流缺口的一部分低层弱回波区,而在6.0°仰角,箭头前面是超过60 dBZ的强回波中心,也就是说在与低层入流缺口对应的弱回波区之上,有一个强回波悬垂结构。因此,通过这种四分屏显示方式,不必做垂直剖面,就可以判断出对流风暴雷达回波的垂直结构。上述雹暴于15日00时30分左右在安徽固镇降了直径达12 cm的巨大冰雹。

为了更清楚地显示该雹暴的垂直结构,在图5.6中沿着雷达径向通过最强反射率因子核心作垂直剖面,如图5.7所示。当时的探空显示0℃层和−20℃层距地面的高度分别是4.6 km和7.8 km,而剖面显示位于回波悬垂上的65 dBZ以上的强回波核心位置高度超过9 km,远在−20℃层等温线高度以上,剖面左侧的强回波区域对应大冰雹的下降通道,回波强度也超过65 dBZ,其右边是宽广的弱回波区和位于弱回波区上面的回波悬垂,它们的水平尺度超过20 km。在横坐标水平位置55 km处上方存在一个不算

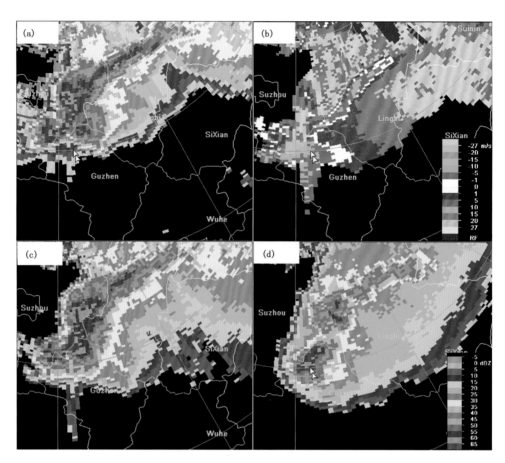

图 5.6　2005 年 6 月 15 日 00：16 徐州 SA 雷达显示的 0.5°(a)、2.4°(c)、6.0°(d)仰角
反射率因子和 1.5°(b)仰角径向速度图（图中双箭头指示同样的地理位置）

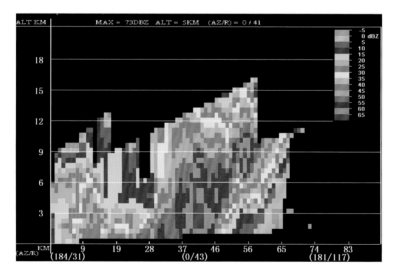

图 5.7　2005 年 6 月 15 日 00：16 徐州 SA 雷达显示的沿着雷达径向通过最强反射率因子核心所作垂直剖面

显著的有界弱回波区。

　　图 5.8 展示了 2005 年 6 月 15 日 00：22 徐州 SA 多普勒天气雷达反射率因子三维结构图，其中底层为 0.5°仰角反射率因子图。图中清晰显示低层反射率因子强梯度区，尤其是庞大的强回波悬垂和该回波

悬垂下面的弱回波区,呈现出典型的雹暴结构。

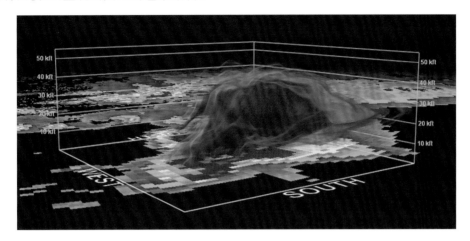

图 5.8　2005 年 6 月 15 日 00:22 徐州 SA 多普勒天气雷达反射率因子三维结构图

因此,对于强冰雹的雷达回波识别,除了第一条高悬的强反射率因子之外,在中等以上垂直风切变条件下可以进一步考虑雷暴回波的三维结构,通过四分屏显示方式判断有无低层反射率因子高梯度区、低层入流缺口、弱回波区、回波悬垂以及有界弱回波区等代表强上升气流的特征。在第一个条件(55 dBZ 最大高度在 −20℃ 等温线高度以上,并且 WBZ 层距离地面高度适宜)满足的情况下,上述代表强上升气流的回波形态特征部分出现,则强冰雹的概率会明显增加,强冰雹警报的发出可以更果断。

图 5.9 给出了上述冰雹例子发生前一天 2015 年 6 月 14 日 20 时(北京时间)徐州探空。从中可见,CAPE 值达 2600 J/kg,0~6 km 垂直风矢量差为 28 m/s,有利于超级单体风暴或多单体强风暴的产生。对流层中层和中上层存在深厚干层,使得 WBZ 层比干球温度 0℃ 层高度降低 0.9 km,分别为 3.5 km 和 4.4 km,大冰雹更容易降落到地面而不是在下落过程中大部分融化。

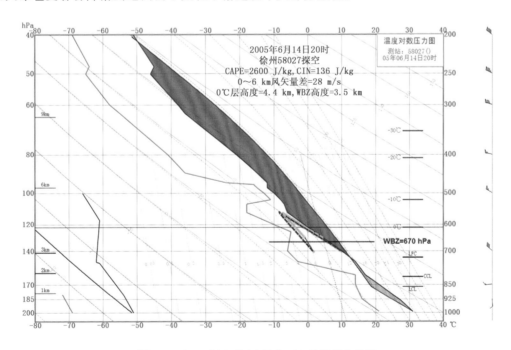

图 5.9　2005 年 6 月 14 日 20:00 徐州探空曲线

5.1.2.5 三体散射

三体散射(three-body scattering)现象最早是由 Zrnic(1987),以及 Wilson 和 Reum(1986,1988)发现的一种雷达虚假回波,Zrnic 称其为"三体散射特征",Wilson 和 Reum 称其为"火焰回波"或"雹钉"。Lemon(1998)指出,S 波段雷达回波中三体散射的出现表明对流风暴中存在大冰雹。由于云体中大冰雹散射作用非常强烈,由大冰雹侧向散射到地面的雷达波被散射回大冰雹,再由大冰雹将其一部分能量散射回雷达,在大冰雹区向后沿雷达径向的延长线上出现由地面散射造成的虚假回波,称为三体散射回波假象,其产生原理的示意图如图 5.10 所示。S 波段雷达回波中三体散射的出现是存在大冰雹的充分条件而非必要条件。C 波段雷达回波中出现三体散射的机会更多一些,多数情况下也意味着大冰雹的存在,只是不像 S 波段那么确定无疑。在研究了数个三体散射个例后,Lemon(1998)指出,在观测到三体散射后的 10~30 分钟内地面有可能出现冰雹直径大于 2.5 cm 的降雹,同时往往伴随有地面的灾害性大风。廖玉芳等(2007)对发生在我国的三体散射进行了研究,发现几乎所有三体散射个例都伴随有大冰雹。在图 5.6 中,0.5°、1.5°和 2.4°仰角上都有明显的三体散射特征,尤其以 2.4°仰角的三体散射长钉最明显。在出现三体散射的情况下,如果融化层到地面高度在 2.0~4.5 km 之间,则立即发布强冰雹预警。

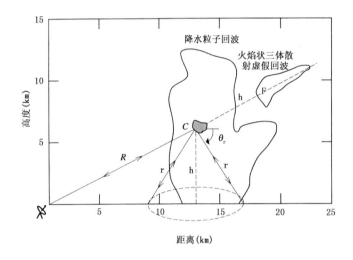

图 5.10 三体散射示意图(摘自 Zrnic,1987)

5.1.2.6 强冰雹的其他回波特征

除了上述特征外,最需要注意的一个特征是雹暴是否具有涡旋。有研究表明,在其他条件类似的情况下,哪怕是比较弱的雷暴尺度涡旋(达不到中气旋标准),也会使冰雹的直径明显增加。因此在高悬的强回波这一雹暴基本特征出现的前提下,中气旋甚至弱涡旋都会表明更高的大冰雹概率。另外,风暴顶强烈辐散也是强冰雹的一个辅助指标,强烈的风暴顶辐散意味着雷暴中上层具有很强的上升气流速度,因此有利于大冰雹的生长。Witt 和 Nelson(1984)指出,如果风暴顶辐散正负速度差值超过 38 m/s,融化层高度合适,则出现 20 mm 以上大冰雹的概率较大。

图 5.11 为 2005 年 6 月 15 日 00:28 徐州 SA 雷达 0.5°和 6.0°仰角径向速度图,与图 5.6—5.8 的雷达回波属于同一超级单体雹暴个例,只是时间上晚了 3 个和 2 个体扫。从图 5.11a 中可以识别与该雹暴相关的中气旋,尽管受到三体散射影响,速度图有些失真,但中气旋的气旋式旋转特征仍然清晰可辨。在图 5.11b 中,中气旋旋转特征依稀可辨,同时风暴顶辐散特征非常明显(辐散正负速度差值超过 40 m/s),6.0°仰角上辐散中心位置对应的高度约为 12 km。

对于 C 波段雷达,由于冰雹的强烈衰减,强冰雹回波有时会出现一个顶点指向雷达的"V"形缺口。图 5.12 显示了 2006 年 7 月 27 日早上内蒙古鄂尔多斯 CB 雷达观测到的强烈雹暴,该雹暴产生的最大冰

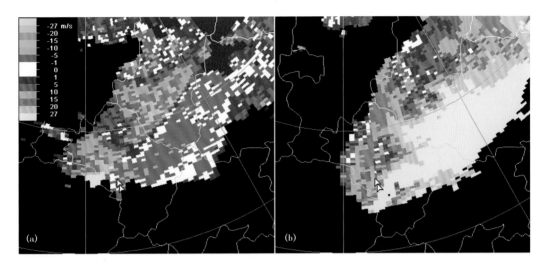

图 5.11　2005 年 6 月 15 日 00:34 徐州 SA 雷达 0.5°(a)和 6.0°(b)仰角径向速度图

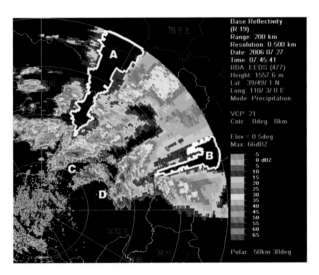

图 5.12　2006 年 7 月 27 日 07:45 内蒙古鄂尔多斯 CB 雷达观测的 0.5°仰角反射率因子图

雹直径超过 4.5 cm,图中 A 和 B 指示由于冰雹对雷达波的衰减造成的"V"形缺口,该缺口的顶点指向雷达方向。

5.1.3　冰雹探测算法

5.1.3.1　冰雹指数产品

冰雹指数产品对每个被识别的风暴单体,提供其风暴单体结构是否有助于冰雹形成的指示。最初的 WSR-88D 冰雹算法建立在典型的美国南部平原发现的冰雹风暴的基础上。它通过用一系列预报因子的权重来探测冰雹,并给出冰雹发生的 3 种可能性(POSITIVE 肯定/PROBABLE 可能/ NONE 无)。算法没有考虑环境温度,没有区分普通冰雹和大冰雹,效果不是很理想。老的冰雹指数(HI)分为 4 种情况: 1)POSITIVE 肯定;2)PROBABLE 可能;3)NONE 否定(无符号);4)INSF 不足够(无符号),即没有足够的资料分析风暴单体。

新的冰雹指数产品(Witt et al,1998)可以在识别的风暴单体属性表中给出相应单体降雹的概率、降大冰雹的概率和预期的最大冰雹尺寸,并以相应的图形显示出来。冰雹概率(POH)表示任意尺寸的冰雹的降雹概率,显示间隔以 10% 增加;强冰雹概率(POSH)表示直径 2 cm 以上冰雹的降雹概率,显示间隔以 10％增加；预期的最大冰雹尺寸(MEHS)表示所识别单体的最大冰雹尺寸估计，显示间隔以 1/4 英寸 * 增加。在图形显示中，用小的空或实的绿色三角形来表示 POH，三角形显示的 POH 必须超过"最小显示阈值"。三角形是空心的还是实心的，取决于"填充阈值"。这两种阈值由 PUP 操作员指定为特定的百分率，通常采用的值是 30％和 50％。POSH 是用较大的绿色三角形来代表的，实心的绿色三角形代表超过了"填充阈值"。其空心和实心的阈值通常分别为 30％和 50％，PUP 操作员也可以根据需要选取别的阈值。MEHS 被显示在 POSH 符号中心，冰雹尺寸四舍五入，只显示 1 到 4 英寸四个级别。如果单体被识别出的最大冰雹尺寸小于 3/4 英寸，那么在 POSH 符号中心标上星号(*)。图 5.13 给出了一个具体例子。首先我们看风暴单体 F0。属性表中标明其强降雹和普通降雹概率分别为 80％和 100％，超过强降雹的填充阈值 50％，因此用大的实心绿三角形来表示。属性表中 F0 的最大预期冰雹尺寸为 44.45 mm，四舍五入为 2 英寸，因此对应 F0 单体的实心绿三角形中填充的 MEHS 数值为 2；单体 S0，属性表中其强降雹和普通降雹概率分别为 50％和 90％，预估最大冰雹直径为 25.40 mm，50％刚好达到实心大三角形阈值，并且 25.40 mm 刚好 1 英寸，因此单体 S0 旁边显示为实心大三角形，里面对应的 MEHS 数值为 1；单体 U0、G1 和 F1，其强冰雹概率都小于 30％，而任何尺寸冰雹概率大于 50％，因此单体旁的冰雹指数符号为小的实心三角形；单体 H1 强冰雹概率为 0，任何尺寸冰雹概率为 40％，位于 30％~50％之间，因此该单体旁边的冰雹指数符号为小的空心三角形。

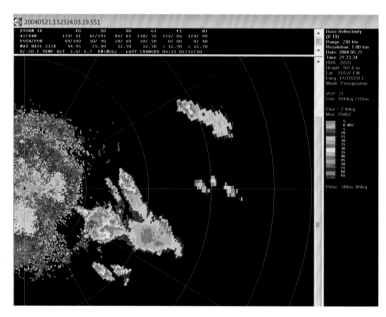

图 5.13　2004 年 5 月 21 日 21:23 合肥 SA 天气雷达 2.4°仰角反射率因子叠加冰雹指数和风暴属性表

　　中国气象局气象探测中心仿照原有 WSR-88D 第十版本算法(Build. 10)开发了一套新一代天气雷达算法，其中冰雹探测算法与上面提到的新的算法相同，只是表示在大的三角形中表达预期最大冰雹直径的 MEHS 数值以厘米为单位，四舍五入取整数。

5.1.3.2　冰雹探测算法

　　(1)旧的 WSR-88D 冰雹算法

　　这里我们只简要介绍算法的大致思路。Petrocchi(1982)使用了一系列预报因子并给出了各个预报因子的权重(表 5.1)。该冰雹算法在风暴系列算法的基础上确定所识别的风暴单体降雹的可能性。

---

　　* 1 英寸＝2.54 cm。

表 5.1　Petrocchi 确定的冰雹预报因子以及相应的权重

预报因子	给定的权重
探测到的最高二维分量高于 8 km	18
风暴单体的最大反射率因子大于等于 55 dBZ	8
中层(5～12 km)二维分量的质心向南超过最低层的二维分量质心位置 1 km	17
中层二维分量最大反射率因子 50 dBZ	21
中层悬垂大于等于 4 km	16
最高的二维分量在中层悬垂之上	20
总计	100

简单地讲,该冰雹算法主要考虑以下几点:

1)8 km 以上有超过 30 dBZ 的反射率因子。

2)单体的最大反射率因子超过 55 dBZ。

3)中层反射率因子超过 50 dBZ。

4)具有低层弱回波区和中层悬垂结构。

该冰雹指数没有区分普通冰雹和大冰雹。冰雹增长与环境温度和融化层高度关系很大,该算法没有考虑环境温度与融化层高度。算法考虑了弱回波区和回波悬垂的结构,但在实际计算过程中很容易误判。算法具有较高的命中率(POD),同时虚警率(FAR)也很高,导致较低的临界成功指数(CSI 或 TS 评分)。

(2)新的 WSR-88D 冰雹探测算法

从 1996 年开始,WSR-88D 用一个改进的冰雹探测算法(Witt et al,1998)替代了原有的冰雹算法。原有的算法只是简单地指出探测到的风暴单体是否会产生冰雹,而新的冰雹探测算法(HDA)给出任何尺度冰雹和强冰雹(直径大于等于 20 mm)的概率,以及每个由 SCIT 算法识别的风暴单体产生的最大预期冰雹直径。一个称为强冰雹指数(SHI)的新参数被用作强冰雹的主要预报变量。SHI 是一个风暴单体的反射率因子廓线的热力权重垂直积分。无论如何,冰雹探测算法的效果是受其产品性质限制的。因为美国国家天气局有提供强冰雹(直径大于等于 20 mm)警报的任务,所以需要有最大冰雹尺寸的预报。而航空界对任何尺寸的冰雹都感兴趣。多数用户希望有最大期望冰雹尺寸的估计。假若想知道冰雹风暴与非冰雹风暴、强冰雹风暴与非强冰雹风暴区别的不确定性,最好使用降雹概率。以上需求导致了对新的 WSR-88D 冰雹探测算法(HDA)的设计和开发。为取代前面的标记,对每个探测的风暴单体,新的算法使用如下信息:任何尺寸冰雹概率、强冰雹概率及预期的最大冰雹直径(图 5.13)。

HDA 也是一个基于反射率因子的算法(Witt et al,1998)。HDA 是与新的风暴单体识别和跟踪算法 SCIT 相联系的。每个由 SCIT 算法(Johnson et al,1998)识别的单体是由几个二维风暴分量组成的,分量是在每个仰角扫描上的准水平截面(图 4.3)。每个风暴分量的高度和最大反射率因子被用来制作每个单体的垂直反射率因子廓线。这些数据被 HDA 用来决定风暴的冰雹潜势。为满足美国国家气象局和航空界不同的需求,HDA 被设计成既可以探测任何尺度的冰雹,也可以探测强冰雹。该算法识别冰雹和强冰雹的主要思路就是“高悬的强回波”。

1)任何尺度冰雹的探测算法

为了判定任何尺度冰雹的存在,使用了 45 dBZ 回波高度与环境融化层的高度差。在几个不同的冰雹抑制实验中,这个技巧已被证实对探测冰雹是成功的(Waldvogel et al,1979)。使用 Waldvogel 等(1979)提供的数据,导出了 45 dBZ 回波高度与环境融化层(湿球温度℃层)的高度差和地面降冰雹概率的关系(图 5.14)。

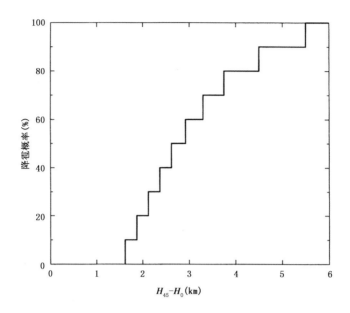

图 5.14　地面降雹概率作为$(H_{45}-H_0)$的函数。其中 H_{45} 是雷达位置以上 45 dBZ 回波的高度(ARL)，H_0 是融化层(湿球温度 0 ℃层)的高度(引自 Waldvogel et al,1979)

2)强冰雹的探测算法

为确定强冰雹的存在,采用类似于 VIL 算法的处理方法并作了一些改变,从效果来看是部分成功的。第一个改变是利用 SCIT 算法的输出从基于格点的算法向基于单体的算法改变。基于单体的优点是冰雹核穿过格点边界而不能准确地探测到的问题被消除,缺点是如果在单体识别过程中发生误差,会导致冰雹探测算法误差。第二个改变是使用反射率因子与冰雹的关系代替 VIL 算法中的反射率因子与液态水的关系。反射率因子数据被变换成冰雹动能(E)的通量值(Waldvogl et al,1979):

$$E = 5 \times 10^{-6} \times 10^{0.084z} W(Z) \tag{5-1}$$

其中

$$
\begin{aligned}
\text{对于 } Z \leqslant Z_{\text{L}} \qquad\qquad & W(Z) = 0 \\
\text{对于 } Z_{\text{L}} < Z < Z_{\text{U}} \qquad & W(Z) = \frac{Z - Z_{\text{L}}}{Z_{\text{U}} - Z_{\text{L}}} \\
\text{对于 } Z \geqslant Z_{\text{U}} \qquad\qquad & W(Z) = 1
\end{aligned}
\tag{5-2}
$$

式中,Z 的单位是 dBZ,E 的单位是 $J/(m^2 \cdot s)$;权重函数 $W(Z)$ 可被用来定义雨和冰雹反射率因子的转换区。此算法的缺省值初始设定为 $Z_{\text{L}}=40$ dBZ 及 $Z_{\text{U}}=50$ dBZ (是可调的)。由图 5.15 可看出,VIL 算法通过使用上限反射率因子 55 dBZ 来滤掉与冰雹有关的高反射率因子,在 Z-E 关系函数中,只用与冰雹有关的典型较高反射率因子,从而滤掉与液态水有关的大部分典型较低反射率因子。同时,E 与地面冰雹的灾害潜势密切相关。

第三个改变是使用以温度为权重的垂直积分。由于冰雹增长只发生在温度<0℃时,并且大冰雹的增长大都发生在-20℃或更低的温度下(Browning 1977;Nelson 1983;Miller et al,1988)。使用下列基于温度的权重函数:

$$
\begin{aligned}
\text{对于} \qquad\qquad H \leqslant H_0 \qquad\qquad & W_T(H) = 0 \\
\text{对于} \qquad\qquad H_0 < H < H_{\text{m20}} \qquad & W_T(H) = \frac{H - H_0}{H_{\text{m20}} - H_0} \\
\text{对于} \qquad\qquad H \geqslant H_{\text{m20}} \qquad\qquad & W_T(H) = 1
\end{aligned}
\tag{5-3}
$$

式中,H 是相对雷达的高度(ARL);H_0 是环境融化层(湿球温度 0 ℃层)的 ARL(雷达位置以上)高度;

H_{m20}是－20℃环境温度的地面以上高度。H_0和H_{m20}可由附近的探空或其他高空数据决定（如数值模式产品）。

以上定义的值决定了下面的雷达导出参数,称为强冰雹指数:

$$SHI = 0.1 \int_{H_0}^{H_T} W_T E \, dH \tag{5-4}$$

式中,H_T是风暴单体顶的高度。在 HDA 中,SHI 是用被识别的风暴单体中的二维分量数据来计算的,至少要用两个分量计算(对于只有一个二维分量的风暴单体,SHI 的值将不被计算)。E 是用每个被识别的风暴单体分量的最大反射率因子值计算的,并且此值是用在垂直于风暴单体分量垂直深度(或厚度)上的。对内部的风暴单体分量(即在它们之上和之下有相邻的分量),分量的垂直厚度 $\Delta H_i = (H_{i+1} - H_{i-1})/2$。对顶和底的风暴分量,$\Delta H_N = (H_N - H_{N-1})$($N$ 为二维分量的数目)$\Delta H_1 = (H_2 - H_1)$;如果风暴单体底的高度在 H_0 之上,那么 $\Delta H_1 = (H_2 + H_1)/2 - H_0$。SHI 的单位是 J/(m·s)。图 5.16 是将公式(5-4)应用于由 SCIT 算法探测到的风暴单体的一个例子。根据 SHI 的表达式,如果用一句话来概括大冰雹探测算法的主要指标,则为高悬的强反射率因子核。

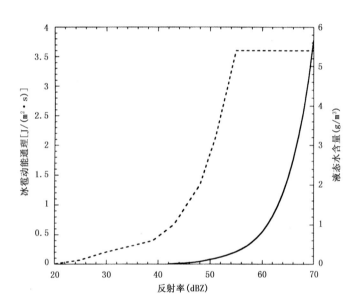

图 5.15　冰雹动能通量(实线)及液态水含量(用来计算 VIL,虚线)作为反射率因子函数

为了检测 SHI 作为强冰雹预报指数的有效性,用位于美国俄克拉何马州和佛罗里达州的 WSR-88D 雷达基数据分析了 10 个风暴日。处理过程是用雷达数据运行 SCIT 算法和 HDA 算法,并将算法产品与强冰雹观测报告作相关,强冰雹观测报告来自美国国家气候资料中心的风暴数据。检测程序首先选择一"警报"阈值,然后对每个被识别的风暴单体从第一个体积扫开始检查到最后一个体积扫,如果 SHI 值大于或等于警报阈值,单体的强冰雹预报为"Yes",否则为"No"。如果预报为"Yes"并且单体附近一定空间范围和时间区间内有强冰雹观测报告,就算命中,否则为误报。如果预报为"No"并且单体附近一定空间范围和时间区间内有强冰雹观测报告,则为漏报。利用不同的阈值,检验 10 个风暴日的强冰雹预报评分(POD、FAR 和 CSI)。其中 8 个风暴日的检验结果表明,导致最高 CSI 值的最佳警报阈值与当日的融化层(湿球温度 0 ℃层)高度具有很好的相关(相关系数为 0.78)。从这些结果,确定了一个简单的警报阈值选择模型(WTSM):

$$WT = 57.5 H_0 - 121 \tag{5-5}$$

式中,WT 是警报阈值[J/(m·s)];H_0 是冰雹融化层的雷达以上高度(km)。如果 $WT < 20$ J/(m·s),则

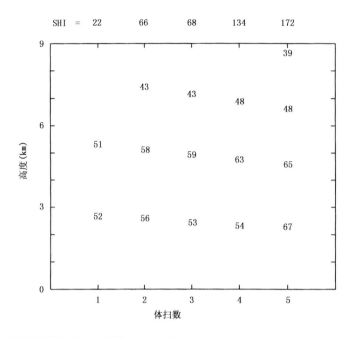

图 5.16　典型风暴单体样本的 SHI 值[J/(m·s)]及相应于每个二维分量的最大反射率因子(dBZ)。
二维风暴单体分量是由 SCIT 算法在 5 个体积扫中识别的。反射率因子的值标在每个分量的中心高度上。
这里 $H_0 = 3$ km, $H_{m20} = 6$ km

将 WT 设为 20 J/(m·s)。如果 SHI 大于等于 WT,就发强冰雹警报。

利用公式(5-5),根据上述检验程序得到了 10 个风暴日预报的评分,如表 5.2 所示。从表中看到,CSI 的最低值为 0,最高值为 57%,总体值为 42%。作为比较,原来的冰雹算法产生的结果(用相同的步骤)被显示在表 5.3 中。尽管两种算法命中和漏报的数目(即 POD 值)几乎相同,但原来的冰雹算法产生了更多的虚警,FAR 值大大高于新算法的 FAR 值。新旧算法的总体(10 个风暴日一起算)CSI 值分别为 42% 和 26%。比较有强冰雹的日数的 CSI 值和没有强冰雹报告日数的虚警数,10 天中有 9 天新算法优于原来的算法。

表 5.2　新的冰雹探测算法的评分

日期 (日/月/年)	WT [J/(m·s)]	命中	漏报	虚警	命中率 POD(%)	虚警率 FAR(%)	临界成功指数 CSI(%)
11/02/1992	20	16	1	33	94	67	32
17/02/1992	26	13	10	11	57	46	38
25/03/1992	63	30	9	18	77	38	53
19/04/1992	66	16	12	21	57	59	31
28/04/1992	74	94	39	32	71	25	57
28/05/1992	97	5	0	10	100	67	33
02/06/1992	100	3	3	6	50	67	25
12/06/1992	120	0	0	5	—	100	0
09/06/1992	126	0	0	0	—	—	—
01/09/1989	134	40	20	71	67	64	31
总体		217	94	207	70	49	42

表 5.3　旧的冰雹探测算法的评分,利用"probable"作警报阈值

(即"probable"和"positive"指示都作为有强冰雹的预报)

日期 (日/月/年)	WT [J/(m・s)]	命中	漏报	虚警	命中率 POD(%)	虚警率 FAR(%)	临界成功指数 CSI(%)
11/02/1992	probable	0	19	0	0	—	0
17/02/1992	probable	6	18	4	25	40	21
25/03/1992	probable	25	14	24	64	49	40
19/04/1992	probable	24	3	78	89	76	23
28/04/1992	probable	103	26	43	80	29	60
28/05/1992	probable	5	0	37	100	88	12
02/06/1992	probable	3	3	28	50	90	9
12/06/1992	probable	0	0	81	—	100	0
09/06/1992	probable	0	0	21	—	—	0
01/09/1989	probable	53	7	204	88	79	20
总体		219	90	520	71	70	26

考虑到 SHI 和 WTSM 在预报强冰雹时一般是成功的(总体 CSI 值>40%),则算法开发的最后阶段是选择一合适的概率函数。由于用作建立算法的数据集太小,因此初始概率函数应十分简单,以避免与数据过度拟合。通过反复试验,由 2 个风暴日(分别具有最低和最高融化层高度)的检验结果导出了候选函数,并用可靠性图(对所有 10 个风暴日)来进行标定(Wilks,1995)。这种有限的初始分析得出了很好的(仅对用来建立算法的数据集)概率函数,其表达式如下:

$$POSH = 29\ln\left(\frac{SHI}{WT}\right) + 50 \tag{5-6}$$

式中,POSH 是强冰雹的概率。若 POSH<0,则置为 0,POSH>100,则置为 100。尽管公式(5-6)有连续性特征,但实际算法采用四舍五入的方式只以 10% 的间隔输出结果。注意当 SHI=WT 时,POSH=50%。10 个风暴日的可靠性见图 5.17。

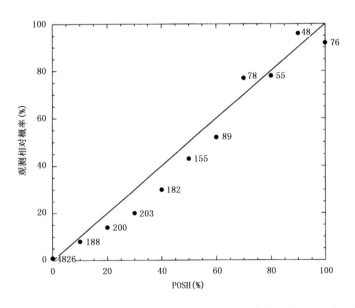

图 5.17　10 个风暴日的强冰雹概率可靠性图。图中数字表示对 POSH 值的预报数目,对角线代表完美的可靠性

SHI 也被用来提供预期最大冰雹尺寸(MEHS)的估计。用 10 个冰雹日中的 8 个强冰雹日的数据及 1992 年 6 月 18 日 Twin Lakes 的数据(产生共 147 个强冰雹报告),开发了一个将 SHI 与最大冰雹尺寸联系起来的初始模型。此处理过程包括比较 SHI 值与观测到的冰雹尺寸。图 5.18 表示 SHI 值与观测的冰雹尺寸的点聚图。从图 5.18 可明显看出当冰雹尺寸增加时,最小的 SHI 和平均的 SHI 是增加的。这可能是基于这样一个事实,产生较大冰雹的风暴同时也产生直径较小的冰雹,较小冰雹相对于较大冰雹降落的范围要广,并且较小的冰雹(但仍然是强冰雹尺度的)通常也被观测和报告。

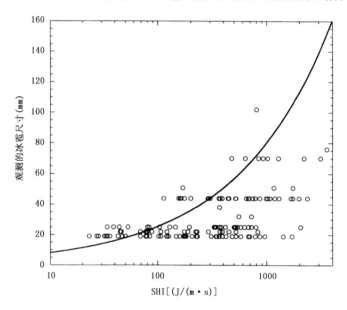

图 5.18　SHI 与观测的冰雹尺寸的点聚图(9 个风暴日,147 个冰雹报告)

由于所建立的冰雹尺寸模型是用于预报预期最大冰雹尺寸的,因此大约 75% 的观测到的冰雹尺寸小于相应的预报尺寸。类似于强降雹概率模型,初始冰雹尺寸预报模型也是相当简单的,其表达式为

$$MEHS = 2.54(SHI)^{0.5} \tag{5-7}$$

式中,MEHS 以 mm 为单位,图 5.18 中的曲线代表上述表达式。比较表达式(5-7)和冰雹尺寸的观测发现,它达到了前面提到的 75% 的目标,对 3 个明显的尺度簇都接近 75%(表 5.4)。此外,为避免传递现实的精度,冰雹尺寸通过四舍五入按 0.25 英寸的间隔输出。

表 5.4　9 个风暴日的冰雹尺寸观测与模式预报尺寸的比较

冰雹尺寸 (mm)	观测数目	观测尺寸小于模式预报的百分比 (%)	平均 SHI [J/(m·s)]
19～33	99	77	325
33～60	37	70	724
＞60	11	73	1465
总体	147	75	511

(3)算法评估

1)任何尺寸的冰雹

由于缺少地面实际观测数据,估计冰雹概率(POH)的性能比较困难。但在 1992 年和 1993 年夏季,美国国家大气研究中心(NCAR)在科罗拉多州西北部的高原上实施了一个冰雹计划以收集足够长的数据集用于算法检验(Kessinger and Brandes,1995)。作为冰雹计划的一部分,用来自 Mile High 雷达的反射率因子数据分别运行 HDA 和原来的冰雹算法,此雷达是位于丹佛东北部 15 km 的新一代天气雷达

(NEXRAD)样机。假定给出了收集到的检验数据集的详细特征,则有可能以单个体扫为基础对算法性能进行评分。Kessinger 和 Brandes(1995)总结了检验结果,得出以下结论:使用 50% 作为 POH 的警报阈值,并用任何尺寸的冰雹观测做检验,得到了较好的结果评估,POD=92%,FAR=4% 及 CSI=88%。用"probable"作为警报阈值的原来冰雹算法的结果评估为 POD=74%,FAR=5% 及 CSI=72%。

2)强冰雹

为提供用来计算 POSH 参数的 SHI 、WTSM、概率函数的独立检验,又选了 31 个风暴日的数据按照与上面相同的方法对算法进行了检验。对 SHI 和 WTSM 精确程度的检验结果见表 5.5。表 5.5 给出了 31 个风暴日每天的统计。

表 5.5　与表 5.2 类似,用另外 31 个风暴日的独立样本对 DHA 进行检验

日期 (日/月/年)	WT [J/(m·s)]	命中	漏报	虚警	命中率 POD (%)	虚警率 FAR (%)	临界成功指数 CSI(%)
04/03/1992	23	11	7	53	61	83	15
16/04/1993	31	11	20	7	35	39	29
08/03/1992	54	159	42	140	79	47	47
05/05/1993	77	65	9	97	88	60	38
14/04/1994	77	23	6	42	79	65	32
02/06/1993	83	101	18	57	85	36	57
06/03/1992	92	18	3	16	86	47	49
26/04/1994	92	25	3	57	89	70	29
27/04/1994	92	99	25	505	80	84	16
08/06/1993	95	3	3	108	50	97	3
13/06/1993	100	0	0	21	—	100	0
20/09/1992	106	7	4	56	64	89	10
19/06/1993	106	0	0	4	—	100	0
26/08/1992	109	0	0	23	—	100	0
01/09/1992	112	8	2	33	80	80	19
18/06/1992	115	99	13	73	88	42	54
10/07/1993	116	21	15	81	58	79	18
29/08/1992	118	0	0	0	—	—	—
09/07/1993	118	13	8	56	62	81	17
07/06/1993	120	0	0	13	—	100	0
19/06/1992	120	27	9	84	75	76	23
09/08/1993	120	19	5	25	79	57	39
20/06/1995	120	28	8	0	78	0	78
15/07/1995	120	6	8	14	43	70	21
10/08/1992	123	0	0	69	—	100	0
30/06/1993	123	26	7	36	79	58	38
08/06/1992	126	0	0	0	—	—	—
11/08/1992	126	0	0	2	—	100	0
20/08/1992	126	3	1	20	75	87	13
09/08/1995a	141	6	4	39	60	87	12
09/08/1995b	144	11	1	18	92	62	37
总体		789	221	1749	78	69	29

从表中看出,在不同的风暴日,算法的准确性有很大的变化。对无效的个例(即没有强冰雹报告的日

子),最好的可能结果是 0 错误警报(如 1992 年 6 月 8 日),但在某些个例(如 1992 年 8 月 10 日)中,冰雹探测算法产生了许多错误警报。在有强冰雹报告的个例中,HDA 有从 3%(1993 年 6 月 8 日)到 78%(1995 年 6 月 20 日)的 CSI 值。除 2 天外,HDA 的 POD 都大于 50%。相反,FAR 值是从 0%(1995 年 6 月 20 日)到 100%。为什么会造成这样不同的结果,原因还不清楚。比较表 5.5 与表 5.2 的总的检验结果,发现 POD 和 FAR 是增加的,CSI 是减小的。

为评估强降雹概率(POSH),再次使用可靠性图表。图 5.19 显示了 31 个风暴日的可靠性。尽管图 5.17 中只显示出轻微的过高预报偏差(对中等范围的概率),但图 5.19 却显示出对由 31 个风暴日组成独立的数据集有显著的过高预报偏差。但这种过高预报偏差对不同地区有显著变化(图略)。在南部平原,几乎没有偏差,有十分好的校准性。在美国北部,对 20%~60% 的概率有较大的过高预报偏差,对 80% 的概率,仍有很好的校准性。但是,对 FL(佛罗里达)和 MR 地区,存在大的过高预报偏差。对这两个地区的数据集,建立的初始概率函数的标定很差,建议对不同区域定义相应的 POSH 参数。对人口密度较大的两个威斯康星州的个例的分析表明,相应的虚警率相对较小而 CSI 相对较高,说明人口密集区任何冰雹事件都会有目击者,进而减小了虚警率。对一些很大虚警率的例子有可能真实的虚警率没有那样高,而是由于冰雹事件没有目击者造成虚警率偏高。

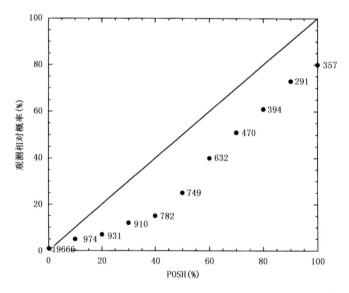

图 5.19　31 个风暴日的强冰雹概率可靠性(图中数字表示对 POSH 值的预报数目,对角线代表完美的可靠性)

3)最大冰雹尺寸

用上述 31 个风暴日的冰雹报告再加上一些补充的报告(共 314 个冰雹报告)对将 SHI 作为冰雹尺寸的预报因子进行独立评估。SHI 与报告中冰雹尺寸的点聚图如图 5.20 所示。图 5.20 与图 5.18 相比,对 >33 mm 的冰雹尺寸,SHI 的平均值有显著下降,这导致超过 MEHS 模型曲线的观测尺寸有较小的百分率(表 5.6)。此外,观测在垂直方向上重叠的增加降低了 SHI 作为冰雹尺寸预报因子的识别能力。

表 5.6　31 个风暴日的冰雹尺寸观测与模式预报尺寸的比较

冰雹尺寸 (mm)	观测数目	观测尺寸小于模式预报的百分比 (%)	平均 SHI [J/(m·s)]
19~33	185	82	288
33~60	90	54	445
>60	39	8	609
总体	314	65	373

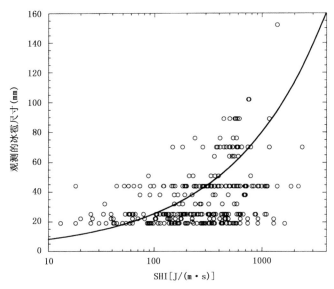

图 5.20　SHI 与观测的冰雹尺寸的点聚图(31 个风暴日,314 个冰雹报告)

5.1.3.3　冰雹探测算法的改进

上述冰雹探测算法在中国应用的主要问题是虚警率偏高,尤其在夏季。图 5.19 展现的对强冰雹概率进而对预期最大冰雹直径的过高估计在中国普遍存在。就目前业务应用而言,只能将冰雹指数作为一个提醒,冰雹预警主要还是要根据预报员主观判断,从环境背景和雷达回波特征两个方面进行综合分析。要切实有效改善上述冰雹探测算法在中国的应用效果,需要做以下几点工作:

1)建立一个完整的冰雹-雷达回波数据集。可以首先从人口比较稠密的华东、华北、中南和华南地区开始,对于每一个可能产生冰雹的雷暴(无论大小,包括边际降雹可能性的雷暴)进行追踪,记录其一路的降雹地点和冰雹尺寸;对于每个大区,这样的完整过程记录至少要 20 个以上。

2)可以仿照上面描述的过程对数据进行拟合,也可以对比如 SHI 的表达式(5-4)和警报阈值的表达式(5-5),对 POSH 的表达式(5-6)和 MEHS 的表达式(5-7)的拟合关系进行订正。

3)更加充分地考虑环境条件如 CAPE 和 0~6 km 垂直风切变的影响,以及中气旋的存在对冰雹大小的影响。

其中第一项工作是最基本的也是最迫切的。

此外,浙江杭州和福建厦门安装运行了具有双线偏振功能的 C 波段和 S 波段多普勒天气雷达(CA-POL 和 SA-POL);广东省气象局计划将广东的 10 部 SA 型多普勒天气雷达全部升级为具有双线偏振功能,目前已经有 8 部 SA 雷达完成升级;上海市气象局 1998 年安装运行的美国原装进口 WSR-88D 多普勒天气雷达已于 2015 年完成了双线偏振功能升级。海南、福建、江苏、浙江、安徽、山东、辽宁和河南等省气象局的部分 SA 雷达也完成了双线偏振功能升级。未来几年内,将有更多的中国新一代天气雷达完成双线偏振功能升级,总数将达到 107 部,除了 SA 型雷达,还包括 SB、SC、CA 和 CB 型新一代天气雷达。在第 1 章的 1.2.5 节,对双线偏振多普勒天气雷达做过简要介绍,增加双线偏振功能主要有两个目的:1)增加冰雹识别的准确性;2)改进降水估测。在下面的小节,将简要介绍增加了双线偏振功能的多普勒天气雷达在冰雹识别方面的可能改善。

5.1.4　冰雹的双线偏振天气雷达识别

5.1.4.1　理想情况下理论计算结果

与普通多普勒天气雷达只发射和接受水平偏振波不同,双线偏振雷达可同时发射和接受水平及垂直偏振波。除了普通多普勒天气雷达提供的反射率因子、平均径向速度和谱宽外,双线偏振多普勒天气雷达增加了3个新的基数据:微差反射率因子(Z_{DR})、比微差相移(K_{DP})以及相关系数,具体定义见1.2.5节。大冰雹的反射率因子都比较大,而大冰雹的其他3个双线偏振参量,在伴随很少降水的干冰雹和伴随较强降水的湿冰雹(此时冰雹外层为液态水膜所包裹)两种情况下差异较大。

图5.21给出了干冰雹和湿冰雹情况下假定每立方米空间只包含一个冰雹时,微差反射率因子随冰雹直径变化的理论计算结果。冰雹在下落过程中不断翻滚,简单推理判定其Z_{DR}值应该0值附近,这个判断基本正确,只是细节情况还是比较复杂的。首先查看干冰雹(图5.21a):1)对于S波段雷达,直到冰雹直径到5 cm,Z_{DR}值基本上在0值附近,取很小的正值,不超过0.5 dB;当冰雹直径大于5 cm时,Z_{DR}值下降并出现波动,在冰雹直径为7.8 cm处达到第一个极小值-1.5 dB,在冰雹直径为10 cm处达到第二个极小值-1.8 dB;2)对于C波段和X波段雷达,在冰雹直径不超过2.5 cm时,C波段的Z_{DR}值在0值附近,小于0.5 dB;在冰雹直径不超过1.5 cm时,X波段的Z_{DR}值在0值附近,小于0.5 dB;超过上述区间,随着冰雹直径增大,C波段和X波段的Z_{DR}值都出现了明显的波动,总体趋势是下降,波动范围位于-3~1 dB之间。在实际例子中,不可能是均一尺寸冰雹,各种尺寸冰雹混合在一起,大的干冰雹的Z_{DR}值多数情况下位于-2~0.5 dB之间。再来看湿冰雹(图5.21b):1)S波段、C波段和X波段雷达Z_{DR}值在冰雹直径0~10 cm范围内都有剧烈波动,其中S波段的略微和缓一些,在冰雹直径不超过1 cm时,三个波段都出现了Z_{DR}大于4 dB极大值,说明在对流系统内含有大量直径在0.5~1.0 cm的湿的小冰雹时,可能出现很大的Z_{DR}值;2)冰雹直径在1~10 cm区间,上述三个波段Z_{DR}值波动很大,但大部分位于-2.0~2.0之间。作为对比,图5.22给出了雨滴的Z_{DR}值随雨滴直径变化的理论计算结果。不同温度情况下,S波段雷达对应的Z_{DR}值变化趋势几乎不随温度变化,雨滴直径越大,雨滴水平尺度和垂直尺度之比越大,Z_{DR}值越大。C波段Z_{DR}随雨滴直径变化趋势随温度变化较大,在6 mm附近的Z_{DR}峰值随着温度升高而增大。在每立方米只包含一个雨滴假定下,对于S波段雷达,雨滴直径分别为2 mm、4 mm和6 mm时,对应的Z_{DR}值分别为0.5 dB、2.1 dB和3.8 dB。实际情况往往是各种尺寸雨滴的组合,而且也不止每立方米一个雨滴,因此图5.22仅仅是一个参考。

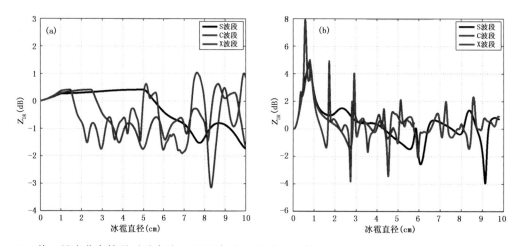

图5.21　均一尺度分布情况下干冰雹(a)和湿冰雹(b)的微差反射率因子(Z_{DR})随冰雹直径的变化。黑色、蓝色和红色分别代表S波段、C波段和X波段雷达的情况,假定每立方米空间只有一粒冰雹(Lemon提供)

在干冰雹情况下,比微差相移(K_{DP})基本都是0或负值,大的干冰雹微差相移往往波动很大以至于不能获得符合质量控制要求的K_{DP}值,出现缺值,在K_{DP}图上用空白表示。图5.23给出了湿冰雹的K_{DP}值随着冰雹直径的变化,假定每立方米只包含一粒冰雹。从图中可以看到,对于S波段雷达,当冰雹直径位于0.8~2.5 cm,3.5 cm附近,6 cm附近和8.2 cm附近时,K_{DP}都具有很明显的正值。对于C波段和X波段雷达,K_{DP}基本上都是负值(只是在冰雹直径1 cm左右处出现局部正值),并且负值的绝对值随着冰雹直径增加而增加。作为对比,图5.24给出了不同尺寸雨滴在不同温度下的K_{DP}值随着雨滴直径的变化。从图中可见,S波段雷达K_{DP}随雨滴直径变化趋势基本上不随温度的变化而变化,在雨滴直径小于

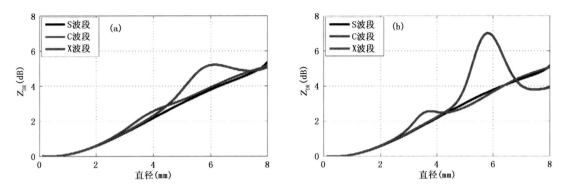

图 5.22 均一尺度分布 0℃(a)和 20℃(b)情况下雨滴的微差反射率因子(Z_{DR})随雨滴直径的变化(黑色、蓝色和红色分别代表 S 波段、C 波段和 X 波段雷达的情况,假定每立方米空间只有一滴雨滴)(Lemon 提供)

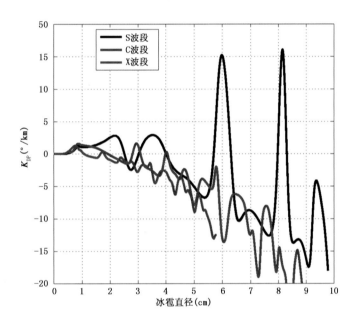

图 5.23 均一尺度分布情况下比微差相移(K_{DP})随湿冰雹直径的变化(黑色、蓝色和红色分别代表 S 波段、C 波段和 X 波段雷达的情况,假定每立方米空间只有一粒冰雹)(Lemon 提供)

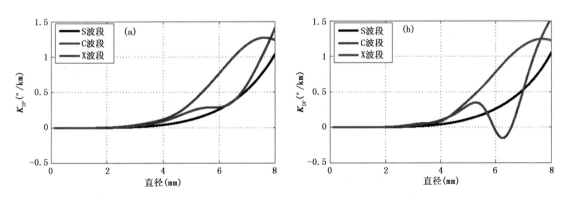

图 5.24 均一尺度分布 0℃(a)和 20℃(b)情况下雨滴的比微差相移(K_{DP})随雨滴直径的变化(黑色、蓝色和红色分别代表 S 波段、C 波段和 X 波段雷达的情况,假定每立方米空间只有一滴雨滴)(Lemon 提供)

4 mm 时,K_{DP} 几乎都是 0,只有当雨滴直径大于 4 mm,K_{DP} 随着雨滴直径增加而明显增加,雨滴直径 6 mm 时,K_{DP} 大约为 0.3°/km,雨滴直径 8 mm 时,KDP 值约为 1.0°/km,说明只有大雨滴也会产生较大的 K_{DP} 值。实际情况下,每立方米体积中应该包含不同尺寸的雨滴,而且也不会就是一个,理论计算结果只能作为参考。

相关系数与取样体积中降水粒子的均质性密切相关,均质性越好,相关系数越大。如果取样体积内只包含雪或者雨,则相关系数接近于 1;如果取样体积内既包含雨滴又包含冰雹,则相关系数会明显降低,对于 S 波段雷达来说常常不到 0.95(对于 C 波段或 X 波段雷达,取样体积内雨滴和冰雹混合会导致更低的相关系数)。因此对于相关系数而言,从理论上讨论每立方米含有一粒同样大小冰雹或雨滴时的相关系数没有意义,因为其值为 1;而实际情况主要有两种:1)取样体积内只含有雨滴,此时相关系数接近于 1;2)取样体积内包括雨滴和冰雹,此时相关系数明显小于 1。

5.1.4.2　双线偏振雷达冰雹识别的实际例子

在这一小节中,给出 3 个利用反射率因子和其他偏振参数进行冰雹识别的实际例子。一般大冰雹的特征是反射率因子较大,对于干冰雹 Z_{DR} 在 $-2.0\sim1.0$ dB 之间,相关系数相对较小,在 S 波段雷达情况下常常低于 0.90,K_{DP} 常常出现缺值;对于湿冰雹 Z_{DR} 在 $1.0\sim5.0$ dB 之间,相关系数在 $0.90\sim0.96$ 之间,K_{DP} 值有时可以很大;以上规则已经考虑了上述 4 个主要参数的测量误差,假定误差位于合理范围之内。特别需要指出,上述规则也只是在一定范围内是正确的,存在不少例外。至于在多大程度上上述判据正确,例外究竟有多大比例,目前并不清楚。第一个例子中(图 5.25),白色闭合曲线圈起来的部分反射率因子达到 68 dBZ,微差反射率因子(Z_{DR})在 $0.5\sim1.0$ dB 之间,相关系数在 0.85 左右,而比微差相移(K_{DP})是缺值(图上是空

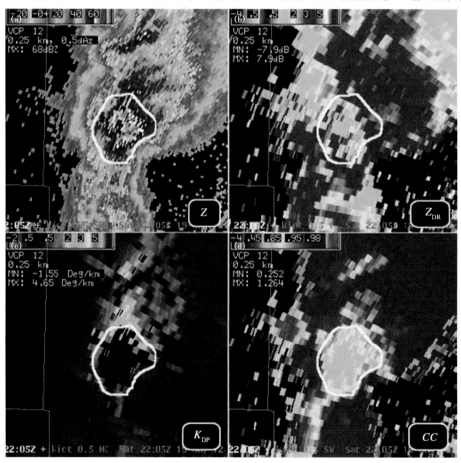

图 5.25　2012 年 5 月 19 日 22:05 UTC 美国 KICT 站新一代天气雷达 0.5°仰角反射率因子(a)、微差反射率因子(b)、比微差相移(c)和相关系数(d)(Lemon 提供)

白），可以判定是大冰雹区域，大的干冰雹可能性较大，而且伴随的降水不强。第二例子是一个经典超级单体（图 5.26），在白色椭圆所包围的区域内，反射率因子高达 71 dBZ，微差反射率因子（Z_{DR}）在 1.0～2.0 dB 之间，相关系数在 0.93～0.96 之间，很显然是湿冰雹，特别是对应最强回波的部分的比微差相移的值异常的大，在 10°/km 左右。注意图 5.23 中，对于 S 波段雷达，对应明显 K_{DP} 正值的冰雹直径最大区间位于 0.8～2.3 cm，因此推断白色椭圆中心区应该是大量密集的直径在 0.8～2.3 cm 的湿冰雹，并且伴随强降雨。如果没有双偏振雷达的相应偏振参数，仅仅根据 70 dBZ 以上的强回波，第二个例子很大可能判断白色椭圆中心区主要是 3 cm 甚至更大直径以上的大冰雹。第三个例子来自中国气象局第一部业务运行的位于福建厦门的 S 波段具有双线偏振功能的多普勒天气雷达 SA-POL（图 5.27）。图 5.27 所示是 2017 年 4 月 19 日 12：59一次雹暴的 14°仰角的反射率因子、微差反射率因子、比微差相移和相关系数（林文等，2019）。反射率因子中心区回波强度在 65 dBZ 以上，存在明显的三体散射和旁瓣回波，对于 65 dBZ 以上反射率因子核心区，相应的 Z_{DR} 值在 −3.0～0.5 dB 之间（Z_{DR} 的负值绝对值偏大，厦门雷达 Z_{DR} 定标可能存在一定问题），K_{DP} 为缺值（空白），相关系数在 0.80～0.96 之间，可以判定上述反射率因子核心区为干的大冰雹。其实，仅仅从反射率因子图上的 65 dBZ 以上核心区，特别是三体散射特征就可以判定该区域为大冰雹，只是无法确定是湿冰雹还是干冰雹，双线偏振参量的加入可以进一步判定其为干的大冰雹区域。

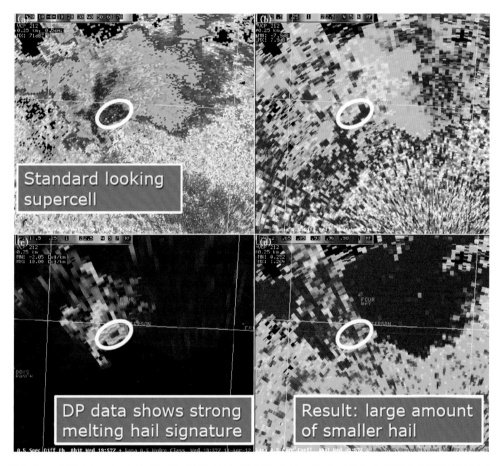

图 5.26　2012 年 4 月 11 日 22：05 UTC 美国 KAMA 站新一代天气雷达 0.5°仰角反射率因子（a）、
微差反射率因子（b）、比微差相移（c）和相关系数（d）（Lemon 提供）

从以上例子可以看出，增加了双线偏振功能的新一代天气雷达的确能够更准确地识别冰雹，但同时需要指出，冰雹识别的不确定程度依然很大（Picca and Ryzhkov，2012）。

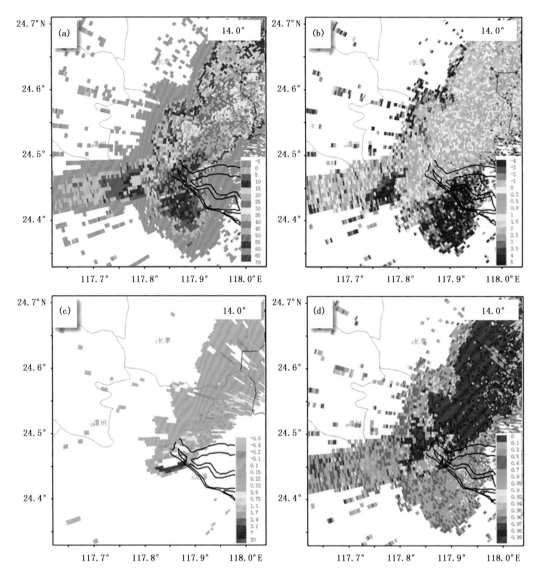

图 5.27　2017 年 4 月 19 日 12:59 BST 厦门 SA-POL 新一代天气雷达 14.0°仰角反射率因子(a)、微差反射率
因子(b)、比微差相移(c)和相关系数 (d),引自林文等(2019)

5.1.5　冰雹增长理论

冰雹增长有两个步骤,首先是形成雹胚,一般尺寸在 5 mm 左右,通常由霰或冻结的雨滴构成,然后再通过雹胚与过冷水滴(包括过冷云滴和小雨滴)碰冻增长为冰雹。冰雹生长的三个基本要素:1)雹胚;2)足够强且持续的上升气流使得冰雹在过冷水区停留足够长时间;3)足够高的过冷水含量使得冰雹生长速度足够快。冰雹的尺寸取决于过冷水含量和雹胚在较高过冷水含量区停留的时间。停留时间又取决于冰雹粒子下落末速度和风暴内上升气流强度。为了使得雹胚能够悬在空中,风暴内上升气流与冰雹下落末速度需要大致相当。若上升气流很强而冰雹粒子下落末速度不大(粒子小则下落末速度小),则冰雹粒子快速上升并被气流带到云砧区而无法在较高浓度过冷水区停留足够长时间。5 mm 直径雹胚的下落末速度约 10 m/s,直径 8 cm 以上的冰雹的下落末速度可达 50 m/s,对于直径 1~2 cm 的冰雹,至少需要 15 m/s 以上的强上升气流才能使得冰雹粒子在空中停留足够长时间。

5.1.5.1　干增长与湿增长

雹胚形成后继续长成冰雹的过程中,雹块的主要增长方式是碰冻云中过冷水滴(主要是小雨滴和云滴),还可能在雹块表面有水膜的状态下捕获一些冰晶或冰粒子。由于过冷水滴冻结而释放潜热加热雹块,使得冰雹的增长又分为干增长和湿增长,这表现在冰雹透明和不透明的分层增长。干增长过程中,过冷水含量小于临界值,雹块捕获的过冷水全部立刻被冻结,冰雹表面没有水膜,其密度相对较低(0.7 g/cm³),不透明,主要由霰胚增长而成,环境过冷水含量相对低,增长率相对小。湿增长出现在过冷水含量大于临界值情况下,当较高混合比的过冷水滴与雹胚碰冻时,冻结潜热仅依靠蒸发不能很快输送到环境中去,过冷水滴在冻结前,先在表面铺散开来,形成一个连续水膜,使冰雹表面在略湿的情况下温度正好维持 0℃。此时,冻结过程进行很慢,形成的气泡很少,成为很清澈的冰,密度接近 0.9 g/cm³。过冷水滴以高速碰到较冷的冰雹表面上,并在冻结前铺散开来,就能形成密度接近 0.9 g/cm³ 的结实冰。这种结实冰,多数情况下是透明的,但也有可能是不透明的。Mackin(1977)给出了上述过冷水含量的临界值(阈值):−20℃ 环境下过冷水含量 4 g/m³ 以上,−10℃ 环境下过冷水含量 2 g/m³ 以上。湿增长过程中冰雹增长率大,雹块表面多余的水可以被气流吹离,以雨滴的方式剥落,也可以被雹块中的空隙吸纳,由于表面湿的冰雹之间碰并过程中有空隙形成,碰并过冷水后不直接冻结或脱落,而是流入冰雹空隙中后冻结,常被称为海绵增长。自然形成的大冰雹中海绵增长过程并不多见,原因是冰雹的翻滚运动使得其表面的液态水脱落。

之所以在远低于 0℃ 的环境下仍然存在液态云滴和小雨滴,是由于其表面张力一定程度上抵消了使其冻结的力量,使其在 0℃ 以下环境下仍然保持液态。在 −30～−10℃ 环境下(一般厚度 3 km 左右),存在大量过冷水滴,−30～−10℃ 也是冰雹从雹胚增长为冰雹的主要温度区间。过冷水滴处于不稳定平衡,一旦与雹胚碰撞,很快会在雹胚上冻结。如果过冷水含量高达 5g/m³,则冰雹能在 10 分钟内由 5 mm 增长至 3 cm 的大冰雹,若过冷水含量减半,则增长时间延长至 20 分钟。到达地面的冰雹尺寸还需要考虑冰雹下降过程中的融化、升华。

冰雹增长过程是复杂多样的,涉及云微物理过程与风暴动力过程相互作用。围绕冰雹粒子运行轨迹和最佳冰雹增长区提出了不少冰雹增长的假说,下面简要介绍两种基本对立的冰雹增长理论,包括冰雹循环增长假说和冰雹一次性长成理论。

5.1.5.2　冰雹循环增长假说

冰雹循环增长假说在 20 世纪 60—70 年代是非常流行和被广泛接受的冰雹增长理论(Browning and Ludlam,1962;Mason,1971;盛裴轩等,2003)。

雹胚在过冷水区存在足够长时间是冰雹增长的必要条件。冰雹停留时间取决于风暴上升气流和冰雹粒子下落末速度,当冰雹下落末速度与上升气流强度相当时,冰雹粒子准静止在某一高度,有利于其增长。强上升气流中的冰雹粒子被气流带到云砧中而没有机会继续长大,不在强上升气流区中的冰雹粒子将落到地面而没有机会继续增长,强上升气流区边缘的雹胚长成大冰雹的概率大,雹胚在下落过程中进入到风暴入流中,被倾斜上升气流带入强上升气流区中增长。如果增长的冰雹粒子在随高层辐散气流被带离上升气流核后在强上升气流区边缘入流一侧再次下落,则有可能被二次带入上升气流核中增长,这个过程有可能重复多次。

如图 5.28 所示,大的雹胚沿斜升气流上升,增长到上升气流托不住时落下,并重新进入上升气流区增长,如图中的轨迹线 B 和 C。在较高部位,由于过冷水滴含量较低,雹块捕获的过冷水滴可迅速冻结(干增长)形成相对低密度的多气泡不透明层,再次进入过冷水滴含量较大区域时,雹块捕获的过冷水滴冻结较慢(湿增长),先有液态水在冰雹表面铺开形成水膜后再冻结,形成结实的高密度透明层(有时也会形成结实的高密度不透明层)。如此循环几次,长成透明和不透明相间的多层冰雹结构。较大的冰雹在紧邻上升气流区的后方落下(轨迹线 C),另一些雹胚在生长条件较差的区域只能长成中等尺寸或小尺寸冰雹,降落在距离上升气流较远的地方(轨迹线 B)。有的雹胚在上升气流区中停留时间太短,随着上升气流进入云砧,落出云外融化、蒸发,到达地面成为降雨(轨迹线 A)。

5.1.5.3　冰雹一次性长成理论

20 世纪 80 年代及以后,随着利用双多普勒雷达反演风场技术的成熟和高分辨率三维云模式的采

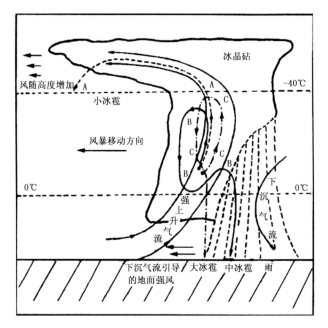

图 5.28　冰雹循环增长示意图(引自 Mason,1971;盛裴轩等,2003)

用,可以根据双多普勒雷达反演风场和简单的冰雹模式计算冰雹增长的轨迹。无论是对超级单体风暴还是多单体强风暴中冰雹增长轨迹的分析,学者们(Heymsfield et al,1980;Miller and Fankhauser,1983;Nelson,1983,1987;Ziegler et al,1983;Miller et al,1988,1990;Conway and Zrnic,1993;Knight and Knight,2001;Kennedy and Detwiler,2003;Dennis and Kumjian,2017)都得到了大致相同的结论。1)从雹胚到冰雹的增长过程,绝大部分雹胚是一次性通过上升气流区,经历一次上升—下沉过程中形成的,循环增长过程的确存在,但是出现的概率很低。2)有部分学者的分析结果表明,部分雹胚(不是冰雹)在形成过程中可能经历过一定程度的循环增长,但一旦雹胚形成,则一次性经过上升气流区长成冰雹(Knight and Knight,2001);不过,冰雹增长过程中分为雹胚形成和冰雹增长两个阶段在相当程度上属于人为的划分,自然的冰雹形成过程是一个包括雹胚形成在内的完整过程,因此上述分析结果在某种意义上可以被解释为在冰雹增长的早期阶段,即从直径 2 mm 左右到直径 5~6 mm 左右,部分小冰粒可能经历了循环增长。3)冰雹的干增长和湿增长是雹胚在一次性经过上升气流区的上升—下沉过程中遇到不同浓度过冷水含量区域所导致的。4)冰雹的增长轨迹很复杂,概念模型仅仅具有示意性,每个不同的超级单体和多单体强风暴中的冰雹增长轨迹,除了绝大多数一次通过上升气流区长成冰雹落地这一点是相同的外,其他方面差异很大。5)有部分个例研究(Knight and Knight,2001)表明,大多数冰雹的增长限制在一个很窄的温度范围,大致上在−10~−25℃,对应大约 2.5 km 的厚度范围。6)初始雹胚的源地位于雹暴主要上升气流区的上风向,其位置可以紧挨着主上升气流区,也可以在主上升气流区上风向 10~20 km处;次级雹胚的源地在冰雹融化层之上经历了湿增长的冰雹上多余雨液态水的(Conway and Zrnic,1993;Knight and Knight,2001)泄离(shedding)区,这些泄离的液态小水滴遇到冰晶或雪花碰冻形成雹胚。上述要点中最重要的一点是,绝大多数情况下从已经形成的雹胚增长为冰雹是一次性长成已经不是一个假说,而是基本上被证实的事实,获得业界的广泛认可。涉及雹胚的来源,还有很多细节不清楚,仍是研究的课题。

　　Conway and Zrnic(1993)根据 20 世纪 80—90 年代一些学者关于超级单体雹暴中冰雹轨迹的分析结果,将复杂多变的冰雹轨迹分为三类,绘制了概念模型,如图 5.29 所示。轨迹 A 代表循环增长,只有很少一部分学者的分析表明在超级单体内众多冰雹增长轨迹中这种循环增长轨迹仍然存在,只占次要地位,更多学者的分析结果表明不存在轨迹 A 这种冰雹增长方式。轨迹 B 代表在上升气流西南边缘的冰雹增长,位于反气旋的气流内(Miller et al,1990;Bluestein and Wooddall,1990)。这条轨迹导致大量的较小尺寸冰雹落在主上升气流核的北边。最重要的轨迹 C 穿过位于对流层中层的主上升气流的中心,那里过冷水浓度可高达 3～4 g/m³,云中温度在 -15～-20℃ 之间,被称为冰雹的"主增长区"(Ziegler et al,1983)。这条代表性的冰雹轨迹 C,产生最大尺寸冰雹,位于超级单体中气旋中心附近,那里水平位移最小,在强上升气流中的停留时间增加(Miller et al,1990),同时冰雹下落末速度与这里的上升气流速度相匹配,对冰雹增长最为有利。这条轨迹导致较低数密度的较大冰雹,落在主上升气流区后部。

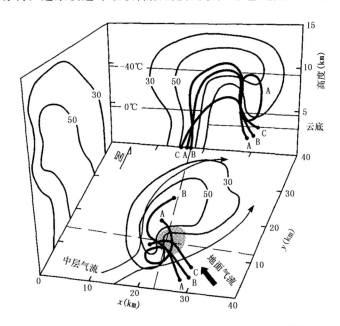

图 5.29　超级单体风暴中冰雹轨迹的概念模型。反射率因子等值线的单位是 dBZ。箭头代表风暴相对中层气流
(3～6 km),粗箭头代表地面附近气流。阴影区为主上升气流核心。路径 A 代表了在所有冰雹增长路径中比较次要的
循环增长,路径 B 代表了在反气旋气流内的冰雹增长路径,路径 C 代表形成最大冰雹的路径
(引自 Conway and Zrnic,1993)

5.1.6　强冰雹个例分析

5.1.6.1　2006 年 4 月 9 日夜间湖南永州强烈冰雹

2006 年 4 月 9 日晚至 10 日凌晨,湖南南部永州一带出现强冰雹、下击暴流和龙卷天气。永州市零陵区石岩头镇出现了一次强冰雹天气过程。35 个行政村中有 20 个行政村共 3058 户、14261 人受灾,受损房屋 2572 座,倒塌房屋 5 座;电力设施全部中断,有线电视、通信等基础设施均不同程度受损;受损秧苗 1042 亩,受损率达 80%。从实地灾情调查情况看,该镇洞口庙、杏木元两村所有瓦房无一片完整瓦片,一位 70 多岁的老人说他出生以来还没见过这么厉害的冰雹天气。据当地一位细心的群众反映,冰雹从 23 时 19 分(北京时,下同)开始,23 时 39 分结束,历时 20 分钟,他随手捡了一个大冰雹称了称,重 0.6 kg(假定冰雹为球形,密度为 0.9 g/cm³,可计算出该冰雹直径为 11 cm)。这次过程还波及到了石岩头镇邻近的水口山和珠山两镇。

(1)天气背景分析

这次雹暴过程是在对流层中层有低槽东移、低层有切变线和西南急流发展的形势背景下发生的。4 月 9 日 08 时 500 hPa 图上华中有一北支槽,云南有一南支槽(图略);20 时 500 hPa 天气图上北支槽东移到华东,南支槽东移到贵州境内,且有所加深(图 5.30a),永州市处于南支槽前的高空西南急流之下。08—20 时,由于槽后冷平流的作用,500 hPa 等压面上永州附近有明显的负变温。9 日 20 时 850 hPa 图上盐城—武汉—怀化—贵阳一线有一切变线,其东南侧的广西、广东、湖南南部、江西、福建和浙江一带有西南低空急流,其中广西到湖南南部的西南急流伴随暖平流(图 5.30b)。槽前正涡度平流和低层暖平流强迫的大尺度上升运动使得湖南南部大气层结变得越来越不稳定。地面存在准静止锋,20时锋面位于湖南中南部,呈西南西—东北东走向,位置在 850 hPa 切变线以南。随后发生的强对流区域位于 850 hPa 切变线和地面准静止锋以南的暖湿区。

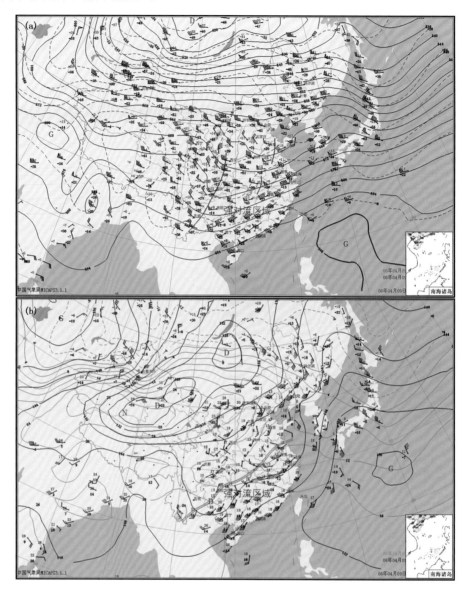

图 5.30 2006 年 4 月 9 日 20:00 500 hPa (a)和 850 hPa(b)天气图

图 5.31 为 2006 年 4 月 9 日 20 时位于湖南永州上游 150 多千米的广西桂林的探空曲线,对流有效位能为 1000 J/kg,0~6 km 风矢量差为 30 m/s,低层 0~3 km 风向有明显顺时针旋转,风暴相对螺旋度很大,达到 330 m²/s²,非常有利于超级单体形成。注意到 CAPE 值位于弱和中等之间,0~6 km 垂直风切变极强,每年 3 月下旬和 4 月上旬,江南和华南这种情况很常见,这一时期也属于江南、华南强对流多发季节的上半段(下半段是从 4 月中旬到 5 月上旬)。0℃层(海拔)高度为 4.6 km,对应冰雹融化层高度的湿球温度 0℃层(海拔)高度为 3.5 km,干球温度 0℃层附近的干空气层有效降低了融化层高度,大大减小了冰雹下落过程中可能的融化。这也是为什么多数强冰雹环境背景中在干球温度 0℃层附近都会有明显干层的缘故。−20℃(海拔)高度为 7.4 km,与 0℃层之间的高度差为 2.8 km,多数强冰雹过程的上述差值在 3.0 km 左右。从上述环境特征可以判断,这是非常有利于强冰雹产生的天气背景。此外,对流层中层存在明显干层也有利于雷暴大风形成(见 5.3 节);根据 4 月 9 日 21:30 BST 永州 SB 雷达 VWP

产品可以判断,低层垂直风切变较大($0\sim1$ km 风矢量差为 12 m/s),抬升凝结高度较低(700 m),有利于龙卷的形成(见 5.2 节);尽管湖南南部不属于龙卷高发区,龙卷发生频率在中国属于中等偏上(范雯杰和俞小鼎,2015),仍需要考虑龙卷发生的可能性。地面露点为 21℃,可降水量为 40 mm,低层西南暖湿急流明显,短时强降水的概率也很大(见 5.4 节)。

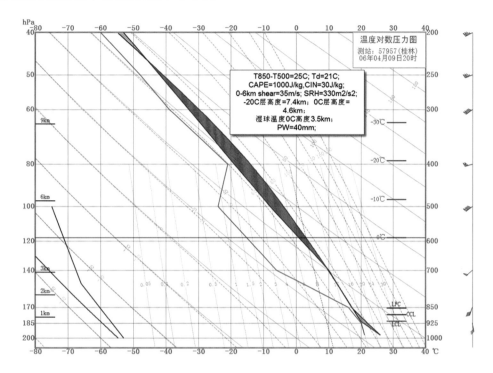

图 5.31　2006 年 4 月 9 日 20:00 桂林的探空曲线

(2)雷达回波分析

图 5.32 给出了永州 SB 雷达 2006 年 4 月 9 日 23:00BST 的组合反射率因子图,同时的红外云图放置在图的右下角。从中看出,有两排西南—东北走向的线状排列的线性多单体风暴,前面一排至少可以

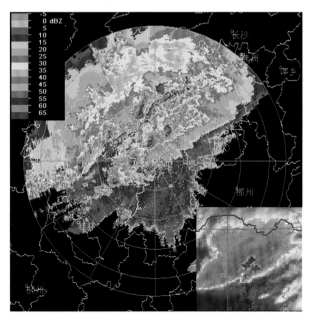

图 5.32　2006 年 4 月 9 日 23:00 湖南永州 SB 型新一代天气雷达组合反射率因子图,其右下角叠加同时的红外云图

分辨出 4 个相互分离的强单体。这 4 个强单体全部都是超级单体风暴,产生最强冰雹的是最靠南端的超级单体风暴。虽然 CAPE 值不是很大,但超级单体风暴一旦形成,中层(3～7 km)中气旋加强将导致该处气压降低,形成向上的扰动气压梯度力,这种动力过程导致的向上加速度使得雷暴内的上升气流速度大大高于仅仅由 CAPE 能量转换而来的上升气流(见 3.5 节),因而可以提供大冰雹形成所需要的强烈上升气流。较低 CAPE 和强 0～6 km 垂直风切变配置形成超级单体强烈雹暴的情况在春天比较常见,有时也出现在秋天。此次过程落地的冰雹最大直径为 11 cm,至少需要 60 m/s 或更强的上升气流速度才能将其托住,仅仅靠 1000 J/kg 的 CAPE 值是远远不够的。

图 5.33 给出了 9 日 23 时 16 分永州 SB 型天气雷达 1.5°、4.3°、6.0°仰角反射率因子以及 4.3°仰角径向速度图。首先看 1.5°仰角反射率因子图,其中心高度在 2 km 左右,可以清晰看到低层来自南方的暖湿气流的入流缺口以及其左侧的钩状回波,该钩状回波不算典型,但可分辨,最大反射率因子在 65 dBZ 以上。4.3°仰角径向速度图上出现明显速度模糊,主观退模糊后可以分辨出一个非常明显的中气旋,一侧速度极值是 3 m/s 向着雷达的径向速度(−3 m/s),另一侧速度极值是 54 m/s 的向着雷达的速度(−54 m/s),是一个旋转速度达 26 m/s 的强中气旋,中气旋直径约 9.2 km,中心高度 4.5 km,根据旋转速度和中气旋直径,假定中气旋结构为轴对称的,可以计算相应的垂直涡度约为 $1.1 \times 10^{-2}\,\mathrm{s}^{-1}$,即 1.1 个中气旋单位。由于风暴本身以很快的速度向着雷达方向运动,因此中气旋结构严重不对称。接下来检验 4.3°和 6.0°仰角反射率因子,其中心高度分别为 4.5 km 和 6.2 km,最明显的特征是有界弱回波区(BWER),4.3°仰角上其尺度有 4～5 km,到 6.0°仰角上其尺度明显缩小,大约 2～3 km,周边回波更强,最大反射率因子都超过 65 dBZ;另一个明显特征是,三体散射长钉在这两个仰角都很明显,尤其是 6.0°仰角的三体

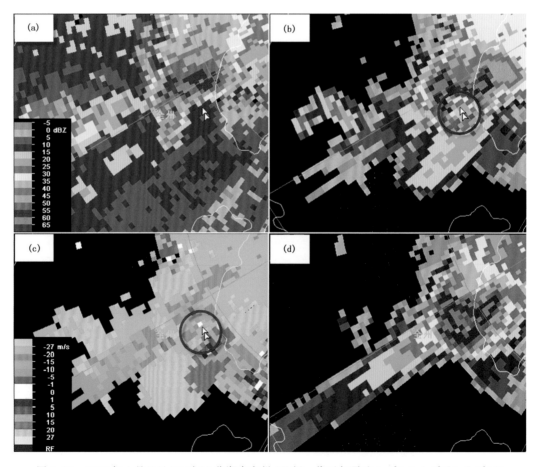

图 5.33 2006 年 4 月 9 日 23 时 16 分湖南永州 SB 新一代天气雷达 1.5°(a)、4.3°(b)、6.0°(d)
仰角反射率因子以及 4.3°(c)仰角径向速度图。蓝色圆圈为 4.3°仰角上的中气旋

散射长钉长达 60 km 以上，是迄今为止在中国观测到的最长的三体散射长钉。上述有界弱回波区(BW-ER)位置与中层中气旋位置大致重合，内部气流具有明显的气旋式涡度，同时也是最强上升气流区的位置，在 BWER 之上的反射率因子核心区(刚好位于 6.0°和 9.9°仰角之间，无法清楚呈现)是冰雹的适宜增长区域。这一时刻(23:16)9.9°仰角反射率因子图(图略)显示，60～65 dBZ 反射率因子扩展到 9.2 km 高度，远高于-20℃等温线对应的 7.4 km 高度；同时，该仰角上径向速度显示了一个明显的风暴顶辐散(图略)，辐散中心高度在 9 km 左右，正负速度对相距 6 km，速度差 26 m/s，对应散度值大致为 0.9×10^{-2} s^{-1}。这一时刻的 VIL 为 60～65 kg/m^2，在这个季节属于异常大值。图 5.34 给出了这一时刻反射率因子的三维立体结构，清楚地显示出向着东南方向的回波悬垂、回波悬垂之下的弱回波区(WER)以及位于回波悬垂上的空洞结构——有界弱回波区(BWER，过去曾经称为 vault，即穿隆)。

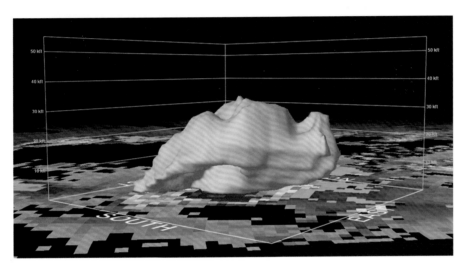

图 5.34　2006 年 4 月 9 日 23:16 湖南永州 SB 新一代天气雷达反射率因子回波结构
三维立体显示(黄色代表 45 dBZ 等值面)

综上所述，此次雹暴几乎具有大冰雹的所有天气雷达回波特征，包括高悬的强回波、中高层回波悬垂和中低层弱回波区(WER)，有界弱回波区(BWER)，超过 65 dBZ 的反射率因子，VIL 的异常高值，三体散射长钉(TBSS)以及风暴顶强烈辐散。

强烈冰雹对永州市零陵区石岩头镇的袭击在 2006 年 4 月 9 日 23:19 开始，23:39 结束，23:16 强冰雹应该已经开始，正在逼近石岩头镇。考虑到从打算发出预警至警报到用户手中按照目前业务流程至少需要 15 分钟，如果要等到 23:16 的体扫完成才考虑预警，那么预警到用户手里至少已经是 23:35，强冰雹对石岩头镇的袭击已经快结束了。选择 23:16 展示雹暴结构是因为该时刻超级单体雹暴最强盛，充分展现了所有大冰雹的雷达回波特征，但是预警不能等到那一时刻。比较有把握的预警在看到 22:58 的雷达反射率因子回波结构时就可以发布。图 5.35 呈现了这一时刻 4.3°仰角反射率因子，叠加了冰雹指数(HI)、风暴路径信息(STI)和风暴属性表。标注为 G0 的强单体预期的冰雹直径为 2 英寸，如果看风暴属性表，具体的预期最大冰雹直径为 44 mm，强冰雹概率为 100%，尽管该冰雹探测算法虚警率较高，考虑到环境条件非常有利于大冰雹，这一时期又是该地区冰雹多发季节，应该在此刻毫不犹豫地发布强冰雹预警。这样，警报到达用户手中时间大约在 23:15，属于有效预警。如果预报员经验更丰富一些，预警时间还可以提前 6 分钟左右。事实上，22:58 通过在 PUP 上改变仰角，很容易看到 55～60 dBZ 的强回波扩展到 8.5 km 高度，明显高于-20℃等温线对应的高度(7.4 km)，满足了强冰雹的第一个天气雷达回波特征判据：高悬的强回波。

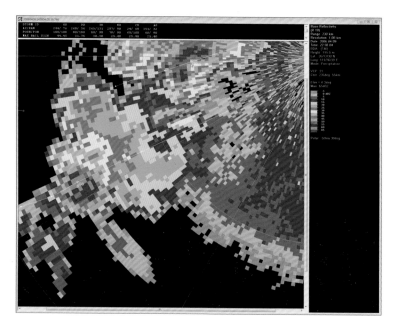

图 5.35　2006 年 4 月 9 日 22:58 湖南永州 SB 型新一代天气雷达 4.3°仰角反射率因子
叠加风暴路径信息、冰雹指数和风暴属性表

5.1.6.2　2007 年 8 月 6 日午后北京冰雹个例

2007 年 8 月 6 日下午北京北四环东部出现短时强降水，15—16 时一小时最大雨量为 57 mm，北四环东部一座立交桥下严重积水，导致交通严重拥堵。伴随短时强降水有稀疏的冰雹落下，目击者称最大冰雹尺寸与一元硬币大致相当，约为 2.5 cm(1 英寸)。一个不是很典型的超级单体风暴导致了上述短时强降水和伴随强降水的稀疏的边际尺度大冰雹（即刚刚超过强冰雹尺寸阈值的大冰雹），之所以选择此个例是因为当时的环境背景看上去对于超级单体和强冰雹的产生并不是很有利。

(1)环境背景

图 5.36 给出了 2007 年 8 月 6 日 08 时 500 hPa 天气图。一个短波槽位于北京以南，短波槽以北靠近北京西南部附近似乎存在一个气旋式涡旋中心。北京 54511 探空站位于该短波槽东北部，为 10 m/s 偏南风。500 hPa 北京地区上空存在正涡度平流，但低层没有明显暖平流配合，总体来说大尺度背景还是有利于局地对流发生的。

图 5.37 为 8 月 6 日 08 时北京探空，根据预报的午后地面气温(假定露点不变)订正后的 CAPE 值为 2200 J/kg(根据 14 时探空计算的值为 2300 J/kg)，0～6 km 风矢量差不到 10 m/s，可降水量 PW 值为 49 mm。可以大致推断午后可能出现局地对流，有可能会出现脉冲风暴，导致短时强降水(见 5.4 节)。再注意到在 600～500 hPa 区间存在一个干层，因此一旦出现脉冲风暴，还有可能产生下击暴流(见 5.3 节)。冰雹融化层高度(湿球温度 0℃层)为 4.0 km，处于适宜的融化层高度范围(3.0～4.0 km)的上限，同时深层垂直风切变较弱，又处于冰雹发生概率较低的时期，判断不会出现强冰雹，尽管不能排除小冰雹的可能性。

(2)雷达回波特征

大约 13:10，多单体风暴首先出现在北京北四环以外，然后缓慢向偏东方向移动。在 14:20 左右有中气旋产生(图 5.38)，演变为超级单体风暴。从图 5.38 看到，在 14:24 的径向速度图上中气旋清楚呈现，其中心距离地面 2.5 km，中气旋直径 3.5 km，旋转速度 15 m/s，相应的垂直涡度大约为 1.7×10^{-2} s^{-1}，相当于 1.7 个中气旋单位。4.3°仰角反射率因子图上可以看到，反射率因子核心超过 65 dBZ，满足强冰雹的预警指标之一。从图 5.39 可以看出，沿着雷达径向从反射率因子 65 dBZ 以上的核心区向外，存在明显的三体散射长钉，更进一步证实上述超级单体风暴内存在大冰雹。由于融化层相对较高，估计

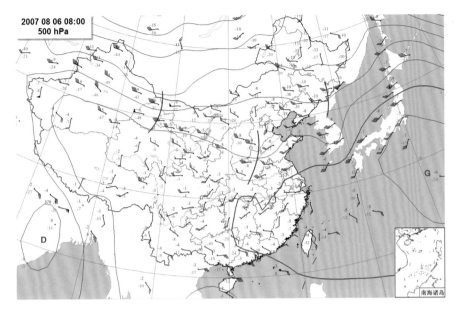

图 5.36　2007 年 8 月 6 日 08:00 500 hPa 天气图

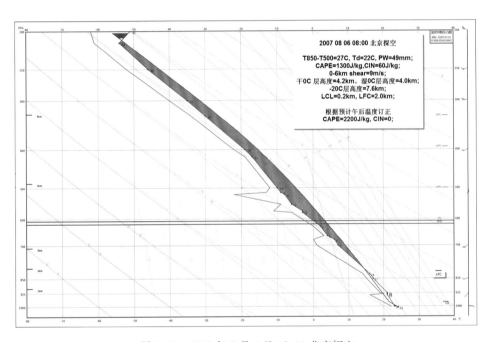

图 5.37　2007 年 8 月 6 日 08:00 北京探空

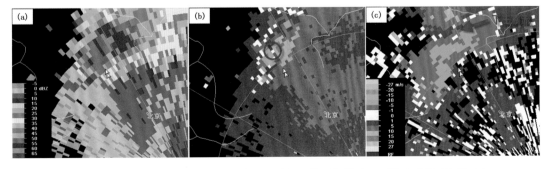

图 5.38　2007 年 8 月 6 日 14:24 北京 SA 型新一代天气雷达 4.3°仰角反射率因子(a)、
径向速度(b)以及 0.5°仰角径向速度图(c)(蓝色圆圈标识中气旋)

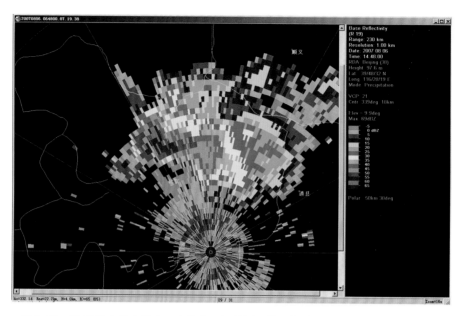

图 5.39　2007 年 8 月 6 日 14:48 北京 SA 型新一代天气雷达 9.9°仰角反射率因子图

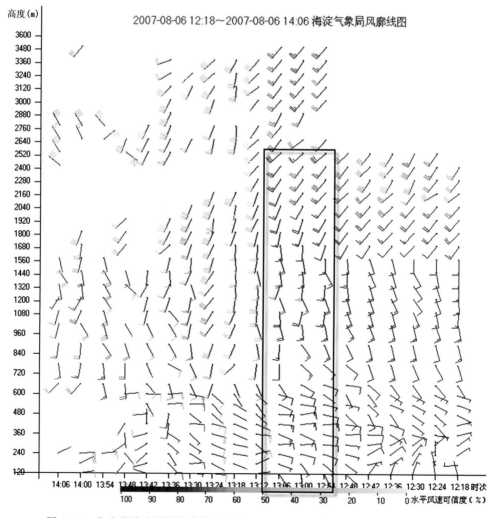

图 5.40　北京海淀边界层风廓线雷达从 12:18—14:06 每隔 6 分钟的垂直风廓线

尺度小一些的冰雹在降落到地面过程中都完全融化了,只有浓度相对稀疏的较大尺度冰雹可以在下落过程中幸存下来,因此并没有出现密集的冰雹,而是以短时强降水为主要的高影响天气。

这次超级单体强雹暴的出现是事先没有预料到的,因为 08:00 的环境背景条件并不有利于超级单体强雹暴的产生,但它为什么产生了呢?图 5.40 给出了北京海淀边界层风廓线雷达从 12:18—14:06 每隔 6 分钟的垂直风廓线。只考虑可信度比较高的资料(蓝色风矢),13:00 前后距离地面 100～200 m 处为 4 m/s 的偏东风,随着高度增加,风向随高度迅速顺时针旋转,风速明显增加,在距离地面 2.4 km 处为 12 m/s 的西南偏西风,在大约 2.3 km 垂直距离上的风矢量差为 15 m/s,形成很大的低层相对风暴螺旋度,因而有利于超级单体风暴形成。正如在第 2 章中所强调的,利用 0～6 km 风矢量差表示垂直风切变大小只是一种非常粗略的表达,需要仔细分析风廓线的细节,随着经验积累,要善于总结,最终提高判断力。

此次过程除了有短时强降水和稀疏的强冰雹,还有下击暴流发生。图 5.38b 为 14:24BST 北京 SA 雷达 0.5°仰角径向速度图,箭头所指处存在明显辐散,辐散中心距离地面 500 m 左右,判断正在发生下击暴流。

5.2　龙卷

龙卷是对流云产生的破坏力极大的小尺度灾害性天气,最强龙卷的地面极大阵风风速介于 125～140 m/s(450～500 km/h)之间(Davie-Jones et al,2001)。当有龙卷时,总有一条直径从几十米到几百米的漏斗状云柱从对流云云底盘旋而下(图 5.41),有的能伸达地面,在地面引起灾害性的旋转风,称为龙卷;有的未及地面或未在地面产生灾害性阵风,称为空中漏斗云;有的伸达水面,称为水龙卷。龙卷漏斗云可有不同形状,有的是标准的漏斗状,有的呈圆柱状或圆锥状的一条细长绳索,有的呈现为粗而不稳定且与地面接触的黑云团,有的呈多个漏斗状的。绝大多数龙卷都是气旋式旋转,只有极少数龙卷是反气旋式旋转。

图 5.41　正在发生的超级单体龙卷(Lemon 提供)

由于龙卷基本上不经过地面气象观测站,即便恰好经过测站,通常也会摧毁测站的观测仪器,因此无法用地面气象观测站所测极大风速代表龙卷强度。1971 年 Fujita 根据龙卷对地面建筑物(以民居为主)、树木、汽车等所造成的损害程度将龙卷强度分为 6 级,从 F0 到 F5 级,在全世界范围内被广泛接受。2007 年,美国国家气象局(NWS)对 Fujita 龙卷等级(Fujita Scale)进行了修订,采用美国常见的 28 种标志物(包括民居、家庭作坊、移动房屋、汽车、社区快餐店、木质电线杆、钢筋水泥电线杆、框架结构多层建筑以及不同粗细不同种类的树木等)受损情况确定龙卷强度等级,称为 EF 级(Enhanced Fujita Scale),即"改进的 Fujita 等级",同样是从 EF0 到 EF5 共 6 级,判据与原来 F 级有改变,变得更为详细和严谨。由于上述用来确定龙卷 EF 等级的 28 种标志物很多具有美国特点,例如其中最重要的标志物一层或两层民居在美国大部分为木结构,与中国民居的材质和结实程度完全不同。更重要的一点是,100 多年来美国民居的结构和结实程度基本没有变,各地区之间没有明显差异,而同时期中国民居的结构和结实程度却发生了巨大的改变,而且不同地区之间差异很大。其他标志物如木质电线杆中国已经基本上消失了,全部用水泥电线杆代替,而美国的水泥电线杆通常比中国的普通水泥电线杆要结实很多。只有树木,同样的硬木和/或软木,粗细大致相同,可以视为可比性较好的标志物,只是这种可比性较好的标志物并不多。因此,在给出 EF 级别确定标准时,为了适应中国情况,保留了原有确定 F 级别的一些判据,与新的 28 种标志物的判据适当结合,形成我国的关于龙卷强度 EF 级别的判据(表 5.6)。美国国家气象局在采用 EF 级标准后,历史上记录的 F 级也是自动过渡到 EF 级的同样级别(例如原来的 F0 级过渡到 EF0 级,F1 级过渡到 EF1 级等)。通常将 EF0 和 EF1 级龙卷(过去是 F0 和 F1 级)称为弱龙卷,将 EF2 或以上级龙卷(过去是 F2 或以上级)称为强龙卷(significant tornadoes)。需要指出,表 5.6 中确定的灾害等级不仅适用于龙卷,也同样适用于直线型对流大风或热带气旋导致的大风。

通常将龙卷分为两大类型(Johns and Doswell,1992;Davies-Jones et al,2001;Moller,2001):1)中气旋(mesocyclone)龙卷(超级单体龙卷);2)非中气旋龙卷(非超级单体龙卷)。中气旋龙卷也称为超级单体龙卷,龙卷产生在超级单体中气旋内部,大部分 EF2 或以上级龙卷是由超级单体风暴产生的;但在超级单体中气旋产生的所有龙卷中,EF1 和 EF0 级弱龙卷仍然占大多数。非中气旋龙卷也称为非超级单体龙卷,龙卷不是发生在中气旋内部,产生龙卷的深厚湿对流系统也不是超级单体。非中气旋龙卷可以进一步分为两类,第一类非中气旋龙卷出现在飑线或者弓形回波前部的 γ 中尺度涡旋内,该 γ 中尺度涡旋形成机制与超级单体中气旋完全不同,它可以孕育龙卷,也可以引发强的直线型雷暴大风(Trapp and Weisman,2003)。这类 γ 中尺度涡旋的大小与超级单体内的中气旋大致相当,在垂直伸展上通常比中气旋浅薄,中气旋探测算法常常将它们识别为中气旋。这种在位于飑线和/或弓形回波前部的 γ 中尺度涡旋内形成的龙卷通常比在超级单体中气旋中形成的龙卷要弱,但其中强的常常也可以达到 EF2 级,个别的甚至可以达到 EF3 级。第二类非中气旋或非超级单体龙卷通常出现在地面辐合切变线上,这类辐合切变线上产生的瞬变涡旋遇到积雨云或浓积云中上升气流垂直拉伸涡度加强而形成龙卷(Wakimoto and Wilson,1989)。这类龙卷通常较弱,绝大多数是 EF0 级的最弱龙卷,个别的可以达到 EF1 级。在美国发生的所有龙卷之中,至少三分之二以上属于 EF0 或 EF1 级的弱龙卷(Kelly et al,1978)。

表 5.6　根据新的 EF 级和原有 F 级中各等级龙卷灾情特征所归纳的确定 EF 等级的破坏现象

等级	风速范围 (m/s)	可能伴随的破坏现象描述
EF0	29～38	轻度破坏。破坏棚舍;板房、厂房的屋顶有所损坏;对电视天线和烟囱造成一些破坏,房屋顶层小部分表面被削去;加油站顶棚装饰带被卷走;刮断树木细枝,刮倒浅根树,可连根拔起软木(多为针叶树)类树木。
EF1	39～49	中等破坏。棚舍倒塌,刮掉质量较差房屋(木质棚屋、活动板房等)的屋顶表面;砖木结构民房的房顶"开洞",烟囱倒塌;车拖活动房屋被推倒;金属结构房屋的天花板或墙板被吹走,加油站房顶被掀、柱体弯曲;汽车被推离道路;不结实的木质电杆、路灯被推毁,高压铁塔有所损坏;软木类树木断、折;硬木(多为阔叶树)类树木被连根拔起。
EF2	50～60	相当大的破坏。活动板房、厂房、加油站和砖木结构民房墙倒屋塌、屋顶被吹走;框架结构的房屋屋顶被刮掉,墙体还在;推翻不结实民房;两层房屋的顶层外墙坍塌,摧毁车拖活动房屋;路上的车被吹走或吹翻,集装箱卡车侧翻;轻的物体快速飞到空中;瘦长结构的金属电杆、铁塔、微波塔倒塌,推毁、折断金属或混凝土电杆;硬木类树木被折断或连根拔起。

等级	风速范围 （m/s）	可能伴随的破坏现象描述
EF3	61~73	严重破坏。砖木结构的民房在很低的部位倒塌，一些农村建筑物被完全摧毁；框架结构的屋顶和部分墙体被吹走；钢结构仓库、厂房坚固的框架倒塌；汽车被卷起抛出一定距离，重型车、火车被刮倒；森林里大部分树被拔起或折断，树木枝叶被剥落到只剩主干。
EF4	74~89	摧毁性破坏。良好的砖木结构、框架结构民房被摧毁，有的房屋被齐根铲掉、夷平；钢结构房屋被严重破坏；汽车和火车被抛出一段距离，或滚动相当远的距离；产生大的飞射物，破坏力巨大。
EF5	>90	异乎寻常、难以置信的破坏。整个框架结构房子连同地基一起被抛出；钢筋混凝土结构建筑被严重损坏；汽车大小的飞射物被快速抛入空中。

5.2.1　中国龙卷时空分布特征

5.2.1.1　1961—2010 年 50 年间中国 EF2 或以上级龙卷时空分布特征

根据《中国气象灾害大典》和《中国气象灾害年鉴》的记录，范雯杰和俞小鼎（2015）所做统计表明，1961—2010 年全国共发生 EF2 或以上级强龙卷 165 次，年均 3.3 次，包括 145 次 EF2 级、16 次 EF3 级和 4 次 EF4 级龙卷，EF2 级与 EF3 或以上级强龙卷的发生次数之比约为 7 : 1。从整体空间分布看（图 5.42），强龙卷主要发生在中国江淮流域、两湖平原、华南地区、东北地区和华北地区东南部等人口稠密、地势平坦的地区，西部地区极少发生，仅陕西记录有 1 次 EF3 级龙卷。结合地形图可以看出，中国强龙卷易出现在地形平坦地区，高原、山地的地形不利于龙卷产生，较少发生强龙卷。

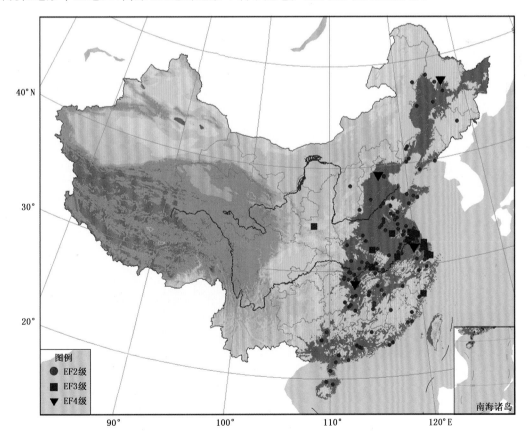

图 5.42　1961—2010 年中国 EF2 及其以上级龙卷空间分布（范雯杰和俞小鼎，2015）

　　上述 50 年间全国发生强龙卷(EF2 或以上级)数量最多的 11 个省份按照从高到低顺序分别是江苏、湖北、湖南、山东、上海、安徽、广东、江西、河南、浙江和黑龙江,江苏发生的强龙卷次数明显高于其他省,有 36 次,包括 1 次 EF4 级,8 次 EF3 级和 27 次 EF2 级龙卷,处于第二位到第五位的湖北、湖南、山东和上海则分别发生了 15 次、14 次、13 次和 12 次。上海地势平坦,虽然地方不大(0.6 万 km²),在 20 世纪 90 年代以前单位面积龙卷发生频率较高,90 年代以后,随着城市化迅速发展,很少出现龙卷。上述 165 次 EF2 或以上级强龙卷至少造成了 1772 人死亡,平均每年 35 人死亡,平均每次龙卷过程 10.7 人死亡。上述 50 年间,强龙卷还导致约 3.17 万人受伤,倒损房屋数十万间,损毁的良田和农作物不计其数。

　　龙卷发生过程中,多伴随有冰雹、暴雨、雷暴大风等强对流天气,使灾情进一步加重,造成更大的人员伤亡和财产损失。在 165 次 EF2 或以上级强龙卷中,有 91 次记录有冰雹和/或暴雨天气相伴发生,而未见上述两类天气记录的其余 74 次强龙卷中,可能较多的是因其天气现象记录不详所致(个别省份未见记录相关天气现象)。在伴随冰雹和/或暴雨天气的 91 次强龙卷中,发生冰雹天气的有 58 次,只见冰雹记录且其最大直径超过 2 cm 的,有 18 次;只见冰雹记录但其直径小于 2 cm 或记录不详的,有 15 次;同时伴随有冰雹和暴雨两类天气的,有 21 次。另外,还有 33 次强龙卷只记录伴随有暴雨天气产生,未见冰雹记录。

　　在 165 次 EF2 或以上级强龙卷中,有 33 次记录有较详细的路径信息,其中含 7 次 EF3 或以上级龙卷。路径最长的强龙卷是发生在江苏如东的一次 EF3 级龙卷,其路径长约 95 km,宽度均值约 0.2 km,其发生同时伴随有另一支长度较短的龙卷;路径最短的强龙卷发生在广东连平,长仅 0.5 km。总体看来,7 次 EF3 或以上级强龙卷的平均路径长约 36 km,宽约 0.75 km;26 次 EF2 级强龙卷的平均路径长约 20 km,较 EF3 或以上级龙卷短,其路径平均宽度为 1.0 km,略宽于 EF3 或以上级龙卷。

　　为了获得强龙卷的年代际分布变化特征,以每 5 年为界,给出了 165 次 EF2 或以上级强龙卷的发生年代分布(图 5.43),其每 5 年平均发生次数为 16.5 次。1961—1965 年 5 年间仅发生 10 次强龙卷,次数偏少,这可能与早期气象灾情统计不完整有关。1966—1985 年间强龙卷的发生频率适中,分布也相对均匀。但在资料收集过程中也发现,受"文革"影响,个别省份对灾害性天气现象的记录工作处于近乎停滞状态,这可能会导致 20 世纪 60—70 年代强龙卷的统计数量偏少。1986—2000 年间强龙卷的发生最为频繁,尤其 1986—1990 年 5 年间共发生强龙卷 28 次,达到峰值。自 20 世纪 90 年代起,强龙卷的发生数量呈逐年下降趋势,在 21 世纪头 10 年内只发生强龙卷 20 次。这种下降趋势可能是受气候变化所伴随的大气环流变化等因素影响,也可能与个别强龙卷多发地区的环境改变密切相关,如城市化的不断发展使原本平坦的下垫面产生变化,从而不利于龙卷的发展。另外,上述 50 年间,中国强龙卷发生的年际变化很大(图略),最多的年份发生强龙卷可达 9 次(1983 年),最少的年份一次也没有,出现 5 次或以上强龙卷的年份数为 14,而出现 2 次或以下强龙卷的年份数为 26。

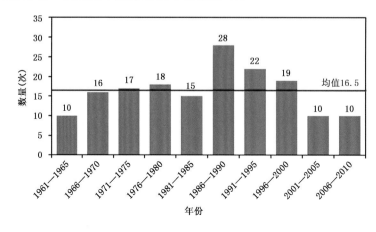

图 5.43　1961—2010 年每 5 年强龙卷发生数量的变化趋势(引自范雯杰和俞小鼎,2015)

上述 50 年间强龙卷的季节变化特征(图略)是,绝大部分强龙卷出现在 3—9 月,7 月出现最多,接下来依次是 4 月、8 月、6 月、5 月、9 月和 3 月。除季节差异外,强龙卷也存在明显的日变化特征。在 165 次 EF2 或以上级强龙卷中,有具体发生时刻记录可查的 121 次,图 5.44 给出了它们发生起始时间的分布情况。可以看出,有 85 次强龙卷的发生起始时间在 12—20 时(北京时)之间,占总数 121 次的 70%,该时段也是经过白天太阳辐射后,大气层结不稳定,强对流天气最易发生的时段。此外,00—02 时也有 10 次强龙卷生成,表现为一个小高峰;08—12 时,强龙卷的发生次数最少,仅发生 3 次。

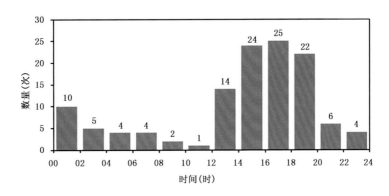

图 5.44　121 次强龙卷发生起始时间的日变化(引自范雯杰和俞小鼎,2015)

5.2.1.2　2004—2013 年间中国 EF1 或以上级龙卷的时空分布特征

由于 1961—2003 年间缺少对龙卷事件的较为系统的记录,因此只统计 1961—2010 年 50 年间 EF2 或以上级强龙卷的情况。自 2005 年起,中国气象局开始出版《中国气象灾害年鉴》,系统地记录前一年中发生的包括龙卷在内的各类气象灾害。根据 2005—2014 年 10 年的《中国气象灾害年鉴》,对 2004—2013 年 10 年间全国 EF1 或以上级龙卷进行了统计分析,结果表明,10 年间共发生 EF1 或以上级龙卷 143 次,其中 EF1 级 121 次、EF2 级 19 次、EF3 级 3 次,年均发生 14.3 次;EF1 级与 EF2 级以上龙卷的发生次数之比约为 6∶1;EF2 级与 EF3 级以上龙卷的发生次数之比也近似为 6∶1,略低于 1961—2010 年间的结果(7∶1)。

从整体空间分布来看,2004—2013 年 10 年间 EF1 或以上级龙卷(图 5.45)与 1961—2010 年 50 年间 EF2 或以上级强龙卷(图 5.42)的分布极为相似,即主要在我国江淮流域、华南地区、两湖平原、东北地区和华北地区东南部多发。有所不同的是,EF1 级龙卷在中国最西部亦有发生,2013 年新疆伊犁昭苏(高纬山间盆地)发生过一次。这说明强度较弱的 EF1 或以下级龙卷由于其生成条件相对易于满足,因此发生概率较高,在非龙卷易发区也有可能发生。全国范围内,2004—2013 的 10 年间,江苏发生 EF1 或以上级龙卷最多,共 23 次(含 3 次 EF2 级、1 次 EF3 级);安徽次之,发生 17 次(含 2 次 EF2 级、1 次 EF3 级);其后是广东,发生 14 次;湖南、黑龙江和湖北各发生 11 次。

从发生年份看(图 5.46),2004—2013 年年均发生 EF1 或以上级龙卷 14.3 次,除 2009 年和 2011 年外,每年均有 EF2 或以上级强龙卷发生。2005 年发生次数最多,共发生 27 次(含 5 次 EF2 级、1 次 EF3 级)。其后,EF1 或以上级龙卷的发生频率呈现波动式下降的趋势(图 5.47)。从灾害致死人数看,10 年间 EF1 或以上级龙卷共造成 198 人死亡,年均约 20 人。从季节变化看,这 10 年间 EF1 或以上级龙卷绝大部分发生在 4—9 月,7 月发生最多,接下来依次是 8 月、6 月、5 月、4 月和 9 月,不存在 1961—2010 年 50 年间 EF2 或以上级龙卷季节变化中 4 月为第二高频月份(第一高频月份也是 7 月)的情况。相应的日变化特征(图略)与图 5.44 呈现的特征类似,70% 以上的龙卷发生在 12—21 时(北京时)期间,15—19 时期间发生频率最高,不存在图 5.44 呈现的 00—02 时的小峰值。

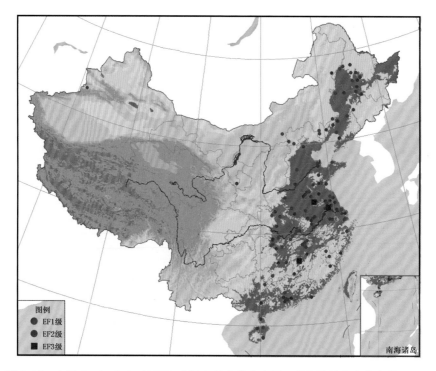

图 5.45 中国 2004—2013 年 EF1 或以上级龙卷分布图 (引自范雯杰和俞小鼎, 2015)

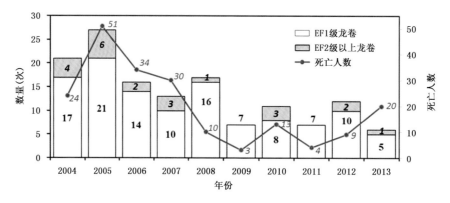

图 5.46 中国 2004—2013 年各年份 EF1 或以上级龙卷发生数量、死亡人数统计图 (引自范雯杰和俞小鼎, 2015)

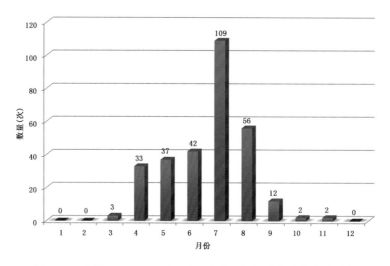

图 5.47 中国 2004—2013 年 EF1 或以上级龙卷发生频率的月变化

5.2.2　龙卷形成机理

我们分三种类型讨论龙卷形成机理。首先讨论超级单体中气旋龙卷的形成机理,由于大部分 EF2 或以上级龙卷属于这一类,而且基本上只有这类龙卷才有提前预警的可能,因此关于这一类龙卷的研究也最多,包括理论研究、数值模拟、多普勒雷达资料分析以及外场试验。美国分别于 1994—1995 年和 2009—2011 年进行了两次结合大型外场观测的研究超级单体中气旋龙卷起源的试验(VORTEX Verification of the Origins of Rotation in Tornadoes Experiment),分别称为 VORTEX 1(Rasmussen et al, 1994)和 VORTEX 2(Wurman et al, 2012),试验取得了不少进展,但涉及中气旋龙卷产生的细节,仍然存在不同的假说和理论,有不少问题还是没有完全搞清楚。非中气旋龙卷或者非超级单体龙卷又分两类,第一类是在飑线和/或弓形回波前部的 γ 中尺度涡旋(mesovortex)中产生的龙卷,我们只能给出这类 γ 中尺度涡旋产生的机理,而其中龙卷产生机理的细节并不清楚;第二类是地面附近辐合切变线遇到积雨云或浓积云后可能形成的龙卷,其产生机理只能给出非常粗略的说明,细节是完全不清楚的。

5.2.2.1　中气旋龙卷

中气旋龙卷也称为超级单体龙卷,龙卷产生在超级单体的中气旋中。正如在第 3 章中所表述的,带有明显水平涡度分量的低层暖湿入流在进入到深厚湿对流的上升气流区时会被扭曲为垂直涡度而形成中层(3~7 km)中气旋,这一点已经通过一系列学者的理论分析和对数值模拟结果的分析完全搞清楚了(Davies-Jones,1984;Klemp,1987)。龙卷的产生是以低层中气旋的形成为前提条件的,我们在分析很多超级单体龙卷个例时,直观上的印象是中气旋首先出现在中层(3~7 km),然后逐渐向低层发展。龙卷是触地的,要形成龙卷在低层必须存在中气旋;而中层中气旋位于上升气流中,中层中气旋相应的垂直涡度与超级单体中的强上升气流区高度相关,中层中气旋可以在上升气流的垂直拉伸下加强,但并不存在使得中层中气旋向下发展到地面附近的机制。因此,龙卷形成所必需的低层中气旋一定是相对独立形成的,而且形成机制一定与中层中气旋不同。

龙卷超级单体的概念模型于 1979 年由当时在美国国家强风暴实验室(NSSL)工作的两位年轻人 Lemon 和 Doswell 参考了 Browning(1964)超级单体概念模型基础上,结合 20 世纪 70 年代多普勒天气雷达观测结果以及风暴拦截试验的结果提出来的,直到现在仍然适用。图 5.48 呈现了龙卷超级单体概念模型,图 5.49 是这一概念模型的立体化显示。在图 5.48 中,假定超级单体风暴从西南偏西向东北偏东方向移动,相对于其移动方向而言,带点的阴影区 FFD(Front flank downdraft)和 RFD(rear flank downdraft)分别代表前侧和后侧下沉气流区,浅色阴影区为上升气流区,类似锋面的线段分别代表 FFD 和 RED 与暖湿气流的界面,为阵风锋;与后侧下沉气流 RFD 相联系的阵风锋往往比较强,称为后侧阵风锋;与前侧下沉气流相联系的阵风锋称为前侧阵风锋。粗实线为低层强反射率因子轮廓线,上升气流一部分位于低层暖湿气流呈弧形的入流槽口内,入流槽口西侧为钩状回波,对应部分后侧下沉气流的钩状回波与对应部分上升气流的暖湿气流入流槽口构成低层中气旋(这里需要指出,钩状回波的形成只要有中层中气旋就足够了,并不一定需要低层中气旋),中层中气旋完全位于上升气流内。如果有超级单体(中气旋)龙卷发生,则龙卷通常出现在低层中气旋中心附近,对应图 5.48 中两条阵风锋的交点,位于上升气流内靠近后侧下沉气流的地方(图中 T 标示)。另外,沿着后侧阵风锋,偶尔也会出现很弱的非中气旋龙卷,图中也用 T 标示出来。对于不是向西南偏西方向移动的超级单体风暴,上述前侧和后侧下沉气流可能不再位于风暴移动方向的前侧和后侧,但为了保持名称的一致性,仍然称为前侧和后侧下沉气流,只是记住后侧下沉气流 RED 是与中气旋最靠近的下沉气流,前侧下沉气流 FFD 是与主降水区对应的下沉气流。前侧下沉气流的形成主要是降水的拖曳作用以及周边环境较干空气夹卷进下沉气流内使得雨滴蒸发或冰粒子升华吸收大量潜热导致下沉气流降温到低于环境气温,形成一定的负浮力所致;后侧下沉气流 RED 的形成机理与前侧下沉气流 FFD 基本相同,有时还存在动力机制,即低层中气旋加强导致低层气压下降,形成向下的扰动气压梯度力,促进后侧下沉气流加强(Markowski,2002)。上述超级单体概念模型是 Lemon 和 Doswell(1979)主要针对经典超级单体风暴提出的,不过其主要结构也适用于强降水超级单体(包括具有类似经典或强降水超级单体结构的微型超级单体)。图 5.49 是将图 5.48 进行立体化显示,便于读者理解龙卷超级单体结构。

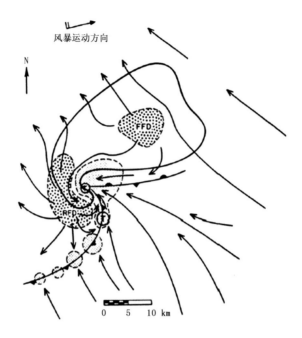

图 5.48 可能产生龙卷的经典超级单体概念模型图(实线给出低层强反射率因子区域的轮廓,实线箭头为低层流线,深色阴影区 FFD 和 RFD 分别代表前侧和后侧下沉气流区,浅色阴影区为上升气流区,冷锋符号和静止锋符号分别代表后侧和前侧阵风锋,字母 T 代表可能出现的龙卷位置)(引自 Lemon and Doswell,1979)

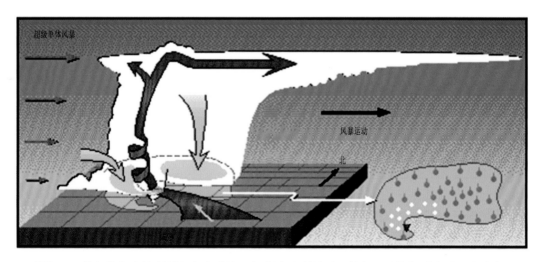

图 5.49 对图 5.48 的立体化呈现(低层红色为暖湿入流,绿色为低层强反射率因子轮廓,该部分用白色箭头指到图的右下侧更清楚显示,里面绿色带把圆点代表雨滴,白色菱形代表冰雹,红色倒三角代表中气旋龙卷位置;主要上升和下沉气流分别有红色和蓝色箭头表示,蓝色区域代表地面附近下沉气流产生的冷池)(Lemon 提供)

图 5.48 的概念模型只是给出了龙卷超级单体的主要结构和构成要素,并没有刻意提到低层中气旋,自然也不会对低层中气旋的形成机理做出解释。关于低层中气旋的形成,提出过多种形成机制,主要有两类:1)一类观点认为超级单体前侧下沉气流和暖湿气流之间的边界(前侧阵风锋)由于斜压性形成的力管项(根据别克尼斯环流定理)导致沿着该边界产生水平涡度(暖空气上升冷空气下沉),该水平涡管在中

层中气旋以下遇到上升气流被扭曲为垂直涡度形成低层中气旋(Klemp and Rotunno,1983);2)美国的风暴追踪者(包括一些强对流专家)发现,产生龙卷的超级单体风暴,在龙卷生成之前,总是先产生后侧下沉气流 RFD,然后才会有龙卷产生,也就是说,超级单体风暴内后侧下沉气流的产生是龙卷生成的必要条件。因此,一些学者认为低层中气旋的生成主要是后侧下沉气流的作用(Davies-Jones and Brooks,1993;Markowski and Richardson,2010,2014;Marquis et al,2012)。要产生龙卷,后侧下沉气流不能太冷,即达到地面后后侧阵风锋两侧的温差不宜太大,否则不利于龙卷形成(Markowski et al,2002)。至于后侧下沉气流如何导致低层中气旋的生成,各种说法和假说很多,其中一种可能的机制(Marquis et al,2012)如图 5.50 所示,后侧下沉气流由于温度低于环境温度,根据动力气象学中的别克尼斯环流定理,将形成一个涡环(vortex ring);该涡环随着后侧下沉气流下降,逐渐扩大;在后侧阵风锋附近,原来构成涡环的水平涡管由于受到阵风锋前面暖湿气流沿着阵风锋冷垫迅速抬升的拉伸,形成所谓"涡线弧(vortex line arch)",在抬升气流最强的两侧,水平涡度分别被扭曲为反气旋和气旋式垂直涡度,其中靠近两条阵风锋锢囚点附近的被扭曲后形成的垂直涡度为气旋式涡度,大致位于中层中气旋之下,最终形成低层中气旋。

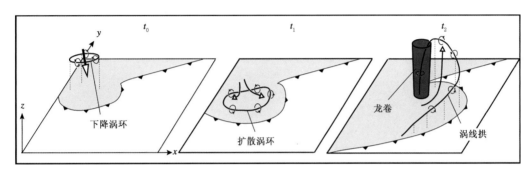

图 5.50　关于低层中气旋形成过程的一个概念模型示意图(引自 Marquis et al,2012)

一旦低层中气旋形成,要形成龙卷,需要后侧阵风锋附近的低层强辐合区位于适当位置和中层强上升气流的向上垂直伸展,使得低层中气旋的垂直涡度在短时间内(10 分钟量级)加强大约 100 倍。龙卷的形成和维持,需要超级单体内主要上升气流、中层中气旋、低层中气旋之间,暖湿入流和下沉气流冷池之间等保持一种微妙的动态平衡。即便在低层中气旋已经形成的情况下,达到上述动态平衡的条件哪怕就差一点,或者龙卷将不会形成,或者龙卷形成,但很快就消散。对于达到上述动态平衡究竟需要哪些条件,目前并不完全清楚,并且在不同情形下,满足上述动态平衡所要求的条件也不见得相同。

无论美国、日本还是中国,有一小部分龙卷是出现在热带气旋螺旋雨带上形成的微型超级单体(mini-supercell)的中气旋中的,这类微型超级单体通常出现在登陆热带气旋的东北象限(Edwards,2012;郑媛媛等,2015)。在中国广东和海南省,这类热带气旋螺旋雨带上微型超级单体产生的龙卷占到当地龙卷总数的 60% 以上。图 5.51 给出了 2007 年 8 月 18 日 20:15 温州 SA 型新一代天气雷达 0.5°仰角反射率因子图,呈现了登陆后结构变得松散的台风"帕布"的外围雨带结构,其中位于温州雷达东南方向不远处的白色圆圈所框是一个雨带上的微型超级单体。图 5.52 呈现约 30 分钟后聚焦这个台风雨带上微型超级单体的 0.5°仰角反射率因子和径向速度图,低层反射率因子呈现出典型的钩状回波结构,相应中气旋的旋转速度 18 m/s,中气旋直径为 3.8 km,可计算出对应的垂直涡度为 $1.9 \times 10^{-2} \mathrm{s}^{-1}$。4.3°仰角反射率因子呈现出有界弱回波区(BWER),其位置与该仰角径向速度图上中气旋位置基本重合(图略),因此与西风带上相对较大尺度的超级单体风暴具有类似结构。我们发现,导致龙卷的这类热带气旋螺旋雨带上微型超级单体形成时,气旋往往首先出现在 1.5～3.5 km 高度,然后再向下发展,最终导致龙卷,中气旋直径通常在 2.0～4.5 km 之间。我们仍然将这种中气旋的向下发展视作低层中气旋的形成,而将首先出现在 1.5～3.5 km 高度的中气旋视作中层中气旋。至少到目前为止,还没有学者提出这种热带气旋螺旋雨带上微型超级单体龙卷的形成机制与上面讲到的西风带上较大尺度超级单体中气旋中龙卷的形成机制有什么大的不同,当然龙卷生成的具体细节上应该是有明显差别的。刚刚提到的 2007 年 8 月 18 日登陆的台风"帕布"的不同螺旋雨带上产生了多个微型超级单体,其中一个在夜间23:20左右在温州市苍南县龙港镇产生一个EF3级龙卷,造成156间民房倒塌,11人死亡,6人重伤。

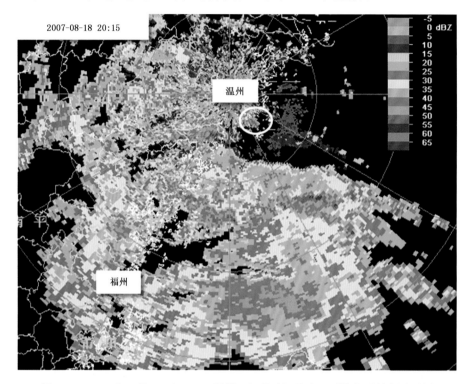

图 5.51　2007 年 8 月 18 日 20:15 温州 SA 型天气雷达 0.5°仰角反射率因子图

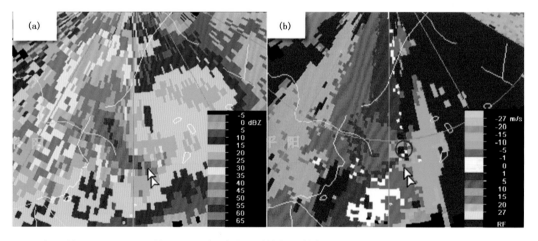

图 5.52　2007 年 8 月 18 日 20:46 温州 SA 型天气雷达 0.5°仰角反射率因子(a)和径向速度(b)图(蓝色圆圈标识中气旋)

5.2.2.2　非中气旋龙卷

正如上面提到的,非中气旋龙卷(non-mesocyclonic tornadoes)可以大致分为两类,一类是飑线和弓形回波前部出现的 γ 中尺度涡旋中产生的龙卷,另一类是在辐合切变线上的瞬变涡旋遇到积雨云或浓积云中强上升气流拉伸使得涡旋迅速加强形成的龙卷。

(1)飑线和/或弓形回波前部 γ 中尺度涡旋龙卷

我们注意到,在飑线和/或弓形回波前部,常常会有类似于中气旋的 γ 中尺度涡旋生成,通常比中气旋要浅薄,中气旋探测算法常常将这些 γ 中尺度涡旋中比较深厚一些的识别为中气旋,对应的反射率因子也没有明显的超级单体特征。具体的例子见图 3.30,这是 2016 年 4 月 13 日凌晨广州强飑线过程,

0.5°仰角径向速度图上显示了一个位于弓形回波顶点以北的 γ 中尺度涡旋,该涡旋没有导致龙卷。图 5.53 呈现了另一个位于弓形回波前沿的 γ 中尺度涡旋的例子(白色圆环),发生在 2002 年 4 月 3 日夜间,是由位于湖南常德的 SB 型新一代天气雷达所观测的,这个 γ 中尺度涡旋也没有引发龙卷。

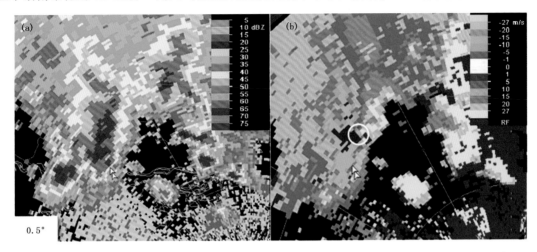

图 5.53　2002 年 4 月 3 日 23:20 湖南常德 SB 型新一代天气雷达 0.5°仰角反射率因子(a)和径向速度(b)图

美国的一些学者如 Trapp 和 Weisman(2002,2003)也注意到这个事实,指出这些位于飑线和/或弓形回波前部的 γ 中尺度涡旋不是超级单体中气旋,其形成机制与超级单体中气旋明显不同,但它们除了可以导致更强的雷暴大风外,还可以导致龙卷,美国由多单体线状风暴产生的龙卷中,至少有一半左右是由这类不同于超级单体中气旋的 γ 中尺度涡旋导致的(Trapp et al,2005)。Trapp 和 Weiman(2003)提出了这类位于飑线和/或弓形回波前部的 γ 中尺度涡旋的形成机理,如图 5.54 所示。

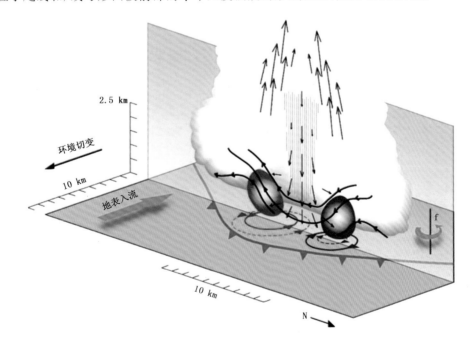

图 5.54　线状对流系统中 γ 中尺度涡旋形成的一种可能机制示意图(绿色带尖刺的线为阵风锋,箭头代表垂直平面内的空气运动,蓝色阴影区代表强降雨区,黑色粗实线代表垂直平面内的涡线,上面的小箭头为涡度的方向,红色和紫色分别代表垂直平面内正的和负的垂直涡度区域)

在图 5.54 中,绿色带尖刺的线为阵风锋,箭头代表垂直平面内的空气运动,蓝色阴影区代表强降雨区,黑色粗实线代表垂直平面内的涡线,上面的小箭头为涡度的方向,红色和紫色分别代表垂直平面内正的和负的垂直涡度区域。最初,水平涡旋被降水导致的下沉气流所扭曲,形成垂直的正负涡度对,红色区域为气旋式涡度,紫色区域为反气旋式涡度,水平平面内带箭头的红色和紫色圆圈代表气旋式涡度和反气旋涡度目前的状态,带箭头红色实线圆圈和紫色实线圆圈一样大代表此时气旋式涡度和反气旋涡度,均势力敌。随着时间推移,由于对地转参数 f 的垂直拉伸作用,气旋式涡度得到加强,反气旋涡度被减弱,最终气旋式涡度占支配地位,如图中水平平面内带箭头的红色虚线圆圈(代表气旋式涡度)和紫色虚线圆圈(代表反气旋涡度)所示。

为了进一步说明地转参数 f 在飑线和/或弓形回波前部 γ 中尺度涡旋形成中的作用,图 5.55 对比了将 f 设为正常值(上图)和将 f 设为 0 的模拟结果。当 f 值为 0 时,飑线结构始终是南北对称的,模拟第 3 小时出现多个弓形回波段,每个弓形回波段的北端和南端分别具有对称的 β 中尺度气旋式涡旋和反气旋涡旋形成,到了 4 小时以后,多个南北对称的弓形回波段逐渐合并为一个大的南北对称弓形回波,其北端和南端分别为对称的 β 中尺度气旋式涡旋和反气旋涡旋,但始终没有 γ 中尺度涡旋形成。在 f 取正常值的模拟中,多个弓形回波不再南北对称,同时在弓形回波前沿生成了 γ 中尺度涡旋,如图中的 V1、BEV1 和 BEV2。该模拟充分说明飑线和/或弓形回波前部的 γ 中尺度涡旋的形成机制与超级单体中气旋是明显不同的,尤其是前者对 f 的依赖。超级单体风暴的一系列数值模拟中(Rotunno and Klemp,1985),都是将地转参数 f 设为 0 的。

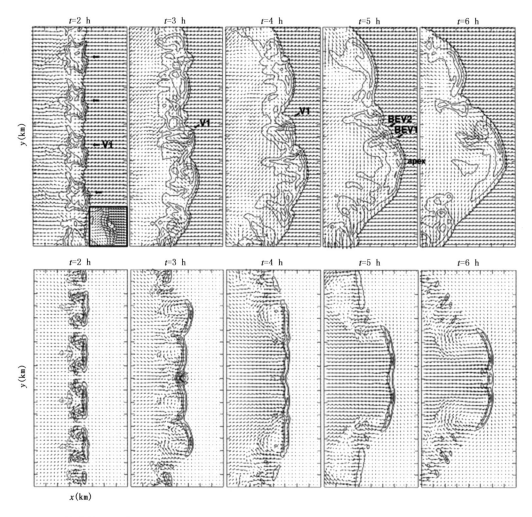

图 5.55　地转参数 f 在线状对流系统 γ 中尺度涡旋形成中的作用。上图的模拟将地转参数 f 设为正常值,
下图的模拟将地转参数 f 设为 0(引自 Trapp and Weisman,2003)

2006 年 7 月 3 日 16 时起,江苏北部先后有 6 个龙卷产生,包括 4 个 EF2 级和 2 个 EF1 级,导致 9 人死亡,92 人受伤。仔细分析新一代天气雷达探测资料,发现这 6 个龙卷都是由飑线前部的 γ 中尺度涡旋导致的(吴芳芳等,2019)。图 5.56 分别给出了 7 月 3 日 20:07 和 21:08 低层径向速度和反射率因子图。在 20:07 图中,沿着飑线前部识别出 2 个 γ 中尺度涡旋,深蓝色的那个导致了一次 EF2 级龙卷,浅蓝色那个没有记录到有龙卷与其对应;21:08,由于距离雷达很近,3.4°仰角仍然是显示低层,识别了 3 个 γ 中尺度涡旋,只有 1 个(深蓝色)导致了一次 EF2 级龙卷。这次过程中出现在飑线前部的 γ 中尺度涡旋的直径从 2.0~6.0 km 不等。Trapp 和 Weisman(2003)指出,除了偶尔导致龙卷,这类飑线和/或弓形回波前部的 γ 中尺度涡旋导致极端直线型大风的概率更大。不过,在 2006 年 7 月 3 日的苏北强对流过程中,并没有观测到与那些没有产生龙卷的 γ 中尺度涡旋对应的直线型对流大风,或许没有足够密的地面观测网进行验证。

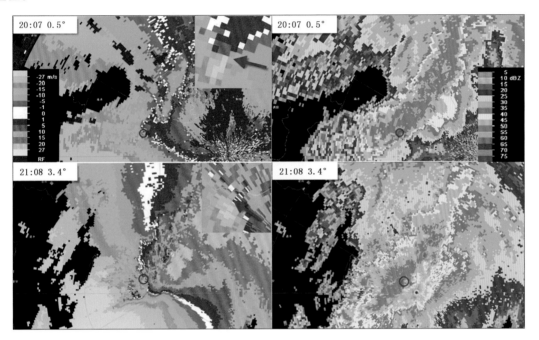

图 5.56　盐城 SA 型新一代天气雷达在 2006 年 7 月 3 日 20:07 的 0.5°仰角径向速度与反射率因子图和 21:08 的 3.4°仰角径向速度与反射率因子图(深蓝色和浅蓝色小圆圈分别代表产生和没有产生龙卷的 γ 中尺度涡旋,对于导致龙卷的 γ 中尺度涡旋,图像右上角给出了放大图)(引自吴芳芳等,2019)

上述 γ 中尺度涡旋要产生龙卷,当然还需要地面附近强烈辐合和/或涡旋顶以上存在强上升气流拉伸才能导致垂直涡旋迅速加强形成龙卷,具体细节并不清楚,必定取决于飑线和/或弓形回波自身的环流系统的配置以及 γ 中尺度涡旋相对于这些配置的具体位置。

(2)辐合切变线龙卷

非中气旋龙卷中的一类产生于大气边界层中的辐合切变线上。切变线上经常会产生一些瞬变的气旋式涡旋,当积雨云或浓积云碰巧移过地面附近辐合切变线上空,其强上升速度区与辐合切变线上经常性产生的气旋式涡旋重合时,上升速度使涡管迅速伸长,导致旋转加快形成龙卷(图 5.57)。非中气旋龙卷的母气旋(通常称做微气旋,misocyclone)一般局限于大气边界层内,因此几乎不可能在 50 km 以外探测到,加之这种微气旋生命史很短,因此这种龙卷的预警相当困难。图 5.58 给出了 1988 年 6 月 15 日发生在美国的两个非超级单体龙卷(T2 和 T3)照片和相应的 0.5°仰角径向速度图与反射率因子图,从径向速度图上可以识别出与龙卷 T2 和 T3 对应的两个微气旋。

总之,无论是中气旋(超级单体)龙卷还是非中气旋(非超级单体)龙卷,其形成过程都必须经历以下两个步骤:1)靠近地面的低层大气中出现 1~10 km 尺度的气旋式涡旋(极少数情况下也可以是反气旋式

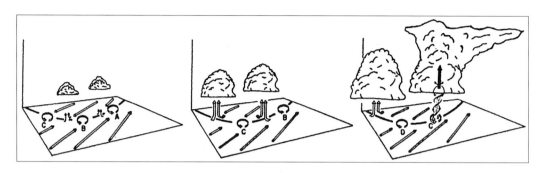

图 5.57　沿着地面附近辐合切变线发展的非中气旋龙卷示意图(引自 Wakimoto and Wilson,1989)。由于切变不稳定导致微气旋(misocyclone,用字母 A,B 和 C 表示)沿着辐合切变线形成,当其中一个微气旋 C 遇到移到头顶的积雨云中强上升气流拉伸时,微气旋垂直涡度迅速加强形成龙卷

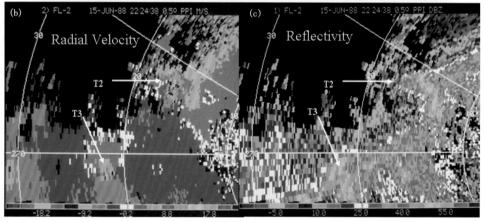

图 5.58　1988 年 6 月 15 日发生在美国的两个非超级单体龙卷(T2 和 T3)照片(a)和相应的 0.5°仰角径向速度图(b)和反射率因子图(c)(Jim Wilson 提供)

涡旋);2)在地面附近强辐合和/或涡旋顶以上强烈上升气流的垂直拉伸作用下,根据角动量守恒原理,低层涡旋的垂直涡度迅速增强两个数量级。无论是中气旋龙卷还是非中气旋龙卷,其形成条件都是苛刻的,涉及各个系统间微妙动力平衡的建立。中气旋龙卷,由于其母体风暴准稳定的特点,以及中层中气旋和主要上升气流区的高度相关,中层中气旋和环境风垂直切变之间相互作用导致的非常强的上升气流,因此龙卷形成的各系统间的微妙平衡一旦建立,相对而言可以更稳定,况且其强烈上升气流和低层阵风锋附近强辐合导致对原有低层中气旋的垂直拉伸作用更大,形成的龙卷强度更强,持续时间更长。 只是对导致各系统间微妙平衡建立,从而形成龙卷的细节目前还是各种猜测,并没有真正搞清楚,包括对中气

旋龙卷和非中气旋龙卷,都是如此。

5.2.3　龙卷产生的有利环境条件与龙卷预警判据

5.2.3.1　龙卷产生的有利条件

由于大部分强龙卷都是由超级单体产生的,因此考虑龙卷产生的有利条件首先要考虑超级单体风暴产生的有利条件。非常粗略地,可以利用对流有效位能和代表对流层深层垂直风切变0~6 km 风矢量差来判断(俞小鼎等,2006c;Markowski and Richardson,2010;俞小鼎等,2012)。一般而言,在暖季要产生超级单体,通常 CAPE 值不小于 1000 J/kg(对于登陆热带气旋螺旋雨带上微型超级单体,CAPE 值时常低于 1000 J/kg),0~6 km 风矢量差至少在 15 m/s 以上,最好超过 20 m/s。正如本书中反复强调的,上述判据仅仅是一个粗略的参考,在实际分析过程中需要关注风廓线的具体细节,只要记住超级单体中层中气旋的形成机理,就可以根据实际情况灵活判断(例如0~6 km 风矢量差并不大,但如果0~6 km 之间某一层的风矢量差较大,或者低层风暴相对螺旋度较大,都有可能形成超级单体)。另一需要注意的是,我们往往需要根据 08 时的探空分析下午的深厚湿对流和出现超级单体风暴的可能性,除了根据预测和观测的地面温度和露点对 CAPE 和 CIN 进行必要的订正,也需要根据数值预报结果和/或从风廓线雷达以及多普勒天气雷达 VWP 产品获得风廓线变化的信息,从而对午后垂直风切变情况作出尽量准确的估计。

即便是在龙卷多发区,也只有少数超级单体中气旋能够产生龙卷。Trapp 等(2005)对美国超级单体中气旋产生龙卷的比例进行了统计,在覆盖美国的 WSR-88D 资料集中选取了 83 次具有超级单体风暴的强对流事件,共探测到 5322 个独立中气旋,其中 26% 的中气旋产生了龙卷;对于那些底高低于 1 km的中气旋,产生龙卷的概率为 40%;而底高在 1 km 以上的中气旋,产生龙卷的概率为 15%。也就是说,当中气旋底高低于 1 km 时,产生龙卷的概率明显增加。在中国,没有进行过全国范围统计,针对龙卷最多发的苏北地区,吴芳芳等(2013)对该区域内超级单体风暴及其伴随的强烈天气进行了研究,发现在2005—2009 年 5 年期间发生在苏北地区的 72 个超级单体风暴中气旋中,只有 12 个中气旋产生了龙卷,中气旋产生龙卷的概率为 17%。很显然,中国超级单体中气旋产生龙卷的概率远低于美国,使得对中气旋龙卷的预警比美国要困难得多。即便是在龙卷多发区,也需要一些专门对龙卷发生有利的环境条件作为消空指标。

美国一些学者(Craven and Brooks,2002;Evans and Doswell,2002;Thompson et al,2003)发现有利于龙卷尤其是 EF2 或以上级强龙卷生成的两个有利条件分别是低的抬升凝结高度和较大的低层(0~1 km)垂直风切变。图 5.59 给出了利用美国俄克拉何马州 1973—1993 年 21 年的历史资料统计得到的龙卷发生概率与0~1 km 垂直风切变和抬升凝结高度之间的关系(Craven and Brooks,2002)。龙卷概率是指以探空站圆心 120 km 为半径的圆内区域里发生龙卷的概率。从图中可以看出,0~1 km 垂直风切变越大,抬升凝结高度越低,则龙卷出现的可能性越大。这两个有利条件对于 EF1 尤其是 EF2 或以上级的非中气旋龙卷也是成立的。

在我国,江淮流域的梅雨期也是该地区的龙卷高发期,通常与梅雨期的暴雨相伴。在梅雨期暴雨时,通常有较强的低空急流,较强的低空急流意味着较强的低层垂直风切变,抬升凝结高度也很低,上述有利于龙卷的两个条件在梅雨期暴雨条件下常常可以满足,因此在梅雨期暴雨的形势下,还需要考虑到龙卷的可能性。另外一个常发生龙卷的情况是在登陆台风的外围螺旋雨带上,这里低层垂直风切变较大,抬升凝结高度很低,台风螺旋雨带上有时有微型超级单体中气旋生成,常常导致龙卷。

我们选取了 2002—2009 年期间发生在中国的 70 个龙卷超级单体和 144 个非龙卷超级单体个例,对比分析在一些关键环境参数方面的差异。图 5.60 分别对比了龙卷超级单体和非龙卷超级单体对应的 0~1 km 风矢量差和抬升凝结高度。图 5.60a 显示,龙卷超级单体对应的0~1 km 风矢量差分布的 25%、50% 和 75% 百分位值分别是 12 m/s、14 m/s 和 17 m/s,显著高于非龙卷超级单体对应的0~1 km 风矢

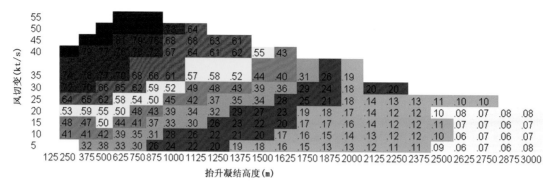

总气候概率0.313

图 5.59　根据美国 1973—1993 年气象历史资料统计得到的俄克拉何马州龙卷发生概率
与 0～1 km 垂直风切变和抬升凝结高度的关系(Craven and Brooks，2002)

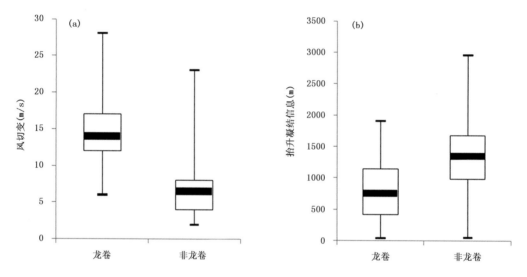

图 5.60　根据探空计算的发生在中国的龙卷超级单体和非龙卷超级单体对应的 0～1 km 风矢量差(a)和抬升凝结
高度(b)分布的箱线图对比(箱的底和顶分别对应 25％和 75％百分位,粗实线对应 50％百分位,即中值)

量差的相应值的百分位值 4 m/s、6 m/s 和 8 m/s。图 5.60b 显示,龙卷超级单体对应的抬升凝结高度
(LCL)分布的 25％、50％和 75％百分位值分别为 400 m、750 m 和 1200 m,明显低于非龙卷超级单体对
应的相应百分位值 1000 m、1400 m 和 1700 m。我们针对中国超级单体龙卷对应的 0～1 km 垂直风切变
和抬升凝结高度得到的结果与美国学者的发现是完全一致的。

5.2.3.2　龙卷式涡旋特征(TVS)

龙卷式涡旋特征(TVS, tornadic vortex signature)是当时在美国强风暴实验室(NSSL)工作的三位
科学家 Brown、Lemon 和 Burgess 分析 1973 年 5 月 24 日发生在距离实验室多普勒天气雷达不远处的一
个龙卷超级单体的径向速度资料时发现的(Brown et al,1978)。那天龙卷发生过程中 0.0°仰角径向速
度数据的原始打印图和同时拍摄的正在发生的龙卷照片如图 5.61 所示。由于当时计算机能力较低,多
普勒雷达资料包括反射率因子和径向速度不能实时地以图像形式显示,需要进行事后处理,只能将反射
率因子和径向速度数据按照径向排列顺序打印在纸上,如图 5.61a 所示。我们注意到,沿着图中 290°方
位附近的雷达径向,在阴影区附近出现了相邻雷达径向间径向速度数据的剧烈气旋式切变,从 291°方位
对应径向上的＋23 m/s 变到 290°方位对应径向上的－30 m/s,代表着一个尺度比中气旋小很多的强涡
旋,但比龙卷尺度还要大很多。上述三位科学家将其称为"龙卷式涡旋特征(TVS)",并指出 TVS 应该是

已经形成或正在形成中的龙卷涡旋的直接反映。当首先探测到 TVS 在中空时,可能意味着龙卷正在形成之中;而探测到 TVS 已经靠近地面时,大多数情况下表明龙卷已经触地。需要指出,有些没有触地的强烈漏斗云也可以伴随 TVS,此时 TVS 停留在中空不下降。

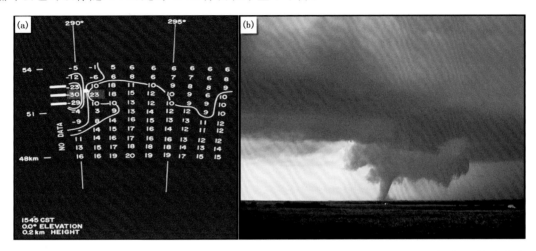

图 5.61　1973 年 5 月 24 日 15:45 CST（美国中部时间）美国强风暴实验室多普勒天气雷达 0°仰角径向
速度数据打印图和同时的龙卷照片(引自 Brown et al, 1973)

确定 TVS 的判据是:1)当位于 60 km 范围以内时,距离雷达大致相同距离处相邻径向的速度差值(极大值减去极小值)达到 45 m/s 或以上;2)当位于 60～100 km 范围时,距离雷达大致相同距离处相邻径向的速度差值(极大值减去极小值)达到 35 m/s 或以上;3)背对着雷达,速度极大值一定位于右侧,极小值位于左侧,以保证是气旋式涡旋。对于上述判据,在判断时不必过于严格,可以有一定的灵活性。

图 5.62 给出了 2003 年 7 月 8 日 23:29 合肥 SA 型新一代天气雷达 0.5°仰角径向速度图的局部放大图,突出了与一个龙卷超级单体相应的低层中气旋和位于中气旋中心的 TVS。TVS 距离雷达约 80 km,相邻的正负速度极值之间的差值为 36 m/s,满足上面关于 TVS 的判据。此时龙卷正在进展之中,此次龙卷导致安徽无为县的一个自然村被摧毁,16 人死亡,166 人受伤,几十间房屋倒塌,是一次 EF3 级龙卷,也是中国历史上第一次用多普勒天气雷达探测到导致龙卷的超级单体中气旋和位于中气旋中心的 TVS。

特别需要指出,当中气旋内出现速度模糊时,TVS 探测算法常常会识别一个虚假 TVS。因此,对于速度模糊情况下算法识别的 TVS 不要轻易相信,需要查验径向速度图加以核查。

5.2.3.3　龙卷预警判据

(1)西风带中气旋龙卷预警判据建议

在龙卷多发区的龙卷多发季节(平均每 10 万 km² 每年出现 1 次或以上 EF1 或以上级龙卷):

1)0～1 km 风矢量差≥8 m/s,抬升凝结高度≤1200 m。

2)在中气旋距离雷达不超过 80 km 时,如果中等或以上强度中气旋底高低于 1.2 km(地面以上高度),则发布龙卷警报。

3)在中气旋距离雷达 80～120 km 时,如果出现强中气旋并且底高低于 2.0 km(地面以上高度),则发布龙卷警报。

4)如果在上述中气旋中出现龙卷涡旋特征(TVS),则龙卷实际出现的概率大大增加。

上述龙卷判据中的第一条和第二条也适合于飑线和/或弓形回波前部 γ 中尺度涡旋中产生的龙卷的预警。

(2)西风带中气旋龙卷预警示例

前面曾经提到,2003 年 7 月 3 日 23:20 安徽无为县的一个村庄遭受 EF3 级龙卷袭击,导致 16 人死

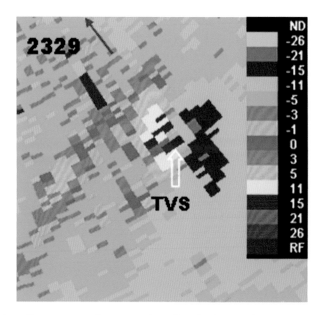

图 5.62　2003 年 7 月 8 日 23:29 合肥 SA 型新一代天气雷达 0.5°仰角的风暴相对径向速度图,
呈现了导致一次 EF3 级龙卷的超级单体低层中气旋和位于中气旋中心的 TVS。红色箭头
指向雷达方向(引自俞小鼎等,2006c)

亡,166 人受伤,数十间房屋被摧毁。7 月 3 日 20:00 基本的天气形势是对流区域位于 500 hPa 西风槽底部较强(24 m/s)西南偏西气流中(图略),同时位于 850 hPa 切变线以南西南风暖湿急流(12～16 m/s)中(图略),龙卷发生位置位于地面准静止锋(梅雨锋)附近(图略)。位于其上游 160 km 左右的安庆 20 时探空显示,对流有效位能(CAPE)和对流抑制能量(CIN)分别为 2800 J/kg 和 45 J/kg,0～6 km 风矢量差为 24 m/s,0～1 km 风矢量差为 13 m/s,抬升凝结高度(LCL)为 560m,非常有利于超级单体的形成,也有利于龙卷的产生。产生龙卷的超级单体起源于梅雨期暴雨云团中的一条近似南北走向的对流雨带,对流雨带逐渐缩短(图略),演化为 2 个南北排列紧挨着的超级单体(图 5.63),靠南端的那个超级单体最终产生此次龙卷。图 5.63 给出了 7 月 3 日 23 时 06 分合肥 SA 型新一代天气雷达 0.5°仰角的反射率因子和径向速度图,深蓝色和棕色圆圈分别标识产生了龙卷和没产生龙卷的中气旋。深蓝色圆圈所标识的中气旋此时的旋转速度为 18 m/s,属于中等强度中气旋,底高在 1.2 km 左右,距离雷达 75 km,符合龙卷预警条件。正如前面所提到的,按照目前中国气象局的预警流程,从预报员打算发预警到预警最终到达用户手中至少要 15 分钟。在 23:06 启动预警发布程序,最快要到 23:21 用户才能接收到警报,此时龙卷已经触地,警报提前时间(lead time)为-1 分钟,如果龙卷持续时间较长,仍然可以视作有效预警,只是效果肯定不理想。这是目前龙卷预警面临的挑战之一。如果能将从打算预警到用户接收到预警的时间间隔缩短为 3 分钟,则这次龙卷预警可以在 23:09 发到用户手中,提前时间为 11 分钟。如果能做到 10 分钟左右的提前时间,就很好了。

(3)登陆热带气旋螺旋雨带上微型超级单体龙卷预警判据建议

1)0～1 km 风矢量差≥8 m/s,抬升凝结高度≤1000 m。

2)在距离雷达 60 km 以内,如果微型超级单体中气旋的旋转速度达到 12 m/s 或以上,发布龙卷警报。

3)在距离雷达 60～100 km 以内,如果微型超级单体中气旋的旋转速度达到 10 m/s 或以上,发布龙卷警报。

(4)登陆热带气旋螺旋雨带上微型超级单体中气旋龙卷预警示例

2006 年 8 月 4 日,派比安台风登陆广东后,其外围雨带上的一系列微型超级单体先后产生 5 个龙卷,导致 9 人死亡,100 余人受伤,数百间房屋受损或被完全摧毁。这里我们只展示发生在 8 月 4 日 10:50 那

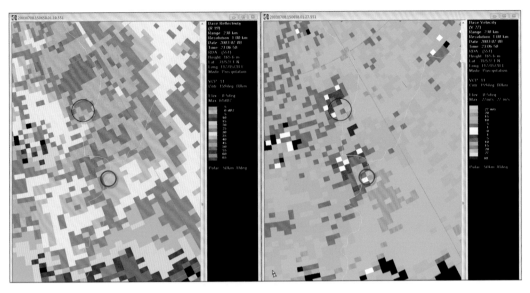

图 5.63　2003 年 7 月 8 日 23:06 合肥 SA 型新一代天气雷达 0.5°仰角反射率因子和径向速度局部
放大图,呈现出南北排列的 2 个超级单体和它们相应的中气旋(引自俞小鼎等,2006c)

次龙卷的母风暴的雷达回波图。根据 8 月 4 日上午位于上述龙卷发生区上游的香港探空资料,CAPE 为 1700 J/kg,CIN 为 12 J/kg,0～6 km 风矢量差为 23 m/s,0～1 km 风矢量差为 12 m/s,抬升凝结高度为 200 m,既有利于超级单体形成,也有利于龙卷产生。图 5.64 为 2006 年 8 月 4 日 10:35 广州 SA 型新一代天气雷达 0.5°仰角反射率因子和径向速度放大图,聚焦台风外围雨带上的微型超级单体和相应的中气旋(白色双箭头所指)。从图中看出,此时中气旋的旋转速度为 18 m/s,距离雷达 46 km,符合预警标准,可以发布龙卷警报。一个 EF2 级龙卷于 10:50 发生在佛山市顺德区西樵镇,考虑到警报制定和发布过程要 15 分钟,则警报到达用户手中时已经是 10:50,提前时间为 0;如果警报制定和发布过程缩短为 3 分钟,则警报提前时间为 12 分钟,比较适当。

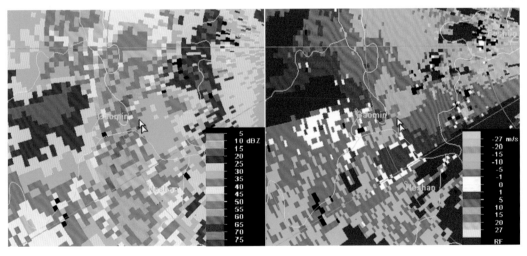

图 5.64　2006 年 8 月 4 日 10:35 广州 SA 型新一代天气雷达 0.5°仰角反射率因子和径向速度放大图,
聚焦台风外围雨带上的微型超级单体和相应的中气旋(白色双箭头所指)

需要指出的是,上面给出的龙卷预警指标仅仅是建议,龙卷相对高发区的预报员可以根据当地的实际情况进行适当调整。无论采用什么预警指标,都会有比较高的虚警率,这一点是无法避免的,同时也会出现一定的漏报率,应该比较小。

5.2.3.4 强对流天气预警平台

目前世界上最好的强对流天气预警平台仍然在美国。美国国家气象局下属的 121 个基层气象台分析强对流天气的工作平台主要是 AWIPS 系统(类似于中国气象局的 MICAPS 系统)和 SCAN 系统。显示和分析多普勒天气雷达回波的类似于 PUP 的系统是 AWIPS 的一个独立功能块,而 SCAN(强对流分析和临近预报系统)类似于中国气象局的 SWAN,功能要强大一些。一旦决定要发布龙卷和/或强对流天气预警,警报制作和发布需要使用专门的平台 WARNGEN,即警报自动生成和发布平台。预报员一旦决定发布警报,只要输入几个关键字和预警区域(图 5.65),警报文字将自动生成,预报员按一下按钮,警报的文字部分和图像部分自动发到用户手中,整个过程不超过 3 分钟。美国基层气象台站的强天气预警主要分为三类:强对流天气(包括强冰雹和雷暴大风)、龙卷和暴洪。对强对流天气和龙卷的警报时效通常为 60 分钟,对暴洪警报的时效通常是 2~3 小时。警报不分级别,警报区域是基于具体对流风暴的,因而不是格点化的,每个预警区域由一个多边形构成,通常为四边形或五边形,警报区域的平均面积在 1000 km² 左右,大致相当于深圳市面积的一半或者北京市五环以内区域面积的一半。

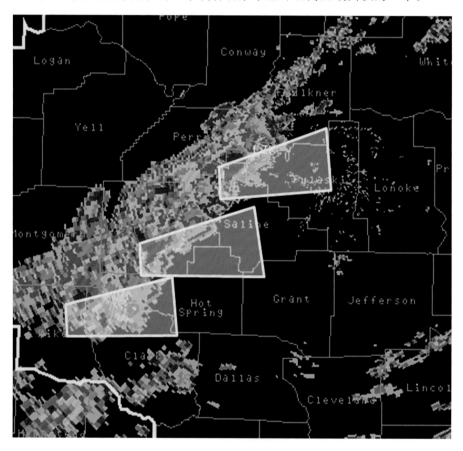

图 5.65　美国基层气象台预报员根据对流风暴未来移动趋势画出的预警区域

图 5.66 给出了 1978—2006 年美国国家气象局龙卷预警统计评分演变,包括命中率(POD)、虚警率(FAR)和提前时间(lead time)。从中看出,1991—1996 年期间,美国新一代天气雷达 WSR-88D 逐渐完成布网,龙卷警报的命中率从 0.4 左右提高到 0.6 左右,虚警率几乎保持不变,在 0.75 左右,警报提前时间从 6 分钟左右提高到 10 分钟左右。1996—2006 年,随着培训的加强和预报员经验的积累,以及新发现的关于强的低层垂直风切变和低的抬升凝结高度有利于龙卷发生等龙卷预报技术进展,截止到 2006 年,警报命中率提高到 0.75 左右,虚警率仍然很高,也在 0.75 左右,警报提前量增加到 13 分钟左右。

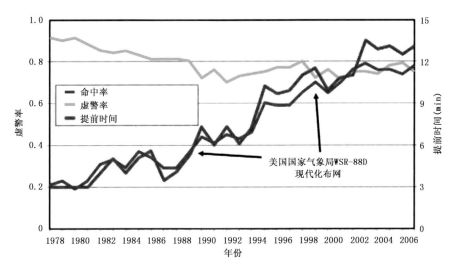

图 5.66　1978—2006 年间美国国家气象局龙卷预警评分演变

5.2.4　个例分析

5.2.4.1　2016 年 6 月 23 日江苏阜宁 EF4 级龙卷

2016 年 6 月 23 日午后,江苏省盐城市阜宁县发生了历史罕见的剧烈龙卷,导致 99 人死亡,846 人受伤,数千间民房完全倒塌或严重损毁,汽车被甩到几十米外,空集装箱被抛射出几百米。国家气象中心、南京大学大气科学学院、北京大学大气与海洋科学系以及广东佛山市气象局龙卷研究中心联合进行了详细和深入的灾后调查(郑永光等,2016b),表明这是一次 EF4 级龙卷。14 时 29 分阜宁新沟镇自动气象站监测到 34.6 m/s 大风,距离龙卷灾害发生地 5~6 km 还伴有直径 2 cm 以上的大冰雹和短时强降水,14 时 30 分左右阜宁城北、陈集镇一带出现直径 20~50 mm 的大冰雹,盐城北部地区 14—20 时 6 小时累积降水量 40~90 mm。图 5.67 给出了此次龙卷的大致路径,路径长约 30 km,最宽处约 4 km,最窄处 500 m,持续时间大约 35 分钟。中国 EF4 级以上龙卷屈指可数,范雯杰和俞小鼎(2015)所做的统计分析表明,1961—2010 年间中国仅出现过 4 次 EF4 级龙卷,其中 1969 年 8 月 29 日 EF4 级龙卷导致河北省霸县

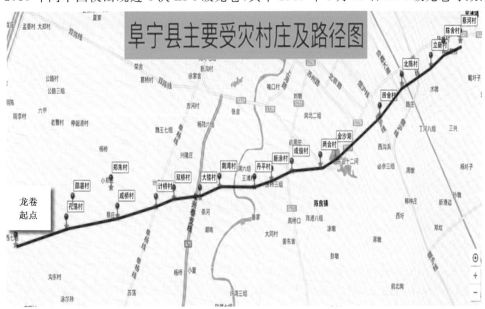

图 5.67　2016 年 6 月 23 日下午江苏省盐城市阜宁县 EF4 级龙卷路径(引自郑永光等,2016b)

（现霸州市）和天津市 130 余人死亡。

（1）天气背景

此次龙卷发生在 500 hPa 副热带高压以北、东北冷涡的槽线以南（图 5.69）。6 月 23 日 08 时，上游有一个 500 hPa 高空槽东移（图 5.69a），槽前深厚的西南风区域正在向午后发生的苏北强对流区域移近（图 5.69 中蓝色长方形所框区域）；850 hPa 切变线从黑龙江一直向西南延伸到四川东北部，上述午后发生龙卷的苏北强对流区域位于切变线以南，该区域西南侧为显著的低层西南暖湿气流（图 5.69b）。在该强对流区域上空 250 hPa，存在明显的分流场（图略），意味着对流层高层显著辐散。11 时的地面观测叠加同时的风云 2 号高分辨率可见光云图（图 5.68）显示，上述强对流区域位于地面准静止锋以南，而主雨带位于准静止锋以北，沿着准静止锋。

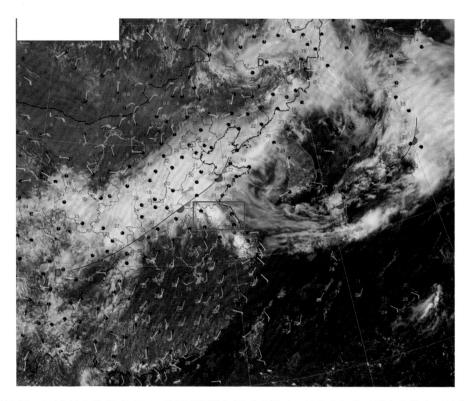

图 5.68　2016 年 6 月 23 日 11:00 地面观测叠加同时的风云 2 号静止气象卫星高分辨率可见光云

6 月 23 日 08 时位于发生龙卷的苏北强对流区域上游的徐州探空（图 5.70）显示，对流有效位能（CAPE）为 2800 J/kg，属于高值，对流抑制能量（CIN）为 30 J/kg，0～6 km 风矢量差为 16 m/s，属于中等偏强垂直风切变，有利于高度组织化的多单体强风暴产生，也有可能出现超级单体风暴。从盐城 SA 型新一代天气雷达的速度方位显示风廓线产品（VWP）可以看出，11:10 左右，0～3 km 之间风随高度顺时针旋转变得更明显，距离地面 300 m 处为 4 m/s 东南风，900 m 处为 6 m/s 偏南风，3000 m 处为 12 m/s 西南风，出现超级单体的概率在增加。可降水量为 59 mm，而且地面至 850 hPa 为显著湿层，因此最有可能出现的强对流天气是短时强降水，从环流场配置看苏北地区也有利于暴雨的形成。探空显示对流层中层 700～400 hPa 之间干层深厚，因此出现雷暴大风的概率也比较大（见 5.3 节）。高的 CAPE 值和 0～6 km 中等偏强的垂直风切变有利于强冰雹，只是融化层（湿球温度 0℃层，WBZ）高度达到 4.4 km，有些偏高，可以在预报中考虑小冰雹的出现（而实况出现了大冰雹）。抬升凝结高度（LCL）为 400 m，但 0～1 km 风矢量差只有 8 m/s，不算很强，此时判断龙卷出现的概率不大；考虑到处于龙卷多发区和多发季节，仍然要关注发生龙卷的可能性，尽管概率不大。

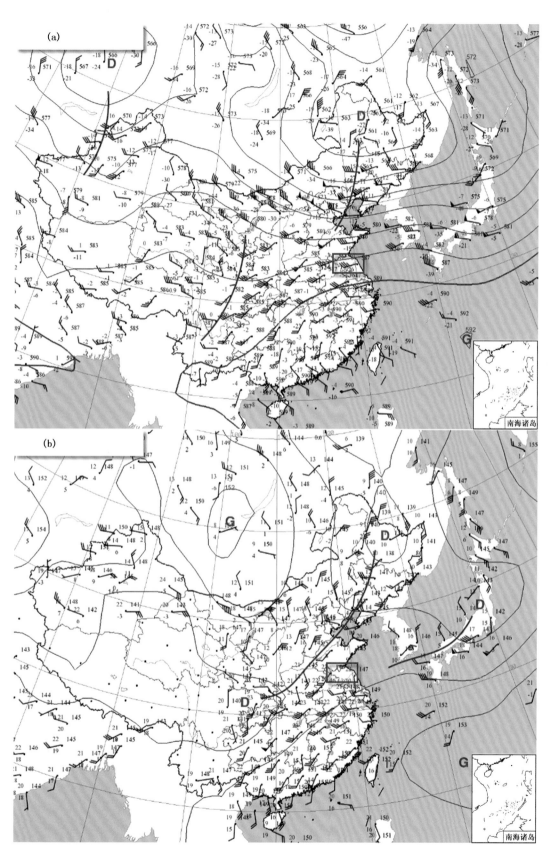

图 5.69　2016 年 6 月 23 日 08 时 500 hPa(a)和 850 hPa(b)天气图

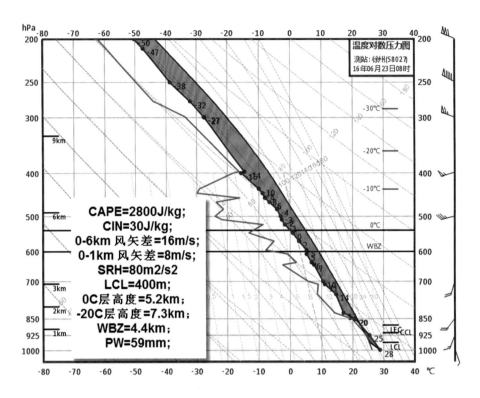

图 5.70　2016 年 6 月 23 日 08 时徐州探空

（2）雷达回波分析

12 时 09 分首先识别到中气旋,意味着超级单体风暴的形成,超级单体风暴位于江苏泗阳境内,此时除了关注短时强降水、雷暴大风和冰雹外,应该想到发生龙卷的可能性在增加,需要密切关注中气旋是否向下发展（即低层中气旋的形成和加强）。随后几个体扫,上述中气旋一直维持,在 12:26,中气旋从 2.5 km 一直向上延伸到 11.4 km,非常深厚,但中气旋在 12:37 时衰减消失,直到 13:40 中气旋重新形成,此时超级单体风暴位于淮阴市涟水县境内。下一个体扫,即 13:45,盐城雷达 0.5°仰角的反射率因子和径向速度图如图 5.71 所示,超级单体中气旋距离雷达 80 km,旋转速度为 20 m/s,属于中等强度中气旋,底高 1.2 km,根据 5.2.3.3 小节的龙卷预警判据,此时可以发布龙卷警报。龙卷是在 14:30 前后触地的,考虑到预警准备和发布过程至少需要 15 分钟,则最早在 14:00 左右警报可以达到用户手中,提前时间为 30 分钟左右。不过,我们以前给过的龙卷预警判据是出现强中气旋（俞小鼎等,2006c）,这样就要等到 14:02,此时中气旋最强的旋转位于 6.0 km 高度,旋转速度达到 25 m/s,属于强中气旋。江苏省气象台当班的短临预报首席预报员也是在此时决定发布龙卷警报的,他们打电话给阜宁市气象局要求该局值班人员发布龙卷警报,最终龙卷警报在 14:39 BST 发出,此时强龙卷已经在进展之中,考虑到龙卷持续了 36 分钟,该警报仍然是有效警报。应该说整个警报发布过程还是比较缓慢的,中国气象局在这方面亟需显著改善。

在 14:02 之后,低层中气旋强度迅速加强,而中层中气旋强度基本保持不变。图 5.72 给出了龙卷触地前后的 14:31 盐城雷达 0.5°、1.5°和 6.0°仰角的径向速度和反射率因子图。0.5°仰角径向速度图中的低层中气旋有暖湿气流入流和后侧下沉气流出流所构成,暖湿入流速度为 +12 m/s,后侧下沉气流导致的中气旋出流速度高达 -51 m/s,中气旋旋转速度为 32 m/s,中心高度距离地面 0.7 km,距离雷达 52 km。黄色圆圈所代表的中气旋直径大约为 6 km,假定中气旋为轴对称结构,可以计算得到中气旋对应的垂直涡度为 2.1×10^{-2} s^{-1},即 2.1 个中气旋单位,属于很强的中气旋垂直涡度。中气旋中心的黑色小圆圈代表正在发生的龙卷的位置,也是 TVS 的位置。除了龙卷,由于超级单体以很快的速度向着雷达方

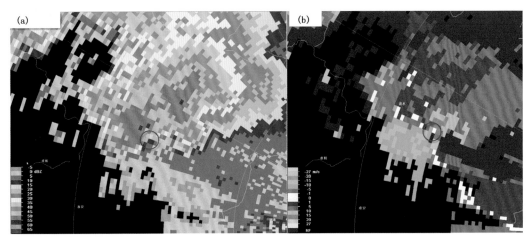

图 5.71　2016 年 6 月 23 日 13:45 盐城 SA 型新一代天气雷达 0.5°仰角反射率因子(a)和径向速度(b)图

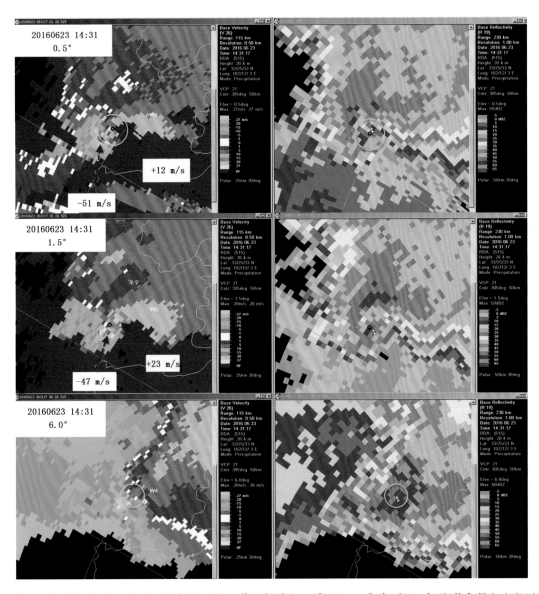

图 5.72　2016 年 6 月 23 日 14:31 盐城 SA 型新一代天气雷达 0.5°(上)、1.5°(中)和 6.0°(下)仰角径向速度(左列)
和反射率因子(右列)图(图中黄色圆圈代表中气旋,黑色小圆圈表示龙卷的位置)

向移动,动量下传叠加后侧下沉气流辐散风导致高达 51 m/s 的出流速度,距离地面只有 0.7 km,因此会在地面产生很强的直线型对流大风,至少可以达到 40 m/s 以上。14 时 29 分阜宁新沟镇自动气象站监测到 34.6 m/s 大风,很大可能是由类似的直线型大风所导致,而并非由龙卷本身所导致。在 1.5°仰角径向速度图上,构成低层中气旋一部分的低层暖湿入流的径向速度为 +23 m/s,构成中气旋另一半的超级单体后侧下沉气流出流径向速度为 −47 m/s,相应的旋转速度为 35 m/s,中气旋中心到地面距离为 1.6 km。这是迄今为止在中国记录到的最大超级单体中气旋旋转速度,也说明此次导致 EF4 级龙卷的低层中气旋的强度是空前的。2.4°仰角径向速度图上中气旋旋转速度为 32 m/s,中气旋中心距离地面 2.4 km。在最低两个仰角反射率因子图上,可以看到超级单体风暴的钩状回波特征,龙卷西南部、南部和东南部都是钩状回波较强回波区,风雨交加,只有从龙卷东南方向一个狭窄的视角才能目击到龙卷本身(触地漏斗云),这也是为什么一直到龙卷快结束时才有人拍摄到此次龙卷视频的主要原因。此次导致龙卷的超级单体风暴类型介于经典超级单体和强降水超级单体之间,是一种混合型(hybrid)超级单体。

如前所述,低层中气旋由低层暖湿入流和后侧下沉气流出流的一部分共同构成,图 5.72 中 0.5°和 1.5°仰角的径向速度图清楚地显示了这一点。中层中气旋则完全位于上升气流中。图 5.72 中的 6.0°仰角径向速度图上,黄色圆圈代表中气旋,其中心距离地面 5.6 km,其旋转速度为 22 m/s,勉强满足强中气旋标准,强度远低于低层中气旋强度。相应反射率因子图上,中气旋东北方向不远处有一块超过 65 dBZ 的强回波区域,意味着可能存在大冰雹。另外,在 9.9°仰角反射率因子图上(图略),55~60 dBZ 的强回波扩展到 8.5 km 高度,远高于 −20℃ 等温线高度(7.3 km),进一步增强了强冰雹的可能性。TVS 从 0.5°仰角一直扩展到 9.9°仰角,从 0.7 km 到 8.5 km,几乎与中气旋同样深厚,非常类似于 Brown 等 (1978)首次发现的那个 TVS 特征。14.6°仰角径向速度图显示强烈的风暴顶辐散,构成辐散的正负速度极值间的差值为 48 m/s,到地面高度为 14.0 km(这是按照标准大气折射所计算的高度,与实际高度会有一些出入),反射率因子图显示 50 dBZ 的回波扩展到 11.6 km。

综上所述,在超级单体形成以后,最初中层中气旋强,低层中气旋相对较弱,然后低层中气旋逐渐加强,当低层中气旋强度达到最大时,龙卷形成触地。伴随龙卷,雷达回波显示应该还有极端直线型雷暴大风和强冰雹。

5.2.4.2 2015 年 10 月 4 日下午广东佛山热带气旋外围雨带 EF3 级龙卷

2015 年 10 月 4 日 15 时 28 分至 16 时(北京时间),彩虹台风外围螺旋云带内的广东佛山龙卷造成 4 人死亡,80 多人受伤。广东佛山市气象局龙卷研究中心(李兆慧等,2017)结合龙卷灾害调查、雷达及佛山自动气象站等观测资料的综合分析确认,此次龙卷于 15 时 28 分在佛山顺德区勒流镇生成,影响勒流镇、北滘镇、乐从镇,于 16 时前后影响南海狮山镇,造成明显灾情的路径长度为 31.7 km,生命史 32 分钟,移速 60 km/h,灾情直径在十几米到几百米,最大直径为 580 m,最强时段属于 EF3 级强龙卷,造成了工业区钢结构厂房彻底坍塌,几乎夷为平地,钢质高压线塔架被吹断或刮倒,图 5.73 给出了龙卷造成的灾情综合图片。此次龙卷的一部分相对完整过程的视频被佛山市气象局下属的顺德区气象局的工作人员拍摄,视频将近 10 分钟,清楚地呈现了触地的龙卷漏斗云结构,是迄今为止所记录到的发生在中国的龙卷的最清晰和完整的视频。

(1)天气背景

据统计,江苏热带气旋螺旋雨带上的龙卷一般出现在台风开始登陆迅速减弱阶段(沈树勤,1990)。大多数龙卷出现在台风的东北象限或者相对台风移动方向的右侧或右前侧,这一事实与 McCaul(1991) 统计结果一致。郑媛媛等(2015)根据 10 次台风外围雨带龙卷的关键环境参数计算表明:1)对流有效位能值大多在 200~1500 J/kg 之间,相应的平均值明显小于梅雨期副热带高压外围龙卷的对流有效位能的平均值 1500 J/kg;2)0~6 km 垂直风切变总体上不如西风带龙卷对应的深层垂直风切变大;3)抬升凝结高度普遍较低,通常不超过 800 m;4)0~1 km 垂直风切变(风矢量差)大多超过 10 m/s,比西风带 EF2 或以上级龙卷对应的 0~1 km 垂直风切变略强。图 5.74 为郑媛媛等(2015)给出的台风外围螺旋雨带龙

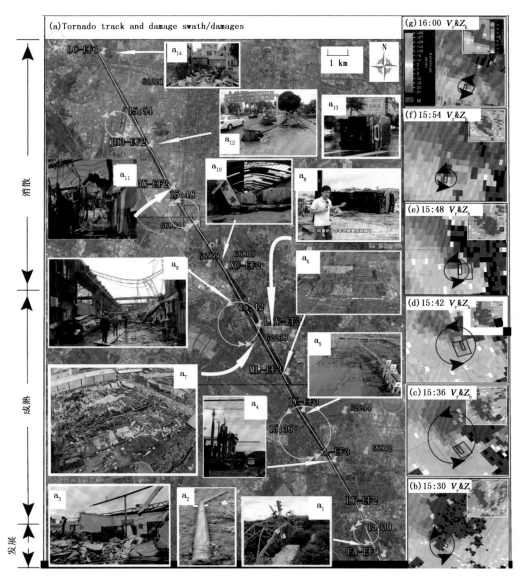

图 5.73　(a)龙卷路径(白色实线)及其灾情影响范围(红色阴影)和灾情图片,底图来自谷歌地球卫星影像图。黄色标记地名和龙卷等级(如 LY-EF2,表示"LY"站根据龙卷灾情调查为 EF2 级);图中 6 个带箭头的黄色圆为 15 时 30 分至 16 时(间隔 6 分钟)广州 SA 型新一代天气雷达(距离佛山 24 km)0.5°仰角径向速度得到的中气旋位置,其中相邻两个红色小矩形为正负速度对所在位置,大矩形为当时钩状回波的最大回波反射率因子。(b—f)15 时 30 分至 15 时 54 分广州雷达 0.5°仰角径向速度图。其右上角小图为同时次 0.5°仰角反射率因子,图中的圆圈和方形标记与(a)同;地图的方向(指北针)和标尺位于图右上角。引自李兆慧等(2017)

卷流型配置概念模型图,中低层存在偏东风急流,风随高度顺转,龙卷出现在低层辐合线与 500 hPa 急流交汇处附近,在台风前进方向东北侧的外围螺旋雨带上,产生前地面存在风向切变或者风速辐合。

2015 年 10 月 4 日 1522 号台风"彩虹"于 14 时 10 分前后以强台风级别在广东省湛江市坡头区沿海登陆,龙卷发生在台风登陆后的 15:28—16:00。龙卷发生地位于台风东北侧螺旋雨带上,距离台风中心约 350 km,在龙卷风暴经过地的西侧 6 小时降水量普遍超过 40 mm,东侧降水相对较弱。当日 08—20 时副热带高压稳定维持,592 dagpm 线位于广东东北部至江西南部、湖南东北部一线,随着台风登陆向西北方向移动,台风与副热带高压之间东南风逐渐转为偏南风,且风速较大,10 月 4 日 08 时 850 hPa 香港、清远、梧州和阳江都是 20 m/s 以上的东南风或东南偏东风(图 5.75)。图 5.76 给出了 10 月 4 日 08 时位

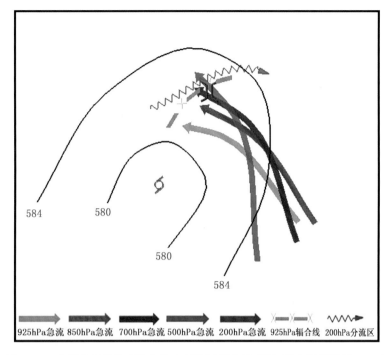

图 5.74　台风外围螺旋雨带龙卷流型配置概念模型图(引自郑媛媛等,2015)

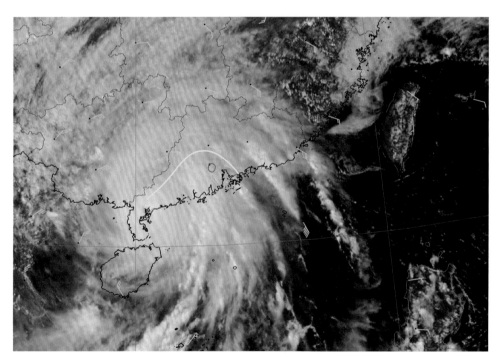

图 5.75　2015 年 10 月 4 日 14 时风云 2E 可见光云图叠加 08 时 850 hPa 风场(浅蓝色风杆)。
黄色实线包围的区域为 08—14 时 6 小时 40 mm 以上降水区,红色台风符号标记 14 时台风彩虹位置,
紫色圆圈标识出佛山发生龙卷的大致区域

于午后龙卷发生地(佛山)上游的没有被台风降水污染过的香港探空,其相应的 CAPE 值为 600 J/kg,
CIN 为 22 J/kg,0~6 km 风矢量差为 22 m/s,0~1 km 风矢量差高达 17 m/s,抬升凝结高度为 350 m,环
境条件十分有利于台风外围雨带上微型超级单体和龙卷的产生(黄先香等,2018)。

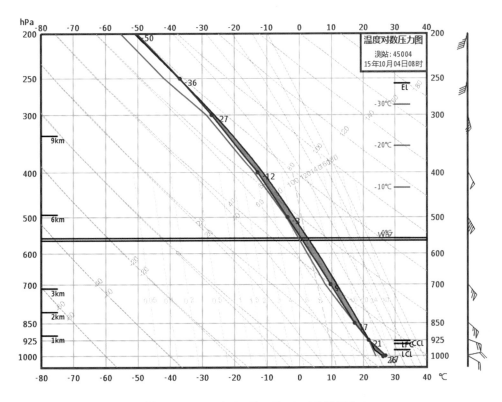

图 5.76   2015 年 10 月 4 日 08 时香港探空

　　台风外围龙卷的母云体大多是微型超级单体,风暴水平尺度 10 km 左右,中气旋尺度 2~4 km,由于 SA 型雷达反射率因子分辨率较低(1 km×1°),钩状回波特征大多不清晰,多数情况下是一个与回波主体构成顺时针曲率的突出物,有时具有弱回波区(WER)和有界弱回波区(BWER)特征。如果不放大,这些微型超级单体很难分辨,往往只是对应热带气旋外围螺旋雨带上的一个凹槽。图 5.77a 没有经过放大,很难看清热带气旋外围雨带上的微型超级单体,经过 8 倍放大,可以清晰地看到正在导致龙卷的微型超级单体的钩状回波特征(图 5.77b)和相应的中气旋(图 5.77c)。台风外围雨带上微型超级单体中气旋与西风带龙卷超级单体中气旋相比,主要差别在台风龙卷中气旋的尺度更小,垂直伸展高度更低,以至于中气旋探测算法常常无法识别出这类低顶小尺度中气旋。

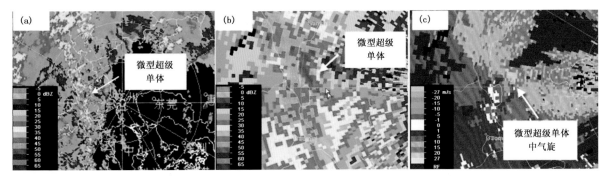

图 5.77   2006 年 8 月 4 日 10:59 广州雷达未经放大的反射率因子图(a),经过 8 倍放大的
反射率因子图(b),经过 8 倍放大的与微型超级单体对应的中气旋(c)

　　台风"彩虹"外围螺旋雨带上出现过多个与较强回波对应的气旋式旋转的几千米尺度的涡旋,有些达到了中气旋强度,10 月 4 日 12:00—14:00 两小时内广州 SA 雷达至少监测到了 13 个此类涡旋。广州雷达站以东以南、距离雷达 100 km 范围内的螺旋雨带上的较强单体大多出现了不同程度的旋转,其中佛山

附近监测到了 5 个。涡旋直径一般在 5 km 以内,对应的强单体水平尺度 10 km 左右,其旋转速度可以达到中等强度中气旋阈值,有的仅出现在 1~2 km 高度之间。图 5.78 给出了 12:06 佛山附近的 2 个小涡旋,标注"Nanhai"附近的涡旋速度对仅在 0.5°和 1.5°仰角径向速度图上可见,1.5°仰角旋转速度 13 m/s,达到中气旋阈值。佛山以南涡旋较强且伸展到 4.3°仰角(2.3 km),2.4°~3.4°仰角径向速度图上旋转速度 17 m/s,为中等强度中气旋。此微型超级单体持续时间超过 1 小时,且在中气旋中心 0.5°~1.5°仰角径向速度图上出现过类似龙卷式涡旋特征(TVS)的结构,只是强度较 TVS 弱。

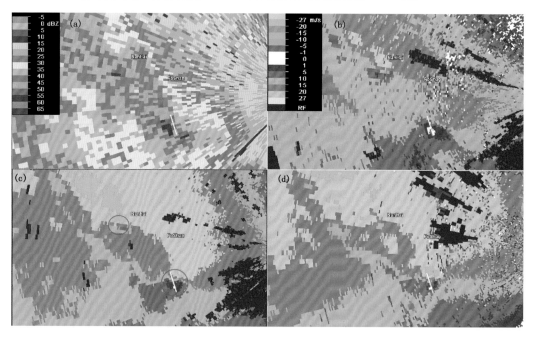

图 5.78　2015 年 10 月 4 日 12:06 0.5°仰角反射率因子(a)及 0.5°(b)、2.4°(c)和 4.3°(d)仰角径向速度图

值得一提的是,螺旋雨带上回波强度达到 55 dBZ 的 3 个较强单体均具有中等强度的中气旋,由于并未进行灾情调查,是否产生龙卷尚未可知。致灾龙卷出现前螺旋雨带内的几千米尺度涡旋即使没有产生龙卷,亦对龙卷有先兆指示意义。低层中等以上强度的中气旋(台风螺旋雨带上的微型超级单体中气旋,由于尺度相对较小,多数直径在 2~4 km 之间,位置在 0~60 km 之间,旋转速度达到 12 m/s 可以认为属于中等强度中气旋,而在 60~100 km 范围,旋转速度达到 10 m/s 就可以认为是中等强度中气旋)是龙卷预警的指标之一,可以将低仰角中等以上强度中气旋或龙卷式涡旋特征(TVS)结合 50 dBZ 以上的强回波作为龙卷预警的指标,即使未产生龙卷,产生地面直线型风害的概率亦较高。

龙卷生成前,具有中气旋的小型超级单体(龙卷母云体)已经存在了 90 分钟以上。14 时 36 分(图 5.79,距离龙卷出现 1 个小时),龙卷小型超级单体位于珠海附近,涡旋速度对集中于 2.4~4.3°仰角(相当于距离地面 2~3 km 高度)径向速度图上,旋转速度 12 m/s(注意速度模糊),0.5°仰角(距地 1 km 高度)径向速度图上旋转不明显。此时风暴水平尺度约 20 km。15 时 00 分(图 5.80)龙卷中气旋更加深厚且旋转加强,0.5°~4.3°仰角(3.3 km 高度)径向速度图上可见中气旋速度对,其中 2.4°仰角(距地 2 km 高度)径向速度图上旋转速度增强至 17 m/s,考虑到中气旋直径较小,这样的旋转速度可以视为强中气旋。0.5°仰角(距地面 1 km)径向速度图上出现类 TVS 结构,相邻像素正负速度极值的差值为 43 m/s。反射率因子图上 0.5°~2.4°仰角均可见与中气旋对应的弱回波区(白色实线标注)。达到 12 m/s 的旋转速度的中气旋是热带气旋雨带上微型超级单体龙卷预警指标之一,如果此时发布龙卷警报,预警时间提前量约为 30 分钟。

随着龙卷风暴移动到辐合线附近,风暴有明显加强。15 时 24 分(图 5.81)低层转为气旋式辐合速度对,正负速度极值中心速度均为 17 m/s,直径 3.5 km,辐合强度达 $1.9 \times 10^{-2} \mathrm{s}^{-1}$,最强旋转位于 2~3 km

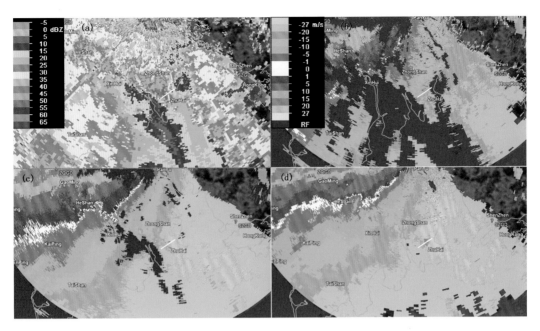

图 5.79　2015 年 10 月 4 日 14:36 0.5°仰角反射率因子(a)及 0.5°(b)、2.4°(c)
和 4.3°(d)仰角径向速度图

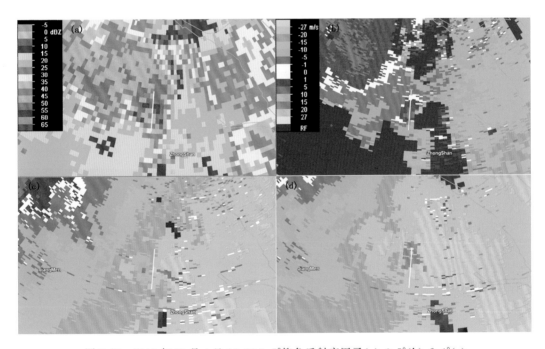

图 5.80　2015 年 10 月 4 日 15:00 0.5°仰角反射率因子(a)、0.5°(b)、2.4°(c)
和 4.3°(d)仰角径向速度图

高度,旋转速度为 21 m/s,属于强中气旋,较上一体扫增强 2~3 m/s,且涡旋直径减小,由 5 km 减小至 3 km,中气旋垂直涡度值由 $1.4×10^{-2}s^{-1}$ 增至 $2.7×10^{-2}s^{-1}$,增加了近一倍。4.3°仰角反射率因子图上 45 dBZ 以上的强回波呈圆环状,即存在有界弱回波区(BWER),与该高度上的中气旋对应。低层辐合表明此时上升气流强度有所增强,可以预见到中气旋还将进一步增强。基于中气旋强度较强、直径相对较小,且仍将继续发展,龙卷出现的概率高,应立即发布龙卷警报。此时距离龙卷出现时间不到一个体扫,按照 15 分钟警报准备和发布时间计算,15 时 39 分用户才可接到警报,此时龙卷已经触地 11 分钟!但由于此

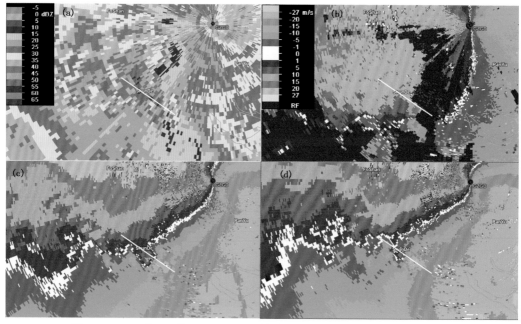

图 5.81　2015 年 10 月 4 日 15:24 4.3°仰角反射率因子(a),0.5°(b)、2.4°(c)
和 4.3°(d)仰角径向速度图

次龙卷持续时间较长,警报仍是有效的。

15 时 30 分(图 5.82)低层依然维持辐合式旋转,旋转分量较上一体扫增大,1.3 km 高度中气旋旋转速度达 32 m/s,位于 4.3°仰角,并监测到了龙卷涡旋特征,2.4°仰角(距地面 1 km)速度差 54 m/s(图 5.82 中绿色倒三角标记处),极强的低层中气旋和龙卷涡旋特征均表明龙卷正在发生。在台风外围雨带小型超级单体中,如此强的中气旋尚属少见。剖面图上(图 5.83),15 时 24 分最强回波位于中气旋西北侧,回波强度达 60 dBZ,位于 4.5 km 高度,有界弱回波区(BWER)结构清晰,15 时 30 分 BWER 高度较上一体扫明显下降,反射率因子核高度亦由 4.5 km 降至 3 km,龙卷发生在风暴反射率因子核高度开始下降阶段。

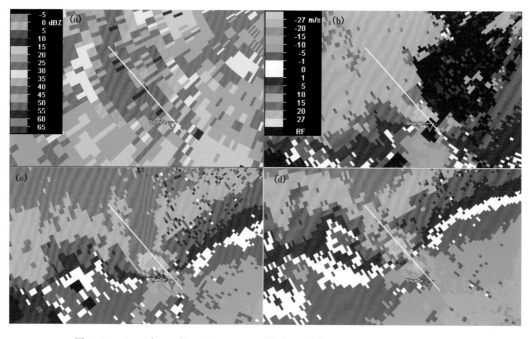

图 5.82　2015 年 10 月 4 日 15:30 3.4°仰角反射率因子(a),0.5°(b)、2.4°(c)
和 4.3°(d)仰角径向速度图

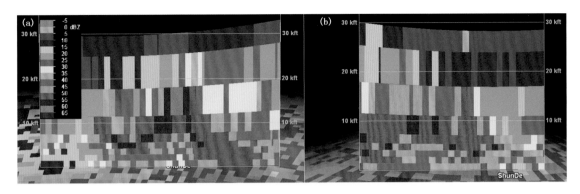

图 5.83 2015 年 10 月 4 日 15:24(a)和 15:30(b)反射率因子垂直剖面。剖面位置为图 5.81
和图 5.82 中白色实线标记处

15 时 36 分(图 5.84)在 0.5°仰角辐合式旋转中心出现了强烈的龙卷式涡旋特征(TVS,图 5.84 中黄色倒三角),相邻方位角速度差达 64 m/s,距地面 240 m,对应位置 0.5°仰角反射率因子图上出现 65 dBZ 强回波,应该是龙卷卷起的碎屑。1.5°~3.4°仰角(距地 1.4 km)可见中气旋包裹的 TVS,TVS 相邻方位角速度约 50 m/s。强中气旋和 TVS 及 65 dBZ 以上的强回波维持了 2 个体扫。15 时 36 分是龙卷母风暴(微型超级单体)及龙卷涡旋发展最强烈的时段。15 时 48 分之后尽管龙卷仍在进展过程中,但龙卷母风暴反射率因子不再具有弱回波区结构,0.5°仰角相邻方位角径向速度差进一步下降至 30 m/s 以下,中气旋强度进一步减弱,最强旋转速度 17 m/s(图 5.85)。15 时 54 分至 16 时,龙卷风暴中气旋最强旋转速度维持在 17 m/s 左右,直径 4 km 左右,无 TVS,龙卷母风暴尺度亦显著减小,尽管从灾害调查仍有类似龙卷风灾,但从雷达回波图上很难判断是否龙卷仍在持续,由中气旋叠加在强的环境西南风上导致地面直线型非龙卷强风的可能性比较大。

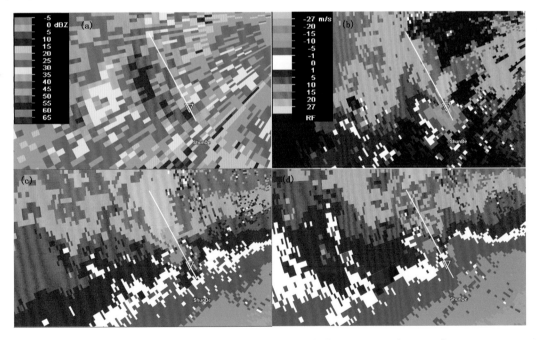

图 5.84 2015 年 10 月 4 日 15:36 0.5°仰角反射率因子(a),0.5°(b)、3.4°(c)
和 6.0°(d)仰角径向速度图

综上所述,佛山龙卷出现在强的深层和低层垂直风切变、不太大的对流有效位能,以及很低的抬升凝结高度环境下。导致此次 EF3 级强龙卷的小型超级单体出现前,台风外围已经出现了多个具有中气旋的小型超级单体,对龙卷发生有一定的警示意义。导致该龙卷的微型超级单体在龙卷出现前 90 分钟已

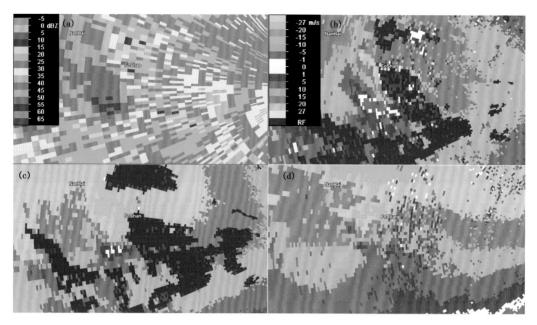

图 5.85　2015 年 10 月 4 日 15:48 0.5°仰角反射率因子(a),0.5°(b)、1.5°(c)
和 4.3°(d)仰角径向速度图

存在。龙卷出现前 30 分钟,相应的微型超级单体中气旋加强为中等到强的级别且底高仅 500 m,具有弱回波区结构,应该立即发布龙卷警报。随着龙卷风暴移动到边界层切变辐合线附近,龙卷风暴的中气旋显著增强,龙卷发生前一个体扫,2~3 km 高度中气旋接近强中气旋阈值,龙卷出现的概率很高,如果 24 分钟前没有发布龙卷警报,此时应立即毫不犹豫发布龙卷警报,虽然警报到达用户手中时,龙卷已经触地 10 分钟左右,由于此次龙卷持续 30 多分钟,警报对下游地区仍是有效的。根据本例的多个微型超级单体的分析,回波强度及反射率因子核的高度与龙卷涡旋强度相关,反射率因子加强至 55 dBZ 以上时,中气旋可加强至中等或更高强度。这个结论尚需基于更多的个例统计回波强度与中气旋之间的相关性,如果可以证实上述结论,则自动识别低层中等强度中气旋的同时加强对反射率因子强度的监测,有可能提前对一些台风外围龙卷发出预警。另外,台风外围龙卷多出现在边界层辐合线附近,增加对地面辐合线、基于多普勒径向速度的辐合线的识别有可能更早预见到台风外围龙卷发生的可能性。

5.3　雷暴大风

灾害性雷暴大风,指的是对流风暴产生的龙卷以外的地面直线型风害。雷暴大风的产生主要有四种方式:

1)对流风暴中的下沉气流到达地面时产生辐散,直接造成地面大风,如图 5.86 所示。

2)对流风暴移动时,带有某方向动量的环境空气被夹卷进入风暴内部随着下沉气流到达地面附近引起原有纯下沉气流辐散风的加强或减弱。

3)对流风暴下沉气流由于降水蒸发冷却在到达地面时形成一个冷空气堆,常被称为冷池(cold pool 或 cool pool)或雷暴高压,冷空气向四面扩散,冷空气堆与周围暖湿气流的界面称为阵风锋(类似于冷锋,可以看做是浅薄的中尺度冷锋),阵风锋的推进和过境也可以导致大风。有时是孤立的雷暴自身产生阵风锋,有时由多个对流单体的雷暴群的冷下沉气流到达地面后的冷池连为一体,形成一个共同的冷堆向前推进,其前沿的阵风锋可达数百千米长,图 5.87 给出了阵风锋导致大风的具体例子。这种原因的雷暴大风很难与第一种和第二种原因导致的雷暴大风截然分开。通常将在地面导致强辐散气流的雷暴内下沉气流底部和地面强辐散风一起称为"下击暴流"(downburst;Fujita,1978),将由下击暴流在地面附近的强烈辐散直接导致的雷暴大风称为下击暴流大风,将由于阵风锋的快速推进导致的雷暴大风称为阵风锋大风,正如刚刚强调的,这两种雷暴大风很多情况下不能截然分开。

4)低空暖湿入流在快要进入上升气流区时受到上升气流区的抽吸作用而加速,导致地面大风(图5.88)。这种情况下大风范围很小,并且只有在上升气流非常强的雷暴附近才会出现。

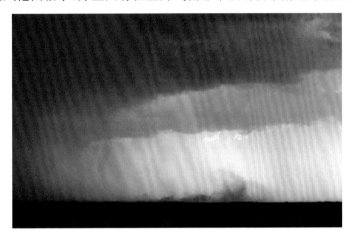

图 5.86　雷暴内强下沉气流的强烈辐散导致地面大风(Doswell 提供)

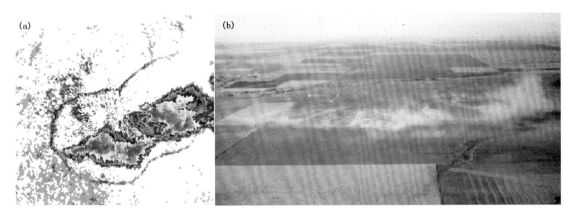

图 5.87　雷暴群的下沉气流到达地面形成冷堆向四周扩散,其前沿的阵风锋可以带来地面大风
(a)雷达回波;(b)阵风锋导致的地面大风沿阵风锋前沿卷起的尘土

图 5.88　低空暖湿入流在快要进入上升气流区时受到上升气流区的抽吸作用而加速导致地面大风
(图中从积雨云底向下突出的不规则云称为墙云,是积雨云强烈上升气流的根部)(Doswell 提供)

本节主要讨论第一种和第二种方式导致的雷暴大风,第三种方式导致的雷暴大风往往与前两种原因导致的雷暴大风伴随发生。这三种方式占了灾害性雷暴大风的绝大多数。

5.3.1　雷暴大风产生机理

雷暴大风潜势预报,除了考虑雷暴(深厚湿对流)生成的三个要素(层结不稳定、水汽、抬升触发)外,还需要考虑能够导致强烈下沉气流和动量下传的机制以及有利的环境条件。首先考虑下沉气流和其地面出流的强迫机制,这些强迫机制可以通过垂直运动方程来讨论,找出有利于雷暴(深厚湿对流)内强烈下沉气流的有利环境条件和表达参数,最后讨论雷暴内动量下传对雷暴大风的可能贡献。

5.3.1.1　下沉气流与上升气流特征的比较

下沉气流和上升气流至少在以下三个方面存在明显的不同:

1)深厚湿对流中的上升气流通常是轻微过饱和的,而在下沉气流中,蒸发、融化和凝华的冷却作用通常抵消不了下降过程中绝热压缩造成的增温,因而通常达不到饱和。当深厚湿对流中的下沉气流较弱,平均雨滴尺寸比较小,或雨强比较大时,下沉气流内可以接近饱和。

2)液态和固态凝结物的微物理细节对下沉气流比上升气流具有更大的影响。这些细节对于下沉气流中潜热冷却的估计至关重要。不少研究者认为,小的雨滴更容易导致更大的下沉气流,因为它们有更大的表面积暴露于环境。小的雨滴具有更大的曲率,导致更大的平衡水汽压,因此更低的相对湿度,从而增加蒸发的潜势;大的雨滴和冰雹尺寸较大,下沉速度较大,有利于加大降水的向下拖曳作用,也有利于更强的下沉气流速度。

3)对于水平尺度超过 1 km 的深厚湿对流,上升气流中的正浮力(通常用 CAPE 表达)通常远远超过下沉气流中的负浮力(通常用 DCAPE 表达)。

5.3.1.2　垂直运动方程的讨论

深厚湿对流中下沉气流主要强迫机制包含在垂直运动方程之中:

$$\frac{\mathrm{d}\,\overline{w}}{\mathrm{d}t} = \underbrace{-\frac{1}{r}\frac{\partial\,\overline{p}'}{\partial z}}_{1} + g\left[\underbrace{\frac{\theta'_{\mathrm{v}}}{\theta_{\mathrm{v}0}}}_{2} - \underbrace{\frac{c_{\mathrm{v}}}{c_{\mathrm{p}}}\frac{p'}{p_0}}_{3} - \underbrace{(r_{\mathrm{c}}+r_{\mathrm{r}}+r_{\mathrm{i}})}_{4}\right] \tag{5-8}$$

式中,w 为垂直速度;p 为气压;θ_{v} 为虚位温;c_{p} 为定压比热;c_{v} 为定容比热;r_{c}、r_{r} 和 r_{i} 分别为云水、雨水和冰水的混合比。字母上面加"‾"代表平均值,"′"代表对基本状态(用下标"0"代表)的偏离。基本状态只随高度变化。

等式右边第一项代表扰动气压的垂直梯度,第二项代表气块理论中考虑的热浮力项,第三项代表扰动压力的浮力项,第四项代表云、水和冰等水凝物的重力拖曳作用。除了上述四项,还有云和环境之间的空气夹卷作用未在式中表达出来。

1)扰动气压的垂直梯度

对于大多数深厚湿对流中的下沉气流,该项是一个小量,但在一些强烈的积雨云和中尺度对流系统中,这一项变得重要。在超级单体风暴中,与低层中气旋发展相伴随的气压迅速降低可以导致强烈的下沉气流。

2)热浮力

热浮力对一个气块的作用是大家熟知的。事实上,在不考虑压力的垂直梯度和小雨的情况下,通常可以将下沉气流的维持看作凝结物相变冷却作用和下沉绝热增温之间竞争的结果。下沉气流的温度低于环境温度越多,则所受到的向下的负浮力越大,下沉气流向下的加速度也就越大。不少研究者都强调在垂直运动方程中使用虚位温的重要性(Srivastava,1985)。他们的研究结果表明,低层环境的相对湿度越高,下沉气流的强度就越大,因为在下沉气流和环境之间虚位温差值的绝对值(代表驱动下沉气流的负浮力的大小)随着低层环境相对湿度的升高而增大。

3）扰动压力浮力

对于这一项的研究比较少。其表达式表明如果扰动压力的中心比周围低,则气块会加速上升。Schlesinger(1978)研究的结果表明,这一项与热浮力和扰动气压的垂直梯度项相比要弱。在上升气流穿透对流层顶时,这一项变得比较重要。

4）凝结物的重量

Brooks(1922)提出湿对流中的下沉气流是由降水粒子重量的向下拖曳作用所启动,然后再受到夹卷进来的环境空气的蒸发作用冷却。随后的研究强化了这样的概念,凝结物的确对下沉气流的启动起重要作用。

为了比较相变冷却和凝结物重量对下沉气流维持方面的相对贡献,对它们进行了定量的比较。雷达反射率因子可以用来估计雨水的混合比 M,根据以下公式(Battan,1973):

$$Z = 2.4 \times 10^4 M^{1.82} \tag{5-9}$$

根据上式和式(5-8),可以计算不同反射率因子对应的雨水混合比和等效的温度差(代表负浮力的大小),如表 5.7 所示。

表 5.7　垂直运动方程中典型的反射率因子等效的雨水混合比和等效的下沉气流与环境温度差

Z(dBZ)	M(g/kg)	温度差(K)
20	4.10×10^{-2}	-0.01
30	1.45×10^{-1}	-0.04
40	5.15×10^{-1}	-0.16
50	1.83	-0.55
60	6.47	-1.94

考虑这样一个情形,假定雨水含量为 1 g/kg,全部蒸发造成的温度差为

$$\theta_v' = L \frac{r_r}{c_p} \approx 2.5\text{K} \tag{5-10}$$

而 1 g/kg 雨水含量的重量对应的等效温度差只有 0.3 K,即将式(5-8)中等式右边的第四项换算成第二项。也就是说,尽管凝结物重量的向下拖曳作用在下沉气流的启动中起了重要作用,但在随后的演化中,降水蒸发对下沉气流的加速作用远大于凝结物拖曳的加速作用。

5）夹卷

夹卷对深厚湿对流中上升流的作用已经被广泛研究。环境空气被混合进入上升气块减小了其正浮力,因此减小了其上升气流速度。然而,对于下沉气流,有关夹卷的作用存在两种截然不同的观点。Knupp(1987)以及 Kingsmill 和 Wakimoto(1991)认为,将干空气夹卷进入下沉气流加速了云雨粒子的蒸发和升华,有助于其强度的加强,并且在下沉气流的启动中发挥重要作用。这种下沉气流的产生机制在强对流风暴中有很多验证,尤其当夹卷区对应于相当位温(θ_e)或湿球位温(θ_w)的极小值高度时(Betts,1984)。而 Srivastava(1985)利用一维云模式的模拟表明,环境空气的混合减小了虚位温差,从而减小了下沉气流中的负浮力。Srivastava(1985)还进一步表明,当环境相对湿度越高时,湿对流内的下沉气流会变得越强。这与通常认为的较高环境相对湿度将减少蒸发的潜势,因而产生较小的下沉气流速度的概念是相反的。Proctor(1989)利用三维数值模拟得到了类似的结果。

关于干空气夹卷在深厚湿对流下沉气流启动和加强中的作用的上述两个相反的意见的调和在于,夹卷出现的高度和下沉气流是被启动还是被维持。前一种意见可以理解为环境干空气的夹卷对于下沉气流的启动是重要的。这一观点获得了广泛认同,并且与大量观测事实相一致。而 Srivastava(1985)的意见可以理解为,在大气低层较高的环境相对湿度对于下沉气流的维持是非常重要的。换句话说,按照 Srivastava 的数值模拟结果,湿对流内的强烈下沉气流的维持要求低层较高的环境空气相对湿度和融化层附近较干的环境空气。融化层附近较干的环境空气有利于较强下沉气流的观点与 Kingsmill 和

Wakimoto(1991)等的分析结果是一致的,而低层较高的环境空气相对湿度有利于强烈下沉气流的维持的观点存在很大争议。其实,对于较强下沉气流的维持更重要的是对流层中下层(地面～500 hPa)的温度递减率,该递减率越大,下沉气流下降过程中(本身会产生增温)环境的增温幅度也越大,有利于下沉气流和环境之间负温差的保持,有利于下沉气流内已经形成的下沉气流强度的维持。

目前获得广泛共识的有利于深厚湿对流内强烈下沉气流产生的有利环境条件是:1)对流层中层(700～400 hPa)存在干层;2)对流层中下层(地面～500 hPa)的温度直减率相对较大。第二个条件也有利于强上升气流的产生。

我们选取了100个30 m/s或以上强度的极端雷暴大风样本集和100个左右普通雷暴样本集进行相应关键参数的对比分析(马淑萍等,2019)。图5.89给出了两个样本集间代表对流层中层干层强度的700～400 hPa温度露点差的平均值(图5.89a)和代表一段对流层中下层温度递减率850～500 hPa间温差(图5.89b)的箱线图对比。首先来看图5.89a,注意到极端雷暴大风样本集的700～400 hPa之间温度露点差的平均值分布的25%、50%和75%百分位值分别为8.5℃、12.0℃和16.0℃,显著地高于普通雷暴样本集的相应值3.0℃、5.0℃和8.5℃,说明极端雷暴大风环境背景中的对流层中层的干层强度(以700～400 hPa区间温度露点差的平均值来度量)远大于普通雷暴环境背景中的相应值;再考察图5.89b,极端雷暴大风样本集的850～500 hPa之间的温差(与这一区间的温度递减率成正比,因为这一区间的高度差变化不大,通常在4.1～4.3 km之间)值分布的25%、50%和75%百分位值分别是25.0℃、28.0℃和31.0℃,明显高于普通雷暴样本集的相应值22.0℃、23.0℃和24℃。图5.89的结果充分地支持了上述有利于深厚湿对流(雷暴)中强下沉气流启动和维持的两个关键条件。

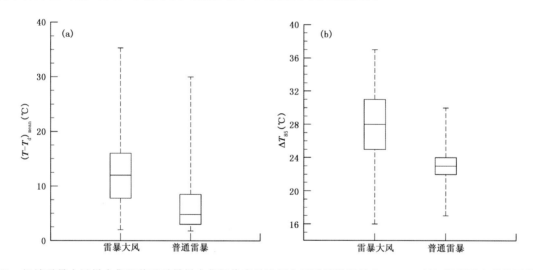

图5.89　极端雷暴大风样本集和普通雷暴样本集间代表对流层中层干层强度的700～400 hPa温度露点差的平均值(a)和代表一段对流层中下层温度递减率850～500 hPa间温差(b)的箱线图对比(箱底、中线和箱顶分别对应25%、50%和75%百分位,虚线为所有样本张开的范围)

5.3.1.3　雷暴内下沉气流强度潜势的估计

对于强冰雹来说,其产生需要有强烈、持续的上升气流,因此其环境背景除了雷暴生成的三要素外,通常需要比较大的对流有效位能、较强的深层垂直风切变和适中的融化层高度。对于雷暴大风,与强冰雹刚好相反,其产生需要较强的下沉气流。从上面的讨论可知,不同研究者对导致强烈下沉气流的要素和机制有不同看法,大家都认同的有利于雷暴内强烈下沉气流的环境条件是:1)对流层中层存在一个相对干的气层;2)对流层中下层的环境温度直减率较大,越接近于干绝热越有利。条件一有利于干空气夹卷进入由降水启动的下沉气流,使得雨滴蒸发,下沉气流内温度降低到明显低于环境温度而产生向下的加速度;条件二有利于保持下沉气流在下沉增压增温过程中和环境之间的负温差,使得下沉气流在下降过程中温度始终低于环境温度,一直保持向下的加速度。

Emanuel(1994)引入下沉对流有效位能(DCAPE)参量来表达雷暴大风的潜势,其表达式为

$$DCAPE = \int_{p_i}^{p_n} R_d(T_e - T_d)\mathrm{d}\ln p \qquad (5\text{-}11)$$

式中,T_e 和 T_d 分别代表环境和下沉气块温度;p_i 表示下沉气块起始处的气压,一般取 $700\sim400$ hPa 间湿球位温(θ_w)或假相当位温(θ_{se})最小值处或简单取 600 hPa;p_n 表示下沉气块到达中性浮力层或地面时的气压。

Emanuel(1994)认为,可以想象气块通过两种过程取得下沉对流有效位能(DCAPE)极大值(图 5.90):第一种过程,气块通过等压冷却达到湿球温度;第二种过程,有"适量"的雨水蒸发,使气块一直"恰巧刚刚"达到饱和状态,在维持气块饱和状态条件下沿假绝热过程下降。湿球温度的求取方法如下:从起始下沉高度温度(图 5.90 紫色粗虚线与蓝色细实线的交点)出发,沿干绝热线(棕色实线)上升至与等饱和比湿线(蓝色细虚线)相交,从该交点出发沿湿绝热线下降至起始下沉高度(图 5.90 绿色粗虚线与紫色粗虚线的交点)。

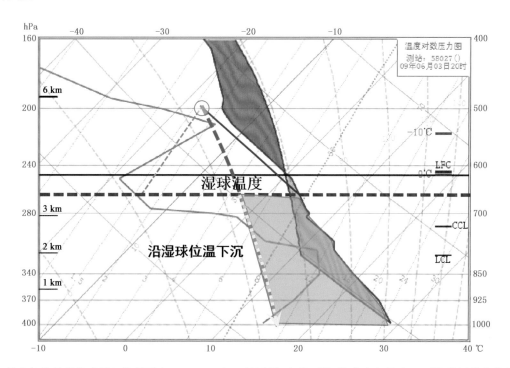

图 5.90　假定气块从紫色虚线(0℃层下方 $700\sim600$ hPa 间干层)高度下降,该高度气块由于雨滴等压蒸发作用达到饱和,即该高度湿球温度,接着沿假绝热过程(绿色虚线)下降,下降过程中假定总有"适量"雨水蒸发,使气块一直"恰巧刚刚"达到饱和。此过程中气块消耗的下沉气流有效位为 DCAPE,它与图中层结曲线(蓝色细实线)、假相当位温等值线(黄色粗虚线,箭头表示下降)、起始下沉高度线(紫色粗虚线)和地面高度所包围的面积(蓝色阴影)成正比
(Emanuel,1994)

在假定条件与实际符合程度方面 DCAPE 和 CAPE 有明显差别,CAPE 产生于上升凝结过程,可以比较有把握地将凝结看作是同样温度小云滴和水汽并存的一个准平衡态过程(图 5.91),而充满降水雨滴的下沉气流并不是这种情况。由于雨滴相对较大,具有明显的下降速度,且雨滴蒸发需要一定时间,这意味着雨滴温度不一定等于下沉气块温度,也就是说下沉气块中雨滴蒸发过程处于非平衡态过程,但一般仍处理为平衡态过程。在很多情况下,下沉气流中水物质的蒸发并不见得一直能提供恰巧用于保持气块的饱和状态,也就是说,与上升过程相比,气块沿湿绝热线下降的可能明显要小,或者说上升气流通常是饱和的而下沉气流常常是不饱和的,下沉气块会同时经历湿绝热过程和干绝热过程(图 5.91),因此

DCAPE 通常明显高估下沉潜势。另外,真实雷暴(深厚湿对流)中下沉气流气块从哪个高度层下降是不可知的,DCAPE 的计算值对起始下沉高度很敏感,理论上来说,应从湿球温度为 0 的高度下降,业务上常用的起始下沉高度是 600 hPa,有时候也用 700 hPa,还可以选择 0 ℃层附近假相当位温最小的高度(下沉最不稳定的气层)。例如,一次产生了 35.7 m/s 的雷暴大风过程,其环境探空从上述四个高度计算的 DCAPE 值分别为 1060 J/kg、1300 J/kg、810 J/kg 和 1300 J/kg,其假相当位温最小的高度位于 600 hPa。在没有足够的水汽使雷暴产生 CAPE 情况下,根据探空计算亦可能存在较大 DCAPE,但由于没有雷暴发生(CAPE 值为 0),DCAPE 即使是正值也不会产生地面对流性大风。

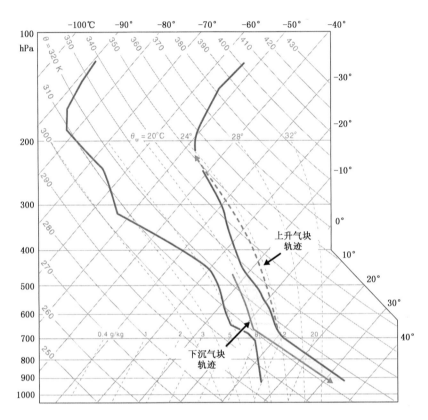

图 5.91 下沉气流通常经历湿绝热和干绝热下沉至地面,下沉气块释放的动能(实际下沉对流有效位能)
与蓝色阴影成正比(引自 Markowski and Richardson,2010)

图 5.92 给出统计的极端雷暴大风样本集和普通雷暴样本集之间下沉气流有效位能(DCAPE)值分布箱线图的对比(马淑萍等,2019),DCAPE 计算式下沉气流起始位置取的是假相当位温极小值的位置。图 5.92 显示,极端雷暴大风样本集的 DCAPE 值的 25%、50%和 75%百分位值分别是 920 J/kg、1180 J/kg 和 1350 J/kg,远高于普通雷暴样本集的相应值 330 J/kg、590 J/kg 和 830 J/kg。

5.3.1.4 雷暴下沉气流内的动量下传

当环境垂直风切变在中等或以上,风暴承载层平均风显著,雷暴(深厚湿对流)有明显的移动速度时,下沉气流导致的地面附近的辐散风将是非对称的,与雷暴移动方向一致的前侧辐散风明显比后侧大(图 5.93)。这涉及动量下传的问题。

动量下传中的动量有两个来源:1)假定雷暴是自西向东移动的,移动速度是 10 m/s,下沉气流中的雨滴或冰雹随着雷暴一起移动,当它们降落到地面附近时,会将这 10 m/s 的西风动量带到地面附近,同时还拖曳着一些同样带有 10 m/s 西风动量的下沉气流中的空气;2)假定环境大气相对干的空气夹卷层位于 700~400 hPa 之间的某一具有一定厚度的层(比如 580~520 hPa),夹卷层对应的高度上为 15 m/s

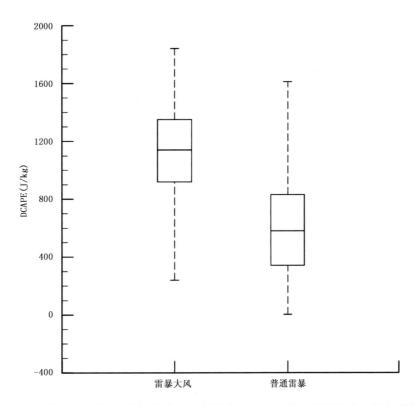

图 5.92　极端雷暴大风和普通雷暴下沉气流有效位能(DCAPE)分布箱线图对比(马淑萍等,2019)

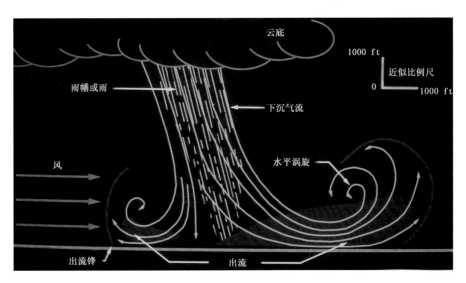

图 5.93　由雷暴内下沉气流和动量下传共同导致的地面附近非对称辐散风

的西风,当夹卷层空气被卷入雷暴内的下沉气流,使得下沉气流中的雨滴蒸发(或冰雹升华)降温,同时这些被夹卷进下沉气流中的环境空气在下降到地面附近的过程中将一部分西风动量,比如说 10 m/s 的西风动量,带到地面附近(图 3.14)。

假定在环境风为静风时,雷暴不移动,雷暴内下沉气流到地面附近产生轴对称的 15 m/s 的辐散风;现在环境风不为 0,有随高度增加的明显西风,上述两种来源的动量下传导致 10 m/s 的西风动量被下沉气流带到地面附近,同时假定下沉气流强度与雷暴静止时相同,则在雷暴前侧(相对于雷暴移动方向而言)原有辐散风与下传西风动量方向一致,两者相加风速达 25 m/s,而在雷暴后侧,原有辐散风与下传西风动量相减,风为 5 m/s,雷暴前后的风变得非常不对称,同时使得风速的极大值明显增大。至于上面提到的动量下传的两个来源中哪个对最终下传的动量贡献大,很难说得清楚,而且不同的个例情况亦会不同。由于雷暴内的下沉气流速度较大,在 10 m/s 量级,因此动量下传的效率很高。假定动量来源在 5 km 高空,雷暴内下沉气流速度为 10 m/s,那么将动量从 5 km 高度下传到地面附近,只需要 500 s,也就是 8 分钟多一点。

关于动量下传对雷暴大风贡献的潜势估计,如果是第一个动量下传来源,则与雷暴移动速度成正比,如果是第二个动量下传来源,则与对流层中层 700~400 hPa 环境大气的平均风矢量的大小成正相关。通常情况下,两个来源的动量下传对最终地面附近雷暴大风都有贡献,只是各自的相对贡献大小不好估计。

5.3.2 弱垂直风切变条件下的雷暴大风

第 3 章中指出,在弱的垂直风切变条件下只有一种类型的强对流风暴,即脉冲风暴(图 3.2)。与脉冲风暴相伴随的最常见的强对流天气就是湿下击暴流(wet downburst)。弱垂直风切变情况下的下击暴流大风和阵风锋大风几乎无法区分,主要的雷暴大风产生原因是下击暴流。所谓下击暴流就是指能在地面产生 8 级(17.2 m/s)或以上阵风的雷暴内强下沉气流的下半部分和其导致的最强辐散水平气流,包括雷暴内强下沉气流的低层和其产生的强水平辐散出流两个部分(Fujita,1978)。下击暴流在地面附近造成的辐散性阵风,有时风速很大,可以造成类似龙卷那样的严重灾害;有时虽然风速不大,但由于这种辐散性气流的尺度小,可产生很强的水平风切变,假如这种情况发生在机场附近,则可能对飞机起飞降落影响极大,有时会造成严重的灾害性后果。研究表明,很多飞机在机场起降时发生的事故都是由下击暴流造成的(Fujita et al,1977)。

下击暴流按尺度可分为两种:1)微下击暴流(microburst),水平辐散尺度小于 4 km,强阵风持续时间为 2~10 分钟;2)宏下击暴流(macroburst),水平辐散尺度大于等于 4 km,强阵风持续时间为 5~20 分钟。宏下击暴流通常简称下击暴流(downburst)。

弱垂直风切变条件下深厚湿对流产生的下击暴流中相当一部分是微下击暴流,这大概是由于弱垂直风切变条件下深厚湿对流中的下沉气流多数情况下都不极端。微下击暴流和/或宏下击暴流既可以发生在湿的也可以发生在相对干的大气环境下,分别称为湿下击暴流和干下击暴流,干下击暴流绝大多数都是微下击暴流。在中纬度地区,下击暴流通常发生在暖季。在干旱和半干旱地区,干微下击暴流占支配地位,而在湿润地区,湿微下击暴流和/或湿宏下击暴流最常见。不过,这是两个极端,很多情况下是两种类型的混合,混合型(hybrid)下击暴流占了相当比例。由于产生下击暴流的条件很容易满足,其发生范围很广,在中国所有地区都有发生,而且发生的频率都不低。脉冲风暴只产生湿的或混合型微下击暴流和/或宏下击暴流,而干的微下击暴流(dry microburst)往往由浅薄的积雨云或高积云产生(虽然浅薄,仍然属于深厚湿对流)。

下击暴流常常被包含在一个孤立的雷暴(深厚湿对流)或雷暴系统下沉气流的冷出流之中。多个下击暴流可以结合在一起构成更大尺度的冷出流。有些看上去不强的深厚湿对流也会产生下击暴流。事实上,有些产生下击暴流的深厚湿对流中的上升气流很弱,以至于产生不了雷电。Fujita 和 Wakimoto (1983)给出了一个微下击暴流的三维结构示意图(图 5.94)。从图中可见,下击暴流触地以后,还会向上卷起,产生圆滚状的水平涡旋。另外,图中显示下击暴流在下降过程中往往伴随着旋转。

5.3.2.1 干微下击暴流

干微下击暴流是指在强风阶段不伴随(或很少)降水的微下击暴流。它主要是由浅薄的、云底较高的积雨云或者高积云所产生,往往降水在到达地面之前就几乎完全蒸发了,因为云底以下相对湿度很小(图 5.96 和图 5.95)。一般来说,这类下击暴流事件的发生通常与弱的垂直风切变和弱的天气尺度强迫相联系,产生下击暴流的积雨云或高积云母体的雷达回波一般较弱,通常在 30~40 dBZ 之间甚至更弱。

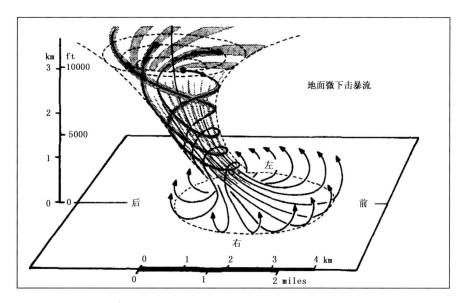

图 5.94　微下击暴流三维结构示意图,包括空中辐合和旋转的下沉气流及地面附近的辐散
（摘自 Fujita and Wakimoto,1983）

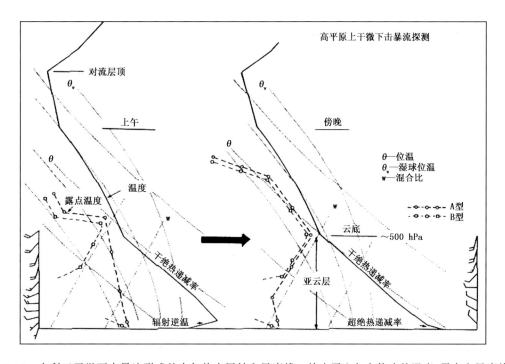

图 5.95　有利于干微下击暴流形成的大气热力层结和风廓线。给出了上午和傍晚的温度、露点和风廓线,
到了傍晚,上午的辐射逆温消失,云底之下为干绝热层结,低层露点明显降低（摘自 Wakimoto,1985）

　　导致干微下击暴流形成的其他环境因素包括云下深厚的干绝热层,以及中层具有足够的湿度能维持
下沉气流到达地表面。干微下击暴流环境中自由对流高度（LFC）很高,条件不稳定度很小（图 5.95）,因
此这种下击暴流的对流通常很弱（图 5.96）,通常不产生雷电（Wakimoto,1985）。这充分表明了上升和
下沉气流不稳定度间的不同。与干微下击暴流有关的下沉气流是由云内降雨拖曳产生的,由云底降水的
蒸发、融化和升华所产生的负浮力导致地面强辐散风的产生（Wakimoto,1985）。
　　干微下击暴流的预报,主要基于早晨探空和对白天加热的预期,在业务中有成功的应用。通常具有
低反射率因子的干微下击暴流对于飞机起降威胁很大,因为它们的母云和雨幡看上去很无害,不会引起

图 5.96　正在产生干微下击暴流的浅薄积雨云,注意其中的降水还没有到达地面
就几乎全部蒸发掉了(Lemon 提供)

人们的注意。图 5.96 给出了这样一个例子,图片中的浅薄积雨云正在产生下击暴流,降水没有到达地面
就几乎全部蒸发,形成明显雨幡,而经过降水蒸发冷却导致的强烈下沉气流在地面形成大风。图 5.97 给
出的 2009 年 9 月 20 日傍晚西藏那曲至青海沱沱河之间某个地区正在发生的一次干下击暴流的照片,当
天那曲和沱沱河两个探空站 20 时(注意西藏那曲和北京之间大约有 2 小时时差,北京时间 20 时大约相
当于当地时间 18 时)探空都呈现出上述典型的干微下击暴流环境特征(图 5.98),600~400 hPa 深厚的
温度直减率接近甚至超过干绝热递减率的气层,其比湿在 2~3 g/kg 之间,随高度变化不大,温湿廓线呈
倒"V"形。图 5.97 清晰显示出降雨在浅薄积雨云云底以下的强烈蒸发,不少降雨未达到地面就已经完全
蒸发,整个积雨云看上去很浅薄,云底高度较高,与图 5.96 显示的美国中部地区正在产生干微下击暴
流的浅薄积雨云类似。

图 5.97　2009 年 9 月 20 日傍晚西藏那曲和青海沱沱河之间某地正在发生的干微下击暴流(王洪哉摄)

5.3.2.2　湿下击暴流

　　湿微下击暴流(wet microburst)或宏下击暴流(wet macroburst)经常是指伴随着大雨和冰雹的下击暴
流,它是湿润和半湿润地区下击暴流的主要形式。湿下击暴流(wet downburst)往往产生于较湿边界
层环境中。因为湿下击暴流与强降水密切相关,所以湿下击暴流通常伴随着强的雷达反射率因子特征,
在弱垂直风切变情况下的湿下击暴流通常由脉冲风暴(pulse storms)产生。

　　弱垂直风切变条件下,产生湿微下击暴流或宏下击暴流的环境通常具有弱天气尺度强迫和强条件不
稳定性(CAPE 值较大)的特点。湿微下击暴流或宏下击暴流产生前环境不存在逆温,LFC 的高度较低,

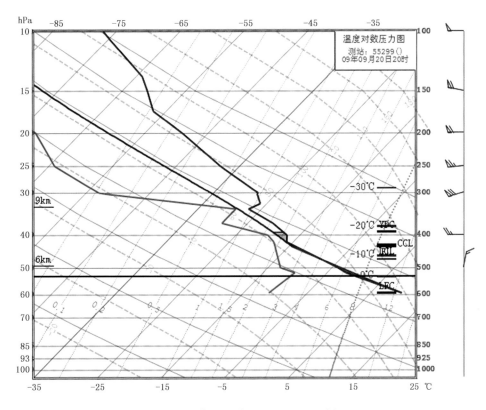

图 5.98 那曲 2009 年 9 月 20 日 20 时探空

对流层中层(700~400 hPa)存在相对干的空气层。下午的加热过程通常能在地面和 1.5 km 高度之间产生一个干绝热层(图 5.99)。湿下击暴流主要是降水粒子向下拖曳作用产生下沉气流,该下沉气流中的雨滴或冰雹遇到从环境中夹卷进来的相对干的空气产生剧烈蒸发或升华导致下沉气流迅速降温,下沉气流温度明显低于同高度的环境温度,产生显著的向下的加速度(负浮力),加强的雷暴内下沉气流在地面附近产生强烈辐散气流,导致雷暴大风(图 5.100),图 5.101 给出了一次正在发生的湿下击暴流的照片。

1986 年在美国亚拉巴马州进行了微下击暴流与强风暴观测试验(MIST)。图 5.102 给出了 MIST 试验期间的 1986 年 7 月 20 日观测到的一个湿下击暴流生命史的分析,该下击暴流根据所发生地点称为 Monrovia 微下击暴流(Wilson and Wakimoto,2001)。观测数据来自三部地面上的多普勒天气雷达和一部机载多普勒雷达及其他地面观测。

图 5.103 给出了 1986 年 7 月 20 日 14:15:39 CDT(美国中部时间)的下击暴流母体云图片,图片上叠加了 60 dBZ 以上的反射率因子区域和对流云中造成三体散射的冰雹粒子的下沉速度。这些冰雹粒子的下沉速度是 Fujita(1992)根据三体散射"火焰"回波的径向速度分布推断得到的。对流云中间部分的收缩使得 Fujita(1992)认为该处有干空气的卷入。此时,下击暴流还没有着地,处于收缩阶段。图 5.102a 相应的时刻为 14:20:10,展示了 Monrovia 微下击暴流着地之前几秒钟由双多普勒雷达测得的辐散气流,它的散度为 $1.3 \times 10^{-2} \mathrm{s}^{-1}$。下击暴流触地的时间是 14:20:15。图 5.102b 相应的时刻为 14:23:45,即下击暴流触地之后 3 分 30 秒,该下击暴流的水平尺度此时约为 4 km,最大散度为 $3.8 \times 10^{-2} \mathrm{s}^{-1}$。图 5.102c 相应的时刻为 14:25:55,即下击暴流触地之后 5 分 40 秒,最大散度值依然很大,但是出流风的水平尺度已经超过 4 km,此时下击暴流由开始时刻的微下击暴流变成了宏下击暴流。在 14:29:50 CDT(图 5.102d),即下击暴流触地之后 9 分 35 秒,下击暴流出流扩展到一个很大的区域,完全失去了下击暴流的组织性,整个下击暴流过程结束,持续了大约 10 分钟。

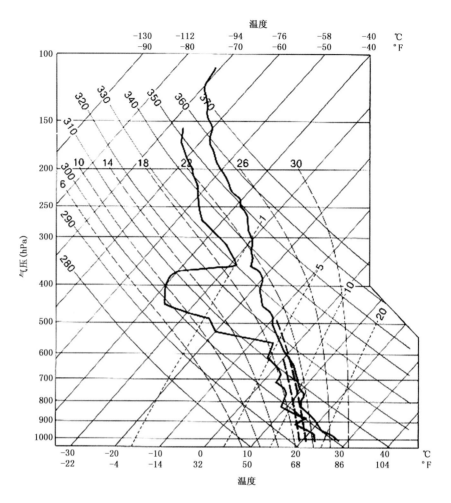

图 5.99 有利于湿微下击暴流发生的大气温湿廓线

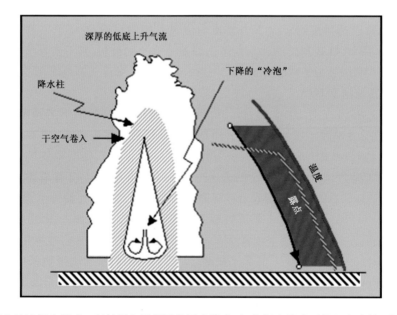

图 5.100 湿下击暴流概念模型。斜的绿色阴影线范围为降水,红色粗实线为环境温度廓线,浅绿和深绿相间的
粗实线为环境露点廓线,黑色带箭头实线为雷暴内下沉气流下降的温度廓线,蓝色阴影区代表 DCAPE

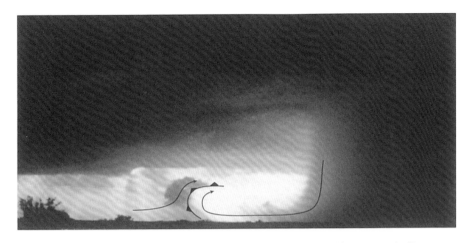

图 5.101　湿下击暴流图片,图中标出了部分流线和阵风锋(Doswell 提供)

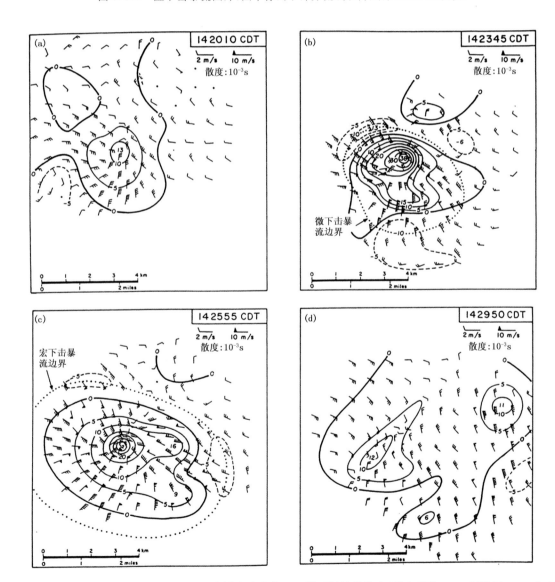

图 5.102　1986 年 7 月 20 日 Monrovia 下击暴流造成的地面附近风场的演变(引自 Wilson and Wakimoto,2001)
(a)14:20:10;(b)14:23:45;(c)14:25:55;(d)14:29:50

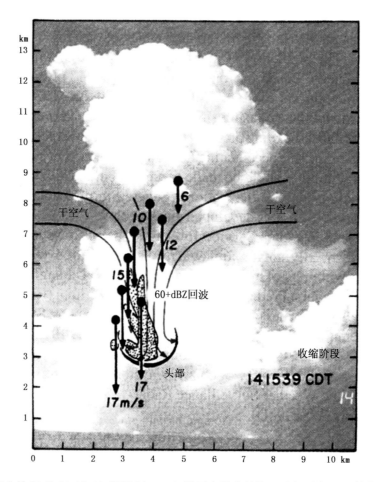

图 5.103　1986 年 7 月 20 日 14:15:39 CDT Monrovia 微下击暴流母体云照片(叠加了反射率因子大于 60 dBZ 的区域、云中造成三体散射的冰雹粒子的垂直速度和干空气的夹卷)(引自 Wilson and Wakimoto, 2001)

5.3.2.3 基于多普勒天气雷达的下击暴流识别判据

Fujita(1978)给出的下击暴流的定义是指在地面附近产生 8 级或以上阵风的雷暴(深厚湿对流)内强下沉气流的底部及其导致的强辐散水平气流,包括低层下沉气流和水平出流两个部分。由于下击暴流特别是微下击暴流尺度很小,地面观测网的密度远远达不到能够识别下击暴流的程度,因此绝大多数下击暴流都是通过多普勒天气雷达最低仰角上观测到的低层辐散特征来识别的。可否建立根据多普勒天气雷达最低仰角上的径向速度辐散特征来识别下击暴流的判据呢,首先我们来考察一下下击暴流事件中下沉气流和辐散风的强度随高度的分布特征。

在 1978 年美国进行由美国联邦航空管理局(FAA)资助的有关微下击暴流的研究计划 NIMROD (Northern Illinois Meteorological Research On Downbursts)期间,美国中部时间 5 月 29 日夜间,一个移动式的微下击暴流刚刚触地时(21:36 CDT),该下击暴流距离参加 NIMROD 计划的美国 NCAR 的 C 波段多普勒天气雷达 CP-3 只有 8 km,位于雷达的西南偏南方向,正向着雷达方向移动。从 21:36CDT 开始,该雷达做了多次 RHI(垂直)扫描,穿过该下击暴流核心区,从地平线到天顶,再从天顶到地平线,反复多次。图 5.104 给出了根据 21:36—21:37 CDT 那次 RHI 扫描获得的穿过上述移动微下击暴流核心的垂直剖面内的气流场,可以清晰地看到下击暴流的向下垂直气流(下沉气流)和低层辐散水平出流强度的垂直分布,其 32 m/s 的最强辐散水平出流核心位于地面以上大约 50 m 高度。经过适当计算,将图 5.104 中对应最强辐散水平气流核心处的水平位置 G 点以上水平辐散风和最强下沉气流水平位置 D 点以上下沉气流随高度的变化展现在图 5.105 中。可以看到,构成该微下击暴流下沉气流的强度,从距离

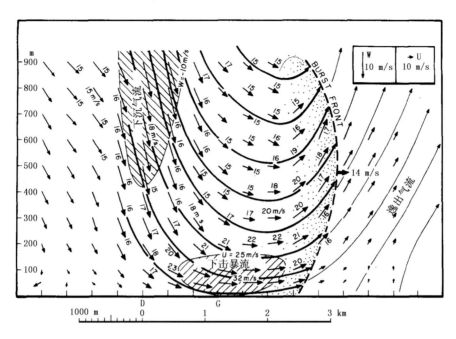

图 5.104 1978 年 5 月 29 日 21:36CDT 沿着 NCAR 的 CP-3 多普勒天气雷达径向做 RHI 扫描穿过一个移动微下击暴流核心区垂直剖面内的多普勒径向速度分布,该微下击暴流导致的最强辐散风位于地面以上大约 50 m 高度,风速为 32 m/s(引自 Fujita,1981)

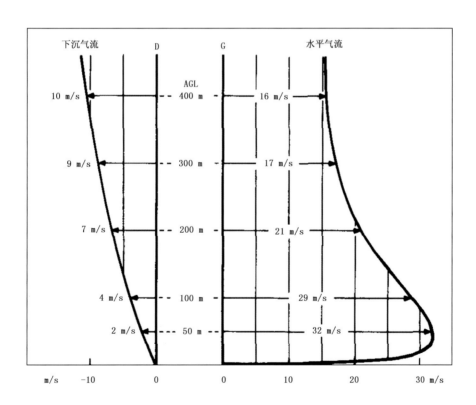

图 5.105 图 5.104 中 G 点以上水平气流和 D 点以上下沉气流的垂直分布(引自 Fujita, 1981)

地面 400 m 处的 10 m/s,降到距离地面 200 m 处的 7 m/s,再降到距离地面 50 m 处的 2 m/s;构成该微下击暴流低层水平辐散气流的强度,从距离地面 400 m 处的 16 m/s,增加到距离地面 200 m 处的 21 m/s,再增加到距离地面 100 m 处的 29 m/s,最后在距离地面 50 m 处达到其最强值 32 m/s。通常所讲的地面风是指地面以上 10 m 处的风,本例中位于地面以上 50 m 强辐散风核心下面的地面最大阵风大约为 25 m/s。因此,移动的孤立微下击暴流导致的大气低层水平辐散风随高度的变化是很大的,具体分布随着下击暴流个例不同而不同,但图 5.105 所呈现出的特征对于孤立的微下击暴流低层下沉气流和水平辐散风的垂直分布还是具有一定代表性的。

在 1982 年进行的美国 FAA 资助的另一个关于微下击暴流的研究计划 JAWS(Joint Airport Weather Studies)期间,Wilson 等(1984)给出了根据多普勒天气雷达低仰角(通常低于 1°)观测确定微下击暴流的判据:1)低仰角径向速度图上辐散中心对应的速度极大值(通常为离开雷达的正速度)和极小值(通常为向着雷达的负速度)之间的差值≥10 m/s;2)上述辐散中心对应的速度极大值和极小值之间的初始距离≤4 km;3)只在距离雷达 30 km 以内的范围内识别微下击暴流。关于微下击暴流最强低层辐散风随高度的变化,Wilson 等获得的结果如图 5.106 所示,最强辐散风大致位于地面以上 75 m 高度,向上和向下逐渐减小,与 Fujita(1981)对一次移动性微下击暴流获得的结果(图 5.104 和图 5.105)类似,只是微下击暴流的最大辐散风从 75m 处最大值向上减小的速度没有图 5.105 中那么快。Wilson 等(1984)对 JAWS 期间微下击暴流研究的主要结论是:1)微下击暴流下沉气流的直径大约 1 km,开始出现水平气流辐散特征的平均高度是地面上 1 km;2)从地面附近开始出现辐散到与辐散中心对应的径向速度极大值和极小值之差达到最大的平均时间为 5 分钟;3)微下击暴流低层辐散中心对应的径向速度极大值和极小值之差的平均值为 22 m/s(图 5.106),最大值为 48 m/s,极大值和极小值之间的平均距离为 3.1 km;4)53%的微下击暴流从开始触地到达到最强的时间小于 5 分钟,95%不超过 10 分钟;5)多数微下击暴流在 5~10 分钟内衰减,还有为数不少的微下击暴流发展为宏下击暴流,其中一些的生命史可达 30~60 分钟。

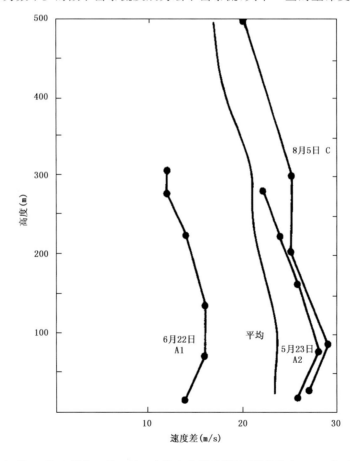

图 5.106　1982 年 5 月 23 日、6 月 22 日和 8 月 5 日 3 次发生在雷达附近(距离雷达 4~10 km)的微下击暴流低层辐散中心对应的径向速度极大值和极小值的差值随高度的变化,以及另外 6 个距离雷达 8~26 km 的微下击暴流低层辐散中心对应的径向速度极大值和极小值的差值随高度变化的平均曲线(引自 Wilson et al,1984)

中国气象局布网的多普勒天气雷达的体扫周期基本上都是 6 分钟,不适合对微下击暴流进行探测,应该只能偶尔探测到微下击暴流,更多的是可以探测到宏下击暴流。有鉴于此,在参考 Wilson 等(1984)判据的基础上,我们建议利用中国气象局新一代天气雷达识别下击暴流的判据如下:

1)只使用 0.5°仰角径向速度和反射率因子资料。

2)当下击暴流低层辐散中心对应的 0.5°仰角上径向速度极大值和极小值之间的间距不超过 4 km 时,两者之间的速度差值不能小于 10 m/s;当两者间距超过 4 km 时,速度差值阈值也按比例增大,例如两者间距 6 km 时,速度差值不能小于 15 m/s,间距为 8 km 时,速度差值不能小于 20 m/s。

3)对应下击暴流呈现在径向速度上的辐散中心位置,相应的反射率因子应该不低于 25 dBZ。

4)原则上只在距离雷达 65 km 范围以内识别下击暴流。

上述判据只适用于雷达位置到发生下击暴流地点的高度差不超过 200 m 的情况。

5.3.2.4 微下击暴流对飞机起降的威胁

美国进行的有关下击暴流的一系列研究计划都是由 FAA 资助的,全部都是以研究微下击暴流为主。主要原因在于微下击暴流对飞机起降时的安全威胁较大。如图 5.107 所示,飞机起飞过程中遇到微下击暴流,迎头风(headwind)导致一个附加的抬升,接下来在一段很短的时间内,飞机经历迎头风的减小和强下沉气流,最终形成强尾风(tailwind),在这个过程中,驾驶员很容易控制不好而导致飞机失速撞向地面。飞机在降落过程中遇到微下击暴流的经历和危险是类似的。

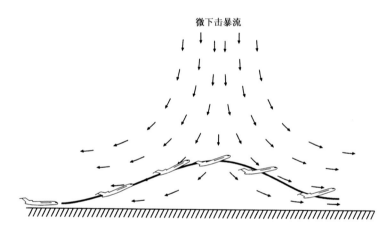

图 5.107 微下击暴流对飞机起飞安全威胁示意图

5.3.2.5 下击暴流预警

下击暴流的预警是非常困难的。当雷达观测到地面附近的辐散时,几乎已经无法提前发出警报。机场往往是在探测到微下击暴流已经发生后,才通知飞机等待微下击暴流消失之后再起降。提前预警的主要线索是反射率因子核的连续下降和云底以上径向速度的显著辐合,通常称为"中层径向速度辐合",即"MARC"。Roberts 和 Wilson(1989)根据 CLAWS(Classify,Lacate and Avoid Wind Shear)研究计划期间(1985 年)在美国科罗拉多州东北部利用 NCAR(美国国家大气研究中心)的三部多普勒天气雷达 CP-2,CP-3 和 CP-4 对 31 次微下击暴流的观测结果(雷达体扫周期为 2.0~2.5 分钟),给出了下击暴流发生的临近预报线索:1)连续下降的反射率因子核;2)伴随反射率因子核的下降,产生下击暴流的积雨云云底以上或云底附近不断增强的径向速度辐合;3)积雨云云底以上出现反射率因子回波缺口,他们认为是对流层中层干空气夹卷导致的,这与后面要讲到的后侧入流缺口类似;4)出现旋转,绝大多数情况下为气旋式旋转,尺度与中气旋大致相当,他们猜测其形成原因可能与原有水平涡度被下沉气流扭曲成垂直涡度有关。上述这些预报因子通常在下击暴流触地前的 2~6 分钟出现,其中最重要的两个预警指标是第一条和第二条,在第一条和第二条满足情况下,如果第三条和/或第四条也满足,则下击暴流发生的可能性增加,预警把握更大。

根据这一思路美国国家强风暴实验室(NSSL)的研究人员研制了"灾害性下击暴流预报和探测算法"(DDPDA,Damaging Downbursts Prediction and Detection Algorithm)(Eilts et al,1996b),作为由其开发的预警决策支持系统 WDSS(Eilts et al,1996a)中的一个算法(图 5.108)。20 世纪 80 年代中期,美国的较大机场都安装了 C 波段多普勒天气雷达 TDWR(Terminal Doppler Weather Radar),体扫周期为 4~5 分钟,其中关于微下击暴流预警和探测算法的思路与 DDPDA 也是类似的。Eilts 等(1996b)对 DDPDA 算法的检验表明,该算法对孤立下击暴流的预警提前时间最短为 0,最长为 10 分钟,平均为 5~6 分钟,可以基本满足机场对微下击暴流预警的需求。陶岚和戴建华(2011)也研发了类似的下击暴流预警与识别算法。

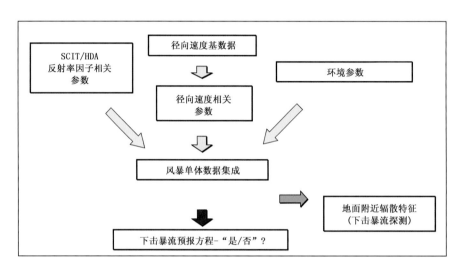

图 5.108　"灾害性下击暴流预报和探测算法(DDPDA)"流程图,图中"SCIT"和"HDA"分别代表
"雷暴单体识别与跟踪算法"和"冰雹探测算法"(引自 Eilts et al,1996b)

通过对中国若干个下击暴流事件的分析表明,最初由 Roberts 和 Wilson(1989)提出的对微下击暴流的预警指标中最重要的第一条和第二条,即连续下降的反射率因子核和伴随的增强的云底以上或云底附近的径向速度辐合,不仅适用于弱垂直风切变环境下准静止的孤立微下击暴流,也适用于同样环境下准静止的孤立宏下击暴流,同时也适用于中等或以上垂直风切变环境下移动式的下击暴流,包括移动式的微下击暴流和宏下击暴流。

2003 年 6 月 6 日 16:39—17:40 在安徽定远县和肥东县交界处附近发展起来的一个孤立的强烈多单体风暴产生了一次伴随强降雹和强降水的系列下击暴流事件。由于平流与传播几乎抵消,该多单体强风暴稳定少动,此次系列下击暴流事件实际上是由多单体风暴中 3 个相继发展的对流单体分别产生的 3 次下击暴流构成的。每轮下击暴流触地前,都伴随着相应对流单体反射率因子核心的逐渐下降。在首轮下沉气流触地前 6 分钟,1.5°~4.3°仰角的径向速度图上都出现向着风暴中心的辐合,其中以 2.4°仰角(约地面以上 3~4 km 高度)的辐合最明显,随后有明显旋转特征出现。Roberts 和 Wilson(1989)所给的 4 条预警指标中,除了没有出现反射率因子缺口,其他 3 条都观测到了。最大的不同是,Roberts 和 Wilson(1989)研究的多为孤立的微下击暴流,多数情况下一次下击暴流过程持续 5~15 分钟就结束了,而 2003 年 6 月 6 日 16:39—17:40 发生在安徽定远的下击暴流事件是由相继 3 次下击暴流构成,分别由多单体风暴中相继成熟的 3 个单体产生,一个下击暴流过程还没有结束另一个就在几乎同一地点又产生了。下面我们对这次系列下击暴流过程的环境背景和多普勒天气雷达回波特征做简要阐述。

图 5.109 给出了 2003 年 6 月 6 日 20 时位于下击暴流发生地点下游 150 km 左右的南京探空,利用当日 14 时安徽定远的温度和露点做了订正,应该可以较好地代表当日下午安徽定远下击暴流发生前的环境。

对流有效位能值为 3200 J/kg,0~6 km 风矢量差为 16 m/s,有利于高度组织化的风暴类型如多单体强风暴的产生。对流层中层 700~400 hPa 之间存在明显干层,地面~500 hPa 之间温度递减率较大,有利于下击暴流和雷暴大风产生。此外,湿球温度 0℃层高度只有 3.6 km,环境条件也有利于强冰雹产生。

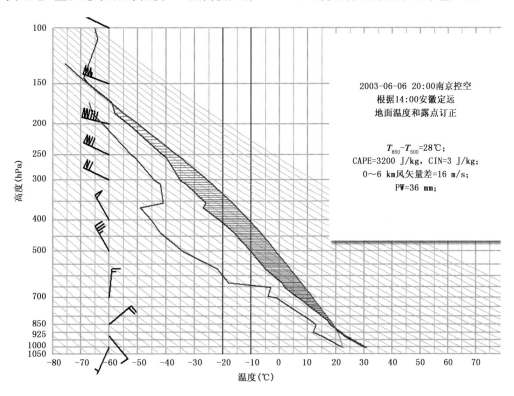

图 5.109　2003 年 6 月 6 日 20 时南京探空(利用当日 14 时安徽定远温度和露点进行了订正)

从图 5.110 可以看出,多单体风暴中的第一个成熟单体的反射率因子核在 16:21—16:39 期间从对流层中层下降到地面附近,对应第一个下击暴流触地(见图 5.111 的径向速度图);第二个成熟单体的反射率因子核在 16:45—16:57 期间从对流层中层下降到地面附近,对应第二个下击暴流触地;第三个成熟单体的反射率因子核在 16:57—16:23 期间从对流层中层下降到地面附近,对应第三次下击暴流触地。由于后一个下击暴流是在前一个下击暴流基础上叠加上去的,因此一个比一个强,第一个下击暴流对应的低层辐散最弱,第三个下击暴流对应的低层辐散最强,除了第一个下击暴流的初始阶段是微下击暴流,后面相继发生的第二个和第三个都是宏下击暴流(图 5.111)。

现在来查看一下径向速度图(图 5.111),注意左边为 0.5°仰角,右边为 2.4°仰角。在 16:33,0.5°仰角还没有出现辐散特征,2.4°仰角上箭头所指处出现了明显的辐合特征,距离地面高度在 3.0 km 左右,考虑到从 16:21 开始的反射率因子核的下降,可以预计下击暴流即将发生的可能性很大。一个体扫之后的 16:39,0.5°仰角上箭头所指处出现明显的辐散特征,对应辐散中心的速度极大值和极小值之间的差值为 27 m/s,尺度为 3.8 km,距离地面 0.9 km 左右,2.4°仰角上相应的辐合比前一个体扫略微加强。到了 16:51,2.4°仰角上除了原有的辐合特征,又出现了显著的气旋式旋转特征,呈现出辐合式的旋转,辐合的强度进一步增强。16:57,伴随着第二个成熟单体的反射率因子核降到低层,第二个下击暴流触地,0.5°仰角上出现非常明显的辐散特征,对应辐散中心的速度极大值和极小值间的差值为 47 m/s,下击暴流尺度为 6.7 km。

第三个下击暴流触地的时间大约在 17:15,此时 0.5°仰角上对应辐散中心的正负速度极值的差值达到最大,为 47 m/s,下击暴流尺度为 8.3 km,此时 2.4°仰角上的辐合减弱,气旋式旋转依然明显。该仰角上的气旋式涡旋在 17:09 最强,带有显著辐合的涡旋;而该时刻 0.5°仰角上白色圆圈内似乎有一个微下

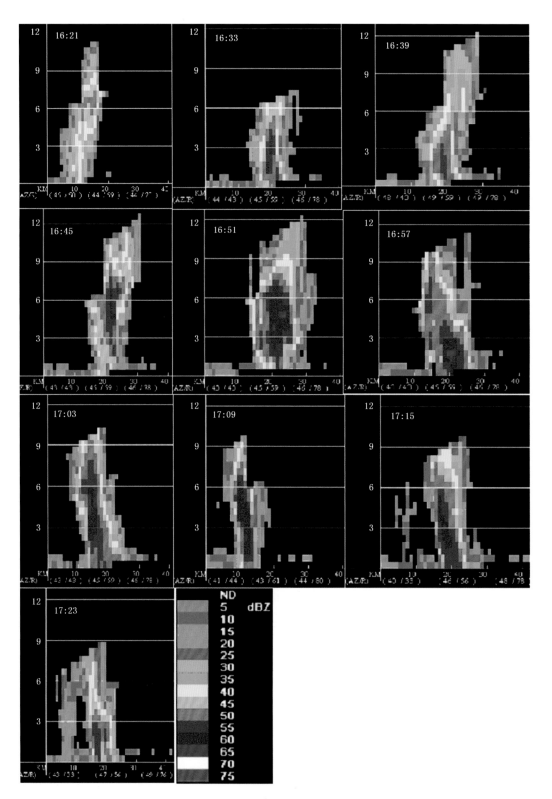

图 5.110　2003 年 6 月 6 日 16:21—17:23 合肥 SA 型新一代天气雷达穿过产生下击暴流的
多单体风暴反射率因子核的垂直剖面随时间的演变

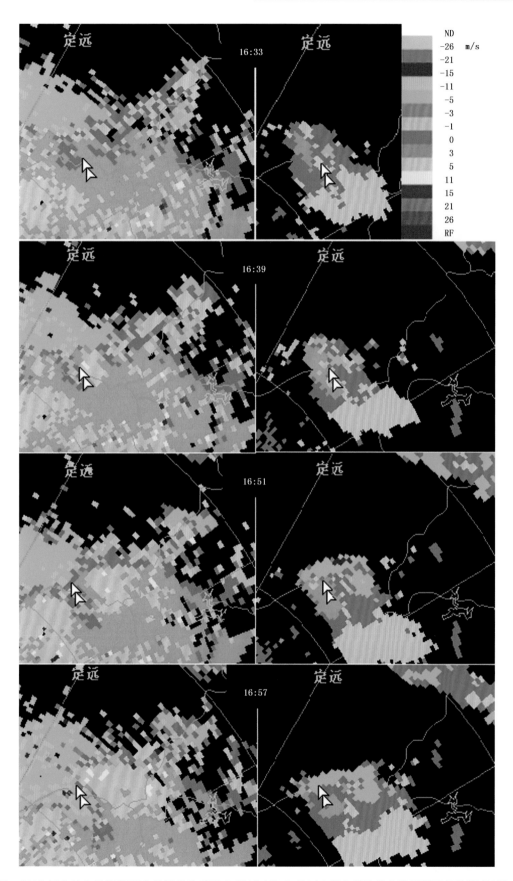

图 5.111　2003 年 6 月 6 日下午下击暴流发生前后 0.5°（左）和 2.4°（右）仰角雷达径向速度随时间的演变（第一部分）

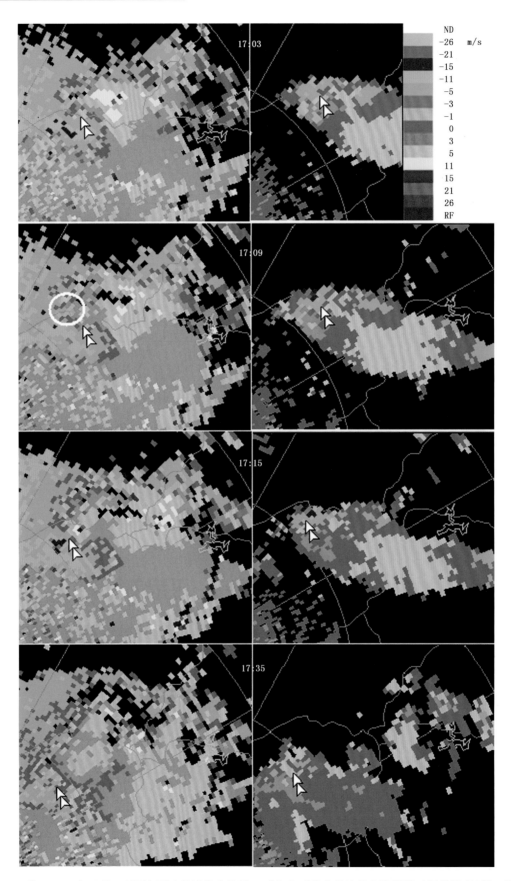

图 5.111 续　2003 年 6 月 6 日下午下击暴流发生前后 0.5°和 2.4°仰角雷达径向速度随时间的演变(第二部分)

击暴流,位于扩展中的宏下击暴流内。到了 17:35,0.5°仰角上的低层辐散明显减弱,2.4°仰角上依然存在辐合和气旋式旋转特征,强度减弱。

此次过程是中国首次利用多普勒天气雷达比较完整地观测到的系列下击暴流事件,并且给予了深入和详细的分析(俞小鼎等,2006b)。

5.3.2.6　相控阵多普勒天气雷达对下击暴流事件的高时间分辨率观测

对于下击暴流事件的探测和预警而言,中国新一代天气雷达体扫更新周期为 6 分钟,时间太长,美国 WSR-88D 的 VCP11 体扫模式体扫更新周期为 5 分钟,仍然偏长。从 2004 年 5 月开始,美国 NOAA 下属的强风暴实验室(位于俄克拉何马州的 Norman 镇)建立了一部相控阵天气雷达,称为"National Weather Radar Testbed Phased-Array Radar",简写为"NWRT PAR"(Heinselman and Torres,2011)。该雷达为 S 波段(波长 9.4 cm)单面相控阵雷达,具有 4352 个被动相源,可以对 90°方位角范围的扇形区域做二维电扫,体扫更新周期不超过 1 分钟。在垂直于 NWRT PAR 面源的方向上,角分辨率(波束宽度)为 1.6°,在与面源成 45°角的方向上,波束宽度为 2.3°,径向分辨率为 240 m,峰值发射功率为 750 kW。在空间分辨率(主要是波束宽度)和探测灵敏度方面,这部研究用的相控阵多普勒天气雷达原型机不如业务上运行的 WSR-88D,其主要优点就是比 WSR-88D 雷达大大缩短了体扫周期(Heinselman and Torres,2011)。附近的 WSR-88D 雷达 KTLX 位于这部 NWRT PAR 雷达西南方向大约 20 km 处。

针对 2006 年 7 月 10 日晚间发生在 Norman 附近的一次湿微下击暴流过程,对比 KTLX(WSR-88D)和 NWRT PAR 的观测结果(Heinselman et al,2008),如图 5.112 所示。NWRT PAR 雷达在观测此次下击暴流期间体扫更新周期为 34 s,但图中时间序列大致采用 1 分钟间隔,以免图太多。

KTLX WSR-88D 雷达的体扫周期将近 5 分钟,按时间顺序将其相应的垂直剖面穿插在 NWRT PAR 垂直剖面的序列中;KTLX 和 PAR 距离下击暴流分别为 35 km 和 15 km。图 5.112 显示 2006 年 7 月 10 日 19:40—19:58UTC(世界时)NWRT PAR 相控阵多普勒天气雷达给出的高时间分辨率(间隔 1 分钟)的这次下击暴流过程反射率因子和根据径向速度计算的散度的垂直剖面的时间序列。在上述 18 分钟时间段,PAR 有 23 次观测,KTLX 只有 3.5 次观测。先不看 KTLX 的图,只看 PAR 的垂直剖面时间序列,可以看到从 19:44UTC 起,伴随反射率因子核下降,云底以上出现明显的辐合,下击暴流大约在 19:50UTC 触地,触地后其靠近地面的部分辐散范围逐渐扩大,在 19:55UTC 下击暴流地面附近的辐散水平尺度达到大约 10 km,强度也达到最强;在 19:56UTC,地面测站在上述水平辐散风区观测到 30 m/s 的强阵风。KTLX 雷达(WSR-88D)由于距离下击暴流将近 35 km,垂直剖面分辨率较低,加上体扫周期为 5 分钟,从其垂直剖面的时间序列可以看到反射率因子核下降伴随云底以上辐合,只是下击暴流何时触地、触地后低层辐散风场如何变化无法准确判断。从时间序列一开始的几个时次的垂直剖面图判断,那时已经有下击暴流正在发生,图 5.112 显示的主要是接下来发生的那个强下击暴流的整个过程。

5.3.3　中等到强垂直风切变条件下的雷暴大风

在强垂直风切变环境下,对流风暴具有较高组织性,通常具有一定移动速度,有时移速还很快。产生雷暴大风的系统主要包括多单体强风暴、超级单体风暴和飑线。这些系统一方面产生系列下击暴流直接导致大风,另一方面这些系列下击暴流和达不到下击暴流强度的对流系统内下沉气流触地后形成的冷池的边界阵风锋(或称为对流系统的出流边界)如果推进足够快,也可以导致大风。很多情况下所有下击暴流已经停歇,冷池依然强大,阵风锋的一部分依然会以较快速度移动而导致大风。

5.3.3.1　中等到强垂直风切变条件下的下击暴流及其多尺度结构

在中等到强垂直风切变情况下,一个高度组织化的对流风暴在一定过程中会产生一系列下击暴流,那些相距不远的多个下击暴流构成下击暴流簇(cluster of downbursts),每个宏下击暴流内有时还会包含一个或多个微下击暴流(图 5.115)。由于产生下击暴流的系统在显著垂直风切变情况下通常是移动的,因此所产生的下击暴流也是移动式的,动量下传的作用,致使下击暴流的结构是非对称的(图 5.93)。

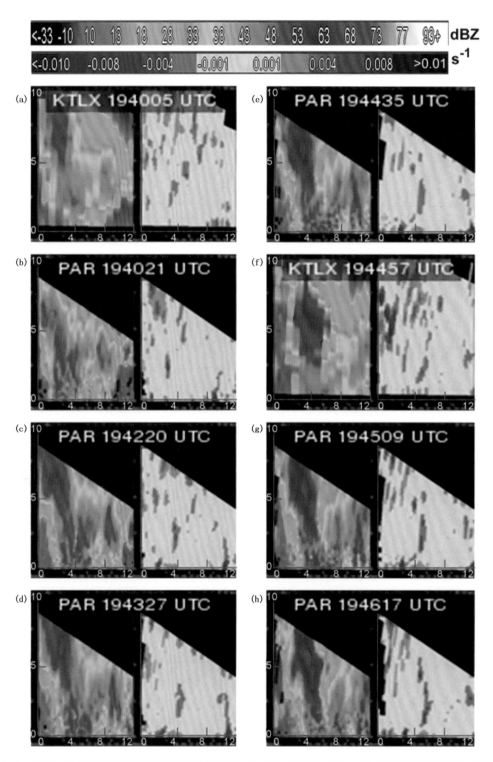

图 5.112　表明一次强微下击暴流事件演变的 NWRT PAR 和 KTLX WSR-88D 反射率因子和根据径向速度
数据计算的散度的垂直剖面的时间序列(散度垂直剖面中,冷色调代表辐合,暖色调代表辐散,
所标时间为体扫开始时间)

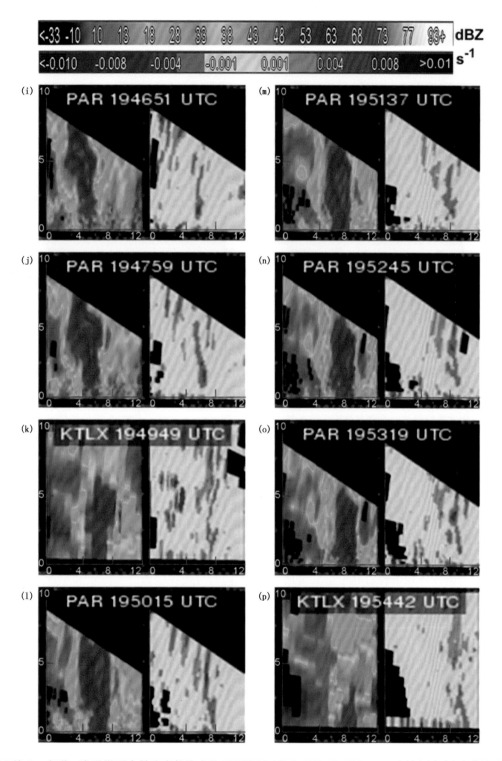

图 5.112 续 1　表明一次强微下击暴流事件演变的 NWRT PAR 和 KTLX WSR-88D 反射率因子和根据径向速度
数据计算的散度的垂直剖面的时间序列（散度垂直剖面中，冷色调代表辐合，暖色调代表辐散，
所标时间为体扫开始时间）

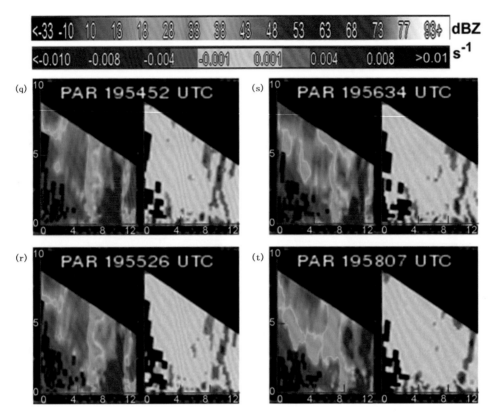

图 5.112 续 2   表明一次强微下击暴流事件演变的 NWRT PAR 和 KTLX WSR-88D 反射率因子和根据径向速度
数据计算的散度的垂直剖面的时间序列（散度垂直剖面中，冷色调代表辐合，暖色调代表辐散，
所标时间为体扫开始时间）

　　2007 年 7 月 25 日下午苏北地区由若干多单体风暴产生了一系列下击暴流，能够从附近的新一代天气雷达上识别的下击暴流就有 10 个之多，都是宏下击暴流。估计也有微下击暴流，只是由于新一代天气雷达 6 分钟的过长体扫更新周期而没有识别出来。根据 7 月 25 日 08 时经过订正的南京探空，CAPE 为 3200 J/kg，0～6 km 风矢量差为 14 m/s，对流层中层 700～400 hPa 之间存在明显干层，850～500 hPa 之间温差为 26℃，午后 850 hPa 到地面接近干绝热层结，地面露点为 24℃，可降水量为 50 mm，冰雹融化层高度为 4.2 km，因此环境条件有利于雷暴大风的产生，同时可能伴随短时强降水和小冰雹。

　　图 5.113 给出了 2007 年 7 月 25 日 15 时 50 分盐城 SA 型新一代天气雷达 0.5°仰角反射率因子和径向速度图。从径向速度图上可以识别 2 个正在发生的宏下击暴流（白色箭头所指），分别由 2 个多单体强风暴所产生。由于多单体风暴向着雷达方向移动，动量下传作用导致下击暴流的结构不对称，靠近雷达的那个下击暴流的不对称性更明显，其向着雷达的最大速度大约为 30 m/s，距离地面 400 m 左右，离开雷达的最大速度为 12 m/s。在图中字母 A 所标识的位置，将经历下击暴流直接导致的大风，而在字母 B 所标识的位置，将经历由于阵风锋的向外扩展快速移动所带来的大风。很显然，在 A 处经历的大风远强于在 B 处经历的大风。3 分钟之后（15 时 53 分）位于图中 A 点附近的一个区域自动气象站测到了 29.1 m/s 的强阵风。图中那两个多单体强风暴从 14 时 50 开始间歇性地产生下击暴流，一直持续到 16 时 10 分左右，当然产生下击暴流的成熟单体是反复替代和更替的，就像图 3.9 所展示的那样。

　　图 5.114 提供了 1977 年 9 月 30 日晚上发生在美国中西部伊利诺伊州和印第安纳州交界处附近的由一个呈现为"弓形"的多单体强风暴（即"弓形回波"）导致的系列下击暴流造成的灾情分布。通过低空飞行的小飞机进行航拍，Fujita(1978) 确定了 14 个宏下击暴流和 9 个微下击暴流，外围的蓝色实线代表 F0 级灾情的边缘，蓝色阴影区代表 F1 级灾情，闭合蓝线代表 F0.5 级（介于 F0 和 F1 之间）灾情。很显

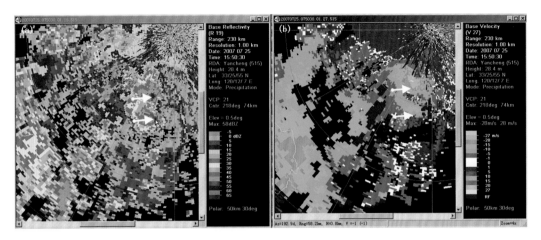

图 5.113　2007 年 7 月 25 日 15:50 盐城 SA 型新一代天气雷达 0.5°仰角反射率因子(a)和径向速度(b)图

然,上述导致下击暴流的呈现为弓形的多单体强风暴自西向东南偏东方向移动了 100 km 以上,在其东南端,第 9 个微下击暴流(m9)产生的一部分辐散风被一个地面气象观测站所测到,阵风速度为每小时 75 英里(相当于 33.5 m/s)。从图中给出的下击暴流导致的灾情分布可以判断出,几乎所有下击暴流都是非对称的,在其前进方向上产生的地面附近的辐散风更大,体现了动量下传的作用,与图 5.113 所呈现的结构是类似的。

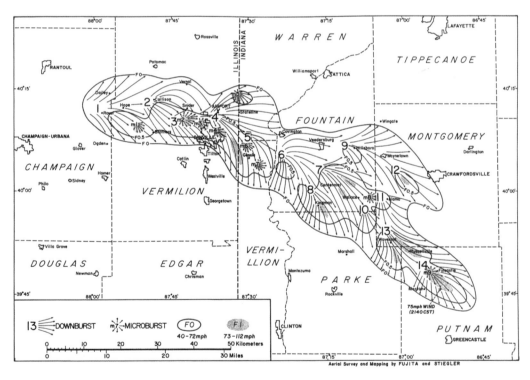

图 5.114　1977 年 9 月 30 日发生在伊利诺伊和印第安纳州交界处附近的一次由弓形回波导致的系列下击暴流过程
(确认 14 个宏下击暴流和 9 个微下击暴流,图中标明了每个下击暴流的具体位置和导致的灾害级别)(引自 Fujita,1978)

Fujita 和 Wakimoto(1981)根据 1980 年 7 月 16 日凌晨到早上发生在芝加哥至底特律的一系列强烈下击暴流(根据航拍和现场调查,Fujita 估计这次系列下击暴流过程中出现的最强阵风超过 53.6 m/s)导致的灾情分布状况,结合其他多次对系列下击暴流过程的灾情调查结果,指出涉及这种影响范围较大的主要由系列下击暴流和相应阵风锋导致的广泛灾害性对流性大风事件,可以考虑将下击暴流的组织结构划分为5级(图5.115):1)一次这样规模的强对流过程中产生的系列下击暴流整体可以看作包含由数个下击暴流簇(cluster of downbursts)构成的下击暴流群(family),尺度可达数百千米,7月16日的系列下击暴流由4个下击暴流簇构成,整个下击暴流群从芝加哥一直向东扩展到底特律;2)每个下击暴流簇的水平尺度在100 km左右,由数个宏下击暴流构成;3)每个宏下击暴流的水平尺度大致为4~20 km;4)有时宏下击暴流中会镶嵌数个微下击暴流,微下击暴流也常常不依赖宏下击暴流独立产生,其水平尺度为0.4~4 km;5)微下击暴流中常常包含数个辐散风较大的爆发路径(burst swath),相应的水平尺度在100 m左右。

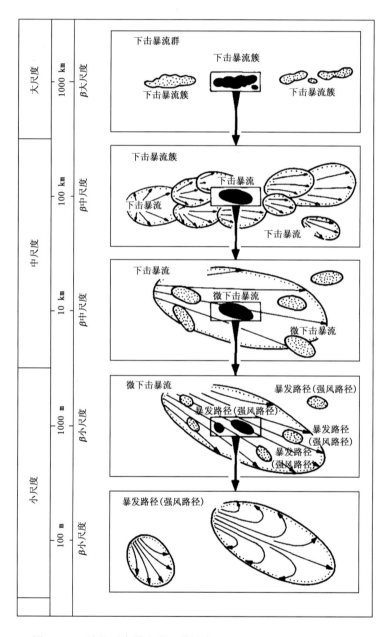

图5.115 涉及下击暴流的5种尺度(Fujita and Wakimoto,1981)

综上所述,在中等到强的垂直风切变环境中,多数情况下是由组织程度较高的移动性对流风暴例如多单体强风暴、超级单体风暴和飑线等产生一系列的非对称结构下击暴流和相应的移速较快的阵风锋导致较大范围的灾害性雷暴大风。因此,很难对具体的每个下击暴流进行预警,只能对它们产生的雷暴大风进行笼统的预警。

5.3.3.2　雷暴大风预警判据的建议

在本小节中,将给出雷暴大风预警指标的具体建议。

(1)环境背景条件

1)对流层中层 700～400 hPa 之间存在明显干层。具体的参考值是 700～400 hPa 之间平均温度露点差不小于 6℃,或其间单层最大温度露点差不小于 10℃。

2)对流层中下层温度直减率相对较大。具体的参考值是 850～500 hPa 温差不小于 24℃。

以上具体参考值只适合于海拔在 1000 m 以下的低海拔地区,并且仅仅是参考值,不是标准。对于较高海拔地区,可能需要做相应调整。

(2)多普勒天气雷达回波特征

特征 1:弓形回波。弓形回波是一种呈现为"弓形"的回波形态,可以是呈现为"弓形"的多单体强风暴,也可以镶嵌在飑线中作为其中的一部分。弓形回波自身的尺度范围为 20～120 km。强风通常出现在弓形回波的顶点(apex)附近,在弓形回波北端,存在 β 或 γ 中尺度气旋式切变或涡旋,在其南端存在 β 或 γ 中尺度反气旋式切变或涡旋,弓形回波顶点后面存在后侧入流急流,对应反射率因子上的后侧入流缺口(RIN,rear inflow notch)。

特征 2:中层径向辐合(MARC)。在 5.2 节中阐述的孤立下击暴流预警指标中,有一条是云底以上或云底附近逐渐增加的径向速度辐合,而中层径向辐合就是上述指标的引申。要求达到显著的中层径向辐合(significant MARC),是指在地面以上 3～7 km 高度之间,构成上述高度区间最强径向速度辐合的速度极大值和极小值(在确定极大值和极小值时,需要带上正负符号,向着雷达的径向速度为负值,离开雷达的径向速度为正值)之间的差值不低于 25 m/s,并且两者之间的距离不超过 15 km。

特征 3:低层径向速度大值区。在距离地面 1.2 km 以下的低空探测到绝对值在 20 m/s 或以上的大风区,无论是下击暴流直接导致的大风还是快速推进的阵风锋导致的大风,地面附近(地面风测风杆高度为 10m)出现 8 级(17.2 m/s)或以上阵风的概率很大。如果采用 0.5°仰角探测低层径向速度,并且雷达到地面距离不超过 200m,则径向速度大值区的最大探测距离为 75 km 左右。

特征 4:移动速度较快的对流风暴。对流风暴移速较快,说明风暴承载层平均风构成的平流与对流风暴传播矢量合成后的移动矢量较大,这样除了雷暴内强烈下沉气流对雷暴大风的贡献外,动量下传对雷暴大风的贡献会明显增加。要求对流风暴的最大反射率因子在 50 dBZ 以上,较快移动速度的具体参考值确定为不低于 12 m/s。对于孤立的多单体风暴或超级单体风暴,其移动速度可以从新一代天气雷达产品风暴路径信息 STI 的风暴属性表中获得;对于多单体线风暴,只考虑其移动方向与其主轴(即穿过构成多单体线风暴几乎所有单体的那条直线或曲线)方向交角超过 45°的情况,其移动速度需要预报员主观判断。

特征 5:阵风锋移动速度不低于 15 m/s。多数情况下,可能只有阵风锋的某一部分移动速度超过 15 m/s,那就只对这一部分阵风锋进行大风预警。

如果在满足雷暴大风有利环境条件情况下,雷达回波特征满足特征 1、特征 2 和特征 4 这三个特征之一,则发布雷暴大风警报;如果满足雷达回波特征 3 或特征 5,无需考虑环境条件,直接发布雷暴大风警报。

在下面几个小节中,对上述雷暴大风的部分雷达回波特征进行进一步阐述。

5.3.3.3　弓形回波

弓形回波的概念最早是由 Fujita 引入的,图 5.116 是 Fujita(1978)给出的弓形回波产生和发展的方式之一。开始时系统是一个大而强的对流单体(图 5.116a),该单体既可以是一个孤立的单体,也可以是一个尺度更大的飑线的一部分。当出现下击暴流时,初始时的强单体演变为弓形(图 5.116b),其北端和南端分别出现气旋式和反气旋式涡旋或切变(书脊式涡旋,bookend vortices),最强的地面风出现在弓形的顶点处。在它最强盛的阶段,弓形回波的中心形成一个矛头(图 5.116c),北端的中尺度气旋式涡旋和南端的中尺度反气旋涡旋都在增强。随后,北端的中尺度气旋式涡旋变得更大更强,而南端的反气旋涡旋变小和减弱,系统常演变为逗点状回波(图 5.116d 和 5.116e),它前进方向的左端(北部)为回波较强的头部,气流呈气旋式旋转,前进方向的右端(南部)是伸展很长的尾部,气流呈反气旋式旋转,也有的弓形回波在转变为逗点状回波之前已消失。对于弓形回波南北两端涡旋的产生以及随着时间演变北端的气旋式涡旋变大变强,Weisman(1993)通过数值模拟给予了解释。

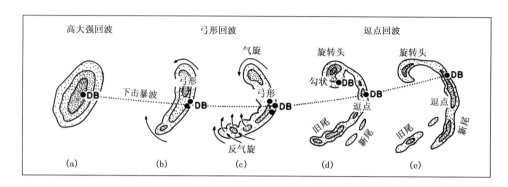

图 5.116　Fujita 最早提出的"弓形回波"概念及其演变的概念模型(DB 为下击暴流)(引自 Fujita,1978)

后来的观测和研究表明,弓形回波可以有很多形态和类型,其生成和演变方式也是多种多样的(Klimoski et al,2004)。Klimoski 等(2004)将弓形回波归纳为经典弓形回波(BE)、弓形回波复合体(BEC)、单体弓形回波(CBE)和飑线型弓形回波(SLBE)(图 5.117)。大的弓形回波可能包含更小的弓形回波。同时,大的弓形回波复合体可能含有超级单体。除了直线型风害外,这些镶嵌在弓形回波内的超级单体可以产生龙卷,也可以导致更强的直线型雷暴大风;另外,弓形回波前沿还可以形成 γ 中尺度涡旋,其中少部分可能产生龙卷,大部分可能产生较为极端的局地雷暴大风(Trapp and Weisman,2003)。

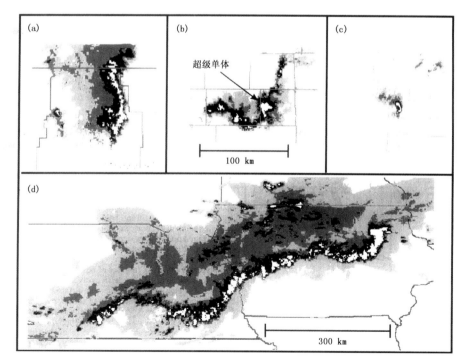

图 5.117　弓形回波的 4 种形态:(a)经典弓形回波(BE);(b)弓形回波复合体(BEC);
(c)单体弓形回波(CBE);(d)飑线型弓形回波(SLBE)(引自 Klimoski et al,2004)

图 5.118 所示是 2002 年 4 月 3 日 23:20 湖南常德 SB 型新一代天气雷达观测到的一个呈现为"弓形"的多单体强风暴,属于经典弓形回波,水平尺度 60～70 km,在其北端和南端分别是一个直径 14 km 的气旋式涡旋(蓝色圆圈)和一个直径 10 km 的反气旋涡旋(棕色圆圈)。弓形回波前沿反射率因子梯度很大,并且前沿强反射率因子随着高度增加向着前侧入流方向(东南方向)倾斜,具有中低层弱回波区和中高层回波悬垂结构。4 月 3 日 20 时周边的代表性探空(湖南怀化探空)显示,对流有效位能值为 2500 J/kg,对流抑制能量为 60 J/kg,0～6 km 风矢量差为 22 m/s,地面露点为 20℃,对流层中层 700～400 hPa 区间有明显干层,其平均温度露点差为 8℃,单层最大温度露点差为 14℃,850～500 hPa 温差为 28°,850 hPa 到地面的环境温度层结接近干绝热,0℃和－20℃层高度分别为 4.2 km 和 7.2 km,融化层(湿球温度 0°层)高度为 3.8 km,因此环境条件既有利于雷暴大风,也有利于强冰雹,同时可能伴随短时强降水。该弓形回波实际上既产生了雷暴大风也产生了强冰雹,地面气象观测站测到的最大阵风为 30 m/s,有房屋、树木、电线杆和某县的电视塔倒塌,导致 1 人死亡,81 人受伤。

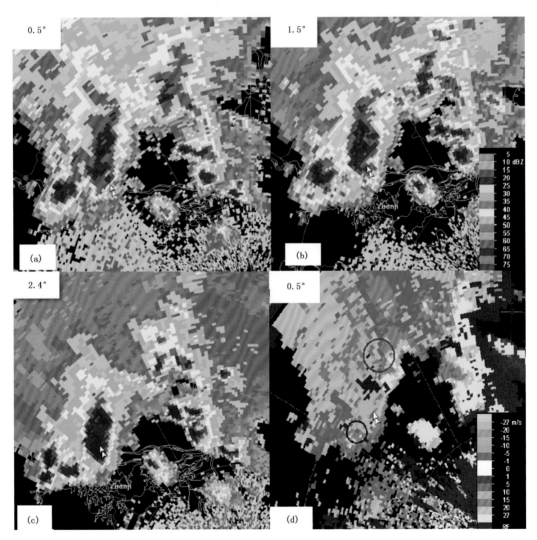

图 5.118　2002 年 4 月 3 日 23:20 湖南常德 SB 型新一代天气雷达 0.5°、1.5°和 2.4°仰角反射率因子和 0.5°仰角径向速度图(白色双箭头指向同样位置,图 5.118d 中的蓝色和棕色涡旋分别为弓形回波北端和南端的气旋式和反气旋式涡旋)

图 5.119 展现了 2007 年 7 月 7 日傍晚影响北京的镶嵌在一条飑线中的弓形回波。该弓形回波展现了典型的弓形回波特征,弓形回波北端和南端分别对应气旋式和反气旋式切变,同时弓形回波顶点(apex)后面,反射率因子场上存在明显的后侧入流缺口(rear inflow notch,RIN),径向速度场上存在明显

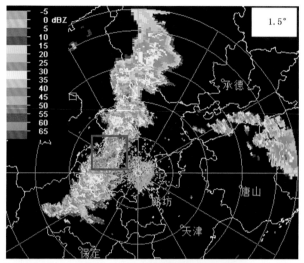

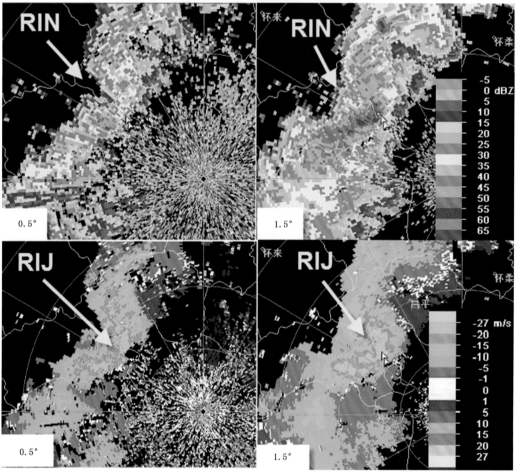

图 5.119　2007 年 7 月 7 日 18：00 北京 SA 型新一代天气雷达 1.5°仰角反射率因子图（蓝色方框所框为弓形回波）
以及放大的 0.5°和 1.5°反射率因子图和径向速度图（RIN 和 RIJ 分别代表后侧入流槽口和后侧入流急流）

的后侧入流急流（RIJ，rear inflow jet），两者是相互对应的（Przybylinski，1995）。2007 年 7 月 7 日 08 时
北京探空经过午后 14 时北京地面温度和露点订正（图略），CAPE 为 1500 J/kg，0～6 km 风矢量差为 15
m/s，550 hPa 以上为深厚的干层，700～400 hPa 间最大温度露点差为 41℃，850～500 温差为 26℃，850
hPa 近似干绝热层结，环境条件非常有利于雷暴大风。18—19 时，上述弓形回波在北京平原地区产生了

大范围的 8～9 级阵风,局部 10 级。

弓形回波的形成方式较多,图 5.120 给出了几种弓形回波形成的方式(Klimoski et al,2004)。第一种方式是由松散的数个孤立多单体风暴合并演变为经典弓形回波、弓形回波复合体或单体弓形回波;第二种方式是由直的飑线演变成经典弓形回波、弓形回波复合体或飑线性弓形回波[包括线性波形弓形回波(LEWP)];第三种方式是由超级单体风暴演变为单体弓形回波、经典弓形回波或弓形回波复合体。事实上,还有很多种弓形回波形成的方式,这里不逐一介绍。

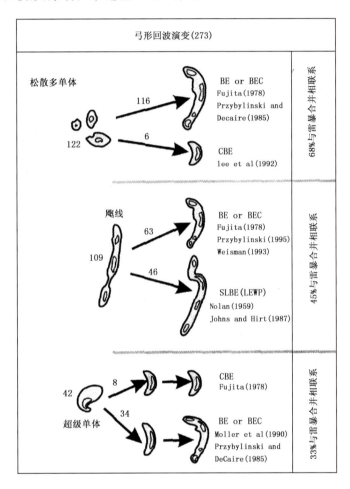

图 5.120　弓形回波的几种形成方式。每种演变方式的观测个例数量写在箭头上面,弓形回波形成前
发生风暴合并的百分比标注在右侧(引自 Klimoski et al,2004)

对于图 5.120 中的第一种弓形回波形成方式,图 4.31 提供了一个生动的例子,这个例子发生在 2006 年 6 月 25 日 17 时前后陕西渭南大荔县附近。几个零散的孤立多单体风暴大约在 30 分钟内合并构成一个经典弓形回波,该弓形回波一形成就产生了一个下击暴流,导致位于下击暴流前面不远的大荔气象站观测到 33 m/s 的强阵风,是该站自建站以来观测到的最强阵风。下击暴流触地时间在 6 月 25 日 17:04 前后,图 5.121 给出了 2006 年 6 月 25 日 18:55 西安 CB 型新一代天气雷达沿着雷达径向穿过弓形回波中心的径向速度垂直剖面,清晰可见位于 2～6 km 的中层径向辐合,构成辐合线的正负速度极值之间的差值为 25 m/s,间隔距离 10 km 左右,刚好满足显著 MARC(中层径向辐合)的定义。这个弓形回波在随后的演变中产生广泛的大风,造成大荔县 6 个乡(镇)不同程度受灾,受灾人口 32.8 万人,因灾受伤 50 多人,死亡 8 人,其中 7 人为大风吹倒房屋所致,1 人为雷击。

图 3.46 提供了一个从强降水超级单体演变为弓形回波的例子(俞小鼎等,2008)。图 3.43 给出了 2005 年 7 月 30 日中午发生在安徽宿州灵璧县的该强降水超级单体最强盛时(11:32)的几个仰角的反射

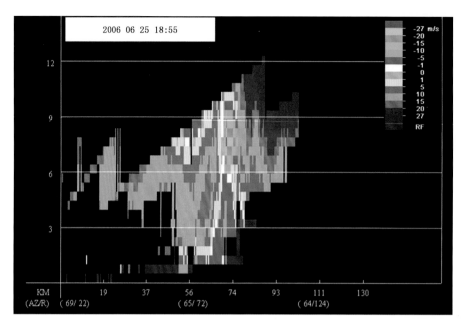

图 5.121 2006 年 6 月 25 日 18:55 西安雷达沿着雷达径向穿过弓形回波中心的径向速度垂直剖面（毕旭提供）

率因子和径向速度图像,此时该超级单体产生了一个 EF3 级龙卷,导致 14 人死亡,40 多人受伤,几十间房屋倒塌。图 5.122 给出了该强降水超级单体又经历一个多小时演变为弓形回波之后的 1.5°仰角径向速度和 0.5°仰角反射率因子图。反射率因子图像显示一个具有逗点头结构的弓形回波,类似于图 5.116 中的 D 和 E,对应于逗点头,可以在径向速度图上识别出一个直径为 16 km 左右的中尺度涡旋。该弓形回波已经从安徽进入江苏境内,在泗洪、淮阴和盱眙产生较大范围 8～9 级直线型雷暴大风。

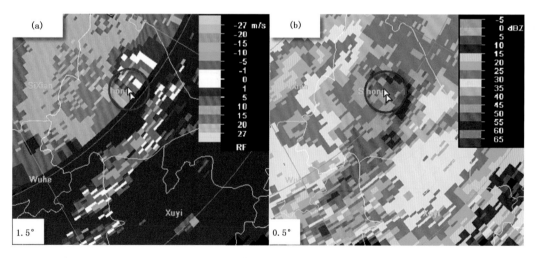

图 5.122 2005 年 7 月 30 日 12:56 徐州 SA 型新一代天气雷达 1.5°仰角径向速度(a)和 0.5°仰角反射率因子(b)图

20 世纪 80—90 年代的观测研究继续阐明了弓形回波的特性。这些研究表明,低层弓形回波前沿的强反射率因子梯度和回波顶位于低层强反射率因子梯度区之上是对流线风暴演变为弓形回波的共同特征。这些研究首次强调,弓形回波后面一个"弱回波通道"的出现或许意味着下击暴流风的高度可能性(Przybylinski and Gery,1983)。后来的研究进一步表明,弱回波通道是后侧入流急流(RIJ,rear inflow jet;Smull and Houze,1985,1987;Weiman,1992),它向下沉气流提供干燥的和高动量的空气,通过垂直动量交换(动量下传)和雨水蒸发,增加地面附近出流的强度。后来,这一特征又被确定为"后侧入流缺口

(rear inflow notch)",简称 RIN(Przybylinski,1995),具体例子见图 5.119。Przybylinski(1995)对有关弓形回波的研究进行了综述,并且对发生在美国中西部的两次镶嵌在飑线中弓形回波的个例进行了仔细分析,包括弓形回波结构和飑线的结构,飑线中不仅包含弓形回波,还包含超级单体,位于弓形回波的南边,弓形回波顶点附近除了产生直线型大风,还产生了弱龙卷,弓形回波逗点头部分对应的 γ 中尺度涡旋中也产生了龙卷,同时位于飑线中弓形回波以南的超级单体产生了冰雹、直线型雷暴大风和龙卷。

不少学者将"弓形回波"认定为一种对流风暴的种类,我们更倾向于认为"弓形回波"只是一种常与灾害性雷暴大风相伴随的特殊的雷达回波形态。它可以是呈现为"弓状"的多单体风暴,也可以是"弓状"的多单体线风暴(飑线)或其中的一部分。

5.3.3.4　中层径向辐合

中层径向辐合(MARC)的概念是从 Roberts and Wilson(1989)有关孤立微下击暴流预报因子中云底以上或云底附近随着反射率因子核下降逐渐增强这一预警指标引申而来的。Przybylinski 等(1995)、Schmocker 等(1996)和 Funk 等(1998)研究了中层径向辐合(MARC)特征在预报与飑线和弓形回波相联系的下击暴流风方面的作用。他们发现,当 25~30 m/s 或以上的 MARC 特征(径向速度差值)出现在 3~7 km 高度时,低层才会演变为非常显著的弓形回波或弓形回波段,最大的 MARC 特征往往可以超前地面灾害性大风 10~20 分钟。不过,在另外一些飑线和弓形回波的观测中,也曾发现上述显著的 MARC 特征出现在地面灾害性大风之后(Funk et al,1998),此时显著 MARC 的出现可以解释为预示着地面灾害性大风会沿着风暴的移动路径继续持续下去,观测事实也确实是如此。

图 5.123 给出了 2002 年 8 月 24 日发生在安徽的一次飑线过程中,一个弓形回波的 0.5°仰角反射率因子图,以及反射率因子和径向速度垂直剖面,在径向速度垂直剖面上可见 4~7 km 之间存在一个明显的中层径向辐合(MARC)。在这个例子中,它代表由前向后的强上升气流和后侧入流急流之间的过渡区,其中最大正负速度差值为 34 m/s。此次飑线过程在安徽、江苏、上海和浙江产生了广泛的地面大风并伴有局部暴雨和冰雹。对应图 5.123 时刻和位置的地面大风为 26 m/s,此次飑线过程地面测站记录到的最大风速为 28 m/s。

在图 5.118d(2.4°仰角径向速度图)中白色双箭头附近也存在中层径向辐合(MARC),正负速度极值间的差值为 32 m/s,属于显著的 MARC。沿着图 5.119 雷达径向通过弓形回波中心做垂直剖面(图略),可以看到对应 MARC 的明显辐合的正负速度极值的差值为 35 m/s,也属于显著 MARC。

用显著 MARC 特征作为雷暴大风预警指标优势在于其位于对流层中层,当对流风暴距离雷达较远时(比如在 120 km 以外)就可以探测到,假定 MARC 对应的地面有雷暴大风,再根据回波外推的对流系统(飑线或弓形回波)的未来移动方向判断未来什么地方会有雷暴大风。其局限在于并不是所有显著 MARC 特征都一定对应于地面雷暴大风,具有一定比例的虚警率(具体数值不详)。利用明显的弓形回波预警雷暴大风,其命中率比利用 MARC 预警要高,虚警率低,也可以在离开雷达较远处就能识别弓形回波特征。

超级单体也可以产生极端的地面大风,通常后侧下沉气流出流或低层中气旋出流都可以产生灾害性直线型雷暴大风。产生极端性直线型雷暴大风的超级单体风暴常常具有深厚辐合区。有人注意到在一个产生了包括下击暴流等广泛灾害性天气的强降水超级单体的下沉气流和上升气流的交界面附近存在一个深厚的辐合区(DCZ,deep convergence zone)。Lemon 和 Parker(1996)在另一个产生了 55 m/s 极端地面雷暴大风和直径 15 cm 冰雹的强降水超级单体中也发现了一个 DCZ,该深厚辐合区有 10 km 厚。他们推论,DCZ 中与深层辐合相伴随的气流加速与负的浮力结合产生地面强风。因此,超级单体中深厚辐合带(DCZ)的探测和识别可以用来预警极端地面大风。

5.3.3.5　低层径向速度大值区

如果在低空(距地面 1.2 km 以内)径向速度绝对值出现 20 m/s 以上的大值区,则无论是下击暴流风还是阵风锋快速推进带来的大风,都可以判断该区域的地面风(10 m 风杆)也很大,该低层径向风大值区

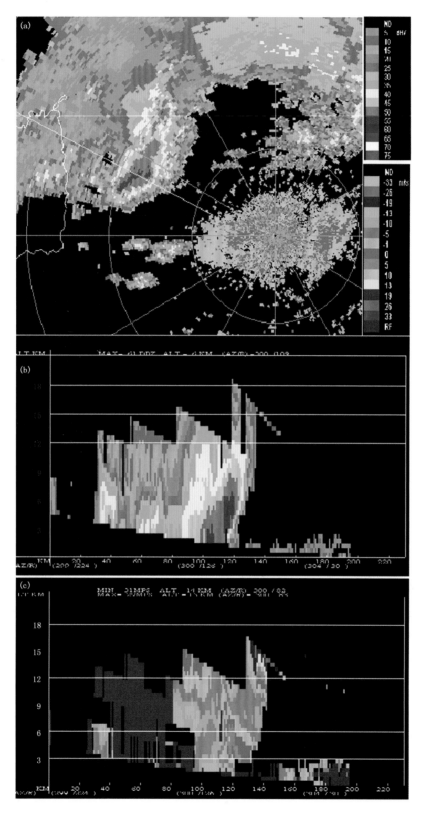

图 5.123　2002 年 8 月 24 日 13:10 位于合肥的 SA 雷达探测到的飑线的反射率因子(b)和径向速度(c)垂直剖面，同时在 0.5°仰角的反射率因子图上给出了垂直剖面的位置(a 图中的黄色线段)。在径向速度垂直剖面上可见 4～7 km 之间存在一个明显的中层径向辐合(MARC)

未来移向的地区将会有地面大风。对于 0.5° 的最低仰角,在标准大气情况下,如果雷达位置距地面距离不超过 200 m,那么距离雷达 75 km 处,其波束中心到地面的距离不超过 1.2 km。也就是说,只有在对流风暴距雷达不超过 67 km 时,才可以根据其最低仰角径向速度的大值区判断地面是否有大风,再根据该大值区的移动推断地面雷暴大风区的路径。图 5.124 给出了 2007 年 7 月 27 日 20 时 20 分武汉黄陂区发生的一次下击暴流过程中的 0.5° 仰角径向速度图,图中蓝色圆圈所框区域是一个离开雷达的径向速度为 53 m/s 的大值区,其高度大约为 0.6 km,距离雷达 40 km,可以十分肯定判定此时地面一定经历极端的雷暴大风。根据外推,该大值区将向北移动,因此可以预报地面极端雷暴大风区也会向北移动。这次雷暴大风事件主要影响武汉北部的黄陂区,全区 13 个街、乡镇、场不同程度受灾,灾害性雷暴大风造成该区因灾死亡 7 人,受伤 67 人,其中重伤 7 人,倒塌房屋 599 间,损坏房屋 2681 间。图 1.125 给出了 2018 年 3 月 4 日 15:09 南昌 SA 型新一代天气雷达 0.5° 仰角径向速度图,反射率因子图上对应一条略呈弓形的长度超过 200 km 的飑线。最强的向着雷达的径向速度位于距离雷达 35 km 左右黄色区域(速度模糊区域)中心,经过主观速度退模糊可知最大的向着雷达速度为 45 m/s,距离地面高度为 500 m 左右,那么地面阵风(10 m 风杆)达到 12 级(32.7 m/s)或以上的可能性是很大的。事实上,江西有 20 个国家级观测站观测到 10 级(24.5 m/s)以上阵风,南昌进贤县在 15:29 观测到 34.8 m/s 的极强阵风,九江星子县国家气象观测站在 16:08 测到此次飑线过程的极大阵风 37.3 m/s。

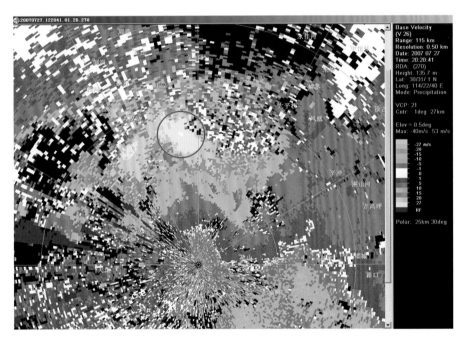

图 5.124　2007 年 7 月 27 日 20:20 武汉 SA 雷达 0.5° 仰角径向速度图

5.3.3.6　飑线与下击暴流簇

Przybylinski 和 DeCaire(1985)根据美国中西部和南部大平原地区资料,将这些地区产生大范围灾害性大风的系统归结为 4 种类型飑线(图 5.126),它们以产生直线型灾害性雷暴大风为主,有时也会产生龙卷,多数是弱龙卷,偶尔也会产生 EF3 或 EF4 级强龙卷。后来 Przybylinski(1995)又对这些不同种类的飑线特征进行了详细的解释,指出前 3 种类型的飑线发生频率较高,第四种发生频率较低。第一种飑线由很多弓形线段构成,低层前沿反射率因子梯度较强,每个弓形线段两端都可以分辨出几千米尺度气旋和反气旋涡旋,有很多较细的弱回波通道(channel of weak echo),也就是前面讲的后侧入流缺口(RIN),每个弓形回波段的突出位置(顶点)都是较强雷暴大风可能发生的位置,其中某个弓形回波段也许会演变成类似强降水超级单体的结构,产生较为极端的直线型雷暴大风甚至龙卷。第二种飑线只有一个弓形回波段,其前沿反射率因子梯度很大,只有一个较为宽大的弱回波通道(后侧入流缺口),其北边还

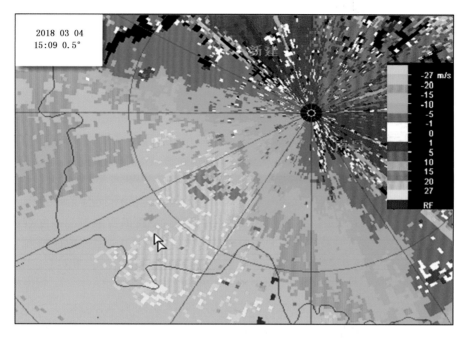

图 5.125　2018 年 3 月 4 日 15:09 南昌 SA 雷达 0.5°仰角径向速度图

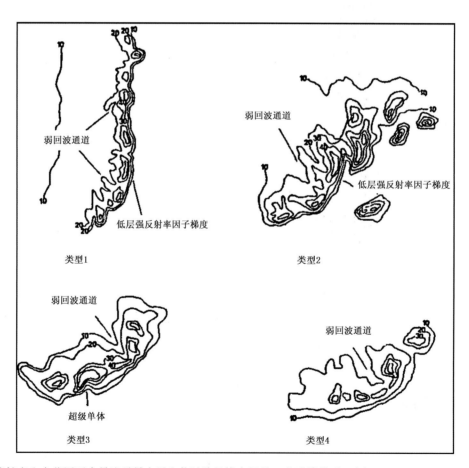

图 5.126　能够产生大范围下击暴流雷暴大风和伴随阵风锋大风的 4 种飑线类型(引自 Przybylinski and DeCaire,1985)

有一些聚集在一起的多单体强风暴,另外有一个孤立的多单体风暴位于其前进方向的前方,随着时间演变,该孤立多单体风暴常常演变为超级单体,产生冰雹、下击暴流甚至龙卷(戴建华等,2012)。后侧入流缺口(弱回波通道)指向的回波前沿附近容易出现下击暴流大风。如果飑线赶上前面的超级单体,往往会产生更剧烈的雷暴大风。第三种飑线也只有一段弓形回波段和一个相对宽大的后侧入流缺口(弱回波通道),所不同的是,在弓形回波段以南存在一个超级单体或者类超级单体,后侧入流缺口对应的弓形回波顶点附近容易出现下击暴流风,其南边的超级单体容易产生强冰雹、龙卷和直线型雷暴大风。第四种类型出现频率最低,往往由强降水超级单体演变而来。在中国,这4种类型的飑线都出现过,除这4种类型飑线以外,其他类型飑线也出现过(图略)。

Trapp 等(2003)曾通过数值模拟和概念模型解释了飑线和/或弓形回波前沿的 γ 中尺度涡旋的形成机理(图 5.54 和图 5.55),并指出这些 γ 中尺度涡旋可以产生龙卷,但更多情况下是导致极端的直线型雷暴大风。Atkins 等(2005)在分析 2003 年 6 月 10 日发生在美国密苏里州的一次弓形回波导致的灾害性雷暴大风事件时,发现最强的灾害性大风的路径不是沿着弓形回波顶点(apex)的路径,而是对应于该顶点北边一个 γ 中尺度涡旋的路径。在中国尽管还没有发现类似现象,但应该引起高度重视,因为经常在飑线和/或弓形回波前沿发现 γ 中尺度涡旋,我们曾经认为这些涡旋是中气旋,事实上它们形成机制与超级单体中气旋完全不同(Trapp et al,2003)。

Johns 和 Hirt(1987)将由镶嵌了弓形回波和/或超级单体的飑线、单独由弓形回波或者其他类型中尺度对流系统(MCS)导致的大范围灾害性直线型对流大风事件称为 Derechos。他们将暖季(5—9 月)发生的 Derechos 分为两种类型:一种是只有一个弓形回波段,称为单风道(progressive)型,其示意图见图 5.127a;另一种是具有多个弓形回波段,称为多风道(serial)型。

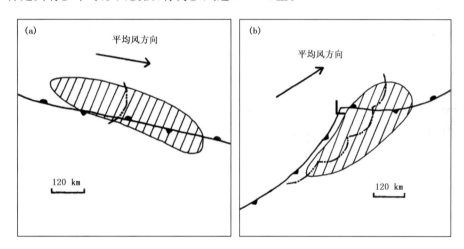

图 5.127　单风道(a)和多风道(b)Derechos 事件进展到中途的形势示意图(阴影区代表灾害性对流大风影响的区域,锋面和飑线(弧形点划线)符号按照惯例)(引自 Johns and Hirt,1987)

Johns 和 Hirt(1987)还给出了一系列判据来确定 Derechos 事件,具体判据如下:

判据 1:需要有一个区域,该区域集中观测到 25 m/s(50 节)或以上的对流性阵风,并且该区域的主轴长度至少 400 km。

判据 2:观测到的对流性强阵风的分布不能是凌乱随机的,或者按照时间顺序沿着一条风暴路径(progressive),或者沿着多条风暴路径(serial)。

判据 3:在上述区域内,至少有相互距离不小于 64 km 的 3 个测站或地点,或者遭受 F1 级的灾情,或者所测对流性最大阵风不小于 33 m/s(65 节)。

判据 4:相继的灾害性对流性大风(25 m/s 或以上)报告的时间间隔不超过 3 小时。

请注意,Derechos 不是对流系统,而是指大范围的灾害性对流大风事件,通常是由镶嵌了弓形回波和/或超级单体的飑线,或者单独的弓形回波(有时可能镶嵌了超级单体)所导致。中国 Derechos 事件发生的频率较低,远低于美国。

5.3.3.7 阵风锋大风

图 5.128 给出了 2005 年 6 月 14 日 20 时徐州 SA 型新一代天气雷达 0.5°仰角反射率因子和同一时间的地面观测,图中冷锋符号代表阵风锋位置,图中给出的是 2 分钟平均风,3 s 平均的阵风要大得多,常常相当于平均风的 2 倍左右。反射率因子图上通过徐州雷达站附近的弧形窄带回波就是阵风锋。正如前面所指出的,地面雷暴大风包括下击暴流大风和阵风锋大风,在图 5.128 中,位于宿迁、沭阳和灌南的阵风锋前沿的大风很难分清是下击暴流大风还是阵风锋大风,应该是两者叠加的结果;位于徐州附近阵风锋对应的大风显然是纯粹阵风锋大风。另外,位于枣庄以及临沂一带,距离对流系统较远,也有较强的地面风,这可能由后续的雷暴内下沉气流触地后小股的冷空气暴发(cold surge)所导致。

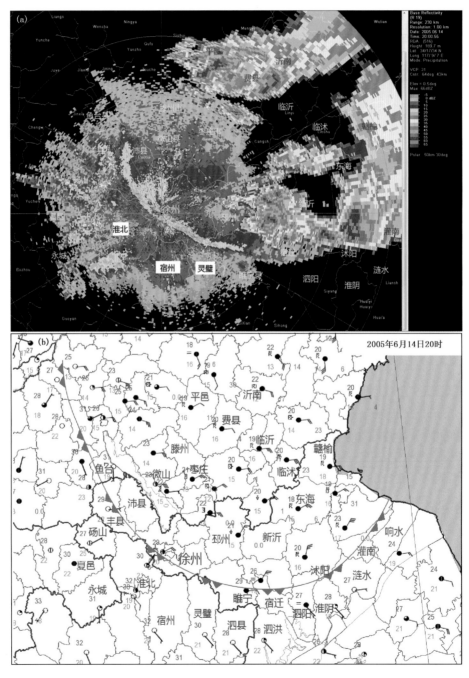

图 5.128　2005 年 6 月 14 日 20 时徐州 SA 型新一代天气雷达 0.5°仰角反射率因子(a)和同一时间的地面观测(b)。图中冷锋符号代表阵风锋位置

一般阵风锋移动速度越快,导致的阵风越大,需要预报员主观判断阵风锋移速。

5.3.4　雷暴大风个例分析

5.3.4.1　2006 年 4 月 28 日影响山东和江苏的飑线

2006 年 4 月 28 日发生在山东和江苏北部的飑线过程导致了严重的灾害性大风。这次灾害性天气发生在春末夏初不稳定天气条件下,14:00(北京时)左右飑线在聊城地区生成,一路经过济南、泰安、莱芜,途中导致了不同程度的大风灾害,17:30—18:00 飑线系统移至临沂并进入江苏,引了严重的风灾,造成重大经济损失和人员伤亡。

(1)天气实况和灾情

飑线是由 500 hPa 西风槽影响产生的,低层增温增湿,高层冷空气南下,高空干冷舌叠加在低层暖湿舌之上,导致大气条件不稳定的建立。850 hPa 切变线和地面低压槽中的辐合上升运动触发深厚湿对流形成,产生对流云团,在热力不稳定和风垂直切变的环境条件下对流云团东移发展,形成飑线。受其影响,山东济南、泰安、枣庄、临沂的 12 县(市)以及江苏北部先后遭受风雹袭击。济南、枣庄、临沂的部分县市瞬时极大风速达到 26 m/s 以上,临沂的苍山县极大风速达 28.3 m/s。飑线在当天 18 时进入江苏北部,18:42 和 18:44 连续在江苏东海产生 28 m/s 和 29 m/s 强阵风,18:51,19:13 和 19:18 分别在江苏宿迁、连云港和灌云产生 25 m/s,25 m/s 和 27 m/s 的阵风,19:20 江苏灌云观测到此次飑线过程的最强阵风 30 m/s,19:48 响水观测到 26 m/s 阵风。山东部分地区出现了冰雹,冰雹最大直径 20~30 mm。山东临沂市苍山县大风灾害最为严重,有 7 个乡镇受灾,据统计,受灾人口 3.2 万余人,因灾死亡 8 人,受伤 89 人,重伤 40 人,刮倒建筑塔吊 7 座,工商企业全部停电停产,直接经济损失 10 亿元以上。苏北地区有 2 人死亡,多人受伤,数十间房屋倒塌,大量树木被吹断。

江苏射阳探空站 2006 年 4 月 28 日 20 时的探空(图 5.129)正好位于飑线的前方,利用 17 时射阳地面温度和露点进行订正,可以在相当程度上反映飑线移过来之前的环境。CAPE 值为 1500 J/kg,0~6

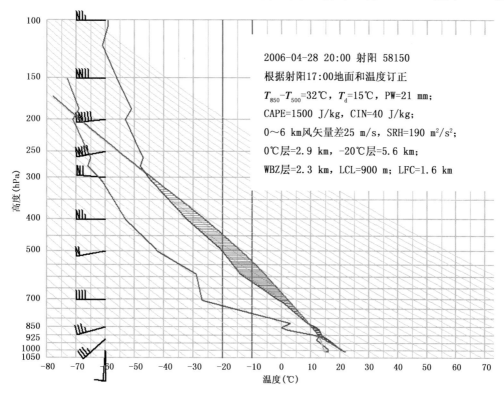

2006-04-28 20:00 射阳 58150
根据射阳17:00地面和温度订正
$T_{850}-T_{500}$=32℃,T_d=15℃,PW=21 mm;
CAPE=1500 J/kg,CIN=40 J/kg;
0~6 km风矢量差25 m/s,SRH=190 m²/s²;
0℃层=2.9 km,-20℃层=5.6 km;
WBZ层=2.3 km,LCL=900 m;LFC=1.6 km

图 5.129　2006 年 4 月 28 日 20 时江苏射阳探空站探空曲线

km 风矢量差为 25 m/s,有利于高度组织化的对流风暴类型如超级单体风暴和/或强飑线的产生。从图中可见,除了低空较湿外,800 hPa 以上大气都比较干,对流层中层 700~400 hPa 之间平均温度露点差为21.5℃,最大单层温度露点差为 27℃,表明对流层中层存在深厚干层;850~500 hPa 之间温差高达 32℃,850 hPa 到地面的温度递减率接近干绝热,表明对流层中层到地面温度递减率较大,有利于强烈下沉气流的形成,有利于雷暴大风产生。对流层中层 700~400 hPa 之间风速较大,有利于动量下传,同样有利于雷暴大风产生。此外,融化层高度很低,只有 2.3 km,但 CAPE 值不算小,而且深层垂直风切变很大,因此也有利于强冰雹的产生。

(2)典型的弓形回波特征

2006 年 4 月 28 日的强对流天气 15:00 在济南附近强烈发展后,形成了弓形回波,之后向东南方向移动,弓形回波移动速度非常快,连云港 CINRAD/SA 雷达测得的风暴单体平均速度在 17:19 达到 18 m/s(64 km/h)。雷达回波呈典型的弓形回波特征,图 5.130 给出了 2006 年 4 月 28 日连云港雷达(CIN-RAD/SA)的组合反射率因子图,方位 300°附近有地物遮挡。图 5.131a 是连云港多普勒天气雷达在18:02 的 0.5°仰角反射率因子图产品,发展旺盛的对流单体呈弧状排列在弓形回波的前沿,弓形回波向东偏南(大约 280°)方向移动,移动速度约 60 km/h;图 5.131b 是 0.5°仰角平均径向速度产品,弓形回波后部有一大片负速度区域,即较大范围的西偏北风,B 点离雷达 100 km,在距离雷达 150 km 以西,探测高度在 2.7 km 以上,较大范围的平均径向速度大于 30 m/s,图中 B 处有一黄圆圈,是 CINRAD/SA 雷达的中气旋产品;图 5.131c 是平均径向速度垂直剖面图,剖面位置对应图 b 中线段 AB 的位置,图中可见大于 30 m/s 的下沉气流自 4~5 km 高度指向弓状回波前沿,由于距离雷达较远,加之连云港雷达架设较高,因此最低探测高度约为 1.5 km,但综合分析图 131b 和图 131c,存在一较大范围的西偏北方向自中层插向弓状回波前沿地面的强下沉气流,这就是所谓的后侧入流急流(RIJ)。

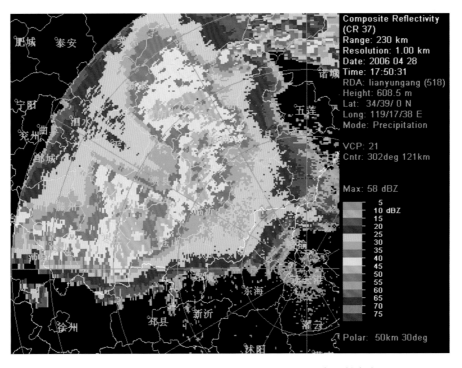

图 5.130　2006 年 4 月 28 日 17:50 连云港雷达组合反射率产品

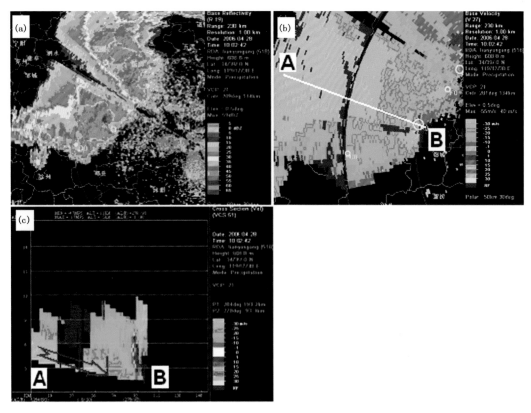

图 5.131　2006 年 4 月 28 日 18：02 连云港多普勒天气雷达 0.5°仰角反射率因子(a)和径向速度(b)产品，
以及沿着图中所示位置的径向速度垂直剖面(c)

图 5.132 是 2006 年 4 月 28 日 17：00 高分辨率可见光云图，图中可以看到，弓形回波前沿强烈发展的对流单体的云顶明显凸出周边层状云。

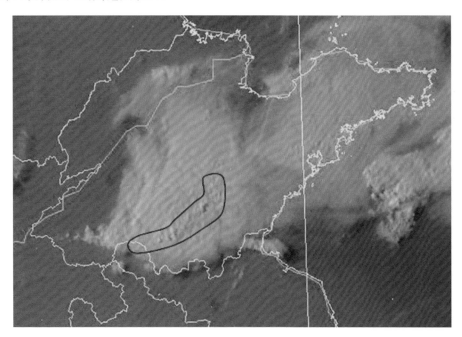

图 5.132　2006 年 4 月 28 日 17：00 风云 2 号高分辨率可见光云图

5.3.4.2　2009年6月3日河南东南部安徽西北部超级单体演变成弓形回波导致灾害性大风

（1）天气实况和灾情

2009年6月3日12：00到4日05：00，山西、陕西中南部、河南东北部、山东西部、安徽和江苏北部共有86站次出现17 m/s以上的雷暴大风，河南商丘和安徽西北部的雷暴大风导致的灾害最为严重，大风中心位于河南永城，22时42分观测到该站有气象记录以来的最大阵风，风速达29 m/s，安徽亳州21：50观测到30 m/s阵风，根据雷达低仰角径向速度及灾情推测实际出现的风速大于30 m/s。强风共造成河南商丘及其下游地区25人死亡。由图5.133可见差异明显的商丘大风区和晋陕大风区，晋陕大风风向多变且相对分散，时间上亦不连续，显然是由多个尺度相对小的对流风暴造成的；商丘大风为一致的西北风，大风带朝东偏南方向连续移动，持续近10小时，与美国的Derecho类似。商丘大风区对流风暴由超级单体风暴演变成弓形回波，强风暴维持超过7个小时。

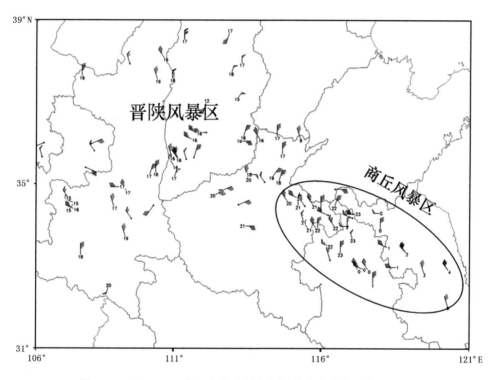

图5.133　2009年6月3日地面大风分布（数字表示大风发生时间）

（2）环境特征分析

6月3日20时经过商丘高温高湿区地面温度和露点订正的徐州探空（图5.134）和中尺度分析（图5.135）表明，对流风暴在商丘强烈发展的环境条件特征如下：1）风暴区处于500 hPa弱短波槽前，与短波槽对应有中空扰动，用变温和变高诊断更清晰，700 hPa变温和500 hPa变高因其尺度小、移速快，08：00图上不易分析出；2）500 hPa有一温度槽从高空扰动区伸向安徽东侧，叠加在850 hPa温度脊上，增强了层结不稳定，700～500 hPa温差超过22 ℃，850～500 hPa温差高达35 ℃，条件不稳定度很大，商丘地区地面露点在18～20℃之间，相应的CAPE值在2800 J/kg左右，925～700 hPa之间的风矢量差高达18 m/s，这也说明了为什么会出现高度组织化的超级单体和弓形回波。正如我们反复指出的，垂直风切变的大小不要拘泥于0～6 km风矢量差的数值，要看具体的风廓线，特别是在0～6 km之间的某一区间垂直风切变较大，也会导致高度组织化的对流风暴类型的出现。此外，700～400 hPa间平均温度露点差为13.8℃，该区间单层最大温度露点差为24℃，干层强度大；地面到500 hPa对流层中下层温度直减率接近干绝热递减率，非常有利于强烈下沉气流，因而有利于强雷暴大风的产生。

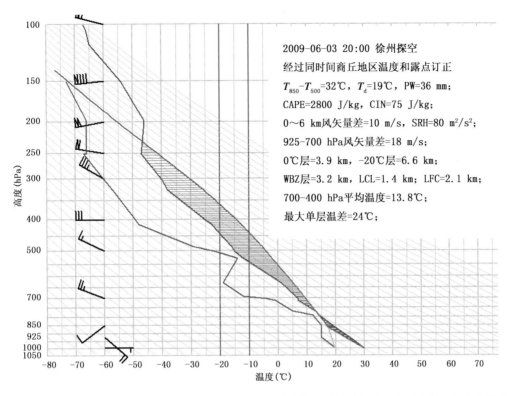

2009-06-03 20:00 徐州探空
经过同时间商丘地区温度和露点订正
$T_{850}-T_{500}=32\,℃$，$T_d=19\,℃$，PW=36 mm；
CAPE=2800 J/kg，CIN=75 J/kg；
0～6 km风矢量差=10 m/s，SRH=80 m²/s²；
925-700 hPa风矢量差=18 m/s；
0℃层=3.9 km，-20℃层=6.6 km；
WBZ层=3.2 km，LCL=1.4 km；LFC=2.1 km；
700-400 hPa平均温度=13.8℃；
最大单层温差=24℃；

图 5.134　2009 年 6 月 3 日 20 时徐州探空（CAPE 和 CIN 的计算经过同时间商丘高温高湿区温度和露点订正）

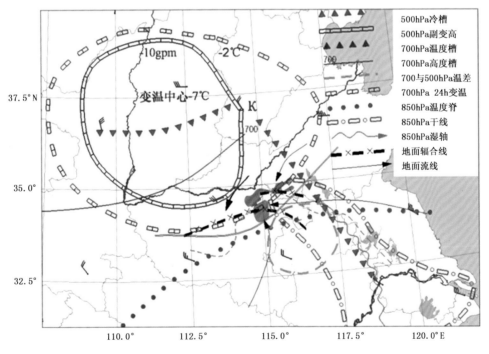

图 5.135　2009 年 6 月 3 日 20:00 综合分析图。红色阴影表示雷达反射率因子大于 45 dBZ 的区域，绿色阴影为地面露点高于 22 ℃ 的区域，绿色虚线为地面 20 ℃ 等露点线，蓝色风矢杆为 500 hPa 风。"K"表示 500 hPa 冷堆

　　由于高空扰动尺度小且 6 月 3 日 20 时仍位于山西境内，预报河南和安徽北部的强对流是有一定难度的，另外的难点在于水汽、风垂直切变和抬升条件。从 08 时郑州和徐州探空看水汽条件并不好，需要细致分析地面图，20 时商丘西部附近存在地面露点温度大于 22 ℃ 的区域（绿色阴影）；0～6 km 风垂直切

变并不强,但925~700 hPa风垂直切变强(每千米6~7 m/s)。尽管商丘地区处于偏南、偏东、偏北三股气流汇合的气旋式辐合区(图5.136),但对流风暴并非在河南东北部地面辐合线上触发,亦非山西和河北南部风暴下山形成,而是山西南部的对流风暴下沉气流冷池前沿的多股阵风锋下山在山下平原地区触发深厚湿对流(图5.136)。图5.136表明晋冀带状风暴下沉气流导致的冷出流阵风下山后产生了鹤壁一直延续到延津、原阳的近地层偏北风急流及地面大风,急流前端的风暴出流边界为边界层辐合线,雷达图上为多条窄带回波,冷出流辐合线(阵风锋)移动到水汽相对充沛处(露点温度大于12℃)触发了最终导致商丘灾害性雷暴大风的对流风暴(图5.136红色阴影处)。以上中尺度分析表明,尽管有冷涡后部横槽下摆,大气层结不稳定,但是从短期和短时阶段要预报灾害性强对流天气难度较大,难点在于水汽和抬升触发条件。另外,此次过程0~6 km风垂直切变不强却出现了超级单体,王秀明等(2012)通过观测和数值模拟研究表明,此次强对流过程风垂直切变集中在925~700 hPa间(图5.134),风暴内外垂直速度差异可以使得与上升气流高度匹配的水平涡度扭转为风暴内垂直涡度从而形成超级单体,因此风垂直切变可以是0~6 km深层的也可以集中在其中某一区间。值得注意的是,此次对流风暴环境与美国暖季弱天气尺度强迫下Derecho的环境条件相似,强层结不稳定、强低层风垂直切变,中空有短波槽,边界层中尺度湿中心等,有利于产生长生命史弓形回波,导致区域性雷暴大风(王秀明等,2012)。

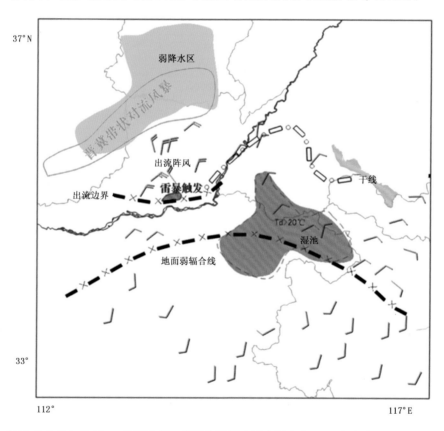

图5.136 2009年6月3日18:00地面分析。深绿色阴影为露点温度大于20℃的中尺度湿池,红色阴影为雷暴触发处,黑色圈框线为干线,深蓝色粗线表示黄河

(3)雷达特征分析

导致商丘极端雷暴大风的对流风暴形成后迅速发展,朝东南方向移动,经历了超级单体风暴阶段(3日19:00—21:00)和弓形回波阶段(3日21:00至4日02:00),对流风暴维持长达10小时。该对流风暴触发(3日17:54)后迅速发展,约70分钟后形成由3个强对流单体组成的对流簇,其中开封附近的对流单体回波强度最强且可见中气旋(图略)。

图5.137给出了19:13上述超级单体风暴结构图,可见经典超级单体的回波墙、有界弱回波区和回

波悬垂结构(图 5.137e),低层钩状回波结构也很清晰(图 5.137a),此时商丘雷达探测到中等强度的中气旋(图略)。对于短时临近监测雷暴大风而言,一个非常显著的特征为深厚且强的中层径向辐合,沿郑州雷达中层径向辐合速度对中心的剖面图可见辐合层位于 2~7 km 高度,根据辐合辐散构想图 5.137c 所示风暴内垂直环流,白色实线所示为风暴右前侧倾斜上升运动,黑色实线所示强下沉气流。与上升气流对应,0.5°仰角有辐合速度对(图 5.137b 中"con"),9 km 以上强辐散(图 5.137c 中"div");与下沉气流对应,3~7 km 高度有 7.0×10^{-3} s^{-1} 强中层辐合速度对(图 5.137c),0.5°仰角呈现类似下击暴流的辐散速度对(图 5.137b 中"div")。19:32 后商丘雷达探测到旋转速度 20 m/s 的强中气旋,且在原中气旋左右两侧先后各出现一中气旋(图略)。

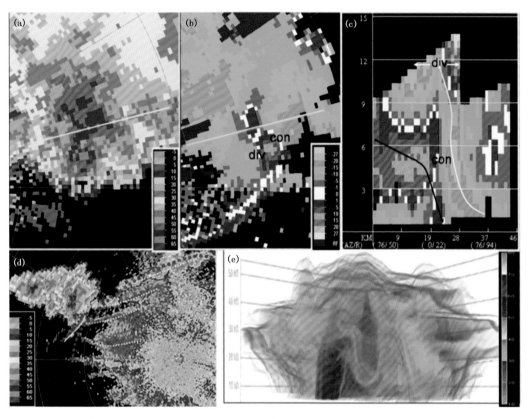

图 5.137　2009 年 6 月 3 日 19:13 郑州雷达观测的 0.5°反射率因子(a)、径向速度(b)和沿图 b 中黄色线的径向速度垂直剖面(c)(黑白粗实线分别表示下沉和上升气流,"con"和"div"标记辐合与辐散),商丘雷达 0.5°反射率因子和地面干线位置(紫色粗点线)(d)和用 GR 软件从东南方向看的超级单体立体图(e)

20:01 西段超级单体风暴发展成了回波强度超过 65 dBZ、60 dBZ 回波范围达 150 km² 内嵌多个中气旋的 β 中尺度超级单体风暴系统(图 5.138)。菏泽附近新生回波带上的 2 个小对流单体分别于 19:37 和 20:01 发展成超级单体(简称东段超级单体风暴,图 5.138a),东段超级单体风暴除具有一般超级单体结构特征外,还有如下特征:1)尺度较小,为 γ 中尺度;2)中层辐合强烈,辐合值近 8.0×10^{-3} s^{-1},根据连续方程估算最强下沉速度为 10~16 m/s,中层强辐合在单体发展过程中一直维持;3)回波随高度明显前倾。后两个结构特征有助于识别地面灾害性大风。20:01 新生回波带上可分辨出 8~9 个 γ 中尺度辐合或气旋式辐合扰动,加上东西两段超级单体的 5 个中气旋,整个强风暴系统中同时存在 13~14 个中尺度气旋性涡旋/气旋式辐合扰动(图 5.138b),对整个风暴而言,中层辐合带的存在有利于形成一致的地面阵风出流,加速了对流风暴向带状飚线发展。这种中层的小尺度涡旋扰动结构在超级单体风暴甚至飚线风暴前期一直存在。

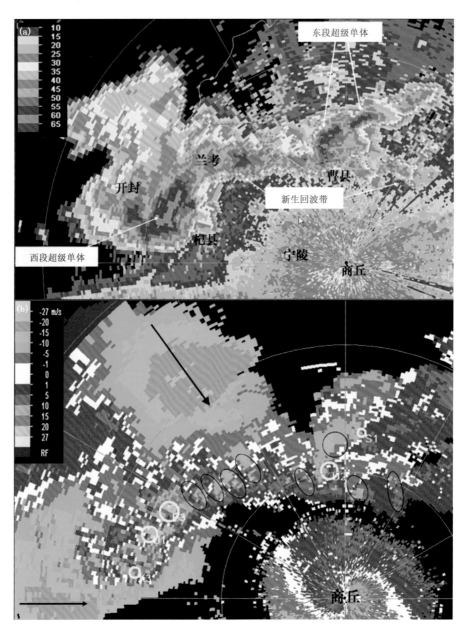

图 5.138　2009 年 6 月 3 日 20:01 商丘雷达 0.5°反射率因子(a)和 3.4°径向速度(b)(黄色小圆圈表示雷达识别的中气旋,黑色小圆环标记 γ 中尺度辐合或气旋式辐合,黑色箭头标记环境入流)(引自王秀明等,2012)

　　6 月 3 日 20:01 西段超级单体附近出现 2 股径向风速超过 24 m/s 的强出流,位于风暴入流两侧(图 5.139a 标记 A、B 处),图 5.139a 还标出了与 2 支下沉出流对应的小范围冷池,冷池位于大风区后侧的许通、兰考附近,直径约 20 km。此时西段超级单体风暴产生的地面大风范围小且强度弱,仅杞县站于 20:03 记录到由 A 单体出流造成的 18 m/s 东北风。20:26 西段 2 股超级单体下沉出流合并为一支距地面 0.9 km 高风速达到 30 m/s 的强出流(图 5.139b),这股 30 m/s 的强出流维持到 21:00,民权、宁陵站 21:00 前后记录的地面大风(28.6 m/s)正是这股合并后的强出流阵风造成的。与此同时,曹县附近东段 2 股超级单体风暴出流阵风合并加强,距地约 0.3 km 的 30 m/s 强风(图 5.138b)持续近 1 小时,虽然附近地区仅记录到 17 m/s 大风,但实际地面大风应超过 25 m/s。

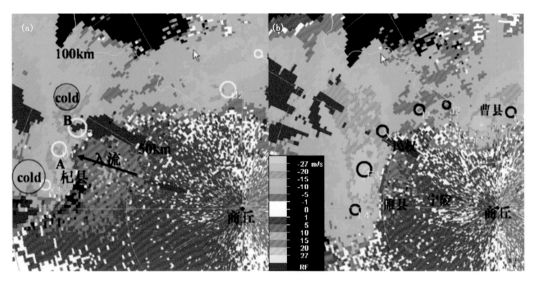

图 5.139　2009 年 6 月 3 日 20：01(a)和 20：26(b)商丘雷达 0.5°径向速度图(杞县、宁陵、睢县、曹县地面站记录到
17 m/s 以上大风，图 a 中标记'cold'处为 20：00 地面加密观测的冷池位置)(引自王秀明等，2012)

21：00 左右西段超级单体风暴约以 13 m/s 的速度朝东偏南移动，东段超级单体风暴约以 9 m/s 速度朝南偏东移动，两者交角约 30°(图 5.140a)，移动过程中逐渐合并形成东北—西南走向的飑线(图 5.140b)，且弓形回波结构逐渐明显(图 5.140c)，自 21：45 开始弓形回波维持超过 1 小时。在飑线弓形回波中还出现更凸出的小弓形结构(图 5.140d)，对应后侧入流缺口(RIN)，其后半小时小弓形回波处出现断裂(图 5.140e)，永城极端地面大风(29 m/s)发生在小弓形回波断裂处(图 5.140e，f)。3 日 21：00 至 4 日 02：00，强飑线维持了近 5 个小时。4 日 02：00 后暖湿气团强度明显减弱，风暴下沉气流导致的冷池阵风出流(阵风锋)逐渐切断整个风暴的暖湿入流，冷池周围形成方圆 300 km 的反气旋，对流风暴消亡。

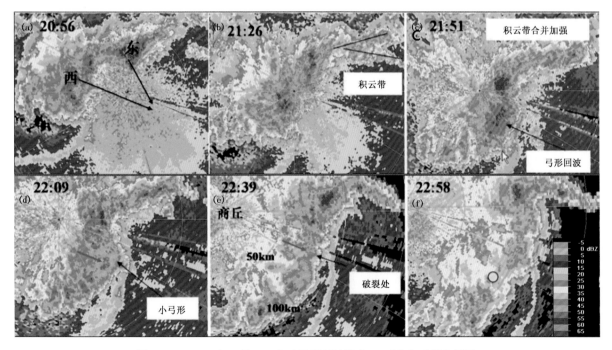

图 5.140　2009 年 6 月 3 日商丘弓形回波演变(0.5°仰角反射率因子)
(图中蓝色圆点表示永城位置)(引自王秀明等，2012)

　　位于飑线北端东西走向的新生积云带上小积云线合并而强烈发展(图 5.140b,c)是飑线持续的重要因子。积云带与飑线近乎垂直,随着飑线东移,积云带新生单体不断并入飑线北端使其强烈发展(图 5.140c—f)。新生回波带是对流风暴传播方向,朝东的传播使对流风暴移动方向偏向单体移动方向(东南方向)的左侧,即朝东东南移动。新生单体常由对流风暴出流与环境低层暖湿入流辐合触发,位于飑线南端,且使飑线传播方向多为冷池移动方向,但本例中因新生积云带位于对流风暴北端,因而风暴传播方向特殊。新生积云带有多次并入飑线风暴后又再生的过程,且常同时存在多条积云带,新生积云带是该对流风暴发展、维持不可或缺的因素,其成因值得探讨。图 5.142 干线分析表明,19:00—21:00 干线位于商丘以北且稳定少动,22:00—23:00 位于安徽、江苏交界处,但都在导致商丘灾害性大风的对流风暴附近且位于其北侧。上文提到 19:00 前后新生的积云带位于干线叠加窄带回波处(图 5.137d),窄带回波在干线附近有数条。22:00 后积云带沿干线再度新生,22:00—23:00 形成徐州到泗阳一带长达 150 km 的中尺度对流系统(图 5.141a),与东北—西南走向的飑线一起构成"人"字形回波。

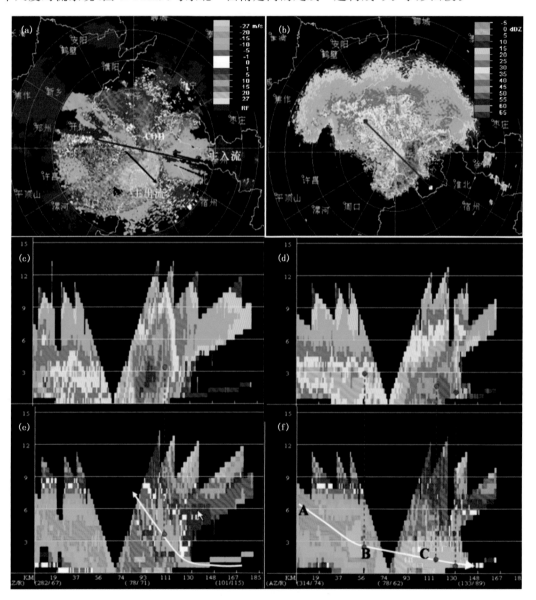

图 5.141　2009 年 6 月 3 日 22:03 飑线结构图:0.5°仰角径向速度(a)和 2.4°仰角反射率因子(b),沿(a)中紫色实线的反射率因子(c)和径向速度(e)垂直剖面;沿图 b 中紫色实线的反射率因子(d)和径向速度(f)垂直剖面。白色实线标记倾斜上升和下沉气流,黑色箭头标记主入流和主出流(引自王秀明等,2012)

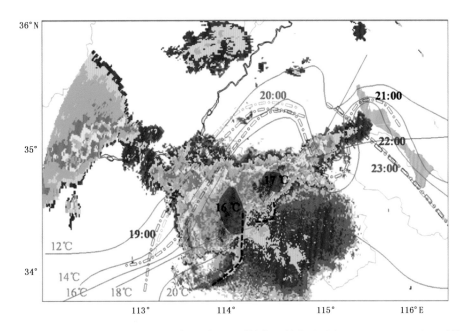

图 5.142　21:00 地面加密观测分析叠加 21:02 商丘雷达 1.5°仰角反射率因子和 19:00—23:00 地面干线(绿色等值线为 12 ℃起始间隔为 2 ℃的等露点线,蓝色阴影区表示风暴冷池,其中数字标注冷池中心温度,蓝色箭头表示显著流线,黑虚线为雷达反射率因子图上的窄带回波;反射率因子色标与图 5.141 相同)

一般来说,飑线灾害性地面大风由对流层中层水平风动量下传、强下沉气流辐散和冷池密度流造成,导致商丘极端雷暴大风的对流风暴在形成致灾大风过程中以上三种因素都有。图 5.141f 沿主出流的径向速度垂直剖面 4～8 km 高度上约 18 m/s 的后侧环境入流倾斜下沉进入飑线层云区(标记 A),在层云处增至 24 m/s(标记 B),增幅 7 m/s。在标记 C 处的 3 km 高度以下径向速度又有 7 m/s 以上增幅,增至 30 m/s,径向速度极值 37 m/s 出现在 2 km 以下。随着风暴发展,冷池对地面灾害性大风的作用逐渐显著。经过平滑的 21:00 地面 1 小时变温可见商丘附近存在直径约 100 km 的强冷池,1 小时降温达 12 ℃、升压 7 hPa(图略),较之 1 小时前显著加强。冷池移向的睢县、宁陵出现 10 m/s 以上(平均风)的西北风,商丘雷达观测到飑线风暴冷池出流持续加强,最大出流速度达 37 m/s(距地 0.6 km,图 5.141a),对应地面观测记录柘城 21:37 出现 22 m/s 偏北大风,根据雷达观测实际出现的风速应更大。22:00—23:00 1 小时变压达 7～8 hPa,变温超过 10 ℃(图略),用雷达速度图估计的冷池高度由 21:00 的约 1.5 km 升高到约 2.5 km。飑线强冷池直接导致以永城为中心的 5 站次 25 m/s 以上雷暴大风。22:00 位于冷池中心的虞城与相距 27 km 的夏邑气压差达 7 hPa,温度差 8 ℃,为飑线主出流区,该处的强出流使弓形回波在夏邑附近出现了更为凸出的小弓形回波(图 5.140d)。永城正好位于虞城东南 40 km 处,强冷池直接导致小弓形形成直至断裂(图 5.140e),永城极端对流大风出现在小弓形断裂后半小时内,永城因位于强冷池主出流区而遭遇灾害性地面大风。

(4)2009 年 6 月 3 日傍晚到夜间河南安徽雷暴大风过程主要特征小结

1)这是一次短期和短时阶段预报难度较大的对流性致灾大风过程。通过要素分析表明,风暴发展的环境类似美国暖季型 Derecho 环境:层结极不稳定、局部水汽充沛。对流风暴在傍晚初始生成时有地面辐合线等中尺度边界提供中尺度抬升,干线可能对于其生成也起到一定辅助作用,最关键的抬升因素是山西风暴冷池下山产生的的阵风锋。对流风暴生成以后向着水汽条件较好的区域移动,有短波槽扰动和强的 925～700 hPa 间风垂直切变,2500 J/kg 以上的 CAPE,使得生成后的对流风暴向着高度组织化的风暴结构演化。

2)超级单体阶段风暴单体内的深厚中层径向辐合、低层辐散速度对和中气旋是识别大风的特征结构,超级单体阶段地面灾害性大风是由 2 个超级单体下沉冷出流合并产生的。飑线阶段后侧入流急流、中层径向辐合、低仰角径向速度大值区,以及基于地面加密资料分析的冷池是判识致灾大风的特征结构。

3)在各种要素有利的环境条件下,干线、山上雷暴部分冷池下山形成的多股阵风锋、地面辐合线等是强对流风暴发展和移动的关键因素。本例中,干线及叠加在干线上的小扰动不断触发新生积云带,并使新生积云发展,积云单体持续并入飑线风暴北端使其持续强烈发展,同时也使得飑线移动方向向东偏转。

5.3.4.3 2015年6月1日夜间导致长江游轮"东方之星"倾覆的局地雷暴大风分析

2015年6月1日21:30左右,载有454人的"东方之星"客轮在长江湖北监利段翻沉,导致442人遇难,这是长江航运史上从未有过的重大灾难性事件。气象监测资料分析表明,6月1日20:00—22:00,"东方之星"客轮翻沉事件发生江段及其附近区域出现了暴雨、雷电和雷暴大风等强对流天气;新一代天气雷达反射率因子和径向速度场分析表明,这些区域存在线状对流、弓形回波、γ中尺度涡旋和下击暴流等特征。"东方之星"倾覆时,正位于湖南岳阳和湖北监利之间几乎是从南到北的长江航道上,已快到监利,图5.143给出了"东方之星"倾覆前最后13分钟的航迹图。实际上,从6月1日21:18:15直到21:20:16近2分钟时间该游轮一直保持7节的速度向北航行,21:20:42开始减速,3分钟后的21:23:50航速锐减到2节,并且航向发生明显的向东南方向的偏转。估计并非是驾驶员有意调转航向,而是风太大,北风吹得航向调转。随后,"东方之星"一路被偏北风吹着南退,在21时31分11秒发生倾覆。在中国气象局统一组织下,中国气象局、南京大学大气科学学院以及北京大学大气与海洋科学系组成联合灾情调查小组赴"东方之星"倾覆地点周边地区进行灾情调查,发现多处下击暴流痕迹和疑似龙卷的痕迹(郑永光等,2016a)。从对周边地区树木的损害判断,龙卷属于EF0或者EF1级。事后中国气象局东方之星倾覆事件雷达分析组对多普勒天气雷达资料进行了详细分析,结合地面灾调最终得到结论:此次"东方之星"倾覆事件是由一次或数次下击暴流事件导致的(赵坤等,2015)。

图5.143 2015年6月1日夜间"东方之星"倾覆之前最后12分钟航迹图(引自《财经》杂志)

(1)天气背景

2015年6月1日20时500 hPa天气图显示,从江淮到湖北湖南上空主要为不强的平直西风,其上有数个短波槽扰动自西向东移动。850 hPa等压面上,沿着长江中游和下游是一条切变线,"东方之星"倾覆地点位于切变线以南非常靠近切变线的低层西南暖湿气流中,带有弱的暖平流。图4.144给出了2015年6月1日20时地面天气图,游轮倾覆地点位于洞庭湖以北的红色小方块内,靠近地面准静止锋,在锋面以北的地面低压倒槽中。

图5.145给出了2015年6月1日20时监利周边没有受到降水污染的惟一探空——湖南怀化探空。从中可以看到,CAPE值(2000 J/kg)为中等大小,深层垂直风切变较弱(0~6 km风矢量差为12 m/s),

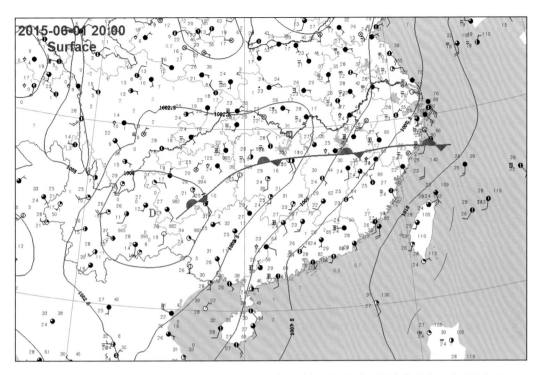

图 5.144　2015 年 6 月 1 日 20 时地面天气图(东方之星倾覆地点位于洞庭湖以北红色小方框内)

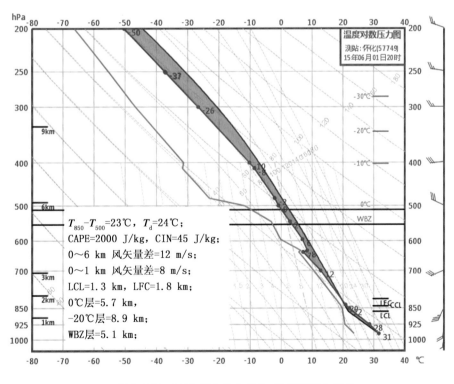

$T_{850} - T_{500} = 23℃$，$T_d = 24℃$；
CAPE=2000 J/kg，CIN=45 J/kg；
0～6 km 风矢量差=12 m/s；
0～1 km 风矢量差=8 m/s；
LCL=1.3 km，LFC=1.8 km；
0℃层=5.7 km，
-20℃层=8.9 km；
WBZ层=5.1 km；

图 5.145　2015 年 6 月 1 日 20 时湖南怀化探空

850～600 hPa 为深厚湿层,地面露点(24℃)较大;再考虑到 500 hPa 上的短波槽、低层切变线以南的西南暖湿气流,以及地面低压倒槽,有利于长江中游地区发生强降水。600～400 hPa 之间存在深厚干层,该区间平均温度露点差为 13℃,最大单层温度露点差为 22℃,850 hPa 到地面近似为干绝热层结,有利于长江中游地区出现雷暴大风。

(2)雷达回波特征分析

图 5.146 给出了 2015 年 6 月 1 日 20:57 湖南岳阳 SA 型新一代天气雷达 0.5°仰角反射率因子和径向速度图,蓝色方框标识"东方之星"倾覆区域。可以看到一条西南—东北走向的多单体线风暴,自西北向东南方向移动,逐步靠近"东方之星"倾覆的区域。从径向速度图上可以看到,在蓝色方框的西边有一条西南南—东北北走向的辐合线(图上黄色线段所标识),它是对流风暴内部下沉气流导致的冷出流前沿的阵风锋,该多单体线风暴内部不断有下击暴流和/或达不到下击暴流强度的间歇性下沉气流产生,使得冷池和阵风锋得以维持。"东方之星"的倾覆就是不久之后的一次下击暴流导致的强出流造成的。

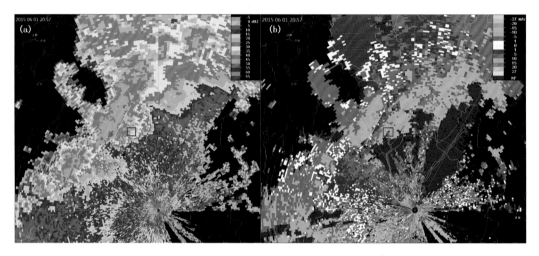

图 5.146 2015 年 6 月 1 日 20:57 湖南岳阳 SA 型新一代天气雷达 0.5°仰角反射率因子(a)和径向速度(b)图
(蓝色方框标识"东方之星"倾覆区域,黄色直线段标识地面附近辐合线即阵风锋位置)

根据图 5.147,6 月 1 日 21:21(沉船前 8 分钟)岳阳雷达低层(0.5 度仰角,对应高度约 800 m)径向风和反演风场显示,"东方之星"处于弓形回波的凸起处(反射率因子图上的弓形回波并不明显,只是有一块较大回波向前凸起,反而从径向速度图更容易分辨弓形回波),对应强降水(48 dBZ 以上)和下沉气流的来自西北方向的后侧入流急流形成的辐散区,风速不少于 14 m/s。该西北风与偏南暖湿入流在"东方之星"位置的东南侧辐合形成一阵风锋锋面。1.5°和 2.4°仰角上,在弓形回波两端,分别存在一气旋和反气旋涡旋对(γ 中尺度涡旋对构成的两端涡旋),增强了后侧入流急流(最大值达 16 m/s),在弓形回波前缘形成显著的中低层辐合。此气流结构与过去观测和模拟的典型弓形回波一致(Weisman,2001)。21:27,地面阵风锋已经移至"东方之星"东南 10 km 处。然而,在"东方之星"所在位置,低层(0.5°仰角)出现一风速大于 14 m/s,水平尺度约 4 km 的局地强风区,最大风速达到约 20 m/s。该区域对应强降水(45 dBZ 以上)区,且具有较强的辐散特征(沿雷达径向方向构成辐散的径向速度极大值和极小值之差超过 10 m/s),符合下击暴流的特征。在 1.5°和 2.4°仰角上,该区域对应中层径向辐合,在位于中低层偏北的 γ 中尺度涡旋影响下有明显增强。

值得注意的是,该下击暴流引起的强风区随系统向东移动,并在 6 分钟后(即 21:32 的体扫)逐渐减弱(图略)。按下击暴流尺度定义,21:27"东方之星"所在处的局地强风区属于微下击暴流。过去的研究(Weisman,2001)表明,弓形回波中前沿的下击暴流形成的原因包括:1)热力作用,强降水的拖曳以及干空气夹卷进入下沉气流内导致雨滴剧烈蒸发降温产生向下的加速度(负浮力);2)动力作用,后侧入流急流在系统前缘形成中低层强辐合,并将对流层中层较大动量带到低层。从多普勒天气雷达观测看到,下击暴流出现的 6 分钟前(21:21)该区域出现局地强降水(回波强度 48 dBZ 以上),可引起较强的降水拖曳并夹卷干空气进入,使得降水剧烈蒸发导致强下沉气流。另一方面,21:09—21:27 中低对流层存在持续稳定的 γ 中尺度涡旋,该中尺度涡旋在 21:21 达到最强,旋转速度达 19 m/s,显著加强了系统后侧入流急

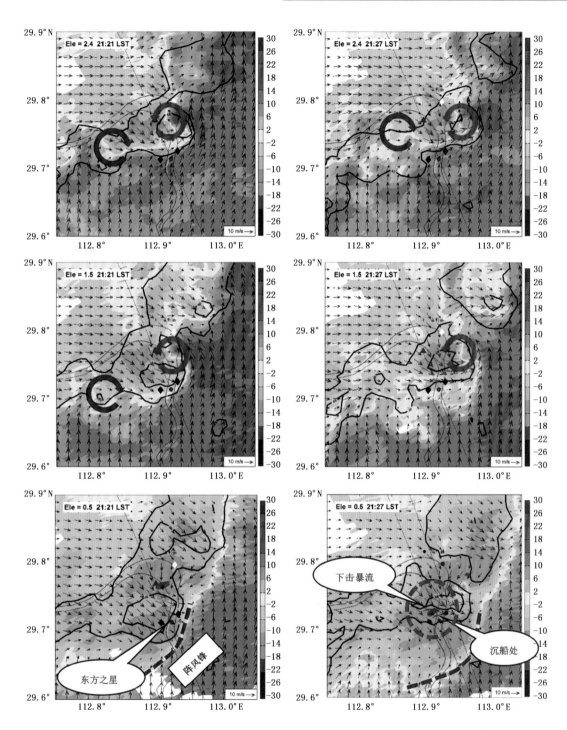

图 5.147　6 月 1 日 21:21(左列)和 21:27(右列)沉船区(图 4.146 蓝色方框)岳阳雷达 0.5°、1.5° 和 2.4° 仰角多普勒
径向速度(填色)、45 dBZ 或以上强回波等值线(间隔 3 dBZ)和双多普勒雷达(岳阳—荆州)反演风场。0.5°、1.5° 和
2.4° 仰角径向速度图上分别叠加 800 m、1600 m 和 2400 m 等高面上双雷达反演的风场(引自赵坤等,2015)

流(RIJ),增强了中低层的辐合,有利于下沉气流的增强。因此,21:27"东方之星"所在位置处的风速突然
增强,应该是以上两个因素共同引起的微下击暴流所致。由于雷达最低仰角为 0.5°,岳阳 SA 型新一代
天气雷达观测到"东方之星"所在位置(距离雷达约 49.3 km)高度约为 730 m。过去研究表明,下击暴流
引起的强风随高度降低会快速增强。例如 1978 年美国伊利诺斯州北部下击暴流试验(NIMROD)
Yorkville 的多普勒雷达观测到的一次微下击暴流垂直剖面(图 5.104)显示(Fujita,1981),从 730 m 到

10 m,水平风速可从 15 m/s 增加到 25 m/s,约 1.7 倍。根据此标准估计,"东方之星"所在位置由于微下击暴流造成的地面最大阵风约为 20 m/s×1.7＝34 m/s,超过 12 级(33.6 m/s)。因此,2 分钟后(即 21: 29)"东方之星"翻船应与该下击暴流导致的突发强阵风有关。

(3)导致"东方之星"倾覆事故的雷暴大风事件小结

当预报员看到 6 月 1 日 20 时的高空观测资料时应该已经是 21 时左右了,但是怀化探空至少提示,长江中游地区除了暴雨,还是存在局地雷暴大风的可能。从雷达回波图上看,反射率因子图上弓形回波并不明显,倒是径向速度图,至少从 21 时左右,就显示沿着阵风锋有出现局部大风的可能,因此一定要看径向速度图,尤其是 0.5°仰角径向速度图,需要放大 4～8 倍。此次过程中,产生下击暴流最终导致"东方之星"倾覆的多单体线风暴乍看上去并不像是会导致雷暴大风的系统,不像前面两个例子,一看反射率因子回波,不用看径向速度图就知道会产生大范围雷暴大风。这个系统一定也产生了系列下击暴流,只是下击暴流的频率和强度应该都远不及前两个例子,只产生了零星的局部雷暴大风。因此再次强调,一定注意看径向速度图,尤其是低层的径向速度图。当暴雨是主要的危险天气时,要想到会不会还会出现其他强烈天气,例如局地雷暴大风甚至龙卷。

5.4 短时强降水

短时强降水(flash heavy rain)是指 1 小时雨量大于等于 20 mm 的降水事件。为了分析短时强降水的极端性,进一步将 1 小时雨量大于等于 80 mm 或 3 小时雨量大于等于 180 mm 的降水事件称为极端短时强降水。短时强降水导致的主要灾害是暴洪(flash flood)。暴洪是所有气象相关灾害中发生频次最高且导致伤亡最多的灾害。暴洪预报是一个典型的水文气象问题。暴洪预报分为两个方面:1)确定每个子流域内当天发生暴洪所需要超过的降水阈值,该阈值与流域地貌特征和前期降水情况密切相关,通常地形复杂地区的小流域暴洪阈值较低,如果前期有降水则会进一步降低其暴洪阈值,城市由于下垫面通常不吸水,其低洼处也是暴洪易出现地区;2)估计每个子流域内降水超过当天暴洪阈值的可能性。本节主要讨论第二个方面,即导致暴洪的短时强降水的临近预报问题。

短时强降水事件的形成主要由两个要素确定:1)雨强;2)降水持续时间。相对强的雨强持续相对长的时间导致强的降水。下面分别从这两个方面讨论短时强降水的临近预报。短时强降水临近预报手段主要基于天气雷达回波特征,同时适当考虑环境背景条件。

5.4.1 雨强

5.4.1.1 目前业务上对较强对流降雨雨强的主要判断方法

雨强估计主要分为潜势估计和临近估计两个方面。潜势估计需要探讨有利于大的雨强的环境条件。雨强可以表达为(Doswell et al,1996)

$$R=\rho Ewq \tag{5-12}$$

式中,R 为雨强;ρ 为云底附近空气密度,变化很小,在降水过程中可以认为近似是一个常量;E 为降水效率;w 是云底上升气流速度;q 为云底比湿;ρwq 为云底水汽通量。降水效率的含义是通过云底进入云内的水汽总量中最终变为降水降到地面部分的比例。降水效率与环境条件密切相关,对流层整层相对湿度越大,垂直风切变越小,雨滴越不容易蒸发,降水效率越高(Davis,2001)。降水效率还与暖云层(抬升凝结高度到 0 ℃层高度)厚度有关,暖云层厚度越大,降水效率越大。在对流降水情况下,云底上升气流速度(w)直接与对流有效位能(CAPE)相关,CAPE 值越大,w 越大。在 CAPE 不太大的情况下,如果云底比湿(q)或露点(T_d)很高,降水效率(E)很高,则雨强也会很大。有些情况下,如强降水超级单体风暴,由于垂直风切变很强,降水效率较低(通常不超过 35%),但上升气流速度(w)和云底比湿(q)都较大,尤其是上升气流速度可以非常大,有时也会导致极高的瞬时雨强。简言之,雨强大小取决于降水效率、云底上升气流速度与比湿的综合效应。

几乎所有 1 小时雨量在 20 mm 以上的短时强降水事件都是由深厚湿对流产生的,因为在深厚湿对流中上升气流速度在 10 m/s 量级,在稳定层结下的层状云降水中上升气流速度在 0.1 m/s 量级,即稳定性降水上升气流速度比对流性降水要小 2 个数量级,而稳定性降水的比湿和降水效率合在一起最多比对流性降水高数倍。因此要到达 20 mm/h 以上雨强,通常只有在对流性降水情况下才有可能,惟一的例外可能是在弱静力或近中性稳定度情况下地形强迫的稳定性降水有可能达到 20 mm/h。

在实际过程中,有利于较大对流雨强的环境大致可分为两大类(俞小鼎,2013):1)低层露点值较大,整层相对湿度较大,温度直减率接近但略高于湿绝热直减率,CAPE 形态呈狭长型(图 5.148a);2)低层露点值较大,相对湿度高的层从地面延伸到地面以上 1.5 km 高度或更高,上面存在干层(图 5.148b)。严格地讲,第二种类型其实对应多种子类型,共同特征是低层露点较高,整层不都是湿层。第二种类型所对应的强烈天气除了短时强降水外,时常伴随冰雹和/或雷暴大风(偶尔伴随龙卷),第一种类型探空环境下几乎只出现短时强降水(偶尔伴随龙卷),通常不伴随冰雹和/或雷暴大风。

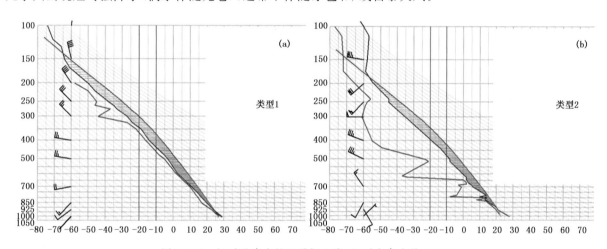

图 5.148 短时强降水的两种探空类型(引自俞小鼎,2013)
(a)南京 2009 年 7 月 6 日 20:00;(b)2002 年 7 月 1 日 20:00

需要指出的是,一般而言,弱的垂直风切变有利于高降水效率,有时强的垂直风切变虽在一定程度上降低了降水效率,但更容易导致超级单体中气旋或其他类型 γ 或 β 中尺度涡旋形成,多数情况下这些中尺度涡旋都与上升气流成正相关,导致大的垂直螺旋度,进而导致对流系统更长的生命史(Lilly,1986a,1986b)。另外,超级单体中气旋与环境垂直风切变之间相互作用导致一个向上的扰动气压梯度力,造成比仅凭 CAPE 转换获得的上升气流更加强烈的上升气流(Klemp,1987)。虽然大多数短时强降水事件出现在弱垂直风切变环境下,但仍有相当数量的短时强降水包括极端强降水事件出现在强垂直风切变环境下,如"7.21"北京极端强降水(俞小鼎,2012)和"130701"河北极端强降水(王从梅和俞小鼎,2015)。

雨强的临近估计主要根据天气雷达反射率因子和雨强之间的经验关系,即通常所说的 Z-R 关系。对流性雨强估计,最简单易行的主观判别方法是主要考虑两种对流类型,如图 5.149 所示:1)大陆强对流型;2)热带海洋型。大陆强对流型强回波可扩展到比较高的高度,重心较高,热带海洋型强回波主要位于低层,重心较低。几乎所有热带海洋上的对流降水系统(包括热带气旋)都属于热带海洋型,相当一部分中高纬度对流降水系统也属于热带海洋型。大陆强对流型绝大多数出现在中高纬度,通常都伴有冰雹(在盛夏季节对流系统中的冰雹很多在下落过程中会完全融化掉),很多呈现出典型的雹暴结构。

不同对流降水类型采用不同的 Z-R 关系:1)大陆强对流型,$Z = 300R^{1.4}$;2)热带海洋型,$Z = 230R^{1.25}$。

因此,对暖季对流雨强估计,可粗略地将降水分为以上两种情况。对于大陆强对流型,其 Z-R 关系中的反射率因子(Z)的取值有一上限,在 51~55 dBZ 之间,通常取其上限为 53 dBZ,主要是为了减轻冰雹的影响。然而,即便采取了限定上限的措施,也不可能完全消除冰雹的影响,对于大陆强对流型降水估

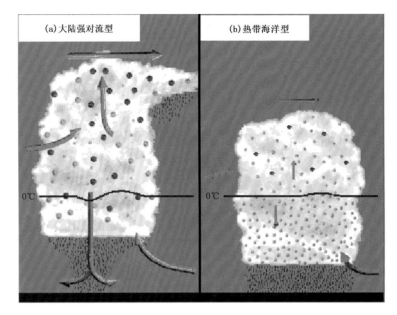

图 5.149 大陆强对流型降水(a)和热带海洋型降水(b)

[引自 COMET 课件(http://www.comet.ucar.edu/class/FLOAT_2001/index.htm)]

计,冰雹的存在仍然是其雨强估计的主要误差来源之一。表 5.8 给出当反射率因子分别为 40 dBZ、45 dBZ、50 dBZ 时对应的大陆强对流型降水和热带海洋型降水的雨强。同样的反射率因子,大陆强对流型降水对应的雨强明显低于热带海洋型降水的雨强,反射率因子越大,差异越大。

表 5.8 反射率因子为 40 dBZ、45 dBZ、50 dBZ 时对应的大陆强对流型降水和热带海洋型降水的雨强

类型	反射率因子		
	40 dBZ	45 dBZ	50 dBZ
大陆强对流型降水	12 mm/h	28 mm/h	62 mm/h
热带海洋型降水	20 mm/h	50 mm/h	130 mm/h

为了进一步说明大陆强对流型和热带海洋型对流的区分,图 5.150 给出大陆强对流型和热带海洋型对流的具体例子。图 5.150a 显示 2002 年 5 月 27 日安徽北部一次强对流过程的垂直剖面,从中可见明显的高悬强回波特征,40 dBZ 回波扩展到 12 km 以上高度,50 dBZ 回波扩展到 10 km 以上,而 -20 ℃ 等温线高度(根据周边探空计算)只有 7.2 km,是典型的大陆强对流型;图 5.150b 显示 2009 年 7 月 7 日江淮梅雨期间一个对流系统垂直剖面,当时 -20 ℃ 等温线高度高达 8.5 km,而 40 dBZ 反射率因子只扩展到大约 7 km 高度,重心很低,属于典型的热带海洋型,尽管并不位于热带海洋上。如果必须给出一个区分大陆强对流型和热带海洋型的判据,建议使用如下判据:如果 40 dBZ 反射率因子垂直扩展到 -20 ℃ 等温线以上高度,则判定为大陆强对流型;否则,属于热带海洋型。需要指出的是,并不存在绝对标准,上述判据仅作参考。有时,对流系统可能既不属于典型的大陆强对流型,也不属于典型的热带海洋型,而是介于两者之间,再分出第三种对流型也无必要,因为那会使判断变得更复杂,效果不一定好。

上述将对流降水分为大陆强对流型和热带海洋型两类的方法主要是为了缓解 Z-R 关系的不确定性,可以主观应用,也可作为客观算法。除上述 Z-R 关系误差,导致雨强估计误差的主要因素还有:1)冰雹的影响;2)0 ℃ 层亮带影响;3)降水和冰雹对雷达波束的衰减;4)雷达硬件定标;5)湿的天线罩。

前面提到,Z-R 关系建立在降水完全由液态雨滴构成的基础上,为了防止冰雹的存在对雨强估计可能造成的"污染",设置一个雨强的反射率因子上限值(53 dBZ)。即便如此,并不能完全消除冰雹的影响。对于一些大陆强对流型降水,反射率因子很容易达到 53 dBZ 以上,按照大陆强对流型降水的 Z-R 关系,

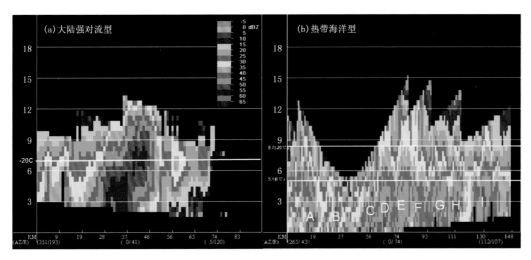

图 5.150　大陆强对流型和热带海洋型实例(引自俞小鼎,2013)
(a) 2002 年 5 月 27 日安徽合肥雷达垂直剖面;(b) 2009 年 7 月 7 日南京雷达垂直剖面

其对应的雨强为 105 mm/h。有些大陆强对流型的确降水很强,而有些则降水不强,一些强烈雹暴往往以降冰雹为主,回波强度常在 65 dBZ 甚至 70 dBZ 以上,雨强远远达不到 53 dBZ 上限值所对应的 105 mm/h。此时惟一的办法是通过环境条件加以区分,雨强很强的大陆强对流型往往对应着更高的低层露点或更大的整层可降水量(俞小鼎,2013)。

雨强估计要求,用来估计雨强的反射率因子位于 0 ℃层亮带以下(如图 5.151 中箭头所指区域),亮带或亮带以上对应的是正在融化的雪花或雪花,上述 Z-R 关系不适用(图 5.151)。在暖季,平原地区 0.5°仰角可一直扩展到 150 km 以上还能保证在 0 ℃层以下,但在地形复杂和多山地区 0.5°甚至 1.5°仰角也会被地形遮挡(图 5.151),此时有效的雨强估计范围会大大缩小。需要指出的是,对流系统中的 0 ℃层亮带由于强烈对流混合作用其边界没有图中的清楚,但仍存在,如果在亮带上取样,同样会导致雨强不正确估计。

图 5.151　0 ℃层亮带以及地形阻挡对雨强估计的影响(蓝色箭头所指为降水估测正确取样位置)(引自俞小鼎,2013)

对于 C 波段新一代天气雷达,如果降水较强且强降水区域较大或有大冰雹存在,则强降水区或强冰雹区以远部分的降水回波会受到明显衰减,导致低估雨强。保证雨强估计准确的另一个重要因素是雷达的标定。正确的雷达标定可使测量的反射率因子误差保持在 ±2 dBZ 以内,如果雨强在 20 mm/h 左右,假定完全正确的 Z-R 关系且无其他误差,则可保证雨强估计相对误差不超过 30%。检验雷达定标是否在合理范围内的一种方法是将雷达与周边同波长的雷达进行比较,对于大致相同距离处同样一块回波的最大反射率因子,如果雷达之间的差异不超过±2 dBZ,则可认为正常,否则可能存在定标偏差。此外,雷达天线位置降雨很大时,湿的天线罩也可造成很强衰减,导致反射率因子(Z)测量误差,雷达上空 40～50 mm/h 左右雨强下的湿天线罩可导致 4～6 dBZ 的衰减,造成雨强偏低估计的程度超过 50%。检验天气雷达雨强或雨量估计是否可以接受的一个判据是"1/2～2 倍原则":对 10 mm/h 或以上降雨,雷达估计值在真值的 1/2～2 倍的范围内,是可以接受的(Wilson,2013,私人通信)。例如,实际雨强 50 mm/h,雷达估计雨强可接受的范围是 25～100 mm/h,这与目前雷达降水估测水平是一致的。

5.4.1.2 具有双线偏振功能的新一代天气雷达的雨强估计

中国气象局已经有部分带有双线偏振功能的多普勒天气雷达投入业务运行,主要集中在广东、福建和上海几个省市。正如前面所说,增加双线偏振功能主要有两大作用:1)提高冰雹识别的准确率;2)改进降水估计。第一个作用已经在 5.1.4 节进行了阐述,第二个使用将在本小节做简要介绍。对于不具备双线偏振功能的天气雷达,只能依赖低层的反射率因子(Z)来反演雨强和累积雨量;对于具有双线偏振功能的天气雷达,可以采用反射率因子(Z)、微差反射率因子(Z_{DR})和比微差相移(K_{DP})等三个参量互相结合起来反演雨强和累积雨量。

图 5.152 给出了 Ryzhkov 等(2005)利用试验性升级了双线偏振功能的 WSR-88D 原型机对 24 次降水事件 50 小时高空间密度雨量计观测,采用传统的仅仅根据 Z 方法(Z-R 关系采用针对大陆强对流型的 $Z=300R^{1.4}$)和新的利用 Z、Z_{DR} 和 K_{DP} 三个参数的合成方法得到的 1 小时雨量估测与实际观测的对比。从图 5.152a 和 5.152b 的对比可以看到,采用反射率因子(Z)、偏振参量 Z_{DR} 和 K_{DP} 结合反演的小时雨量比单利用 Z 反演的小时雨量有一定改进。传统的仅利用反射率因子(Z)反演的雨量,比实际雨量计观测值明显偏高,我们关注的小时雨量在 20 mm 以上的短时强降水也是如此,这种系统性的高估显然与冰雹的影响有关。采用 Z 与偏振参 Z_{DR} 和 K_{DP} 结合反演的小时雨量与雨量计观测对比,上述系统性的高估现象不再存在,散点图的离散度也明显减小。

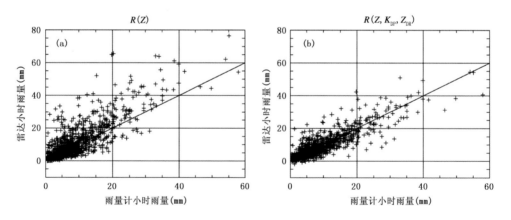

图 5.152　根据 $R(Z)$(a)和 $R(Z,K_{DP},Z_{DR})$(b)估计 1 小时累计雨量与雨量计观测的对比(Ryzhkov et al,2005)

图 5.153 分别根据 $R(Z)$ 和 $R(Z,K_{DP},Z_{DR})$ 对一次热带海洋型降水和混杂着降水、冰雹的大陆强对流型降水的小时雨量进行估计并与观测对比。首先来看热带海洋型降水,无论传统的 $R(Z)$ 方法还是采用偏振参量的合成方法 $R(Z,K_{DP},Z_{DR})$ 估计的小时雨量与实际观测雨量散点图的离散度都不大,只是传统的 $R(Z)$ 方法降雨估计系统性偏低,这主要是因为采用了针对大陆强对流型降水的 Z-R 关系的缘故,如果采用针对热带海洋型降水的 Z-R 关系,将不会出现那样系统性的偏低估计;$R(Z,K_{DP},Z_{DR})$ 方法反演的结果很不错,说明对于热带海洋型降水,$R(Z,K_{DP},Z_{DR})$ 方法估测的雨量还是比较令人满意的。接下来看夹杂降水和冰雹的大陆强对流型降水,由于冰雹的影响,$R(Z)$ 方法反演的雨量大幅度系统性偏高,$R(Z,K_{DP},Z_{DR})$ 方法反演的雨量相比 $R(Z)$ 方法有明显改进,降水估计系统性偏高的倾向大大缓解,但偏高的趋势依然存在,估计和观测降水散点图的离散度仍然比较大,与热带海洋型降水对比尤其明显。这说

明,采用 $R(Z,K_{DP},Z_{DR})$ 方法反演降水,的确可以显著减小大陆强对流型降水由于冰雹影响带来的降水估计明显偏高的倾向,但与热带海洋型降水估测相比,估测误差仍然明显偏高。

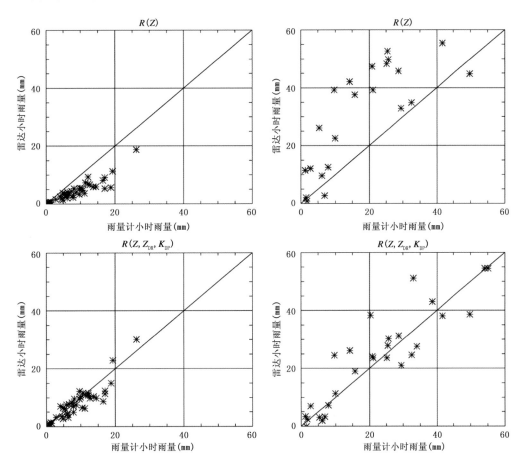

图 5.153　根据 $R(Z)$(上)和 $R(Z,K_{DP},Z_{DR})$(下)分别对一次热带海洋型降水(左列)和混杂着降水、冰雹的大陆强对流型降水(右列)的小时雨量进行估计并与观测对比(Ryzhkov et al,2005)

对于雨强超过 20 mm/h 的短时强降水,具有双线偏振功能的新一代天气雷达可以只采用比微差相移(K_{DP})来估测雨强(K_{DP} 对降水系统中雨水的液态水含量非常敏感),其优点是 K_{DP} 不受雷达绝对定标和波束阻挡的影响,这对于地形复杂地区的降水估计是一个很大的优点。即便是平坦地区,由于 K_{DP} 不受雷达硬件定标影响,因此雨强在 20 mm/h 以上时,采用 K_{DP} 估测雨强比传统的利用低层反射率因子(Z)估测雨强也具有一定优势。在雨强比较弱时,确定 KDP 值的误差很大,因此直接采用传统的 $R(Z)$ 方法估测雨强要好一些(也可以将 Z 和 Z_{DR} 结合);对于中等强度的雨强,通常采用 Z 和 Z_{DR} 的结合(有时也会加入 K_{DP} 来估测雨强。

需要指出的是,图 5.152 和图 5.153 给出的结果是采用了试验用的增加了双线偏振功能的 WSR-88D 多普勒天气雷达的原型机,该部升级双线偏振功能的 WSR-88D 雷达经过了高水平雷达硬件专家的精心调试,所有原始数据和基数据都经过严格的质量控制。具有双线偏振功能的多普勒天气雷达的硬件调试和质量控制流程比不具有双线偏振功能的多普勒天气雷达的相应流程更加复杂和严格,否则很难获得类似上面图 5.152 和图 5.153 中呈现的结果。

5.4.2　降水持续时间

判断是否会出现强降水的另一个要素是降水持续时间。沿着回波移动方向高降雨率的区域尺度越大,降水系统移动越慢,持续时间则越长,越有可能出现强降水。导致强降水的中尺度对流系统中有一半左右呈现为线状对流雨带(Houze,2004)。如果对流雨带移动方向基本上与其主轴方向垂直,则在任何点上都不会产生长时间的持续降水(图5.154a)。同样的对流雨带如果其移动速度矢量平行于其主轴的分量很大(图5.154b),则经过某一点需要更多的时间,导致更大雨量。在图5.154b线状对流降水基础上,有时对流雨带后面的层云降水进一步增加了雨量(图5.154c)。当对流雨带的移动速度矢量基本平行于其主轴(图5.154d),使得对流雨带中的每个强降水单体依次经过同一地点,形成"列车效应(cell train-ing)",产生极大累积雨量。极端降水事件大多数都有"列车效应"在起作用,如北京7.21特大暴雨(俞小鼎,2012;孙继松等,2012;陈明轩等,2013)。

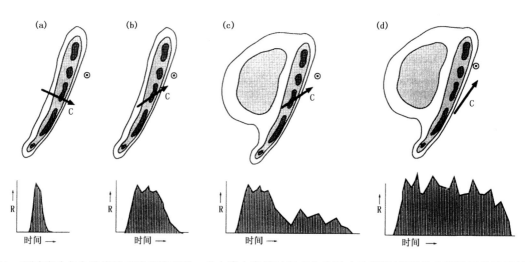

图5.154 不同移动方向的线性对流系统对某一点上降水率随时间变化的影响示意图(等值线和阴影区指示反射率因子的大小):(a)一个对流雨带通过该点的移动方向与对流雨带的主轴垂直;(b)对流雨带的移动方向与其主轴间夹角较小;(c)对流雨带后部有一个中等雨强的层云雨区;(d)对流雨带的移动方向与其主轴近乎平行(引自Doswell et al,1996)

一般而言,如果整层高空风都很弱,则降水系统移动缓慢。在垂直风切变较明显情况下,由于高空风较强,对流降水系统移动的判断相对困难一些。导致强降水的β中尺度(20~200 km)对流系统,其雷达回波的移动矢量是平流矢量和传播矢量的合成(Corfidi,2003)。平流是指中尺度对流系统中任何单体一旦形成基本上沿着风暴承载层的平均风移动,传播是指中尺度对流系统的某一侧不断有新的对流单体形成导致的回波向着不断有单体新生的方向传播。如果平均风方向(平流方向)与回波传播方向交角小于90°,则称为前向传播(图5.155a),此时回波移速超过平均风速,移动较快,不容易导致强降水;如果平均风方向(平流方向)与传播方向交角大于90°,则称为后向传播(图5.155b),此时回波移速小于平均风速,移动较慢,容易导致强降水。

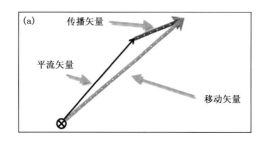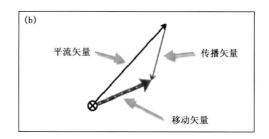

图5.155 中尺度对流系统的前向传播(a)与后向传播(b)示意图(引自Corfidi,2003)

图5.156c所示是一个α中尺度对流系统俯视图,高空为比较强的西北风,位于其前侧的β中尺度对流系统回波,低层暖湿气流来自于其东南侧,导致该β中尺度对流系统回波向前传播(图5.156b),移速较快;位于右后侧的β中尺度对流系统回波,低层暖湿气流来自西南,导致该β中尺度回波向后传播,移速较慢,很容易在其下游一段距离处导致强降水。特别需要指出的是,有时这一段阵风锋是准静止的,来自

西南的暖湿低空急流遇到该段阵风锋抬升触发形成雷暴,移到下游一定距离处成熟,由于该段阵风锋静止少动,会不断有雷暴在该处抬升触发,移到下游一定距离处成熟,形成"列车效应",导致其下游一定距离处出现极端强降水(Doswell et al,1996)。Maddox 等(1979)在 20 世纪 70 年代末给出美国由"列车效应"导致极端暴洪事件的几种典型流型配置,对我国预报业务研究人员总结容易导致"列车效应"的天气流型很有启发(俞小鼎,2011)。需要指出的是,有些高降水效率的降水系统,回波强度在 45～50 dBZ 之间,其雨强可达到 90 mm/h 左右,这类系统只需持续 30 分钟到 1 小时就可导致局地暴雨甚至大暴雨,不见得一定要持续很长时间。2007 年 7 月 18 日济南市特大暴洪导致 30 多人死亡就是一个明显的例子(廖移山等,2010),接近 150 mm/h 的雨强持续 1 小时左右。

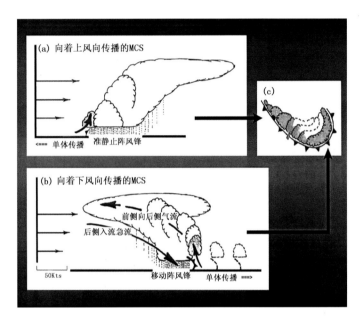

图 5.156　一个拉长型冷池(阵风锋)与产生该冷池的对流系统俯视图(c))以及垂直于阵风锋移动最快部分(b)
和准静止部分(a)的垂直剖面(剖面中风廓线只是示意性的)(Corfidi,2003)

如上所述,后向传播系统更容易导致强降水,北京"7.21"特大暴雨就是一个后向传播的例子。图 5.157 给出 2012 年 7 月 21 日 14 时北京站探空图,从中可见,CAPE 为狭长形,表明大气温度递减率只略大于湿绝热递减率,低层露点很高;风廓线低层为东南偏南风,顺时针随高度旋转,在 700 hPa 高度为西南偏南风,500 hPa 为西南风,300 hPa 为西南偏西风,风暴承载层平均风为西南偏南风,0～3 km 和 0～6 km 垂直风切变都很大。

2012 年 7 月 21 日 18—20 时是北京房山区东部和北京城区及大兴区降水最强的 2 小时。图 5.158 给出 18:00—19:30 每隔 30 分钟的北京 SA 雷达 1.5°仰角反射率因子图。从中可见,大片 45～55 dBZ 强回波不断从房山、北京城区和大兴区移过,形成"列车效应",导致上述地区极端强降水。"列车效应"形成的主要原因是:1)低层东南和偏南暖湿急流遇到太行山东坡导致地形抬升,形成较强上升气流触发对流,图 5.158a 中西南部深蓝色圆圈所标为因地形触发新生的对流;2)对流生成后沿着风暴承载层平均风(西南偏南风)向着东北偏北方向移动,移动过程中有所加强(图 5.158b 中深蓝色圆圈);3)不断有对流单体如同以上原因生成(图 5.158c 中西南部白色圆圈所示),其生成后在向下风方移动过程中加强(图 5.158d 中西南部白色圆圈所示),不断替代前面衰减的对流单体,形成明显的后向传播。在 18—20 时 2 小时期间,整个 α 中尺度对流系统雨带在高空槽推动下缓慢东移,同时其西南端由于地形抬升触发不断有新的 γ 中尺度对流单体形成,然后沿着风暴承载层平均风(西南偏南风)向东北偏北方向移动加强,形成"列车效应",导致这一时段北京房山、城区和大兴区出现极端强降水。

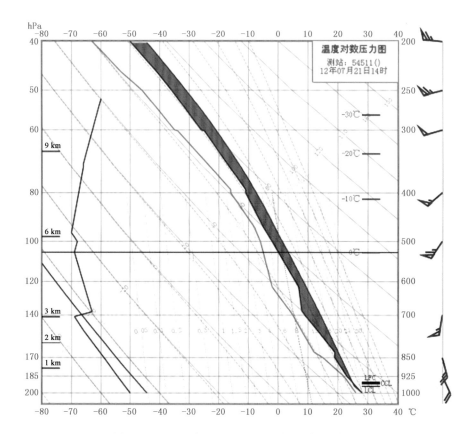

图 5.157   2012 年 7 月 21 日 14 时北京探空曲线

在有利于强降水的环境条件下,有时导致降水的 β 中尺度对流系统中含有中气旋或 γ 中尺度涡旋,会明显增加强降水的可能,同时也有一定的概率导致龙卷或直线型雷暴大风。主要原因有两个:1)大多数中气旋或 γ 中尺度涡旋的位置与上升气流重合或部分重合,导致明显的垂直螺旋度,使得系统比无涡旋时具有更长的生命史(Lilly,1986a,1986b);2)超级单体中气旋与环境垂直风切变之间相互作用导致一个向上的扰动气压梯度力,造成比仅凭 CAPE 转换的上升气流更强烈的上升气流(Klemp,1987),进而产生更大雨强(注意这一机理不适合 γ 中尺度涡旋)。有时,即使达不到中气旋标准的弱的涡旋,也会增加强降水的可能。值得一提的是,也有少数 γ 中尺度涡旋与对流内上升气流间无明显正相关,这种情况下 γ 中尺度涡旋的存在不一定能延长对流系统的生命史,因此也不会增加降水。图 5.159 给出 2012 年"7.21"北京特大暴雨期间北京 SA 雷达观测的超级单体中气旋和 2007 年"7.18"济南特大暴雨期间济南 SA 雷达观测到的位于线状对流带前沿的 γ 中尺度涡旋。"7.21"暴雨持续期间,相继出现了 7~8 个这样的中气旋(俞小鼎,2012),更有利于"7.21"北京极端强降水事件形成。另外,有时 β 中尺度对流系统中含有比超级单体中气旋或 γ 中尺度涡旋尺度更大的几十千米尺度的涡旋,也同样会增加强降水,其机理与中气旋或 γ 中尺度涡旋增加降水的第一个原因相同,即涡旋的位置与上升气流重合或部分重合,导致明显的垂直螺旋度,使得系统比无涡旋时具有更长的生命史。图 5.160 给出了 2005 年 6 月 1 日凌晨湖南娄底特大暴雨期间长沙 SA 雷达观测的一个 35 km 左右大小的 β 中尺度涡旋(图中蓝色圆圈所示),该中尺度对流系统在湖南娄底产生了导致极端暴洪事件的特大暴雨,引发的特大山洪造成 120 余人死亡。

需要强调的是,在中国大陆被广泛用来识别强降水的"逆风区",不是一个物理图像很清晰的概念,用它来识别强降水会导致非常高的虚警率,其在国际上也不被认可,因此尽量不要使用(有很多被识别为"逆风区"的径向速度特征,其实具有明显的涡旋结构),建议尽量使用涡旋、辐合和辐散及其相互结合构成的诸如辐合式气旋、辐散式反气旋等物理图像非常清晰的概念。

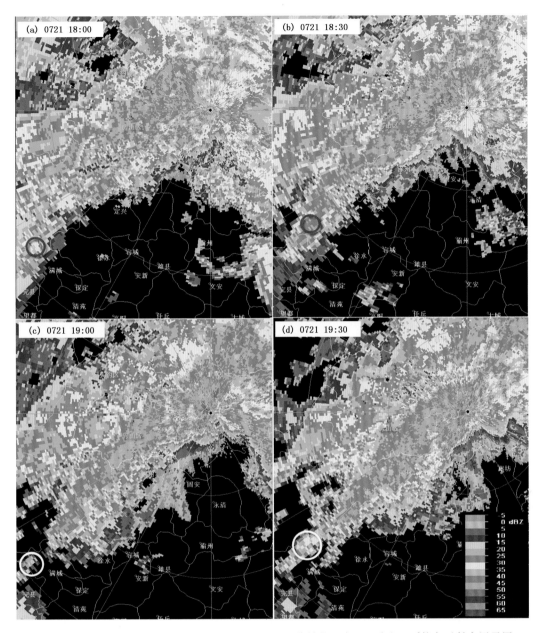

图 5.158　2012 年 7 月 21 日 18:00—19:30 间隔 30 分钟的北京 SA 雷达 1.5°仰角反射率因子图

当我们分析极端降水事件时,常常将其产生的主要原因之一归结为"列车效应"(cell training),事实也确实如此。关键问题在于,我们可否在极端降水发生前就识别出可能导致"列车效应"的环境流型配置,哪怕提前几小时也是很有用的。如前所述,Maddox 等(1979)曾经根据 159 个极端降水导致的暴洪事件的天气流型配置分为三种类型,大约可以适用于 159 次过程中的三分之二。图 5.161 呈现了 Maddox 等(1979)给出的三种流型配置中的一种,即所谓中高压型。从图 5.161 可见,低层沿着 850 hPa 急流附近有明显暖湿气流,图上没有绘出高空温度,一般而言往往具有明显的静力不稳定,加上低层丰富水汽,将会具有明显的对流有效位能(CAPE)。低层 850 hPa 暖湿急流向北遇到中高压前沿的阵风锋抬升触发雷暴,雷暴形成后在高空西南气流引导下进入长方形区域,在该区域内雷暴发展比较强盛,因为距离阵风锋边界不远,有充分暖湿气流供应,CAPE 也比较大。一旦雷暴沿着西南风离开长方形区域,进入到中尺度冷高压内部,低层冷垫增厚,逐渐远离暖湿气流供应,雷暴就开始衰减。注意到中高压西部是一条准静止锋,因此中高压稳定少动,不断有暖湿气流向北遇到中高压前沿阵风锋抬升触发雷暴,然后雷暴移

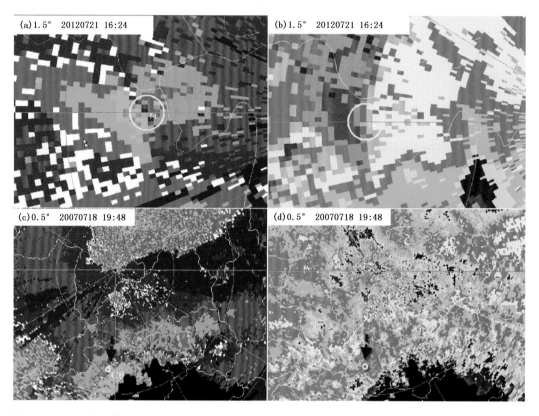

图 5.159　2012 年 7 月 21 日 16:24 北京 SA 雷达 1.5°仰角径向速度(a)与反射率因子图(b)以及 2007 年
7 月 18 日 19:48 济南 SA 雷达 0.5°仰角径向速度(c)和反射率因子图(d)

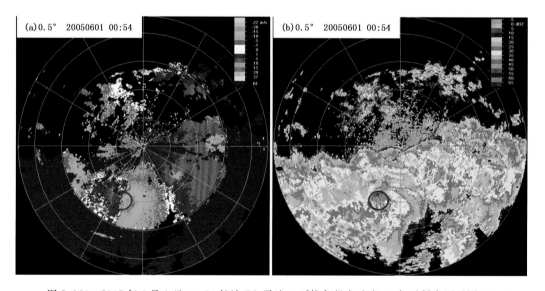

图 5.160　2005 年 6 月 1 日 00:54 长沙 SA 雷达 0.5°仰角径向速度(a)与反射率因子图(b)

入长方形区域发展,离开长方形区域开始衰减。这样,反复有雷暴从长方形区域经过,形成所谓"列车效
应",导致长方形区域内出现对流强降水和暴洪。这仅仅是一个示例,中国导致极端降水的天气流型配置
不可能跟图 5.161 完全一样,该流型配置只是给我们一个启示作用。另外,我们也不能过于依赖流型辨
识方法,需要将流型辨识方法与 Doswell 等(1996)提出的基于构成要素的预报方法(配料法)结合起来
(俞小鼎,2011)。

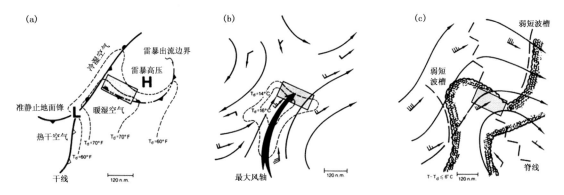

图 5.161　典型中高压型暴洪事件的天气流型配置:(a)地面形势;(b)850 hPa 形势(风速单位为节,一长横代表 10 节,一个小旗代表 50 节);(c)500 hPa 形势。长方块区域内为强降水和暴洪最可能出现区域(引自 Maddox et al,1979)

5.4.3　个例分析

5.4.3.1　天津南部至河北中部暖区伴随极端短时强降水的大暴雨

2016 年 7 月 24 日午后到傍晚,河北中部到天津南部出现了一次伴随短时强降水的大暴雨,降水中心位于天津南部。此次过程降水强度大,降水区域集中,最大小时雨量达到 80 mm 以上,最大 6 小时累计雨量达 172 mm(图 5.162)。由于此次降水过程前刚刚出现华北"7·20"特大致灾暴雨,下垫面脆弱,易引发次生灾害,因而引起了广泛的关注。此次暴雨发生在副热带高压北上阶段,基于流型识别的预报经验认为,在副热带高压环流控制下不利于强降水的发生,同时模式及业务预报的降水位置存在明显偏差,多家模式在石家庄和北京空报了强降水,天津则漏报,临近时段亦存在预报偏差,这是一次预报难度比较大的暖区对流性暴雨。

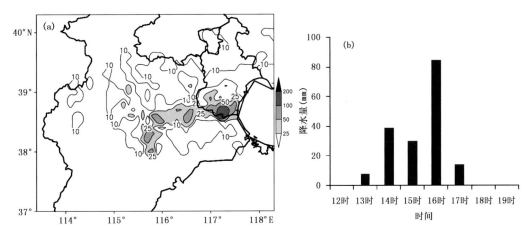

图 5.162　2016 年 7 月 24 日 12 —18 时地面加密自动站累积降水量(a)和天津刘岗庄逐小时降水量(b)(单位:mm)

（1）中尺度环境特征

从环流形势来看,24 日 08 时华北处于副热带高压边缘 588 dagpm 线附近,08—20 时 588 dagpm 明显北抬,副热带高压势力增强,一般来说副热带高压 588 dagpm 控制区暴雨出现概率较小。华北地区位于副热带高压北侧两槽之间的脊区。从强降水要素角度看,河北中南部水汽含量异常充沛,大气层结极不稳定。地面露点高,天津南部和河北中南部露点为 27～28℃,11 时辐合线南侧露点温度升至 29℃(图 5.163b),08 时河北南部 850 hPa 露点 19℃,925 hPa 露点 26℃,大气整层可降水量高达 64 mm,这种异常偏高的低层露点和大气可降水量在华北内陆实属罕见。08 时邢台站 CAPE 值 1800 J/kg,随着地面气温升高,露点升高,气层变得更不稳定且对流抑制能量减小,11 时订正探空 CAPE 为 3900 J/kg,CIN 为 20 J/kg,深厚湿对流(雷暴)易被触发。另外,0℃层高度在 5.5 km 附近,暖云层深厚,0~6 km 整层风速均在 12 m/s 以下,深层垂直风切变较弱,有利于高的降水效率。综上,大尺度系统强迫不明显,大气层结极不稳定且对流抑制小,低层露点和可降水偏大,环境要素有利于短时强降水产生,是否出现灾害性强对流天气的关键因素是雷暴的抬升触发机制。08 时华北处于地面倒槽顶部,天津到北京之间存在偏北风与东南风的切变线(图 1.163a 蓝色实线所示),925 hPa 亦有对应东北—西南向切变线,11 时辐合显著增强,辐合中心散度为 $-35\times10^{-5}\,\mathrm{s}^{-1}$,雷暴由此边界层辐合线抬升触发。风云 2 号高分辨率可见光云图(图 5.164)显示,13 时在辐合线附近出现小的积云并快速发展,14 时形成 3 个边界清晰的圆形对流云团。随着对流的发展,3 个云团在辐合线上逐渐合并,形成东西向准圆形的中尺度对流系统(MCSs),此即产生强降水的 MCSs。边界层辐合线还有利于水汽在辐合线附近集中,08—11 时地面露点温度升高了 3℃,进而使得对流抑制减小对流有效位能增加,更加有利于雷暴在辐合线附近触发。

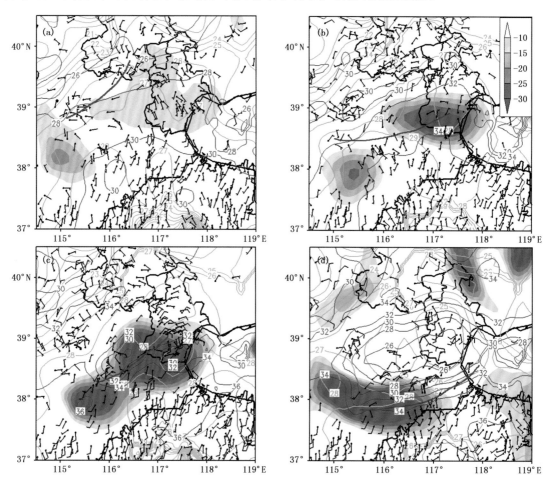

图 5.163　2016 年 7 月 24 日 08 时(a)、11 时(b)、14 时(c)和 16 时(d)的地面温度(红线,单位:℃)、露点(绿线,单位:℃)、水平风(风羽,单位:m/s)和散度(阴影,单位:$10^{-5}\,\mathrm{s}^{-1}$)(蓝色粗实线为地面中尺度辐合线)

(2)雷达回波特征分析

造成短时强降水的中尺度对流系统其对流(雷暴)单体并不需要具有强对流的结构特征,可以是一般单体,只需要对流系统的水平尺度相对较大或者对流单体不断新生使得中尺度对流系统持续,确保降水持续足够长时间。要使得对流系统持续,或者触发的对流系统尺度较大,或者不断有新的对流单体被触发,冷锋、阵风锋以及海风锋等边界层辐合线对于短时强降水很重要,常常是产生短时强降水的中尺度对流系统的"组织者"或者新生雷暴(对流)的触发者。从图 5.165 沧州雷达看,辐合线上触发的雷暴单体回

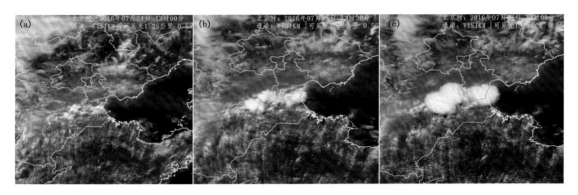

图 5.164 2016 年 7 月 24 日风云 2 号可见光云图上积云的演变
(a)13:00;(b)13:30;(c)14:00

波强度为 50～55 dBZ,但未探测到超级单体中气旋,回波亦无明显的前倾特征(图 5.165c),其中比较强的单体类似脉冲单体。尽管 0.5°仰角最强单体的下沉气流冷池伴随的阵风锋出流达到了 20 m/s(图 5.165b),但从剖面图上看下沉气流导致的冷池出流浅薄,偏北出流仅 0.5 km 厚,且大部分单体的冷池出流不强。由于雷暴内下沉气流导致的冷池阵风锋出流浅薄,当阵风锋逐渐远离风暴时,尽管前方存在由水平对流卷(HCRs 见图 5.164)导致的积云云街,仍未触发雷暴,较强单体集中在 7 月 24 日 14 时中尺度边界层辐合线(图 5.163c 中的蓝色粗实线)附近。风暴向南传播不远,同时辐合线西段仍有雷暴新生并且沿着环境西南气流向东偏北方向移动,使得对流降水持续了较长时间,造成了强降水。

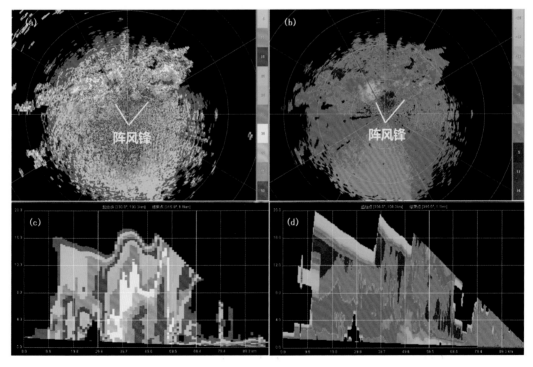

图 5.165 沧州雷达站 2016 年 7 月 24 日 14:36 0.5°仰角反射率因子(a)和径向速度(b)图,通过图 a 和图 b 中紫色细线所标识的反射率因子(c)和径向速度(d)垂直剖面图

5.4.3.2 "2011.6.23"北京次天气尺度冷涡南侧大暴雨

2011 年 6 月 23 日白天到夜间,河北西北部—北京—河北南部自北向南相继经历了冰雹、雷暴大风以及强降水等强对流天气,其中以强降水天气最为突出(图 5.166)。

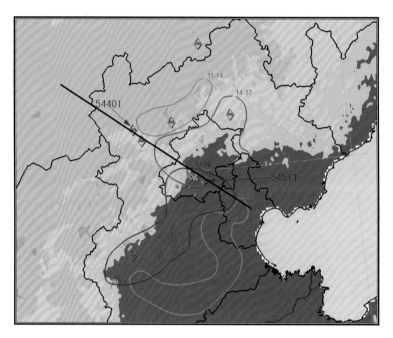

图 5.166　2011 年 6 月 23 日 11—23 时北京、天津和河北地区强对流天气分布(包括冰雹、雷暴大风和强降水)。实线所圈范围表示对流暴雨区域(按照≥20 mm/h 标准),大风站用风向杆表示,这两种强天气出现的时间采用不同的颜色(每 3 小时间隔),其中 11—14 时、14—17 时、17—20 时、20—23 时分别用绿色、红色、蓝色、黄色实线表示。北京地区 23 日 14 时至 24 日 08 时过程雨量超过 100 mm 的站点用蓝色实心点表示(共有 19 站)。不同底色表示地形的高低。红色箭头所指站点分别为河北张家口和北京观象台两个探空站

对流系统最初在河北西北部与内蒙古交界处产生,向东南移动过程中加强,在河北西北部山区产生了 20 mm/h 以上的短时强降水,同时还伴有雷暴大风和冰雹天气,中尺度对流系统下山后造成了北京和华北平原地区的强降水,北京降水最强,城区几个国家级气象观测站观测到的平均降雨量为 91.9 mm。23 日 14 时至 24 日 08 时累计降雨量超过 100 mm 的 19 个国家级气象观测站和区域自动气象观测中城区占了 13 个,过程最大降雨量出现在城区石景山区模式口村,该处的区域自动气象观测站测量的过程累积雨量达 215 mm。降雨主要集中在 6 月 23 日 16—18 时,雨强最大的时段出现在 16—17 时,最大小时雨量也出现在模式口村,该处的区域自动气象观测站测量的 16—17 时 1 小时雨量为 128.9 mm,属于极端短时强降水。整个强降水过程造成了非常严重的城市内涝。

(1)环境背景特征

在对流暴雨发生前,500 hPa 中高纬度地区连续几天维持两低一高的形势(图 5.167a)。21 日 20 时,巴尔喀什湖北部的低涡东部切断出一个低压,正好位于贝加尔湖高压的南侧(图略)。此切断低压下方的 700 hPa、850 hPa、地面为深厚的低压(图略),移动缓慢。22 日 08 时地面低压发展为气旋(图略)。随着冷暖平流的减弱,23 日 08 时气旋趋于减弱,500 hPa 已经看不到低压环流(图 5.167a),而是并入东部的低压带中,700 hPa(图 5.168)、850 hPa(图 5.167b)、地面的低压依然存在,但也处于减弱趋势(图略)。北京处于气旋的东南方、地面暖低压中。

23 日 08 时 500 hPa 槽线位于北京上空(图 5.167a),与之对应的 850～700 hPa 切变和低涡已经移到渤海湾以东地区,700 hPa 以上为西北或偏西气流(图 5.167a 和图 5.168),高空槽及其伴随的云系主体已经东移(图 5.168),北京位于上述东移云系后部浅薄层云中,有弱阵雨。影响北京午后致洪暴雨的天气系统是位于中蒙交界处的闭合低涡(图 5.167b 和图 5.168),与卫星云图上的低涡云系一致,水平尺度约 600 km,可称为次天气尺度系统。低涡南侧西北气流较强,700～500 hPa 均超过 20 m/s,这是一支干的气流,500 hPa 温度露点差达 40℃以上,北京大兴站的 500 hPa 温度露点差为 42℃,同时张家口与北京站有 2℃温差,有弱冷平流。23 日 10 —11 时,河北西北部与内蒙古交界处缓慢移动的冷锋及其伴随的地面辐合线上开始出现积

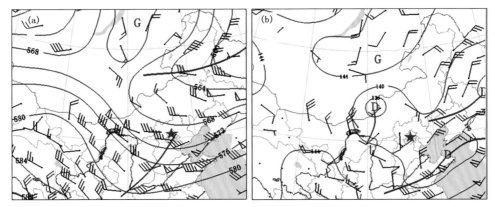

图 5.167　2011 年 6 月 23 日 08 时 500 hPa(a)和 850 hPa(b)天气图(红五星标识北京位置)

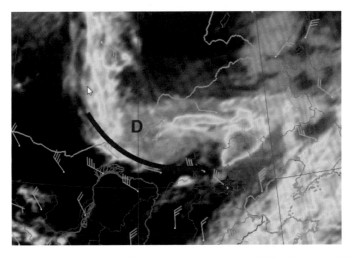

图 5.168　23 日 14:15 风云 2D 卫星红外云图叠加 08 时 700 hPa 风杆(红色五角星标识北京位置)

云并产生了降水,个别站点出现了雷电,这次过程的初始深厚湿对流从那里开始(图 5.169)。此时北京处于地面倒槽偏南气流中,偏南气流呈气旋式弯曲且在北京西北部有与冷锋伴随的辐合线(图 5.169)。

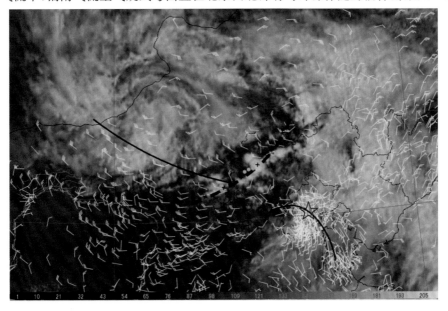

图 5.169　6 月 23 日 10 时地面加密风场(黄色风杆)叠加 11 时风云 E 卫星可见光图(黑色箭头标注地面显著流线,黑色叉框线标注与冷锋相伴随的地面辐合线,绿色实心圆点处为 10—11 时出现 2 mm 以上阵雨的站点,红色五角星标识北京位置)

由北京大兴 23 日 08 时探空(图 5.170c)可见,北京湿层较厚、700 hPa 以下接近饱和,比湿大于 8 g/kg 的湿层从地面到达 720 hPa,大气整层可降水量为 48 mm,CAPE 为 410 J/kg,对流抑制能量仅 16 J/kg,自由对流高度不高,约为 1.2 km。但是,由于 700 hPa 以下 CAPE 值近乎为 0,实际气块需要抬升至 700 hPa 才能获得正浮力,雷暴并不容易被触发。08 时 0~6 km 风矢量差 18 m/s,属于中等偏强垂直风切变,若午后有足够强的抬升触发,则有可能产生较高组织程度的对流风暴,出现强降水。当天的对流系统于 13 时左右影响张家口站,根据 12 时区域自动气象站地面温度和露点订正的张家口 08 时探空能很好地表征雷暴环境,此时张家口站大气层结很不稳定,CAPE 值达 1400 J/kg,实际上 08 时其 CAPE 值已达 760 J/kg,同时由于 600 hPa 以下环境温度直减率近乎干绝热递减率,但对流抑制在 100 J/kg 左右,需要比较强的位于 0~3 km 之间的中尺度持续上升气流才能触发对流。700 hPa 以上为明显的干层,探空廓线呈上干下湿的"喇叭口"形,同时 0℃层以下环境温度直减率大,有利于雷暴大风的形成;由于 0℃层高度 3.7 km(扣除测站拔海高度 726m),湿球温度 0℃层到地面距离为 3.1 km,−20℃层为 7 km,0~6 km 风矢量差为 18 m/s,有利于产生强冰雹(局限于坝上)。

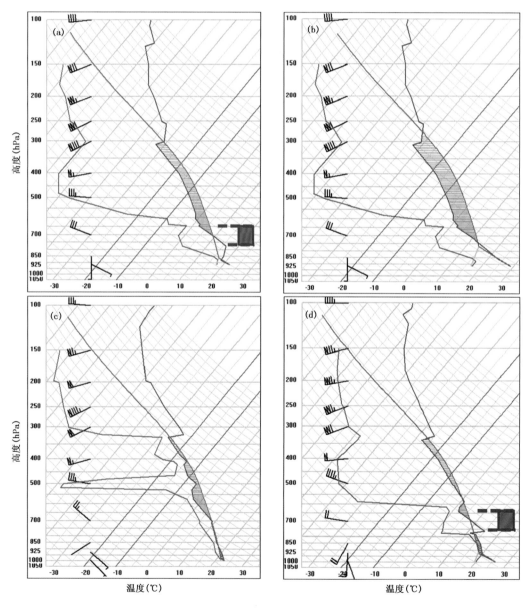

图 5.170　2011 年 6 月 23 日斜 T-ln$p$ 图:(a)河北张家口 08 时;(b)河北张家口基于 12 时地面温度露点订正的探空;(c)北京 08 时;(d)北京 14 时。(a)和(d)中暗红色阴影区域表示高架混合层所在高度范围

　　对比北京大兴 08 时与 14 时的探空(图 5.170c 和图 5.170d),注意到北京探空曲线在午后发生了明显变化。章丽娜等(2014)研究表明,08 时张家口站的高架混合层平流到了北京大兴站,该层厚约 1800 m(760～611 hPa),该高架混合层中温度递减率达 8 ℃/km(图 5.170a 和图 5.170d)。14 时北京站逆温层之上 760～611 hPa 的气层类似张家口站 08 时同一高度的气层,应该是该气层在西北气流作用下平流到了北京。

　　从 23 日 14 时北京探空看(自 2006 年开始,北京南郊 54511 探空站每年 6—8 月每天都增加一次 14 时探空),由于天空有云覆盖,14 时地面温度只有 26℃,加上在 780 hPa 左右高度出现明显的下沉逆温,对流有效位能比较小,CAPE 值在 400 J/kg 左右,0～6 km 风矢量差为 21 m/s,为强的垂直风切变,780 hPa 以上为深厚干层,700～400 hPa 间平均温度露点差为 24.8℃,最大单层温度露点差为 35℃;850～500 hPa 温差为 23℃,地面～850 hPa 温差为 11℃,虽然对流层中下层温度递减率不是很大,但对流层干层深厚并且强度大(温度露点差大),因此北京平原地区雷暴大风的概率还是比较大的。由于 14 时 CAPE 值较小,虽然深层垂直风切变较强,冰雹融化层高度在 3.8 km 左右,北京平原地区出现强冰雹可能性不大,出现直径 1 cm 左右小冰雹的概率较大。地面露点在 20℃ 以上,可降水为 41 mm,从 950～800 hPa 之间存在明显湿层(相对湿度大),厚度接近 1.5 km,有利于北京平原地区出现 20 mm/h 以上的短时强降水;至于是否会出现 80 mm/h 以上的极端短时强降水事件,很难判断。另外一个重要问题是,在北京西北方向坝上形成的深厚湿对流系统在下山过程中是否会明显衰减,因为北京 14 时探空显示在 780 hPa 附近存在一个很强的下沉逆温。已经在坝上发展的对流要下山继续发展,需要有足够抬升力使得气块被抬升到 780 hPa(2.2 km)以上并突破逆温层。考虑到这次过程具有明显的天气尺度强迫,尤其是已经形成的深厚湿对流系统下山时,低涡系统会使得偏南风加强,另外由于坝上张北地区干层深厚,已经形成的对流系统冷池会比较深厚,下山时会产生较强触发力。再进一步考虑到北京平原地区原来存在的辐合线(图 5.169),判断上述已经形成的对流系统下山后出现明显衰减的可能性不大,尽管不能完全排除这种可能性。

　　(2)对流风暴雷达回波分析

　　6 月 23 日 13 时 24 分由北京 SA 型多普勒天气雷达观测(图 5.171)可见,多单体线风暴回波中较强的单体为超级单体(C9),超级单体反射率因子核大于 65 dBZ,还识别出了中气旋和清晰的风暴顶辐散(图 5.171d),隐约可见雹暴的三体散射特征(图 5.171a),是典型的超级单体雹暴。低仰角(图 5.171b,约 2.3 km)20 m/s 朝向雷达的大风区和中层径向辐合(图 5.171c,约 4.3 km),表明该对流风暴产生地面大风的可能性较大,实况是河北与北京交界处记录到了 20 m/s 以上的大风。

　　由于对流风暴内下沉气流冷池导致的雷暴高压和对流风暴冷出流较强,阵风锋向东南方向推移,14—15 时移动了 30～40 km,估计将在 16 时到达北京平原地区。15 时 30 分前,上述多单体线风暴呈现出多个明显的弓形,三块主要的回波均呈现出弓形,表现为典型的波状线性回波(LEWP,linear echo of wave pattern),0.5°仰角弓形回波处径向速度超过 24 m/s,2.4°仰角可见中层径向辐合,同时还伴有旋转,飑线回波移速较快,伴有大风(图 5.172)。

　　16 时后多单体线状回波到达平原地区,低仰角径向速度显著减小,多单体线状风暴移动速度减慢,由 15 时 24 分移速 60 km/h 减至 16 时 12 分的移速 30 km/h(图 5.173)。移速减慢意味着回波影响北京的时间长,累积雨量会明显增大;此外,回波由东北—西南向逐渐转为近东西向的带状回波,这样回波移动方向与线状回波主轴方向夹角减小,进一步导致了部分地区的降水显著增强。同时,在北京西侧不断有新生回波东移并入多单体线状风暴中(图 5.173)。在北京城区强回波南移后仍有较强回波自北京西部山区东移影响北京平原地区,因此降水持续时间长,17—18 时北京西部和南部仍有 20～40 mm 的强降水(图 5.174)。

　　(3)"2011.06.23"北京强降水过程小结

　　从 2011 年 6 月 23 日 08 时各层天气图,以及张家口和北京探空分析,判断将会出现一次包括强冰雹、雷暴大风和短时强降水的强对流过程,但很难判断会在北京地区出现那么大的降水过程。在看到 14 时北京探空后,较弱的 CAPE 值和 780 hPa 附近存在的强逆温使人不得不怀疑已经形成的多单体线状风

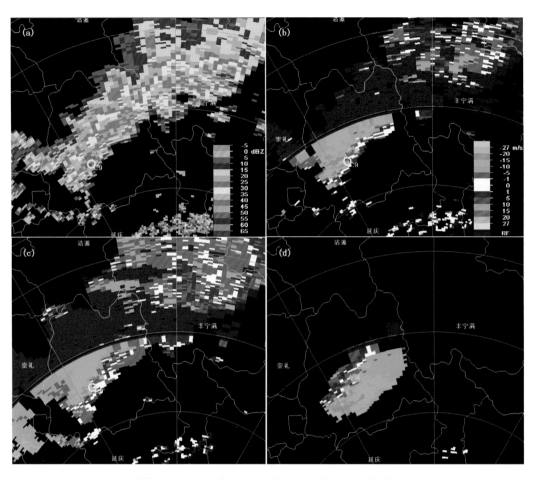

图 5.171　2011 年 6 月 23 日 13：24 北京 SA 雷达图

(a) 0.5°仰角反射率因子；(b) 0.5°仰角径向速度；(c)1.5°仰角径向速度；(d)4.3°仰角径向速度

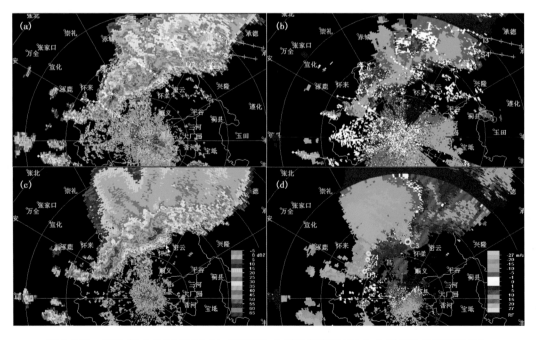

图 5.172　2011 年 6 月 23 日 15：24 北京雷达 1.5°反射率因子(a)、0.5°仰角径向速度(b)、

2.4°仰角反射率因子(c)和径向速度(d)

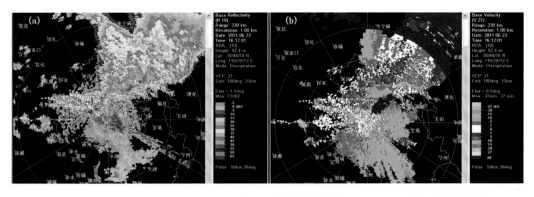

图 5.173　2011 年 6 月 23 日 16:12 北京雷达 1.5°仰角反射率因子(a)和 0.5°仰角径向速度(b)

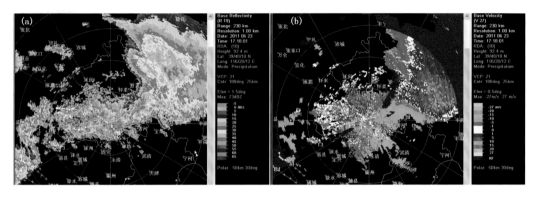

图 5.174　2011 年 6 月 23 日 17:08 北京雷达 1.5°仰角反射率因子(a)和 0.5°仰角径向速度(b)

暴会不会在下山过程中或下山之后衰减。存在对流风暴下山不衰减或较轻衰减的有利因素有:1)此次过程具有明显的天气尺度强迫,尤其是东移的低涡系统会使北京平原地区低层的偏南风加强,增加低层暖湿气流供应,维持和/或增强对流有效位能,同时低空偏南急流与下山冷池相遇容易触发新的对流;2)由于张家口探空显示对流层中层干层深厚并且强度(平均温度露点差)较大,冷池强度会较大,有利于对流风暴下山后触发新的对流而持续,此时(15 时前后)的雷达回波也的确证实了这一点;3)北京平原地区存在东北偏东风和东南偏东风之间的辐合,有利于对流风暴下山后触发新的对流而继续发展。至于其他强对流天气,由于平原地区午后 CAPE 值较弱,虽然对流层干层深厚,垂直风切变强,冰雹融化层高度合适(3.9 km),出现雷暴大风的可能性仍然较大,只是出现强冰雹的概率明显较小,而出现直径 1 cm 左右小冰雹的概率依然不小。

5.4.3.3　2010 年 5 月 6 日夜间至 7 日上午广东珠江三角洲伴随极端短时强降水的特大暴雨

2010 年 5 月 6 日夜间至 7 日早晨,广东出现了 2010 年入汛后最强降水过程,330 个测站测到雨量在100~250 mm 之间,10 个测站累积雨量超过 250 mm,韶关翁源的新江镇录得全省最大过程雨量 422.7 mm(图 5.175),广州五山观测站 7 日 02 时小时雨量 99 mm,超过极端短时强降水阈值,03 时雨量 63 mm,降水强度较大,强降水时间集中在 3 小时内。广东北部韶关至梅州一线的 850 hPa 切变线附近的强降水带可预报性较强,短期时段数值模式均能报出北部的强降水,但清远以南的珠三角的强降水短期时段预报难度极大,几个主要数值预报模式没有报出对流带向南发展及其产生的极端强降水,包括 6 日 08 时起报的 GRAPES-meso 模式。

(1)中尺度环境特征

2010 年 5 月 6 日 08 时 500 hPa 高空槽已经移过广东清远站上空,20 时广东处于高空槽后西北气流中,地面为低压倒槽,850 hPa 为切变线南侧低空暖湿急流,风速达 12 m/s。这种环流形势下,强降水区位于广东东部和北部(图 5.176 中绿色圆点),卫星云图上对应为 2 处 MCCs,其中广东北部的 MCCs 造

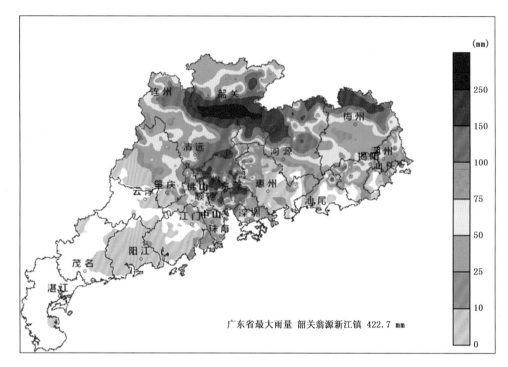

图 5.175　2010 年 5 月 5 日 20 时至 7 日 08 时广东省降水分布(广东省气象台制作)

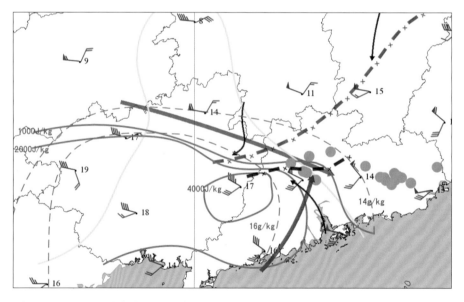

图 5.176　2010 年 5 月 6 日 20 时综合分析图(蓝色和红色风杆分别为 500 hPa 和 850 hPa 风,黄色实线为 500 hPa 温度露点差大于 10℃的干区,橙色实线为 CAPE 值等值线,绿色虚线为 850 hPa 等比湿线,蓝色和红色粗矢量为 500 hPa 和 850 hPa 高低空急流,黑色细箭头线为地面显著流线,红色和黑色叉框线分别为 850 hPa 切变线和地面辐合线,绿色实心圆点为过去 1 小时降水量在 30 mm 以上的站点)

成连平、翁源两站 6 小时雨量分别为 100 mm 和 171 mm。20 时广西大部至广东中西部地区大气层结不稳定,CAPE 值均在 1000 J/kg 以上,梧州超过 4000 J/kg,清远 1200 J/kg(图 5.177)。广东清远探空为有利于强降水的"瘦高型",不稳定层深厚且 CAPE 垂直分布较均匀;湿层深厚,8 g/kg 比湿高度达 4 km,850 hPa 比湿接近 16 g/kg;暖云层深厚,0℃层高度为 5 km,抬升凝结高度(LCL)为 0.5 km,暖云层厚度为 4.5 km(图 5.177),环境条件有利于强降水的产生。珠三角附近、广州南部的阳江和香港探空站

CAPE 均为 2000 J/kg 左右,对流抑制能量均为 0,雷暴极易触发且水汽含量充沛,如果有雷暴触发,则产生强降水的概率较大,从短临预报的角度看,预报难点在于清远以北的对流是否会南下影响珠三角地区。

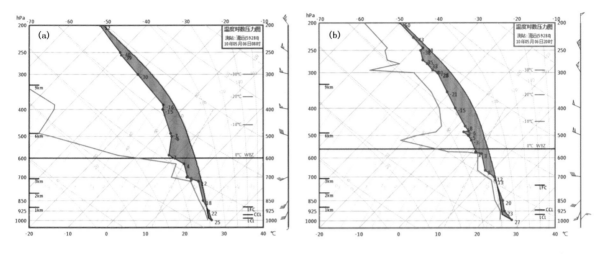

图 5.177　2010 年 5 月 6 日 08 时(a)和 20 时(b)广东清远探空图(斜 T-$\ln p$ 图)

(2)导致极端强降水的对流风暴结构及其向南传播分析

2010 年 5 月 6 日 18 —20 时广州北部的 MCCs 持续发展,云顶亮温低的区域明显扩大,其西侧不断有积云发展,导致其向西传播,使得 MCCs 维持的时间比较长。西侧积云新生区位于 850 hPa 冷式切变辐合线附近,切变线两侧温差 3~4℃,露点温度差 3~5℃,是温度梯度相对较小的冷锋。尽管辐合线两侧 850 hPa 热力差异不大,但是不稳定状况差异显著,两广交界处的梧州站 CAPE 值高达 4000 J/kg,而北侧 CAPE 值几乎为 0(图 5.178)。一般来说,雷暴有向不稳定区传播的趋势。由于地面辐合线的抬升,从卫星云图上可以看到,从 5 月 6 日 18 时至 7 日 06 时,影响广东的 MCCs 西侧不断有积云新生。

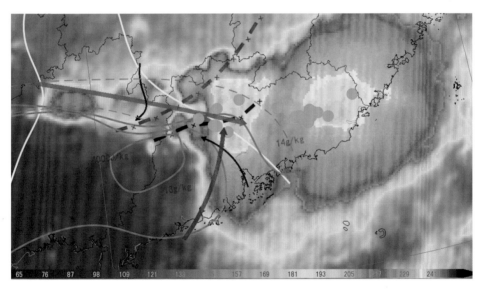

图 5.178　发展的 MCCs 及其后向传播,FY-2E 气象卫星红外云图叠加 20 时综合分析图

图 5.179 给出了 5 月 6 日 20 时和 7 日 01 时的地面辐合线,可见西段辐合线向南移动比东段慢,6 日 20 时东西向的辐合线转为西北—东南辐合线,使得 MCCs 上的单体亦呈西北—东南向排列。在贵州南部至广西北部锋面温度梯度较大,6 日 18 时前后产生了更强的积云并形成一个影响广西大部分地区的 MCCs(图 5.179)。两个 MCCs 的共同特点是缓慢向南发展的同时在后侧不断有对流单体新生,因而使得 MCCs 持续至 5 月 7 日上午。红外云图可以从更广的视野查看对流的分布和组织,但无法看到对流内

部结构,最关键的判断依然要依据多普勒天气雷达探测。

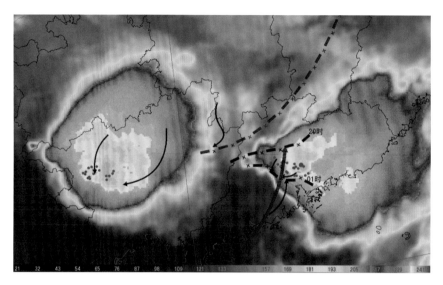

图 5.179 2010 年 5 月 7 日 01 时华南两个 MCCs 及其产生的 30 mm 以上的强降水
(蓝色圆点,100 mm 以上的用大圆点表示,其他同图 5.178)

5 月 6 日 22 时(图 5.180)近乎东西向的回波带位于清远雷达站以北,东段回波较强,西段回波为分散弱对流。东段 60 dBZ 以上的强回波(最靠近雷达的单体 T2)对应的 0.5°仰角径向速度图上可见 17 m/s 以上的朝向雷达的径向风,该对流单体 0.5°仰角上有类似中气旋的涡旋,旋转速度达 22 m/s,只是直径在 10 km 以上,比一般中气旋大。白色椭圆所标区域南部有明显的云底以上辐合,向着雷达的强径向速度很可能意味着对流系统北部边缘干冷空气侵入,指示有出现雷暴大风的可能性。当较强回波合并其产生的出流形成一条连续的辐合线时,回波带发展成密实的线状回波(图 5.181),45 dBZ 以上的回波宽度约 30 km,有利于强回波在一地持续较长时间。径向速度图上可见,线状回波东端的出流较强,反射率因子呈弓形,多单体线状风暴其他位置的偏北出流不强,多在 12 m/s 以下。由于环境是 12 m/s 以上的西南风(图 5.180 用蓝色箭头标记),因而线状回波前侧辐合依然明显,线状回波向南缓慢移动,1 小时移速约 20 km,东段出流较强处风暴移速相对快,西段移速慢,形成西北西—东南东的回波带。根据风暴追踪信息,单体移动方向为东偏南,与 500 hPa 高空风方向一致,即平流方向是朝向东偏南,西侧不断有回波新生,即所谓后向传播。风暴带走向与单体平移方向近乎平行,形成所谓的"列车效应",加之由于回波带宽且向南移速缓慢,造成了致灾极端强降水。上面分析表明,雷达西北侧新生回波由边界层辐合线触发,雷达径向速度图上亦可见 1.5 km 高度附近弱偏北风与西南风形成的辐合线(图 5.180 蓝色粗虚线),此处触发的回波较强。

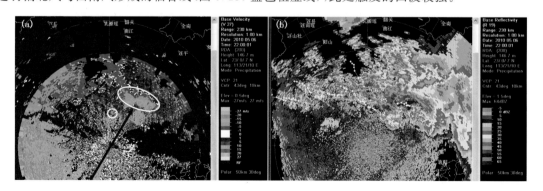

图 5.180 2010 年 5 月 6 日 22 时广州 SA 雷达 0.5°仰角径向速度(a)和 1.5°仰角反射率因子(b)图
(白色线为风暴追踪信息)

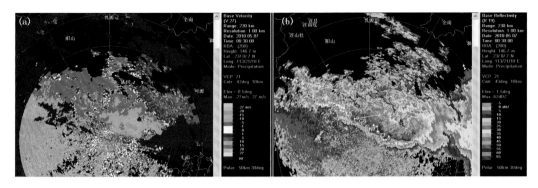

图 5.181　2010 年 5 月 7 日 00:30 广东 SA 雷达 0.5°仰角径向速度(a)和 1.5°仰角反射率因子(b)图

　　7 日 02 时(图 5.182)东段弓形回波前沿反射率因子梯度较大,径向速度图上在东移的弓形回波位置存在一个直径 20 km 左右的 β 中尺度涡旋(图 5.182 中蓝色圆圈所示),移速较快的弓形前沿应该有雷暴大风产生。7 日 03 时前后,东段包括弓形回波在内的强回波移动到海上后衰亡(5.183),在其西北侧辐合线上持续有对流新生触发雷暴,并再次形成"胖"的线状回波带(图 5.184)。接着东段又形成快速移动的弓形回波,西段为西北—东南向宽的带状回波,单体移动方向与回波带走向几乎平行,造成强降水(图 5.184),直至弓形回波移动到海上,西段回波带移动到云雾山附近衰亡时强降水才结束(图略)。

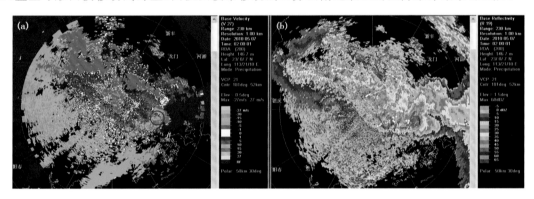

图 5.182　2010 年 5 月 7 日 02 时广东 SA 雷达 0.5°仰角径向速度(a)和 1.5°仰角反射率因子(b)图

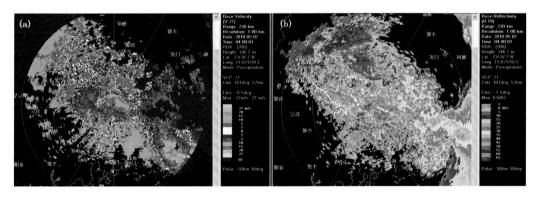

图 5.183　2010 年 5 月 7 日 04 时广东 SA 雷达 0.5°仰角径向速度(a)和 1.5°仰角反射率因子(b)图

　　(3)2010 年 5 月 7 日凌晨广东珠江三角洲极端强降水过程小结

　　从 2010 年 5 月 6 日 20 时的各层天气图和探空分析来看,既有利于强降水也有利于雷暴大风的发生,同时不能排除龙卷出现的可能。实际情况是在珠江三角洲地区出现了极端强降水,伴随 7~8 级雷暴大风,测站记录到的最强阵风为 22 m/s(9 级)。极端强降水导致了最大的灾害,19 人死亡,6 人失踪,大量汽车被泡水中遭到严重损害。在 5 月 6 日 22—23 时对流系统逐渐演变为高度组织化的宽大多单体线

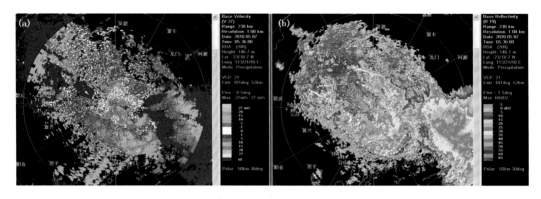

图 5.184　2010 年 5 月 7 日 05:36 广东 SA 雷达 0.5°仰角径向速度(a)和 1.5°仰角反射率因子(b)图

状风暴时(带状对流),强降水趋势已经非常明朗,只是暴雨预警区域的划定仍然有一定的不确定性。一过 6 日午夜,进入 7 日凌晨,在红外云图上呈现为一个 MCC,而在多普勒天气雷达上呈现为高度组织化的宽大多单体线状风暴,其移动方向与该对流风暴主轴取向(西北西—东南东方向,见图 5.181~5.184)只有很小夹角,几乎平行,而且位于对流系统西北部的阵风锋(图 5.180)不断触发新的对流,导致后向传播,为"列车效应"的较长时间持续提供了条件。正是在该高度组织化的宽大多单体线状风暴处于最强盛的时间段内经过广州,导致广州全市过程雨量将近 200 mm,广州市气象台发布暴雨红色预警。

　　为什么是在对流系统西部方向不断触发雷暴导致明显后向传播,虽然看到了阵风锋的触发作用,似乎还有某些关键因素没有被揭示出来。虽然一过 6 日午夜,沿着高度组织化的多单体线状风暴前沿存在弓形回波(图 5.181),可能是由于弓形回波取向(西北西—东南东方向)与其移动方向之间几乎平行,并没有观测到灾害性雷暴大风。到了 7 日 02 时以后,上述对流系统最东端呈现为一个弓形回波(图 5.182和图 5.184),并且其主轴取向(西南南—东北北方向)与其移动方向几乎垂直,从其前沿径向速度图判断应该有雷暴大风,测站在 7 日 02 时前后在相应位置确实记录到 22 m/s 的强阵风(图 5.182)。

5.5　小结

　　强对流天气是指落地后直径在 2 cm 以上的冰雹、发生在陆地上的龙卷、阵风 8 级(17 m/s)以上的直线型雷暴大风,以及 20 mm/h 以上的短时强降水。极端强对流天气是指落地后直径在 5 cm 以上的冰雹、EF2 或以上级别的龙卷、阵风在 12 级(32 m/s)以上的直线型雷暴大风,以及 80 mm/h 或 180 mm/3h以上的短时强降水。下面对上述强对流天气的有利环境背景和临近预警判据的建议进行回顾和总结。

5.5.1　强冰雹的有利环境背景与预警判据

5.5.1.1　强冰雹的有利环境背景

　　强冰雹的有利环境背景包括:1)较大的对流有效位能 CAPE;2)代表深层垂直风切变的 0~6 km 风矢量差较强;3)冰雹的融化层高度,也就是湿球温度 0℃层高度适宜。有时会有一些例外,例如在春季有时 CAPE 值并不大,只有 1000 J/kg 左右,但如果 0~6 km 风矢量差很大(25 m/s 或以上),仍然会出现超级单体风暴,有时会产生很大的冰雹。此外,关于适宜的融化层高度(融化层到地面距离),即便是在平原地区,该高度的变化范围也很大,可以在 2.0~4.5 km 之间,大约一半左右的平原地区强冰雹对应的融化层高度在 3.0~4.0 km 之间。

5.5.1.2　强冰雹的预警指标

　　以下是关于强冰雹预警指标的建议:

　　强冰雹预警指标 1:如果 55 dBZ 或以上强度回波垂直扩展到−20℃等温线以上高度,冰雹融化层高度在 2.0~4.5 km 之间,可以考虑发布强冰雹警报。

强冰雹预警指标 2:如果对流风暴内有超过 65 dBZ 或以上强度回波,垂直累积液态水含量出现异常大值,冰雹融化层高度在 2.0~4.5 km 之间,可以考虑发布强冰雹预警;如果预警指标 1 和指标 2 同时满足,则出现强冰雹概率明显增大,建议立即发布强冰雹警报。请注意,由于静锥区的存在,VIL 值在距离雷达 25 km 以内时没有参考价值。

强冰雹预警指标 3:如果 55 dBZ 或以上强度回波垂直扩展到 −20℃ 等温线以上高度,对流风暴内有超过 65 dBZ 或以上强度回波,垂直累积液态水含量出现异常大值,而且出现显著的中低层弱回波区和中高层回波悬垂结构,冰雹融化层高度在 2.0~4.5 km 之间,建议立即发布强冰雹警报。

强冰雹预警指标 4:如果 55 dBZ 或以上强度回波垂直扩展到 −20℃ 等温线以上高度,对流风暴内有超过 65 dBZ 或以上强度回波,对流风暴类型为超级单体,存在有界弱回波区(BWER),冰雹融化层高度在 2.0~4.5 km 之间,建议立即发布强冰雹警报。

强冰雹预警指标 5:如果出现三体散射,冰雹融化层高度在 2.0~4.5 km 之间,建议立即发布强冰雹警报。

还有一些辅助性指标,包括风暴顶强烈辐散以及 C 波段由于冰雹对雷达波束的严重衰减导致的顶点指向雷达的"V"形缺口等。另外,冰雹探测算法的输出冰雹指数(HI)具有一定参考价值,但虚警率比较高。冰雹算法中的强冰雹指数(SHI)如果能够提取出来作为类似垂直累积液态水含量(VIL)的单独产品,其识别强冰雹的能力要强于 VIL。同样,在距离雷达 25 km 以内,由于静锥区的存在,SHI 值没有参考价值。

以上仅仅是关于强冰雹预警指标的建议,各地预报员需要根据当地具体情况进行适当调整,尤其是使用 C 波段雷达的地区。

5.5.1.3　冰雹融化层高度(湿球温度 0℃ 层 WBZ)的确定

1)求某一气压层的湿球温度。从该气压层的温度出发,让气块沿着干绝热线上升;同时,从该层的露点出发,沿对应的等饱和比湿线上升,直到与干绝热线上升线相交;从两线交点处沿着湿绝热线下降到气块的起始气压高度,所对应的温度即为该气压层的湿球温度。

2)对各气压层重复上述过程,得到各气压层的湿球温度。

3)将不同气压层的湿球温度点连接起来,得到湿球温度垂直廓线,该垂直廓线与 0℃ 等温线的交点所对应的高度即为湿球温度℃层(WBZ)高度。

更简单的方法是,在干球温度 0℃ 附近和其下 50 hPa 左右处选择两个等压面,求得这两个等压面上的湿球温度,用直线连接这两个湿球温度,该线段与 0℃ 等值线的交点对应的气压层即为湿球温度 0℃ (WBZ)对应的气压层。

5.5.1.4　具有双线偏振功能的新一代天气雷达对大冰雹的识别

一般大冰雹的共同特征是反射率因子较大,通常在 60 dBZ 以上。1)对于干的大冰雹,S 波段雷达微差反射率因子 Z_{DR} 在 −1.0~1.0 dB 之间,相关系数相对较小,常常低于 0.95,比微差相移 K_{DP} 接近于 0;对于干的直径 5 cm 以上的巨型冰雹,反射率因子 Z 在 65 dBZ 以上,相关系数通常小于 0.90,K_{DP} 常常缺值。2)对于湿的的大冰雹,微差反射率因子 Z_{DR} 在 1.0~5.0 dB 之间,相关系数在 0.95~0.98 之间,K_{DP} 值一般为正值,有时会很大。以上判据仅仅针对 S 波段双线偏振天气雷达,对 C 波段和 X 波段双线偏振天气雷达并不适用。特别需要指出,上述判据也只是在一定范围内是正确的,存在不少例外。至于在多大程度上正确,例外究竟有多大比例,目前并不清楚。

5.5.1.5　冰雹增长理论

冰雹增长有两个步骤,首先是形成雹胚,一般尺寸在 5 mm 左右,通常由霰或冻结的雨滴构成,然后再通过雹胚与过冷水滴(包括过冷云滴和小雨滴)碰冻增长为冰雹。冰雹生长的三个基本要素:1)雹胚;2)足够强且持续的上升气流使得冰雹在过冷水滴区停留足够长时间;3)足够多的过冷水含量使得冰雹生长速度足够快。雹胚形成后继续长成冰雹的过程中,雹块的主要增长方式是碰冻云中过冷水滴(主要是小雨滴和云滴),还可能在雹块表面有水膜的状态下捕获一些冰晶或冰粒子。由于过冷水滴在雹胚上冻结而释放潜热加热雹块,使得冰雹的增长又分为干增长和湿增长。干增长过程中,过冷水含量小于临界值,雹块捕获的过冷水全部立刻被冻结,冰雹表面没有水膜,其密度相对较低(0.7 g/cm³),不透明,主要由霰胚增长而成,环境过冷水含量相对低,增长率相对小。湿增长出现在过冷水含量大于临界值情况下,当较高混合比的过冷水滴与雹胚碰冻时,冻结潜势仅依靠蒸发不能很快输送到环境中去,过冷水滴在冻结前,先在表面铺散开来,形成一个连续水膜,使冰雹表面在略湿的情况下温度正好维持0℃。此时,冻结过程进行很慢,形成的气泡很少,成为很清澈的冰,密度接近 0.9 g/cm³。过冷水滴以高速碰到较冷的冰雹表面上,并在冻结前铺散开来,就能形成密度接近 0.9 g/cm³ 的结实冰。这种结实冰,多数情况下是透明的,但也有可能是不透明的。

20 世纪 80 年代及以后,随着利用双多普勒雷达反演风场技术的成熟和高分辨率三维云模式的采用,可以根据双多普勒雷达反演风场和简单的冰雹模式计算冰雹增长的轨迹。无论是对超级单体风暴还是多单体强风暴中冰雹增长轨迹的分析,学者们都得到了大致相同的结论。1)从雹胚到冰雹的增长过程,绝大部分雹胚是一次性通过上升气流区,经历一次上升—下沉过程中形成的;2)有部分学者的分析结果表明,部分雹胚(不是冰雹)在形成过程中可能经历过一定程度的循环增长,一旦雹胚形成,则一次性经过上升气流区长成冰雹;不过,冰雹增长过程中分为雹胚形成和冰雹增长两个阶段在相当程度上属于人为的划分,自然的冰雹形成过程是一个包括雹胚形成在内的完整过程,因此上述分析结果在某种意义上可以被解释为在冰雹增长的早期阶段,即从直径 2 mm 左右到直径 5~6 mm 左右,部分小冰粒可能经历了循环增长;3)冰雹的干增长和湿增长是雹胚在一次性经过上升气流区的上升—下沉过程中遇到不同浓度过冷水含量区域所导致的;4)冰雹的增长轨迹很复杂,每个不同的超级单体和多单体强风暴中的冰雹增长轨迹,除了绝大多数一次通过上升气流区长成冰雹落地这一点是相同的外,其他方面差异很大。

5.5.2 龙卷产生的有利环境背景与预警判据

龙卷是对流云产生的破坏力极大的小尺度灾害性天气,最强龙卷的地面极大阵风风速介于 125~140 m/s 之间。由于龙卷基本上不经过地面气象观测站,即便恰好经过测站,通常也会摧毁测站的观测仪器,因此无法用地面气象观测站所测极大风速代表龙卷强度。1971 年 Fujita 根据龙卷对地面建筑物(以民居为主)、树木、汽车等所造成的损害程度将龙卷强度分为 6 级,从 F0 到 F5 级,在全世界范围内被广泛接受,其中 F0 和 F1 级为弱龙卷,F2 或以上级为强(significant)龙卷。2007 年,美国国家气象局(NWS)对 Fujita 龙卷等级进行了修订,采用美国常见的 28 种标志物(包括民居、家庭作坊、移动房屋、汽车、社区快餐店、木质电线杆、钢筋水泥电线杆、框架结构多层建筑以及不同粗细不同种类的树木等)受损情况确定龙卷强度等级,称为 EF 级(Enhanced Fujita Scale),即"改进的 Fujita 等级",同样是从 EF0 到 EF5 共 6 级,判据与原来 F 级有所改变,变得更为详细和严谨。同样,EF0 和 EF1 级为弱龙卷,EF2 或以上级为强龙卷。

通常将龙卷分为两大类型:1)中气旋(mesocyclone)龙卷(超级单体龙卷);2)非中气旋龙卷(非超级单体龙卷)。中气旋龙卷也称为超级单体龙卷,龙卷产生在超级单体中气旋内部,大部分 EF2 或以上级龙卷是由超级单体风暴产生的;但在超级单体中气旋产生的所有龙卷中,EF1 和 EF0 级弱龙卷仍然占大多数。非中气旋龙卷也称为非超级单体龙卷,龙卷不是发生在中气旋内部,产生龙卷的深厚湿对流系统也不是超级单体。非中气旋龙卷可以进一步分为两类,第一类非中气旋龙卷出现在飑线或者弓形回波前部的 γ 中尺度涡旋(mesovortex)内,该 γ 中尺度涡旋形成机制与超级单体中气旋完全不同,它可以孕育龙卷,也可以引发强的直线型雷暴大风。这类 γ 中尺度涡旋的大小与超级单体内的中气旋大致相当,在垂直伸展上通常比中气旋浅薄,中气旋探测算法常常将它们识别为中气旋。这种在位于飑线和/或弓形回波前部的 γ 中尺度涡旋内形成的龙卷通常比在超级单体中气旋中形成的龙卷要弱,但其中强的也可以达到 EF2 级,个别的甚至可以达到 EF3 级。第二类非中气旋或非超级单体龙卷通常出现在地面辐合切变线上,这类辐合切变线上产生的瞬变涡旋遇到积雨云或浓积云中上升气流垂直拉伸涡度加强而形成龙卷。这类龙卷通常较弱,绝大多数是 EF0 级的最弱龙卷,个别的可以达到 EF1 级。

5.5.2.1　龙卷产生的有利条件

由于大部分强龙卷都是由超级单体产生的,因此考虑龙卷产生的有利条件首先要考虑超级单体风暴产生的有利条件。非常粗略地,可以利用对流有效位能和代表对流层深层垂直风切变的 0~6 km 风矢量差来判断。1)通常 CAPE 值不小于 1000 J/kg(对于登陆热带气旋螺旋雨带上微型超级单体,CAPE 值时常低于 1000 J/kg);2)0~6 km 风矢量差至少在 15 m/s 以上,最好超过 20 m/s。需要注意,以上仅仅是很粗略的条件,超级单体的产生往往取决于风廓线的具体细节。

21 世纪初美国一些学者发现有利于龙卷尤其是 EF2 或以上级强龙卷生成的两个有利条件分别是:1)低的抬升凝结高度;2)较强的低层(0~1 km)垂直风切变。这两个条件对于 EF1 或以上级别龙卷都是成立的,无论是中气旋(超级单体)龙卷还是非中气旋(非超级单体)龙卷。

5.5.2.2　中国西风带龙卷预警判据的建议

在龙卷多发区的龙卷多发季节(平均每 10 万 km² 每年出现 1 次或以上 EF1 或以上级龙卷):

1)0~1 km 风矢量差≥8 m/s,抬升凝结高度≤1200 m。

2)在中气旋距离雷达不超过 80 km 时,如果中等或以上强度中气旋底高低于 1.2 km(地面以上高度),则发布龙卷警报。

3)在中气旋距离雷达 80~120 km 时,如果出现强中气旋并且底高低于 2.0 km(地面以上高度),则发布龙卷警报。

4)如果在上述中气旋中出现龙卷式涡旋特征(TVS),则龙卷实际出现的概率大大增加。

上述龙卷判据中的第一条和第二条也适合于飑线和/或弓形回波前部 γ 中尺度涡旋中产生的非超级单体龙卷的预警。

5.5.2.3　中国登陆热带气旋螺旋雨带上龙卷预警判据的建议

1)0~1 km 风矢量差≥8 m/s,抬升凝结高度≤1000 m。

2)在距离雷达 60 km 以内,如果微型超级单体中气旋的旋转速度达到 12 m/s 或以上,发布龙卷警报。

3)在距离雷达 60~100 km 以内,如果微型超级单体中气旋的旋转速度达到 10 m/s 或以上,发布龙卷警报。

5.5.3　雷暴大风的有利环境背景与预警判据

非龙卷的直线型雷暴大风的产生主要有三种方式:1)对流风暴中的下沉气流到达地面时产生辐散,直接造成地面大风;2)对流风暴移动时,带有某方向动量的环境空气被夹卷进入风暴内部随着下沉气流到达地面附近引起原有纯下沉气流辐散风的加强或减弱;3)对流风暴下沉气流由于降水蒸发冷却在到达地面时形成一个冷空气堆,常被称为冷池或雷暴高压,冷空气向四面扩散,冷池与周围暖湿气流的界面称为阵风锋,阵风锋的推进和过境也可以导致大风。

如果雷暴内下沉气流很强,在地面产生了 8 级或以上阵风,则该强烈下沉气流底部和其导致的地面附近强辐散风两个部分合在一起称为"下击暴流"(downburst),这是 Fujita 对下击暴流的原始定义。后来业内部分学者只将导致地面 8 级或以上阵风的雷暴内强下沉气流称为"下击暴流"。无论怎样,雷暴大风可以分为由下击暴流直接导致的大风和由阵风锋导致的大风,这两者之间有时不能完全分开,有时可以完全分开。

5.5.3.1　雷暴大风的有利环境背景

1)对流层中层 700~400 hPa 之间存在明显干层。具体的参考值是 700~400 hPa 之间平均温度露点差不小于 6℃,或其间单层最大温度露点差不小于 10℃。

2)对流层中下层温度直减率相对较大。具体的参考值是 850~500 hPa 温差不小于 24℃。

以上具体参考值只适合于海拔在 1000 m 以下的低海拔地区,并且仅仅是参考值,不是标准。对于较高海拔地区,可能需要做相应调整。

对于移动较快影响范围较广的多单体强风暴、超级单体和飑线(含弓形回波),垂直风切变通常在中等到强的范围,即 0~6 km 风矢量差通常在 12 m/s 以上,对于超级单体和强飑线通常在 15 m/s 甚至 20 m/s 以上。

5.5.3.2　雷暴大风预警判据建议

雷暴大风的多普勒天气雷达回波特征如下:

特征 1:弓形回波。弓形回波是一种呈现为"弓形"的回波形态,可以是呈现为"弓形"的多单体强风暴,也可以镶嵌在飑线中作为其中的一部分。弓形回波自身的尺度范围为 20~120 km。强风通常出现在弓形回波的顶点附近,在弓形回波北端,存在 γ 中尺度气旋式切变或涡旋,在其南端存在 γ 中尺度反气旋式切变或涡旋,弓形回波顶点后面存在后侧入流急流,对应反射率因子上的后侧入流缺口。

特征 2:中层径向辐合(MARC)。要求达到显著的中层径向辐合(significant MARC),是指在地面以上 3~7 km 高度之间,构成上述高度区间最强径向速度辐合的速度极大值和极小值(在确定极大值和极小值时,需要带上正负符号,向着雷达的径向速度为负值,离开雷达的径向速度为正值)之间的差值不低于 25 m/s,并且两者之间的距离不超过 15 km。

特征 3:低层径向速度大值区。在距离地面 1.2 km 以下的低空探测到绝对值在 20 m/s 或以上的大风区,无论是下击暴流直接导致的大风还是快速推进的阵风锋导致的大风,地面附近(地面风测风杆高度为 10 m)出现 8 级(17.2 m/s)或以上阵风的概率很大。如果采用 0.5°仰角探测低层径向速度,并且雷达到地面距离不超过 200 m,则径向速度大值区的最大探测距离为 75 km 左右。

特征 4:移动速度较快的对流风暴。对流风暴移速较快,说明风暴承载层平均风构成的平流与对流风暴传播矢量合成后的移动矢量较大,这样除了雷暴内强烈下沉气流对雷暴大风的贡献外,动量下传对雷暴大风的贡献会明显增加,要求对流风暴的最大反射率因子在 50 dBZ 以上,较快移动速度的具体参考值确定为不低于 12 m/s,对于孤立的多单体风暴或超级单体风暴,其移动速度可以从新一代天气雷达产品风暴路径信息 STI 的风暴属性表中获得;对于多单体线风暴,只考虑其移动方向与其主轴(即穿过构成多单体线风暴几乎所有单体的那条直线或曲线)方向交角超过 45°的情况,其移动速度需要预报员主观判断。

特征 5:阵风锋移动速度不低于 15 m/s。多数情况下,可能只有阵风锋的某一部分移动速度超过 15 m/s,那就只对这一部分阵风锋进行大风预警。

如果在满足雷暴大风有利环境条件情况下,雷达回波特征满足特征 1、特征 2 和特征 4 这三个特征之一,则发布雷暴大风警报;如果满足雷达回波特征 3 或特征 5,无需考虑环境条件,直接发布雷暴大风警报。

5.5.3.3　孤立下击暴流预警判据

对于孤立的下击暴流,其预警判据如下:1)反射率因子核持续下降;2)云底附近或云底以上径向速度辐合不断加强。满足上述两个条件则发布下击暴流警报。考虑到孤立下击暴流警报的提前时间只有 5~6 分钟,因此不对公众预警,只对机场预警。

5.5.4　短时强降水有利环境背景与临近预报预警

短时强降水导致的主要灾害是暴洪。短时强降水主要由雨强、降水持续时间两个要素确定。降水的雨强相对强、持续时间相对长,将导致强的降水。

5.5.4.1 短时强降水有利环境背景

潜势估计需要考虑有利于大的雨强形成的环境条件。雨强大小取决于降水效率、云底上升气流速度和比湿的综合效应。由于深厚湿对流内的上升气流速度比稳定层结下层云中的上升气流速度大 2 个数量级,而两者之间在低层比湿和降水效率方面最多相差数倍,因此绝大多数 20 mm/h 以上的短时强降水事件是由深厚湿对流系统产生的。有利于较大对流雨强的环境大致可分为两大类:1)低层露点值较大,整层相对湿度较大,温度直减率接近但略高于湿绝热直减率,CAPE 的形态呈狭长形;2)低层露点值较大,相对湿度高的层结从地面延伸到地面以上 1.5 km 高度或更高,上面存在干层。更准确地说,第二种类型其实有很多种子类型,共同特点是低层露点较高,整层并非都很湿。第一种类型主要对应纯粹的短时强降水(在龙卷多发区偶尔伴随龙卷),第二种类型可对应纯粹短时强降水,也可对应强降水伴随冰雹和/或雷暴大风(在龙卷多发区偶尔也伴随龙卷)。可降水或低层露点通常不低于同时期气候平均值,暖云层厚度相对较大。多数短时强降水事件既可出现在较弱深层垂直风切变环境下,同时有相当一部分短时强降水包括极端强降水事件也可以出现在中等以上甚至是强的深层垂直风切变环境下。

5.5.4.2 短时强降水临近预报预警

主要考虑两个要素:雨强和持续时间。

雨强的临近估计主要根据天气雷达反射率因子和雨强之间的经验关系,即 Z-R 关系。对流性雨强估计,最简单易行的方法是将对流性降水分为大陆强对流型和热带海洋型两种类型。大陆强对流型强回波可扩展到较高的高度,重心较高,热带海洋型强回波主要位于低层,重心较低。判断大陆强对流型或热带海洋型降水的依据是 40 dBZ 的反射率因子是否垂直扩展到 $-20\ ℃$ 等温线高度。先判断对流降水属于哪种类型,然后对不同类型采用不同的 Z-R 关系。Z-R 关系是针对雨滴的,对于冰晶、冰水混合物和冰雹均不成立。因此,首先要保证是在 0 ℃ 层以下取样。雨强估计的主要误差来源包括不适当的 Z-R 关系、地形对雷达波束遮挡、冰雹“污染”、降水或冰雹对雷达波束的衰减、硬件定标偏差,以及被大雨淋湿的天线罩导致的衰减等。

判断是否出现强降水的另一要素是降水持续时间。沿着回波移动方向高降雨率的区域尺度越大,降水系统移动越慢,持续时间则越长。导致强降水的中尺度对流系统常呈现为线状对流雨带,若其移动方向基本与其主轴方向垂直,则在任何点上都不会产生长时间持续降水;对流雨带移动速度矢量平行于其主轴的分量若很大,则其经过某一点需要的时间更多,导致的雨量更大;如果对流雨带移动矢量基本平行于其主轴,使对流雨带中每个或大多数强降水对流单体依次经过同一地点,形成“列车效应”,将产生极大累积雨量,极端降水事件大多数都有“列车效应”在起作用。

导致强降水的 β 中尺度对流系统,其雷达回波的移动矢量是平流矢量和传播矢量的合成。如果平均风方向(平流方向)与回波传播方向交角小于 90°,称为前向传播,此时回波移速超过平均风速,移动较快,不易导致强降水;如果平均风方向(平流方向)与回波传播方向交角大于 90°,称为后向传播,此时回波移速小于平均风速,移动较慢,易导致强降水。

在有利于强降水的环境条件下,含有超级单体中气旋的 β 中尺度对流系统会明显增加强降水的可能。主要原因有二:1)大多数中气旋的位置与上升气流重合或部分重合,导致明显的垂直螺旋度,使系统比无涡旋时具有更长生命史;2)中气旋与环境垂直风切变之间相互作用导致一个向上的扰动气压梯度力,造成比仅凭 CAPE 转换的上升气流更强烈的上升气流,进而产生更强的雨强。含有与超级单体中气旋尺度相当的 γ 中尺度涡旋或 β 中尺度涡旋的中尺度对流系统也会明显增加降水,其原因主要为上述第一个原因。

5.5.5 弱垂直风切变条件下的强对流天气

在弱垂直风切变情况下,产生强对流天气的主要对流系统是含有脉冲单体的多单体风暴,通常称为“脉冲风暴”。之所以称为“脉冲风暴”主要是因为其产生的强对流天气持续时间较短,主要包括下击暴流、冰雹和短时强降水。"脉冲单体"是略微特殊一点的"对流单体",其初始回波高度比一般对流单体的初始回波高度明显偏高,回波强度通常超过 50 dBZ,一般发生在对流有效位能(CAPE)值在中等以上(超过 1000 J/kg)尤其是 CAPE 值比较强(大于等于 2500 J/kg)的环境中。脉冲风暴产生的下击暴流属于湿下击暴流,强度可以很大;它所产生的冰雹直径很少超过 2 cm,在 1~2 cm 之间的很常见。脉冲风暴产生的短时强降水常常超过 30 mm/h,有时甚至可以达到 50 mm/h 或以上。脉冲风暴产生的下击暴流和冰雹持续时间较短,预警比较困难,往往用户接收到警报时,下击暴流和/或冰雹已经在进展之中或者已经结束。一个变通办法是在环境条件有利情况下,一见到初始回波高度较高就直接预警冰雹或下击暴流,但这样做虚警率会很高。

此外,几乎所有"干的下击暴流"都不是由脉冲风暴产生的,而是由相对浅薄的积雨云甚至高积云产生的,而且大部分干下击暴流都属于微下击暴流,在青藏高原以及中国西部干旱地区发生频率很高,不过大多数发生在无人区,只有发生在机场附近时,会对飞机起降威胁较大。还有,一些弱垂直风切变情况下的短时强降水(20 mm/h)事件也可以由非脉冲风暴产生。

第 6 章　雷电的形成机理及预报预警

雷电(也称为"闪电")是雷暴天气中发生的一种长距离瞬时放电现象。雷暴通常由一个或多个对流单体组成,雷电在雷暴的初始、成熟和消散阶段都有可能发生,在不同的阶段发生的概率会有较大的差别。那么,雷电在雷暴中发生的机理是什么,如何对雷电进行预警预报,下面将对比进行概述。

6.1　雷暴云的微物理过程

雷暴由雷暴云组成,雷暴云的形成离不开热力和动力作用,湿热空气在不稳定环境中的对流抬升是雷暴云形成的宏观条件,这种宏观过程需要微物理过程的相互配合才会有雷暴云的形成。暖湿空气在上升气流的作用下向上抬升,在上升过程中不断膨胀,导致温度下降,当达到露点所在高度后,空气将发生凝结。水汽发生凝结后进而形成冰相粒子,从而形成积云。当上升气流满足一定条件时,冰相粒子会不断地增加,并被强烈的上升气流带到上千米的高度,积云会发展成为几千米厚的旺盛积雨云,形成雷暴云。动力过程和微物理过程的相互配合是雷暴云形成的基本条件,而雷暴云要有闪电的发生,与雷暴云中各种形态的水成物粒子是分不开的。要研究云中的闪电,就要知道云中的粒子类型及各种粒子在云中发生的物理过程。

云中水成物粒子分为汽态、液态和冰相(固态),包括水汽、云滴、雨滴、冰晶、雪、霰(又称软雹或雪丸)、冻滴和冰雹等粒子。未饱和湿空气块干绝热上升,在抬升凝结高度发生凝结,一般把直径小于 100 μm 的液态水滴看成云滴,大于 100 μm 的为雨滴。在雷暴云的负温度区域,冰核开始起作用,水汽在其上凝华或过冷水滴(0 ℃ 以下的液态水)在其上冻结形成冰晶。当冰晶与云中的过冷水共存时,由于冰面的饱和水汽压低于同温度下的水面饱和水汽压,冰晶会获得优势增长,形成雪晶,这个过程是通过水汽扩散并在冰面上沉积而进行的。冰晶的形状比较复杂(见图 6.1),有板状、柱状、枝状、扇面状、子弹状、针状等,雪晶常由冰晶聚合而成,形状很复杂,通常将它的形状简化成平板枝状(见图 6.1c)。冰晶和雪晶常以线性尺度 300 μm 为分界线。冰粒子还可以通过与其他冰晶碰并而长大(丛集过程),形成雪花,雪花是雪晶的聚集体。冰晶也可以通过与过冷水滴的碰冻过程而长大,形成白色不透明的霰(又称软雹或雪丸),这个称为凇附(riming)机制。霰的直径一般小于 5 mm,多半为球形。过冷水也会发生冻结,这样会形成冻滴,直径也小于 5 mm,呈球状。各种粒子的相互作用还会形成冰雹,这个过程较为复杂,冰雹的形状也多种多样,有球形、椭球形、扁球形、锥形和不规则形状等,小冰雹普遍近于球形,大冰雹则是非球形,冰雹的直径一般大于 5 mm。当然,冰相粒子的形成过程与冰核是密不可分的,必须有冰核的存在才会有冰相粒子的产生。

对于雷暴单体而言,一般在 >0 ℃ 区域只有液态水,偶尔夹杂着冰雹。在 $-40 \sim 0$ ℃ 之间为水汽、过冷水和冰相粒子混合的区域,在 <-40 ℃ 区域仅为冰相粒子。在 >0 ℃ 区域水成物粒子之间的相互作用是云滴与雨滴的碰并增长,由于大雨滴的下落末速度大于云滴,在雨滴下落的过程中可以扫过一定体积,把其中的云滴都碰并进去,使雨滴增大。在这个过程中会受到重力作用正反馈的影响,雨滴越大,单位时间扫过的云滴体积越大,能碰并进去的云滴越多,雨滴增大越快。雨滴大了,碰并增大也更快,随着雨滴的增大,下落末速度加大,会加快雨滴落出云底的时间,这以后碰并增长就不能再继续,开始蒸发过程。因此,要让雨滴停留足够长的时间就需要有上升速度的配合,上升速度足够大才会让液态水到达 $-40 \sim 0$ ℃

区域,上升速度是形成雷暴单体的关键因素。在－40～0℃区域,水成物粒子之间的相互作用包括:1)过冷水在冰核的促进下冻结成为冰晶,这个过程称为异质核化过程;2)过冷水在一定温度条件下也可以直接冻结成冰晶,这个过程是均质核化过程;3)冰晶的繁生过程,冰质粒在较暖的环境中(－8～－3℃)淞附直径大于 24 μm 的过冷水滴时会产生碎冰屑(Hallett and Mossop,1974),或者枝状和针状冰晶,由于它们易碎,在与水滴和冰晶碰撞时会发生机械性破碎,或者大水滴冻结时会破碎产生多个冰晶;4)冰晶形成之后会凝华增长,即所谓的贝吉龙(Bergeron-Findeisen)过程,这是因为在给定的温度下,当云中冰晶和过冷水共存时,冰面饱和水汽压小于水面饱和水汽压,在它们之间存在水汽压梯度,水滴蒸发,冰晶通过水汽扩散增长,这个过程需要水汽、冰晶和过冷水共存时来完成。当冰晶凝华增长达到一定尺度后,其降落速度比小水滴还要大时,就会碰并其降落路径上的小水滴发生结淞增长。单个冰雪晶增长会形成雪花,或者接触冰雪晶的过冷小雨滴的冻结及冰雪晶聚合也可以形成雪花。雪形成后可以继续凝华增长,也可以聚并冰雪晶增长,或者撞冻过冷水增长。冰晶和雪通过撞冻过冷水增长可以形成霰粒子,霰形成后,主要通过撞冻过冷水增长,其次是自身的凝华增长以及对冰晶和雪的收集。霰和冻滴增长达到一定尺度后向雹胚转化,雹胚形成后主要通过撞冻过冷水增长。

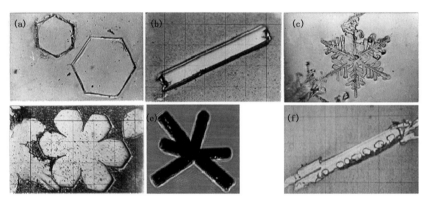

图 6.1　冰雪晶的主要形状:(a)板状,(b)柱状,(c)枝状,(d)扇面状,(e)子弹装聚合体,(f)针状(Wallace and Hobbs,2006)

雷暴云中的微物理过程是相当复杂的。不同类型的云,其云粒子和降水粒子形成和增长过程不同。但总的来说,云中的微物理过程可以总结如图 6.2 所示。

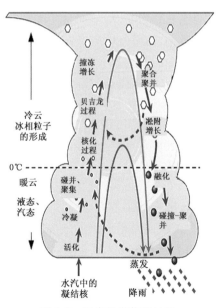

图 6.2　云中的微物理过程

6.2　雷暴云中的起电过程

6.2.1　非感应起电机制

　　雷暴云中冰相粒子之间的碰并、碰冻、淞附以及冰晶的破碎等微物理过程与云中起电过程会有一定的联系吗? 雷暴云内的闪电如何发生? 针对这些问题,早在 20 世纪 60 年代人们就展开了相关研究(Vonnegut,1963;周秀骥和秦仁忠,1964),通过推断和理论分析对云中的起电过程有了初步的了解。Takahashi(1978)在密封的冷室中模拟了雷暴云的结霜起电过程,当冰晶和过冷水共存时,大量的电荷产生于结霜发生的探头处,另外,结霜起电的量级和极性主要依靠于冷室内的温度和过冷水的含量。实验发现(图 6.3),在云水含量适中的情况下(约 0.1～10 g/m³),温度低于−10℃时,冰晶与霰碰撞,冰晶获得正电荷,霰粒子获得负电荷,而在高于−10℃的时候,正电荷被转移到霰粒子上,冰晶获得负电荷;当云水含量过高或者过低时,霰粒子都获得正电荷,冰晶获得负电荷。并且发现,大约−10℃时霰粒子和冰晶相碰撞,电荷极性会发生变化,将−10℃定义为反转温度,也就是霰粒子与冰晶碰撞获得电荷极性发生变化的温度。由此可知,在冰、水共存区,冰相粒子之间的相互碰撞、冰晶的结霜表面以及结霜软霰表面会有电荷的产生,并且不同的冰相粒子相互碰撞会有不同的电荷极性,温度和液态水含量是影响电荷极性和转移电荷量的重要因素。对于雷暴云而言,云中冰相粒子的尺寸以及运动速度并不是恒定的,是不断变化的,这些因素对电荷极性和转移电荷量也会有影响。因此,Takahashi(1984)考虑粒子尺度和落速的影响,对冰相粒子每次碰撞转移的电荷量增加了修正因子 α:

$$\alpha = 5.0\,(D_s/D_0)^2\,|\overline{V_L} - \overline{V_s}|/V_0 \qquad \alpha \leqslant 10.0 \tag{6-1}$$

式中,D_s 是冰晶和雪晶的直径;$|\overline{V_L} - \overline{V_s}|$ 是质量平均的大小冰粒子(如霰粒等)下落末速度差;$D_0 = 100\ \mu\mathrm{m}$。

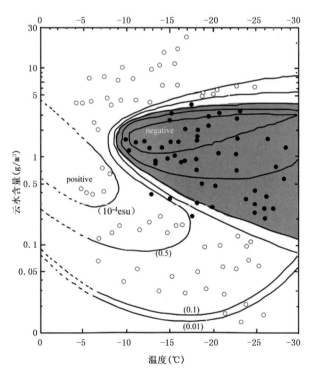

图 6.3　Takahashi 实验中霰粒子得到的电荷(1 esu≈0.33 nC)(Takahashi,1978)

Jayaratne 等(1983)也通过实验模拟了冰晶水汽扩散增长和冰晶撞冻过冷水生成霰过程的起电情况。实验结果表明,电荷转移的量级与温度、冰相粒子直径、相对速度、液态水含量和水滴的杂质含量有关,并且发现,如果没有冰晶,在淞附过程就没有电荷的产生。Jayaratne 等(1983)认为,粒子尺寸和速度是决定电荷转移的主要因素,并提出$-20℃$是反转温度。

基于 Jayaratne 等(1983)的实验结果,Gardiner 等(1985)、Ziegler 等(1991)发展了计算大小粒子碰撞分离后发生电荷转移量的关系式:

$$\Delta q_{Ls} = 7.3 D_s^4 \Delta V^3 \delta L f(\tau) \tag{6-2}$$

式中,D_s 是冰晶或雪晶的直径(单位:m),ΔV 是冰相粒子的碰撞速度(单位:m/s),δL 是依赖于液态含水量(CWC)和反转温度(Tr)的因子,如式(6-3):

$$\delta L = \begin{cases} CWC - CWC_{crit} & T \geqslant T_r \\ CWC & T < T_r & \text{且 } Q_c \geqslant 10^{-6}\,\text{kg/kg} \\ 0 & Q_c < 10^{-6}\,\text{kg/kg} \end{cases} \tag{6-3}$$

函数 $f(\tau)$ 表达式为

$$f(\tau) = -1.7 \times 10^{-5} \tau^3 - 0.003\tau^2 - 0.05\tau + 0.13$$
$$\tau = (-21/T_r)(T - 273.16) \tag{6-4}$$

式中,$CWC_{crit} = 0.1\,\text{g/m}^3$;$Q_c$ 是云水比含量。他们将$-15℃$定义为反转温度,并给出了不同云水含量和温度下霰得到的电荷极性,如图 6.4 所示。

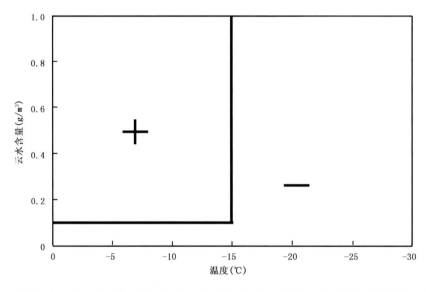

图 6.4　GZ 非感应起电方案在反转温度为$-15℃$时不同温度和液态含水量下霰得到的电荷极性示意图(Mansell,2005)

Saunders 等(1991)针对有效液态水含量做了相关的实验,深入观察了冰晶和霰粒子相互碰撞所转移的电荷对温度和有效液态水含量的响应。实验发现,如果没有水滴,就没有电荷的产生。在反转温度以上霰粒子带正电荷,温度较低时霰粒子带负电荷。反转温度并不是恒定不变的,它会随着有效液态水含量的增加而降低。有效液态水含量较低的时候,霰粒子在低温情况下带正电荷,高温情况下带负电荷。根据实验结果,Saunders 等(1991)建立了计算冰晶和霰粒子相互碰撞所产生电荷的方程:

$$\delta Q = B D_i^a \left| V_g - V_i \right|^b \delta q \tag{6-5}$$

式中,D_i 是粒子的直径;V_g 和 V_i 分别是霰和冰晶粒子的末速度;系数 B、a、b 是常值(见表 6.1);转移电荷的极性和转移电荷的量(δq)由有效液态水含量(EW)和温度(T)来确定。

表 6.1 式(6-5)中 B、a、b 的值

冰晶尺度(μm)	δq 电荷极性	B	a	b
$d<155$	+	4.9×10^{13}	3.76	2.5
$155\leqslant d<452$	+	4.0×10^6	1.90	2.5
$d\geqslant452$	+	52.8	0.44	2.5
$d<253$	−	5.24×10^8	2.54	2.8
$d\geqslant253$	−	24.0	0.50	2.8

有效液态水含量(EW)指的是大冰粒子下落途中能够被碰并的那部分液态含水量(LWC),即 $EW=LWC\times ELS$,ELS 为碰并效率。图 6.5 给出了霰粒荷电与温度和有效液态含水量的关系,图中 $S_i(i=1,2,\cdots,9)$ 代表不同起电区域内的电荷转移方程(表 6.2),CEW 是有效含水量阈值,CEW 决定了在 $-23.9\sim-10.7$℃转移电荷的极性,CEW 为

$$CEW=-0.49-6.64\times10^{-2}T \tag{6.6}$$

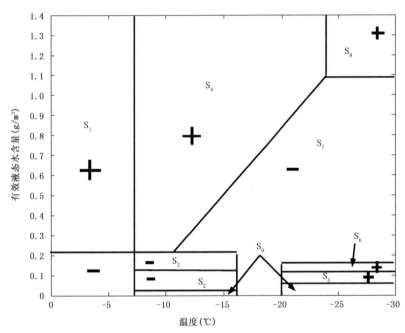

图 6.5 S91 方案霰粒子荷电与温度和有效液态水含量之间的关系(Saunders et al,1991)

表 6.2 S91 方案不同起电区域内的电荷转移方程

起电区域	电荷转移方程
S_1	线性插值
S_2	$\delta q=-314.4\times EW+7.92$
S_3	$\delta q=419.4\times EW-92.64$
S_4	$\delta q=20.22\times EW-1.36\times T+10.05$
S_5	$\delta q=2041.76\times EW-128.7$
S_6	$\delta q=-2099.2\times EW-462.91$
S_7	$\delta q=3.02-31.76\times EW+26.53\times EW^2$
S_8	$\delta q=20.22\times EW-22.26$
S_9	$\delta q=0.0$

根据实验室结果和实验基础上建立的计算电荷转移的方程可知,雷暴某部分的起电过程与雷暴云中该部分的过冷水含量、粒子大小、粒子的降落速度、温度密切相关,冰雪晶与霰粒子之间的相互碰撞会有电荷的产生,并会发生电荷的转移,不同的粒子带上不同的电荷极性,这就是雷暴云中的非感应起电机制。霰粒子与冰晶碰撞引起的转移电荷极性和电荷转移量主要依赖于温度和液态水含量,另外还与碰撞冰晶的尺寸和碰撞速度有关,当冰晶尺寸较小时,每次碰撞发生的电荷转移量随冰晶尺寸的增大增加很快,当冰晶尺寸较大时,每次碰撞电荷转移量随冰晶尺寸的增大变化不大。

非感应起电是目前数值模式运用较多的一种起电方式,运用非感应起电参数化方案能对雷暴云中的起电过程进行数值模拟。对于非感应起电机制,大小冰相粒子碰撞弹开后引起的电荷变化量为

$$\left(\frac{\partial q_{Le}}{\partial t}\right)_{np}^{Ls} = \int_{D_{L1}}^{D_{L2}}\int_{D_{s1}}^{D_{s2}}\frac{\pi}{4}\Delta q_{Ls}(1-E_{Ls})|V_L-V_s|(D_L+D_s)^2 n_L(D_L)n_s(D_s)\mathrm{d}D_L\mathrm{d}D_s \qquad (6\text{-}7)$$

式中,L、s代表大小粒子;D_L和D_s是碰撞粒子的直径;E_{Ls}是碰并系数;$|V_L-V_s|$是落速差;n_L、n_s是大小粒子数浓度;Δq_{Ls}是一次碰撞反弹的电荷转移量,通常是冰粒子尺度、碰撞速度、云水含量和温度的函数(就是上面提到的通过实验结果建立的一系列电荷转移的量级和计算式,如图6.3—6.5、式(6-1)、式(6-2)、式(6-5)。当温度$T<-30℃$时,几乎没有电荷转移,因此任意给定一个系数β为

$$\beta = \begin{cases} 1 & (T\geqslant-30) \\ 1-[(T+30)/13]^2 & (-43\leqslant t<-30) \\ 0 & (t<-43) \end{cases} \qquad (6\text{-}8)$$

为了防止起电量过大,对每次碰撞反弹的电荷转移量的最大值进行了限定。对于大冰粒子与雪晶碰撞,$\Delta q_{Ls}\leqslant50\mathrm{fC}$;对于大冰粒子与冰晶碰撞,$\Delta q_{Ls}\leqslant20\mathrm{fC}$(Mansell,2005)。

6.2.2　感应起电机制

6.2.2.1　云粒子与极化降水粒子碰撞并弹离的起电机制

除了非感应起电机制,雷暴云中还会有其他的起电过程。在已经存在环境电场的情况下,雷暴云的水成物粒子会被存在的电场极化,形成极化电荷。例如,降水粒子在雷暴云内方向垂直向下的初始大气电场中降落时,在电场感应的作用下,降水粒子上半部带负电荷,下半部带正电荷,如图6.6a所示。这些极化的降水粒子在降落过程中与中性云粒子相碰,当部分中性云粒子与降水粒子的下半部相碰后又弹离降水粒子,并且它们相碰的接触时间足够长时,弹离的云粒子将带走降水粒子下半部所带的部分正电荷,使降水粒子携带净负电荷。云粒子和降水粒子分离后,带净正电荷的粒子在上升气流的作用下到达云体上部,带净负电荷的降水粒子因重力沉降聚集在云体下部,使云体下部形成负电荷区,进一步加强了原来的环境电场,形成一种正反馈的起电过程。感应起电机制必须满足:1)两类极化的粒子在碰撞后必须分

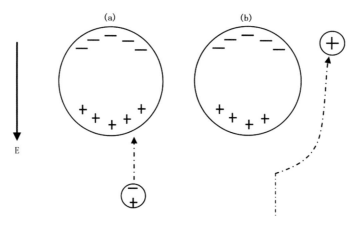

图6.6　感应起电机制极化粒子碰撞-电荷转移示意图(郄秀书等,2013)

(a)碰撞前;(b)碰撞后

离,如果结合在一起就无法实现电荷的转移;2)粒子碰撞需要足够的接触时间和足够大的电导率,这样粒子之间才能完成电荷的转移。Aufdermaur 和 Johnson(1972)发现,冻结降水粒子与过冷水滴碰撞后分离的概率为千分之一到百分之一,只有在强度大于 10 kV/m 的外电场条件下,粒子碰撞分离完成的电荷分离能够维持雷暴电场。Paluch 和 Sartor(1973b)研究指出,当气流携带小粒子的上升速度与大粒子的下落速度相当时,感应起电才会对雷暴起电有贡献,因此这种方式的感应起电机制相对于非感应起电机制来说,对雷暴云的初始起电过程显得不是十分的重要。

6.2.2.2　极化降水粒子选择捕获大气离子的起电机制

观测表明,晴天大气中始终存在方向垂直向下的大气电场,大气相对于大地带有正电荷,大地带负电荷。降水粒子在雷暴云内初始降落时,因电场感应形成上半部带负电荷,下半部带正电荷的极化降水粒子。被极化的降水粒子在降落过程中会不断选择捕获大气负离子,从而中和了其本身下半部携带的正电荷,成为带负电荷的降水粒子。云中的大气正离子会受到降水粒子下半部正电荷的排斥,并在上升气流的作用下被输送到雷暴云的上部,形成正电荷区,带负电荷的降水粒子由于重力的作用聚集在云体下部,形成负电荷区,如图 6.7 所示。

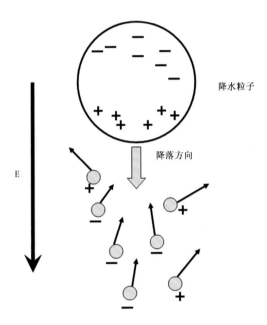

降水粒子

E

降落方向

图 6.7　降水粒子捕获大气负离子,排斥大气正离子的过程

这种感应起电方式会使带负电的降水粒子聚集于云体的下部,带正电的大气离子集中于云体的上部,形成的正、负电荷中心会进一步增强原来云中的大气电场。但是,这个过程并不是短暂的,通过理论计算发现(孙景群,1987),如果极化降水粒子选择捕获大气离子使云中大气电场增大到 500 V/cm 需要大约 12 分钟的时间,不足以在两次闪电间歇的较短时间内实现。因此,一般认为极化降水粒子选择捕获大气粒子的感应起电机制,最多只能形成每厘米几百伏左右的云中大气电场,它仅在雷暴云初始起电过程有贡献。

6.2.3　温差起电机制

冰由水冻结而成,冰中有一小部分分子处于电离状态,形成较轻的氢离子(H^+)和较重的氢氧根离子(OH^-),氢离子和氢氧根离子的浓度随冰温的升高而递增。如果一块冰的两端存在温差,那么较多的氢离子和氢氧根离子会聚集在温度较高的一端。当冰块的温度逐渐趋于平衡时,氢离子和氢氧根离子都会向冰块的冷端扩散,两种离子的扩散速度不一样,氢离子的扩散速度更快,在冰块的冷端会有较多的氢离子,使冰块的冷端带上正电,冰块温度较高的一端带上负电。这时,在冰的冷、热端之间形成一电场,其方向由冰的冷端指向热端。这一电场的形成将使氢离子向冷端的扩散减弱,氢氧根离子向冷端的扩散加强,直至达到稳定状态,使离子形成的电流为 0。因此,冰块从两端有温差到两端温度平衡期间冰块内部会有电场的存在(图 6.8)。

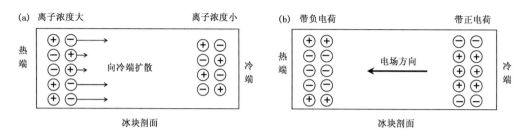

图 6.8　冰的热电效应(⊕表示较轻的氢离子,⊖表示较重的氢氧根离子)

对于雷暴云而言,冰晶与霰碰撞后弹离,会因为摩擦作用引起温差起电。霰的表面较为粗糙,一般只有表面少量凸出部分与冰晶接触,当二者碰撞时会引起摩擦增温。霰接触面积较小,与冰晶碰撞摩擦之后,接触部分升温快,加上霰内部会有气泡的存在,空气的导热率小于冰的导热率,不利于高温因热传导作用而快速传递。反之,冰晶表面较为细密光滑,与霰碰撞时接触面积较大,相对于霰而言,冰晶单位摩擦面积的升温程度较弱。当霰在雷暴云内下降过程中与部分冰晶相碰撞时,因冰的热电效应带上了负电荷,被弹离的冰晶因温度较低携带正电荷。在云中正、负电荷重力分离过程中,携带正电荷的冰晶将随上升气流到达雷暴云上部,使雷暴云上部形成正电荷区,而携带负电荷的霰会因重力沉降集聚于雷暴云下部,使雷暴云下部形成负电荷区。

另外,云中较大过冷云滴与霰碰冻并产生冰屑也会产生温差起电。较大过冷云滴与霰碰撞时,一般因冰核化引起冻结,过冷云滴的表面首先冻结形成冰壳,同时释放潜热,释放的热量会通过热传导作用使过冷云滴内部没有冻结的部分增温,这样当过冷云滴内部也冻结时会存在外部和内部的温度差异。由于冰的热电效应,冻结的过冷云滴外壳携带正电荷,内部携带负电荷。在过冷云滴内部冻结的瞬间,因冻结膨胀使稍早有冻结的冰壳破裂,破裂的冰壳会带走一部分正电荷,使霰带上负电荷。但这种温差起电需要满足一定的条件,过冷云滴的半径需要大于 20 μm,相对速度较大,气温较低(孙景群,1987),否则温差起电就非常弱。之后,携带正电荷的冰屑将随上升气流到达雷暴云的上部,携带负电荷的霰因为重力沉降聚集在雷暴云的下部。

雷暴云中的温差起电需要粒子之间的相互碰撞来完成,而相互碰撞会有非感应起电的产生。因此,雷暴云中的温差起电会伴随着冰晶或云滴与霰碰撞并弹离的非感应起电。

6.2.4　破碎起电机制

雷暴云中的液态大雨滴由于电场感应会在雨滴的上端和下端分别带上负电荷和正电荷。大雨滴在重力沉降和上升气流的作用下,易发生形变,开始大雨滴在沉降过程中由于上升气流作用呈扁球状(图 6.9a),上升气流对大雨滴向上的作用力使大雨滴的底面向上凹进去(图 6.9b),在上升气流的持续作用下逐渐发展成很薄的水囊(图 6.9c),最后水囊破裂成许多小水滴(图 6.9d)。当大雨滴形变并形成水囊时,液面产生切变使雨滴原来的正负电荷分布受到破坏,导致圆环状水囊口的边缘带正电荷,水囊的其他薄膜部分带负电荷。当水囊最后破裂时,圆环状水囊口的边缘便破碎成若干带正电的较大水滴,水囊的其他薄膜部分则破碎成许多带负电的小水滴。带负电的小水滴由于重量轻,会随上升气流到达雷暴云上部,带正电荷的大水滴因重力沉降聚集在 0℃层以下的云底附近。因此,破碎起电机制可能是雷暴云云底附近为较弱正电荷区的主要机制。破碎起电机制与雨滴的纯度密切相关,由于雨滴的纯度会随时间和地点发生变化,因此,雷暴云的雨滴破碎起电机制对云中起电过程的贡献在不同的地方有不同的特点。

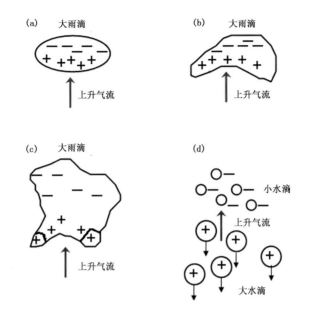

图 6.9 雨滴的破碎起电机制

6.2.5 融化起电机制

冰在融化过程中,包含在冰隙中的空气因增温膨胀形成气泡,当气泡破裂时溅散出许多带负电的水沫,导致融化后的水带正电荷,这就是融化起电机制。水分子具有电偶极性,当冰融化出现气泡时,融化后的水的表面产生切变,破坏了融化水表面的电偶极层,气泡与融化水主体相连的部分带正电荷,气泡的其他部分带负电荷。于是,当水泡破裂时,融化水的主体带正电荷,水膜破裂形成的大量水膜则带负电荷。融化起电效应与气泡的大小和融化水的纯度有关,当气泡大小适中时,融化起电效应最强,当融化水为溶液时,融化起电效应减弱。

雷暴云的融化起电机制,是指固态降水粒子下降到 0℃ 以下时的融化起电过程,冰晶融化时气泡破裂所形成的大量云滴带负电,融化后的冰晶转为降水粒子带正电。带负电的雨滴会随上升气流到达云体的某部位,带正电的降水粒子因重力沉降聚集在 0℃ 层以下的云底附近。

6.2.6 冻结起电机制

稀水溶液(例如氯化钠、碳酸钙、氢氧化钙等溶液)在冻结过程中,由于冰晶格对正、负离子具有不同程度的排斥过程或结合过程,于是在冰和尚未冻结的水的界面处便出现了冻结电位差,多数情况下冰面相对于水面的冻结电位差为正,即冰带正电,水带负电,这就是冻结起电效应。冻结起电效应与稀水溶液的浓度和溶质成分密切相关。溶质不同,其产生的冻结电位差的大小甚至符号亦不相同。稀水溶液的浓度较低时,冻结电位差随稀水溶液的浓度的增加而递增,但到达某一浓度值后,冻结电位差达极大值,其后,冻结电位差随稀水溶液浓度的增加而递减。例如氯化钠稀水溶液冻结时,由于冰晶格对钠离子具有优先排斥的特点,从而使冰具有较多氯离子,尚未冻结的水则具有较多钠离子。于是,冰带负电,尚未冻结的水则带正电。但氢氧化铵稀水溶液冻结时,却与氯化钠溶液相反,冰晶格对铵离子具有优先结合的特点,从而使冰具有较多铵离子,尚未冻结的水则具有较多氢氧根离子,于是,冰带正电,尚未冻结的水则带负电。

雷暴云中由于水成物含有氯化钠和二氧化碳等成分,云中过冷水滴冻结时会出现冻结起电效应。在水滴冻结过程中冰、水迅速分离,造成正、负电荷的分离,正、负电荷在重力分离过程中被分别输送到云中的不同区域。早期曾认为,积雨云中由氯化钠等稀水溶液形成的过冷云滴与下降雹粒碰冻时,因冻结起电效应可产生相当可观的电荷。但后期的观测表明,冻结起电机制的起电率很低,不足以解释观测结果,主要在云发展的初期起一些作用(张义军等,2009)。

6.2.7　次生冰晶起电机制

大的过冷水滴在冻结过程中发生破裂,或松脆枝状冰晶与霰粒、其他冰晶或大过冷水滴相碰撞引起机械断裂,或冰质粒在淞附较大云滴时引起碎冰屑脱落的过程中都可以产生一些碎冰粒,这是冰晶的繁生过程。冰晶繁生过程中,因碰冻表面温差产生的接触电位差,使粒子间发生电荷转移,出现带电现象(Latham and Mason,1962)。Hallett 和 Saunders(1979)研究了该过程中次生冰晶的起电现象,认为碰冻表面温差所产生的接触电位差使得大小粒子间发生了电荷转移,极性取决于温度和液态含水量以及冻结表面的物理状态,一次转移的电荷量平均为 10～14 C。当液态含水量高于 0.1 g/m³ 时,霰得到正电荷,否则霰得到负电荷。次生冰晶和霰(雹)粒子之间的电荷转移量为

$$\left(\frac{\partial Q_{ge}}{\partial t}\right)_s^{g-c} = \begin{cases} \delta q \times PNGci & LWC \geqslant 0.1 \text{ g/m}^3 \\ -\delta q \times PNGci & LWC < 0.1 \text{ g/m}^3 \end{cases} \tag{6-9}$$

式中,δq 为一次电荷转移量 10～14C;$PNGci$ 为模式计算的冰晶繁生过程得到的次生冰晶数浓度变化率。

6.2.8　对流起电机制

积雨云形成需要有上升气流的配合,上升气流对电荷具有一定的输送作用。低层大气主要是由大气正离子组成,上升气流将低层的正电荷输送到云体的上部,这些正电荷会附在云粒子上。当积雨云发展到一定程度后,云体上部聚集了较多的正电荷,在云顶的上方形成方向朝上的大气传导电流,使云顶上方大气中的大量大气负离子向云体上部迁移,如图 6.10a 所示。这些到达云体上层的大气负离子并不与云体上部的正电荷中和,而是随云体侧面的强烈下沉气流到达云体下部,并很快附在云粒子上,如图 6.10b 所示。云体侧下方不断聚集的大量负电荷,使地面产生尖端放电,形成大气正离子。这些大气正离子又随上升气流到达云体的上部,进一步增强了云体上部的正电荷,而不会中和云体侧下方的负电荷,如图 6.10c 所示。云体上部正电荷的增强,促进了云顶上方大气负离子向云体迁移并到达云体上层,再随云体侧面的下沉气流到达云体侧下方,如图 6.10d 所示。于是,在积雨云中大规模上升气流和下沉气流的作用下,云中正、负电荷的产生和分离便以正反馈的方式继续下去,直至在云体上部形成正电荷区,云体下部形成负电荷区,并使云中大气电场迅速增长形成闪电(孙景群,1987)。

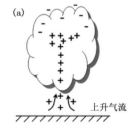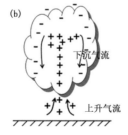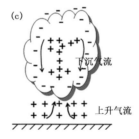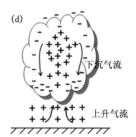

图 6.10　积雨云的对流起电机制

对流起电机制需要有强烈的上升气流,而且需要在云体侧面存在强烈的大规模下沉气流,但这种强烈的大规模下沉气流一般只在形成大雨的雷暴消散阶段才能出现。因此,对流起电机制在雷暴的消散阶段有一定的作用。

受探测手段的限制,目前的观测结果还不能证明实际云内的起电过程到底是哪种机制更重要,最大的可能是多种起电机制共同作用的结果。就目前大多数的研究来看,人们认为非感应起电机制所起的作

用可能比较大,因为根据模式等的计算结果,非感应起电机制的起电效率要高于感应起电机制,更接近于实际观测的结果。

6.3　雷暴云的放电过程

雷暴云在各种起电机制的作用下就像一个静电发生器或电流发生器,它能产生正、负电荷,在流场和重力场作用下,正、负电荷会发生分离,正电荷被带到云中某一区域,负电荷集中于另一区域。正、负电荷区域之间会产生电位差,从而产生电场。在某种触发机制的作用下,局地发生空气击穿引发一次闪电,中和部分电荷。此后,正、负电荷再次被分离,电场重新建立。由于雷暴内有较高起电率和分电率,闪电引起电场很快降低,随之又会很快恢复。雷暴内的起电和放电过程会不断地重复,直到雷暴消亡。根据闪电发生的部位,可将闪电分为云闪和地闪两大类。

6.3.1　云对地放电

云对地放电即地闪,是云内荷电区域与大气和地物之间的放电过程(图 6.11)。在雷暴云云体下部存在一荷电中心,当荷电中心附近局部地区的大气电场达到 10^4 V/cm 左右时,云雾大气便会击穿而形成流光。流光的形成是气体中的电子在强电场作用下,由负极向正极沿电力线高速运动,电子在高速运动过程中因碰撞使中性气体分子电离为正离子和电子。如果两电极间的电场足够强,则一个电子在高速运动过程中因碰撞电离产生若干对正离子和电子,这些新产生的电子在电场的作用下再次高速运动,又会因碰撞和电离产生更多的正离子和电子。在强电场的作用下,电子形成雪崩式的快速增长,并且在雪崩式的快速增长过程中会形成激发态原子,辐射出波长较短的高能光子,当这些光子的能量大于气体分子电离能时,气体分子便在这些光子的照射下产生光电离,形成大量正离子和电子。这些新产生的电子又成为新的电子雪崩源,并重复电子雪崩过程和光电离过程。最后,大量电子雪崩汇合成迅速向正极发展的电子流,称之为负流光。如果流光从正极向负极发展,称之为正流光。流光产生时,有一条暗淡的光柱像梯级一样逐级伸向地面(这就是通常所说的梯式先导)。梯式先导在大气体电荷随机分布的大气中蜿蜒曲折地进行,并产生许多向下发展的分枝。梯式先导达到地面附近约 5~50 m 时,可形成很强的地面大气电场,并产生从地面向上发展的流光与其会合,随即形成一段明亮的光柱,沿着梯式先导所形成的电

图 6.11　地闪

离通道由地面高速(大约为光速的 1/3)奔向云中,这个过程称为回击。回击过程具有较强的放电电流,能中和云中的一部分电荷,并且回击过程具有较高的温度,因而发出耀眼的光亮,回击能量的迅速释放将加热原先的先导通道,通道的温度在瞬间达到 3000 K 左右,由此产生的高温高压使通道迅速扩张,并产生冲击波,最终变成雷声。地闪所中和的云中电荷,绝大部分在先导放电时贮存在先导的主通道及其分枝中,回击传播过程中便不断中和掉贮存在先导主通道和分枝中的电荷。对于地闪,回击过程往往不止一次。由梯式先导到回击这一完整的放电过程称为第一回击。通常紧接着第一回击之后,约经过几十毫秒的时间间隔,形成第二回击。这时又有一条暗淡光柱,沿着第一闪击的路径由云中直驰地面,称为箭式先导。箭式先导是沿着预先电离了的路径通过的,因此没有梯式先导的梯级结构。当箭式先导到达地面附近时,又产生向上发展的流光由地面与其会合,随即产生向上回击,以一股明亮的光柱沿着箭式先导的路径由地面高速驰向云中。由箭式先导到回击这一完整的放电过程称为第二回击。第二回击的基本特征与第一回击是相同的,以后各次发生闪电的情况都与第一次发生闪电的情况基本相同。

对于一次地闪而言,一般由 2~4 次闪击构成,个别地闪的闪击数量甚至能达到 26 次之多。多闪击地闪每次闪击之间的间隙时间在没有连续电流的情况下平均为 50 ms,一次地闪的持续时间平均为 0.2 s。图 6.12 给出了负地闪的梯级先导、连接过程、回击以及箭式先导过程。图 6.13 给出了在青海大通观测到的一次负地闪梯级先导发展过程对应的光学图像。从高速摄像拍摄到的光学图像可以看出,在开始阶段闪电是以一个主通道向下发展的,产生多个分枝后以较慢且相对均衡的速度向地面发展,从高速摄像拍摄到的通道发展图像估算先导的平均发展速度为 1.1×10^5 m/s,4 个先导分枝通道相继接地,形成多接地点闪电(郄秀书等,2013)。

图 6.12　负地闪的发展过程:(a) 云中的电荷分布;(b) 预击穿过程;(c)—(e) 梯级先导过程;(f) 连接过程;(g)—(h) 第一次回击过程;(i) K 和 J 过程;(j)—(k)箭式先导;(l) 第二次回击过程(Uman,1987)

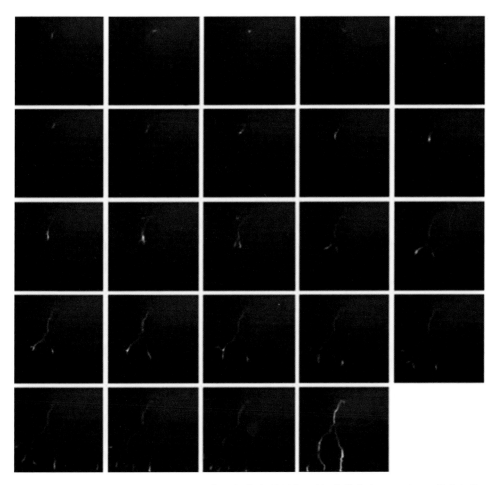

图 6.13　一次多接地负地闪梯级先导发展的高速摄像光学图像（时间分辨率为 1000 fps）（郄秀书等，2013）

　　地闪是云内荷电中心与大气和地物之间的放电，在放电过程中云内会有不同极性的电荷传输到地面，根据电荷的极性可以把地闪分为不同的类型。闪电电流为正的地闪称为正地闪，闪电电流为负的地闪称为负地闪。地闪的先导也可以分为向下的先导和向上的先导。向下先导由云中向地面发展，称为下行闪电。向上先导是由地面向上发展，称为上行闪电，通常发生在高山顶、塔尖或高建筑物上。于是，根据地闪的先导传播方向和地闪的闪电电流方向，可将地闪分为四种形式，如图 6.14 所示。第一种地闪为下行负地闪（图 6.14a），它具有向下的先导和向上的回击，是云中负荷电区域与大地和地物间的放电过程，向地面输送负电荷，这类闪电最为常见，占全部地闪的 90% 以上。第二种地闪为下行正地闪（图

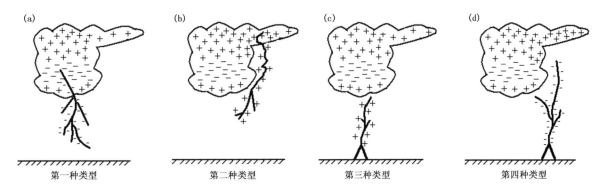

图 6.14　四种不同类型的地闪起源示意图

（a）下行负地闪；（b）下行正地闪；（c）上行负地闪；（d）上行正地闪

6.14b),同样具有向下的先导和向上的回击,先导携带正电荷,向地面输送正电荷,这类闪电出现的概率要比负地闪低很多,但具有较长的云内水平放电,空间尺度可达几十到上百千米,可释放几百到几千库仑千米的电荷矩,造成的雷击灾害可能更严重。第三种和第四种是上行地闪,是从地面向上发展的先导导致云中电荷区域与大地和地物间的放电过程,这种闪电一般比较少见,通常发生在高山顶或建筑物上。如果地面向上发展的先导携带正电荷,则雷暴云向地面输送负电荷,称为上行负地闪(图6.14c)。如果先导携带负电荷,则雷暴云向地面输送正电荷,称为上行正地闪(图6.14d)。

6.3.2 云内放电

云内放电即云闪(图6.15),是云层中不同部位或者云层之间发生的放电现象。有时候伴有雷声,有时候由于中间有云层遮挡,雷声衰减很快,往往只能看见"云闪"的"闪",而听不到雷声。云闪包括云内闪电、云际闪电(云与云之间的放电)和云空闪电(云与云外大气的闪电)。一般来说,大多数闪电发生于雷暴云内部的正、负电区之间,即云内闪电,云际闪电和云空闪电发生的次数较少。

雷暴中的闪电以云闪为主。云闪的形成与地闪有类似的地方,通常在雷暴云的上部有一正荷电中心,下部有一负荷电中心,如果正荷电中心和负荷电中心之间的电场达到10^4 V/cm左右时,云雾大气便会击穿而形成连续发光的初始正流光,持续地向下方负荷电中心发展,当初始流光到达下方负荷电中心时,将形成不发光的负流光,沿着初始流光所形成的通道向相反方向发展,使负荷电中心与上方正荷电中心相连接,出现伴有明亮发光的强放电过程,这一过程是中和初始流光所输送并贮存在通道中的电荷的主要过程。我们通常看到云中的放电过程其实就是云内由初始流光和反冲流光构成的放电过程。雷暴云一般在上部存在正荷电中心,下部存在负荷电中心,在负荷电中心的下方往往还存在较弱的正荷电中心,有时,云闪的初始流光开始于云体下部的负荷电中心,随后是正荷电中心的反冲流光过程。

云闪持续时间为1 s左右,有些仅有几十毫秒或更短。一个典型的云闪放电过程可以传播5～10 km的距离,中和电荷几十库仑到上百库仑不等。当然,雷暴的电荷结构是相当复杂的,实际的云闪过程也可能很复杂,这里仅介绍云闪的简单机理。

图6.15 云闪

6.4 雷暴的电荷结构

在各种起电机制的作用下,雷暴被看作一个静电发生器,能产生正、负电荷,在流场和重力场作用下,正、负电荷会发生分离,正电荷聚集于云中某一区域,负电荷集中于另一区域,形成雷暴的电荷结构。雷暴分为单体雷暴和多单体雷暴,普通单体雷暴的电荷结构相对简单,超级单体雷暴的电荷结构相对比较复杂,多单体雷暴比如中尺度对流系统(MCS),尺度较大,持续时间较长,并且从结构特征来说,中尺度对流系统由对流区、层云区以及过渡区组成,电荷结构特征更复杂一些。

单体雷暴上升气流区内至少存在 3 个电荷区,云体上部为主正电荷区,云下部为主负电荷区,在接近云底附近有一个较弱的小次正电荷区。Jacobsom(1976)通过观测总结出单体雷暴具有三极性结构,云体上部为主正电荷区,对应温度在−20℃左右,云下部为主负电荷区,在约 0∼−5℃层附近,在接近云底约 0℃层附近还有一个较弱的小次正电荷区。Krehbiel 和 Brook 等(1979)利用一些新的闪电和雷达观测资料分析发现,负电荷中心区域大约在−25∼−10℃层之间,并且在该层间有较强的降水粒子回波,上层正电荷中心出现在强降水回波区域边缘的上升气流区域内,而不是在强降水回波区域内。对于三极性电荷结构,还有学者提出了不同的观点,Krider(1980)认为正电荷中心的高度约为 6∼9.5 km,相应温度为−34∼−10℃,负电荷中心区域在 5.7∼7.5 km,相应温度为−15∼−6℃。除三极性电荷结构之外,一些雷暴还呈现出云中部区域为范围很大的正电荷区,上部为负电荷区,与常规电荷结构完全相反,这称为反极性电荷结构(Tessendorf et al,2007)。

中尺度对流系统(MCS),上升气流区域的电荷结构与单体雷暴具有相似性,MCS 的上升气流区存在 4 个电荷区,最下部为正电荷区,往上依次改变极性(图 6.16),在上升气流外围至少有 6 个以上的电荷区,最下部也为正电荷区。

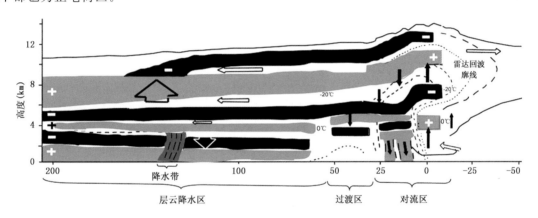

图 6.16　中尺度对流系统电荷区分布模型(Stolzenburg et al,1998b)

Stolzenburg 等(1998a)根据 49 次电场探空的结果,总结了单体雷暴、超级单体雷暴和中尺度对流系统对流区的电荷结构特征,如图 6.17 所示。在对流区的上升气流区有 4 个电荷区,最下部为正电荷区,往上依次改变极性;上升气流的外围一般有 6 个以上的电荷区存在,但是上升气流外围电荷结构较为复杂,使得每次探空结果存在一定的差异。

6.5　雷电的观测

雷暴云的放电过程会产生强大的闪电电流,形成电、磁场、光辐射以及冲击波和雷声等多种物理效应。虽然雷电的电、磁场和冲击波效应会造成雷电危害,但雷电产生的电、磁场、光和声信号也为雷电的探测提供了有效信息。根据闪电发生时所发出的电磁波频率信号,可以对雷电进行多站和单站定位,这对于雷电的预报预警是很重要的。另外,根据雷电的定位结果,还可探测雷暴云中的电荷结构特征。

雷电放电产生的电磁辐射在无线电频段很强烈,闪电较大空间尺度的放电过程会产生甚低频(VLF,频率范围 3∼30 KHz)和低频(LF,频率范围 30∼300 KHz)的电磁辐射,一些小空间尺度的击穿放电过程会产生甚高频(VHF,频密范围 30∼300 MHz)的电磁辐射。基于此,可用不同的手段对雷电进行定位。根据雷电的 VHF 辐射,可探测云闪、地闪与击穿等过程,根据雷电的 VLF 和 LF 辐射,可探测对地

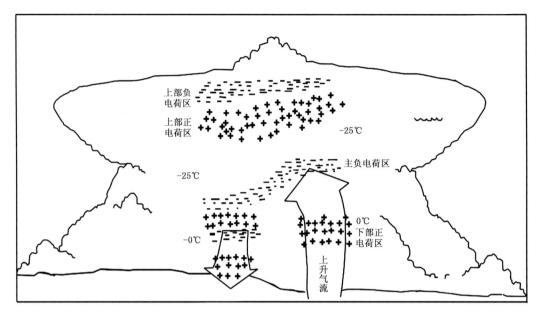

图 6.17　雷暴对流降水区内电荷结构模型(Stolzenburg et al, 1998a)

面物体危害较大的地闪回击过程。

　　雷电的监测设备主要有雷电定位探测设备和大气电场探测设备。中国目前大部分地区所用的雷电定位系统为二维的地闪定位系统,测量的是雷电 VLF 和 LF 频段的信号,剔除云闪,对地闪进行定位。采用的定位方法是时间差法(根据雷电电磁辐射脉冲到达探测网络内不同测站之间的时间差),一般可以提供地闪放电的发生时间、经纬度位置以及地闪回击的电磁场强度、电流强度、电流波形的上升和衰减时间等各种雷电特征信息。中国在个别地区(北京、合肥、上海、广州)使用了法国的 SAFIR(Systeme d' Alerte Fondre par Interferometrie Badioelectrique)闪电监测和预警系统,该系统是一种多站定位的甚高频(VHF)闪电监测系统,不仅能探测到地闪,还能探测到云闪,与一般低频闪电定位系统相比,能够探测到更多的云闪过程,在探测效率和精度等性能方面比一般的低频闪电定位系统更有优势和特色。相对 LF 频段,VHF 频段的闪电信息更为丰富,覆盖了整个闪电放电过程。LF 频段的闪电电磁脉冲辐射主要由地闪产生,云闪产生的电磁脉冲辐射主要分布在 VHF 频段,因此 SAFIR 具有探测云闪的优势。SAFIR 具有较高的时间分辨率,能够探测和跟踪雷暴过程的发展,对于强对流天气的临近预报具有一定的参考价值。但中国现在大部分地区用的还是 LF 闪电探测定位系统,因为 LF 闪电探测定位系统的传感器数目,要少于 VHF 闪电探测系统的传感器数目,布站相对容易和简单,成本较低。所以,在中国大部分地区用 LF 闪电探测系统,重点区域增加 VHF 闪电探测仪器。雷电的产生是雷暴云中电荷累积的结果,只有当雷暴云中电荷积累到一定程度达到击穿空气中电场强度阈值之后闪电才开始发生,闪电发生时会发出电磁辐射脉冲信号,闪电定位系统根据辐射脉冲信号对闪电发生的空间位置进行定位。因此,闪电定位系统对于尚未发生雷电的云没有任何响应,无法探测闪电形成前云中的起电过程。大气电场仪可以监测对流云中的起电过程,既能记录闪电发生前雷暴中的电活动,又可记录雷暴中发生的闪电,包括云闪和地闪。大气电场仪不仅可以单独使用记录局地雷电情况,还可以联网监测空中雷电结构,尤其对近距离雷暴过顶时的大气电场很敏感,可同时连续监测雷暴在地面产生的静电场以及云闪和地闪的发生情况,可直观看出监测区域电场强度的分布及雷暴的移动路径(张广庶等,1997,2003)。图 6.18 为2004 年 7 月 27 日甘肃中川地区一次过顶雷暴的地面电场仪记录,从图中可看出,电场仪提供的脉冲信号是闪电引起的电场变化。但是,大气电场仪也有一定的缺点,它对局地雷暴引起的电场变化非常敏感,如果单独使用大气电场仪对闪电进行预报和预警,经常会造成较多的虚警。对于雷电的预报预警,最好的办法是将地面电场仪和闪电定位系统组合起来使用,扬长避短,当雷暴云靠近时,大气电场仪开始出现观测记录,可开始对雷暴云进行监测,之后随着雷暴云的发展,起电过程逐渐增强,局部达到击穿产生闪电,闪电定位系统可对闪电发生的位置进行定位,从而对雷电进行预警。

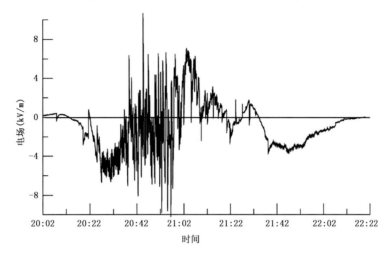

图 6.18　2004 年 7 月 27 日甘肃中川地区一次过顶雷暴的地面电场仪记录(郄秀书等,2013)

尽管地面电场仪和闪电定位系统的组网观测能够探测雷暴云起电、放电的过程,提供准确丰富的闪电信息,但是还需要结合雷达、探空、卫星云图资料等其他气象观测手段和中尺度电耦合数值模式,实现更为准确的雷电临近预报。

6.6　雷电的预警预报方法

雷电天气的临近预报,需要把握适合雷电天气发生的天气背景,了解雷电天气发生的天气尺度原因,温度、露点、风的垂直分布,局地环境特征,闪电与母体雷暴结构特征之间的关系,以及闪电随着母体雷暴的发展演变。天气背景决定了雷暴的基本形态和生命史长度,因此有必要认识雷电天气形成的相应天气背景,并且通过探空分析来认识雷电发生、发展的关键天气要素,总结不同雷暴结构的闪电活动特征,为雷电临近预报提供必要的准备和潜势估计。对于雷电的预警,一方面可结合雷电天气的多种观测资料(包括探空、雷达、卫星和雷电探测的各种资料),另一方面还可以充分利用闪电频数与强对流天气的对应关系。

6.6.1　探空资料在雷电活动潜势预报中的应用

雷暴云的发展与热气团在不稳定环境中的对流抬升有关,因此闪电活动与大气不稳定因子之间必然有一定的关系。结合探空资料和闪电探测定位系统的观测资料,可以找出大气各不稳定因子与闪电之间的关系,为雷电的临近预报提供潜势估计和参考。

较早,Williams 等(1992)指出对流有效位能、地面湿球温度及修正深对流指数与雷暴持续时间及地闪活动均成正相关,大气不稳定能量越大、地面空气越暖湿、层结越不稳定时,地闪活动越强,雷暴持续时间越长。Solomon 等(1994)在研究美国新墨西哥州雷暴时使用了对流有效位能和抬升指数等因子,发现当对流有效位能>400 J/kg 时,可以较好地预报闪电活动的发生,抬升指数不是预报闪电活动的关键因子。张翠华等(2002)利用经过甘肃平凉的 22 次对流风暴过程的地闪定位资料和早晨的探空资料分析发现,大气层结不稳定度的大小决定了对流风暴的发展强度,不稳定度越大,云中的对流越强,对流风暴则有可能发展到比较高的高度,云中起电过程也增强,云闪和地闪频数会增多,不稳定度、余额不稳定度5℃处的环境温度、温度层结中(中层)平均相对湿度三者是影响对流风暴中地闪活动的重要因子,因此,结合这三个因子可以对雷电的发生潜势提供一定的参考。郑栋等(2005)利用 3 年间北京观测站的探空资料和中国气象局的地闪定位资料对相对湿度、抬升指数、对流有效位能、相当位温、潜在-对流性稳定度指数等大气不稳定参数进行分析和回归,从分析中发现,潜在-对流性稳定度指数、抬升指数、对流有效位能和 700 hPa 相当位温对闪电活动的预警有比较明显的作用;统计发现,闪电活动主要分布在处于不稳定的参数个数较多时,大约有一半的闪电活动出现在 4 个参数都处于不稳定的状态,超过 70% 的闪电出现在 3 个以上参数不稳定时,只有较少的闪电活动分布在处于不稳定的参数个数≤2 时。从郑栋等(2005)的分析可看出,处于不稳定的参数越多,出现闪电的概率也越大,处于不稳定的参数越少,没有闪电的可能性也越大。那么,通过探空资料的不稳定参数情况,可以对雷电的发生进行一些判别,通过综合考虑各个参数的稳定状态以及它们的强弱来预报闪电具有一定的可行性。郑栋等(2005)对地闪个数和不稳定参数进行了线性回归,两者之间有一定的回归效果,但是回归性不强,说明闪电定量分析具有一定的复杂性,不能仅仅通过探空资料就做判别,需要结合多种资料进行综合分析。其实,在所有对流相关参数中,经过地面温度和露点适当订正的对流有效位能(CAPE)以及 0℃ 层高度仍然是最重要的;大气湿度主要是露点廓线形态,对流层中层干层是否存在及其强度,以及当地雷电发生的气候特征也是评估雷电发生潜势的重要因子。

气象站探空资料的不稳定参数可以为雷电的潜势估计提供一定的参考,但是气象观测站点分布间隔较远,通常是上百千米量级,观测时间也是在一天中固定的时间,间隔数小时以上,这对于通常只有数千米量级,发生发展时间在几个小时以内的雷暴单体来说过于稀疏。因此,探空资料可以对雷电发生潜势进行估计,进而事先对雷电临近预报提供一些有价值的重要参考,不能作为雷电临近预报主要手段。

6.6.2 卫星云图在雷电临近预报中的应用

除了探空资料,卫星资料也可对雷电的临近预报提供一定的参考。

Smith(1996)利用空间分辨率为 4 km×8 km、时间分辨率为 5 分钟的同步卫星红外云图(这是一种需要特别申请的观测模式,目前美国新一代静止气象卫星 GOES-R 可以做到;中国新一代静止气象卫星风云 4 号和日本静止气象卫星葵花 8 号现在可以做到 10 分钟更新一次)和美国国家闪电监测网的地闪定位结果对 2 次雷暴过程进行了分析,对比了云顶冷却速率超过 0.5℃/min 的时间和首次地闪出现的时间后发现,前者比后者提前了半个小时或者更长的时间,认为利用云顶温度冷却速率的监测可以制定一种雷电临近预警方法。

虽然风云 4 号和日本葵花 8 号静止气象卫星时间分辨率基本可以满足雷电临近预警要求,但是红外云图的空间分辨率仍然不够精细,一些小尺度的雷暴云很难被分辨出来。对于较大范围的对流系统如 MCSs,风云 4 号和葵花 8 号静止气象卫星可以提供一定程度的雷电临近预警。

6.6.3 雷达在雷电临近预报中的应用

目前在雷电的临近预报方面,应用最广泛的当属天气雷达。天气雷达能够比较好地观测云中降水粒子的一些宏观特征,具有双偏振功能的天气雷达能够提供云中降水粒子的相态等额外信息。天气雷达的反射率因子回波的水平分辨率远远高于静止气象卫星红外云图,通常为 0.2~1.0 km,具有探测更新时间短的优点,通常两次体扫之间的时间间隔只有 5~6 分钟。目前,多普勒天气雷达在许多国家都已经建成观测网络并投入业务应用,使得多普勒天气雷达资料覆盖更为全面。雷暴云内的起电与其中的水成物粒子和温度息息相关,而多普勒天气雷达能提供云中降水粒子大小的分布信息,因此运用多普勒天气雷达的观测可以对雷电进行一定程度的临近预报预警。

Buechler 和 Goodman(1990)研究了 15 个对流风暴得到结论,当 40 dBZ 的反射率因子达到−10℃ 等温线高度且回波顶高超过 9 km 时,可预警雷电即将发生。美国空军第 45 天气中队给出了以天气雷达为工具的雷电临近预报经验,用到了最大回波强度及其出现的高度、强回波体积、顶高等参数,针对单体雷暴、砧状云、碎云等的云闪、地闪的预报提供了不同的规则(Roeder and Pinder,1998),见表 6.3。Gremillion 和 Orville(1999)分析了途径美国肯尼迪航天中心的 39 个雷暴,统计了雷达反射率因子和雷电之间的相关关系。他们指出,对于夏季雷暴如果$-10℃$温度对应高度上两个连续的体扫能达到 40 dBZ 的反射率因子,可对雷电进行预警,这与 Buechler 和 Goodman(1990)的结论是一致的。经过实际个例验证,使用这种方法的预报命中率(POD)达到 84%,虚警率(FAR)为 7%,中值预警提前时间(lead time)为 7.5分钟。Vincent 等(2003)利用 WSR-88D 多普勒天气雷达结合一些其他气象资料对雷暴发生期间的云地闪进行了预报研究,由于雷暴的起电过程最可能发生在各种水成物粒子的混合区,在混合区内小冰晶同大的冰相粒子发生碰撞而起电,而大的冰相粒子(如霰和雹)所在区域通常能被雷达观测到,在雷达反射率因子图上以强回波的形式出现。基于此,他们利用发生在美国北卡罗莱那州中部地区的 50 个雷暴个例的雷达回波、环境温度等多种资料进行了综合研究,获得了 8 套可以预测云地闪的特征参数组合。经过评估后他们指出,回波强度为 40 dBZ 结合环境温度为$-10℃$的参数组合可以对云地闪进行较好预报,经过检验预报命中率(POD)为 100%,另外回波强度为 40 dBZ 结合环境温度为$-15℃$的参数组合也能对云地闪进行一定成功率的预报,但预报命中率(POD)为 86%,两种预报方法的预警提前时间(lead time)分别为 14.7 分钟和 11 分钟。最后,根据实际个例检验得出,40 dBZ 回波达到$-10℃$温度层对应高度是预报云地闪最好的预报因子。Yang 和 King(2010)利用雷达反射率因子对加拿大南部的云地闪进行了 $0\sim1$ 小时临近预报研究,他们指出,结合雷达反射率因子在等温面的临界值和反射率因子顶高的临界值可以较好地预报闪电的发生。雷达反射率因子 40 dBZ 回波达到环境温度在$-10℃$所在高度时可对闪电进行较好的临近预警,预警提前时间为 17 分钟左右,回波顶高(30 dBZ 为回波顶高阈值)超过 7 km是云地闪发生的必要优先条件。除了云地闪,Seroka 等(2012)利用 WSR-88D 多普勒天气雷达 4 年间夏季(6—8 月)的观测资料,结合闪电观测资料,发展了一套预报云闪和地闪的方法,他们通过分析指出,25 dBZ 雷达反射率因子达到环境温度$-20℃$对应高度可以对地闪进行较好的预报,25 dBZ 雷达反射率因子达到环境温度$-15℃$对应高度可以对云闪进行较好的预报;预报云闪和地闪还可以结合冰晶的垂直积分量,冰晶的垂直积分达到 0.84 kg/m² 和 0.143 kg/m² 可以分别对地闪和云闪进行预报,在水成物粒子的混合区域,冰晶数量较少时更有利于云闪的发生。

表 6.3　以天气雷达观测资料为基础的雷电临近预报经验规则(Roeder and Pinder,1998)

现象	规则
单体雷暴,云闪初生	$\geqslant37\sim44$ dBZ,在$-10℃$层之上,高度$\geqslant9000$ m,持续 $10\sim20$ min
单体雷暴,地闪初生	$\geqslant45\sim48$ dBZ,在$-10℃$层之上,高度$\geqslant9000$ m,持续 $10\sim15$ min
砧状云,云闪	$\geqslant23$ dBZ,垂直厚度$\geqslant1200$ m,且依附着积雨云母体
砧状云,地闪	$\geqslant34$ dBZ,垂直厚度$\geqslant1200$ m,且依附着积雨云母体
碎云,云闪	顶高$\geqslant9000$ m,在$-10℃$层以上有较大的强度$\geqslant23\sim44$ dBZ 的回波体积(较弱的回波需要较大的垂直厚度,如 23 dBZ 对应$\geqslant3000$ m)
碎云,地闪	顶高$\geqslant9000$ m,存在强度$\geqslant45\sim48$ dBZ 的回波区域
闪电终止	不再符合上述规则;和最后一次闪电之间的时间长度具有较高的不确定性
单体雷暴,最后一次地闪	<45 dBZ,在$-10℃$层及其以上,持续时间$\geqslant30$ min

从国外的研究可看出,雷达反射率因子结合探空资料可对雷电的发生进行较好的临近预报,观测到40 dBZ 的雷达回波高度如果大于等于环境温度$-10℃$所在的高度,就可对云地闪发布预警。由于北美地区和中国的地形和大尺度环流背景相差较大,我国学者基于雷达反射率因子研究了一套适合我国的雷电临近预报方法。王飞(2007)通过对北京地区 2005 年夏季 20 个雷暴单体的雷达资料、探空和闪电资料的综合分析得到,40 dBZ 回波到达的最高高度比较适合北京地区雷电的临近预报预警,但回波高度要达到的特征高度稍微有别于国外的研究结论,需要 40 dBZ 回波顶高达到 0℃层结高度以上后再结合$-10℃$对应高度、P 值变化等判据对单体最终能否发展为产生闪电的雷暴,以及雷暴初次闪电的发生时间进行进一步的判断。具体判别方法:①如果单体 40 dBZ 回波顶高突破并维持在 0℃层结高度之上,则单体能够发展成为雷暴的潜在性较大;如果单体 40 dBZ 回波顶高始终未能突破 0℃层结高度,则单体为

非雷暴单体;②　在满足了条件1之后,若单体40 dBZ回波顶高能够突破−10℃层结高度,则判断该单体会发展成为雷暴,并在满足该条件的雷达体扫时间后约15分钟内将发生初次闪电;③若40 dBZ回波顶高未能突破−10℃层结高度,则需要利用单体的P值(40 dBZ以上回波占25 dBZ以上回波的体积百分比)进行辅助判断,如果P值突破了5%这个阈值,则同样可以判断雷暴单体会发生闪电,并在满足该条件的雷达体扫时间后约15分钟内将会发生雷暴单体的初次闪电。用此方法对雷暴单体初次闪电发生时段进行预警的命中率(POD)约为86%。

可见,利用天气雷达和探空资料可对雷电进行较好的临近预报。但是,利用该方法对雷电进行临近预警存在两个不利条件,一是雷达在体扫过程中存在一些盲区,如果单体位于盲区中,雷达将无法探测到,无法提供完整有效的回波信息;二是目前高空的温度主要由探空观测获得,受云内剧烈的对流和湍流等的影响,云内实际温度变化曲线可能与之前探空所获得的温度曲线出现较大的差异,无法提供实时的雷暴云中的温度情况,一定程度约束了利用这种方法对雷电进行临近预警。在中国,探空站点较为稀疏,常规站点早晨和傍晚有两次探空气球释放,加密观测也是间隔3个小时,而一次雷暴过程的生命史通常也就几小时,有些雷暴单体也就几十分钟。可以使用数值预报模式输出给出或许更准确的0℃和−10℃对应的高度。

6.6.4　数值模式在雷电临近预报中的应用

除了用探空、卫星和雷达观测资料对雷电进行临近预报外,一些学者尝试利用数值模式的模拟结果建立预测闪电分布的方法,对闪电发生位置进行预报。

McCaul等(2009)利用WRF(weather research and forecasting model)模式输出的冰相粒子含量,通过前人统计所得的冰相粒子与闪电密度的相关关系,建立了预测闪电密度的回归方程,对一次造成龙卷风的超级单体风暴和一次雹暴6小时内闪电的落区和移动趋势进行了预测,得到了较好的预报效果。Yair等(2010)建立了预测闪电落区的潜势指数,并利用WRF模式模拟的微物理量和潜势指数,对发生于地中海的3次雷暴过程的闪电落区和降水量进行了预报。另外,Barthe等(2010)利用WRF模式对发生于高原地区的强雷暴以及一次气团雷暴进行了模拟,利用模拟结果对不同物理量(可降冰质量、冰水路径、冰量通量产物、上升气流、最大上升速度、云顶高度)预测闪电落区的能力进行了检验,得出了具有较高参考价值的结果。李万莉(2012)利用WRF模式,对我国线状中尺度对流系统进行了模拟,并建立了有效的闪电预报方法。

6.6.5　综合观测实现雷电的临近预报

前面介绍了利用各种方法对雷电活动进行预报,探空资料的不稳定参数可为雷电的临近预报提供潜势估计和参考,卫星观测的云顶亮温变化可为雷电的预警提供一定手段,雷达结合探空对雷电临近预警的准确率较高,是目前最好的一种雷电预报预警手段。闪电定位仪可以探测雷电并定位,但预警提前时间有限;地面电场仪资料的实时性很好,但其单站的预警区域范围有限,对于移近的雷暴能够提前预警的时间也有限。因此,每种资料用于雷电临近预警都有优势和不足,对于雷电的临近预报最好的方法就是通过雷电监测网,实时获取雷电观测数据,结合天气雷达、静止气象卫星、探空观测资料和数值模式产品,对是否产生雷电云进行判断,预测雷暴云中发生首次闪电的大致时间,并对闪电的时空变化趋势进行预报。多种资料配合使用,取长补短,能够提高雷电临近预报预警的准确性,增加提前预警时间。

6.7　雷电临近预警系统

美国国家大气研究中心(NCAR)的雷暴自动临近预报系统(Mueller et al,1997)和美国国家气象局的0～3小时降水与雷电预报算法中都考虑了多种资料的综合应用。中国气象科学研究院研制了一套雷电临近预警系统(吕伟涛,2006),其关键技术采用多参数、多算法集成方法,在闪电定位系统提供的雷电观测资料的基础上,结合地面电场、天气雷达回波、静止气象卫星云图等观测资料以及天气形势预报产品和雷暴云起电、放电模式,采用区域识别、跟踪和外推算法与决策树算法,自动生成雷电活动潜势预报以及雷电发生概率、雷电活动区域移动趋势和重点区域雷电危险度等级的临近预警产品,对雷电进行 0～2 小时的临近预报。该系统可以根据天气形势预报产品、探空资料和雷暴云起电、放电模式的模拟结果给出 0～12 小时雷电活动的潜势预报,并能够实现地面电场仪、地闪定位仪、SAFIR 干涉仪、雷达和卫星等观测资料的综合显示和分析,采用综合预报方法给出 0～2 小时内可能发生雷电的区域以及雷电发生概率等临近预报产品。

雷电活动需要对流具有一定的强度才能在云内发生强烈的起电过程,进而发生闪电放电。对闪电活动的预警既包括了预测闪电的发生,也包括预测闪电的演变趋势。对闪电活动发生的预警其核心是对对流及其发展强度的判断,这些信息从时间尺度上来说包括两个方面,首先是较长时间尺度(一般 0～12 小时)、较大区域(半径 200 km)的闪电活动短时潜势预报,在雷电临近预警系统中主要利用探空数据,一方面通过大气层结不稳定度与闪电活动强度的关系,利用决策树算法预警可能的闪电活动及其强度,另一方面基于雷暴云起电、放电模式在相应大气层结条件下的模拟结果,预测闪电活动的发生及其可能的强度。其次是在较短时间尺度上临近预警闪电的发生,主要基于时空分辨率较高的天气雷达资料,由雷达反射率因子的时空演变特征反映出对流活动的发展等;利用雷达反射率因子与闪电发生的关系,预警闪电活动的发生。在闪电活动发生之后,需对预警区域内未来的闪电活动和演变情况进行进一步临近预报,此时则综合考虑了闪电定位、雷达、卫星、大气电场、探空、模式等观测与闪电活动的关系,根据不同地区拥有观测资料情况以及针对历史数据的分析,设置不同观测资料在参与预警闪电活动中的权重,同时基于区域识别、跟踪和外推的算法,设定预警时段内不同区域的闪电发生概率,并给出闪电活动未来的移动趋势。雷电临近预警系统综合应用了探空、数值模式、闪电定位、天气雷达、静止气象卫星、地面电场等多种观测资料,选取不同的预警参数,通过设置不同资料在闪电预警中的权重配置,采用了从大时空尺度数据到小时空尺度观测数据相互结合的技术,引入决策树算法和区域识别、跟踪、外推算法,自动生成雷电活动潜势预报以及闪电发生概率、闪电活动区域移动趋势和重点区域闪电危险度等级等的临近预警产品,是一套多资料、多参数和多算法集成的雷电预警系统。

图 6.19 是雷电预警系统的整体框架设计。具体流程如下:1)利用天气形势预报产品结果给出该地区 0～24 小时内发生雷暴天气的概率;2)之后根据每天 08 时和 20 时两次探空的站点数据(代表区域:200 km×200 km),计算多种不稳定参数(如潜在-对流性稳定度指数、抬升指数、对流有效位能和 700 hPa 相当位温)预报该区域 0～12 小时内发生雷暴天气的概率;3)利用雷暴云起电、放电模式(考虑了感应和非感应起电参数化方案并集成放电模式),输入资料采用 MICAPS 提供的探空数据,模拟得到在该探空的天气条件下可能产生的云闪和地闪次数等特征;4)利用卫星观测的云顶亮温等资料(时间分辨率 1 小时,格距约 10 km×10 km)预测 0～2 小时内某个格点上闪电发生的概率;5)利用雷达回波强度,对强回波单体和单体群进行识别和追踪,根据雷达回波强度为 40 dBZ 的顶高(顶高所处环境温度低于 −10℃)对有可能发生闪电的区域进行预警;6)利用闪电定位仪实时获取闪电发生时间、位置、强度和频次等,对闪电发生区域进行监测、跟踪和预测;7)利用地面电场仪对重点区域的地面电场进行实时监测,对附近区域将要发生的闪电进行预警;8)由上述多种观测资料计算多个预警指标,对有可能发生闪电的区域进行识别、跟踪和外推,给出雷电活动发展和移动的趋势预报,并结合地面电场仪的实时观测,提供局部地区的雷电临近预报。

雷电临近预警系统是我国第一个形成完整业务平台的专业性雷电预警服务系统,在很大程度上填补了我国在雷电预警系统平台方面的空白。通过多年的推广应用,雷电临近预警系统不仅实现了在气象业务、专业气象服务、重大活动和事件以及人工影响天气中的实际应用,而且提供了较为可靠的预警服务产品。雷电临近预警系统可提供 0～2 小时内,间隔时间可调(一般设置为 15 分钟)的多种预警产品,该系统目前已在全国多个省、市、自治区气象局投入业务运行,系统可通过气象部门的业务网实时获取数据,及时生成预警产品,并通过气象系统的信息发布平台或网络向公众提前发布雷电预警信息。

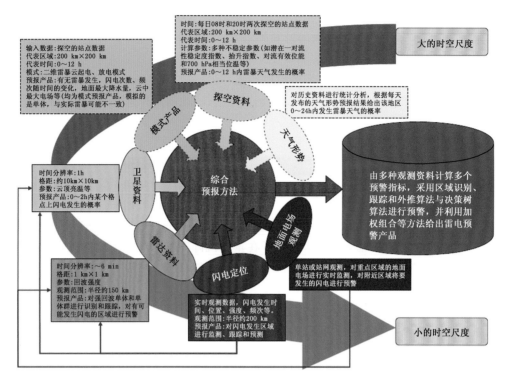

图 6.19 雷电临近预警系统的整体框架结构

6.8 小结

本章从雷暴云的微物理过程、雷暴云的起电过程(包括非感应起电机制、感应起电机制)、雷暴云的放电过程、雷暴的电荷结构、雷电的观测、雷电的预报预警方法、雷电临近预报系统几个方面进行了叙述。对于雷暴云,需要明白其微物理过程及其与之相关的电过程,有利于提升对雷暴云的认识。

6.8.1 雷暴云的微物理过程与降水的关系

积状云的特点是云内有强上升气流和较大的含水量,云层较厚。如果积状云发展到积雨云,则云的上部就产生了冰晶;如果积状云发展到浓积云,则云内主要由水滴组成,云顶有少量冰晶。积雨云和浓积云都会产生降水,降水是阵性的,有雨、雪、冰粒子及冰雹等形式。大量观测表明,通过云滴的碰并增长过程完全可以形成降雨,而且有充分理由相信,云滴的碰并增长是热带地区云中产生阵雨的主要机制。

由水滴组成的暖云主要是通过云滴的重力碰并过程长成降水粒子的。另外,冰晶落入 0℃ 层以下时很快融化成水滴,融化的水滴穿行于水云中,主要靠与小云滴的碰并而增长。这也是层状云降水粒子的形成过程。

在中高纬,发展高度较高的云的降水过程都涉及冰相的贝吉龙过程,在冰晶和过冷水滴共存区域,由于冰面饱和水汽压低于水面饱和水汽压,水汽从过冷水滴表面趋向冰晶,在冰晶表面凝结,冰晶长大后,下降速度快,一路上收集冰晶(丛集)并且和过冷水滴碰冻长大,最终形成雪花或霰。雪花和霰下降到融化层高度以下,融化为雨滴继续碰并增长成为大雨滴。如果天气寒冷,气温都在 0℃ 以下,雪花就作为雪降落地面。如果是大气垂直层结不稳定下的对流云,冻结的大雨滴和霰可以作为雹胚进入强上升气流区与过冷水滴碰冻长大,最终作为冰雹落到地面,伴随着降雨。

6.8.2　雷暴云的起电过程

在冰、水共存区,冰相粒子之间的相互碰撞、冰晶的结霜表面以及结霜软雹表面会有电荷产生,并且不同的冰相粒子相互碰撞会有不同的电荷极性,这就是非感应起电机制。除此之外,感应起电机制也是雷暴云中重要的起电机制,包括在已经存在环境电场的情况下,雷暴云的水成物粒子会被存在的电场极化,形成极化电荷。例如,降水粒子在雷暴云内方向垂直向下的初始大气电场中降落时,在电场感应的作用下,降水粒子上半部带负电荷,下半部带正电荷,当这些粒子相碰再分离后会带上电荷。降水粒子在雷暴云内初始降落时,因电场感应形成上半部带负电荷,下半部带正电荷的极化降水粒子,被极化的降水粒子在降落过程中会不断选择捕获大气负离子,中和其本身下半部携带的正电荷,成为带负电荷的降水粒子。

在雷暴云中,雷暴云中的冰相粒子由于相碰造成的粒子不同区域的温差,导致电荷的重新分配,当这些粒子相碰会让彼此带电。雷暴云中的液态粒子在重力沉降和上升气流的作用下,易发生形变,破碎成小的带电粒子。另外,冰晶融化时气泡破裂所形成的大量云滴带负电,融化后的冰晶转为降水粒子带正电。云中过冷水滴冻结时也会出现冻结起电效应,在水滴冻结过程中冰、水迅速分离,造成正、负电荷的分离,正、负电荷在重力分离过程中被分别输送到云中的不同区域。冰晶繁生过程中,因碰冻表面温差产生的接触电位差,使粒子间发生电荷转移,出现带电现象。在积雨云中大规模上升气流和下沉气流的作用下,云中正、负电荷的产生和分离,使云中大气电场迅速增长导致空气被击穿形成闪电。

6.8.3　雷暴云的放电过程

雷暴云的放电是由于各带电粒子在流场和重力场作用下,正电荷被带到云中某一区域,负电荷集中于另一区域,正、负电荷区域之间会产生电位差,从而产生电场。当电场强度达到阈值时,会发生空气击穿,中和部分电荷,产生闪电。放电包括云对地放电和云内放电,云对地放电就是地闪,是雷暴云云体下部存在一荷电中心,当荷电中心附近局部地区的大气电场达到 10^4 V/cm 左右时,云雾大气便会击穿而形成流光。地闪是云内荷电中心与大气和地物之间的放电,在放电过程中云内会有不同极性的电荷传输到地面,根据电荷的极性可以把地闪分为不同的类型。闪电电流为正的地闪称为正地闪,闪电电流为负的地闪称为负地闪。

云内放电是云层中不同部位或者云层之间发生的放电现象,持续时间为 1 s 左右,有些仅有几十毫秒或更短。

6.8.4　雷暴的电荷结构

对于单体雷暴,云体上部为主正电荷区,云下部为主负电荷区,在接近云底附近有一个较弱的小次正电荷区。对于中尺度对流系统,上升气流区域的电荷结构与单体雷暴具有相似性,中尺度对流系统的上升气流区存在 4 个电荷区,最下部为正电荷区。

6.8.5　雷电的临近预报

利用探空资料、静止气象卫星云图、天气雷达、数值模式和闪电的综合观测对雷电进行临近预报。用探空资料的不稳定参数对雷电发生可能性进行潜势估计,为雷电的临近预报提供事前参考;静止气象卫星观测的红外云图云顶亮温降低可为雷电的临近预警提供一定的信息;天气雷达能够比较好地观测云中降水粒子的一些宏观特征,具有双线偏振功能的天气雷达还能能够提供云中降水粒子相态的部分信息,而雷暴云内的起电与其中的水成物粒子密切相关;天气雷达观测的 40 dBZ 回波垂直扩展到 −10℃ 等温线对应的高度以上是目前临近预警对流云中雷电发生的效果最好的方法。除此之外,数值模式可利用模拟结果建立预测闪电分布的方法,再结合闪电的电场仪观测资料和定位资料,可对闪电进行临近预报,可给出 0～2 小时内可能发生雷电的区域以及雷电发生概率等预报产品。

参考文献

曹春燕,陈元昭,刘东华,等,2015.光流法及其在临近预报中的应用[J].气象学报,73(3):471-480.

陈德辉,沈学顺,2006.新一代数值预报系统GRAPES研究进展[J].应用气象学报,17:773-777.

陈明轩,王迎春,肖现,等,2013.北京"7·21"暴雨雨团的发生和传播机理[J].气象学报,71(4):569-592.

戴建华,陶岚,丁杨,等,2012:一次罕见飑前强降雹超级单体风暴特征分析[J].气象学报,70(4):609-627

范雯杰,俞小鼎,2015.中国龙卷时空分布特征[J].气象,41(7):793-805.

管成功,陈起英,佟华,等,2008.T639L60全球预报系统预报试验和性能评估[J].气象,34(6):11-16.

郭瀚阳,陈明轩,韩雷,等.2019.基于深度学习的强对流高分辨率临近预报试验[J].气象学报,77(4).

韩丰,龙明盛,李月安,等,2019.循环神经网络在雷达临近预报中的应用[J].应用气象学报,30(1):61-69.

韩雷,王洪庆,林隐静,2008.光流法在强对流天气临近预报中的应用[J].北京大学学报(自然科学版),44(5):751-755.

韩雷,俞小鼎,郑永光,等,2009.京津及邻近地区暖季强对流风暴的气候分布特征[J].科学通报,54(11):1585-1590.

黄先香,俞小鼎,炎利军,等,2018.广东两次台风龙卷的环境背景和雷达回波对比[J].应用气象学报,29(1):70-83.

江源,刘黎平,庄薇,2009.多普勒天气雷达地物回波特征及其识别方法改进[J].应用气象学报,20(2):203-213.

李万莉,2012.强雷暴系统的电过程及其与微物理结构和动力过程关系的模拟研究[D].北京:中国科学院大气物理研究所.

李兆慧,王东海,麦雪湖,等,2017.2015年10月4日佛山龙卷过程的观测分析[J].气象学报,75(2):288-313.

廖移山,李俊,王晓芳,等,2010.2007年7月18日济南大暴雨的β中尺度分析[J].气象学报,68(6):944-956.

廖玉芳,俞小鼎,唐小新,2007.2004年4月29日常德超级单体研究[J].南京气象学院学报,30(5):579-589.

林文,张深寿,罗昌荣,等,2019.基于双偏振雷达参量的冰雹云动力特征[J].应用气象学报(待发表).

刘建文,郭虎,李耀东,等,2005.天气分析预报物理量计算基础[M].北京:气象出版社.

刘黎平,吴林林,杨引明,等,2007.基于模糊逻辑的分布式超折射地物回波识别方法的建立和效果分析[J].气象学报,65(2):252-260.

刘黎平,吴林林,吴翀,等,2014.X波段相控阵天气雷达对流过程观测外场试验及初步结果分析[J].大气科学,38(6):1079-1094。

柳士俊,张蕾,2015.光流法及其在气象领域里的应用[J].气象科技进展,5(4):16-21.

吕伟涛,2006.雷电物理过程观测和预警方法的研究[D].北京:中国气象科学研究院.

马淑萍,王秀明,俞小鼎,2019.极端雷暴大风的环境参量特征分析[J].应用气象学报(待发表).

农孟松,赖珍权,梁俊聪,等,2013.2012年早春广西高架雷暴冰雹天气过程分析[J].气象,39(7):874-882

郄秀书,张其林,袁铁,等,2013.雷电物理学[M].北京:科学出版社.

沈树勤,1990.台风前部龙卷风的一般特征及其萌发条件的初步分析[J].气象,16(1):11-15.

盛裴轩,毛节泰,李建国,等,2003.大气物理学[M].北京:北京大学出版社.

孙继松,何娜,王国荣,等,2012."7·21"北京大暴雨系统的结构演变特征及成因初探[J].暴雨灾害,31(3):218-225.

孙景群,1987.大气电学基础[M].北京:气象出版社.

陶岚 戴建华 2011.下击暴流自动识别算法研究[J].高原气象,30(3):784-797.

王丛梅,俞小鼎,2015.2013年7月1日河北宁晋极端短时强降水成因研究[J].暴雨灾害,34(2):105-116

王飞,2007.雷达资料在北京地区雷电预警中的应用研究[D].北京:中国气象科学研究院.

王福侠,俞小鼎,闫学瑾,2014.一次超级单体分裂过程的雷达回波特征分析[J].气象学报,72(1):152-167.

王强,2012.综合气象观测(上)[M].北京:气象出版社.

王秀明,俞小鼎,周小刚,等,2012."20090603"区域雷暴大风形成与维持机理分析[J].高原气象,31:504-514.

吴芳芳,俞小鼎,张志刚,等,2013.苏北地区超级单体风暴环境条件与雷达回波特征[J].气象学报,71(2):209-227.

吴芳芳,俞小鼎,王慧,等,2019.一次黄海之滨MCC多尺度结构特征观测研究[J].气象学报(待发表).

伍志方,庞古乾,贺汉青,等,2014.2012年4月广东左移和飑线内超级单体的环境条件和结构对比分析[J].气象,40(6):

655-667.

俞小鼎,2011.基于构成要素的预报方法—配料法[J].气象,37(8):913-918.

俞小鼎,2012.2012 年 7 月 21 日北京特大暴雨成因分析[J].气象,38(11):1313-1329.

俞小鼎,2013.短时强降水临近预报的思路与方法[J].暴雨灾害,32(3):202-209.

俞小鼎,Richard E,Rosset R,1995.洋面冷锋的三维数值模拟——潜热释放对冷锋结构的影响[J].气象学报,53(3):319-327.

俞小鼎,姚秀萍,熊廷南,等,2006a.多普勒天气雷达原理与业务应用[M].北京:气象出版社.

俞小鼎,张爱民,郑媛媛,等,2006b.一次系列下击暴流事件的多普勒天气雷达分析[J].应用气象学报,17(4):385-393.

俞小鼎,郑媛媛,张爱民,等,2006c.一次强烈龙卷过程的多普勒天气雷达研究[J].高原气象,25:914-924.

俞小鼎,郑媛媛,廖玉芳,等,2008.一次伴随强烈龙卷的强降水超级单体风暴研究[J].大气科学,32(3):508-522。

俞小鼎,周小刚,王秀明,2012.雷暴与强对流临近天气预报技术进展[J].气象学报,70(3):311-337.

俞小鼎,周小刚,王秀明,2016.中国冷季高架对流个例分析[J].气象学报,74(6):902-918.

张翠华,张义军,郄秀书,等,2002.平凉地区对流风暴地闪活动与环境层结因子相关性分析[J].高原气象,21(6):632-363.

张峰,2014.2014 年 6—8 月 T639、ECMWF 和日本模式中期预报性能检验[J].气象,40(11):1414-1421.

张广庶,郄秀书,1997.大气电场:电流多路同步测量的数据实时采集和滚动显示记录系统[J].高原气象,16(2):210-215.

张广庶,郄秀书,王怀斌,等,2003.闪电多参量同步高速即时记录系统[J].高原气象,22(3):301-305.

张涵斌,陈静,智协飞,等,2014.GRAPES 区域集合预报系统研究[J].气象,40(9):1076-1087.

张培昌,杜秉玉,戴铁丕,2008.雷达气象学[M].北京:气象出版社.

张义军,言穆弘,孙安平,等,2009.雷暴电学[M].北京:气象出版社.

章丽娜,王秀明,熊秋芬,等,2014."6·23"北京对流暴雨中尺度环境时空演变特征及影响因子分析[J].暴雨灾害,33(1):1-9.

赵坤,薛明,俞小鼎,2015.监利沉船雷达分析组报告[R].北京:中国气象局.

郑栋,张义军,吕伟涛,等,2005.大气不稳定参数与闪电活动的预报[J].高原气象,24(2):196-203.

郑永光,田付友,孟智勇,等,2016a."东方之星"客轮翻沉事件周边区域风灾现场调查与多尺度特征分析[J].气象,42(1):1-13.

郑永光,朱文剑,姚聃,等,2016b.风速等级标准与 2016 年 6 月 23 日阜宁龙卷强度估计[J].气象,42(11):1289-1303.

郑媛媛,俞小鼎,方翀,等,2004.一次典型超级单体风暴的多普勒天气雷达观测分析[J].气象学报,62(3):317-328.

郑媛媛,张备,王啸华,等,2015.台风龙卷的环境背景和雷达回波结构分析[J].气象,41(8):942-925.

周森,刘黎平,王红艳,2014.一次高原涡和西南涡作用下强降水的回波结构和演变分析[J].气象学报,72(3):554-569.

周秀骥,秦仁忠,1964.带电水滴破碎临界电场的一个理论分析[J].气象学报,34(1):103-110.

朱乾根,林锦瑞,寿绍文,等,2000.天气学原理和方法[M].北京:气象出版社.

朱乾根,林锦瑞,寿绍文,等,2010.天气学原理和方法(第四版)[M].北京:气象出版社.

Amburn S A and Wolf P L,1997. VIL Density as a Hail Indicator[J]. Wea Forecasting,12:473-478.

Anthes R A,1990. Recent applications of the Penn State/NCAR mesoscale model to synoptic,mesoscale,and climate studies [J]. Bull Amer Meteor Soc,71:1610-1629.

Anthes R A and Warner T T,1978. Development of hydrodynamic models suitable for air pollution and other mesometeorological studies[J]. Mon Wea Rev,106:1045-1078.

Anthes R A,Hsie E Y and Kuo Y H,1987. Description of the Penn State/NCAR mesoscale model version 4 (MM4)[R]. NCAR Technical Note,NCAR/TN-282:pl STR,66pp.

Atkins N T,Bouchard C S,Przybylinski R W,et al,2005. Damaging surface wind mechanism within the 10 June 2003 Saint Louis bow echo during BAMEX[J]. Mon Wea Rev,133:2275-2296

Aufdermauer A N,Johnson D A,1972. Charge separation due to rim in an electric field[J]. Quart J Roy Meteor Soc,98:369-382.

Austin G L,Bellon A,Dionne P,et al,1987. On the interaction between radar and satellite image nowcasting systems and mesoscale numerical models[C]. Proc Mesoscale Analysis & Forecasting,Vancouver,BC,Canada,European Space Agency,225-228.

Baker D M,Huang W,Guo Y R,et al,2004. A three-dimensional variational data assimilation system for MM5:Implementation and initial results[J]. Mon Wea Rev,132:897-914.

Baker D M,Huang X Y,Liu Z Q,et al,2012. The weather research and forecasting model's community variational/ensemble data assimilation system:WRFDA[J]. Bull Amer Meteor Soc,93:831-843.

Bankert R L,1994. Cloud classification of AVHRR imagery in maritime regions using a probablistic neural network[J]. J Appl Meteor,33:909-918.

Barclay P A and Wilk K E,1970. Severe thunderstorm radar echo motion and related weather events hazardous to aviation operations[R]. ESSA Tech Mem,ERLTM-NSSL 46,63pp.

Barthe C,Deierling W and Barth M C,2010. Estimation of total lightning from various storm parameters:A cloud-resolving model study[J]. J Geophys Res,115,D24202,doi:10. 1029/2010JD014405.

Battan L J,1973. Radar Observation of the Atmosphere,Chicago:The University of Chicago Press.

Benjamin S G,Devenyi D,Weygandt S S,et al,2004. An hourly assimilation/forecast cycle:The RUC[J]. Mon Wea Rev, 132:495-518.

Benjamin S G,Hu M,Weygandt S,et al,2009. Rapid updating NWP:Integrated assimilation of radar/sat/METAR cloud data for initial hydrometeor/divergence to improve hourly updated short-range forecasts from RUC/RR/HRRR[R]. WMO Symposium on Nowcasting,Whistler,Canada.

Benjamin S G,Weygandt S S,Brown J M,et al,2016. A North American hourly assimilation and model forecast cycle--The rapid refresh[J]. Mon Wea Rev,144:1669-1694.

Benjamin T B,1968. Gravity currents and related phenomena[J]. J Fluid Mech,31:209-248.

Bennetts D A and Hoskins B J,1979. Conditional symmetric instability--A possible explanation for frontal rainbands[J]. Quart J Roy Meteor Soc,105:945-962.

Bennetts D A and Sharp J C,1982. The relevance of conditional symmetric instability to the prediction of mesoscale frontal rainbands[J]. Quart J Roy Meteor Soc,108:595-962.

Betts A K,1984. Boundary layer thermodynamics of a high plains severe storm[J]. Mon Wea Rev,112:2199-2211.

Bjerknes J,1919. On the structure of moving cyclones[J]. Geofys Publ,1:1-8.

Bluestein H B and Jain M H,1985. Formation of mesoscale lines of precipitation :Severe squall lines in Oklahoma during the spring[J]. J Atmos Sci,42:1711-1732.

Bluestein H B and Woodall G R,1990. Doppler-radar analysis of a low-precipitation severe storm[J]. Mon Wea Rev,118: 1640-1664.

Bluestein H B,1993. Synoptic-Dynamic Meteorology in Midlatitudes. Vol. II:Observations and Theory of Weather Systems [M]. Oxford University Press.

Bonavita M, Raynaud L and Isaksen L,2011. Estimating background-error variances with the ECMWF ensemble of Data Assimilations system:the effect of ensemble size and day-to-day variability[J]. Quart J Roy Meteor Soc,137:423-434.

Bowler N E,Pierce C E and Seed A W,2006. STEPS--A probabilistic precipitation forecasting scheme which merges an extrapolation nowcast with downscaled NWP[J]. Quart J Roy Meteor Soc,132:2127-2155.

Brooks C F,1922. The local,or heat thunderstorm[J]. Mon Wea Rev,50:281-287.

Brooks E M,1949. The tornado cyclone[J]. Weatherwise,2:32-33.

Brown R A,1983. The flow in the planetary boundary layer[M]//Eolian Sediments and Processes. Elsevier:291-310.

Brown R A,Burgess D W and Crawford K C,1973. Twin tornado cyclones within a severe thunderstorm:Single-Doppler radar observations[J]. Weatherwise,26:63-71.

Brown R A, Lemon L R and Burgess D W,1978. Tornado detection by pulsed Doppler radar[J]. Mon Wea Rev,106:29-38.

Browning K A,1962. Cellular structures of convective storms[J]. Meteor Mag,91:341-350.

Browning K A,1963. The growth of large hail within a steady updraught[J]. Quart J Roy Meteor Soc,89:490-506.

Browning K A,1964. Airflow and precipitation trajectories within severe local storms which travel to the right of the winds [J]. J Atmos Sci,21:634-639.

Browning K A,1965. The evolution of tornadic storms[J]. J Atmos Sci,22:664-668.

Browning K A,1977. The structure and mechanisms of hailstorms[J]. Meteor Monogr,38:1-36.

Browning K A,1982. Nowcasting [M]. London:Academic Press.

Browning K A and Collier C G,1982. An integrated radar-satellite nowcasting system in the UK[M]//Nowcasting. Academic Press:47-61.

Browning K A and Donaldson R J,1963. Airflow and structure of a tornadic storm[J]. J Atmos Sci,20:533-545.

Browning K A and Foote G B,1976. Airflow and hail growth in supercell storms and some implication for hail suppression [J]. Quart J Roy Meteor Soc,102:499-533.

Browning K A and Ludlam F H,1962. Airflow in convective storms[J]. Quart J Roy Meteor Soc,88:117-135.

Bryan G H and Rotunno R,2008. Gravity currents in a deep anelastic atmosphere[J]. J Atmos Sci,65:536-556.

Buechler D E and Goodman S J,1990. Echo Size and Asymmetry:Impact on NEXRAD Storm Identification[J]. J Applied Meteorology,29:962.

Buizza R and Palmer T N,1995. The singular-vector structure of the Atmospheric Global Circulation[J]. J Atmos Sci,52:1434-1456.

Burgess D W,1974. Study of a severe right-moving thunderstorm utilizing new single Doppler radar evidence[D]. Dept of Meteor,University of Oklahoma Graduate College,77pp.

Burgess D W and Lemon L R,1990. Severe thunderstorm detection by Radar[M]//Radar in Meteorology. Amer Meteor Soc,619-647.

Byers H R and R Braham R Jr,1949. The Thunderstorm[R]. U. S. Government Printing Office,Washington DC,287pp.

Carbone R E,1982. A severe frontal rainband. Part I:Stormwide hydrodynamic structure[J]. J Atmos Sci,39:258-279.

Chadwick R B,1986. Wind Profiler demonstration system[R]. Handbook of MAP,Vol. 20,URSI/SCOPTEP workshop on Technical and Scientific Aspects of MST Radar,336-337.

Chen M,Wang Y,Gao F,et al,2012. Diurnal variations in convective storm activity over contiguous North China during the warm season based on radar mosaic climatology[J]. J Geophys Res,117, D20115.

Chen M,Wang Y,Gao F,et al,2014. Diurnal evolution and distribution of warm-season convective storms in different prevailing wind regions over contiguous North China[J]. J Geophys Res Atmos,119:2742-2763.

Cheung P and Yeung H Y,2012. Application of Optical-flow Technique to Significant Convection Nowcast for Terminal Areas in Hong Kong[C]. The 3rd WMO International Symposium on Nowcasting and Very Short－Range Forecasting (WSN12):6-10.

Chisholm A J and Renick J H,1972. The kinematics of multicell and supercell Alberta hailstorms[R]. Research Council of Alberta Hail Studies Report No. 72-2,24-31.

Collier C G,1992. The combined use of weather radar and mesoscale numerical weather model data for short-period weather forecasting[M]//Hydrological Applications of Weather Radar,602-612.

Colman B R,1990a. Thunderstorms above frontal surface in environments without positive CAPE. Part I:A climatology[J]. Mon Wea Rev,118:1103-1121.

Colman B R,1990b. Thunderstorms above frontal surface in environments without positive CAPE. Part II:organization and instability mechanisms[J]. Mon Wea Rev,118:1123-1144.

Coniglio M C and Stensrud D J,2001. Simulation of a progressive derecho using composite initial conditions[J]. Mon Wea Rev,129:1593-1616.

Conway J W and Zrnic D S,1993. A study of embryo production and hail growth using dual-Doppler and multiparameter radars[J]. Mon Wea Rev,121:2511-2528

Corfidi S F,2003. Cold pools and MCS propagation--Forecasting the motion of downwind developing MCSs[J]. Wea Forecasting,18:997-1017.

Corfidi S F and Corfidi S J,2006. Toward a Better Understanding of Elevated Convection,Symposium on the Challenges of Severe Convective Storms[R]. Atlanta,GA,Amer Meteor Soc,CD-ROM P1. 5.

Craven J P and Brooks H E,2002. Baseline climatology of sounding derived parameters associated with deep moist convection[C]. Preprints,21th Conf On Local Severe Storms,Amer Meteor Soc,San Antonio,TX,642-650.

Crisp M C A,1979. Training guide for sereve weather forecasters. AFGWCTN -79/002. United States Air Force,Air Weather Service (MAC),Air Force Globle Weather Central.

Crook N A,1996. Sensitivity of moist convection forced by boundary layer processes to low-level thermodynamic fields[J].

Mon Wea Rev,124:1767-1785.

Crum T D and Alberty R L,1993. The WSR-88D and the WSR-88D Operational Support Facility[J]. Bull Amer Meteor Soc,74:1669-1688.

Crum T D,Saffle R E and Wilson J W,1998. An Update on the NEXRAD Program and Future WSR-88D Support to Operations[J]. Wea Forecasting,13:253-261.

Davies H C,1976. A lateral boundary formulation for multi-level prediction models[J]. Quart J Roy Meteor Soc,102:405-418.

Davies-Jones R P and Brooks H E,1993. Mesocyclogenesis from a theoretical perspective. The Tornado:Its Structure,Dynamics,Prediction and Hazards[J] . Meteor Monogr,79:105-114.

Davies-Jones R P,Burgess D W,Foster M,1990. Test of helicity as a forecast parameter[C]. Preprints,16th Conf. on Severe Local Storms,Kananaskis Park,AB,Canada Amer Meteor Soc,588-592.

Davies-Jones R P,1984. Streamwise vorticity:the origin of updraft rotation in supercell storms[J]. J Atmos Sci,41:2991-3006.

Davies-Jones R P,Trapp R J and Bluestein H B,2001. Tornadoes and tornadic storms,severe convection Storms[J]. Meteor Monogr,50:167-222.

Davis R S,2001. Flash Flood Forecast and Detection Methods[J]. Meteor Monogr,50:481-526.

Delanoy R L and Troxel S W,1993. A machine intelligent gust front algorithim for Doppler weather radars. Preprints,Fifth Int Conf on Aviation Weather Systems,Vienna,VA,Amer Meteor Soc,125-129.

Dennis E J and Kumjian M R,2017. The impact of vertical wind shear on hail growth in simulated supercells[J]. J Atmos Sci,74:641-663.

Dial G L,Racy J P and Thompson R L,2010. Short-term convective mode evolution along synoptic boundaries[J]. WeaForeacsting,25:1430-1446.

Dixon M and Wiener G,1993. TITAN:Thunderstorm Identification,Tracking,Analysis,and Nowcasting --A radar-based methodology[J]. J Atmos Ocea Tech,10:785-797.

Donaldson R J,1970. Vortex signature recognition by a Doppler radar[J]. J Appl Meteor,9:661-670.

Doswell C A,1985. The operational meteorology of convective weather. Vol. II:Storm-scale analysis[R]. NOAA Tech Memo ERL ESG-15,available at National Severe Storms Lab,1313 Halley Circle,Norman,OK,73069.

Doswell C A,1986. Short range forecasting,Mesoscale Meteorology and Forecasting[J]. Amer Meteor Soc,689-719.

Doswell C A,1987. The distinction between large-scale and mesoscale contribution to severe convection:A case study example[J]. Wea Forecasting,2:3-16.

Doswell C A,2001. Severe convective storms[J]. Meteor Monogr,69:1-26.

Doswell C A and Burgess D W,1993. Tornadoes and tornadic storms:A review of conceptual models. The Tornado:Its structure,dynamics,hazards and prediction[J]. Meteor Monogr,79:161-172.

Doswell C A,Brooks H E,Maddox R A,1996. Flash flood forecasting:An ingredients-based methodology[J]. Wea Forecasting,11:560-581.

Doviak R J and Zrnic D S,1993. Doppler Radar and Weather Observations(2nd Edition)[M]. Academic Press,562pp.

Duda J D and Gallus W A,2010. Spring and summer midwestern severe weather reports in supercells compared to other morphologies[J]. Wea Forecasting,25:190-206.

Dudhia J,1993. A nonhydrostatic version of the Penn State/NCAR Mesoscale Model:Validation tests and simulations of an Atlantic cyclone and cold front[J]. Mon Wea Rev,121:1493-1513.

Durand-Greville E,1892. Les grains et les orages[R]. Ann Centr Meteor France,249pp.

Edwards R,2012. Tropical cyclone tornadoes:A review of knowledge in research and prediction[J]. Electronic J Severe Storms Meteor,7 (6) :1-61.

Eilts M D and Coauthors,1996a. Severe weather warning decision support system[C]. Preprints,18th Conf on Severe Local Storms,San Francisco,CA,Amer Meteor Soc,536-540.

Eilts M D and Coauthors,1996b. Damaging downburst prediction and detection algorithm for the WSR-88D[C]. Preprints,18th conf on Severe Local Storms,San Francisco,CA,Amer Meteor Soc,541-544.

Emanuel K A,1979. Inertial instability and mesoscale convective systems. Part I: Linear theory of inertial instability in a rotating viscous fluids[J]. J Atmos Sci,36:2425-2449.

Emanuel K A,1983. On assessing local conditional symmetric instability from atmospheric soundings[J]. Mon Wea Rev, 111:2016-2033.

Emanuel K A,1985. Frontogenesis in the presence of low moist symmetric stability[J]. J Atmos Sci,42:1062-1071.

Emanuel K A,1994. Atmospheric Convection[M]. New York:Oxford University Press:165-178.

Etling D and R A Brown,1993. Roll vortices in the planetary boundary layer:a review[J]. Bound Layer Meteor,65:215-248.

Evans J S and Doswell C A,2001. Examination of derecho environments using proximity soundings[J]. Wea Forecasting,16: 329-342.

Evans J S and Doswell C A,2002. Investigating derecho and supercell soundings[C]. Preprints,21th Conf On Local Severe Storms,AMS,San Antonio,TX,635-638.

Evensen G,1994. Sequential data assimilation with a nonlinear quasi-geostrophic model using Monte Carlo methods to forecast error statistics[J]. J Geophys Res,99:10143-10162.

Fujita T T,1963. Analytical meso-meteorology:A review [J]. Meteor Monogr,5(27):77-125.

Fujita T T,1973. Proposed mechanism of tornado formation from rotating thunderstorms. Preprints,Eighth Conf on Severe Local Storms,Denver,CO,Amer Meteor Soc,191-196.

Fujita T T,1978. Manual of downburst identification for project[R]. SMRP Research Paper 156,University of Chicago, 104pp. [NTIS PB-2860481]

Fujita T T,1981. Tornodoes and downbursts in the context of generalized planetary[J]. J Atmos Sci,38:1511-1534.

Fujita T T,1992. The mystery of severe storms[R]. WRL Research Paper 239,University of Chicago,298pp. [NTIS PB 92-182021]

Fujita T T and Byers H R,1977. Spearhead echo and downbursts in the crash of an airliner[J]. Mon Wea Rev,105:129-146.

Fujita T T and Wakimoto R M,1981. Five scales of airflow associated with a series of downbursts on 16 July 1980[J]. Mon Wea Rev,109:1438-1456.

Fujita T T and Wakimoto R M,1983. JAWS microbursts revealed by triple Doppler radar,aircraft,and PAM data[C]. Reprints,13th conf Severe local storms,Tulsa,Amer Meteor Soc,97-100.

Fulks J R,1951. The instability line[R]// Compendium of Meteorology. Amer Meteor Soc,647-652.

Funk T W,De Wald V L and Lin Y-J,1998. A detailed WSR-88D Dopp-ler radar evaluation of a damaging bow echo event on 14 May 1995 over north-central Kentucky[C]. Preprints,19th Conf on Severe Local Storms. Minneapolis,MN,Amer Meteor Soc,436-439.

Gallus W A Jr,Snook N A and Johnson E V,2008. Spring and summer severe weather reports over the Midwest as a function of convective mode:A preliminary study[J]. Wea Forecasting,23:101-113.

Galway J G,1956. The lifted index as a predictor of latent instability[J]. Bull Amer Meteor Soc,37:528-529.

Gardiner B,Lamb D,Pitter R L,et al,1985. Measurements of initial potential gradient and particle charges in a montana summer thunderstorm[J]. J Geophys Res,90(D4):6079-6086.

Garner S T and Thorpe A J,1992. The development of organized convection in a simplified squall-line model[J]. Quart J Roy Meteor Soc,118:101-124.

George J J,1960. Weather Forecasting for Aeronautics[M]. Academic Press,673pp.

Gibson J J,1950. The Perceptions of the Visual World[M]. Boston:Houghton Mifflin.

Golding B W,1998. Nimrod--A system for generating automated very short range forecasts[J]. Meteor Appl,5:1-16.

Grant B N,1995. Elevated cold-sector severe thunderstorms:A preliminary study[J]. Natl Wra Dig,19(4):25-31.

Gremillion M S and Orville R E,1999. Thunderstorm characteristics of cloud-to-ground lightning at the Kennedy Space Center,Florida:A study of lightning initiation signatures as indicated by the WSR-88D[J]. Wea Forecasting,14:640-649.

Grose A,Smith E A,Chung H S,et al,2002. Possibilities and limitations for quantitative precipitation forecast using nowcasting methods with infrared geosynchronous satellite imagery[J]. J Appl Meteor,41:763-785.

Hallett J,Mossop S C,1974. Production of secondary ice particles during the riming process[J]. Nature,104:26-28.

Hallett J,Saunders C P R,1979. Charge separation associated with secondary ice crystal production[J]. J Atmos Sci,36 (11)

:2230-2235.

Heinselman P L and Torres S M,2011. High-Temporal-Resolution Capabilities of the National Weather Radar Testbed Phased-Array Radar[J]. J Appl Meteor Clim,50:579-593.

Heinselman P L,Priegnitz D L,Manross K L,et al,2008. Rapid sampling of severe storms by the National Weather Radar Testbed Phased Array Radar[J]. Wea Forecasting,23:808-824.

Henry S G and Wilson J W,1993. Developing thunderstorm forecast rules utilizing first detectable cloud radar echoes. Preprints,Fifth Conf on Aviation Weather Systems,Vienna,VA,Amer Meteor Soc,304-307.

Hewson E W,1937. The application of wet-bulb potential temperature to air mass analysis. III. Rainfall in depressions[J]. QuartJ Roy Meteor Soc,63:323-337.

Heymsfield A J,Jameson A R and Frank H W,1980. Hail growth mechanisms in a Colorado storm. Part II:Hail formation processes[J]. J Atmos Sci,37:1779-1807.

Hoffman R N and Kalnay E,1983. Lagged average forecasting,an alternative to Monte Carlo forecasting[J]. Tellus,35A: 100-118.

Hollingsworth A,1980. An experiment in Monte Carlo forecasting procedure[R]. Proc Workshop on Stochastic Dynamic Prediction,Reading,United Kingdom,ECMWF,65-86.

Holton J R,2004. An Introduction to Dynamic Meteorology(4th Edition)[M]. Elsevier Academic Press.

Horgan K L,Schultz D M,Hales J E,et al,2007. A five-year climatology of elevated severe convective storms in the united states east of the Rocky mountains[J]. Wea Forecasting,22:1031-1042.

Horn B K P and Schunck B G,1981. Determining optical flow[J]. Artificial Intelligence,17(1/3):185-204.

Hoskins B J and Bretherton F P,1972. Atmospheric frontogenesis models:Mathematical formulation and solution[J]. J Atmos Sci,29:11-37.

Houze R A Jr,1977. Structure and dynamics of a tropical squall line system[J]. Mon Wea Rev. 105,1540-1567.

Houze R A Jr,2004. Mesoscale convective systems[J]. Rev Geophys,42,RG4003.

Houze R A Jr,Smull B F and Dodge P,1990. Mesoscale Organization of Springtime Rainstorms in Oklahoma[J]. Mon Wea Rev,118:613-654.

Houze R A,Rutledge S A,Biggerstaff M I,et al,1989. Interpretation of Doppler weather radar displays of midlatitude mesoscale convective system[J]. Bull Amer Meteor Soc,70:608-619.

Huang X Y,Xiao Q,Barker D M,et al,2009. Four-Dimensional Variational Data Assimilation for WRF:Formulation and Preliminary Results[J]. Mon Wea Rev,137:299-314.

Huschke R E,1959. Glossary of Meteorology[M]. Amer Meteor Soc.

Isaksen L,Haseler J,Buizza R,et al,2010. The new Ensemble of Data Assimilations[J]. ECMWF Newsletter,123:17-21.

Jacobsom E A,Krider E,1976. Electrostatic field changes produced by Florida lightning[J]. J Atmos Sci,33:113-117.

James R P,Fritsch J M and Markowski P M,2005. Environmental distinctions between cellular and salbular convective lines [J]. Mon Wea Rev,133:2669-2691.

Jascourt S D,Lindstrom S S,Seman C J,et al,1988. An observation of banded convective development in the presence of weak symmetric stability[J]. Mon Wea Rev,116:175-191.

Jayaratne E R,Saunders C P R,Hallet J,1983. Laboratoray studies of the charging of soft-hail during icecrystal interactions [J]. Quart J Roy Meteor Soc,109:606-630.

Johns R H and Doswell C A,1992. Severe local storms forecasting[J]. Wea Forecasting,7:588-612.

Johns R H and Hirt W D,1987. Derechos:Widespread convectively induced windstorms[J]. Wea Forecasting,2:32-49.

Johnson J T,MacKeen P L,Witt A,et al,1998. The storm cell identification and tracking algorithm:an enhanced WSR-88D algorithm[J]. Wea Forecasting,13:263-276.

Kelly D L,Schaefer J T,McNulty R P,et al,1978. An augmented tornado climatology[J]. Mon Wea Rev,106:1172-1183. P

Kennedy P C and Detwiler A G,2003. A case study of the origin of hail in a multicell thunderstorm using in situ aircraft and polarimetric radar data[J]. J Appl Meteor,42:1679-1690.

Kessinger C J and Brandes E A,1995. A comparison of hail detection algorithms. Final report to the FAA,52 pp.

Kessinger C,Ellis S,Vanandel J,et al,2003. The AP clutter Mitigation Scheme for the WSR-88D[R]. Preprints,31st Conference on Radar Meteorology,Amer Meteor Soc,526-529.

Kessler E,1966. Computer program for calculating average lengths of weather radar echoes and pattern bandedness[J]. J Atmos Sci,23:569-574.

Kingsmill D E and Wakimoto R M,1991. Kinematic,dynamic,and thermodynamic analysis of a weakly sheared severe thunderstorm over northern Alabama[J]. Mon Wea Rev,119:262-297.

Klemp J B,1987. Dynamics of tornadic thunderstorms[J]. Ann Rev Fluid Mech,19:369-402.

Klemp J B and Rotunno R,1983. A study of the tornadic region within a supercell thunderstorm[J]. J Atmos Sci,40:359-377.

Klemp J B and Wilhelmson R B,1978. Simulations of right and left moving storms produced through storm splitting[J]. J Atmos Sci,35:1097-1110.

Klemp J B,Wilhelmson R B and Ray P S,1981. Observed and numerically simulated structure of a mature supercell thunderstorm[J]. J Atmos Sci,38:1558-1580.

Klimowski B A,Hjelmfelt M R and Bunkers M J,2004. Radar observation of the early evolution of bow echoes[J]. Wea Forecasting,19:727-734.

Knight C A and Knight N C,2001. Hailstorms. Severe Convection Storms[J]. Meteor Monogr,50:223-249.

Knupp K R,1987. Downdrafts within high plains cumulonimbi. Part I:General kinematic structure[J]. J Atmos Sci,44 :987-1008.

Krehbiel P R,Brook M,McCrory R A,1979. An analysis of the charge structure of lightning discharges to ground[J]. J Geophys Res,84(C5) :2432-2456.

Krider E P,1980. Electrostatic field produced by Florida thunderstorms and lightning[C]. VIth Int Confen On Atmos Elec,Manchester,England.

Lafore J-P and Moncrieff M W,1989. A numerical investigation of the organization and interaction of the convective and stratiformregions of tropical squall lines[J]. J Atmos Sci,46:521-544.

Latham J,Mason B J,1962. Electrical charging of hail pellets in a polarizing electric field[C]. Proc R Soc,London,Ser A,266:387-401.

Le Dimet F X and Talagrand O,1986. Variational algorithms for analysis and assimilation of meteorological observations [J]. Tellus,38A:97-110.

Lee R R and White A,1998. Improvement of the WSR-88D mesocyclone algorithm[J]. Wea Forecasting,13:341-351.

Lemon L R,1977. New severe thunderstorm radar identification techniques and warning criteria::A preliminary report[R]. NOAA Tech Memo NWS-NSSFC 1,60pp. [NTIS No. PB-273049].

Lemon L R,1998. The radar "Three-Body Scatter Spike":An Operational Large-Hail Signature[J]. Wea Forecasting,13:327-340.

Lemon L R and Doswell C A,1979. Severe thunderstorm evolution and mesocyclone structure as related to tornadogenesis [J]. Mon Wea Rev,107:1184-1197.

Lemon L R and Parler S,1996. The Lahoma storm deep convergence zone:its characteristics and role in storm dynamics and severity[C]. Preprints,18 Conference on Severe Local Storms. San Francisco,CA,Amer Meteor Soc,70-75.

LeMone M A,1973. The structure and dynamics of horizontal roll vortices in the planetary boundary layer[J]. J Atmos Sci,30:1077-1091.

Lempfert R G and Corless R,1910. Line squalls and associated phenomena[J]. Quart J Roy Meteor Soc,36:135-170.

Li P W and Lai E S T,2004. Application of radar-based nowcasting techniques for mesoscale weather forecasting in Hong Kong[J]. Meteor Appl,11:253-264.

Ligda M G,1953. The horizontal motion of small precipitation areas as observed by radar[R]. Technical Report 21,Department of Meteorology,MIT,Cambridge Massachusetts,60pp.

Lilly D K,1979. The dynamical structure and evolution of thunderstorms and squall lines[J]. Ann Rev Earth Planet Sci,7:117-161.

Lilly D K,1986a. The structure,energetics,and propagation of rotating convective storms. Part I:Energy exchange with the mean flow[J]. J Atmos Sci,43:113-125.

Lilly D K,1986b. The structure,energetics,and propagation of rotating convective storms. Part II:Helicity and storm stabilization[J]. J Atmos Sci,43:126-140.

Lindzen R S and Tung K K,1976. Banded convective activity and ducted gravity waves[J]. Mon Wea Rev,104:1602-1617.

Lorenc A C,2003. The potential of the ensemble Kalman filter for NWP--A comparison with 4D-Var[J]. Quart J Roy Meteor Soc,129:3183-3203.

Lorenz E N,1982. Atmospheric predictability experiments with a large numerical model[J]. Tellus,34:505-513.

Lucas B D and Kanade T,1981. An iterative image registration technique with an application to stereo vision[M]//Proceedings of Seventh International Joint Conference on Artificial Intelligence. Vancouver:IEEE Press.

Ludlam F H,1963. Severe local storms:A review[J]. Meteor Monogr,5:1-30.

MacKeen P L,Brooks H E and Elmore K L,1999. Radar reflectivity-derived thunderstorm parameters applied to storm longevity forecasting[J]. Wea Forecasting,14:289-295.

Mackin W C,1977. The characteristics of natural hailstones and their interpretation. Hail:A Review of Hail Science and Hail suppression,Meteor Monogr,No. 38,Amer Meteor Soc,65-88.

Maddox R A,1980. Mesoscale convective complexes[J]. Bull Amer Meteor Soc,51:1374-1387.

Maddox RA,Chappell C F,Hoxit L R,1979. Synoptic and meso-αscale aspects of flash flood events[J]. Bull Amer Meteor Soc,60:115-123.

Mahoney W P,1988. Gust front characteristics and the kinematics associated with interacting thunderstorm outflows[J]. Mon Wea Rev,116:1474-1491.

Mansell E R,MacGorman D R,Ziegler C L,et al,2005. Charge structure and lightning sensitivity in a simulated multicell thunderstorm[J]. J Geophys Res,110 (D12101),doi:10. 1029/2004JD005287.

Markowski P M,2002. Mobile mesonet observations on 3 May 1999[J]. Wea Forecasting,17:430-444.

Markowski P M and Richardson Y,2010. Mesoscale Meteorology in Midlatitudes[M]. Chichester:Wiley-Blackwell Publication.

Markowski P M and Richardson Y,2014. What we know and don't know about tornado formation[J]. Physics Today,67 (9):26-31.

Markowski P M,Strata J M and Rasmussen E N,2002. Direct surface thermodynamic observations within the rear-flank downdrafts of nontornadic and tornadic supercells[J]. Mon Wea Rev,130:1692-1721.

Marquis J,Richardson Y,Markowski P,et al,2012. Tornado Maintenance Investigated with High-Resolution Dual-Doppler and EnKF Analysis[J]. Mon Wea Rev,140:3-27.

Mason B J,1971. The Physics of Clouds[M]. Oxford University Press.

Mccann D W,1994. Windex--a new index for forecasting microburst potential[J]. Wea forecasting,9:532-541.

McCaul E W,1991. Buoyancy and shear characteristics of hurricane tornado environments[J]. Mon Wea Rev,119:1954-1978.

McCaul E W,Goodman S J, La Casse K M,et al,2009. Forecasting lightning threat using cloud-resolving model simulations[J]. Wea Forecasting,24:709-729.

McNulty R P,1995. Severe and convective weather:A Central Region forecasting challenge[J]. Wea Forecasting,10:187-202.

Meng Z and Zhang F,2011. Limited-Area Ensemble-based Data Assimilation[J]. Mon Wea Rev,139:2025-2045.

Meng Z and Zhang Y,2012. On the squall lines preceding the landfalling tropical cyclones in China[J]. Mon Wea Rev,140:445-470.

Miller L J and Fankhauser J C,1983. Radar echo structure,air motion and hail formation in a large stationary multicellular thunderstorm[J]. J Atmos Sci,40:2399-2418.

Miller L J,Tuttle J D and Foote G B,1990. Precipitation production in a large Montana hailstorm:Airflow and particle growth trajectories[J]. J Atmos Sci,47:1619-1646.

Miller L J,Tuttle J D and Knight C A,1988. Airflow and hail growth in a severe Northern Plains supercell[J]. J Atmos Sci,45:736-762.

Miller R C,1972. Notes on analysis and severe-storm forecasting procedures of the Air Force Global Weather Central[R].

Air Weather Service Tech Report200 (Rev),U. S. Air Force,Air Weather Service,190pp.

Moller A R,2001. Severe local storms forecasting. Severe convection storms[J]. Meteor Monogr,50:223-249.

Moller A R,2001. severe local storms forecasting. Severe convective storms[J]. Meteor Monogr,50:433-480.

Moller A R,Doswell C A and Przybylinski R,1990. High-precipitation supercells:A conceptual model and documentation [C]. Preprints of 16th Conf on Severe Local Storms,Kananaskis Park,Alberta,Canada,Amer Meteor Soc,52-57.

Moller A R,Doswell C A,Foster M P,et al,1994. The operational recognition of supercell thunderstorm environments and storm structures[J]. Wea Forecasting,9:327-347.

Molteni F,Buizza R,Palmer T N,et al,1996. The ECMWF ensemble prediction system:Methodology and validation[J]. Quart J Roy Meteor Soc,122:73-119.

Moncrieff M W and Miller M J,1976. The dynamics and simulation of tropical cumulonimbus and squall lines[J]. Quart J Roy Meteor Soc,102:373-394.

Mueller C K,McDonough F and Wilson J W,1997. Forecasting the extent and lifetime of thunderstorm complexes for aviation applications. Preprints,Seventh Conf on Aviation,Range,and Aerospace Meteorology,Long Beach,CA,Amer Meteor Soc,244-248.

Mueller C K,Wilson J W and Crook N A,1993. Utility of soundings and mesonets to forecast thunderstorm initiation[J]. Wea Forecasting,8:132-146.

Mueller C K,Roberts R D,Henry S G,1997. Thunderstorm automated nowcast system-real-time demonstrations[C]. 28th International Conference on Radar Meteorology,Austin,Texas,406-407.

Mueller C K,Saxen T, Roberts R,et al,2003. NCAR Auto-Nowcast System[J]. Wea Forecasting,18:545-561.

Murphy A H,1994. Assessing the economic value of weather forecasts:an overview of methods,results and issues[J]. Meteor Applications,1:69-73.

Nelson S P,1983. The influence of storm flow structure on hail growth[J]. J Atmos Sci,40:1965-1983.

Nelson S P,1987. The hybrid multicellular-supercellular storm--An efficient hail producer. Part II:General characteristics and implications for hail growth[J]. J Atmos Sci,44:2060-2073.

Newton C W,1950. Structure and mechanism of the prefrontal squall line[J]. J Meteor,7:210-222.

Newton C W,1963. Dynamics of severe convective storms[J]. Meteor Monogr,5:33-58.

Newton C W,1966. Circulations in large sheared cumulonimbus[J]. Tellus,18:699-713.

Palmer T N,Molteni F,Mureau R,et al,1993. Ensemble prediction[C]. Proc Validation of Models over Europe,Vol. 1, Shinfield Park,Reading,United Kingdom,ECMWF,21-66.

Paluch I R and Sartor J D,1973. Thunderstorms electrification by the inductive charging mechanism:II,Possible effects of updraft on the charge separation process[J]. J Atmos Sci,30:1174-1177.

Parker M D and Johnson R H,2000. Orginational modes of mesoscale convective systems [J]. Mon Wea Rev,128: 3413-3436.

Petrocchi P J,1982. Automatic detection of hail by radar. AFGL-TR-82-0277. Environmental Research Paper 796,Air Force Geophysics Laboratory,Hanscom AFB,MA,33 pp.

Phillips N A,1960. On the problem of initial data for the primitive equations[J]. Tellus,12:121-126.

Picca J and Ryzhkov A,2012. A Dual-Wavelength Polarimetric Analysis of the 16 May 2010 Oklahoma City Extreme Hailstorm[J]. Mon Wea Rev,140:1385-1403.

Potter T D and Colman B R,2003. Handbook of Weather,Climate and Water[M]. Hoboken:John Wiley & Sons:226-227.

Proctor F H,1989. Numerical simulations of an isolated microburst. Part II:sensitivity experiments[J]. J Atmos Sci,46: 2143-2165.

Przybylinski R W,1995. The bow echo:Observations,numerical simulations,and severe weather detection methods[J]. Wea Forecasting,10:203-218.

Przybylinski R W and De Caire D M,1985. Radar signature associated with derecho. One type of meososcale convective system[C]. Preprints,14th Conf on Severe Local Storms. Indianapolis,IN,Amer Meteor Soc,228-231.

Przybylinski R W and Gery W J,1983. The reliability of the bow echo as an important severe weather signature[C]. Preprints,13th Conf on Severe Local Storms,Tulsa,OK,Amer Meteor Soc,270-273.

Przybylinski R W,Lin Y-J,Schmocker G K,et al,1995. The use of realtime WSR-88D,profiler,and conventional data sets in forecasting a northeastward moving derecho over eastern Missouri and central Illinois[C]. Preprints,14th Conf on Weather Analysis and Forecasting,Dallas,TX,Amer Meteor Soc,335-342

Purdom J F W,1973. Satellite imagery and the mesoscale convective forecast problem[C]. Preprints,Eighth Conf on Severe Local Storms,Denver,CO,Amer Meteor Soc,244-251.

Purdom J F W,1976. Some uses of high resolution GOES imagery in the mesoscale forecasting of convection and its behavior [J]. Mon Wea Rev,104:1474-1483.

Purdom J F W,1982. Subjective interpretation of geostationary satellite data for nowcasting[M]//Nowcasting. Academic Press,149-166.

Rasmussen E N and Straka J M,1998. Variations in supercell morphology. Part I:Observations pf the role of upper-level storm-relative flow[J]. Mon Wea Rev,126:2406-2421.

Rasmussen E N,Straka J M,Davies-Jones R,et al,1994. Verification of origins of rotation in tornadoes experiment VOR-TEX[J]. Bull Amer Meteor Soc,75:995-1006.

Ray P S,Doviak R J,Warker G B,et al,1975. Dual-Doppler observation of a tornadic storm[J]. J Appl Meteor,14:1521-1530.

Richardson D S,Bidlot J,Ferranti L,et al,2013. Evaluation of ECMWF forecasts,including 2012-2013 upgrades[R]. ECMWF Technical Memorandum,710.

Rinehart R E,1981. A pattern-recognition technique for use with convectional weather radar to determine internal storm motions[R]. Research Atmospheric Technology 13,Recent Progress in Radar Meteorology,National Center for Atmospheric Research,Boulder,CO,105-118.

Rinehart R E and Garvey E T,1978. Three-dimensional storm motion detection by conventional weather radar[J]. Nature,273:287-289.

Roberts R D,1997. Detecting and forecasting cumulus cloud growth using radar and multi-spectral satellite data. Preprints,28th Conf on Radar Meteorology,Austin,TX,Amer Meteor Soc,408-409.

Roberts R D and Rutledge S,2003. Nowcasting Storm Initiation and Growth Using GOES-8 and WSR-88D Data[J]. Wea Forecasting,18:562-584.

Roberts R D and Wilson J W,1989. A proposed microburst nowcasting procedure using single-Doppler radar[J]. J Appl Meteor,28:285-303.

Roberts R D,Saxen T,Mueller C,et al,1999. Operational application and use of NCAR's thunderstorm nowcasting system. Preprints,15th Int Conf on Interactive Information and Processing Systems,Dallas,TX,Amer Meteor Soc,158-161.

ROC/NWS/NOAA,1998. WSR-88D Operations Course[R]. Silver Spring:National Oceanic and Atmospheric Administration.

Roeder W P,Pinder C S,1998. Lightning Forecasting Empirical Techniques for Central Florida in Support of America's Space Program[C]. 16th Conference on Weather Analysis and Forecasting,475-477.

Rossby C G,1932. Thermodynamics applied to air analysis[J]. MIT Meteorological Papers,1(3):31-48.

Rotunno R,1981. On the evolution of thunderstorm rotation[J]. Mon Wea Rev,109:171-180.

Rotunno R and Klemp J B,1982. The influence of the shear-induced pressure gradient on thunderstorm motion[J]. Mon Wea Rev,110:136-151.

Rotunno R and Klemp J B,1985. On the rotation and propagation of simulated supercell thunderstorms[J]. J Atmos Sci,42:271-292.

Rotunno R,Klemp J B and Weisman M L,1988. A theory for strong long-lived squall lines[J]. J Atmos Sci,45:463-485.

Ryzhkov A V,Giangrande S E and Schuur T J,2005. Rainfall estimation with a polarimetric prototype of WSR-88D[J]. J Appl Meteor,44:502-515.

Sanders F and Bosart L F,1985. Mesoscale structure in the Megalopolitan snowstorm of 11-12 February 1983. Part I:Frontogenetical forcing and symmetric instability[J]. J Atmos Sci,42:1050-1061.

Sasaki Y K,1955. A fundamental study of the numerical prediction based on the variational principle[J]. J Meteor Soc Japan,33:262-275.

Saunders C P R,Keith W D,Mitzeva R P,1991. The effect of liquid water on thunderstorm charging[J]. J Geophys Res,96：11007-11017.

Saxen T R,Mueller C K,Jameson T C,et al,1999. Determining key parameters for forecasting thunderstorms at White Sands Missile Range. Preprints,Int Conf on Radar Meteorology,Montreal,QC,Canada,Amer Meteor Soc,9-12.

Schlesinger R E,1978. A three-dimensional numerical model of an isolated thunderstorm：Part I：Comparative experiments for variable ambient wind shear[J]. J Atmos Sci,35：690-713.

Schmocker G K and Co-authers,1996. Forecasting the initial onset of damaging downburst winds associated with a mesoscale convective system (MCS) using the midlatitude radial convergence (MARC) signature[C]. Preprints,15th Conf on Weather Analysis and forecasting,Norfolk,VA,Amer Meteor Soc,306-311.

Schultz D M and Schumacher P N,1999. The use and misuse of Conditional Symmetric Instability[J]. Mon Wea Rev,122：2709-2732.

Schultz D M,Schumacher P N and Doswell C A,2000. The intricacies of Instabilities[J]. Mon Wea Rev,128：4143-4148.

Seroka G N,Orville R E and Schumacher C,2012. Radar nowcasting of total lightning over the kennedy space center[J]. Wea forecasting,27：189-204.

Shapiro M A,1984. Meteorological tower measurements of a surface cold front[J]. Mon Wea Rev,112：1634-1639.

Showalter A K,1953. A stability index for thunderstorm forecasting[J]. Bull Amer Meteor Soc,34：350-352.

Simpson J E,1987. Gravity Currents[M]. Chichester：Ellis Horwood Ltd.

Skamarock W C,Klemp J B,Dudhia J,et al,2005. A description of the Advanced Research WRF version 2[R]. NCAR Tech Note NCAR/TN-468+STR,88 pp.

Skamarock W C,Weisman M L and Klemp J B,1994. Three-dimensional evolution of simulated long-lived squall lines[J]. J Atmos Sci,51：2563-2584.

Smith S B,1996. How Soon Can a Thunderstorm be Identified? A comparison of Satellite-Observed Cloud-Top Cooling and the Onset of Cloud-to-Ground Lightning[C]. 18th Conference on Severe Local Storms,479-482.

Smull B F and Houze R A Jr,1985. A mid-latitude squall line with a trailing region of stratiform rain：Radar and satellite observations[J]. Mon Wea Rev,113：117-133.

Smull B F and Houze R A Jr,1987. Rear inflow in squall line with trailing stratiform precipitation[J]. Mon Wea Rev,115：2869-2889.

Solomon R and Baker M,1994. Electrification of new thunderstorms[J]. Mon Wea Rev,122,1878-1886.

Srivastava R C,1985. A simple model of evaporatively driven downdraft：application to microburst downdraft[J]. J Atmos Sci,42：1004-1023.

Staniforth A and Cote J,1991. Semi-Lagrangian integration for atmospheric models—A review[J]. Mon Wea Rev,119：2206-2223.

Steiner M,Houze Jr R A and Yuter S E,1995. Climatological characterization of three-dimensional storm structure from operational radar and rain gauge data[J]. J Appl Meteor,34：1978-2007.

Stolzenburg M,Rust W,Marshall T,1998b. Electrical structure in thunderstorm convective regions 3：Synthesis[J]. J Geophys Res,103(D12)：14097-14178.

Stolzenburg M,Rust W,Smull B,1998a. Electrical structure in thunderstorm convective regions 1：Mesoscale convective systems[J]. J Geophys Res,103(D12)：14059-14078.

Stout G E and Huff F A,1953. Radar records Illinois tornado genesis[J]. Bull Amer Meteor Soc,34：281-284.

Stumpf G J,Witt A,Mitchell E D,et al,1998. The national severe storms laboratory mesocyclone detection algorithm for the WSR-88D[J]. Wea Forecasting,13：304-326.

Sun J and Crook N A,1997. Dynamical and microphysical retrieval from Doppler radar observations using a cloud model and its adjoint：I. model development and simulated data experiments[J]. J Atmos Sci,54(12)：1642-1661.

Takahashi T,1978. Riming electrification as a charge generation mechanism in thunderstorms[J]. J Atmos Sci,35：1536-1548.

Takahashi T,1984. Thunderstorm electrification—A numerical study[J]. J Atmos Sci,41(17)：2541-2558.

Tessendorf S A,Rutledge S A,Wiens K C,2007. Radar and lightning observations of normal and inverted polarity multicellular storms from STEPS[J]. Mon Wea Rev,135(11):3682-3706.

Thompson R L,Edwards R,Hart J,et al,2003. Close Proximity Soundings within Supercell Environments Obtained from the Rapid Update Cycle[J]. Wea Forecasting,18:1243-1261.

Toth Z and Kalnay E,1993. Ensemble forecasting at NMC:The generation of perturbations[J]. Bull Amer Meteor Soc,74:2317-2330.

Tracton M S and Kalnay E,1993. Operational ensemble prediction at the National Meteorological Center:Practical aspects [J]. Wea Forecasting,8:379-398.

Trapp R J and Weisman M L,2002. Low level vortices within squall line:vortexgenesis and association with damaging surface wind[C]. Preprints,21st Conf on Severe Local Storms,AMS,San Antonio,TX,630-634.

Trapp R J and Weisman M L,2003. Low-level mesovortices within squall lines and bow echoes. Part II:Their genesis and implications[J]. Mon Wea Rev,131:2804-2823.

Trapp R J,Stumpf G J,Manross K L,2005. A reassessment of the percentage of tornadic mesocyclones,Weather[J]. Forecasting,20:680-687.

Tsonis A A and Austin G L,1981. An evaluation of extrapolation techniques for the short-term prediction of rain amounts [J]. Atmos Ocean,19:54-65.

Tuttle J D and Foote G B,1990. Determination of the boundary layer airflow from a single Doppler radar[J]. J Atmos Ocea Tech,7:218-232.

Uman M,1987. The Lightning Discharge[M]. New York:Academic Press,Inc.

Vincent B R,Carey L D,Scheneider D,et al,2003. Using WSR-88D reflectivity for the prediction of cloud-to-ground lightning:A central north Carolina study[R/OL]. National Weather Digest Dec. https://ams.confex.com/ams/Annual2005/techprogram/paper_84669.htm.

Vonnegut B,1963. Some facts and speculations concerning the origin and role of thunderstorm electricity[J]. Meteor Monogr,5:224-241.

Wakimoto R M,1982. The life cycle of thunderstorm gust fronts as viewed with Doppler radar and rawinsonde data[J]. Mon Wea Rev,110:1060-1082.

Wakimoto R M,1985. Forecasting dry microburst activity over the high plains[J]. Mon Wea Rev,113:1131-1143.

Wakimoto R M and Atkins N T,1994. Observations of the Sea-Breeze Front during CaPE. Part I-Single-Doppler,Satellite,and Cloud Photogrammetry Analysis[J]. Mon Wea Rev,122:1092-1114.

Wakimoto R M and Wilson J W,1989. No-supercell tornadoes. [J]. Mon Wea Rev,117:1113-1140.

Waldvogel A,Federer B and Grimm P,1979. Criteria for the detection of hail cells[J]. J Appl Meteor,18:1521-1525.

Wallace J M and Hobbs P V,2006. Atmospheric Science:An Introductory Survey[M]. London:Academic Press.

Wang X,Barker D M,Snyder C,et al,2008a. A hybrid ETKF-3DVAR data assimilation scheme for the WRF model. Part I:Observing System Simulation Experiment[J]. Mon Wea Rev,136:5116-5131.

Wang X,Barker D M,Snyder C,et al,2008b. A hybrid ETKF-3DVAR data assimilation scheme for the WRF model. Part II:Real observation experiments[J]. Mon Wea Rev,136:5132-5147.

Weber B L,Wuertz D B,Strauch R G,et al,1990. Preliminary Evaluation of the First NOAA Demonstration Network Wind Profiler[J]. J Atmos Ocean Tech,7:909-918.

Weckwerth T M,2000. The effect of small-scale moisture variability on thunderstorm initiation[J]. Mon Wea Rev,128:4017-4030.

Weckwerth T M,Wilson J W,Wakimoto R M,et al,1997. Horizontal convective rolls:Determining the environmental conditions supporting their existence and characteristics[J]. Mon Wea Rev,125:505-526.

Weisman M L,1992. The role of convectively generated rear-inflow jets in the evolution of long-lived mesoconvective systems[J]. J Atmos Sci,49:1826-1847.

Weisman M L,1993. The genesis of severe,long-lived bow echoes[J]. J Atmos Sci,50:645-670.

Weisman M L,2001. Bow Echoes:A Tribute to T T Fujita[J]. Bull Amer Meteor Soc,82:97-116.

Weisman M L and Davis C,1998. Mechanism for the generation of mesoscale vortices within quasi-linear convective systems [J]. J Atmos Sci,55:2603-2622.

Weisman M L and Klemp J B,1984. The structure and classification of numerically simulated convective storms in directional varying wind shears[J]. Mon Wea Rev,112:2479-2498.

Weisman M L and Rotunno R,2004. "A theory for strong long-lived squall lines" revisited[J]. J Atmos Sci,61:361-382.

Wicker L J and Wilhelmson R B,1995. Simulation and analysis of tornado development and decay within a three-dimensional supercell thunderstorm[J]. J Atmos Sci,52:2675-2703.

Wilks D S,1995. Statistical Methods in the Atmospheric Sciences[M]. Academic Press.

Williams E R,1992. The Schumann resonance:A global thermometer[J]. Science,256:1184-1187.

Wilson J W,1966. Movement and predictability of radar echoes. Tech Memo ERTM-NSSL-28,National Severe Storms Laboratory,30 pp.

Wilson J W,1978. Comparison of C- and S-Band Radar Reflectivity in Northeast Colorado Hail-storms[C]. Preprint of 18th Conference on Radar Meteorology,Boston,Mass,AMS,271-275.

Wilson J W and Megenhardt D L,1997. Thunderstorm initiation,organization and lifetime associated with Florida boundary layer convergence lines[J]. Mon Wea Rev,125:1507-1525.

Wilson J W and Mueller C K,1993. Nowcasts of Thunderstorm Initiation and Evolution[J]. Wea Forecasting,1:113-131.

Wilson J W and Reum D,1986. "The hail spike":Reflectivity and velocity signature[C]. Preprints,23d Conf on Radar Meteorlogy,Snowmass,CO,Amer Meteor Soc,62-65.

Wilson J W and Reum D,1988. The flare echo:Reflectivity and velocity signature[J]. J Atmos Oceanic Technol,5:197-205.

Wilson J W and Roberts R D,2006. Summary of convective storm initiation and evolution during IHOP:Observational and modeling perspective[J]. Mon Wea Rev,134:23-47.

Wilson J W and Schreiber W E,1986. Initiation of convective storms by radar- observed boundary layer convergent lines[J]. Mon Wea Rev,114:2516-2536.

Wilson J W and Wakimoto R M,2001. The discovery of the downburst:T. T. Fujita's contribution[J]. Bull Amer Met Soc,82:49-62.

Wilson J W,Crook N A,Mueller C K,et al,1998. Nowcasting thunderstorms--A status report[J]. Bull Amer Met Soc,79:2079 - 2099.

Wilson J W,Roberts R D,Kessinger C,et al,1984. Microburst wind structure and evaluation of Doppler radar for airport wind shear detection[J]. J Climate Appl Meteor,23:898-915.

Witt A and Nelson S,1984. The relationship between upper-level divergent outflow magnitude as measured by Doppler radar and hailstorm intensity[C]. Preprints,22nd Radar Meteorology Conf,Boston,AMS, 108-111.

Witt A,Eilts M D,Stumpf G J,et al,1998. An enhanced hail detection algorithm for the WSR-88D[J]. Wea Forecasting,13:286-303.

Wolfson M M,Dupree W J,Rasmussen R,et al,2008. Consolidated Storm Prediction for Aviation (CoSPA)[C]. 13th Conference on Aviation,Range and Aerospace Meteorology,New Orleans,LA,Amer Meteor Soc.

Wolfson M M,Forman G E,Hallowell R G,et al,1998. The growth and decay tracker. Preprints,Eighth Conf on Aviation,Range,and Aerospace Meteorology,Dallas,TX,Amer Meteor Soc,58-62.

Wurman J,Dowell D,Richardson Y,et al,2012. The Second Verification of the Origins of Rotation in Tornadoes Experiment:VORTEX2[J]. Bull Amer Meteor Soc,93:1147-1170.

Xu Q,1992. Formation and evolution of frontal rainbands and geostrophic PV anomalies[J]. J Atmos Sci,49:629-648.

Yair Y,Lynn B,Price C,et al,2010. Predicting the potential for lightning activity in Mediterranean storms based on the Weather Research and Forecasting (WRF) model dynamic and microphysical fields[J]. J GeophysRes,115,D04205,doi:10. 1029/2008JD010868.

Yang Y H and King P,2010. Investigating the potential of using radar echo reflectivity to nowcast cloud-to-ground lightning initiation over southern Ontario[J]. Wea Forecasting,25:1235-1248.

Young G S,Kristovich D,Hjelmfelt M,et al,2002. Rolls,streets,waves,and more:a review of quasi-two-dimensional structures in the atmospheric boundary layer[J]. Bull Amer Meteor Soc,83:997-1001.

Yu X D,Wang X,Zhao J,et al,2012. Investigation of Supercell Storms in China--Environmental and Doppler Weather Radar Echoes Characteristics[C]. Preprints of 26th Conf. on Severe Local Storms,Nashville,TN,Amer Meteor Soc.

Zhang F and Snyder C,2007. Ensemble-based data assimilation[J]. Bull Amer Meteor Soc,88:565-568.

Zhang F,Meng Z and Aksoy A,2006. Tests of an ensemble Kalman filter for mesoscale and regional-scale data assimilation. PartI ;Perfect model experiments[J]. Mon Wea Rev,134:722-736.

Zhang F,Snyder C and Sun J,2004. Impacts of initial estimate and observation availability on convective-scale data assimilation with an ensemble Kalman filter[J]. Mon Wea Rev,132:1238-1253.

Zhang F,Weng Y,Stippel J A,et al,2009. Cloud-resolving hurricane initialization and prediction through assimilation of Doppler radar observations with an ensemble Kalman filter[J]. Mon Wea Rev,137:2105-2125.

Zipser E J,1969. The role of organized unsaturated convective downdrafts in the structure and rapid decay of an Equatorial disturbance[J]. J App Meteo,8:799-814.

Zipser E J,1977. Mesoscale and convective-scale downdrafts as distinct components of squall-line structure[J]. Mon Wea Rev,105:1568-1589.

Zipser E J,1982. Use of a conceptual model of the life-cycle of mesoscale convective systems to improve very short-range forecasts[M]//Nowcasting. Academic Press:191-204.

Zrnic D S,1987. Three-body scattering produces precipitation signature of special diagnostic value[J]. Radio Sci,22:76-86.

Ziegler C L and Rasmussen E N,1998. The initiation of moist convection at the dryline:Forecasting issues from a case study perspective[J]. Wea Forecasting,13:1106-1131.

Ziegler C L,MacGorman D R,Dye J E,et al,1991. A model evaluation of non-inductive graupel-ice charging in the early electrification of a mountain thunderstorm[J]. J Geophys Res,96(D7) :12833-12855.

Ziegler C L,Ray P S and Knight N C,1983. Hail growth in an Oklahoma multicell storm[J]. J Atmos Sci,40:1768-1791.